四川省"十二五"普通高等教育本科规划教材
高等院校石油天然气类规划教材

构造地质学

（第二版）

主 编 胡 明
副主编 周小军

石油工业出版社

内 容 提 要

本书包括两部分，前半部分着重构造地质学基本理论的介绍，包括原生构造及产状、地层接触关系、岩石力学分析基础、褶皱、节理、断层、同生构造、大地构造及盆地构造理论；后半部分主要是构造地质学实习内容，着重培养学生在各种图件上认识和分析各类构造的能力和创新思维。

本书可用作资源勘查工程、地质工程、勘查技术与工程、石油工程、土木工程等高校相关专业的教科书，也可供现场地质工程技术人员进修、学习、工作的参考。

图书在版编目(CIP)数据

构造地质学/胡明主编. —2版.
北京：石油工业出版社，2015.7(2022.1重印)
四川省"十二五"普通高等教育本科规划教材
ISBN 978 - 7 - 5183 - 0759 - 3

Ⅰ.构…
Ⅱ.胡…
Ⅲ.构造地质学—高等学校—教材
Ⅳ.P54

中国版本图书馆 CIP 数据核字(2015)第 138511 号

出版发行：石油工业出版社
（北京安定门外安华里2区1号　100011）
网　　址：www.petropub.com
编辑部：(010)64523697　　发行部：(010)64523633
经　销：全国新华书店
排　版：北京密东文创科技有限公司
印　刷：北京晨旭印刷厂

2015年7月第2版　2022年1月第7次印刷
787×1092毫米　开本：1/16　印张：24
字数：610千字

定价：45.00元
(如出现印装质量问题，我社图书营销中心负责调换)
版权所有，翻印必究

第二版前言

构造地质学是地质学的三大支柱之一,是从事地质学理论研究和生产实践的一门重要的专业基础课程。本教材是在2007年《构造地质学》第一版的基础上经重新修编而成的。第一版教材自出版以来,由于其具有浓厚的"石油味",非常适合石油高校的教学需求,已被国内许多高等学校选用,使用效果反映良好,出版社多次重印。但是,由于近年来构造地质学取得了很多新进展和新认识,因此,有必要对原来的教材加以修订,以反映最新的构造地质学研究成果。

2011年7月在东北石油大学召开的石油地质勘探专业教学与教材规划研讨会第三次会议上,本教材第二版被列为"十二五"行业规划教材,2012年又被列为四川省"十二五"普通高等教育本科规划教材。几年来,编者在广泛征求同行对《构造地质学》第一版意见的基础上,确定了教材的编写提纲,经过反复修改、完善,完成了本教材的编写。在大量文献查阅的基础上,根据多年从事构造地质学科研和教学中积累的丰富素材和资料,编者在教材中补充了许多最新的研究成果,在内容上进行了增补、删减、调整和更新,吸取了构造地质学的新进展及国内外一些新观点、新概念、新发现,确保教材具有起点高、内容新颖的特点。

第二版教材突出基本知识、基本理论、基本技能、基本研究方法及其与其他学科的关系,有利于学生打好基础,拓宽知识面。教材在加强基础理论的同时,针对工科院校的特点和专业培养目标,加强了构造地质学在油气勘探开发中的应用阐述,可以帮助学生提高分析问题、解决问题能力和实际动手能力。本书参考学时为60~80学时。

本书由西南石油大学胡明教授担任主编,周小军博士担任副主编。编写分工为:第一、八、九、十章由胡明编写;第二、三、五、六章由王喜华、胡明编写;第四、七章由李世琴、胡明编写;附录Ⅰ、附录Ⅱ、附录Ⅲ由周小军、胡明编写。全书由胡明和周小军负责统稿。

在编写过程中,得到四川省"十二五"规划教材的支持、西南石油大学教务处和地球科学与技术学院领导的关怀,以及基础地质教研室同仁的无私帮助,在此一并表示感谢。

因编者水平有限,本书错误在所难免,敬请广大读者批评指正!

编　者
2015年1月

第一版前言

构造地质学是地质学的三大支柱之一，其研究意义可以从理论和实践两个方面来阐述。构造地质学从理论上可以阐明地壳构造在空间上的相互关系和时间上的发育顺序，进而探讨地壳（岩石圈）构造的演化历史和地壳运动的规律及其动力来源；其实践应用则在于应用地质构造的客观规律指导生产实践，解决矿产分布、水文地质、工程地质、地震地质、灾害地质及环境地质等方面的有关问题。

应特别指出，近30年来，学科间横向、纵向的广泛联合、渗透，地球物理方法、遥感信息技术的完善和引入，大陆超深钻探实施和高温高压模拟技术的发展，使构造地质学在理论上和观念上以及研究方法上都取得了巨大进展，内容上也有了很大的拓展，在国民经济建设可持续发展中起着越来越重要的作用。综上所述，由于构造地质学发展之快，课程之重要，因此，非常必要着力加强本课程的教材建设。

与以往的构造地质学教科书比较，本书有两大亮点：一是继承和发展了构造地质学基本理论的传统性和成熟性；二是在此基础上有针对性地、恰如其分地增加了具有鲜明的石油地质专业特色内容，如同生构造分析（第八章）、盆地构造（第十章）、裂缝的井下识别与研究（第六章第六节）。本书及时地将现代构造地质的研究成果融入其中，体现了较高的学术价值。此外，本书重视对学生的技能训练，增加了实习指导内容，具有较强的可操作性。

本书由胡明（西南石油大学）、廖太平（重庆科技学院）担任主编，担任副主编的有张福荣（重庆科技学院）、郭宝炎（天津工程职业技术学院）、孙新铭（克拉玛依职业技术学院）。西南石油大学博士研究生邓绍强参与了本书部分章节的编写工作。

全书分工如下：第一、三、五、七、九、十章由胡明、廖太平、邓绍强编写；第八章由胡明编写；第六章由张福荣编写；第四章由郭宝炎编写；第二章由孙新铭编写；附录Ⅰ由胡明、廖太平、张福荣、孙新铭编写；附录Ⅱ由郭宝炎编写；附录Ⅲ由孙新铭编写。邓绍强、张福荣、郭宝炎清绘了本书大量的插图。

全书由胡明和廖太平统稿，中国矿业大学许至平教授和中国科学院地质与地球物理研究所吴亚生教授主审。在编写过程中，本书得到四川省重点学科建设项目（编号：SZD0414）的资助，还得到了编者所在院校的大力支持，在此一并表示感谢。

因编者水平有限，本书错误在所难免，敬请广大读者批评指正！

编 者
2007年1月

目 录

第一章 绪论	1
第二章 沉积岩原生构造及产状	5
第一节 沉积岩层的原生构造	5
第二节 岩层的产状、厚度及出露特征	13
习题及思考题	27
第三章 地层接触关系	29
第一节 整合与不整合接触	29
第二节 不整合的观察及研究	34
习题及思考题	41
第四章 岩石变形的力学分析	43
第一节 应力分析	43
第二节 变形和应变	52
第三节 岩石的变形习性及影响因素	56
习题及思考题	68
第五章 褶皱构造	69
第一节 褶皱和褶皱要素	69
第二节 褶皱的形态描述	76
第三节 褶皱的产状类型及其组合形式	81
第四节 褶皱的形成机制及影响因素	94
第五节 褶皱的观察和研究	107
习题及思考题	112
第六章 节理	113
第一节 节理的概念及其研究意义	113
第二节 节理的分类	114
第三节 不同地质背景上发育的节理	126
第四节 节理的分期与配套	133
第五节 节理的野外观测及室内研究	136
第六节 裂缝的井下识别和研究	142
习题及思考题	150
第七章 断层	151
第一节 断层几何要素	151
第二节 断层分类	153
第三节 正断层、逆断层和平移断层	155

第四节　断层形成机制与断层效应 …………………………………………………… 163
　　第五节　断层的观察和研究 ……………………………………………………………… 167
　　第六节　断层的井下识别 ………………………………………………………………… 180
　　习题及思考题 ………………………………………………………………………………… 183

第八章　同生构造分析 …………………………………………………………………… 184
　　第一节　同沉积背斜 ……………………………………………………………………… 184
　　第二节　同生断层 ………………………………………………………………………… 190
　　第三节　软沉积变形 ……………………………………………………………………… 195
　　习题及思考题 ………………………………………………………………………………… 198

第九章　大地构造基本理论 ……………………………………………………………… 199
　　第一节　概述 ……………………………………………………………………………… 199
　　第二节　槽台学说 ………………………………………………………………………… 200
　　第三节　板块构造学说 …………………………………………………………………… 215
　　第四节　中国大地构造学派简介 ………………………………………………………… 229
　　习题及思考题 ………………………………………………………………………………… 237

第十章　盆地构造基本理论 ……………………………………………………………… 239
　　第一节　盆地及含油气盆地 ……………………………………………………………… 239
　　第二节　含油气盆地的形成机制与板块构造 …………………………………………… 246
　　第三节　中国大陆板内中—新生代盆地的特征 ………………………………………… 247
　　第四节　中国主要含油气盆地简介 ……………………………………………………… 253
　　习题及思考题 ………………………………………………………………………………… 257

附录Ⅰ　构造地质学实习 ………………………………………………………………… 258
　　实习一　　地质图的基本知识及读水平岩层地质图 …………………………………… 258
　　实习二　　用间接方法确定岩层产状要素 ……………………………………………… 267
　　实习三　　在地质图上求岩层厚度、埋藏深度并判断地层接触关系 ………………… 271
　　实习四　　根据放线距编制倾斜岩层地质图 …………………………………………… 275
　　实习五　　编制倾斜岩层地质剖面图 …………………………………………………… 279
　　实习六　　构造物理模拟实验 …………………………………………………………… 282
　　实习七　　分析褶皱地区地质图 ………………………………………………………… 283
　　实习八　　绘制褶皱地区剖面图 ………………………………………………………… 288
　　实习九　　编制和分析构造等高线图 …………………………………………………… 290
　　实习十　　编制和分析节理玫瑰花图 …………………………………………………… 297
　　实习十一　编制节理极点图和等密度图 ………………………………………………… 302
　　实习十二　根据共轭剪节理求主应力方位并绘制主应力迹线图 ……………………… 305
　　实习十三　读断层地区地质图并求断层产状及断距 …………………………………… 309
　　实习十四　利用钻井资料编制断层构造图 ……………………………………………… 315
　　实习十五　应用赤平投影方法换算真、视倾角并求岩层厚度 ………………………… 318
　　实习十六　应用赤平投影方法求取褶皱枢纽和轴面的产状 …………………………… 319
　　实习十七　同沉积构造分析 ……………………………………………………………… 319
　　实习十八　平衡剖面编制 ………………………………………………………………… 323

实习十九　构造地质综合实习 ………………………………………………………… 325
附录Ⅱ　极射赤平投影 ……………………………………………………………………… 338
　　第一节　赤平投影的基本原理 …………………………………………………………… 338
　　第二节　赤平投影网的使用方法 ………………………………………………………… 342
　　第三节　赤平投影在地质构造中的应用 ………………………………………………… 348
　　习题及思考题 …………………………………………………………………………… 357
附录Ⅲ　常用符号 …………………………………………………………………………… 360
　　一、地质构造符号 ………………………………………………………………………… 360
　　二、岩性符号 ……………………………………………………………………………… 361
　　三、地层代号和色谱 ……………………………………………………………………… 364
　　四、真倾角、视倾角换算图 ……………………………………………………………… 365
英汉专业词汇索引 …………………………………………………………………………… 366
参考文献 ……………………………………………………………………………………… 372

第一章
绪　论

一、构造地质学的研究对象与内容

构造地质学是地质学的一门基础学科,其研究对象是地壳或岩石圈的地质构造。所谓地质构造,是指组成地壳的岩层和岩体在内、外动力地质作用下发生变形,从而形成诸如褶皱、节理、断层、劈理以及其他各种面状和线状构造等。构造地质学的主要任务即是研究这些由内动力地质作用所形成的各种地质构造的形态、产状、规模、形成条件、形成机制、分布和组合规律及其演化历史,进而探讨产生地质构造的地壳运动方式、规律和动力来源。同时,构造地质学也对沉积岩在沉积和成岩作用过程中所形成的原生构造以及岩浆岩在岩浆侵位和结晶过程中所形成的原生构造加以认识和研究。

构造地质学的研究范畴可大可小,大至几百、数千千米乃至全球规模的地质构造,例如大陆和大洋、山脉和盆地等的形成和发展;小至表现在一定范围的露头上或标本上的地质构造,例如节理、断层以及褶皱的形态特征及其演化历史;更小到岩石或矿物的内部组构等,需要借助显微镜才能进行观察研究。因此,对地质构造进行观察研究时可以按规模大小将其划分为许多级别,这些级别称为构造尺度。构造尺度的划分具有相对性,一般划分为巨、大、中、小、微以至超显微等级别,且不同尺度的地质构造具有其特定的研究任务和研究方法。例如,小尺度或中尺度地质构造观察研究通常以野外地质调查入手,再配以地震反射剖面、钻测井数据、遥感影像及其他相关资料进行综合分析,研究其构造形态、变形机理、演化历史及其动力学背景等。此外,构造地质的研究还涉及从地壳表层至地幔深部不同层次的构造变形。

二、构造地质学的研究意义

研究地质构造具有重要的理论意义和实际意义。理论意义体现在可阐明地质构造在空间上的相互关系和时间上的发育顺序,探讨地质构造的演化和地壳运动规律及其动力来源;实际意义则在于可应用地质构造的客观规律来指导生产实践,解决矿产分布、水文地质、工程地质、地震地质、石油地质及环境地质等方面有关的问题。

地壳中矿产的分布受一定的地质构造控制。成矿物质的形成和运移等成矿作用,都直接或间接地受地壳运动的影响。矿产的形成需要有成矿物质运移的通道和沉淀、储集场所,这些通道和场所与地质构造关系密切,如石油、天然气常常分布在背斜的顶部或具圈闭条件的断裂构造中;另一方面,许多已形成的矿产还会受到后来地壳运动的影响发生变形。

地下水的活动和富集,与地质构造有密切关系,只有认识了地质构造特征,才能更有效地寻找地下水。

许多工程建设,首先要查明工程地区地质构造情况,对地基稳定性做出评价,为工程设计和施工提供地质依据。例如我国的三峡水利工程、青藏铁路工程以及各高速公路的建设等,都要对其地基和周边的地质构造进行系统研究。

对于环境地质，如重大自然灾害地震、火山、山崩、滑坡、泥石流等的预防和治理，同样需要构造研究的支持。

由此可见，学习和掌握构造地质学的理论和方法是地质工作者从事各项地质研究和生产任务的必备条件和基础。

三、构造地质学的研究现状

从最初的槽台学说（Hall，1859；Danna，1873）的提出发展至20世纪60年代板块构造理论的问世，标志着地球动力观（活动观）取代了过去准静态的地球观。马杏垣（1983）根据世界构造地质学的发展，对新的构造观进行了简单的概括：

(1)地球是一个高度活动体，其内部热量驱动着对流，带动着板块活动，即活动论，已作为人们认识、分析构造的根本思想。

(2)岩石圈或地壳是层圈式的，具有层圈结构。这种不同构造层次之间的界面在构造变动中起着重要作用。同时，岩石圈在构造上、组成上和物理状态上的非均质性造成了岩石圈层圈在横向上极不均匀，垂向上极不协调。这种特性可以成为一种构造的驱动力。

(3)构造变形是多种成因、多种级别、多期次形成的。多成因是指动力来源是多样化的，如地幔对流、地球旋转、天体因素等。多种级别是指构造存在不同的尺度。多期次是指地壳形成的构造是长期的，构造发展是多幕的，其构造形成由多种样式叠加在一起。

(4)受地球动力学背景的控制，伸展构造、收缩构造、走滑构造、垂直构造共同组成了沉积盆地内多种构造样式的基本类型。

而如今伴随科技的快速发展，航空航天、地球物理、地球化学、电子技术和超微技术等方法和技术手段相继应用于构造地质学领域，构造地质学的发展已进入一个崭新的阶段。许多新思想、新概念和新方法不断涌现，研究内容涉及多尺度、多层次、多体制、多因素或多成因、多类型，全方位动态研究方法已渗入构造地质学的每一个领域。此外，石油构造学也进入了一个新的发展阶段。石油地质学家在研究含油气区、沉积盆地的形成、构造演化等问题时，也逐渐形成了一套总体看法，建立了新的构造观。中国地质学会地球动力学与构造地质学专业委员会组织相关专家讨论研究，认为构造地质学作为地质学科的一个重要二级学科，在21世纪应该着重解决以下10个方面的问题：

(1)板块登陆后，陆内变形的机制是什么？

(2)构造年代学研究手段问题：一般用锆石的测年来确定变形的时代，但各种测年方法的数据差别很大，如何界定？

(3)地质历史时期气候变化与构造之间关系如何？

(4)浅部构造与深部构造之间关系如何？

(5)大洋与大陆、大块体与小块体的流变学的差别如何？

(6)流体对岩石变形行为的影响。

(7)如何界定"陆内"和"板内"两个概念？

(8)前寒武纪构造演化问题。

(9)什么是夭折的"裂谷"？

(10)构造活动与地震之间有什么关系？

四、构造地质学的特征及研究方法

由于构造地质学研究对象是地壳或岩石圈的地质构造,而绝大多数地质构造又是在漫长的地质历史过程中历次地壳运动的产物。所以,人们既不可能直接看到当初它们变形的环境和过程,也不可能在实验室中以同样的规模和时间过程来再造它们。因此,对它们的认识,只能通过观察和系统研究来实现。通常采用反序法,即对它们的变形遗迹——各种地质构造的形态、产状及它们之间的相互关系研究,并结合其他资料加以综合分析,推测它们的受力变形的情况,进而探讨其区域应力状况及其所反映的地壳运动的性质和特点。反序法是研究地质构造的一种最基本方法。该方法的主要任务有:

(1) 对地质构造进行几何分析和空间分析——观察、测量、描述。

(2) 对地质构造进行历史分析——阐明各类地质构造的形成时代及其发育顺序。

(3) 对地质构造进行力学分析和成因分析——鉴定构造的力学性质。

尽管研究地质构造有许多特殊的方法,但当前对地质构造的研究主要有下列几种方法:填图法;模拟实验法——物理模拟和数学模拟;地球物理方法——物探和测井;航空、航天遥感技术方法;钻井法等。

以上介绍的是一般构造地质学研究的方法。作为未来从事油气勘探和开发的石油院校学生,主要应该掌握石油构造地质的研究方法。石油构造地质学发展到今天,需要从新的角度来认识石油构造的形成机制以及分布规律。石油构造分析主要包括如下内容:

(1) 基础地质资料研究,这些资料包括有:区域地质文献资料;区域地质图件;古地磁资料;深部地震地质资料;重力、磁力、电法勘探资料;遥感地质资料;构造地球化学资料;火山岩、火成岩资料;地温、地热流资料;烃源岩、储集层资料;钻井、测井资料;岩石或岩心显微构造研究资料。

(2) 地震资料的构造解释研究,包括:二维、三维地震资料的精细处理;综合各种资料进行地震数据层位标定;通过各种样式建立地质模型,进行地质模型正演模拟;对地震资料进行初步构造解释;利用平衡地质剖面进行验证,修正构造解释的成果;根据修正后成果编制各种构造图件。

(3) 盆地构造演化史研究,包括:构造演化阶段的划分;不整合类型鉴别;沉降历史分析;岩浆活动历史分析;深部构造背景分析;构造演化模式建立;盆地构造运动学、动力学分析。

(4) 盆地油气资源的预测,包括:构造单元划分;各种圈闭类型鉴别及分布规律探讨;有利生、储、盖组合和配置;有利圈闭评价;盆地油气资源预测。

总之,沉积盆地的石油构造分析是一个复杂的系统工程,由于油气是一种流体,它的生成、运移、聚集是一个复杂的过程,不同于以固体沉积矿床为目的的构造分析。对于不同的沉积盆地,油气勘探程度的差异和不同的勘探阶段,构造分析方法上应有所侧重和取舍。

五、构造地质学与其他后继课程的关系

构造地质学是资源勘查工程、勘查技术与工程、地质工程等专业的专业基础课,也是其他地矿类、环境类、水文类、土建类等专业的专业基础课。它是继普通地质学、矿物学、岩石学、测量学等课程之后进行教学的。主要目的是为各有关专业课程的学习奠定基础,培养在地质找矿、工程地质、水文地质及有关科研工作中解决地质构造问题的能力。通过本课程学习,要求掌握观察、认识、描述各种地质构造及收集、整理、分析有关地质构造方面资料的知识和方法;

能初步应用力学原理和岩石变形理论分析地质构造的形成、发展和组合关系；掌握地质图的阅读分析及编制地质图件的一般知识和方法。同时，在教学过程中，培养学生在地质构造观察、资料整理和分析研究中的地质思维方式，用辩证唯物主义、历史唯物主义的观点以及实事求是、严谨认真、重视第一手资料的科学态度，把学生培养成勇于开拓进取、敢于创新、与时俱进、在社会经济可持续发展中能做贡献的高素质专业人才。

构造地质学要求具有三维甚至四维时空概念，它不仅要求一般性地理解其主要术语、名词，而且要求学生在理解的基础上建立空间模型，甚至需要像三维动画那样进行反演，需要平面与空间图形的转换。要求学生具有扎实的几何学及空间想象能力，具备基本的素描绘画、逻辑推理以及其他如地史、区域地质学等基本知识作为基础。

本书作为地质类各专业的地质基础课的教材，基本内容是阐述有关中、小型地质构造的基本特征及其识别分析方法，为后继专业课程，如矿床学、勘探地质、矿田构造、石油地质、煤田地质、水文地质、工程地质、地震地质等打下基础。

六、本书的中心内容及对学生的基本要求

本书的中心内容以"三基"为主，以几何学为指导，以中、小型构造为主要研究对象，以构造的实际观测与研究、构造的表示与绘制方法为重点，了解大地构造、盆地构造的基本理论和内容。

(1)要求学生初步学会和逐步掌握对构造观察、分辨、分析和处理的基本能力，通过这些能力培养，为实际构造的观测和研究奠定基础；

(2)要求学生能建立立体空间概念，能对构造的三维形象进行观测和描述，初步从运动和发展的观念动态地描述一个地区各种构造的相互关系和演化过程；

(3)要求学生初步、系统地掌握各类构造的基本特点和识别标志，以便能正确识别所观察构造的类型；

(4)要求学生初步掌握认识构造的形成、演化及其变形条件，能由已知到未知，追本溯源，通过反演、类比、求证等方法去探索构造的发生和发展的规律性；

(5)要求学生具有对所收集的各种构造数据进行统计处理和分析的能力，对所研究的构造能够采用各种图表予以正确表示或填绘，具有正确读图、用图、制图的熟练技能。

第二章
沉积岩原生构造及产状

本章提要

本章重点讲述沉积岩的岩层、层面、层理及其识别;沉积岩层的原生构造及顶、底面的确定;水平岩层、直立岩层及倾斜岩层的概念;倾斜岩层的产状、厚度、埋藏深度及其露头特征。

本章难点是倾斜岩层的出露特征,如何在地质图上利用"V"字形法则判断倾斜岩层的岩层产状。

通过本章的学习,要求学生掌握如何利用沉积岩的原生构造确定岩层的顶、底面;掌握倾斜岩层的产状要素及其测量方法和表示方法;熟练应用"V"字形法则判断岩层产状;了解岩层露头宽度的变化特点及其影响因素。

沉积岩是地壳表层分布最广泛的岩石,其分布面积约占地球大陆面积的75%,在我国约占77%。大陆地壳表层的地质构造很多都是由沉积岩形成的。观察分析沉积岩层的原生构造,确定岩层产状、厚度和岩层出露特征等,是研究地质构造的基础工作,也是本课程的基本内容。

第一节 沉积岩层的原生构造

沉积岩层的原生构造(Primary structure)是指在沉积物堆积与成岩过程中产生的非构造变动的构造特征,如层理构造、层面构造、包卷构造、同生结核、叠层石、生物遗迹、叠锥等。次生构造(Secondary structure)是指固结成岩之后所形成的构造,如缝合线构造、次生褶皱与断裂等。

沉积岩的原生构造主要是岩石学和沉积学研究的内容,但是,它对地质构造的研究有着重要的意义。沉积岩原生构造不仅为研究和判断岩层形成时的古地理(Paleogeography)和构造运动(Tectonic movement)特征提供重要资料,而且有些原生构造,如层理构造、层面构造等,还可以作为鉴别岩层顶、底面以及确定岩层相对层序的重要依据。

了解这些构造特征,对观察、分析构造形态和分析构造环境,确定岩层产状和岩石变形特征具有一定的指导意义,在某些情况下具有特殊作用。

一、层理及其识别

(一)岩层、层面、层理的概念

由两个平行或近于平行的界面所限制的岩性基本一致的层状岩体称为岩层(Terrane)。由沉积作用所形成的岩层称为沉积岩层(Sediment terrane)。

岩层的形成过程是内动力地质作用(主要是地壳的升降作用)和外动力地质作用(包括风

化、剥蚀、搬运、沉积等作用)相互影响、相互制约的过程。如处于地壳不断下降过程中接受沉积的坳陷盆地,在其边缘沉积砾石,向盆地内部逐渐过渡为砂、细砂、黏土等物质,在盆地中心过渡为较稳定的化学沉积。这些沉积物成岩以后即分别形成了粗、细不同的砾岩、砂岩、页岩、泥灰岩或石灰岩等,如图2-1(a)所示。如果地壳继续下降,沉积区继续扩大,沉积区段则发生变化,在原来砾石层上面又沉积了砂层,原砂层上面又沉积了细砂或黏土等,使水平方向(由陆至湖)和垂直方向(由下至上)均呈现出由粗到细逐渐过渡的关系,如图2-1(b)所示。有时沉积下降速度明显变化,造成沉积环境的明显变化,使得上、下两套沉积物在物质成分、结构和颜色等方面均有明显的差异,如图2-1(c)所示。这种相互重叠并有明显差异的地质体,成岩以后在构造上的明显特征是具有层状构造。岩层的这种特征主要是受外力地质作用的影响,如气候的变化、水量的大小以及物质来源的不同等。

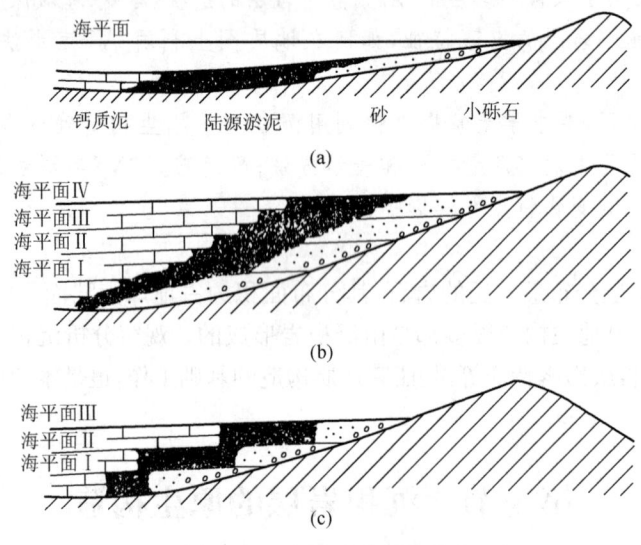

图2-1　岩层及层理的形成

(a)沉积盆地中陆源沉积物与海岸线的分布关系;(b)当沉积盆地缓慢下降时,各岩层间物质成分的渐变关系;(c)当沉积盆地迅速下降时,各岩层间物质成分的突变关系

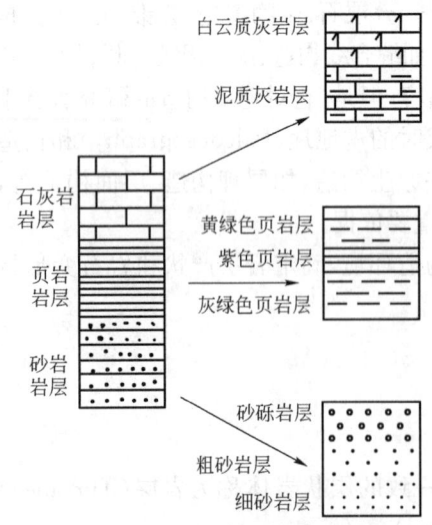

图2-2　岩层和层之间的关系示意图

岩层的上、下界面称为层面(Bedding surface)。下层面又称为底面,形成在先,上层面又称为顶面,形成在后。层面代表了短暂的无沉积或沉积作用突然变化的间断面。两个岩层的接触面,既是上覆岩层的底面,又是下伏岩层的顶面(图2-2)。

沉积岩层一般都具有成层性。所谓沉积岩层的"层或单层",是指在基本稳定的环境条件下沉积的一个单元,表示最小的岩石地层单位。一个"层或单层"是由成分基本一致的沉积物所组成的。层与层之间由层面分隔,两层面之间的垂直距离就是岩层的厚度(Thickness)(图2-3)。由层面所分隔的单层厚度可分为:块状层(>1m);厚层(1~0.5m);中厚层(0.5~0.1m);薄层(0.1~0.01m);极薄层或微层(<0.01m)。

由于沉积环境和条件的不同,岩层的厚度区域分布有变化,可由数毫米至数米。同一岩层在不同地段或在同一地段的不同部位,其厚度也会有明显变化,甚至可能会出现岩层尖灭现象。它们有的是原来沉积时由于沉积物的不均衡性所致,而有的是由于被后来的构造运动所改造的结果。例如有的岩层在较大范围内厚度不变或基本一致,形成厚度稳定的板状岩层;有的岩层在较小范围内明显地向一个方向增厚,而向另一个方向变薄甚至尖灭,形成岩层尖灭现象;有的岩层中间厚且向两侧发生尖灭,形成透镜状岩层(图2-3)。岩层厚度的这些变化,受当时堆积形成时地壳运动的升降速度、幅度以及古地理环境的影响。因此,我们常采用测定各个地点同一时代岩层厚度数据,制作该时代岩层的等厚图(即岩层厚度等值线图)来分析地壳升降运动的变化规律,确定出隆起区和坳陷区,这对寻找石油和天然气有一定的实际意义。

层理(Bedding)是沉积岩中最常见的一种原生构造,也是沉积岩最基本的特征。层理是沉积物沉积时由于介质(如水、空气等)的流动在层内形成的成层构造,可以通过岩石成分、结构和颜色等特征在剖面上的突变或渐变显示出来。另外,沿垂直层面方向的剖面仔细观察,还会发现有颗粒粗细、颜色深浅甚至含有其他物质多少的变化。根据这些变化,岩层内还可以细分为若干更小的层,所以,层又是岩层的基本组成单位。一个岩层可以由一个或几个层组成。依据层理的形态不同,通常将其分为三种基本类型(图2-4):水平层理(Parallel bedding)、波状层理(Wavy bedding)和斜层理(Oblique bedding)。除上述三种基本类型外,由于沉积作用过程中介质的复杂运动和其他因素的影响,还有许多过渡类型和特殊类型,例如斜波状层理、递变层理等。

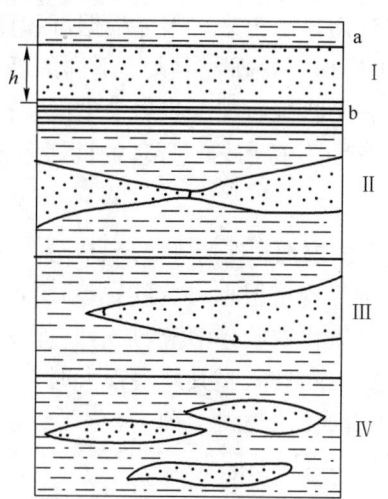

图2-3 岩层的厚度和形态图
a—顶面;b—底面;h—岩层厚度;Ⅰ—板状岩层;
Ⅱ—岩层厚度变薄;Ⅲ—岩层尖灭,呈楔形;
Ⅳ—岩层呈透镜状

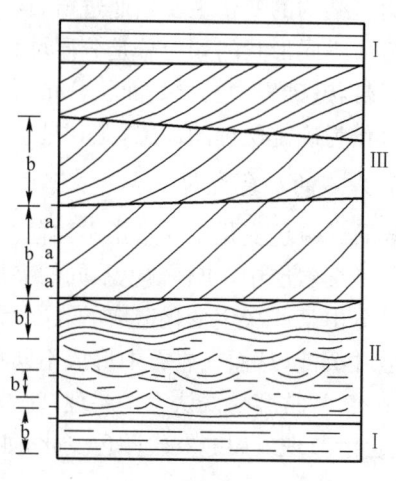

图2-4 层理的基本类型
Ⅰ—水平层理;Ⅱ—波状层理;Ⅲ—斜层理;
a—细层;b—层系

组成层理的要素有细层、层系、层系组。

细层又称纹层(图2-4中的a),是指组成层理的最小单位,其厚度极小,数以毫米计。细层与层面平行或斜交,也可以是平直的、波状的或弯曲的。

层系(图2-4中的b)是指由成分、结构和产状上相同的许多细层组成。水平细层组成的层系由于层系间缺乏明显的划分标志,一般难以划分层系;而由倾斜细层组成的层系则易于识别,层系间由明显的层系界面分隔。层系的上、下界面之间的垂直距离称为层系厚度。

层系组由两个或两个以上的相似层系叠置而成,是在同一环境的相似水动力条件下形成的。

(二)层理的识别

在进行地质构造研究时,判别层理是最基础的工作。很多情况下只有识别出层理,才能确定出岩层面的位置,进而判断岩层的正常层序,恢复地质构造的原始形态。大多数情况下,沉积岩的层理较为明显,容易辨认。但某些岩层,如成分较为单一的巨厚岩层,它们的层理常常很不清楚;有的岩层中则发育密集定向的节理或劈理,掩盖了层理或与层理混淆不清。特别是在某些变质岩区,次生面理特别发育,甚至层理被置换,致使原生层理极难辨认。这就要求我们在野外工作中必须仔细观察,尽力发现能鉴别层理的各种标志及岩层的其他原生构造。

野外识别层理,主要根据以下4种标志:

1. 岩石的成分变化

岩石成分的变化主要是指由成分差异而显示出来的层理,此为显示层理的重要标志。在岩性比较单一的巨厚或厚岩层中,要特别注意寻找成分特殊的薄夹层,如块状砂岩中的砂砾层、粗砂岩薄夹层或透镜体,巨厚层石灰岩或白云岩中夹有的薄层状泥灰岩、页岩或硅质条带,巨厚层泥岩中夹有粉砂岩等。查明这些薄夹层的层面,有助于识别包含这些薄夹层的巨厚岩层的层面,所以此类薄夹层是识别巨厚岩层层面比较可靠的标志。

2. 岩石结构的变化

岩石结构的变化主要是通过岩石粒度和形状的变化而显示出来。因为根据沉积原理,不同粒度或不同形状的颗粒总是分层堆积的,从而显示出层理。如砾岩中大小不同的砾石分层堆积呈带状;砂岩中云母呈面状分布,各种原生结核或扁平状砾石在沉积岩中呈面状排列等,都可以作为确定层理的标志,尤其是鉴别岩性单一的块状粗粒碎屑岩层层理的良好标志。

3. 岩石的颜色变化

岩石的颜色变化主要是指由颜色的不同而显示出来的层理。在层理隐蔽、成分均一、颗粒较细的一套岩层中,如有颜色不同的夹层或原生条带,常显现出层理,也可以指示层理。但要注意区分由某些次生变化造成的岩石颜色差异。例如氢氧化铁胶体溶液,常沿节理或岩石孔隙扩散并沉淀,从而在岩石中形成不同色调的褐红色条带或晕圈,当其规模很大时,在个别露头上观察,常常容易误认为是层理;此外,在有些深色泥岩或白云岩中,常因风化而引起褪色作用,也会沿节理或裂缝发生颜色变化,如不注意也会误当作岩层的层理。

4. 岩层的原生层面构造

原生层面构造包括波痕、泥裂、雨痕、生物遗迹及其印模等,也可以作为确定和识别层理的标志。

在野外观察中,如果在一个露头上层理不易看清,或者分不清是层理还是其他次生构造(如节理、劈理)时,应多观察一些附近的露头,详加比较和分析。如根据层理面一般都具有延展较远、连续性较好等特点加以区别。当沉积岩中发育有大型斜层理时,应注意要把斜层理的细层与层系的主层理区别开来。

二、利用沉积岩层原生构造确定岩层的顶面和底面

正确地鉴别层理构造和层面构造是地质构造研究的基础,也是恢复和研究区域构造格架

所必需的。因为未经构造变动的岩层,其正常层序总是上顶下底,即上新下老,沿着岩层倾斜方向是按照由老到新的层序排列;但经构造变动后、岩层则可倾斜、直立,甚至倒转,从而出现岩层底面在上,顶面反而在下,岩层沿着倾斜方向,出现由新到老的层序倒置现象。确定岩层的地质时代和层序,主要是依据化石。但是在某些情况下,尤其在缺乏化石的"哑地层"中,也可以根据岩层的原生构造或某些次生构造来鉴别岩层的顶、底面,进而确定其相对新老层序。正因为原生构造的方法比化石来得更容易些,因此,在这里介绍几种常见的而又比较可靠的确定岩层顶、底面的原生构造。关于利用次生构造(如层间小褶皱、劈理等)确定岩层顶、底面问题,将在后面有关章节中论述。

(一)斜层理

斜层理(Oblique bedding)是由一组或多组与主层面(或层系界面)斜交的细层组成。斜层理在水成和风成的碎屑沉积中都可形成。斜层理的表现形式较多,如单向斜层理和交错层理等。利用斜层理中的细层和层系界面的关系可以确定岩层的顶面和底面。其判别特征是:每组细层理与层系顶部主层面成截交的关系,即细层撒开一端指向岩层的顶面,与层系面呈高角度相交;与层系底部主层面呈收敛变缓,与底面小角度相交或相切关系,弧形层理凹向顶面,即"顶截底切",又称为"上截下切"。根据这个特点可以确定岩层顶、底面(图 2-5)。

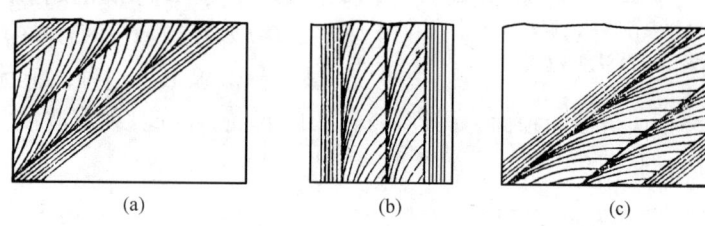

图 2-5 根据斜层理确定岩层顶、底面(据 M. P. Billings,1947)
(a)岩层是正常层序,顶面在左边;(b)岩层直立,顶面在右边;(c)岩层倒转,顶面在右边

(二)粒级层理

粒级层理(Graded bedding)又称为粒序层理或递变层理。它是碎屑物质在沉积过程中由于流体(通常是浊流)流速减缓,碎屑物质逐渐沉积下来而形成的一种沉积结构。碎屑颗粒在岩层垂直方向上颗粒粒度呈韵律变化。正常粒级层理颗粒粒度分布在一单层内为下粗上细,其特点是从底到顶由砾岩或粗砂岩开始,向上递变为细砂岩、粉砂岩以至泥岩。有的由砾至泥粒级递变完整,有的不完整只有砾-砂或砂-泥。粒级层理在海相、湖相碎屑岩中很普遍,它可以是水流机械搬运分异沉积的结果,也可以由浊流搬运形成粒级浊积层。

粒级层理厚度不等,可由几厘米到几米。在相邻两粒级层之间,下层顶面常受过冲刷,因而两层在粒度上或成分上不是递变而是突变,且有明显的界面存在。根据粒级层理这种下粗上细粒度递变的特征,可以确定岩层的顶、底面(图 2-6)。这种具有粒级层理特征的岩层浅变质后,还可能保留粒级层理的特征,不过当变质程度较深时,由于成分、粒度不同,对变质作用的反应也就不同。如原来细粒的泥质物质经重结晶后,可能形成比由砂质变质的石英质粒度还要粗大的新矿物,因而会出现与原岩粒级层理相反的现象。此外,在某些粗碎屑岩中,也有反粒级层理的现象,即在一个单层内,由底到顶粒度逐渐变粗。这是由于水流逐渐加强或粗碎屑物质相互碰撞、悬浮,细碎屑先沉积(动力筛作用)等原因造成的,与正常粒级层理的区别在于它的顶界面是渐变过渡的。因此,在利用粒级层理判断岩层顶、底面时,要注意区别这些反常现象。粒序层理一般海进层序保存较好,较可靠,即从老到新,由粗到细。

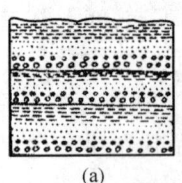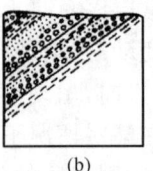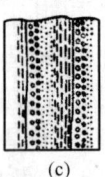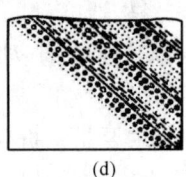

图 2-6 根据粒级层理确定岩层顶、底面(据 M. P. Billings,1947)
(a)水平岩层,每层自底到顶由粗变细；(b)正常倾斜岩层,顶面在左上方；
(c)直立岩层,顶面在右边；(d)倒转岩层,顶面在左下方

(三)波痕

波痕(Ripple mark)是沉积物表面由于水和空气流动而形成的波状起伏不平的堆积形态,主要发育在粉砂岩、砂岩及碳酸盐岩的表面,在细砾岩中也可见到。波痕由波脊和波谷组成,根据波脊的形态可划分为不同类型(图 2-7)。

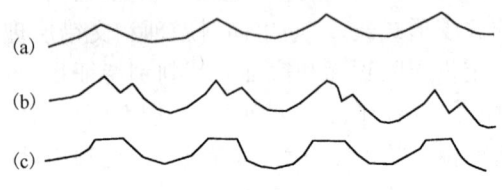

图 2-7 波脊的形态
(a)浪成对称尖脊圆谷波痕；
(b)双脊改造波痕；(c)平顶改造波痕

波痕按其成因主要分为水成和风成两种。水成波痕又可分为浪成波痕(振荡波痕)和流水波痕(流动波痕)。其中,能够用来指示岩层顶、底面的主要是对称型浪成波痕(图 2-8),它的波峰呈尖棱形,波谷呈圆弧形。这种波痕无论是原形还是印模,都是波峰尖端指向岩层的顶面,圆弧形波谷凹向底面。因此,利用波痕"上尖下圆"可以确定岩层的顶、底面(图 2-9)。

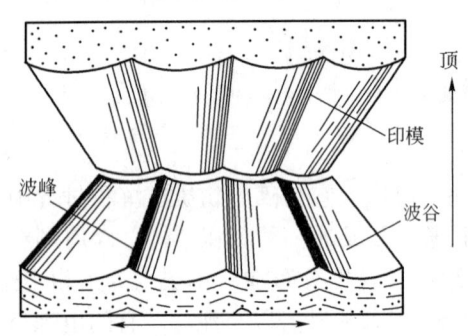

图 2-8 对称型浪成波痕及其印模
(据 R. R. Shrock,1948)

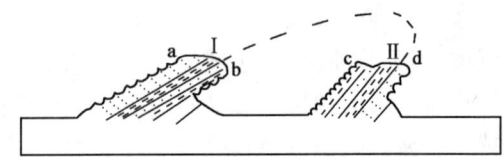

图 2-9 利用波痕确定岩层顶、底面
(据 M. P. Billings,1947)
Ⅰ—正常岩层；Ⅱ—倒转岩层；
a—波痕原型,波痕指向左上方；b—波痕印模,波峰指向左上方；
c—波痕印模,波峰指向右下方；d—波痕印模,波峰指向右下方

(四)泥裂

泥裂(Mud crack)也称为干裂或龟裂纹,是未固结黏土岩、泥质粉砂岩、泥灰岩等细粒沉积物露出水面并经太阳暴晒干涸时,因收缩而裂开的与层面大致垂直的楔状裂缝,是一种示底构造。泥裂常使层面构成网状、放射状或不规则分叉状的裂缝,在剖面上一般呈"V"形,有时因切穿层面也可呈"U"形裂口。这些裂缝被上覆沉积物填充时,使填充层的底面成脊形印模。无论是楔形裂缝还是脊形印模,均可用泥裂的"上宽下窄"确定岩层的顶面和底面,其尖端均指向岩层的底面,即指向较老岩层,开口端指向岩层顶面(图 2-10、图 2-11)。

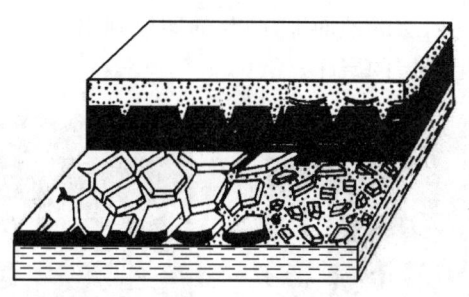

图 2-10　泥裂的立体示意图(据 R. R. Shrock,1948)

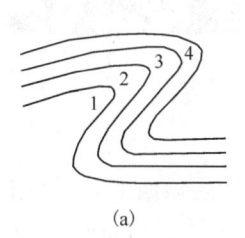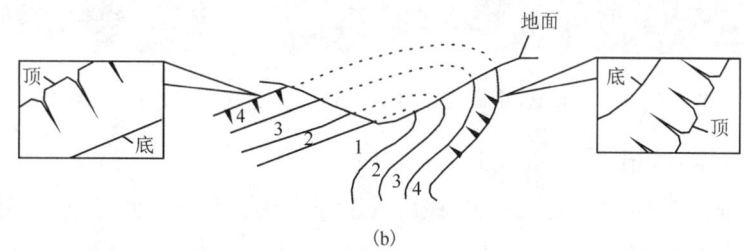

(a)　　　　　　　　　　　　　　(b)

图 2-11　利用泥裂判断地层的层序
(a)原始褶皱时的地层；(b)遭受剥蚀后的地层

(五)雨痕、雹痕及其印模

雨痕(Raindrop imprint)和雹痕(Hail imprint)是指雨点或冰雹落在湿润而柔软的泥质或粉砂质沉积物表面上，击打出边缘略高于沉积物表面的圆形或椭圆形凹坑，后经沉积物充填并呈半圆形突起。雹痕较雨痕大而深，形状不规则，其边缘也较高。两种凹坑形成后又被上覆沉积物填充掩埋，成岩后使上覆岩层的底面形成圆形或椭圆形的瘤状突起印模。根据雨痕和雹痕印模所保存的凹坑和瘤状突起可以确定岩层的顶面和底面：凹坑总是分布在岩层的顶面，瘤状突起的印模则位于岩层的底面，即"上凹下凸"，或者说，凹坑和瘤状突起印模的圆弧形面均凸向岩层的底面(图 2-12、图 2-13)。

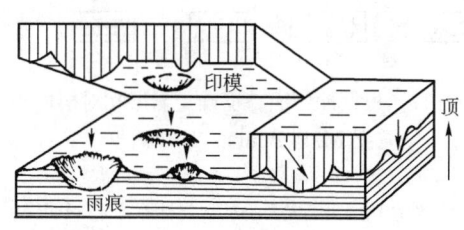 

图 2-12　雨痕及其印模的立体示意图
(据 R. R. Shrock,1948)
图中的小箭头指雨或冰雹的下落方向；
旁侧的大箭头指层位的顶、底面

图 2-13　四川广元三叠系飞仙关组
紫红色砂质页岩之雨痕(李尚宽绘)
雨痕凹坑所在，表明为上层面

此外，还有许多不同成因、形态各异的印痕和印模，如由生物活动形成的虫迹(图 2-14)、脚印。流水携带某些"工具"(如石块、贝壳、树枝等)对沉积物表面的冲击或刻划会造成各种印痕,在上覆岩层底面形成各种对应的印模,如裂流痕(图2-15)、槽模、沟模、渠迹等。这些印痕和印模是凹形印痕分布在岩层的顶面上,凸起的印模则出现在岩层的底面上。据此可以判别岩层的顶、底面,从而确定岩层的层序。

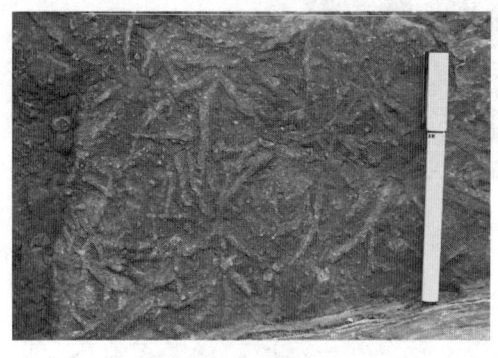 

图2-14　峨眉山三叠系嘉陵江组中的虫迹　　　　图2-15　峨眉山三叠系嘉陵江组中的裂流痕

(六)冲刷面

固结或半固结的沉积层,在出露水面或在水下时经水流冲刷,在沉积层顶面造成凹凸不平的冲刷面,又称为冲刷痕迹(图2-16)。此后,这些不平整的冲刷面上又堆积物质时,被冲刷下来的下伏岩层的碎块和砾石,有可能在原冲刷沟、槽、坑处又堆积下来,形成自下而上由粗变细的充填物。这种冲刷沟、槽、坑和下粗上细的充填物特征,可以作为判别岩层的顶、底面的标志(图2-17),即上层含下层"泥砾"。上覆沉积层的底面也可形成相应的印模,同样可作为确定岩层顶、底面的标志。

 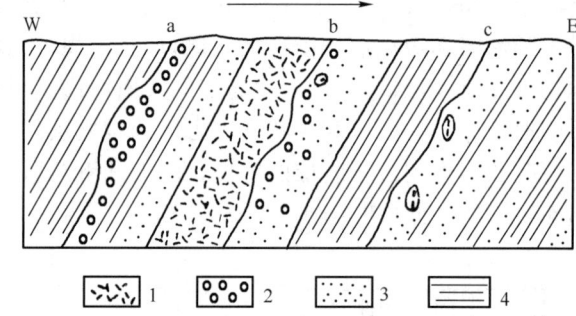

图2-16　某地区岩层中的冲刷面　　　　图2-17　根据冲刷面特征确定岩层相对层序
　　　　　　　　　　　　　　　　　　　　　　　(据M.P.Billings,1947)
　　　　　　　　　　　　　　　　　　　　1—熔岩;2—砾岩;3—砂岩;4—页岩
　　　　　　　　　　　　　　　　　　从a、b、c等处冲刷面形态及砾石碎块岩性等特征,说明岩层西边老、东边新,岩层又向西倾斜,所以这套岩层是倒转层位

(七)古生物化石的生长和埋藏状态

保存在岩层中的古动、植物化石,除了根据其种属确定地层的地质时代外,还可以根据某些化石在岩层内的稳定埋藏保存状况和自然生长状态鉴定岩层的顶、底面。例如珊瑚,特别是群体珊瑚等底栖生物,若它们在原来生长的位置被掩埋,其根系总是指向岩层的底面。又如由藻类生物形成的叠层石,其类型不同,形态各异,可有柱状、分枝状、锥状和瘤状,但均具有向上

隆起的叠积纹层构造,其凸出方向指向岩层的顶面(图2-18)。

一些腕足类或腹足类介壳在被沉积物掩埋时,大多数介壳保持着凸面向上这样一种最稳定的埋藏状态,所以,大多数介壳的较凸一瓣的凸出方向往往指向岩层的顶面(图2-19)。

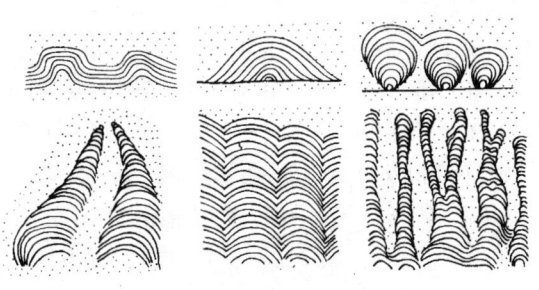

图2-18 不同形态的叠层石纹层凸向顶面

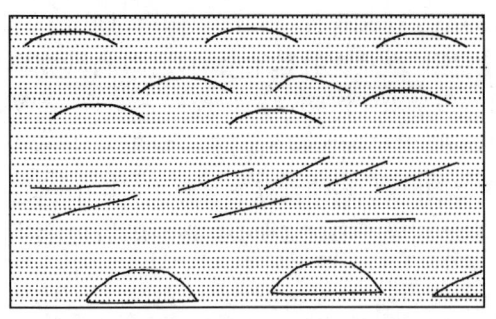

图2-19 介壳埋藏状态剖面示意图
(据R.R.Shrock,1948)

古代羊齿类、苏铁类和其他种类植物的根系,当被掩埋时,保持其生长状态,则古植物根系的生长迹象也可以作为确定岩层顶、底面的标志,根系分叉方向指向底面(图2-20)。此外,生物活动造成的遗迹化石,如三叶虫的停息迹、爬行觅食迹及潜穴的蹼状构造,凹面均指示岩层的顶面(图2-21)。

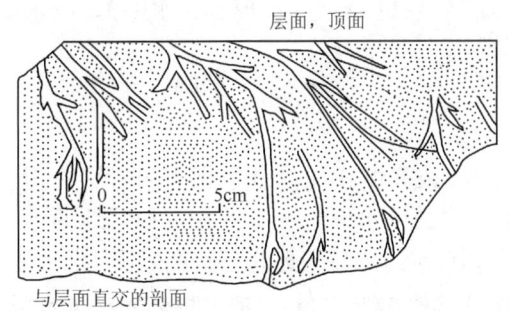

图2-20 植物根系生长状态剖面示意图
(据R.R.Shrock,1948)

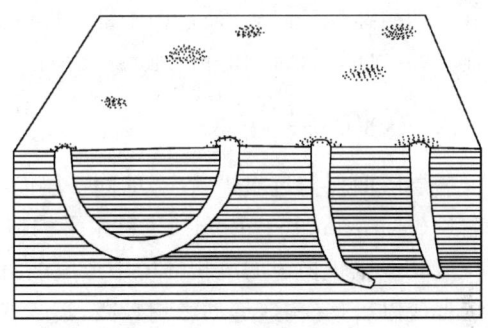

图2-21 虫穴剖面示意图
(据Hills,1972)

第二节 岩层的产状、厚度及出露特征

岩层的产状是指岩层面在三维空间中的方位和状态。

在广阔而平坦的沉积盆地(如海洋和大湖泊)中所形成的沉积岩层,其原始产状大都是水平的或近于水平的。由于构造运动造成水平岩层发生构造变形与变位,形成了倾斜岩层、直立岩层、倒转岩层和各种褶皱形态,但也有一些岩层仍旧保持其原来的水平状态。在地表浅处,由于重力、流水、冰川、岩溶及吸水作用(如硬石膏吸水变成石膏,体积膨胀约40%)等外动力地质作用,也会使岩层产状发生局部变动而形成各种表生构造。因此,野外认识和研究构造形态,必须从观察和测量岩层的产状着手。要正确认识和分析岩层经受什么样的变形而产生这些构造形态,还需要了解岩层的原始产状。

一、岩层的原始产状

沉积岩层具有不同发育程度的层理构造,可以反映出沉积物在沉积作用过程中所处的构造环境。这些还保持着沉积作用时形成的岩层产状即称为原始产状。

原始产状大致是水平的,因为沉积物基本平行沉积盆地底面,成岩之后基本处于近水平状态。但是由于沉积盆地古地形差异,在盆地边缘、岛屿周围、水下潜山和火山锥周围的局部沉积地带,岩层则表现出局部一定程度的倾斜状态,这就是原始倾斜(图2-22)。原始倾斜在海相和陆相沉积岩中都存在。海相岩层中(如生物礁及其围岩)常具有一定的原始倾斜(图2-23);而在陆相岩层中更为明显,如残积、坡积、冰川和风的堆积等,大都有不同程度的原始倾斜。

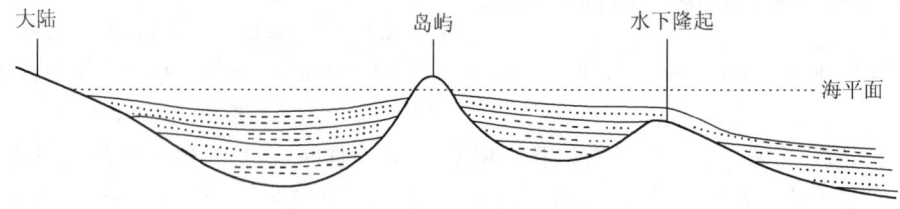

图 2-22 沉积岩层原始倾斜产状形成剖面示意图

水平岩层多出现在未经构造变动或变形微弱地区,如北美克拉通中部、俄罗斯克拉通中部和我国四川盆地、鄂尔多斯盆地中部等地区。因此,将岩层的原始产状理解为水平的,以水平面作为参考面,是认识和分析地质构造的一个基本前提。

二、水平岩层

岩层层面保持近水平状态,即同一层面上各点的海拔高度相同或基本相同的岩层称为水平岩层(Horizontal stratum),也称水平构造。水平岩层的倾角不超过5°。在沉积盆地的中心部位或其他比较稳定的沉积环境中形成的沉积岩层,其原始产状一般都是水平或近似水平的。岩层形成以后,受构造运动影响轻微,其产状基本保持原始水平状态,习惯上也称为水平岩层。如四川盆地中部一些地区的中、晚侏罗世和白垩纪地层的产状基本上就是水平的(图2-24)。

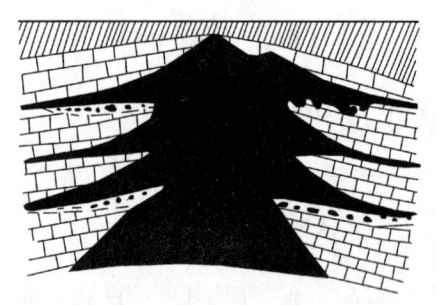

图 2-23 生物礁及其围岩的原始倾斜产状

图 2-24 四川苍溪观音寨中侏罗统水平岩层素描图(李承三绘)

(一)水平岩层的分布特征

在地层层序没有发生倒转的前提下,地质时代较新的岩层叠置在较老岩层之上(上新下老)。当地形切割轻微时,地面只出露上部最新的地层,如图2-25(a)所示;在地形切割强烈的地区,在河谷、冲沟或地形低洼的地方可出露时代较老的地层,较新地层则分布在山顶或分水岭上,如图2-25(b)所示。因此,水平岩层越老出露位置越低,岩层越新其出露位置越高。

(a)遭受轻微切割的水平岩层

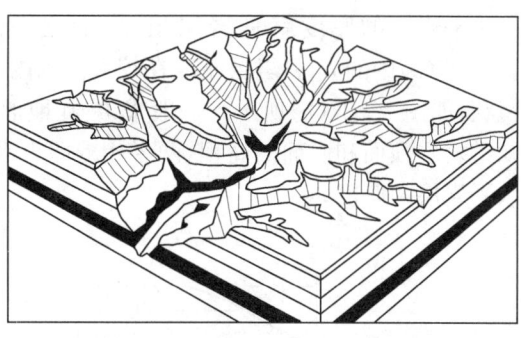
(b)遭受强烈切割的水平岩层

图2-25 水平岩层的分布特征

(二)水平岩层的露头形态

岩层的露头形态是指将岩层在地表出露的实际情况勾绘在平面图上所呈现出来的形态。水平岩层的露头形态完全受地形控制,其出露界线(岩层面与地面的交线,又称为地质界线)在地形地质图上表现为与地形等高线平行或重合,但不会相交(图2-26)。在河谷、冲沟中水平岩层的出露界线随着地形等高线的弯曲而弯曲,延伸成"V"字形,"V"字形的尖端指向上游(图2-26);在山坡、山顶和盆地处,水平岩层露头的分布呈孤岛状、不规则的同心状或条带状。根据这些特征,只要测定出水平岩层层面界线的位置和高程,就可以在地形图上以其出露点为起点,沿着或平行于其相应高程的等高线勾绘出该层面的界线。另外,同一个水平岩层层面必定具有相同高度,若具有不同高度,则是由于岩层局部弯曲变形或是其间有断裂错动所致。

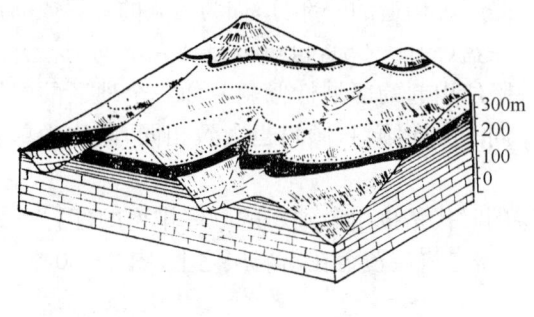
(a)立体图

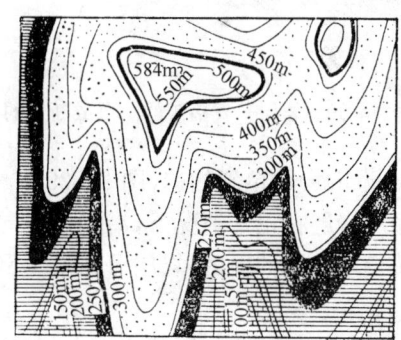
(b)平面图(地形地质图)

图2-26 水平岩层的出露分布特征

(三)水平岩层的露头宽度

水平岩层的露头宽度是指岩层顶、底面在地面上的出露界线(地质界线)之间的水平距离,即岩层在野外露头的水平投影宽度[图2-27(a)中的a]。同一岩层的露头宽度取决于岩层的厚度和地面的坡度。当地面的坡度相同时,露头宽度取决于岩层厚度,厚度大的岩层出露宽度就大,厚度小的岩层出露宽度则小;当岩层厚度相等时,露头宽度取决于地面坡度,地面坡度大则露头宽度小,地面坡度小则露头宽度大;在直立的陡崖处,由于岩层顶、底界线的投影线重合成一条线,其露头宽度就变为零,从而在地质图上呈现出岩层"尖灭"的假象。

(四)水平岩层的厚度

水平岩层的厚度就是岩层顶、底面之间的垂直距离,即水平岩层顶、底面的标高差[图 2-27(a)中的 h]。岩层厚度在较大范围内基本一致,有时会向侧方变薄或尖灭,呈楔状或透镜状,如图 2-27(b)所示。一般来讲,在地形地质图上求水平岩层厚度的方法比较简单,只要知道岩层顶面和底面的高程,两者相减即为水平岩层的厚度,或者在野外直接利用气压计测量水平岩层的厚度。

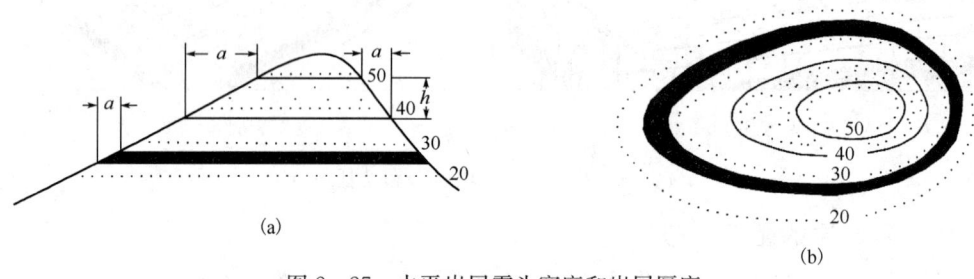

图 2-27 水平岩层露头宽度和岩层厚度
a—岩层露头宽度;h—岩层厚度

在野外填绘或者室内阅读水平岩层地质图时,应注意认识和分析水平岩层的上述特征。

三、倾斜岩层

由于地壳运动或岩浆活动,使原始水平产状的岩层发生构造变动,形成了与水平面有一定交角的岩层,就是倾斜岩层(Tilted stratum)。这种构造变动是一种最简单的构造变动,也是层状岩石最常见的一种产状形态。倾斜岩层可以是某种构造的一部分,如为褶皱的一翼或断层的一盘(图 2-28),也可以是地壳不均匀抬升或下降所引起的区域性倾斜。如一个地区的岩层向同一方向倾斜,倾角也大致相同,则称为单斜岩层(Monocline)或单斜构造(图 2-29)。

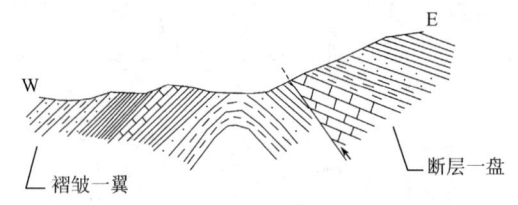

图 2-28 倾斜岩层——褶皱的一翼或断层的一盘

倾斜岩层在正常情况下,沿倾斜方向岩层的时代是按由老到新的顺序排列的(图 2-29)。在构造变动剧烈的地区,岩层可能发生倒转,使得老岩层覆盖在新岩层之上(图 2-30)。

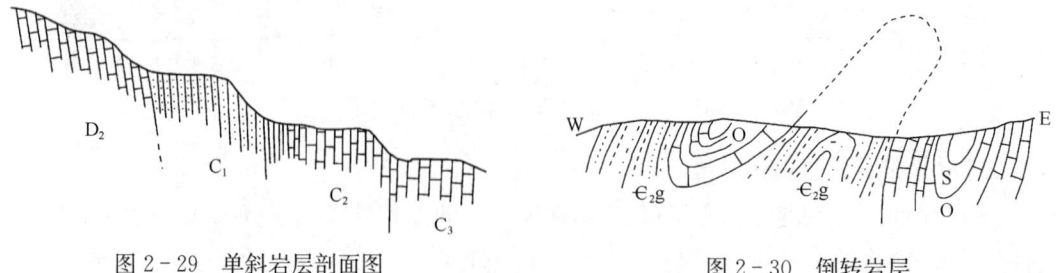

图 2-29 单斜岩层剖面图　　　　图 2-30 倒转岩层

观测倾斜岩层产状及其出露分布特征,是野外地质调查和填绘地质图、研究地质构造的一项经常性的基础工作,也是地质工作者必须要熟练掌握的基本功。

(一)岩层的产状要素及测定

1. 岩层的产状要素

岩层的产状(Attitude)是以岩层面在三维空间的延伸方位及其倾斜程度来确定的,即采用岩层面的走向、倾向和倾角三个要素的数值来表示(图 2-31)。地质上的任何界面(如岩层面、不整合面、节理面、断层面、劈理面、岩浆岩体面等)的产状,都可以用上述产状要素(Occurrence element)来表示。测量岩层的产状要素,并把它们记录下来或标绘在地质图上,是野外地质工作的一项重要任务。

1) 走向

岩层面与水平面的交线称为走向线(图 2-31 中 AOB),走向线两端所指的方向(走向线与地理子午线之间的夹角,即地理方位)称为岩层面的走向(Strike)。走向表示岩层在空间的水平延伸方向。

对于同一倾斜岩层来讲,走向线也就是岩层面上任一高度的一条水平线,因此走向线有无数条,且相互平行(图 2-32),因为一倾斜岩层面可以与无数个不同高程的水平面相交,这些交线均为岩层的走向线。由于同一条走向线上任何两点的高程相等,故在同一倾斜岩层面上,只要连接高程相同两点的直线,就是该岩层在该高度上的走向线。

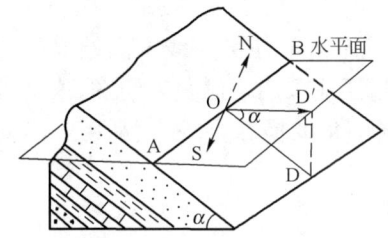

图 2-31 岩层产状要素
AOB—走向线;OD—倾斜线;
OD′—倾向线;α—倾角;NS—地理子午线

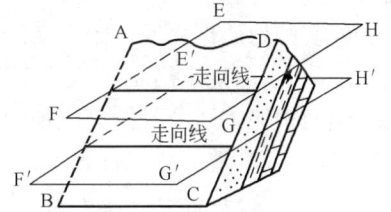

图 2-32 岩层走向线示意图
ABCD—岩层层面;EFGH、E′F′G′H′—水平面

一条走向线有两个延伸方向,也就是同一倾斜岩层的走向有两个,它们之间相差180°,都可以表示该倾斜岩层的走向,如 NE30°或 SW210°。但在实际工作中,为了使问题简化,只测量和记录一个方向即可。

2) 倾向

岩层面上与走向线相垂直并沿岩层面向下所引的直线称为倾斜线,又称真倾斜线(图 2-31 中 OD)。倾斜线的水平投影线称为倾向线(图 2-31 中 OD′),倾向线 OD′所指岩层倾斜一端的方向(即倾向线与地理子午线之间的夹角)称为倾向(Dip),又称真倾向,表示岩层在空间的倾斜方向。岩层的倾向只有一个,且与走向相差90°。

凡是不与走向线垂直的任何倾斜线均称为视倾斜线,视倾斜线在水平面上的投影线称为视倾向线,视倾向线所指岩层倾斜一端的方向称为视倾向或假倾向,如图 2-33 所示。在一个测点上,真倾向(倾向)只有一个。

3) 倾角

倾角(Dip angle)是指岩层面与任意水平面的最大锐夹角,即岩层的倾斜线和倾向线之间的夹角(图 2-31 中 α 角),又称为真倾角(True dip angle),表示岩层的倾斜程度。由于岩层有真倾向和视倾向（Apparent dip）之分，倾角也一样，视倾斜线和视倾向线间的夹角即为岩层的视倾角（Apparent dip angle），又称为假倾角或伪倾角（图2-33中的β_1、β_2）。

在地质剖面、探槽或坑道中所见到的岩层倾角大多数为视倾角，只有在垂直于岩层走向线的剖面上，才能见到岩层的真倾角。

在一个测点上，岩层的真倾角只有一个。而视倾角却有无数个，且视倾角永远小于真倾角。

岩层的真倾角与视倾角的关系可用数学式表示为：

$$\tan\beta_2 = \tan\alpha \cdot \cos\omega$$

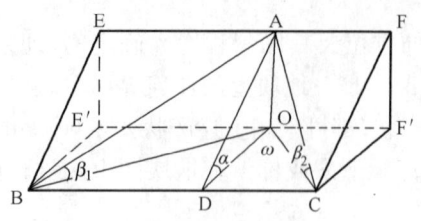

图2-33 真倾角与视倾角的关系
EBCF—岩层层面；EB'CF'—水平面；EF、BC—走向线；AD—倾斜线；AB、AC—视倾斜线；OD—倾向线；OC、OB—视倾向线；α—倾角；β_1、β_2—视倾角；ω—真倾向线与视倾向线之间的夹角

由上面的关系式可以看出：

当$\omega=0°$时，$\cos\omega=1$，则$\tan\alpha=\tan\beta_2$，说明在垂直岩层走向的剖面上，所见到的岩层倾角最大，即为岩层的真倾角。

当$\omega=90°$时，$\cos\omega=0$，则$\tan\beta_2=0$，说明剖面方向与岩层走向平行时，无视倾角。

当$\omega\neq0°$时，$\cos\omega<1$，则$\tan\alpha>\tan\beta_2$，说明在斜交岩层走向的剖面上，所见到的倾角都是视倾角，而且视倾角总是小于真倾角。

在野外实测地质剖面或在图上切绘地质剖面时，往往不可能使剖面线方向始终保持垂直于岩层的走向，一般规定当ω角大于7°时，剖面图中的岩层应采用视倾角来绘图，这就需要把岩层的真倾角按照上述公式换算成视倾角。真倾角和视倾角的换算方法，除利用上述公式计算外，还可以利用其他方法和查表求得（表2-1）。

2. 岩层产状要素的测定与表示方法

岩层产状要素的测定对了解岩层空间产出状态、正确分析地质构造形态有重要作用。其测定方法有两种，即直接法测定和间接法测定。

在野外，若岩层层面出露清晰，可用直接法测定岩层产状要素，即在露头点用地质罗盘实地测量产状，这是最常用也是最简便的方法。

在很多情况下，由于种种原因，我们不能在野外现场直接测量岩层面的产状，可利用有关资料间接求得，例如利用钻孔资料求产状，或从地质图上求产状，或根据视倾向求真倾向等。这时可以采用三点法、计算法或赤平投影等方法间接求得岩层产状（详见构造地质学实习部分）。

岩层的产状要素可用文字和符号两种方法表示。文字表示法多用于野外记录、文字报告及剖面图和素描图中。由于地质罗盘上标记方位的刻度有90°的象限角和360°的方位角两种，使用不同的罗盘测定产状，其书写方式也不一样。因此，文字表示方法也有两种：

（1）方位角表示法。如图2-34所示，将方位分为360°，以正北方向为0°（或360°），一般只测量和记录岩层的倾向和倾角。例如：205°∠25°，表示岩层的倾向为205°，岩层的倾角为25°。方位角记录方法比较简便，知道了倾向，即可换算出走向。例如岩层的倾向为205°，加减90°即为岩层走向。方位角表示法是我国目前通常使用的方法，也是野外最常用的一种记录方法。

（2）象限角表示法。如图2-35所示，将方位分为四个象限，以北和南的方向作为0°，根据测量结果记录岩层的走向、倾向和倾角。例如：N70°W/SW∠45°，即岩层走向为北偏西70°，倾向南西（20°），倾角为45°。在生产实践中，象限角表示法目前很少采用。

表 2-1 真倾角与视倾角换算表

视倾角\真倾角	岩层走向与剖面间夹角																
	80°	75°	70°	65°	60°	55°	50°	45°	40°	35°	30°	25°	20°	15°	10°	5°	1°
10°	9°51′	9°40′	9°24′	9°5′	8°41′	8°13′	7°42′	7°6′	6°28′	5°47′	5°2′	4°16′	3°27′	2°37′	1°45′	0°53′	0°11′
15°	14°47′	14°31′	14°8′	13°39′	13°4′	12°23′	11°36′	10°44′	9°46′	8°44′	7°38′	6°28′	5°14′	3°58′	2°40′	1°20′	0°16′
20°	19°43′	19°22′	18°53′	18°15′	17°30′	16°36′	15°35′	14°26′	13°10′	11°48′	10°19′	8°45′	7°6′	5°23′	3°37′	1°49′	0°22′
25°	24°40′	24°15′	23°40′	22°55′	21°59′	20°54′	19°39′	18°15′	16°41′	14°58′	13°7′	11°9′	9°4′	6°53′	4°38′	2°20′	0°28′
30°	29°27′	29°9′	28°29′	27°37′	26°34′	25°19′	23°52′	22°12′	20°22′	18°19′	16°6′	13°43′	11°10′	8°30′	5°44′	2°53′	0°35′
35°	34°35′	34°4′	33°21′	32°24′	31°14′	29°50′	28°13′	26°20′	24°14′	21°53′	19°18′	16°29′	13°28′	10°16′	6°56′	3°30′	0°42′
40°	39°34′	39°2′	38°15′	37°15′	36°0′	34°30′	32°44′	30°41′	28°20′	25°42′	22°46′	19°32′	16°1′	12°15′	8°17′	4°11′	0°50′
45°	44°34′	44°0′	43°13′	42°11′	40°54′	39°19′	37°27′	35°16′	32°44′	29°50′	26°34′	22°55′	18°53′	14°31′	9°51′	4°59′	1°0′
50°	49°34′	49°1′	48°14′	47°12′	45°54′	44°19′	42°24′	40°7′	37°27′	34°21′	30°47′	26°44′	22°11′	17°9′	11°42′	5°56′	1°11′
55°	54°35′	54°4′	53°19′	52°19′	51°3′	49°29′	47°34′	45°17′	42°33′	39°19′	35°32′	31°7′	26°2′	20°17′	13°56′	7°6′	1°26′
60°	59°37′	59°8′	58°26′	57°30′	56°19′	54°49′	53°0′	50°46′	48°4′	44°49′	40°54′	36°12′	30°39′	24°9′	16°44′	8°35′	1°44′
65°	64°40′	64°14′	63°36′	62°46′	61°42′	60°21′	58°40′	56°36′	54°2′	50°53′	47°0′	42°11′	36°16′	29°2′	20°26′	10°35′	2°9′
70°	69°43′	69°21′	68°50′	68°7′	67°12′	66°3′	64°35′	62°46′	60°29′	57°36′	53°57′	49°16′	43°13′	35°25′	25°30′	13°28′	2°45′
75°	74°47′	74°30′	74°5′	73°32′	72°48′	71°53′	70°43′	69°15′	67°22′	64°58′	61°49′	57°37′	51°55′	44°0′	32°57′	18°1′	3°44′
80°	79°51′	79°39′	79°22′	78°50′	78°29′	77°51′	77°2′	76°0′	74°40′	72°55′	70°34′	67°21′	62°44′	55°44′	44°34′	26°18′	5°39′
85°	84°55′	84°49′	84°41′	84°29′	84°14′	83°54′	83°29′	82°57′	82°15′	81°20′	80°5′	78°18′	75°39′	71°19′	63°16′	44°53′	11°17′
89°	88°59′	88°58′	88°56′	88°54′	88°51′	88°47′	88°42′	88°35′	88°27′	88°15′	88°0′	87°38′	87°5′	86°9′	84°16′	78°40′	45°0′

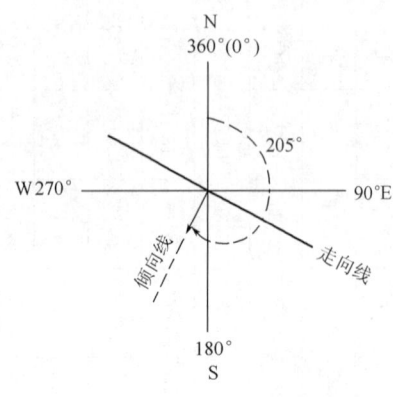
图2-34 方位角表示岩层产状

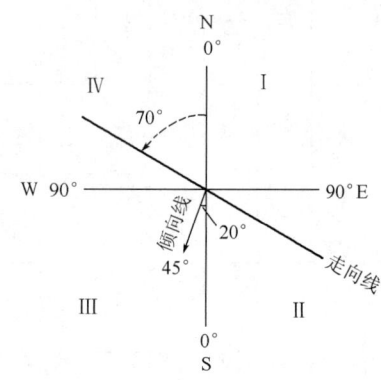
图2-35 象限角表示岩层产状

在地质图上,岩层产状要素是用符号来表示,常用的符号有:

⊥30°:表示倾斜岩层,长线表示岩层的走向,短线表示岩层的倾向,度数表示岩层的倾角数值,长、短线必须按实际方位标绘在图上;

┼:表示直立岩层,长线表示走向,箭头指向较新岩层;

+:表示水平岩层(倾角为0°~5°);

⊀70°:表示倒转岩层,长线表示走向,箭头指向倒转后的倾向,即指向老岩层,度数为倾角数值。

用地质符号表示岩层的产状,要与野外岩层的产状一致,不能视为一个符号而随意绘在地质图上。岩层产状要素的符号和书写方式,在国内外的地质书刊和地质图上,并不完全相同,参阅文献资料时应予以注意。

(二)倾斜岩层的露头形态

倾斜岩层的露头形态是指倾斜岩层露头在地面上的分布情况,主要取决于地形、岩层产状以及二者的相互关系。因此,掌握岩层露头形态的规律,对于室内分析阅读地质图和野外填绘地质图都有非常大的帮助。

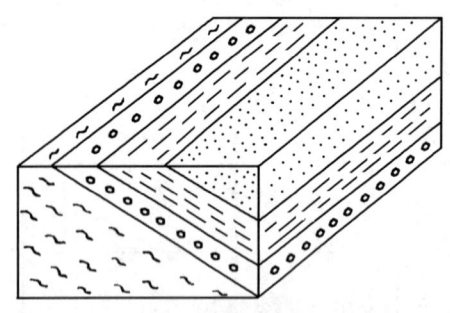
图2-36 地面平坦时,倾斜岩层露头形态呈直线条带状分布

当地面平坦时,产状稳定的倾斜岩层其地质界线呈直线延伸,岩层露头呈直线条带状分布,其延伸方向即为岩层走向(图2-36)。当地面起伏时,倾斜岩层露头呈弯曲条带状分布,其界线与地形等高线交切,表现在岩层界线穿越沟谷或山脊时,均呈"V"字形展布,它们与地形等高线的弯曲保持一定的关系,称"V"字形法则。

倾斜岩层的"V"字形法则在地形地质图上的特征为:

(1)当岩层倾向与地面坡向相反时,岩层界线与地形等高线的弯曲方向一致,即在沟谷处,岩层界线的"V"字形尖端指向沟谷的上游;而穿越山脊时,"V"字形的尖端则指向山脊的下坡;但岩层界线的弯曲度总是比地形等高线弯曲度小,即岩层界线的弯曲较等高线开阔(图2-37)。这种规律称为"相反相同"法则。

(2)当岩层倾向与地面坡向相同,岩层倾角(α)大于地面坡度角(β)时,岩层界线与地形等

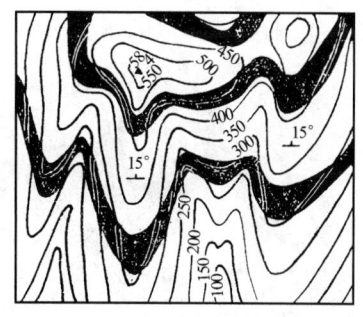

(a) 立体图　　　　　　　　　　　(b) 平面图(地质图)

图 2-37　倾斜岩层露头界线形态之一

等高距以 m 为单位

高线呈相反的方向弯曲。在沟谷处，岩层界线的"V"字形尖端指向沟谷的下游；而穿越山脊时，"V"字形的尖端则指向山脊的上坡(图2-38)。这种规律称为"相同相反"法则。岩层的倾角越陡，"V"字形越开阔，倾角近于 90°时即为直立岩层，岩层出露界线是沿岩层走向所切的一条上下起伏的地形轮廓线，这条空间曲线的投影是一条直线，不受地形的影响，沿岩层走向呈直线延伸(图2-39)，岩层顶、底面出露界线间的距离即为岩层厚度。

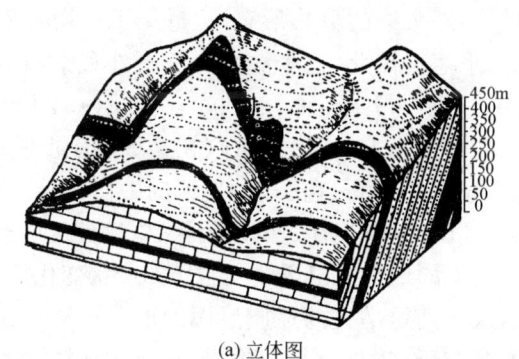

(a) 立体图　　　　　　　　　　　(b) 平面图(地质图)

图 2-38　倾斜岩层露头界线形态之二($\alpha > \beta$)

等高距以 m 为单位

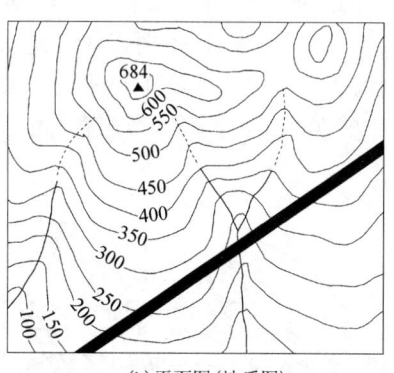

(a) 立体图　　　　　　　　　　　(b) 平面图(地质图)

图 2-39　直立岩层的出露特征

等高距以 m 为单位

(3)当岩层倾向与地面坡向相同，岩层倾角(α)小于地面坡度角(β)时，岩层界线与地形等高线的弯曲方向也是相同的。但在沟谷处，岩层界线的"V"字形尖端指向沟谷的上游；而穿越山脊时,"V"字形的尖端则指向山脊的下坡,但是其露头界线的"V"字形弯曲度大于地形等高线的弯曲度,即露头界线的弯曲较等高线紧闭(图2-40)。这种规律称为"相同相同"法则。

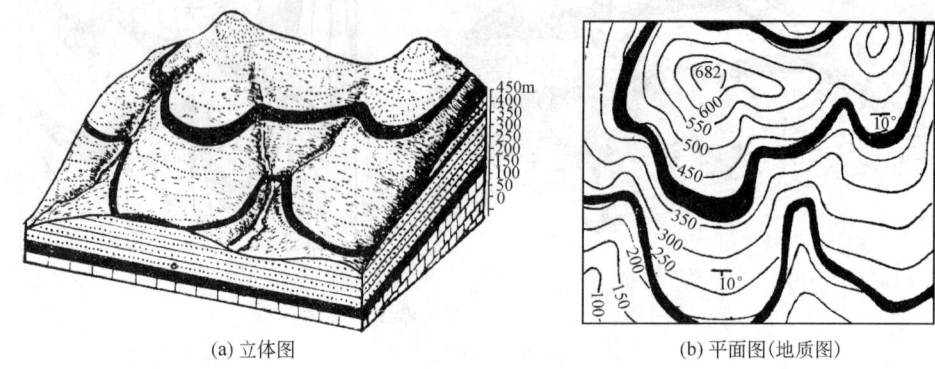

(a) 立体图　　　　　　　　　　(b) 平面图(地质图)

图 2-40　倾斜岩层露头界线形态之三($\alpha<\beta$)
等高距以 m 为单位

"V"字形法则的"相反相同"、"相同相反"和"相同相同",前面两个字指的是岩层倾向与地面坡向的关系,后面两个字指的是地质界线和地形等高线弯曲方向的关系。其中第一种情况和第三种情况在地形地质图上通过地质界线与地形等高线的曲率大小来区别。

"V"字形法则不仅适用于层状地质体界面露头线的分布形态,也适用于一切较平整的构造面,如断层面、不整合面等的露头线的分布形态。因此,这个法则对于野外观察构造现象和填绘或阅读分析大比例尺地质图(>1:50000)很有帮助。而在中、小比例尺(<1:50000)地质图上,岩层露头界线形态主要受岩层走向变化的影响,地形的影响在这种图上反映不出来,因此很少用"V"字形法则来分析。在岩层倾角较缓、地形起伏较大地区的中比例尺地质图上,可能反映出地形对岩层露头界线分布的影响。因此,对于在野外填绘大、中比例尺地形地质图或在室内分析地形地质图时,可以定性地分析不同地形上出露的各岩层的产状变化规律。

在应用这一法则时还需注意,当倾斜岩层或其他平直的地质界面的走向与沟谷或山脊延伸方向呈直交或斜交时,岩层的露头界线的分布延伸与地形关系才具有上述规律。如果二者呈直交,所产生的"V"字形大体上是对称的;如果二者呈斜交,结果"V"字形是不对称的。若倾斜岩层的走向与沟谷延伸方向平行时,不符合"V"字形法则,这时,在部分地段会出现露头线与等高线平行或重合,不要误认为是水平岩层。若岩层倾向与沟谷方向一致,倾角与坡角也相等,则露头界线沿沟谷两侧呈平行延伸,只在上游沟谷坡度变陡处,岩层面或其他构造面横跨沟谷而出现"V"字形的露头形态(图2-41)。

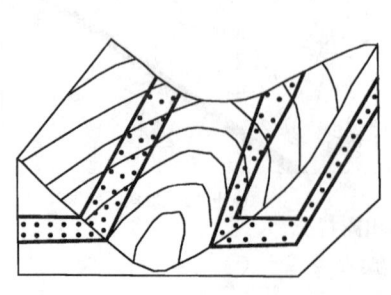 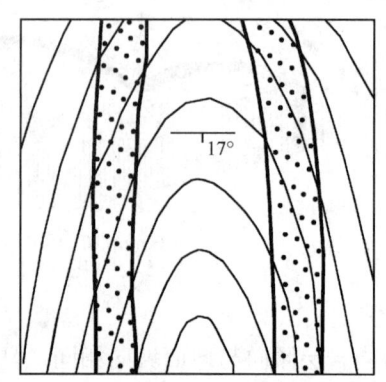

图 2-41　倾角与河谷坡角相同时的岩层分布形态(据 D. M. Ragan,1973)

"V"字形法则对野外地质填图工作有很重要的指导意义。在填图或读图时,要注意联系周围现象,结合平面和剖面综合分析。只有充分理解地形和岩层产状的关系并进行全面的分析,才能正确理解地质界面的几何形态并在地质图上正确地表达地质界面的几何形态。

(三)倾斜岩层的露头宽度

倾斜岩层的露头宽度是指野外岩层出露宽度的水平投影,也就是倾斜岩层在地质图上反映的宽度。倾斜岩层的露头宽度取决于地形(坡向和坡角)、岩层产状(倾向和倾角)以及该岩层的厚度,只要其中的一个因素发生变化,露头宽度就会随之发生变化。这些因素的排列组合决定着不同情况和条件下的岩层露头宽度的大小。

(1)当岩层倾向与坡向相反时,岩层厚度和倾角不变,则一般地面坡度越缓,岩层露头宽度越宽,地面坡度越陡,岩层露头宽度越窄,如图 2-42(a)、(b)所示。当岩层出露在陡崖峭壁上时,由于岩层的顶、底界线在平面上的投影重合成一条线,造成平面图上岩层"尖灭"的假象,如图 2-42(c)所示。

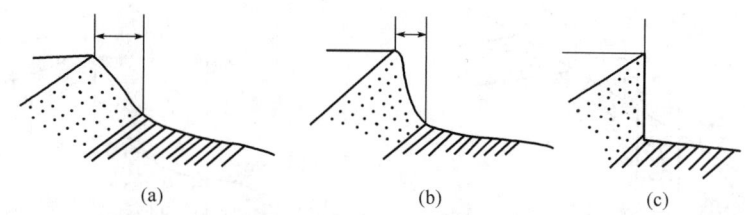

图 2-42 岩层厚度和倾角不变时露头宽度与坡度的关系

(2)当岩层倾角和坡面坡度不变,倾向与坡向也一定时,岩层露头宽度取决于岩层的厚度。岩层厚度越大,露头宽度越大;岩层厚度越小,露头宽度越小(图 2-43)。

(3)当岩层产状和厚度不变,岩层倾向与坡向相同时,岩层倾角越接近于地面坡度角,则岩层露头宽度越大;相反,露头宽度越小(图 2-44)。

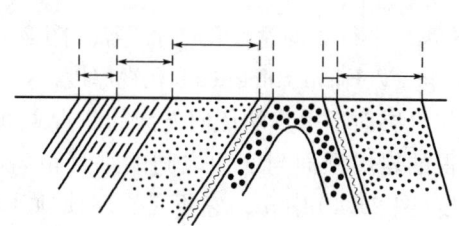 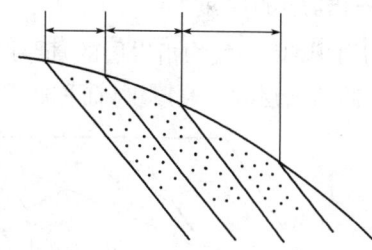

图 2-43 倾角相同,坡角不变,露头宽度的变化　　图 2-44 岩层厚度、倾角不变,露头宽度的变化

(4)当岩层厚度和地面坡度保持不变的情况下,露头宽度决定于岩层倾角的大小和岩层倾角与地面坡度角之间的关系。一般来说,岩层倾角大,露头宽度小;相反,露头宽度大(图 2-45、图 2-46、图 2-47)。当岩层与坡面直交时,岩层露头宽度最小(露头宽度小于岩层真厚度 t)(图 2-47 中 a);当岩层倾角达到 90°时(即直立岩层),岩层露头宽度近于或等于岩层的真厚度 t,且不受地形影响(图 2-47 中 b、图 2-48);当岩层层面与地面斜坡相交的锐角由大变小时,则岩层露头宽度由窄变宽(图 2-47 中 c 和 d)。

总之,自然界的情况千变万化,影响岩层露头宽度的因素较多,且这些因素相互影响、相互制约。因此,室内分析阅读地质图或野外填绘地质图时,要根据实际工作中具体地质构造进行综合分析,才能掌握其变化规律,得出正确的结论。

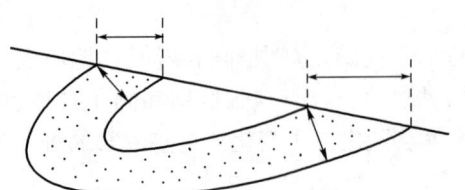

图 2-45 岩层厚度和地面坡度不变，露头宽度的变化

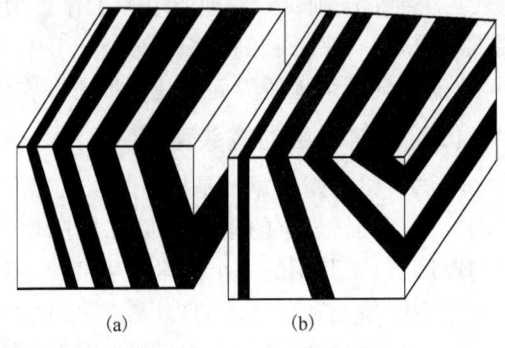

图 2-46 露头宽度与厚度、倾角的关系
（据 D. M. Ragan，1973）
(a)倾角不变，露头宽度随厚度而变化；
(b)厚度不变，露头宽度随倾角而变化

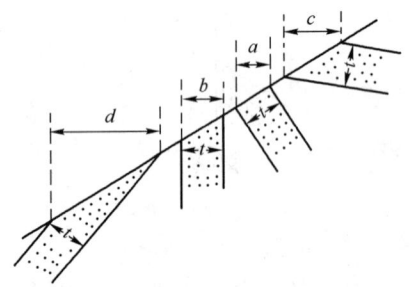

图 2-47 露头宽度与岩层倾角和地面坡角之间的关系

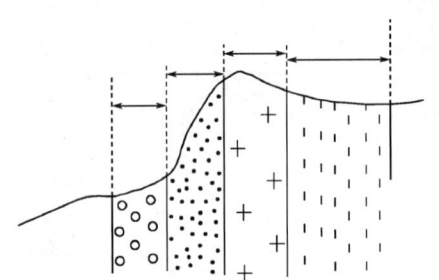

图 2-48 直立岩层露头宽度示意图

四、岩层的厚度和埋藏深度

（一）岩层的厚度

岩层的厚度一般均指岩层的真厚度，是指岩层的两个平行界面之间的垂直距离（图 2-49 中 h）。倾斜岩层除了真厚度（简称厚度），还有铅直厚度（Vertical thickness）和视厚度。

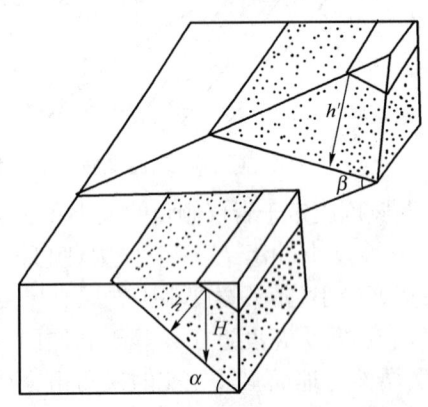

图 2-49 岩层的真厚度、铅直厚度和视厚度
h—真厚度；H—铅直厚度；h'—视厚度；
α—真倾角；β—视倾角

在与岩层面不垂直的任何方向的非直立剖面上所测得的岩层顶面与底面之间的垂直距离，都是视厚度（图 2-49 中 h'），它不是岩层顶、底面间的法线距离，是野外露头上直接可见的岩层厚度，其数值一般都大于岩层的真厚度。

铅直厚度就是指岩层顶、底面之间的铅直方向距离（图 2-49 中 H）。真厚度和铅直厚度之间的关系如图 2-49 所示。它随岩层产状变化而变化，常应用于井下测算岩层（或矿层）的厚度。

地质工作中，经常要测量和使用的是岩层的真厚度。铅直厚度、视厚度与真厚度有一定的三角关系。其中，岩层真厚度与铅直厚度关系是：

$$h = H \cdot \cos\alpha$$

式中　h——真厚度；

　　　H——铅直厚度；

　　　α——岩层真倾角。

根据上式知：

当 $\alpha=0°$ 时，为水平岩层，$\cos\alpha=1$，即水平岩层的铅直厚度等于真厚度；

当 $\alpha>0°$ 时，$\cos\alpha$ 的值总是小于1，故倾斜岩层的铅直厚度总是大于真厚度。

当岩层产状不变时，在任意方向的剖面上量得的铅直厚度都相等。在任意斜交岩层走向的剖面上，岩层顶、底界线之间的垂直距离（不是与岩层顶、底面垂直）都是视厚度。

岩层真厚度与视厚度的关系是：

$$h'=H\cdot\cos\beta=\frac{h}{\cos\alpha}\cdot\cos\beta$$

式中　h'——视厚度；

　　　H——铅直厚度；

　　　β——该剖面方向上岩层的视倾角。

运用上式求真厚度 h 时，必须是在岩层厚度和真倾角不变的同一岩层中使用。

因为视倾角 β 总是小于真倾角 α，所以 $\cos\beta$ 也总是大于 $\cos\alpha$，故视厚度也就恒大于真厚度。

对比上述三种厚度的关系，可以看出在同一露头，真厚度最小，视厚度次之，而铅直厚度最大，即：

$$h<h'<H$$

在地质工作中，经常需要测量和使用的是岩层的真厚度。因铅直厚度、视厚度和真厚度有一定的三角关系，所以已知岩层的真厚度、真倾角和视倾角，铅直厚度和视厚度即可用三角公式求出。

在地质调查中，为了研究某地区地层的发育情况、地质构造的特征及矿产分布规律时，除了对地层的岩性、化石、时代和接触关系等方面进行详细的观察和研究外，还需要测量一系列的地层剖面，并进行大量的岩层（或矿层）厚度的计算工作；在油气田勘探和开发过程中，为了计算油气储量，也需要对含油、气、水层的厚度进行测算。由于剖面位置、岩层产状及工作条件不同，岩层（或矿层、储油层）的厚度的测算方法也不相同。例如，在野外地质条件下使用剖面丈量法；在钻井地质条件下使用井斜井深法；在地震勘探条件下使用时速差距法。

对于倾斜岩层厚度的测算方法比较复杂，一般是通过测量如下数据来进行确定：(1)地形（包括地形坡度和坡向）；(2)岩层产状（包括倾向和倾角）；(3)岩层出露宽度。由于这三大因素多变，岩层的厚度和对厚度的计算方法也不相同。

下面就从最简单的情况开始阐述测算岩层厚度的方法。

(1)直接在野外测量厚度。当野外露头剖面与岩层走向垂直时，也就是在垂直于岩层走向的陡崖上，或者在直立岩层的地面近水平时，岩层（或矿层）的厚度可以在露头上用皮尺或钢卷尺直接测量得到。当然，这都属于特殊情况，一般很少遇到，大多数情况下都难于量出。

(2)根据钻孔资料计算。当有钻孔资料时，已知岩层的铅直厚度 H 和岩层产状（主要是倾角 α）时，可用下面公式简单计算真厚度 h：

$$h=H\cdot\cos\alpha$$

(3)野外实测。在大多数情况下，岩层厚度往往通过野外地面露头的实测剖面进行测算求得。通过野外的实测剖面可以取得的数据有：岩层露头长度（L）（即在剖面线上岩层顶面到底面的实际距离）；导线上地面的坡度角（β）；岩层的倾角（α）；岩层倾向与剖面方向之间的夹角

（ω）或岩层走向与剖面线之间的夹角（γ）等。根据上述数据，就可按照图2-50的不同情况，选用相应公式计算出岩层的真厚度（h）和铅直厚度（H）。所谓不同情况，归纳起来有下面几种：

①剖面线的方向与岩层走向的关系，是直交或是斜交的；

②岩层的倾向与地面坡向是同向或是反向；

③岩层的倾角与地面坡度角是前者大于后者，或是前者小于后者。

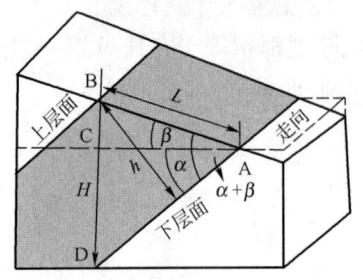

(a) 地面倾斜，坡向与倾向相反
$h = L\sin(\alpha+\beta)$
$H = L(\sin\beta + \tan\alpha\cos\beta)$

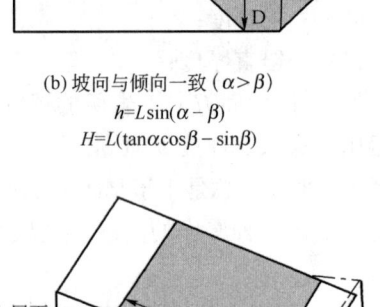

(b) 坡向与倾向一致（$\alpha > \beta$）
$h = L\sin(\alpha-\beta)$
$H = L(\tan\alpha\cos\beta - \sin\beta)$

(c) 剖面线斜交岩层走向，坡向与倾向相反
$h = L(\sin\alpha\cos\beta\sin\gamma + \sin\beta\cos\alpha)$
$H = L(\tan\alpha\cos\beta\sin\gamma + \sin\beta)$

(d) 岩层倾向与地形坡向相同（$\alpha < \beta$）
$h = L\sin(\beta - \alpha)$
$H = L(\sin\beta - \tan\alpha\cos\beta)$

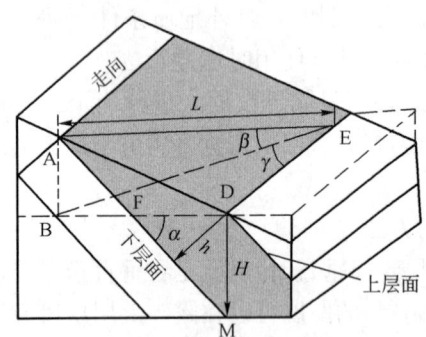

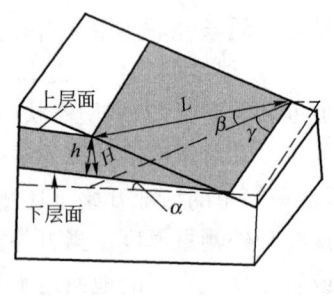

(e) 剖面线与岩层走向斜交，坡向与倾向一致（$\alpha > \beta$）
$h = L(\sin\alpha\cos\beta\sin\gamma - \sin\beta\cos\alpha)$
$H = L(\tan\alpha\cos\beta\sin\gamma - \sin\beta)$

(f) 剖面线与走向线斜交，倾向与坡向相同（$\alpha > \beta$）
$h = L(\sin\beta\cos\alpha - \sin\alpha\cos\beta\sin\gamma)$
$H = L(\sin\beta - \tan\alpha\cos\beta\sin\gamma)$

图2-50　倾斜岩层的厚度测算公式及图解

图2-50中6组公式是最复杂情况下求算岩层真厚度的列昂托夫斯基公式，可归纳如下：

$$h = L(\sin\alpha\cos\beta\sin\gamma \pm \sin\beta\cos\alpha)$$
$$H = L(\tan\alpha\cos\beta\sin\gamma \pm \sin\beta)$$

式中的"±"号视情况而定,当地形坡向与岩层倾向相反(逆向坡)时,取"+"号;当地形坡向与岩层倾向相同(顺向坡)时,取"-"号。计算结果是负值时,取其绝对值。

(4)赤平投影法。利用赤平投影法也可较迅速而简便地求算岩层厚度。

(二)岩层的埋藏深度

测算岩层(或矿层)深度,是了解岩层(或矿层)在地下的分布情况,研究地下构造和进行勘探设计以及对矿产储量计算不可缺少的工作。

所谓岩层的埋藏深度(图2-51中AC)是指从地面某一点到所测岩层(目的层)顶面(或底面)的铅直距离。一般是根据岩层的已知点到测深点的距离、两点间的高差和岩层产状要素等数据来进行计算。由于地面有高低起伏变化,求埋藏深度的方法也不同,具体有如下两种情况:

(1)如图2-52(a)所示,地面平坦(近于水平)时,埋藏深度取决于岩层倾角(α)与求深度点和岩层出露线(顶面或底面界线)之间的水平距离(L)。在垂直岩层走向的剖面上,采用下式计算埋藏深度:

$$D = L\tan\alpha$$

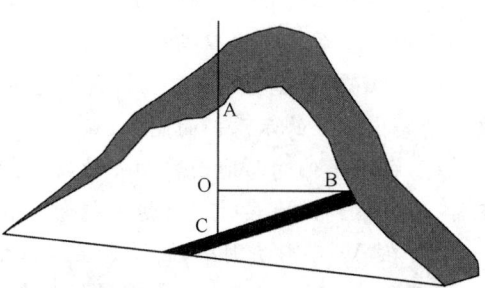

图2-51 岩层的埋藏深度示意图

式中 D——岩层埋藏深度;

L——求深度点与岩层出露线之间的水平距离;

α——岩层倾角。

(2)当地面有起伏变化时,埋藏深度除受水平距离(L)与岩层倾角(α)影响外,还与求深度点与出露点之间的高程差(h)有关。在垂直岩层走向的剖面上,由下式计算:

$$D = L\tan\alpha \pm h$$

当求深度点标高比出露点标高高时[2-52(b)],用"+"号;当求深度点标高比出露点标高低时[图2-52(c)],用"-"号。

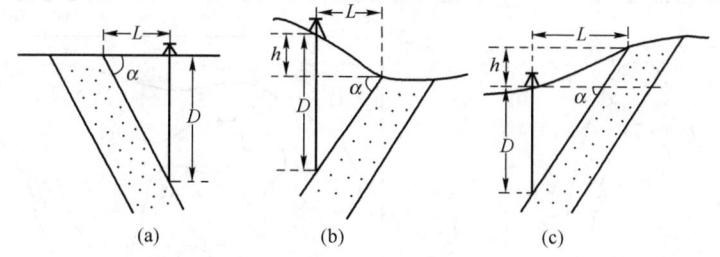

图2-52 求岩层埋藏深度

若上述剖面线不垂直岩层走向时,真倾角(α)应换算成该剖面上的视倾角(α'),然后再代入公式计算。

习题及思考题

1.什么是沉积岩的原生构造?它有哪些主要类型?

2.层理有哪些类型?怎么识别层理?层理、岩层、地层是同义词吗?它们有什么区别?

3. 如何利用原生构造确定岩层顶、底面？

4. 什么叫岩层产状？有哪些要素？试说明它们的含义和相互关系。

5. 怎样测量岩层产状？产状的记录方法有哪些？在地质图上如何表示？

6. 试比较说明水平岩层、倾斜岩层及直立岩层的基本特征。

7. 为什么各地岩层的产状会不同？为什么有些地方以水平产状为主？不同的产状所反映的构造变动强度怎样？

8. 何谓真倾斜和视倾斜？真、视倾斜各有几个？真、视倾斜的关系怎样？

9. 你能理解下列规律吗？

(1) 在野外顺岩层倾向观测，若层序正常，岩层时代将越来越新，如果层序倒转则越来越老。请绘出相应的示意剖面图。

(2) 当岩层倾向与地面坡向一致，但岩层倾角小于地面坡度角时，顺岩层倾向观察，若层序正常，所观察到的地层时代会越来越老。

10. 在"V"字形法则中，假设岩层以位于层面上的水平轴旋转，那么，当岩层由水平旋转至倾斜，再旋转至直立，岩层的出露界线将会发生怎样的变化？

11. 在地质图上，岩层的露头形态和宽度要受哪些因素影响？

12. 何谓岩层的埋藏深度？举例说明如何测算岩层的埋藏深度。

13. 图2-53都是地形地质图，虚线为等高线，实线为地质界线。试用"V"字形法则分析和确定岩层的产状，并用产状符号标出。

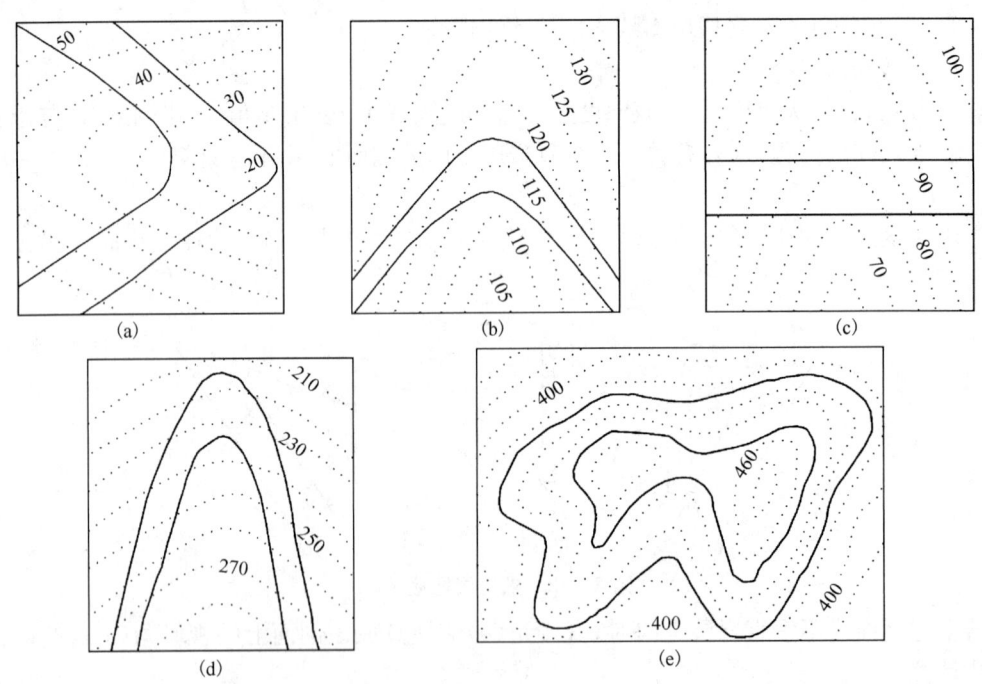

图2-53 求岩层产状示意图

第三章
地层接触关系

本章提要

本章重点讲述地层接触关系的概念、类型、特征、运动过程及其在地质图上的表现、研究内容和方法等。

本章难点是地层接触关系在地质图上的表现特征。

通过本章的学习,要求掌握地层接触关系的类型,掌握不整合的概念、类型、识别标志、形成时代、表示方法、研究意义、运动过程及在地质图上的表现。

地层的接触关系是指不同地质时代所形成的地层在纵向上的相互关系。

一个地区的地层之间在空间上的接触形式和时间上的发展状况,直接从一个侧面记录了该地区地壳运动的发生和演化历史。因此,通过地层接触关系的研究,可以追索地壳运动的性质、特点和演化历史,确定地质构造的形成时期和岩浆活动时期,同时地层的接触关系对研究古地理演化、寻找某些矿床以及解决其他有关地质问题等具有重要意义。

第一节 整合与不整合接触

由于地壳运动很复杂,因而反映地壳运动的地层接触关系也多种多样、错综复杂,但是基本上可以分为整合接触和不整合接触两种类型。

一、整合接触

地层连续分布,没有地质时代上的间断,这种上、下地层之间的接触关系称为整合接触(Conformity)。整合接触主要有以下特征:

(1) 上、下地层在沉积层序上没有间断,为连续沉积;
(2) 岩性或所含化石都是一致的或递变的;
(3) 产状基本一致。

地层的整合接触反映了在形成这两套地层的地质时期,该地区地壳处于持续的缓慢下降状态,或虽有短期上升,但是沉积作用不曾间断,或者地壳升降与沉积处于相对稳定状态,沉积物一层层地连续沉积,没有发生显著的构造运动,这样就形成了两套地层的整合接触关系。

整合接触的沉积过程(图3-1)所反映的地壳构造运动状态是:下降沉积→下降沉积,后期沉积物覆盖前期沉积物。

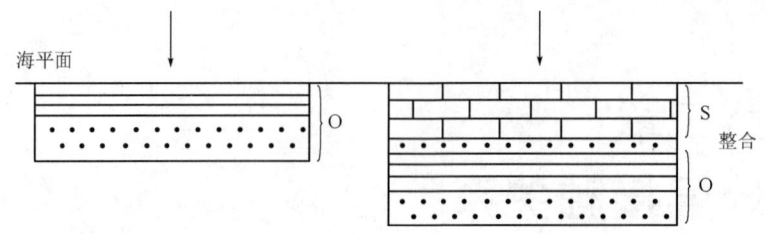

图 3-1　整合接触的沉积过程示意图

二、不整合接触

上、下地层间的层序如果有了间断,即先后沉积的地层之间缺失了一部分地层(这种沉积间断的时期可能代表没有沉积作用的时期,也可能代表以前沉积的岩石被侵蚀的时期),地层之间这种接触关系称为不整合接触(Unconformity)。

不整合接触的上、下两套地层相接触的面称为不整合面。不整合面上常有风化剥蚀的痕迹。不整合面以下的岩系称为下伏岩系,不整合面以上的岩系称为上覆岩系。上覆和下伏的两套岩系有时也称为不整合的上、下两盘。不整合面在地面的出露线称为不整合线,它是一种重要的地质界线。

沉积间断主要是侵蚀作用所致,有时可能出现侵蚀作用与沉积作用达到平衡状态,即无沉积的现象,但这种平衡多是暂时的。

海相和深海相地层可以沉积较厚地层而无间断,但陆相的洪积和淤积物在形成过程中,经常出现沉积与侵蚀的交替。由于这种侵蚀时间极短,地层间断较小,故常称为小间断。通常并不把这种小间断看作不整合。

原则上必须缺失相当于一个化石带的地层才能算是不整合。然而,确定一个化石带是否存在并非易事。因为在一个地区即使没有发现某一化石带,也不能直接判断该地区一定缺失相应的地层。这是因为观察不细或剖面不标准都可能出现这种情况。为此,工作中往往用一个比"带"更大的地层单位的缺失作为确定不整合的标准。在一般情况下,至少缺失了一个"阶"或一个"段"的地层才能确定不整合。例如,华北地区古近系沙河街组三段直接覆盖在孔店组之上,其中缺失了沙河街组四段,故沙三段与孔店组为不整合接触关系。

研究不整合要区分地层时差和侵蚀时间的概念。所谓地层时差,是指不整合上覆地层和下伏地层时代的间隔,即缺失了哪些时代的地层,只要确定了不整合面上、下地层年代,就可知地层时差是多少,有时可从同位素年龄获得定量时差数据。侵蚀时间是指该地区发生侵蚀作用的时间。由于侵蚀作用要剥掉原已沉积的地层,故侵蚀时间永远不会大于地层时差,有时远远小于地层时差。

根据不整合面上、下两套地层的产状及其所反映地壳运动特征,不整合可进一步分为两大基本类型,即平行不整合(也称假整合)和角度不整合(即狭义的不整合)。

(一)平行不整合接触

1. 平行不整合的概念

平行不整合(Parallel unconformity)也叫假整合(Disconformity),是指不整合面上、下两套地层的产状基本一致的一种接触关系(图 3-2)。

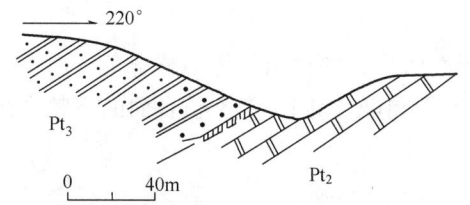

图 3-2　北京西山新元古界与中元古界之间的
平行不整合接触(据谭应佳等,1987)

2. 平行不整合的特征

(1)上、下两套地层的产状彼此平行。

(2)存在地层缺失(不整合面)。因两套地层之间缺失了一些地质时代的地层,说明在这段时期发生过沉积间断,这两套地层之间的接触面(沉积间断面),即不整合面,就代表这个没有沉积的侵蚀时期。

(3)不整合面上存在底砾岩、古风化壳、古土壤层。不整合面也称古剥蚀面,在这个面上常有底砾岩(其砾石为下伏地层的岩石碎块),有时还保存着古风化壳或古土壤层。

(4)不整合面平整或起伏。不整合面有平整的,也有高低起伏的,它反映了上覆新地层沉积前的古地貌形态。

3. 平行不整合的形成过程

平行不整合的形成是由于地壳在一段时期处于上升,而在上升过程中地层又未发生明显褶皱或倾斜,只是因露出水面发生沉积间断和遭受剥蚀,经过一段时期后又再次下降接受新的沉积,从而使上、下地层之间缺失了一部分地层,但彼此的产状却是基本平行的。

平行不整合的形成过程为:下降沉积→上升、沉积间断和遭受剥蚀→再下降、再沉积,如图 3-3 所示。

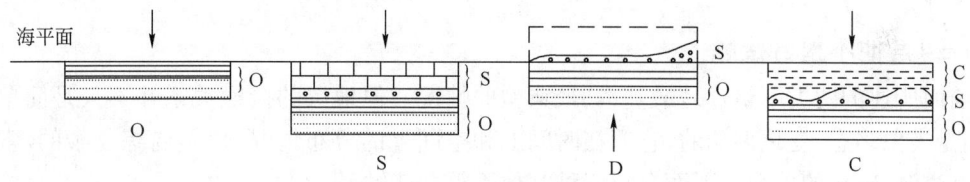

图 3-3　平行不整合的形成过程示意图

(二)角度不整合接触

1. 角度不整合的概念

角度不整合(Angular unconformity)即狭义的不整合,是指不整合面上、下两套地层之间不仅缺失一部分地层,上、下地层的产状也不平行,而是呈交截接触,即产状呈明显的角度接触(图 3-4、图 3-5)。

2. 角度不整合的特征

(1)上、下两套地层之间缺失部分地层;

(2)上、下两套地层产状不相同,下伏地层通常遭到过更强烈的构造变形;

(3)不整合面上常有底砾岩、古风化壳、古土壤层等;

(4)上覆的较新地层的底面通常与不整合面基本平行,而下伏的较老地层层面则被不整合面截交。

不整合面与下伏岩层层面所构成的锐角称为不整合角。由于下伏较老地层在各处的起伏状态不同,遭受的剥蚀程度也不同,所以同一个不整合面的不整合角在不同地区可以不同。

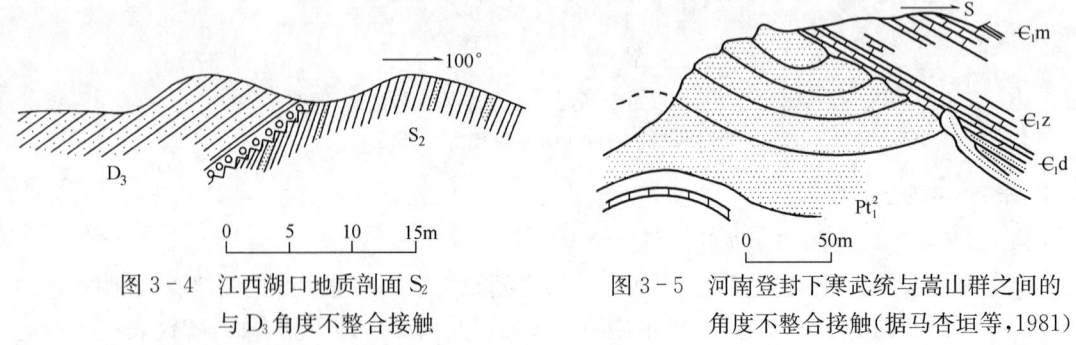

图 3-4　江西湖口地质剖面 S_2 与 D_3 角度不整合接触

图 3-5　河南登封下寒武统与嵩山群之间的角度不整合接触(据马杏垣等,1981)

3. 角度不整合的形成过程

角度不整合的形成过程可以概括为：下降、接受沉积→褶皱上升(常伴有断裂变动、岩浆活动、区域变质等)、沉积间断、遭受风化剥蚀→再次下降、再次接受沉积,如图 3-6 所示。由于新沉积物形成之前,老岩层已遭受强烈变动,所以新老地层的产状不同。

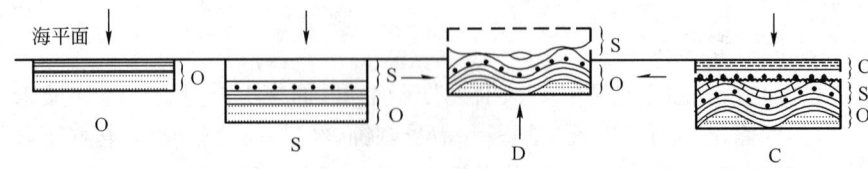

图 3-6　角度不整合的形成过程示意图

因此,角度不整合的存在,反映了该地区在上覆地层沉积之前曾发生过褶皱、上升等重要构造事件。

(三)其他不整合接触

前面所述的两类不整合是最基本、最典型的情况。但地层的接触关系并不只是简单的几种,而是表象多态、变化多端的,它们在时间上和空间上的分布情况,也是错综复杂的,常表现出相互过渡、转化的关系。下面介绍三种其他不整合接触。

1. 非整合

非整合(Nonconformity)又称为异岩不整合或异合,是专指层状沉积岩覆盖于侵入岩和深变质岩形成的剥蚀面上而形成的不整合关系,即岩体与围岩的接触关系,代表较深或时间较长的剥蚀期。

岩体与围岩的接触关系有侵入接触和沉积接触两种。

1) 侵入接触

侵入接触(Intrusive contact)通常由岩浆侵入地壳之中而形成。被岩浆侵入的围岩不仅有岩浆岩、火山岩和变质岩,而且也有侵入岩[图 3-7(a)]。

侵入接触的特征主要表现如下：

(1) 岩体切割围岩,接触带有烘烤、接触变质现象或矿化蚀变现象;

(2) 岩体中有围岩的碎块落入(即捕房体),边缘有冷却边;

(3)主岩体边部有岩脉、岩枝穿切围岩;
(4)岩浆活动的时间是在围岩形成以后,即侵入体比被侵入的围岩年轻。

2)沉积接触

沉积接触(Sedimentary contact)是指岩体经风化剥蚀后,又有沉积物质堆积其上[图3-7(b)]。这种不同岩类的接触关系也称为异合(Heterolithic unconformity)。显然,不整合面之下岩体的年代老于上覆沉积岩层的年代。

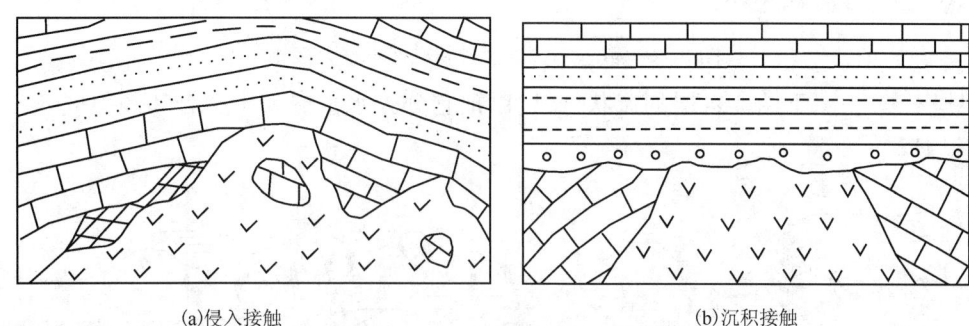

图3-7 岩体与围岩的接触关系

沉积接触的特征主要表现如下:
(1)岩体与上覆围岩的接触带没有冷凝边、烘烤、接触变质等现象;
(2)岩体内的原生构造、岩脉、矿脉被沉积层所截断;
(3)岩体顶部有风化剥蚀面或风化壳;
(4)上覆岩层底部有岩体碎块或砾石。

非整合形成过程是原先下伏地层在深处形成后上升、剥蚀,使深成岩或变质岩上面的巨厚覆盖层全部移去,之后再下沉覆盖新地层。故非整合的剥蚀量及其所经历的形成时期是可观的,通常比平行不整合剥蚀还要多,时间还要长。

2. 地理不整合(区域不整合)

有的不整合接触上、下两套地层,在各个露头上或小范围内,其产状基本上是平行的。但是,通过区域地质调查和填图工作发现,不整合面上同一地层在不同地方与不同层位老地层接触,即从各个局部表现来看,上、下两套地层之间为平行不整合接触关系,但从较大区域来看则又表现为角度不整合的特点。这种接触关系称为地理不整合(Geographical unconformity)或区域不整合(Regional unconformity),见图3-8。

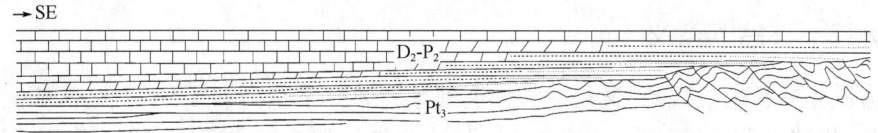

图3-8 地理不整合接触(区域不整合接触)
大范围为角度不整合接触,仅NW段为平行不整合接触

3. 嵌入不整合

有的不整合面在较大范围内基本上是平整的,上覆地层的底部层理与之平行;而有的不整合面在局部有较大的凹凸不平现象,致使上覆地层和下伏地层均与之呈截交关系,这种关系称为嵌入不整合(Inlaid unconformity),如图3-9中A处所示。

不整合面起伏不平引起局部新岩层在横向上与不整合面呈截切的现象,称为毗连不整合接触(Adjacent unconformity)(图3-9B处)。这种不整合接触现象可见于断陷盆地边缘。

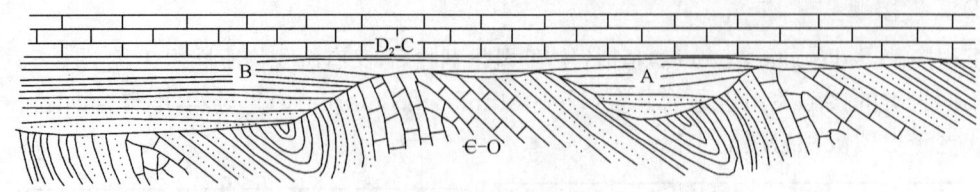

图3-9 嵌入不整合接触和毗连不整合接触

根据不整合上、下两套岩层的产状,又可以把它分为水平嵌入不整合和倾斜嵌入不整合(图3-10)。

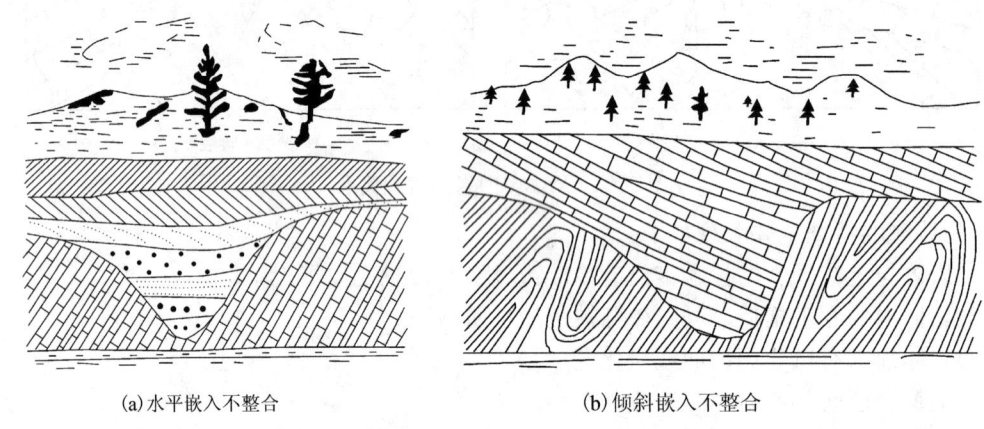

(a)水平嵌入不整合　　　　　　(b)倾斜嵌入不整合

图3-10 嵌入不整合(据B. A. Алродов,1952)

不整合的名称繁多,至今尚无统一的分类。尹赞勋认为不整合有4种明显不同情况,建议对这4种不整合命名为:截合(角度不整合)、平合(平行不整合)、异合(异岩不整合)和嵌合(嵌入不整合)。

第二节　不整合的观察及研究

一、研究不整合的意义

不整合既是一种地层现象,又是一种构造现象。研究不整合对于地层学、沉积岩石学、岩相古地理学、构造地质学、石油地质学、矿床学、水文地质学等各方面均起重大作用。以下分理论和实践意义两个方面进行阐述。

(一)理论意义

1. 鉴定构造运动性质

不整合作为一个重要的构造地质现象,记录了构造运动的演化历史,不仅体现了岩层在空间上的相互关系,也反映了构造运动在时间上的发生顺序。因而,地层不整合接触关系是研究地质发展历史、鉴定构造运动特征和时期的一个重要依据。

2. 确定构造运动时代（即形成时代）

不整合接触形成的时代通常相当于呈不整合接触的上、下两套地层之间所缺失的那部分地层的时代。

3. 划分构造运动和地质历史阶段

角度不整合接触形成于构造运动相对强烈的时期（即构造幕）。当缺失地层较少时，不整合接触形成的时代较为确切。若上、下两套地层时间间隔很大，且这期间有可能发生多次运动，不整合接触形成的时代就不易准确判定了。

4. 了解古地理环境及其变化

不整合面代表一定时期的沉积间断，而沉积间断多与古地理变迁、基底活动有关，因此研究不整合面性质及其分布有助于了解沉积环境、古地理海陆分布和海水进退方向。

5. 划分、对比地层

不整合面具有易于识别、区域分布广、面积稳定的特点，在划分地层时，应当注意不整合的性质。在划分较大的地层单位（如系、统甚至组的划分）时，在找到化石定出年代后，具体划分界线仍需根据不整合确定，不能随意根据岩性作为标志，因此不整合是可靠的地层对比标志。

6. 作为地质填图中的主要地质界线

在野外地质填图中，不整合线（不整合面与地面的交线）与其他地质界线一样，应全部记录在案。

（二）实践意义

1. 矿产的运移通道

不整合面是构造上的薄弱带，可成为岩浆和地下含矿热液活动地带，可形成交代或充填型矿床。

2. 矿床的储集空间

不整合面常是古风化壳，常形成铁、锰、磷、铝土矿等不同类型的沉积矿床；不整合又是构造上的一个软弱带，可成为岩浆及其他含矿溶液活动的地带，在此可能形成交代充填型的内生矿床，如山西铁矿、秦皇岛铝矿等。

3. 地下水储集的有利地带

通常，不整合面是地下水储集和运移的空间和通道。

4. 工程稳定性差

不整合面是一个力学不稳定面，属于软弱结构面。如果工程岩体中存在不整合面，势必会将岩体切割为不同块体，降低了工程岩体的强度和稳定性，特别是沿软弱不整合面方向。另外，不整合面可作为岩土体的滑动面，在降雨、地震等条件下，有诱发滑动的可能，因此应引起高度重视。

5. 不整合接触与油气的关系

1）寻找隐蔽油气藏

不整合对于寻找隐蔽油气藏十分有用。不整合以上和以下岩层都可形成良好圈闭。

除了典型的角度不整合面遮挡下盘沿倾斜岩层上升的油气外,还有上超于不整合面上造成的圈闭和不整合面上的透镜体储集层。此外还有与不整合有密切关系的潜山油气藏,有时是出现各种复合型油藏。在不整合面上下可造成各种孔隙、渗透条件和封堵条件,所以查明不整合类型、特点及上下盘岩层中的岩性、构造情况是十分必要的。

2)形成良好生储盖组合

在含油气盆地中,每一个大的不整合形成后,即旋回初期常发育较好的水进式砂岩储集层,为油气富集提供有利条件,在旋回中后期常有大段暗色泥岩,故生储盖组合常与不整合发育有密切联系。

3)油气运移通道

不整合面常是一个渗透性较好的地带,不仅可作为油气运移的通道,其他诸如岩浆热液、矿液、地下水等均可顺其渗透并将其作为储集场所。

世界油气勘探经验证明,不整合面之下,常常成为油气聚集的有利地带。由于不整合面下伏岩层的表层,在地质历史中遭受过强烈的风化剥蚀,一般都具有较好的储油物性。如果不整合面上有不渗透地层覆盖或其他地质条件相配合,就可形成地层不整合遮挡圈闭,从而在油气运移过程中捕获油气,形成地层不整合遮挡油气藏(图 3-11)。如我国华北地区的任丘油田(图 3-12)、美国的普鲁德霍湾油田就属于这种类型。

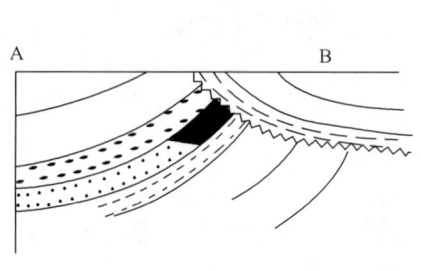

图 3-11 不整合覆盖油气藏

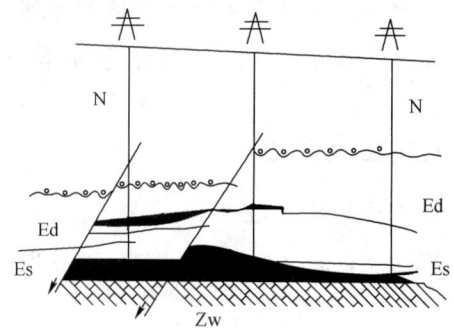

图 3-12 任丘油田剖面图(据华北油田)
Es—沙河街组;Ed—东营组;
N—新近系;Zw—雾迷山组硅质白云岩

二、不整合存在的标志

不整合是地壳运动的产物。地壳运动可以引起自然地理环境的变化,从而影响到沉积成岩作用的变化和生物界的演化;同时地壳运动又与岩石变形、岩浆活动及区域变质等地质作用密切相关。因此,这些与地壳运动有关的地质作用所产生的现象,都可作为确定不整合的直接或间接标志。

(一)地层古生物方面的标志

上、下地层中的化石所代表的时代相差较远,或二者的化石反映在生物演化过程中存在不连续现象(包括种、属的突变),或二者的生物群迥然不同,这些都说明该区在下伏地层沉积后由于地壳运动使自然地理环境发生了根本变化。根据化石和区域地层对比,可以确定两套地层之间缺失某些层位,而又证明其不是断层所致,则可确定不整合的存在。

(二)沉积方面的标志

上、下地层在岩性和岩相上的截然不同,两套地层之间有一个较平整的或起伏不平的剥蚀面,其上还可能保存着古风化壳、古土壤层或与古风化壳有关的各种沉积矿床,如铁、锰和铝土矿等。另外,上覆地层的底部常有由下伏地层的碎块、砂砾组成的底砾岩层,分布于水进层序的底部,厚度一般不大。这些均是确定不整合存在的重要沉积标志。例如,四川峨眉地区川主剖面(图3-13)中上白垩统夹关组(K_2j)底部有厚度约为80cm的底砾岩存在,与下伏地层上侏罗统蓬莱镇组(J_3p)呈不整合接触。

图3-13 四川峨眉地区川主剖面中不整合面上的底砾岩

但是,并非所有的不整合面上都有底砾岩分布。因为外动力地质作用可以把剥蚀面夷平为准平原,然后再下降接受沉积,故在远离高山的平坦地区就少见或不见底砾岩。底砾岩一般分布于被剥蚀高地周围。另外,下伏地层的岩石类型对底砾岩的存在与否也有影响,如下伏岩石是片麻岩或花岗岩等富含长石的岩类时,不整合面上常有高岭土层或长石砂岩层。

上、下两套地层中的重矿物成分和含量显著不同,即重矿物组合发生突变,表明沉积物来源和沉积环境发生了改变,这常常是不整合存在的标志。

在地层剖面中,相邻地层在岩性和岩相上截然不同,这可能是不整合所致,也可能是断层所致,要注意二者的区别。在平面图上,不整合往往造成同一时代的地层与不同时代的老地层接触。若一套较新的沉积岩层覆盖在岩浆岩体或变质岩之上,中间无过渡层,上覆岩系未遭受变质,说明二者之间经历过较长期的沉积间断。

(三)构造方面的标志

角度不整合的构造标志主要表现在上、下两套地层产状不一致,这在地震剖面上也有明显的反映(图3-14)。

另外,褶皱形式的明显差异及上、下岩层褶皱强弱的不同或上、下岩层的构造线方向截然改变,都可能是不整合的表现。图3-15中西北方向,O_1—S_3与D_2—C_1两套地层的构造线方向截然不同,两者间为角度不整合接触关系。

此外,上、下两套地层中的节理或断层的发育不同,也可以作为不整合存在的一个依据。如山西某地寒武系与新元古界为不整合接触,其表现除二者岩性特征不同外,还有上覆砂页岩中发育的三组节理都延伸到下伏硅质灰岩中,而下伏硅质灰岩中发育的其他方向的节理则延至不整合面而中止。这说明该区在寒武系沉积之前,新元古界已发生了构造变形,产生了几组节理,故寒武系和新元古界之间存在不整合。

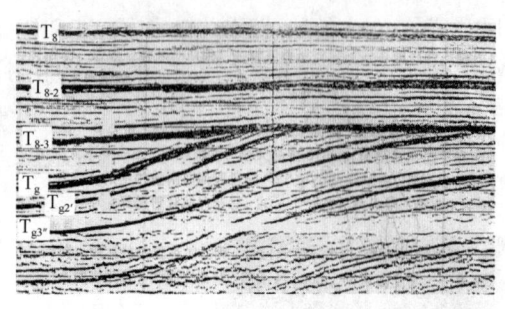
图 3-14 某地区地震剖面上的不整合反映明显

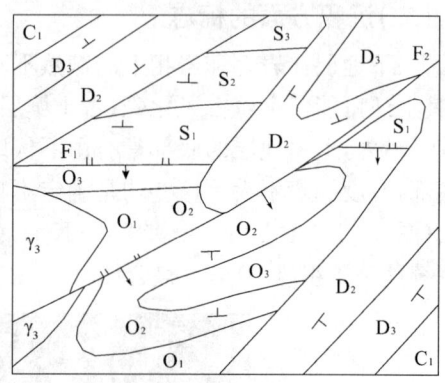
图 3-15 陆谷地区地质图

一般来说,不整合面以下的地层总比上覆的新地层受到的构造变形次数多,所以下伏较老地层的构造要复杂些。但是,也要注意,影响褶皱形式、变形程度和断裂构造发育的因素很多(如岩石的物理-力学性质不同而引起的变形差异等),故构造复杂程度的差异只能作为确定不整合的参考,因而在运用构造方面的标志时要从多方面考虑,综合分析。

(四)岩浆活动和变质作用方面的标志

不整合面上、下两套地层是在地壳发展的不同阶段形成的,所以它们常各有相伴生不同特点的岩浆活动和变质作用(图 3-16)。侵入岩体与一套地层呈侵入接触,而又被另一套地层沉积覆盖,则两套地层是不整合接触关系。两套区域变质程度差别很大的地层相接触,它们之间如不是断层接触关系,则是不整合接触关系。

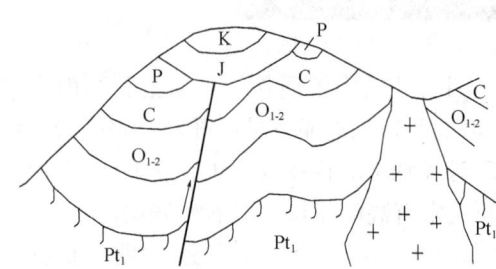
图 3-16 不整合的表现示意图

图 3-16 中,侏罗系与下伏地层之间有沉积间断,且上、下产状不同,为一角度不整合。不整合上、下变形程度不同,上弱下强;岩浆活动也不同,上覆地层中无岩浆侵入,下伏地层中有断层发育。

(五)同位素年龄方面的标志

如果上、下两套相邻的地层经同位素测定后,年龄相差甚远,可根据年龄确定二者之间存在不整合。

以上从几个不同方面介绍了不整合存在的标志。地层接触关系的研究,是一项综合性的工作,它包含许多理论问题和实际问题,工作中要格外慎重。要注意对构造地质、地层、岩石岩相古地理、古生物及同位素地质等方面的资料进行综合分析,以免出现片面性。

三、不整合接触在地质图和剖面图上的表现

(一)平行不整合在地质图和剖面图上的表现

由于不整合面上、下两套地层产状彼此平行,不整合面因长期受风化剥蚀而被夷为较平坦的面,所以在地质图和剖面图上不整合面与其上、下两层产状一致,即倾向、倾角相同。其地质界线与整合的地质界线相似(图 3-2,图 3-17,图 3-18)。

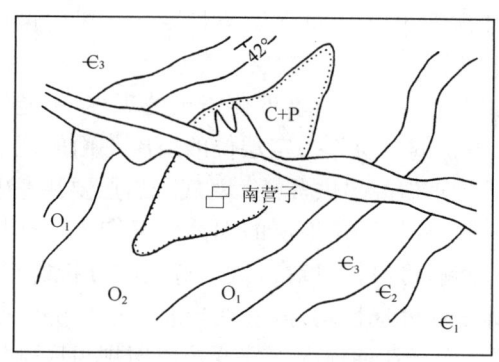

图3-17 辽宁凌源南营子一带地质图C+P
与O_2的平行不整合的平面表现

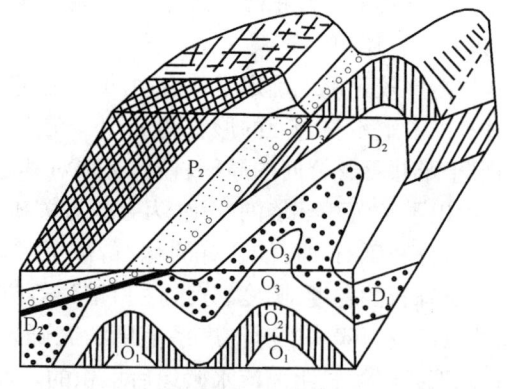

图3-18 平行不整合和角度不整合立体示意图
D_1与O_3之间为平行不整合；
P_1与D_3、D_2、D_1之间为角度不整合

我国华北和东北南部广大地区的上石炭统（本溪组）直接覆盖在中奥陶统马家沟组的石灰岩侵蚀面之上，其间缺失了自上奥陶统到下石炭统的一系列地层，而上、下地层的产状是基本平行的，这是一个典型的平行不整合接触。其下伏岩系由于风化剥蚀，可见喀斯特地形（岩溶地貌），顶面凹凸不平；上覆岩系底部有代表风化壳的铁铝沉积物，有些地区还可见到底砾岩。

（二）角度不整合在地质图和剖面图上的表现

不整合面上、下地层的产状有较明显差异，其间还缺失部分地层，上覆地层的底面（即代表不整合面）的界线（即不整合线）与下伏地层的界线相截交（图3-18、图3-19）。

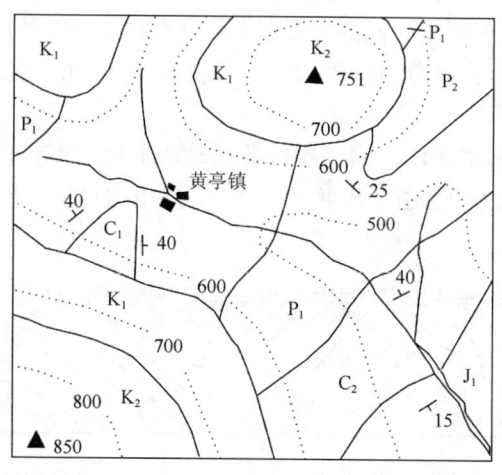

图3-19 平行不整合的平面表现

四、不整合的研究内容和方法

研究不整合时还应对不整合面的形态、不整合面两侧岩层的产状、地层层位、时代、所含化石和岩石性质以及不整合类型的空间变化、不整合形成时代等方面进行系统的对比研究。

（一）不整合面形态的研究

不整合面是平坦的或是崎岖不平的，反映了该区当时大陆侵蚀程度和地貌特征。不整合上、下岩层的分界面有的比较清楚，有的却不明显。接近不整合面的下伏岩层常常因风化剥蚀

而破碎,与其上的残积碎块或砾石层(底砾岩)呈过渡关系,而这些风化残留碎块或砾石层又常与其上覆岩层也呈过渡关系。这时要仔细观察,并详细测绘剖面,了解岩性变化和风化物特征,才能比较正确地确定不整合面的位置;测量不整合面及其上、下岩层的产状,对三者产状作比较,以了解不整合面的形态和上、下岩层的接触情况。对不整合面两侧岩层的观察,不能仅局限于毗邻不整合面的局部岩层,必须对其上覆和下伏的岩层作一定层位的地层剖面的观察研究,以了解沉积环境的变化,为寻找有关矿产和古地理研究提供资料。对底砾岩层要注意砾石的成分和砾石中可能含有的化石,以了解砾石来源,分析下伏地层的剥蚀情况和古地理特征。对砾石的粒度、圆度、分选性和排列等方面的观测,可以提供对古地理特征的分析资料。如北京西山石炭—二叠纪煤系地层的底砾岩,其圆度和分选性均好,反映当时该区地势较平坦,砾石是经过长距离流水搬运后堆积的。而四川广元至江油地区下侏罗统白田坝组底砾岩的砾石大都呈次棱角状,分选也较差,再从砾石成分和分布特征来看,可以说明当时龙门山北段已褶皱隆起成山,地形有较大起伏,从泥盆系到三叠系都遭受不同程度的剥蚀,其岩石碎块经流水搬运出山区不远就堆积下来。

在野外观察过程中,对不整合出露良好、地质现象典型而清楚的地点应仔细观察描述,并绘素描图和照相。还要沿露头进行适当追索,观察其分布变化情况,发现有矿产露头,更应弄清层位关系并追索其变化。

(二)不整合类型空间变化的研究

对不整合的观察,不能只局限于一两个地方,而要在尽量广大的地区追索,查明其分布范围和类型的横向变化情况。要注意:

(1)不同地区表现为不同的接触类型。因为在一次构造运动影响的范围内,在不同地区表现的强弱、隆起的先后、沉积间断时间的长短、风化剥蚀的强弱等均不尽相同,因此,由同一次构造运动所形成的不整合,在其分布范围内,同一时代的地层和下伏地层之间可以存在不同的接触关系(图3-20)。

(2)不同地区缺失的地层不同。同一次构造运动所形成的不整合,在不同地方的不整合面之下,与不整合面相接触的地层在时代、层位上都不尽相同(图3-20)。

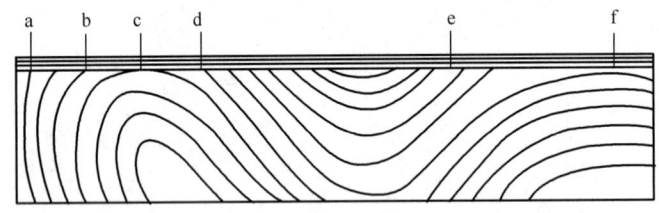

图 3-20　地层经褶皱、剥蚀后与其上水平地层在不同部位所显示的接触关系
(据 C. O. Dunbar 和 J. Rodgers,1957)
a、b、d 和 e 处上、下地层呈不同角度接触;c 和 f 处二者是平行的

(三)不整合形成时代的确定

不整合的形成时代,通常是以不整合面下伏地层中最新的一层时代为下限,以上覆地层中最老一层的时代为上限,其间所缺失的那部分地层所代表的时代,就是不整合的形成时代。一般来说,形成角度不整合的时期,即为构造运动相对剧烈的时期,这一时期代表一个褶皱幕(或称为造山幕)。

由于构造运动发展的不平衡,可以反映在地层接触关系的复杂性上,因此,在确定不整合

的形成时代时应注意以下 4 种情况:

（1）如图 3-20 所示，上覆地层的底部一层与下伏的经过褶皱并被剥蚀的一套老地层相接触，不仅在不同地方（a、b、c、f）表现为不同角度的角度不整合或平行不整合，而且在不同地段与不同时代的地层相接触。在确定不整合的形成时代时，应以下伏地层的最新层位的时代为下限，取上、下限相隔最近的时代为不整合形成的时代。

（2）在同一次地壳运动影响的范围内，首先发生褶皱、隆起并遭受剥蚀，以后又下降接受沉积。这样一个运动周期在不同地区可能有先有后，时间有长有短，因而缺失地层的多少也不一致。另外，地壳运动影响的范围在不同阶段也是不同的，表现的强弱程度也有差异。因此要考虑到褶皱幕的穿时性，不要把不同地段不整合面上、下接触的地层层位差异，或同期地壳运动在不同地方形成的不同类型的不整合，误以为是不同时期的地壳运动产物。

（3）在一个较大的区域内，可能发生多次地壳运动，形成多个角度不整合和平行不整合，但不同地区的地层剖面中，不整合的次数不一定相同。因为在接近隆起的古陆方向，几个不整合往往逐渐归并，甚至在近古陆处归并成一个角度不整合。实际上它包含了多次地壳运动所经历的事件，其间缺失的地层也较多，沉积间断时间较长。

（4）在不整合分布的区域内，下伏岩系的最新地层与上覆岩系的最老地层之间，不一定完全没有沉积，即地层的缺失有两种含义（图 3-21）。一是"缺"，即当时没有沉积；二是"失"，指当时有沉积，后来被剥蚀掉了。要查明一个不整合所缺失的地层，哪些是"缺"，哪些是"失"，并非易事。因此，要根据广大区域的地层、岩相及古地理、构造和岩浆活动等方面的资料，进行对比和综合分析，才能较准确地确定出不整合所代表的地壳运动的时代，并对其影响范围和强弱程度及区域构造发展史作出正确的结论。

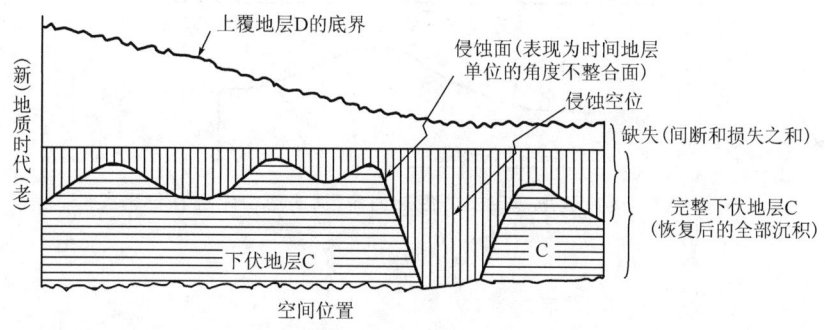

图 3-21　两套地层 C 和 D 的角度不整合接触关系示意图（据 H. E. Wheeler，1958，略加修改）

习题及思考题

1. 填空

（1）地层的接触关系按成因可分为＿＿＿＿＿、＿＿＿＿＿两种基本类型。

（2）不整合可分为＿＿＿＿＿和＿＿＿＿＿。

（3）平行不整合的形成过程：＿＿＿＿＿→＿＿＿＿＿再下降接受沉积。

（4）角度不整合的形成过程：＿＿＿＿＿→＿＿＿＿＿→＿＿＿＿＿再下降接受沉积。

（5）确定不整合存在的标志主要有＿＿＿＿＿、＿＿＿＿＿、＿＿＿＿＿、＿＿＿＿＿等。

（6）确定不整合形成的时代，通常是以不整合面下伏地层中最新的一层时代为＿＿＿＿＿，以上覆地层中最老一层的时代为_____。

2.简答题

(1)地层接触关系主要有哪些类型和特征?

(2)在野外实际工作中如何认识和观察角度不整合接触和平行不整合接触?

(3)在地质图上怎样认识和区别整合接触和平行不整合接触?

(4)不整合的研究方法主要有哪些?

(5)试述地层的接触关系研究意义。

(6)确定两套岩层是否为不整合关系,研究区是否需要一定的面积?为什么?不整合类型的变化反映下伏岩层可能经历了怎样的地质过程?

3.图3-22为一地质图及其图切剖面,你能理解不整合面之下的地层分布与构造吗?

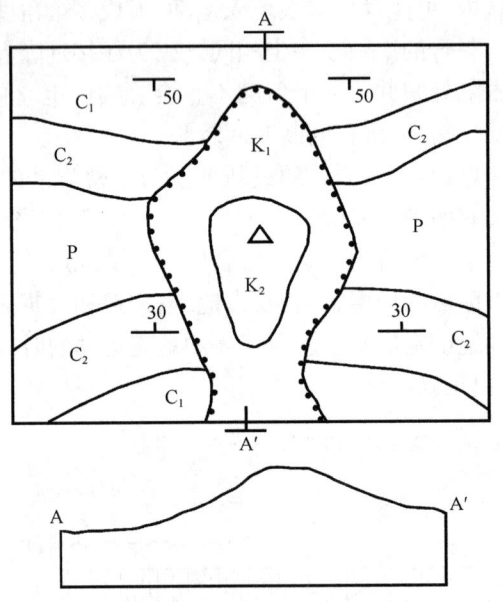

图3-22 某地区地质图及其图切剖面(剖面图由学生自行完成)

第四章 岩石变形的力学分析

本章提要

本章重点讲述应力和应变分析、岩石变形习性的基本规律和特点、影响岩石力学性质和变形的各种因素。

本章难点是构造应力的分析方法和影响岩石变形的各种因素。

通过本章的学习,要求学生了解构造应力的概念及简单构造的应力分析方法,掌握应力分析的基本知识和岩石变形的规律特征,掌握影响岩石力学性质和变形的各种因素。

地壳岩石中千姿百态的构造变形,地质构造的基本形态、组合类型、分布规律,都是地壳运动产生的力导致岩石发生变形和位移的结果。岩石的力学性质及所处的地质环境决定着地质构造的特征。因此,要正确理解岩石变形、地质构造及其形成过程,研究各种构造变形的力学成因和相关规律,必须了解力学的一些基本概念和原理,根据作用在岩石上产生应力的外力系统和由这些应力所引起的应变或变形的几何形态变化来对变形进行理论分析,从而为构造研究提供理论依据,解决石油、天然气勘探与开发中的构造问题。

第一节 应力分析

一、力的基本概念

(一)作用力

力:力是物体间的相互作用,并且是一个矢量,它不仅有大小,而且有方向。

力的合成与分解:任何一个作用力都可以用按平行四边形法则分解成的两个分力来表示,而任何两个分力也可以用一个合力来表示。如图4-1(a)表示力 F 可分解成呈直角的两分量 F_1 和 F_2;图4-1(b)表示任意两个力 F_1 和 F_2 可由其合力 F 来代表。

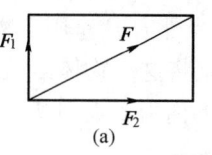
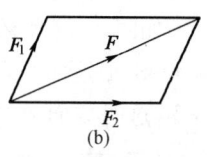

图4-1 力的分解与合成

作用在物体上的力,往往都是成对出现的(作用力和反作用力大小相等,方向相反),有两种方式(图4-2):

张力(Tension)和压力(Compression):两个力作用在一条直线上,大小相等,方向相反,使受力物体沿作用力的方向拉伸或缩短,分别称为张力或压力,并规定压力为正,张力为负。

剪切力(Shear)或扭力(Torsion)：两个大小相等、方向相反的力，没有作用在一条直线上，使受力物体具有旋转趋势，称为剪切力或扭力，并规定逆时针剪切力为正，顺时针剪切力为负。

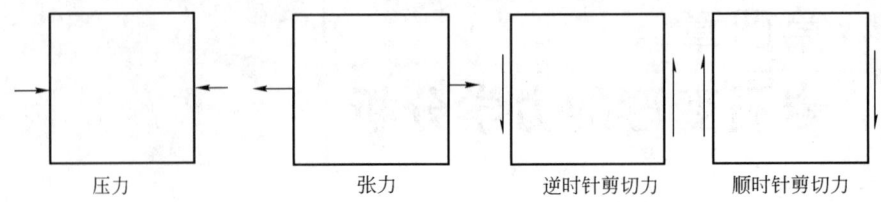

图4-2　物体受力示意图

(二)外力和内力

对于一个物体来讲，力可分为外力(External force)和内力(Internal force)(图4-3)。

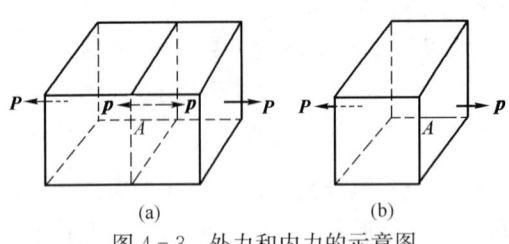

图4-3　外力和内力的示意图
P—外力；p—内力；A—物体内任意一截面

(1)外力(P)是指一个物体作用在另一个物体上的力，可分为面力和体力。

面力指通过接触面作用于物体的力。

体力指物体内部每个质点都受到的力。它是相隔一定距离的物体之间相互作用的力(如重力、物体之间的吸引力等)，是一种非接触力，与物体的质量成正比。

(2)内力(p)是同一物体内部质点之间的相互作用力，可分为固有内力和附加内力。

一个物体在没有受到外力作用的情况下，物体内部的各个质点之间具有一定的作用力，大小相等，方向相反，使物体保持稳定的平衡状态。物体内部各个质点之间的这种作用力称为固有内力。

如果物体上受到外力的作用，那么物体内部各质点间的相互作用力将会随之发生变化，这种物体内部质点间作用力的改变量称为附加内力。附加内力是物体内部质点对于所施加外力的反映，它力图使物体内部质点恢复其固有位置，阻止物体发生变形。外力加大，附加内力也随之增加。

由此可见，固有内力是每种物质所特有的，是这种物质保持其形状的质点间作用力；附加内力则反映了外力作用的一种效果，是导致物体发生变形和破坏的质点间作用力。

本章着重讨论物体受力后的变形和破坏问题。为使问题简化，可假定固有内力等于零，而将其附加内力简称为内力，从而与外力对应。

如图4-3所示，当外力P作用于物体时，物体内部便产生与外力作用相抗衡的内力p，如图4-3(a)所示。假定将这个物体沿截面A切开，取出其中一部分而保留它对截面A的内力不变，这时截面A上的内力p与外力P大小相等，方向相反，如图4-3(b)所示。

(三)应力

应力(Stress)是在面力或体力作用下，物体表面或物体内部假想的面上，单位面积上的一对大小相等、方向相反的力。应力的国际单位为帕斯卡(Pascal)，简称帕(Pa)，即N/m²。

对任意一个物体，若内力在截面A上均匀分布(图4-3)，则作用在截面A上的应力可表示为：

$$S=\frac{P}{A} \quad (4-1)$$

若内力在截面 A 上的分布是不均匀的（图 4-4），则需用微积分方法来求得每一点的应力值，公式表示为：

$$S=\lim_{\Delta A \to 0}\frac{\Delta P}{\Delta A}=\frac{\mathrm{d}P}{\mathrm{d}A} \quad (4-2)$$

应力也是矢量，有大小、方向，也可根据平行四边形法则对其进行分解与合成。据应力的性质、方向及作用面的关系，可分为合应力 S、正应力 σ、剪应力 τ。

合应力是指物体内任意截面上与外力作用方向平行的应力，如图 4-4 中的 S。运用平行四边形法则可将合应力一分为二：一是与作用面垂直的应力，称正应力或直应力，规定压为"+"，拉为"−"，用 σ 或 σ_n 表示，如图 4-4 中的 $\sigma(\sigma=\mathrm{d}N/\mathrm{d}A)$；一是与作用面平行的应力，称剪应力或扭应力，规定逆时针为"+"，顺时针为"−"（图 4-5），用 τ 或 σ_s 表示，如图 4-4 中的 $\tau(\tau=\mathrm{d}T/\mathrm{d}A)$。合应力、正应力、剪应力三者之间的关系可用下式表示：

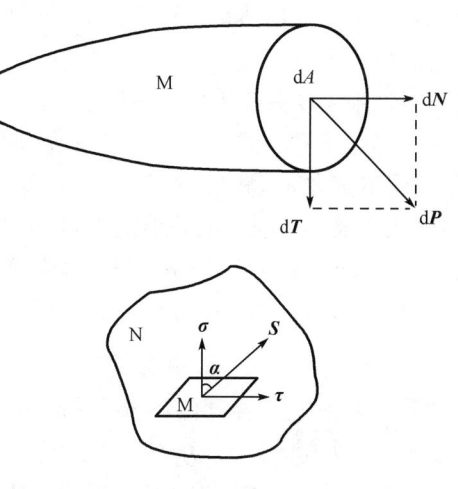

图 4-4 应力的分解

$$S^2=\sigma^2+\tau^2 \quad (4-3)$$
$$\tau=S\cdot\sin\alpha \quad (4-4)$$
$$\sigma=S\cdot\cos\alpha \quad (4-5)$$

若外力作用方向与作用面垂直，则该作用面上只产生正应力，不产生剪应力。此时，该作用面称为主平面，主平面上的正应力为主应力。

当正应力的方向向着作用面时，该正应力称为压应力；当正应力的方向是离开作用面时，该正应力称为张应力。在构造地质学中规定：压应力为正，张应力为负。

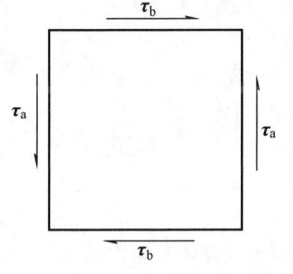

图 4-5 正、负剪应力示意图
τ_a—正剪应力；τ_b—负剪应力

二、应力状态

物体受力后，内部各个截面上将产生有规律分布的应力，我们称物体所处的这种力学状态为应力状态。要研究物体内部的应力分布，往往先从点的应力状态入手。

（一）点应力状态

受力物体中某点的应力状态即为三维空间中该点应力的方向与大小。弹性力学证明，任何受力物体内部总是能够找到三个相互垂直的面，其上只有正应力而无剪应力，也就是说对于任一给定的应力状态，总有三个面彼此垂直且面上只有正应力（主应力）作用而剪应力值为零（图 4-6）。这样的三个面称为主应力面或主平面（S_1，S_2，S_3），三个主应力面分别受到来自其法线方向上的主应力的作用，习惯上用 σ_1、σ_2、σ_3 表示最大主应力、中间主应力和最小主应力（$\sigma_1>\sigma_2>\sigma_3$）。这样，为简便表示点的应力状态，就可以考虑在该点取一无限小的立方体，研究

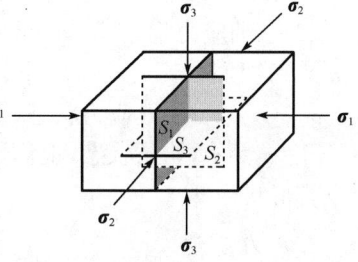

图 4-6 任意物体的主应力状态图

作用在一个正六面体单元体上的力的效应。

若单元体六个截面上的三对主应力的值都相等时,称为等应力状态,在这种应力状态下,物体只发生体积膨胀或收缩的变化而不会产生形状变化(畸变)。

当单元体六个截面上的三对主应力不都相等时(图4-7),单元体截面上存在最大主应力 $\boldsymbol{\sigma}_1$,中间主应力 $\boldsymbol{\sigma}_2$ 和最小主应力 $\boldsymbol{\sigma}_3$,这种应力状态可导致物体形态变化(畸变)。条件相同时,最大和最小主应力的差值越大,物体形态变化越大。应力差(差异应力):$\sigma_1-\sigma_3$,决定形态变化;平均应力:$(\sigma_1+\sigma_2+\sigma_3)/3=\sigma$,决定体积变化。

1. 应力椭球体和应力椭圆

当主应力 $\sigma_1>\sigma_2>\sigma_3$ 并且符号相同时,就可以用一点的主应力矢量 $\boldsymbol{\sigma}_1$、$\boldsymbol{\sigma}_2$ 和 $\boldsymbol{\sigma}_3$ 为半径作出一个椭球体,称应力椭球体(Stress ellipsoid),如图4-8(a)所示。应力椭球体的三个主轴称为主应力轴。应力椭球体的形态变化取决于三对主应力的相对大小,故该椭球体能代表一点的三维应力状态。沿三个主应力平面切割椭球体的三个椭圆称为应力椭圆,如图4-8(b)所示。每个平面上的应力矢量构成一个应力椭圆,这些应力矢量都将作用于与此椭圆正交的所有平面上。

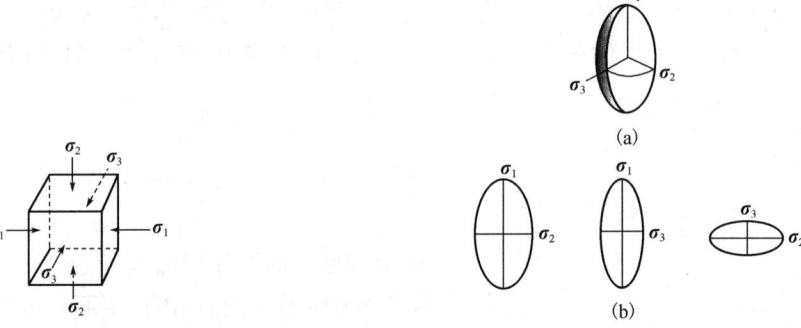

图4-7 单元体(小立方体)的主应力示意图　　图4-8 应力椭球体及应力椭圆

根据应力椭球体的形状,一点的空间应力状态可分为以下3种基本类型。

(1)单轴应力状态(Monoaxial stress state):两个主应力为零的应力状态,只有 $\boldsymbol{\sigma}_1$ 存在,即:

$\sigma_1>\sigma_2=\sigma_3=0$,单轴压缩;

$\sigma_1=\sigma_2=0>\sigma_3$,单轴拉伸。

(2)双轴应力状态(Biaxial stress state):一个主应力为零的应力状态,存在 $\boldsymbol{\sigma}_1$ 和 $\boldsymbol{\sigma}_2$,又称平面应力状态,在这种状态下:

$\sigma_1>\sigma_2>\sigma_3=0$,双轴压缩;

$\sigma_1>\sigma_2=0>\sigma_3$,压缩-拉伸;

$\sigma_1=0>\sigma_2>\sigma_3$,双轴拉伸。

(3)三轴应力状态(Triaxial stress state):三个主应力都不等于零的应力状态,存在 $\boldsymbol{\sigma}_1$、$\boldsymbol{\sigma}_2$ 和 $\boldsymbol{\sigma}_3$,在这种状态下:

$\sigma_1 \geqslant \sigma_2 \geqslant \sigma_3$,一般应力状态;

$\sigma_1=\sigma_2=\sigma_3$,均压状态,也称作静水压力或流体静压力,这种状态只引起物体体积变化,不改变其形状。

2. 应力分量

为了从数值上研究一个点的应力状态,常常在该点附近,取一个趋于零的微小的正六面体,来代表这个点。首先建立直角坐标系,使六面体的三个边与坐标轴重合(图 4-9)。在一般应力状态下,每个面都有斜交的应力,利用应力分解原理,可以将每个面上的应力分解为一个正应力和两个剪应力(图 4-10)。例如,xy 面上所受的力(图 4-10 顶部灰色部分)可分解为正应力 σ_z,剪应力 τ_{zy}、τ_{zx}。这样,六个面就会产生 18 个应力分量。如果物体处于平衡状态,那么三个方向应力的合力应该为 0。

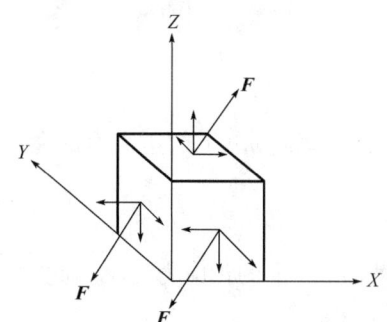

图 4-9 物体内部任意一点一般受力情况

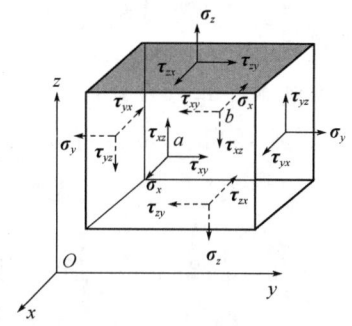

图 4-10 物体内部任意一点的应力分解

实际上,这 18 个应力分量代表成对出现的作用力与反作用力。由于作用力与反作用力大小相等、方向相反,要满足三个坐标轴不转动,就必须满足三个坐标轴的合力为 0。因此,18 个应力分量可以看作是 9 个应力分量。

此外,在平衡力系中,依据剪应力互等定律,有:

$$\tau_{xy} = -\tau_{yx}$$
$$\tau_{xz} = -\tau_{zx}$$
$$\tau_{yz} = -\tau_{zy}$$

所以,空间一点的应力状态可以由 6 个独立的分量完全限定(σ_x、σ_y、σ_z、τ_{xy}、τ_{yz}、τ_{zx})(图 4-10)。因此,如果这 6 个应力分量已知,就可以求出该点任意界面的应力,我们将这 6 个独立的应力分量,称为一点的应力分量。

(二)平面应力状态

在实际问题研究中,空间应力状态往往可以简化为平面应力状态,而单轴应力状态可视为平面应力状态的特例。下面着重分析平面应力状态。

根据小立方体与应力的关系,平面应力状态又可分为平面主应力状态、平面纯剪应力状态和平面一般应力状态。

1. 平面主应力状态

平面主应力状态是指小立方体只受到两个垂直方向上主应力作用时的应力状态(图 4-11)。如图 4-11 所示,假定任意斜截面 mn 上的应力为 S_a,正应力为 σ_a,剪应力 τ_a,mn 外法线与 σ_1 正向交角为 α。σ_1、σ_2 在 mn 面上的分量(正应力、剪应力)分别为 σ_{a1}、σ_{a2}、τ_{a1}、τ_{a2},则有:

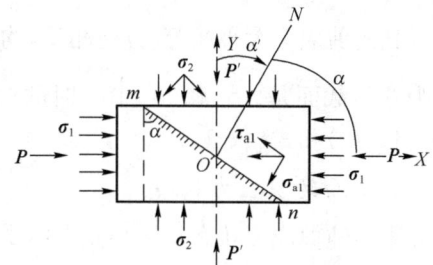

图 4-11 平面主应力状态
mn—任意斜截面;α—mn 外法线与 X 轴正向交角

$$S_a^2 = \sigma_a^2 + \tau_a^2 \tag{4-6}$$
$$\sigma_a = \sigma_{a1} + \sigma_{a2} \tag{4-7}$$

$$\tau_a = \tau_{a1} + \tau_{a2} \qquad (4-8)$$

经推导后,即有:

$$\left. \begin{array}{l} \sigma_a = \sigma_{a1} + \sigma_{a2} = \dfrac{\sigma_1 + \sigma_2}{2} + \dfrac{\sigma_1 - \sigma_2}{2}\cos2\alpha \\ \tau_a = \tau_{a1} + \tau_{a2} = \dfrac{\sigma_1 - \sigma_2}{2}\sin2\alpha \end{array} \right\} \qquad (4-9)$$

分析如下:

1) 最大和最小正应力截面

当 $\alpha=0°$ 或 $180°$ 时,$\cos2\alpha$ 有最大值 $+1$,则 σ_a 有最大值,截面 mn 上的正应力最大。此时:

$$\left. \begin{array}{l} \sigma_a = \sigma_1 \\ \tau_a = 0 \end{array} \right\} \qquad (4-10)$$

当 $\alpha=90°$ 时,$\cos2\alpha$ 有最小值 -1,则 σ_a 有最小值,截面 mn 上的正应力最小。此时:

$$\left. \begin{array}{l} \sigma_a = \sigma_2 \\ \tau_a = 0 \end{array} \right\} \qquad (4-11)$$

我们说,最大正应力截面就是最大主平面,最小正应力截面就是最小主平面。

2) 最大和最小剪应力截面

当 $\alpha=45°$ 时,$\sin2\alpha$ 有最大值 $+1$,则 τ_a 有最大值,截面 mn 上的剪应力最大。此时:

$$\left. \begin{array}{l} \tau_a = \dfrac{\sigma_1 - \sigma_2}{2} \\ \sigma_a = \dfrac{\sigma_1 + \sigma_2}{2} \end{array} \right\} \qquad (4-12)$$

当 $\alpha=135°$ 时,$\sin2\alpha$ 有最小值 -1,而 τ_a 仍有最大值(负号仅说明 τ_a 的方向为顺时针)。此时:

$$\left. \begin{array}{l} \tau_a = -\dfrac{\sigma_1 - \sigma_2}{2} \\ \sigma_a = \dfrac{\sigma_1 + \sigma_2}{2} \end{array} \right\} \qquad (4-13)$$

当 $\alpha=0°$、$90°$、$180°$ 时,$\sin2\alpha=0$,则 τ_a 值为 0 [式(4-10)和式(4-11)]。

我们说,最大剪应力截面分别是 $\alpha=45°$ 时的斜截面 mn 和 $\alpha=135°$ 时的斜截面 $m'n'$,其上所受到的剪应力大小相等、方向相反,均有大小为 $\dfrac{\sigma_1+\sigma_2}{2}$ 的正应力,且二面角为 $90°$。剪应力 τ_a 值为 0 的截面是 $\alpha=0°$、$90°$、$180°$ 时的截面,该截面上没有剪应力,但却有最大和最小正应力[式(4-10)和式(4-11)]。

2. 平面纯剪应力状态

平面纯剪应力状态是指小立方体受力的四个面只作用着剪应力、而无正应力时的应力状态,如图4-12(a)所示。

经推导,平面纯剪应力状态下,任意截面上的应力为:

$$\sigma_a = \tau \cdot \sin2\alpha \qquad (4-14)$$

$$\tau_a = -\tau \cdot \cos2\alpha \qquad (4-15)$$

我们作最大和最小正应力截面的讨论:

当 $\alpha=45°$ 时,$\sigma_a=\tau$,为最大,同时 $\tau_a=0$。此时的截面,即为最大主应力 $\boldsymbol{\sigma}_1$ 作用的主平面,

如图 4-12(b) 所示。

当 $\alpha=135°$ 时，$\sigma_a=-\tau$，为最大（负号说明是张应力），同时 $\tau_a=0$。此时的截面，即为最小主应力 $\boldsymbol{\sigma}_2$ 作用的主平面，如图 4-12(c) 所示。

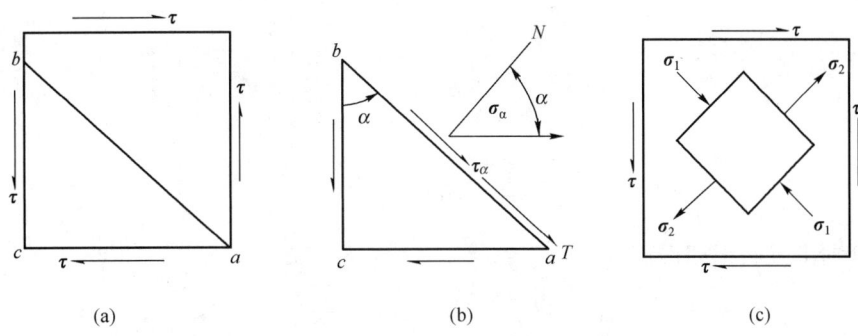

图 4-12 平面纯剪应力状态

由此，$\boldsymbol{\sigma}_1$ 与 $\boldsymbol{\sigma}_2$ 大小（等于纯剪应力 τ 的绝对值）相等，符号相反。若将小立方体顺时针或逆时针旋转 $45°$，则该小立方体所处的应力状态由平面纯剪应力状态变为平面主应力状态，如图 4-12(c) 所示。

3. 平面一般应力状态

平面一般应力状态是指小立方体受力的四个面与应力 $\boldsymbol{\sigma}_1$、$\boldsymbol{\sigma}_2$ 斜交时的应力状态（图 4-13）。在小立方体受力的四个面上，同时存在正应力和剪应力的作用。

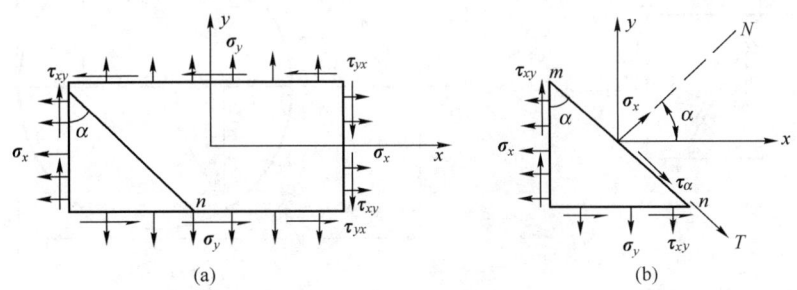

图 4-13 平面一般应力状态

平面一般应力状态下，任意截面上的应力为：

$$\sigma_a=\frac{\sigma_x+\sigma_y}{2}+\frac{\sigma_1-\sigma_2}{2}\cos2\alpha-\tau_{xy}\cdot\sin2\alpha$$

$$\tau_a=\frac{\sigma_x-\sigma_y}{2}\sin2\alpha+\tau_{xy}\cdot\cos2\alpha$$

依此，可以已知相互垂直于那个截面的一般应力，求出任意截面上的应力。在此，不作讨论。

三、应力莫尔圆的概念

应力分析有两种途径，一种是用应力公式，前面已讲过，另一种就是通过几何作图法，即应力莫尔圆(Mohr Diagram)，它能完整地代表一点的应力状态。本教材仅通过应力莫尔圆对平面主应力状态进行分析，来引入应力莫尔圆的概念，对其他应力状态不再进行应力莫尔圆分析。

已知在平面主应力状态下,任意截面的应力状态可用公式表示为:

$$\left.\begin{array}{l}\sigma_a=\dfrac{\sigma_1+\sigma_2}{2}+\dfrac{\sigma_1-\sigma_2}{2}\cos2\alpha\\ \tau_a=\dfrac{\sigma_1-\sigma_2}{2}\sin2\alpha\end{array}\right\} \quad (4-16)$$

整理后为:

$$\left.\begin{array}{l}\sigma_a-\dfrac{\sigma_1+\sigma_2}{2}=\dfrac{\sigma_1-\sigma_2}{2}\cos2\alpha\\ \tau_a=\dfrac{\sigma_1-\sigma_2}{2}\sin2\alpha\end{array}\right\} \quad (4-17)$$

两式分别平方后相加得:

$$\left(\sigma_a-\dfrac{\sigma_1+\sigma_2}{2}\right)^2+\tau_a^2=\left(\dfrac{\sigma_1-\sigma_2}{2}\right)^2 \quad (4-18)$$

在 σ 为横坐标,τ 为纵坐标的直角坐标系中,此式为圆的方程,其圆心为 $\left(\dfrac{\sigma_1+\sigma_2}{2},0\right)$,半径为 $\dfrac{\sigma_1-\sigma_2}{2}$,此圆为平面主应力莫尔圆(图 4-14)。应力莫尔圆代表物体内一点的应力状态,经过这一点的任意截面上的应力分量 $\pmb{\sigma}_a$ 和 $\pmb{\tau}_a$ 等于莫尔圆上对应的横坐标和纵坐标。

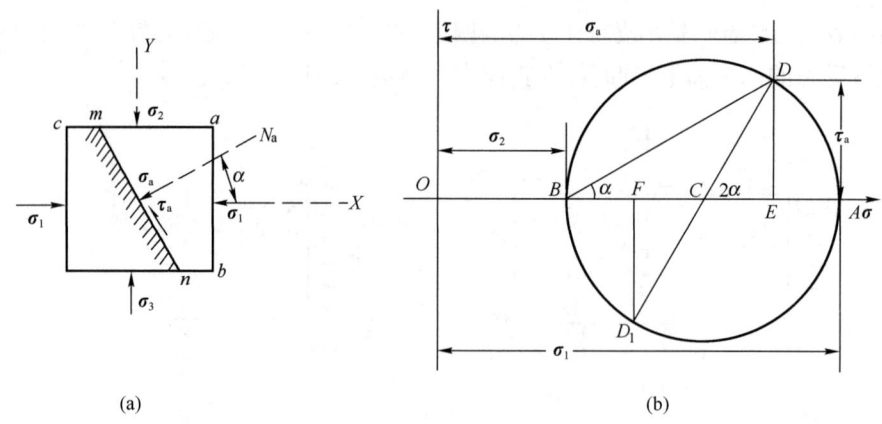

图 4-14 平面主应力莫尔圆

规定应力莫尔圆中 σ 轴自 O 点向右为正,代表压应力,向左为负,代表张应力。可以看出:

(1)当 $\alpha=0°$ 时,最大主平面 ab 上的应力由莫尔圆上的 A 点所代表,此时,$\sigma_a=\sigma_1=\sigma_{max}$,$\tau_a=0$,即在此截面上有最大主应力而无剪应力。

(2)当 $\alpha=90°$ 时,最小主平面 ac 上的应力由莫尔圆上的 B 点所代表,此时,$\sigma_a=\sigma_2=\sigma_{min}$,$\tau_a=0$,即在此截面上有最小主应力而无剪应力。

(3)当 $\alpha=45°$ 或 $\alpha=135°$ 时,截面上的应力对应莫尔圆上最高点和最低点,此时,$\sigma_a=(\sigma_1+\sigma_2)/2$,$\tau_a=(\sigma_1-\sigma_2)/2=\tau_{max}$ 或 $\tau_a=-(\sigma_1-\sigma_2)/2=\tau_{min}$,即在此截面上剪应力绝对值最大。

(4)截面 mn 的法线 N_a 与最大主应力轴 $\pmb{\sigma}_1$ 的夹角为 α,则截面 mn 上的应力分量 $\pmb{\sigma}_a$ 和 $\pmb{\tau}_a$ 等于莫尔圆上 D 点的坐标,D 点与 A 点之间的圆心角为 2α。

此外,想要了解任意点的空间应力状态,还可对其进行三维应力分析,涉及内容可查阅相关参考资料,本书从略。

四、应力场与构造应力场

前面讲述了物体内任意点的应力状态,然而,物体内一点到另一点的应力如何变化,整个物体或区域应力状态又如何呢?下面引入应力场(Stress field)和构造应力场(Tectonic stress field)来进行分析。

(一)应力场的概念

受力岩石中的每一点都存在一个与该点对应的瞬时应力状态,一系列瞬时的点应力状态组成的空间称为应力场。如果应力场中各点的应力状态都相同,称为均匀应力场;相反,如果应力场中各点的应力状态不相同,从一点到另一点其应力状态存在着变化,则称为非均匀应力场。

(二)构造应力场的概念

构造应力场是指地壳内部一定范围内某一瞬时的应力状态,表示那一瞬间各点的应力状态及其变化情况。构造应力场中应力的分布和变化是连续而有规律的。根据规模大小,构造应力场可分为局部构造应力场、区域构造应力场和全球构造应力场。从时间上来看,构造应力场又可分为古构造应力场和现代构造应力场。古构造应力场只能通过分析或推断已经存在于地壳中的构造及其组合特征来恢复和研究;现代构造应力场则可以通过仪器来测定。

对各种地质构造及其组合特征进行野外研究是分析构造应力场的重要基础;室内光弹模拟实验也是了解物体内部应力分布特征的一个重要方法。

漫长的地质进程,经历过多次构造运动改造,导致不同时期的构造应力场叠加形成复杂的叠加构造。研究构造应力场的任务之一是正确区分出各期构造应力场及其形成的构造,并进行分期和配套,进而恢复构造演化历史。

(三)构造应力场的表示

在构造应力场的研究中,要突出定时、定向、定量这三个方面的问题,即确定构造应力场存在的时期、空间方位及应力值。

构造应力场常用应力迹线(应力轨迹)(Stress trajectory)和应力网格(Stress grid)表示,可定性地表示主应力和最大剪应力的作用方位(图4-15)。应力迹线是指应力场中某种应力方向的变化线,常用的应力迹线有最大主应力迹线、最小主应力迹线和最大剪应力迹线。应力网格是指几组应力迹线分布的几何图像。

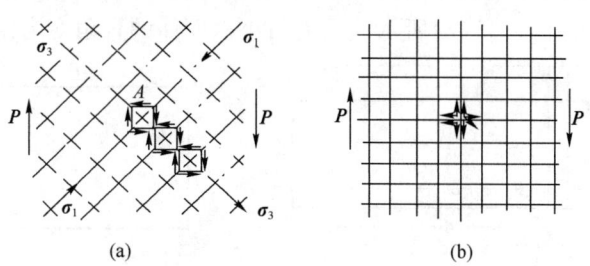

图 4-15 应力迹线与应力网格
(a)主压应力(σ_1)迹线和主张应力(σ_3)迹线;(b)最大剪应力迹线

(四)应力集中

当物体内部有孔洞、缺口或者微裂隙存在时,会在该处产生局部应力集中。岩石中常有许多裂隙,故应力集中是地壳中最常见的现象,可影响构造应力场的分布状态(图4-16)。例如,在岩石先期断裂的端点、拐点、分支点、错列点和待交会点等地方容易出现应力集中,故这些地方往往最先遭到破坏。可以说一切对构造继续活动起阻碍作用的地方都是应力高度集中的部位。

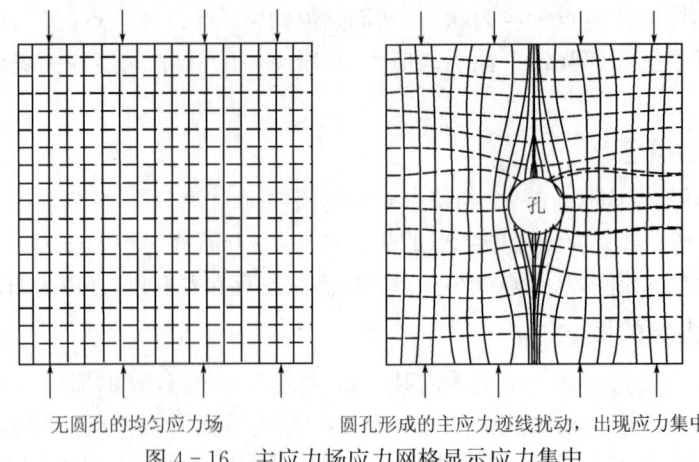

无圆孔的均匀应力场　　　　圆孔形成的主应力迹线扰动,出现应力集中

图 4-16　主应力场应力网格显示应力集中

研究应力集中对构造地震活动及其预报、水文地质及工程稳定性研究都具有重要意义。

第二节　变形和应变

一、变形

(一)变形的概念

物体受到应力作用,其内部各质点间的相对位置发生改变,这种现象称为变形(Deformation)。物体变形可以是形状的改变(形变),也可以是体积的改变(体变),或者二者均有改变。变形有两种最基本的变形方式:线变形和剪变形。

线变形(Lineal deformation):指物体受力时,表现为单纯的拉伸或压缩的变形,又称正变形,如图 4-17(a)所示。受力后的小六面体仅仅是边长发生改变,表现出被伸长或被缩短。

剪变形(Shear deformation):指物体受力时,表现为物体内部任意截面都有一个旋转角度的变形,又称角变形,如图 4-17(b)所示。受力后小六面体的直角变为锐角或者钝角。

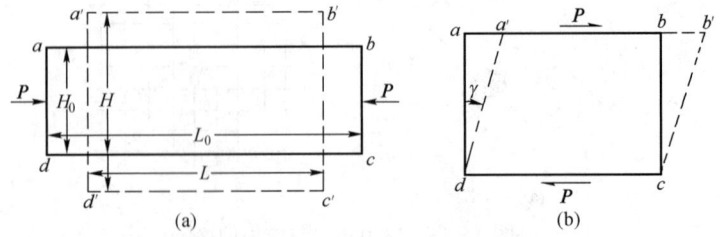

图 4-17　线变形和剪变形示意图

P—外力;L_0—变形前的纵向长度;L—变形后的纵向长度;
H_0—变形前的横向宽度;H—变形后的横向宽度;γ—剪变形旋转的角度

(二)变形的方式

岩石变形最基本的形式是线变形和剪变形,它们组成了以下 5 种基本的变形方式(图 4-18)。

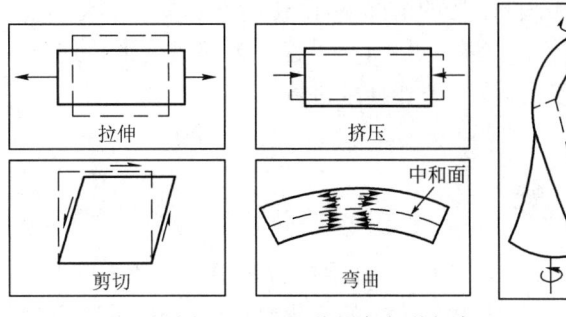

图 4-18 五种基本变形方式

拉伸：指在张应力作用下的线变形。
压缩：指在压应力作用下的线变形。
剪切：指在简单剪切作用下的剪变形，使岩石被剪切错动或形态发生变化。
弯曲：指在沿岩石长轴方向的压应力作用下或在弯梁作用下产生的变形，致使岩石发生弯曲。在发生弯曲变形的岩石内部会有一个既不拉伸、也不压缩的中和面，在中和面内侧和外侧，分别表现为压缩变形和拉伸变形。
扭转：指在岩石的两端，与轴线垂直的平面上各作用一对大小相等、方向相反的力偶所产生的变形。

(三) 均匀变形、非均匀变形和递进变形

均匀变形：岩石的各个部分的变形性质、方向和大小都相同的变形称为均匀变形，其特征是变形前为直线和平面，变形后仍然是直线和平面，变形前互相平行的直线和平面，变形后仍然互相平行。如拉伸、压缩和剪切属均匀变形。

非均匀变形：岩石的各个部分的变形性质、方向和大小都变化的变形称为非均匀变形（图4-19），如弯曲和扭转属非均匀变形。非均匀变形可分为连续变形和不连续变形。连续变形表现为物体内一点到另一点的应变状态是逐渐改变的；不连续变形则表现为物体内一点到另一点的应变状态是突然改变的，例如物体的两部分之间发生了断裂。但总体来说，非均匀连续变形可以分解成若干部分，按均匀变形的方法加以研究。

实际上，均匀变形与非均匀变形也是相对而言的，在一定的研究范围内，较大尺度下是非均匀变形，而在较小尺度下，则表现为均匀变形。如图4-20所示，就整体的弯曲变形而言，属于非均匀变形，但各个局部可以近似地看作是均匀变形，而且任意两个相邻的小圆所反映的变形方向、大小、性质的差别是不明显的。

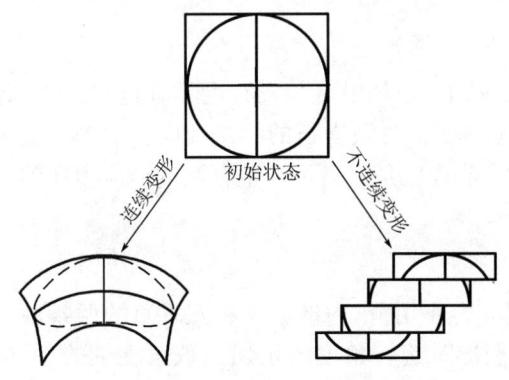

图 4-19 非均匀变形

图 4-20 均匀变形与非均匀变形的相对性

递进变形：岩石在受力条件不变的情况下，由初始形态变形为最终形态的过程，是由一系列连续发生的瞬时无限小变形的累积过程，此过程称为递进变形。递进变形进而还可分为共轴递进变形和非共轴递进变形，本书不作详细讲解。

二、应变

(一)应变的概念

应变(Strain)是表示物体变形的程度，即在应力作用下物体形状和大小的改变量，以相对变形来量度，无量纲。应变所涉及物体形态的变化，总是与物体的两个状况有关——初态和终态。物体在某一时刻的形态与早先的形态(一般指初始状态或未变形的状态)之间的差别就是物体在该时刻的应变。应变可分为线应变和剪应变。

我们知道，变形的结果可引起线段长度的变化和相交线段之间的角度改变。测量这些变化就可以计算出应变状态，由此定义线应变和剪应变。

1.线应变

线应变(Linear strain)是指物体受力发生变形后，所增加或缩短的长度与变形前长度的比值(图4-17)，即：

$$\varepsilon_{纵} = \frac{L_0 - L}{L} \times 100\% \qquad (4-19)$$

式中，$\varepsilon_{纵}$为物体受纵向应力后的纵向应变量。在构造地质学中，规定由压应力产生的$\varepsilon_{压}$为正，由张应力产生的$\varepsilon_{张}$为负。

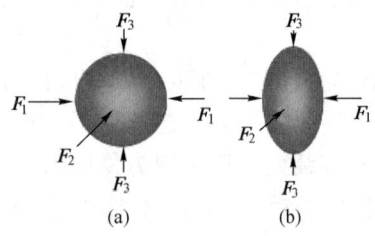

图4-21 气球受力后的变化示意图

实验证明，物体在单纯的压缩或拉伸中，不仅沿着受力方向有纵向的线应变$\varepsilon_{纵}$，而且在与受力的垂直方向上也有横向的线应变，即当物体在纵向上被压缩或拉伸时，在横向上就会出现拉伸或压缩(图4-21)。横向的线应变用下式计算：

$$\varepsilon_{横} = \frac{H_0 - H}{H} \times 100\% \qquad (4-20)$$

同样规定压缩$\varepsilon_{横}$为正，拉伸$\varepsilon_{横}$为负。可见，纵向的线应变$\varepsilon_{纵}$与横向的线应变$\varepsilon_{横}$的方向总是相反的。

实验还证明，在弹性变形范围内，一种材料横向的线应变与纵向的线应变之比的绝对值为一常数，此常数μ称为泊松比，即：

$$\mu = \left|\frac{\varepsilon_{横}}{\varepsilon_{纵}}\right| \quad 或 \quad \varepsilon_{横} = -\mu\varepsilon_{纵} \qquad (4-21)$$

式中的"—"表示纵向的线应变$\varepsilon_{纵}$与横向的线应变$\varepsilon_{横}$的方向相反。岩石也具有这种性质，且每种岩石都有自己的泊松比，一般均不超过0.5，这种现象叫做岩石的泊松效应。泊松效应对解释岩石变形具有重要的意义。例如岩石中许多张节理就是岩石纵向上存在的压应力在泊松效应下引发的横向张应力所致。

2.剪应变

剪应变(Shear strain)是指物体在剪应力或扭应力作用下，内部原来相互垂直的两条微小线段所夹直角的改变量(图4-17)。它是用物体变形时旋转角度的正切函数来度量的，所以又称为角剪应变。在构造地质学中规定，逆时针旋转的剪应变为正，顺时针旋转的剪应变为负。如图 4-17 中的剪应变计算公式为：

$$\tan\gamma = \frac{aa'}{ad} \quad (4-22)$$

在变形小的情况下，γ 角极小，$ad \approx aa'$，剪应变也可以用 γ 角的弧度来度量；在变形较大的情况下，则不然。

(二) 应变椭球体

设想一个充了气的气球受到来自三个方向力的作用，且 $F_1 > F_2 > F_3$。结果是，原来圆的球体，变为三轴不等的椭球体(图 4-21)。

利用这种变形结果，可以研究岩石的变形过程。在变形前的连续介质中任意划定一个圆球体，当介质发生均匀变形时，圆球体变成了椭球体，这种椭球体称为应变椭球体(Strain ellipsoid)(图 4-22)。

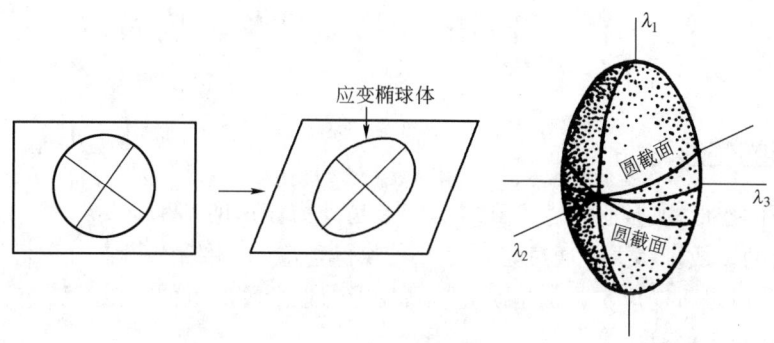

图 4-22 应变椭球体

应变椭球体的三个主直径的方向称为应变主方向。平行于最大直径的方向为 λ_1 的方向，半径为 $\sqrt{\lambda_1}$；平行于中间直径和最小直径的方向分别为 λ_2、λ_3 的方向，半径分别为 $\sqrt{\lambda_2}$、$\sqrt{\lambda_3}$；λ_1、λ_2 和 λ_3 的值称为主应变。通过椭球体并包含任意两个主方向的平面称为应变的主平面(主应变面)，是三个互成直角的对称面，它们与应变椭球体相交成椭圆。

如果取椭球的几何中心为坐标原点，取 x、y 和 z 轴分别平行 λ_1、λ_2 和 λ_3 方向，则应变椭球体的方程为：

$$\frac{x^2}{\lambda_1} + \frac{y^2}{\lambda_2} + \frac{z^2}{\lambda_3} = 1 \quad (4-23)$$

三个主半径不等的应变椭球体都有两个过中心的截面，它们与椭球体相交成圆，称作应变椭球体的圆截面(图 4-22)。两个圆截面的交线是 λ_2 的方向，半径为 $\sqrt{\lambda_2}$，而且圆截面上所包含的线有相等的变形。如果沿一个平行圆截面切开，其化石贝壳的形态没有变化，只是整体尺寸有增加或缩小，仅仅发生了体变。

在岩石变形力学分析工作中，应变椭球体的概念得到普遍应用。上述所讲的"小六面体"、"小球"实际上是一个没有体积、没有长度和面积的"点"。在实际应用中，它可以是无限小的点，用来分析岩石变形过程中各点的力学状态；也可以变得较大，把一个背斜或向斜作为一个应变椭球体来分析。

褶皱的轴面、轴面片理、轴面劈理等均为强烈挤压变形面，故它们垂直于应变椭球的 C 轴，而平行于 AB 面。张裂面平行于应变椭球体的 BC 面，垂直于应变椭球的 A 轴(图 4-23)。

岩层受到顺层挤压而发生褶皱变形的过程中，产生平面共轭剪节理、剖面共轭剪节理、横

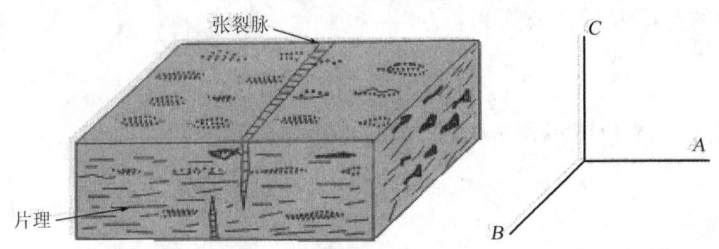

图 4-23 片理面及张裂脉与应变椭球体主轴的关系

张节理、纵张节理等变形，继续发展位移增大，产生横断层、纵断层、斜交共轭断层，可以运用应变椭球体的概念进行分析和认识整体与局部的构造应力状况（详见第五、六章相关章节）。

第三节 岩石的变形习性及影响因素

一、岩石的变形习性

研究岩石的变形构造，必须考虑到岩石变形是外力作用的结果。尽管有关岩石在应力作用下变形行为的多数资料主要通过岩石变形实验得来，其分析结果与岩石在自然地质环境下的变形有差别，但岩石变形实验仍是研究岩石变形习性合理的近似分析方法。

（一）岩石变形阶段

岩石与其他固体物质一样，在外力作用下，一般都经历弹性变形、塑性变形和断裂变形三个阶段。岩石的这三个变形阶段是依次发生、彼此过渡的，而不是截然分开的。不同力学性质的岩石，表现出的三个变形阶段的长短和特点各不相同。如脆性岩石的塑性变形阶段较短，而韧性岩石的塑性变形阶段较长。

1. 弹性变形阶段

岩石受力后发生变形，当外力取消后，又完全恢复到变形前的状态，这种变形称为弹性变形。

图 4-24 是低碳钢沿轴向简单拉伸实验得出的应力-应变曲线图。当应力超过 B 点应力值时，去掉外力后物体也不会再完全恢复到变形前的形态。因此，B 点的应力值 σ_b 称为弹性极限，OB 为弹性变形阶段。弹性变形阶段 OB 由直线段 OA 和曲线 AB 组成，说明在直线 OA 阶段，应力与应变成正比关系，符合胡克定律，与 A 点对应的应力值 σ_a 称为比例极限；在曲线 AB 阶段，应力与应变不成正比，但仍属弹性变形阶段，外力在 B 点前卸载，仍可恢复到变形前的状态。

地震冲击波的传播就是地壳内岩石具有弹性变形性质的表现，但岩石发生纯粹弹性变形很少留有痕迹，因而弹性变形对地质构造的研究意义较小，仅在地震研究、地震勘探、工程建设等方面具有一定的意义。

2. 塑性变形阶段

当外力继续增加，应力值超过弹性极限 σ_b 后，如果此时取消外力，变形后的岩石不能完全恢复到变形前的形状，这种变形称为塑性变形（Plastic deformation），也称为剩余变形或永久

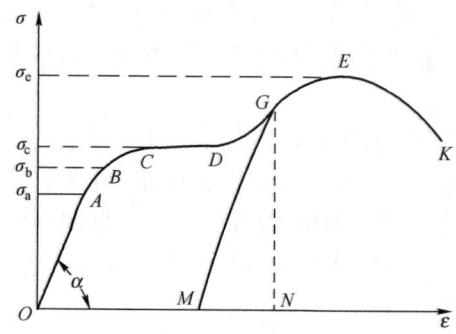

图 4-24 低碳钢拉伸变形时的应力-应变曲线示意图
σ_a—比例极限；σ_b—弹性极限；σ_c—屈服极限；σ_e—强度极限

变形。图 4-24 中，当应力值超过弹性极限 σ_b 继续增加，应变随之增加（BC 段）。当到达 C 点时，曲线近于水平（CD 段），说明即使应力不再增加（保持 C 点时的应力值），也会发生显著的应变，此时岩石的抗变形能力极弱，这种现象叫屈服或塑性流变，C 点为屈服点，C 点对应的应力值 σ_c 称为屈服极限。当到达 D 点时，随应力继续增加，应变又随之增加（DE），直到应力达到最大值（E 点），岩石发生断裂变形。当变形达到 DE 内的任意点 G 时，随即停止加力，并且逐渐减力，则变形遵循直线 GM 关系。由于 GM 与 OA 近于平行，说明岩石在塑性变形的最后阶段 DE 内，存在弹性变形 σ_n 和塑性变形 σ_m 两个部分。若再次施力，岩石的比例极限和弹性极限均有增加，比例极限与破裂点 E 缩短，说明弹性变形阶段增长，塑性变形缩短，称为岩石变形硬化。

3. 断裂变形阶段

如图 4-24 所示，当超过 E 点以后，曲线急剧下降，说明岩石失去了抵抗变形的能力，其内部质点的结合力已遭到破坏而产生了破裂面，岩石失去了连续完整性，即称为断裂变形（Fracture deformation）或脆性变形。此时 E 点所对应的应力值 σ_e，叫岩石的强度极限。

对于脆性岩石来讲，应力达到岩石的强度极限 σ_e 后，即发生断裂变形。

对于韧性较强的岩石，当所受到的张应力超过强度极限 σ_e 时，岩石并没有发生断裂，而是出现了细颈化现象（图 4-25），导致所受应力迅速减小，变形急剧发展且直到变形曲线上的 K 点时，才在岩石的细颈处被拉断，进入断裂变形阶段。EK 区间为局部的塑性变形。K 点对应的应力值，称为断裂强度。

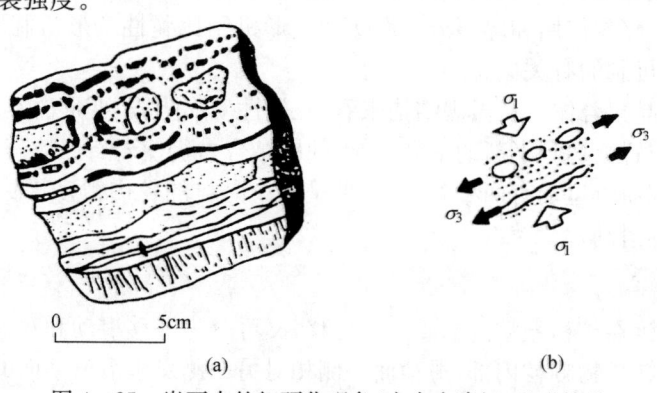

图 4-25 岩石中的细颈化现象（广东大降坪，蓝琪锋绘）
(a)标本素描；(b)应力分析

由于岩石类型、围压条件、温度、应变速率和施加应力类型的不同,出现脆性到韧性的一系列变化现象,在压缩和拉伸条件下,根据断裂前塑性变形应变量可总结出岩石破坏的不同情况:

脆性岩石在弹性变形阶段后至断裂前常没有或只有极小的塑性变形(<3%~5%);当岩石在断裂前,塑性变形应变量达到5%~8%时,属脆性-韧性变形;应变超过10%的岩石为韧性变形,而韧性岩石受力后是不容易发生破坏的。图4-26表示的是,因岩石和环境条件的不同,在被压缩和拉伸时变化系列的5种情况。每种情况都是根据应变百分率划定的,各类边界是不严格的,甚至会出现重叠。

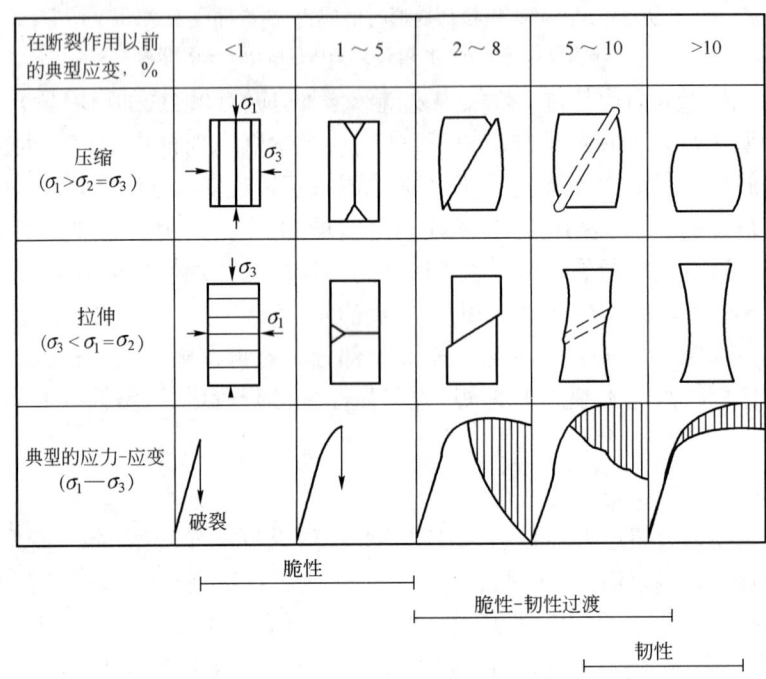

图4-26　从完全脆性到完全韧性的性能变化系列示意图(据Griggs和Handin,1960)

(二)岩石变形机制

岩石变形的微观机制主要包括脆性变形机制和塑性变形机制。脆性变形机制相对简单,主要有微破裂作用、碎裂作用和碎裂流。而塑性变形机制比脆性变形机制要复杂得多。在此主要介绍塑性变形机制的有关概念。

岩石是一种多晶集合体。从微观结构来看,在塑性变形阶段,变形的本质是其内部质点发生滑移,且在新的位置上达到了新的平衡,质点间的结合力仍使岩石保持其连续的完整性。塑性变形时,岩石内部质点运动有两种方式:一种是单个晶粒的粒内滑动;另一种是晶粒之间的粒间滑动(晶粒边界滑动)。

1. 粒内滑动

粒内滑动是发生在矿物颗粒内部质点的位移,又可分为平移滑动和双晶滑动。

平移滑动是指在矿物颗粒内部,滑动面一侧相对另一侧发生沿滑动面的平移,位移大小等于晶格内质点间距的整数倍。滑移前后晶体格架不变,质点处于一种新的平衡状态,不能再返回原来的位置,从而形成塑性变形,如图4-27(a)、(b)所示。

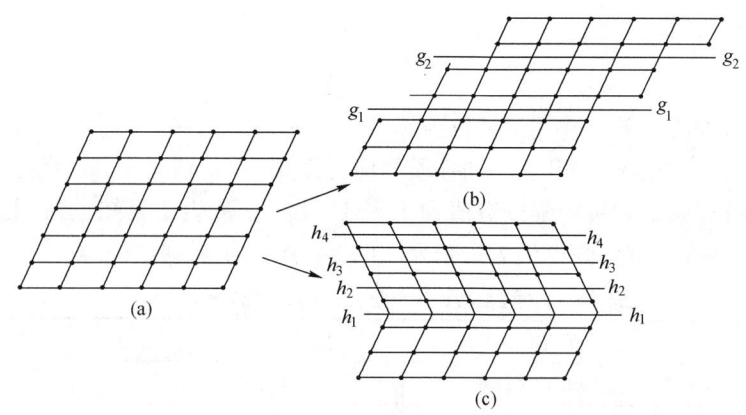

图 4-27 塑性变形的平移滑动和双晶滑动示意图

(a)滑动前质点排列状态；(b)沿 g_1g_1、g_2g_2…发生平移滑动的质点排列状态；
(c)沿 h_1h_1、h_2h_2…发生双晶滑动后的质点排列状态

双晶滑动是指在矿物颗粒内部，滑动面一侧相对另一侧发生沿滑动面平移后成镜像对称关系，位移大小不等于晶格内质点间距的整数倍，但恰好符合矿物的某种双晶规律，使质点也处于一种新的平衡状态，质点不能再返回原来的位置，从而形成塑性变形，如图 4-27(a)、(c)所示。

2. 粒间滑动

粒间滑动是发生在岩石矿物颗粒之间的位移滑动，滑动前后颗粒本身的大小和形态并不改变，又称颗粒边界滑动或晶粒边界滑动。

粒间滑动是通过颗粒边界之间的调整来调节岩石总体变形的一种变形机制。然而，岩石中的各晶粒之间互相紧密镶嵌连结，不能自由滑动。因此，只有在晶粒很细的岩石中（粒度在几微米到几十微米范围内），在很高的温度下，扩散的速率能够及时调节由于晶粒相互滑动而产生的空缺或叠覆时，才能实现颗粒边界滑动（图 4-28）。这种变形机制称为超塑性流动，它可以使岩石总体受到极大的应变（量）而不被破坏。

岩石的塑性变形，可以理解为岩石在固态下的流动。事实表明，固体与流体的性质本来就是逐渐过渡的，在一定的温度、压力下，二者并无显著差别。在地壳深处，较高的温度和围压的地质环境，可以形成各式各样的塑性流动构造（图 4-29）。

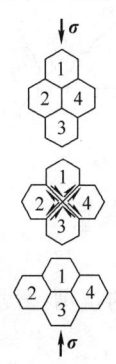

图 4-28 超塑性流动示意图

4 个晶粒通过扩散调节的边界滑动而总体变形（达55%的应变），但最终晶粒的方位与形态却没有改变

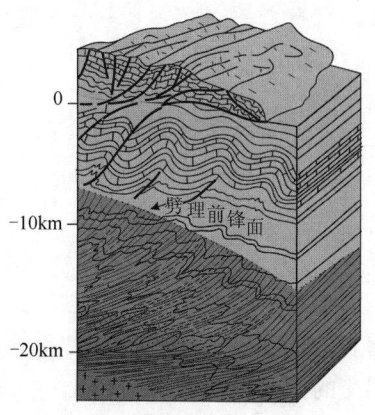

图 4-29 不同深度的构造变形特征

(三)岩石断裂方式

1. 岩石的强度

在一定条件下,岩石在外力作用下抵抗破坏的能力称为岩石的强度。同一岩石的强度极限受很多因素制约,在其他条件相同、不同性质的应力作用下,差别很大。在常温常压下,某些岩石的抗张强度、抗压强度和抗剪强度数值列于表4-1中。从表中可知,岩石的抗压强度大于抗剪强度和抗张强度。抗压强度约为抗张强度的30倍,为抗剪强度的10倍。

表4-1 常温常压下一些岩石的强度极限表

岩石	抗压强度,MPa	抗张强度,MPa	抗剪强度,MPa
花岗岩	148(37~379)	3~5	15~30
大理岩	102(31~262)	3~9	10~30
石灰岩	96(6~360)	3~6	10~20
砂岩	74(11~252)	1~3	5~15
玄武岩	275(200~350)	—	10
页岩	(20~80)	—	2

注:"抗压强度"一列括号内的数字表示最小值、最大值,括号外为其平均值。

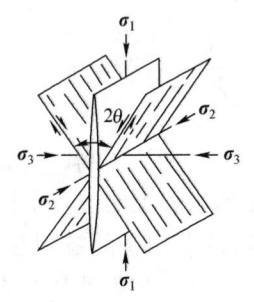

图4-30 主应力与破裂面方位关系
(据朱志澄、宋鸿林,1990)

2. 张裂和剪裂

当应力达到或超过岩石的强度极限时,岩石内部质点的结合力丧失而产生破裂。岩石的破裂有两种方式:张裂(Extensional rupture)和剪裂(Shear rupture)。

1)张裂

张裂的产生决定于张应力的大小,当张应力达到或超过岩石的抗张强度时,便沿着垂直拉伸(σ_3)方向发生破裂,即位移是垂直破裂面沿着拉伸方向发生的。由此,张裂面垂直于最小主应力方向(图4-30、图4-31)。

不同的应力作用方式,均可产生张裂。图4-31为不同变形方式所形成的张裂面。

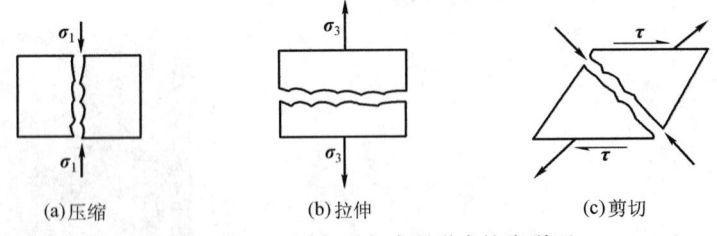

(a)压缩 (b)拉伸 (c)剪切

图4-31 不同变形方式所形成的张裂面

2)剪裂

剪裂的产生决定于剪应力的大小,当剪应力达到或超过岩石的抗剪强度时,便沿着与σ_1、σ_3均斜交的面上发生剪切破裂(图4-30、图4-32)。

由于岩石的力学性质不同,破裂方式也就不同。对韧性较强的岩石,当张应力达到强度极限时,先出现细颈化现象,而后断裂,表现出断裂具有剪裂和张裂联合作用的特点;对脆性强的岩石,则不出现细颈化现象,多直接表现为张裂。要指出的是,在地表环境下,岩石表现为脆性强的特点;在地壳内部,岩石更多地表现为韧性强的特点。同样的应力作用在两种地质环境下断裂的表现是不同的。

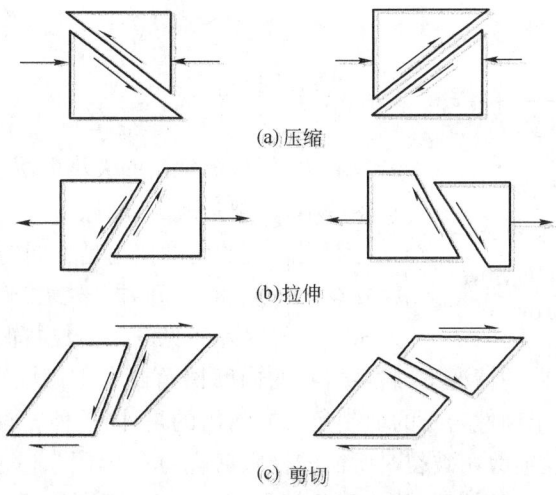

图 4-32 不同变形方式所形成的剪裂面

3. 剪裂角分析

当岩石剪切破裂时,剪裂面常呈两组共轭出现,这两组剪裂面称为共轭剪切破裂面(Conjugate shear rupture surface)。包含最大主应力轴 σ_1 的两个共轭剪裂面的夹角称为共轭剪裂角(Conjugate shear angle),最大主应力轴 σ_1 方向与剪切破裂面之间的夹角称为剪裂角(θ)。

从应力分析可以知道,最大剪应力作用面位于 σ_1 和 σ_3 轴之间的平分面上,与它们呈 45°角,剪切破裂最可能会沿这些面发生。也就是说,共轭剪切破裂角为 90°,岩石剪裂角为 45°。但从野外观察和实验来看,并非如此。共轭剪切破裂角常小于 90°,通常约为 60°,岩石剪裂角常小于 45°。由此可见,两组共轭剪裂面并不沿理论分析的最大剪应力作用面的方位发育。这个现象可以用库伦-莫尔强度理论加以解释。根据岩石实验,库伦剪切破裂准则认为:岩石剪切破坏的能力不仅与作用在截面上的剪切应力有关,而且还与作用在该截面上的正应力有关。设产生剪切破裂的极限剪应力为 τ,则可写成如下关系:

$$\tau = \tau_0 + \mu \sigma_n \tag{4-24}$$

式中,τ_0 为当 $\sigma_n=0$ 时的抗剪强度,在岩石力学中又称为内聚力,对于一种岩石而言是一常数。σ_n 是剪切面上的正应力,当 σ_n 为压应力时,σ_n 为正值,τ 将增大;当 σ_n 为张应力时,σ_n 为负值,τ 将减小。μ 为内摩擦系数,即为上述直线方程中直线的斜率,如以 φ 表示直线的斜角,则 $\mu=\tan\varphi$。因此,式(4-24)可写成:

$$\tau = \tau_0 + \sigma_n \tan\varphi \tag{4-25}$$

此式即为库伦剪切破裂准则的关系式,式中的 φ 为岩石的内摩擦角。建立 σ、τ 平面直角坐标系,式(4-25)为两条直线(图4-33),称为剪切破裂线。该线与极限应力莫尔圆的切点代表剪切破裂面的方位及其应力状态。显然,该切点并不代表最大剪应力作用面的截面,而是代表略小于最大剪应力的一个截面,其上的压应力介于 σ_1 和 σ_3 之间,并接近 σ_3 值。剪切破裂线总是向着 σ_1 轴的负方向,即向着张应力方向倾斜。这说明该截面上的剪应力值比最大剪应力值略小,但其上的压应力值却比最大剪应力面上的压应力值要小得多,因此,该截面阻碍剪裂发生的抵抗能力也小很多,即在这个截面上最易产生剪切破裂。

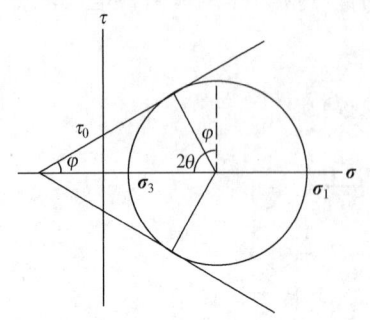

图 4-33 剪切破裂时的莫尔圆图解
(据朱志澄、宋鸿林,1990)

从图 4-33 可知,当岩石发生剪切破裂时,剪裂面与最大应力轴 σ_1 的夹角即剪裂角为:

$$\theta = 45° - \frac{\varphi}{2} \quad (4-26)$$

共轭剪裂角为:

$$2\theta = 90° - \varphi \quad (4-27)$$

由此可见,剪裂角的大小取决于内摩擦角(φ)的大小:摩擦角小,剪裂角就大;摩擦角大,剪裂角就小。

不同岩石的内摩擦角是不同的,许多岩石的内摩擦系数 μ 在 0.5~0.6 之间,即 φ 为 30°左右,所以剪裂角 θ 约为 30°,这与实际所见的大多数共轭剪切破裂角成 60°左右相吻合。在变形条件相同的情况下,脆性岩石的内摩擦角要大于韧性岩石的内摩擦角,因此,脆性岩石的剪裂角要小于韧性岩石的剪裂角。要指出的是,同一种岩石在不同的变形条件下,其内摩擦角并不一样,发生剪切破裂时所需的极限剪应力 τ 也不同。

总之,岩石在高温高压条件下,其剪裂角都是增大的,并逐渐接近于 45°。但是,只要岩石还保持固体状态,则开始破裂时,形成的两组共轭剪切破裂面与最大压应力轴就不会超过 45°。只有当破裂后发生递进变形或受到其他因素影响的情况下,才会在岩石中出现剪裂角大于 45°的现象。

二、影响岩石变形习性的因素

从前面分析岩石变形的一般过程中可以看出,岩石变形不仅与受力大小、方向、性质有关,而且与岩石本身的力学性质有关。岩石变形是综合因素影响的结果,概括起来有三大方面。

(一)岩石本身的影响因素

岩石的力学性质主要取决于其成分、结构、构造等内在因素,由于其成分和结构等的不同,表现出不同的强度。

一般来讲,含硬度大的粒状矿物越多的岩石,强度越大,往往呈脆性变形,如石英砂岩、花岗岩等;含硬度小的片状矿物尤其含具有滑感的鳞片状矿物越多的岩石,强度越小,往往呈韧性变形,如黏土岩、片岩等;岩石中含较多的化学性质不稳定的矿物和易溶于水的盐类(如黄铁矿、盐岩、石膏等),也会降低岩石的强度,如石灰岩、泥灰岩及岩盐类等岩石则表现为弹—塑性性质。

碎屑岩中,颗粒细、棱角较不明显、呈基底式胶结的岩石,往往有较高的强度;反之,呈接触式胶结的岩石,强度就比较低。

同一岩性的岩石由于层理或次生面理的发育,造成岩石力学性质的各向异性,表现出变形特征的不同。岩石各向异性对变形的影响,最明显的例子是薄层状的沉积岩层,受侧向压力的作用,容易沿层面滑动,形成褶皱构造;而块状的各向同性岩石一般无法褶皱变形。

在各向异性的岩石中,脆性破裂的发生将会受到先存薄弱面(各种界面或次生面理等)的影响,其极限强度将随主应力轴相对于岩石中的各向异性构造的方位变化而变化,而且,其剪裂面也可能明显地偏离断裂准则所预测的方向(如剪裂角 $\theta = 45° - \varphi/2$)。孔隙和裂隙发育的岩层,强度会明显降低。

(二)外界环境的影响因素

岩石变形的外界环境因素主要是指岩石变形时的物理化学条件,如围压、温度、溶液、孔隙压力等。岩石变形时受所处地质环境对岩石的力学性质的影响,会导致岩石变形的过程和结果的不同。

1. 围压

岩石的围压(Static pressure)是指周围岩石对它施加的压力。岩石处于地下深处,所承受的围压主要是由上覆岩石的重量所致。围压又称静岩压力,随深度的增加而增大。

表4-1已经说明,花岗岩在地表环境下,抗压强度为148MPa,而若是处在地下10km深处,静岩压力将达到270MPa,那么在此深处的花岗岩一定该被压得粉碎了,但实际情况并非如此。围岩一方面增强了岩石的韧性,另一方面也大大提高了岩石的强度极限,弹性极限也有所提高。王仁等于1981年对白云岩所做的压缩实验表明,在温度不变的情况下,白云岩的塑性变形随着围压的增加而明显增加(图4-34)。围压小于125MPa时,各应力-应变到达曲线终点时,白云岩就会破裂;而围压为125MPa及其以上的各条实验曲线,却不表明各自的应力-应变达到曲线终点时白云岩也会发生破裂,它是由于实验没有继续进行。

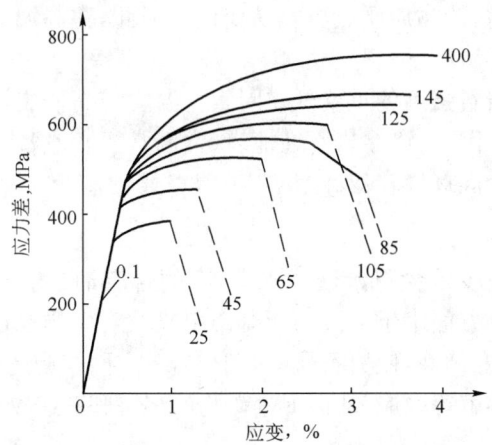

图4-34 在不同围压下对白云岩进行压缩实验的应力-应变曲线
(据王仁等,1981)
曲线上注的数为围压数,单位为MPa

围压对岩石力学性质和变形的影响在于,围压使固体物质的质点彼此接近,增强了岩石的内聚力,从而使晶格不易破坏,因而不易断裂。

2. 温度

温度对岩石力学性质的影响,可以通过分析下面两个实验来展示。

图4-35是格里格斯(D. T. Griggs,1951)对大理岩进行实验所作出的应力-应变曲线。在100MPa围压下,对标本施加压力,室温条件下,大理岩的弹性极限为200MPa左右;温度升高到150℃时,弹性极限降低为100MPa左右。

图4-36是磁黄铁矿在围压100MPa和不同温度下的应力-应变曲线。随着温度从25℃逐级升高到500℃,弹性极限和抗压强度逐级降低,而且温度升得越高弹性极限和抗压强度降得越快。

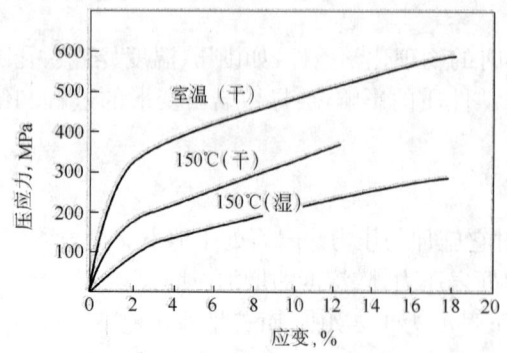
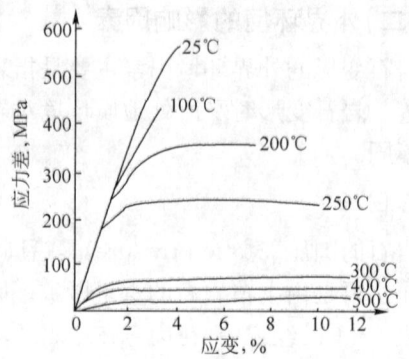

图 4-35　温度和溶液对大理岩变形的影响　　　　图 4-36　围压为 100MPa 时,磁黄铁矿在
　　　　（据 D. T. Griggs,1951）　　　　　　　　　　　　　不同温度下的应力-应变曲线
　　围压为 1000MPa,垂直层理所切的圆柱形标本　　　　　　（据 R. C. Bruce 等,1973）

以上两个实验的应力-应变曲线表明,矿物与岩石一样,随着温度升高,弹性极限和抗压强度明显降低,韧性则显著增强,易于发生塑性变形,易于形成剪裂。

温度增高对岩石力学性质和变形影响的原因在于,温度增高时,岩石质点的热运动增强,减弱了它们之间的内聚力,使物质质点更容易变位。因此,在高温条件下,较小的应力也能使岩石发生较大的塑性变形。

温度和围压是影响岩石强度的重要外在因素。温度升高使岩石强度降低,而增大围压却明显增大了岩石的强度。因而,许多岩石在地表（常温常压）一般表现为脆性,而在地下,随着温度和围压的增加逐渐会向韧性转变。

3. 溶液

地壳中的岩石或多或少地含有溶液或水分,有的含有油、气。野外观察和室内实验都证实,这些岩石中的溶液,一方面由于溶液的润滑作用以及对矿物晶键的弱化作用,降低了岩石的弹性极限,提高了岩石的韧性,使岩石易于变形;另一方面在构造应力的作用下,溶液可以促进矿物产生压溶、扩散、溶解等效应,从而促进矿物的溶解和新矿物的形成,有利于岩石的塑性变形。

对比图 4-35 中下面两条曲线,可以看出溶液对大理岩变形的影响。在围压和温度相同的条件下,湿大理岩比干大理岩更容易发生塑性变形,如果产生 10% 的应变所需的压应力对干大理岩是 300MPa,而对湿大理岩却只需 200MPa 左右。表 4-2 列举了 7 种岩石在潮湿条件下的抗压强度降低率,其中页岩抗压强度降低率最大,为 60%。

表 4-2　几种岩石在干、湿条件下的抗压强度

岩石名称	干燥状态,MPa	潮湿状态,MPa	抗压强度降低率,%
花岗岩	193~213	162~170	16~20
闪长岩	123	108	21.8
煌斑岩	183	143	12
石灰岩	150	118.5	21
砾岩	85.6	54.8	36
砂岩	87.1	53.1	39
页岩	52.2	20.4	60

矿物同样具有这种性质,如云母片在潮湿的空气里远比在干燥的空气里更易弯曲。图 4-37 是在 1400MPa 围压下溶液和温度对石英变形影响的曲线图,表明在干、湿条件下矿物强度的变化。

实验表明,因溶液性质不同,同一岩石的强度降低程度也不相同。例如处于围压为 1000MPa 的大理岩,在煤油介质内的抗压强度为 810MPa;但在水中,其抗压强度却降低为 156MPa,仅为在煤油中抗压强度的 1/5。

溶液影响岩石力学性质和变形的原因是,由于溶液的加入,使分子活动能力加强,使分子间的内聚力减弱,岩石发生软化,强度降低。

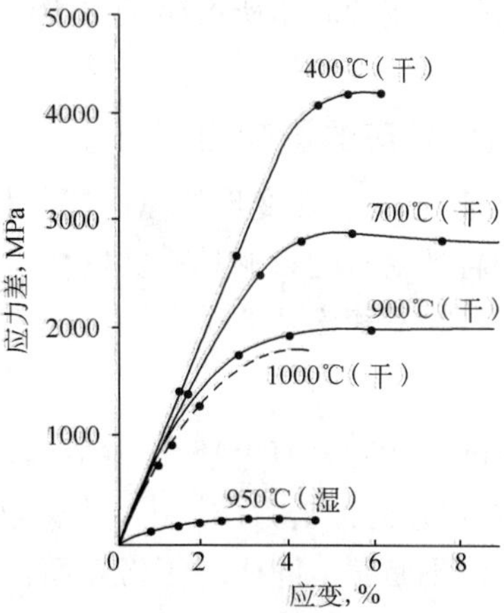

图 4-37 溶液和温度对石英变形的影响

4. 孔隙压力

岩石孔隙内流体的压力称为孔隙压力(Pore pressure)。在沉积物堆积时,一些流体封闭在粒间孔隙内,水就是常见的一种,常以胶体形式吸附在黏土之中。在沉积物被压实过程中,部分流体被挤出,大部分仍留存在岩体内,或作为孔隙溶液留存在孔隙中,或作为包裹体存留在结晶岩中。这些存留在岩体中的流体可以促进岩石的重结晶作用,并影响岩石的变形。如果不透水层阻挡含水层中的流体从岩体中流走,岩体中的孔隙压力就会很大,甚至接近围压。孔隙压力对断层和某些沉积岩层构造的形成起着重要的作用。

如图 4-38 所示,对印第安纳石灰岩孔隙压力试验的应力-应变曲线表明,当孔隙压力增加时,岩石的屈服强度随之降低,由图中 g 点降到 a 点,从而产生应变软化现象。

孔隙压力对岩石变形的影响是由于,岩层孔隙压力与颗粒表面垂直,并与岩石所处环境的围压方向相反,因而促进围压的效应减弱,结果导致岩石的强度降低(图 4-39)。随着这种压力的增大,岩石的屈服强度就会降低,从而易于变形。这种岩石在较小的外力作用下,就能发生较大的变形。

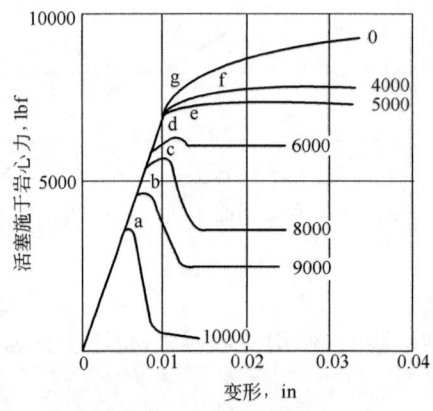

图 4-38 孔隙压力对应力-应变曲线的影响
(据 P. Robinson, 1959)
曲线上注的数为孔隙压力,单位为 lbf/in^2

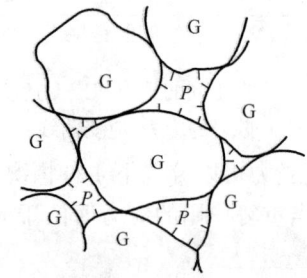

图 4-39 饱和岩石在压力下孔隙体积缩小时形成孔隙液压的示意图
G—颗粒;P—孔隙液压

岩石孔隙流体的高压所产生的浮力作用，能较好地解释推覆构造和重力滑动构造的形成机制。

（三）时间效应的影响因素

在地质条件下，岩石变形持续时间是长期的，通常以百万年为单位，因此时间因素对岩石力学性质和岩石变形的影响具有关键意义。时间因素对于岩石变形的影响主要表现在施力速度、重复受力、蠕变和松弛3个方面。

1. 施力速度

施力速度对物质岩石力学性质的影响，在人们的日常生活中也不乏实例。例如沥青、麦芽糖等材料，在快速的冲击力作用下，呈现脆性破裂；如缓慢施力，则在较小的应力作用下可发生很大的变形而不断裂。同样对于岩石而言，快速施力能加快岩石变形速度，使岩石表现为脆性变形；缓慢施力，则会使脆性物质发生塑性变形。

Z. T. Bieniawski 于 1970 年在不同的施力速度条件下对砂岩进行了一系列单轴压缩试验。试验结果表明，砂岩在不同应变速度下，每条应力-应变曲线都有一个应力峰值，它随着施力速度的增加而增加，反映抗压强度随着施力和应变速度的减慢而降低（图 4-40）。

施力速度影响岩石力学性质和变形的原因是，在缓慢的外力作用下，岩石质点有充分的时间固定下来，而表现为塑性变形；在快速施力的条件下，岩石质点来不及重新排列就破裂了，故呈现出脆性变形的特征。

2. 重复受力

使岩石多次重复受力，虽然作用力不大，也能使岩石发生破裂。图 4-41 表示一种金属破裂时的应力与发生破裂所需要加力次数之间的关系。从图上可以看出，当力的作用次数增加时，破裂时的应力值就降低，直至降低为 $30 \times 10^4 \text{lbf/in}^2$ 时，图上曲线便趋于水平，这时的应力值代表了物体在重复受力情况下发生破裂的最低应力极限，称为疲劳应力极限或耐力极限。用低于疲劳应力极限的应力作用于物体次数再多，也不能使物体破裂。

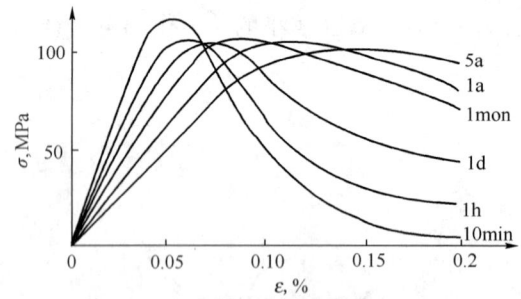

图 4-40 在不同的施力和应变速度条件下砂岩的应力-应变曲线

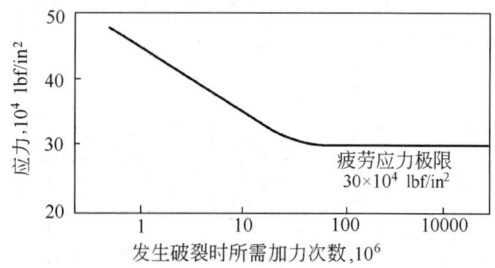

图 4-41 某金属耐力曲线（据 M. P. Billings，1972）

重复受力可以分以下 4 种情况来说明：

（1）当重复作用的应力值低于或等于岩石的弹性极限时，作用次数再多，也不会使岩石发生变形。

（2）当重复作用的应力值介于岩石的弹性极限和疲劳极限之间时，随着作用次数的增多，累积的塑性应变量逐渐增大，直到塑性应变不再增加。至此，岩石不会破裂，而仅仅是发生了一定程度的塑性变形。

(3) 当重复作用的应力值等于岩石的疲劳极限,或介于岩石的疲劳极限和强度极限之间时,随着作用次数的增多,累积的塑性应变量逐渐增大,直到岩石发生疲劳破坏。

(4) 当重复作用的应力值达到或超过岩石的疲劳应力极限时,无须重复作用,岩石便会破坏。

3. 蠕变和松弛

1) 蠕变

岩石在受力变形过程中,若保持应力不变,则应变随时间的增长而逐渐加大,或者受到长时间持续不变的应力作用下发生应变的现象,称为蠕变(Creep)。通过实验得知,不同应力作用下的蠕变曲线是不同的,不同温度条件下的蠕变曲线也不一致。图4-42蠕变曲线表明,同时间内应力越大,蠕变越快;图4-43蠕变曲线表明,同应力作用下,温度越高,蠕变越快。

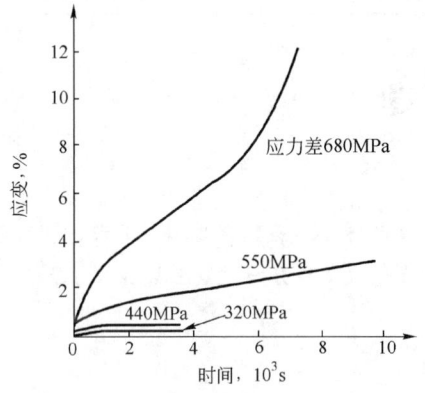

图4-42 石灰岩压缩实验的蠕变曲线
（据Griggs,1936）

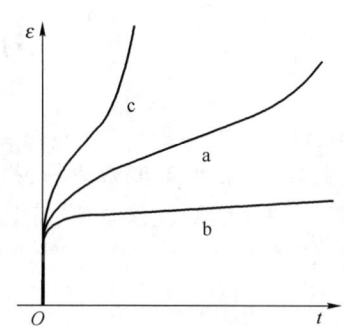

图4-43 蠕变曲线
a—典型蠕变曲线；b—低温低应力下的蠕变曲线；
c—高温高应力下的蠕变曲线

蠕变是不可恢复的永久应变。这种变形是岩石流动的一种表象,它与液体的流动相似,所不同的是液体流动时其分子运动是各自独立的,而岩石蠕变流动是靠晶体的滑移来实现的。

2) 松弛

若保持变形不变,应力随时间的增长逐渐减小,或者在应力逐渐减小的过程中,应变能够保持恒定不变的现象,称为松弛(Relax)。从典型的松弛曲线图上(图4-44)可见,松弛过程分两个阶段,第一阶段(即AB线段)的应力迅速减小,松弛速度急剧下降;第二阶段(即BC线段)的应力减小速度缓慢,松弛速度逐渐下降,并趋于某一极限值。温度对松弛也有影响,温度越高,松弛越快。

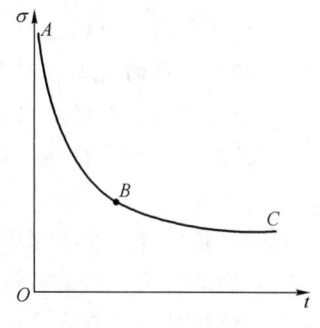

图4-44 松弛曲线

蠕变和松弛现象显示了应力和应变的时间效应。蠕变能在低于岩石弹性极限的情况下使岩石产生永久变形,松弛能使部分弹性变形转化为永久变形。蠕变和松弛都相当于降低了岩石的弹性极限,都表现出了时间因素对岩石力学性质的影响。由于岩石变形往往是在漫长的地质历史时期中发生的,蠕变和松弛现象的反复发生,使岩石中微小的永久变形不断累积,以至最后形成巨大规模的变形。所以,在长时间力的作用下,甚至不超过弹性限度的应力也能导致出现永久变形。自然界的岩石无论在地表或地下深处,其塑性变形常常是蠕变的结果。

综上所述，地壳中的一切复杂的和简单的地质构造都是在一定的地质背景下，受各种内在、外界和时间等综合因素影响的结果。表 4-3 概括了围压、温度、溶液和时间对岩石力学性质和岩石变形的影响。

表 4-3 影响岩石力学性质的各种因素

影 响 因 素	强　　度	韧　　性
围压增大	增大	增大
温度升高	减小	增大
孔隙压力增大	减小	减小
溶液增多	减小	增大
应变速率减小	减小	增大

习题及思考题

1. 名词解释

应力、主应力、应力状态、应力场、构造应力场、应力椭球体、应变椭球体、变形、均匀变形、非均匀变形、应变、主应变、线应变、剪裂角、共轭剪切破裂角、单剪应变、纯剪应变、递进变形、蠕变、松弛

2. 填空

(1)岩石变形的五种方式为_____、_____、_____、_____、_____。

(2)按变形后的形状变形可归纳为两种基本类型：_____和_____。

(3)岩石在外力作用下，一般要经历_____、_____和_____三个变形阶段。

(4)当岩石发生剪切破裂时，包含最大主应力轴 σ_1 象限的共轭剪切破裂面之间的夹角称为_____。

(5)剪裂角是指_____与_____的夹角。

(6)最大主应力轴 σ_1 方向与剪切破裂面之间的夹角称为_____。

(7)剪裂角的大小取决于_____的大小。

(8)页岩的内摩擦角比砂岩的_____，则页岩的剪裂角比砂岩的_____。

(9)在同一动力持续作用的变形过程中，如果应变状态发生连续的变化，这种变形称为_____。

(10)影响岩石力学性质与岩石变形的因素有_____、_____、_____、_____。

3. 什么叫变形？变形程度如何度量？

4. 什么叫构造应力场？其研究意义如何？

5. 简述岩石塑性变形的主要机制。

6. 影响岩石力学性质和岩石变形的因素有哪些？

7. 论述岩石的变形阶段及各个阶段的特点(用应力-应变曲线图解说明)。

8. 岩石破裂方式有哪几种？它们与主应力轴、主应变轴关系怎样？

9. 怎样理解时间对岩石力学性质与变形的影响？

10. 试述影响岩石变形的主要因素及其在构造研究中的意义(举例说明)。

第五章 褶皱构造

本章提要

本章重点讲述褶皱的基本类型、褶皱要素;褶皱的几何形态分析和描述;褶皱的产状类型及其组合形式;平行褶皱、相似褶皱和顶薄褶皱;协调褶皱和不协调褶皱;兰姆赛的褶皱几何分类;褶皱的组合形式(平面和剖面);褶皱的形成机制;影响褶皱形成的主要因素;褶皱的形态研究;地下褶皱构造的研究和褶皱形成时代的研究。

本章难点是褶皱的形成机制、褶皱形态、地下褶皱构造研究和褶皱形成时代的研究。

通过本章的学习,要求学生掌握褶皱构造的基本概念、类型和基本要素;掌握褶皱的产状分类、形态分类、组合类型及形成机制;掌握影响褶皱作用的因素、研究内容,地下褶皱构造的研究方法,褶皱形成时代的研究方法;达到会描述、会评价、会分析褶皱和油气储集的关系;学会编制褶皱地区构造横剖面图、构造等值线图等,以提高学生对褶皱的综合认识。

第一节 褶皱和褶皱要素

褶皱(Folds)是地壳上最基本的构造形式,也是地壳上一种最常见的地质构造,尤其在层状岩层中表现最为明显(图5-1)。褶皱是地壳中广泛发育的一种构造变动,也是岩石塑性变形的表现形式。

图5-1 褶皱形态

褶皱的形态千姿百态、复杂多变。褶皱的规模也是差别极大,大的褶皱长达几十到几千公里,在卫星照片中可见到区域性褶皱[图5-2(a)],如褶皱山系、构造盆地等;小的褶皱则可以在手标本上出现[图5-2(b)],甚至在显微镜下也可观测到微型褶皱。形成褶皱的面绝大多数是层理面,但也可以见到变质岩中的劈理面、片理面、片麻理面以及某些岩浆岩中的原生流面,甚至是节理面或断层面等。

(a)航空照片拍摄到的褶皱

(b)实验室手标本褶皱

图 5-2　褶皱规模

研究褶皱构造的形态、产状、类型、分布、组合及其形成机制等,对揭示一个地区的地质构造与生产实践的关系极有帮助,许多矿产在成因或空间分布上受褶皱构造的控制,甚至有些矿体本身就是褶皱层。在采矿中,预测褶皱矿体的储量对于制定开采计划极其重要;在油气勘探工作中,褶皱及其伴生构造中可以形成储集油气的圈闭,选择钻井位置和制定勘探和开发方案必须了解褶皱的几何形态及规模,所以褶皱构造也是勘探工作的主要对象;另外,褶皱构造还不同程度地影响着水文地质和工程地质条件。因此,研究褶皱具有非常重要的理论和实践意义。

一、褶皱

(一)褶皱的概念

褶皱是指层状岩石的各种面(如层面、面理面等)受力后所产生的弯曲变形现象,是岩石塑性变形的具体表现。原始产状的岩层在构造运动产生的构造力作用下,发生永久塑性变形所形成的一系列连续弯曲,称为褶皱构造(图 5-3、图 5-4)。

褶皱属于不均匀连续变形的范畴,事实上它们也是这类变形中最普遍和最明显的一种。褶皱仅仅涉及层状岩石。

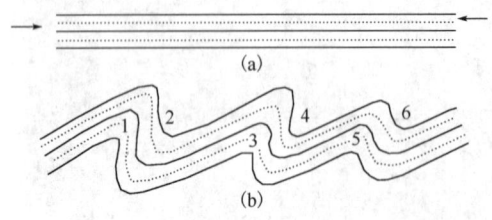

图 5-3　褶皱中背斜与向斜共存
(a)水平岩层受力挤压;(b)岩层的弯曲一个接着一个
1、3、5—背斜;2、4、6—向斜

图 5-4　褶皱构造(连续弯曲)
左侧为背斜,右侧为向斜

(二)褶皱的基本类型

褶曲是褶皱构造的基本单位,即褶皱构造的单个弯曲。褶曲的基本形式有两种,即背斜

(Anticline)和向斜(Syncline)。褶皱＝n个褶曲(n＝1,2,…)＝n个向斜＋n个背斜[图5-3(b)、图5-4]。

(1)背斜:岩层向上弯曲,核心部位的岩层较老,而向外侧岩层逐渐变新。多数情况下,背斜的形态为背形(Antiform),称为背形背斜,简称背斜,如图5-5(a)所示。但在某些复杂情况下,背斜的形态可以是向形(Synform),称为向形背斜,是指地层向下弯曲而凸向地层变新的方向,但核部仍为老地层的褶皱,如图5-5(c)中的X。

(2)向斜:地层向下弯曲,核心部分的地层较新,外侧地层逐渐变老。多数情况下,向斜的形态为向形,称为向形向斜,简称向斜,如图5-5(c)中的Z。但在有些复杂情况下,向斜的形态可以是背形,称为背形向斜,是指地层向上弯曲而凸向地层变老的方向,但核部仍为新地层的褶皱,如图5-5(b)、5-5(c)中的Y。

也有一些褶皱面既不上凸也不下凹,而是呈侧向弯曲称为中性褶皱,其轴面近于直立或水平,且分不出背形或向形,如图5-5(c)中的W。

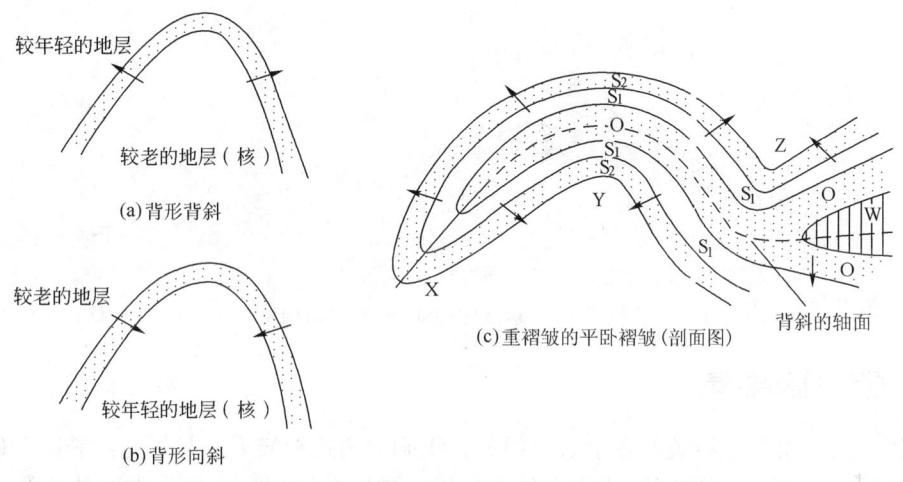

图5-5 褶皱的类型(据R.G.Park,1983,有修改)
X是向形背斜;Y是背形向斜;Z是向形向斜;W是平卧背形的轴迹;↗指向地层变新方向

褶皱构造形成之后,由于后来受到风化剥蚀作用的破坏,背斜和向斜在地表的出露特征有所不同。向斜在地面上的出露特征是从中心到两侧,岩层是由新到老的层序对称重复出露,而背斜在地面上的出露特征却恰好相反,从中心到两侧岩层是从老到新对称重复出露(图5-6)。

(三)地形倒置

根据背斜和向斜的构造形态,一般有"背斜山,向斜谷"的说法,此仅仅是指其构造形态而言,切不可理解为背斜向上拱一定成山,向斜向下弯就一定成谷。由于褶皱形成后在长期的风化剥蚀等外动力作用下,背斜轴部由于张裂隙发育,易于剥蚀,并逐渐低凹成谷,而向斜轴部岩石受挤压力,相对不易风化剥蚀,成为山峰,二者与地形上的山和谷并不是对应关系,此现象称为"地形倒置(Inversion of relief)",即"背斜谷,向斜山",也是很常见的(图5-7)。

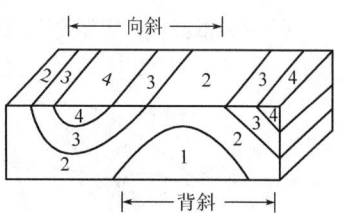

图5-6 背斜和向斜在剖面上和平面上的特征
左侧是向斜,右侧是背斜;
1、2、3、4分别代表地层由老到新

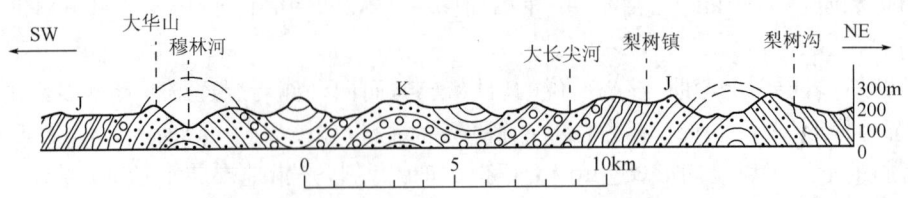

图 5-7 吉林穆林河至梨树沟地质剖面(背斜谷,向斜山)

除了地形倒置以外,有些山岭既非背斜,也非向斜,而是由单斜岩层组成,则称为单斜山(Monoclinal mountain)。单斜山中,如岩层倾角平缓,且顺岩层倾向一侧的山坡较缓,另一侧山坡较陡者,称为单面山(Cuesta);岩层倾角及两侧山坡均较陡者,称为猪背岭(Hogback)。著名的南京钟山(紫金山)就是单面山(图 5-8)。单斜山或者是褶曲被剥蚀破坏后残留的一翼,或者就是单斜。还有一些山岭由近于水平的岩层组成,称为平顶山(Mesa)。因此,决不能根据地形的高低来判断是背斜还是向斜。

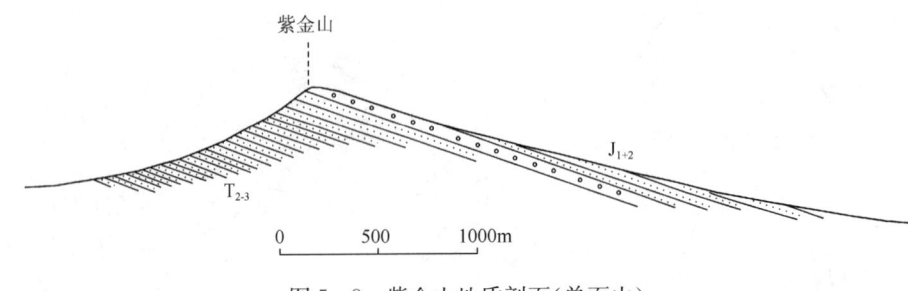

图 5-8 紫金山地质剖面(单面山)

二、褶皱几何要素

褶皱几何要素是指褶皱的各个组成部分。正确地描述褶皱形态是研究褶皱的基础。分析褶皱要素的特征并测量其产状,才能形象地恢复褶皱形态,因此,必须先弄清楚褶皱几何要素的组成及其相互关系。

褶皱要素主要有以下 14 种(图 5-9):

(1)核部:泛指褶皱中心部位的地层,简称核(Core)。含义与桃核、梨核等果实的核相似

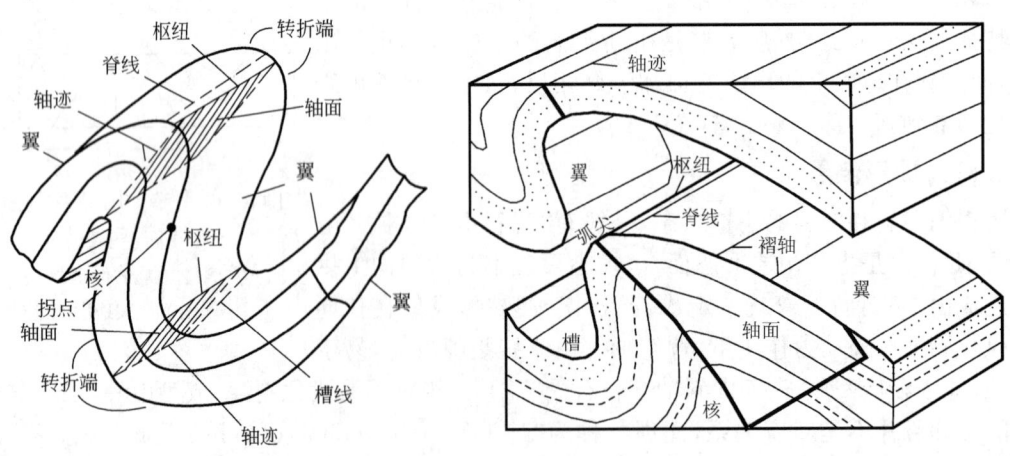

图 5-9 褶皱要素示意图

(图5-9、图5-10)。

在平面、剖面或地面(地表),位于褶皱中部的地层或岩层,均可称为核部(图5-10)。随着平面、剖面或褶皱在地面(地表)被风化剥蚀的程度不同,核部地层时代会有所变化。

(2)翼部:系指褶皱核部两侧的地层,或指褶皱面比较平直的部分,又可称为两翼,简称为翼(Limb),即曲率半径最大的区域(图5-9、图5-10)。

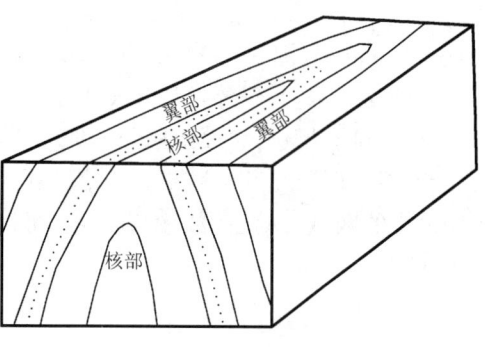

图5-10 褶皱核部示意图

(3)拐点:指相邻背形和向形的共用翼上,褶皱面常呈"S"形弯曲,褶皱面不同凸向的转折点,即上凸与下凹部分的分界点(褶皱翼部曲率为零的点)。如果翼平直,则取其中点作为拐点(图5-9)。

(4)翼间角:指在横剖面(或横截面、垂直于层面的切面)上,构成两翼的同一褶皱面的拐点切线的夹角,是正交剖面上两翼间的内夹角,即两翼相交的二面角(图5-11的α)。

在出露良好、近于正交的剖面露头上,翼间角可直接测量。但通常是测量两翼的产状,再利用赤平投影的方法求得。

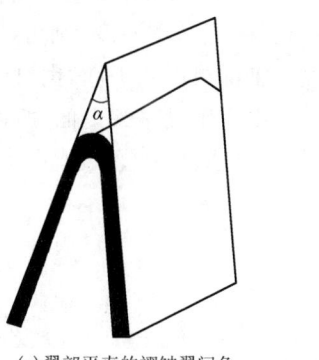

(a)翼部平直的褶皱翼间角　　(b)圆弧形褶皱的翼间角

图5-11 褶皱翼间角

(5)转折端(Hinge zone):系指从一翼向另一翼过渡的部分(图5-9,图5-12的a)。对褶皱面来说,在横剖面上,转折端常呈弧线形,但有时也可以是一点或直线,如尖棱褶皱和箱状褶皱。

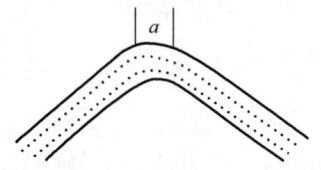 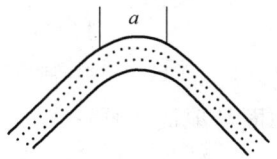 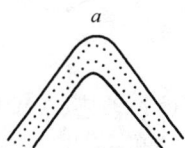

图5-12 各种形状的褶曲转折端

(6)脊、脊线、脊面:背斜或背形的同一褶皱面的各个横剖面上的最高点称为脊(Crest),又称顶;各个横剖面上脊的连线称为脊线(Crest or culmination);若干相邻褶皱面上的脊线联成的面称为脊面(Crest plane)(图5-9)。除直立背形外,其他类型的背形脊面和轴面都不重合。确定褶皱的脊和脊面的位置,对石油和天然气勘探有重要意义。

(7)槽、槽线、槽面:向斜或向形同一褶皱面的各横剖面上的最低点称为槽(Trough);它们的连线为槽线(Trough or Depression);若干相邻褶皱面上的槽线联成的面,称为槽面(Trough plane)(图5-9)。除直立向形外,其他各类向形的槽面和轴面都不重合。确定褶皱的槽和槽面的位置,对寻找和开发矿床和地下水等具有重要意义。

(8)脊迹和槽迹:脊面或槽面与地面或任意平面的交线(图5-9)。

(9)枢纽(Hinge line):指同一褶皱面上最大弯曲点的连线,而不是最高点的连线,即曲率半径最小的区域。枢纽可以是直线,也可以是曲线或折线;可以是水平的,也可以是倾斜的(图5-9,图5-13)。

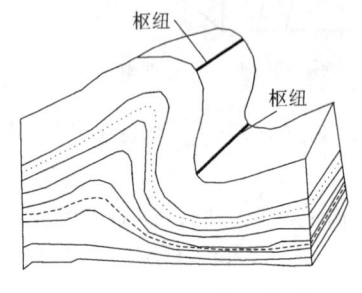 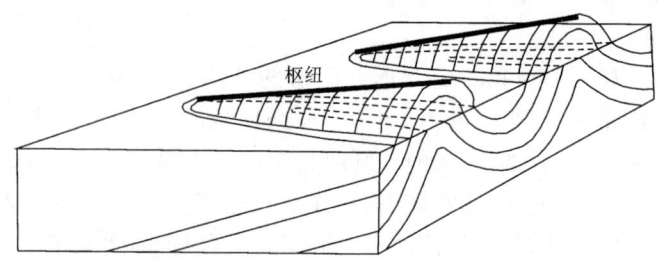

图5-13 褶皱枢纽

(10)轴面(Axial plane):指一个褶皱内各相邻褶皱面上的枢纽连成的面,故又称枢纽面(图5-14)。如果褶皱两翼地层倾角基本一致或两翼厚度基本不变,则可以把轴面看成是翼间角的平分面,或者是大致平行褶皱两翼的对称面。轴面可以是平面,也可以是曲面。轴面为平面的褶皱称为平轴面褶皱,反之则为曲轴面褶皱。由于轴面是一个面,所以轴面和任何构造面产状一样,可用走向、倾向和倾角这三要素来确定。一般无法直接测量,可通过赤平投影或翼间角和两翼产状来推断。

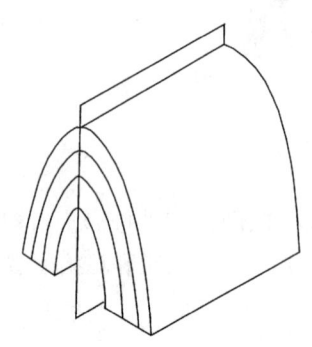 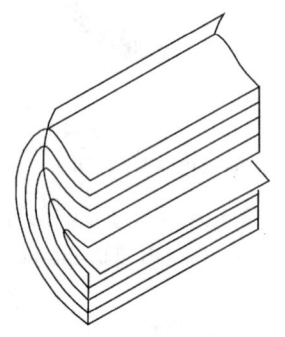 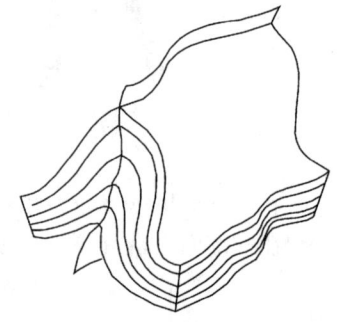

图5-14 褶皱轴面

(11)轴迹(Axial trace):轴面与地面或任一平面(不一定是水平的)的交线,又称为轴线(Axial line)(图5-14、图5-15)。如果轴面是规则平面,则轴迹为一条直线;如果轴面是曲面,则轴迹是一条曲线。在平面上,轴迹的方向代表着褶皱的延伸与展布的方向。

(12)弧尖(Arc point):在垂直于枢纽的切面上轴面与层面的交点,是层面弯曲最大的部位。同一层面上弧尖的连线就是枢纽(图5-9)。

(13)褶轴(Fold axis):与枢纽平行的一条直线,该直线平行移动构成的面与褶皱面完全一致,又称褶皱轴线或轴(图5-9、图5-16)。褶轴是一个纯几何学的概念,它并不是指褶皱面上任一特定直线,但在圆柱状褶皱中,褶轴的产状可由枢纽来代表。过去一些有关地质构造的文献中,有的是指轴面与水平面的交线,也就是轴面的走向线;有的是指轴面与褶皱面的交线,也就是相当于上面讲到的枢纽。

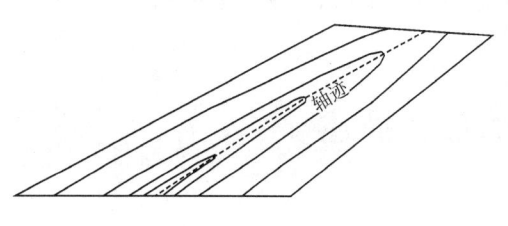

图 5-15 褶皱轴迹

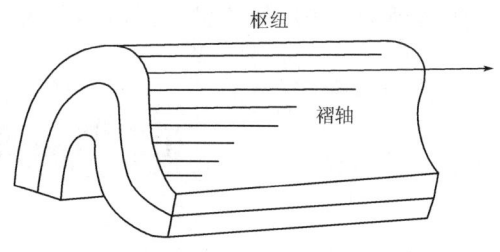

图 5-16 褶皱的褶轴

(14)倾伏、侧伏:褶皱的枢纽(或褶轴)和轴面产状是研究褶皱产状和形态的基本要素。褶皱枢纽和一切线状构造的产状都可用倾伏(倾伏角和倾伏向)和侧伏(侧伏角和侧伏向)来表示,只是测量面不同而已(图 5-17)。

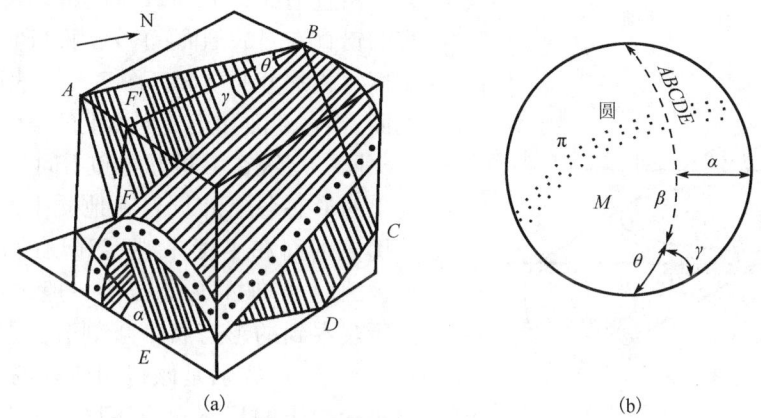

(a)   (b)

图 5-17 褶皱的轴面和枢纽(或褶皱)及其赤平投影
(a)立体图;(b)为(a)图所示背斜褶皱面、轴面及枢纽的赤平投影图
ABCDE—轴面;BF—枢纽;α—轴面倾角;γ—枢纽倾伏角;θ—枢纽在轴面上的侧伏角;BF′—枢纽在水平面上的投影线;AB(SN)—轴面的走向(线);β—枢纽(或褶皱)在赤平投影图上投影点;M—轴面法线的投影点(极点)

倾伏角(Plunge angle)是指在直立面上量得的该构造线与其水平投影线之间的夹角(γ)。

倾伏向(Plunging syncline)是指线状构造的水平投影线指向该线向下一端的方位(BF')。

侧伏角(Pitch angle)是指在线状构造所在的构造面(或其他几何参考面)上量得的该构造线与构造面的走向线之间的锐夹角(θ)。

侧伏向(Pitching syncline)是指构成上述锐夹角的走向线一端的方位(BA)。

如图 5-17 所示,轴面在赤平投影图上为一个平面大圆[图 5-17(b)中 ABCDE]或以该平面的极点表示[图 5-17(b)中 M]。枢纽(或褶轴)则是位于轴面大圆上的一个投影点,即 π 圆的极点。枢纽 BF 的倾伏角为∠F′BF($\gamma=25°$),其倾伏向为 BF′线箭头所指方位(本例为 160°),所以枢纽的倾伏产状为 160°∠25°;又如,枢纽(BF)与轴面走向线 AB 在轴面上的锐夹角∠ABF($\theta=40°$),即为该枢纽在轴面上的侧伏角,BA 线方位即为侧伏向(本例为 180°,∥N),故该枢纽的侧伏方向为∠40°S,也可以用左侧伏∠40°表示。

线状构造的倾伏角(γ)、侧伏角(θ)及线状构造所在的构造面的倾角(α)三者之间具有一定的几何关系,其关系式是:$\sin\gamma = \sin\theta \cdot \sin\alpha$。

褶皱轴面和枢纽产状,除一些小型褶皱可以在露头上直接测量外,一般较大型的褶皱,可根据野外所测褶皱层面产状,用赤平投影法简便求出,作图和求解方法见实验指导书。

第二节 褶皱的形态描述

正确地描述褶皱形态是研究褶皱的基础,而褶皱的剖面形态是表现褶皱构造在三维空间几何形态的重要方式。描述褶皱就是要描述褶皱的要素特征并测量其产状,而这些要素特征及其产状通常在剖面中显示出来以构成褶皱的剖面形态。研究褶皱常用的剖面有铅直剖面(横剖面)、正交剖面(横截面)和水平剖面(平面)(图 5-18)。

铅直剖面(Vertical section)是指与水平面垂直的铅直方向的剖面;正交剖面(Profile)是指与褶皱枢纽相垂直的剖面。图 5-18 表示褶皱在水平剖面、铅直剖面和正交剖面上的空间关系。

同一褶皱在不同方向和不同位置的剖面上表现出的形态各不相同。在地质生产工作中,通常采用横剖面和平面来观察和反映褶皱的形态特征。因此,褶皱的形态分类一般也以这两个剖面上所观察到的形态特征来划分。但是,对于枢纽不是水平的(特别是倾伏角较陡的)褶皱,用横剖面表示褶皱的形态会有不同程度的失真。因此,在某些情况下,如较复杂的褶皱构造,为了准确地认识和反映褶皱的形态特征,可以采用正交剖面(横截面)来观察和研究褶皱反映其真实形态。

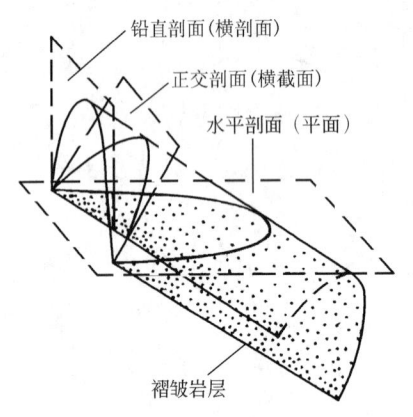

图 5-18 褶皱的水平剖面、铅直剖面合正交剖面

一、横剖面上褶皱形态的描述

(一)根据轴面产状和两翼产状描述

(1)直立褶皱(Upright fold;Erect fold;Vertical fold):轴面近于直立,两翼倾向相反,倾角近于相等[图 5-19(a)]。这种褶皱也称为对称褶皱。

(2)斜歪褶皱(Inclined fold):轴面倾斜,两翼倾向相反,倾角不等,即一翼陡,另一翼缓[图 5-19(b)]。这种褶皱也可称为不对称褶皱。

(3)倒转褶皱(Overturned fold):轴面倾斜,两翼向同一方向倾斜,倾角大小不等。其中一翼地层为正常层序,也称为正常翼;另一翼地层为倒转层序[图 5-19(c)],也称为倒转翼。若两翼地层向同一方向倾斜,且倾角大小相等,这种倒转褶皱为一种特殊情况,可称为等斜褶皱或同斜褶曲(Homocline fold)。

(4)平卧褶皱(Recumbent fold):轴面近于水平,两翼地层产状也近于水平,其中一翼地层层序正常,而另一翼地层层序倒转[图 5-19(d)]。

(5)翻卷褶皱(Overthrown fold):轴面弯曲的平卧褶皱,即背斜的转折端向下,也是一翼正常,而另一翼倒转[图 5-19(e)]。

轴面倾角的变化可以定性反映褶皱变形的强弱,一般来说,轴面倾角较大的变形程度相对

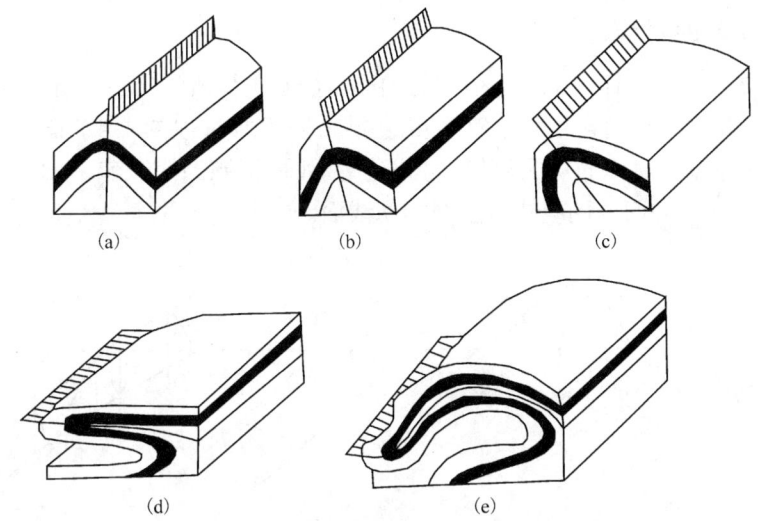

图 5-19 根据轴面和两翼产状描述褶皱
(a)直立褶皱；(b)斜歪褶皱；(c)倒转褶皱；(d)平卧褶皱；(e)翻卷褶皱

较弱。倾角越缓，变形程度越大，平卧褶皱变形程度最大。

(二)根据翼间角大小描述

褶皱翼间角(Interlimb angle)是褶皱横剖面形态分类的重要参数之一。翼间角的大小反映该褶皱的紧闭程度，也反映了褶皱变形的程度。翼间角越小，一般变形程度越高，受挤压作用越强烈。可以根据翼间角大小将褶皱描述为下列 5 类(图 5-20)。

(1)平缓褶皱(Gentle fold)：翼间角 120°～180°；
(2)开阔褶皱(Broad fold)：翼间角 70°～120°；
(3)闭合(正常)褶皱(Closed fold；Normal fold)：翼间角 30°～70°；
(4)紧闭褶皱(Tight fold)：翼间角小于 30°；
(5)等(同)斜褶皱(Isoclinal fold)：翼间角近于 0°，两翼近于平行，如倒转褶皱和平卧褶皱。

翼间角的求取有两种方法(图 5-21)：一是作两翼向转折端的延长线，所夹锐角为翼间角；二是从褶皱两翼拐点向转折端作切线，所得夹角即为翼间角。在野外，如果在出露良好且近于正交的剖面露头上，翼间角可采用直接测量，但通常只需测量褶皱两翼代表性产状，再利用赤平投影的方法求得。

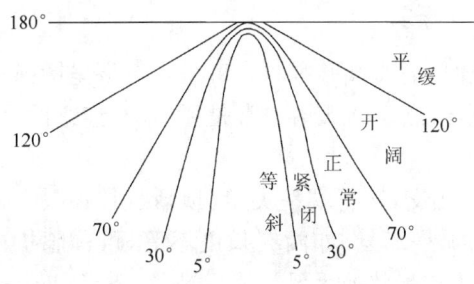

图 5-20 不同翼间角的褶皱分类描述图

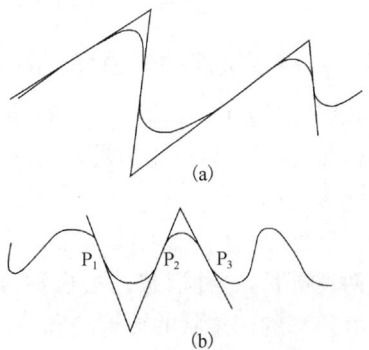

图 5-21 褶皱翼间角的求取方法
(a)从两翼向转折端作延长线,得夹角；
(b)从两翼拐点向转折端作切线,得夹角

(三)根据褶皱的对称性描述

(1)对称褶皱(Symmetrical fold):褶皱的轴面与褶皱包络面(中面)垂直,而且两翼的长度和厚度也基本相等,并以轴面为对称面将褶皱分成呈镜像对称的褶皱[图5-22(a)、(c),图5-23]。对于一系列对称的从属褶皱,可描述为M形褶皱。褶皱包络面是指一群褶皱或某一褶皱系中,某一褶皱面的同级褶皱枢纽的切线面。

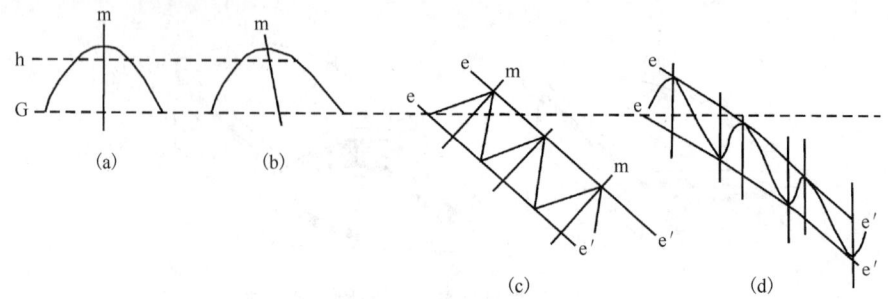

图5-22 褶皱的对称性(据徐开礼等,2003)

(a)对称背斜(直立);(b)不对称背斜(在h之上基本上是对称的);(c)在地平线G的露头上看到的是
不对称褶皱,从轴面与褶皱包络面相垂直看,实际上是对称褶皱;(d)地平面露头上看是对称的,
从轴面与褶皱包络面斜交,两翼不等长看,实际上是不对称褶皱;ee'—褶皱包络面(线);
m—轴面;G、h—水平面(地平面)

(2)不对称褶皱(Asymmetrical fold):褶皱的轴面与该褶皱的包络面斜交,而且两翼的长度和厚度不相等,以轴面为标志面褶皱两翼不呈镜像对称的褶皱[图5-22(b)、(d),图5-23]。不对称褶皱两翼分别称长翼和短翼。

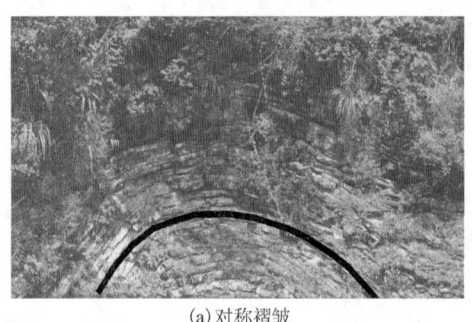

(a)对称褶皱　　　　　　　　　　(b)不对称褶皱

图5-23 对称褶皱和不对称褶皱

(四)根据褶皱面的弯曲(转折端)形态描述

(1)圆弧褶皱(Curvilinear fold):褶皱岩层(褶皱面)呈圆弧形弯曲或者是转折端呈圆弧形弯曲的褶皱(图5-24)。圆弧的中点可看作褶皱的枢纽点。圆弧褶皱常是弧形的、连续的,成正弦曲线形弯曲。

(2)尖棱(锯齿状)褶皱(Chevron fold):两翼平直相交,转折端呈尖角(顶)状(往往只有一点),且两翼等长,这种褶皱过去也称为脊形褶皱(图5-25)。如两翼长度不等,可称膝折褶皱。具有狭窄的棱角状的转折端和平直翼的褶皱称为锯齿状或手风琴式褶皱。

(3)箱形褶皱(Box fold)和屉形褶皱(Drawer fold):有两个转折端,两个轴面。在两个转折端之间的岩层近于水平,而两翼岩层近于直立,两个轴面在核部相交,往往具有共轭关系。属背斜型褶皱时,顶部转折端平缓开阔,两翼陡峻,呈箱状,此种褶皱称为箱形褶皱

(图 5-26);属向斜型褶皱时,槽部转折端平缓开阔,两翼陡直,则称为屉形褶皱。

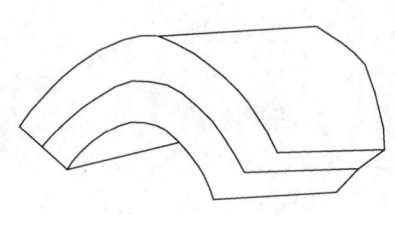

图 5-24　圆弧褶皱

图 5-25　尖棱褶皱

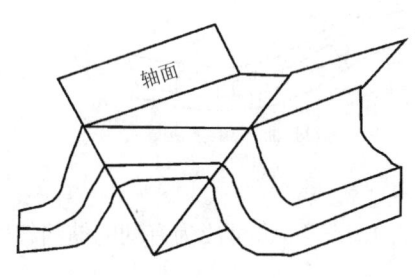

图 5-26　箱形褶皱

(4)扇形褶皱(Fan fold):是一种特殊的倒转褶皱,转折端的褶皱面呈圆弧状,层序正常,两翼岩层层序均倒转,褶皱面呈扇形。背斜的两翼向轴面方向倾斜,而向斜的两翼却向两侧倾斜,通常由背斜构成的扇形褶皱称为正扇形构造,由向斜构成的扇形褶皱称为反扇形构造。这种褶皱的轴面可以直立,也可以歪斜,两翼倾角可以相等,也可以不等(图 5-27)。此种褶皱仅限于强烈挤压地区。

(5)挠曲(Flexure):缓倾斜岩层中的一段突然变陡,表现出褶皱面膝状(台阶状)弯曲的现象(图 5-28)。

(6)构造阶地(Structural terrace):陡倾斜褶皱岩层中一段突然变缓,形成台阶状弯曲。构造阶地是在倾斜岩层中出现一段产状平缓甚至水平的岩层,而挠曲则是在相当平缓的岩层中出现一段产状较陡的岩层(图 5-29)。它们均为发育不完全的褶皱,与其他类型的褶曲有一定区别,一般出现在褶皱较轻微的地区,往往是大型褶曲翼部的次一级构造,有时也可成为

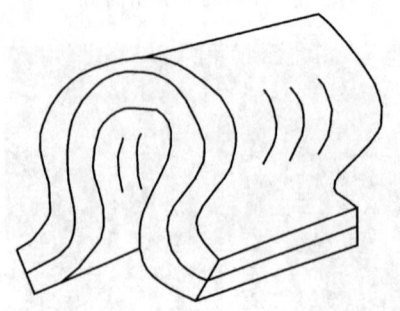 

图 5-27 扇形褶皱

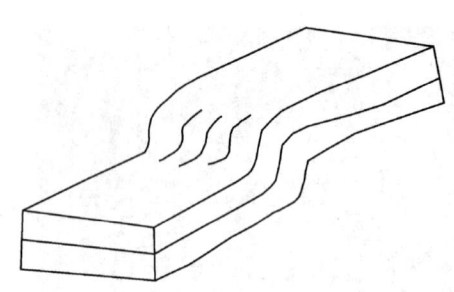 

图 5-28 挠曲

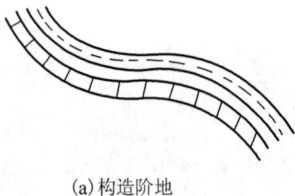 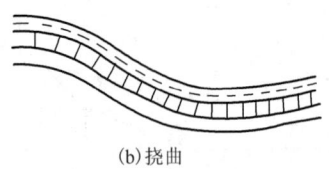

(a)构造阶地　　　　　　　　　　　(b)挠曲

图 5-29 构造阶地和挠曲

区域性的大型构造。挠曲在有其他地质构造条件相配合的情况下,也可成为有利的储油气构造。

二、平面上褶皱形态的描述

根据褶皱的某一岩层(褶皱面)在(平面)地面上出露的纵向长度和横向宽度之比,可将褶皱描述为以下 4 种:

(1)线状褶皱(Linear fold):长与宽之比超过 10∶1 的各种狭长形褶皱[图 5-30、图 5-31(b)]。

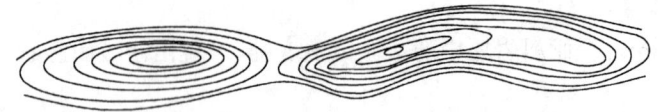

图 5-30 地形图上的线状褶皱

(2)短轴褶皱(Brachy fold):长与宽之比介于 3∶1 到 10∶1 之间的褶皱,包括短轴背斜和短轴向斜[图5-31(a)]。在含油气盆地中,短轴背斜形态一般较简单,保存也较完整,可形成良好的储油气构造。

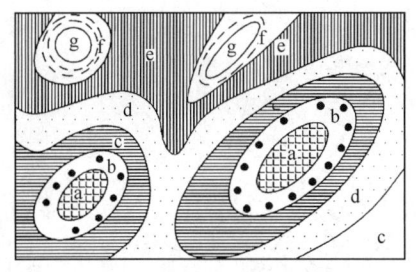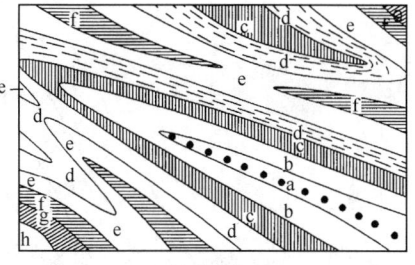

(a) 短轴褶皱(右侧)和等轴褶皱(左侧)   (b) 线状褶皱

图 5-31 平面上不同形态的几种褶皱

a、b、c……h 代表地层层序

(3) 穹隆构造(Dome):长与宽之比小于3∶1的背斜构造,褶皱层面呈浑圆形隆起,褶皱面自脊点向四周放射状倾斜,常无法确定枢纽[图5-31(a)、图5-32(a)]。

(4) 构造盆地(Structural basin):长与宽之比小于3∶1的向斜构造,褶皱面从四周向中心倾斜[图5-32(b)]。

穹隆构造和构造盆地又合称为等轴褶皱。

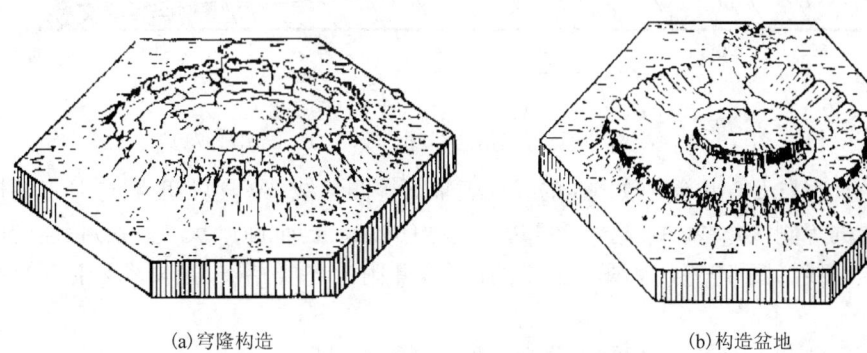

(a) 穹隆构造   (b) 构造盆地

图 5-32 穹隆构造和构造盆地

第三节 褶皱的产状类型及其组合形式

一、褶皱的产状类型

里卡德(M. J. Rickard,1971)在总结前人关于褶皱产状分类的基础上,根据褶皱轴面倾角、枢纽倾伏角和侧伏角这三个变量绘制一个三角网图,以便对褶皱产状作三维的定量研究(图5-33)。

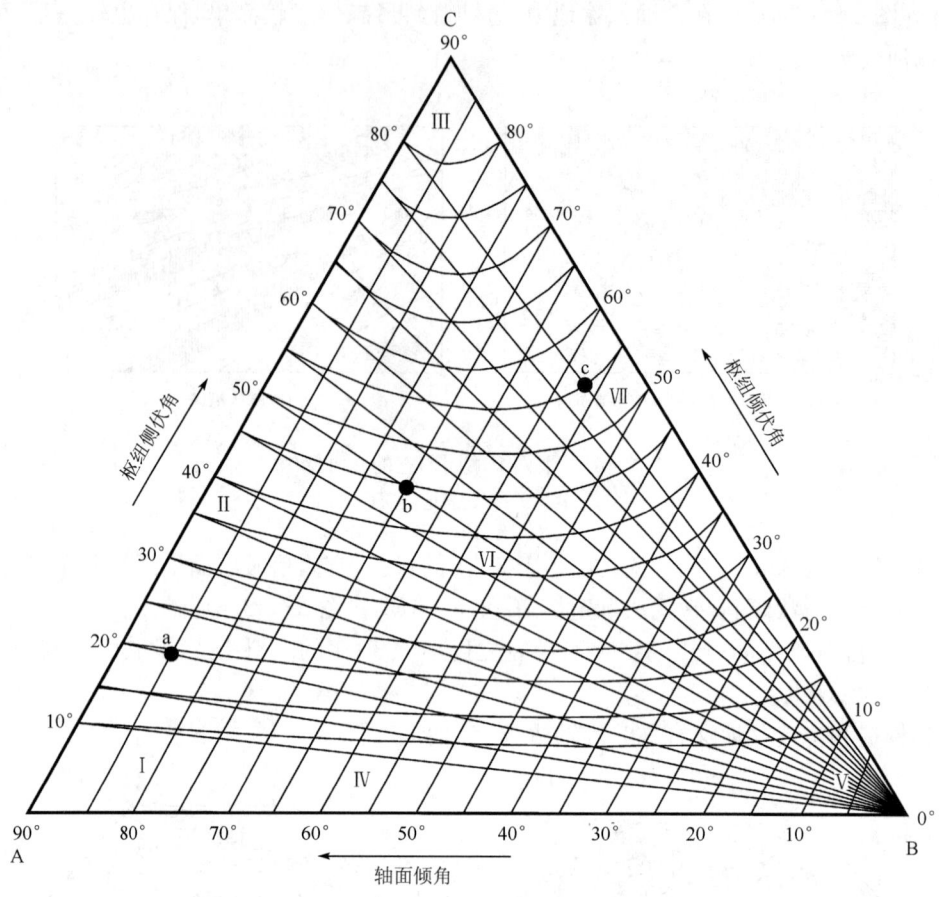

图 5-33 褶皱产状类型三角网图(据 M. J. Rickard,1971)

图上的 AB 边与 BC 边等度数相连的线代表轴面等倾角线；AC 边各度数与 B 点的连线为枢纽在轴面上的等侧伏角线；AC 边与 BC 边等度数(并结合与轴面产状的关系)相连的曲线代表枢纽等倾伏角线。图 5-34 为图 5-33 的简化,并附上各类褶皱立体图及相应的赤平投影图。

根据轴面产状和枢纽产状,褶皱可分为 7 种主要类型(图 5-33、图 5-34):

(1)直立水平褶皱(图 5-34 Ⅰ 区):轴面近于直立(倾角 80°~90°),枢纽近于水平(倾伏角 0°~10°)。

(2)直立倾伏褶皱(图 5-34 Ⅱ 区):轴面近于直立(倾角 80°~90°),枢纽倾伏角为 10°~80°。

(3)倾竖褶皱(竖直褶皱)(图 5-34 Ⅲ 区):轴面和枢纽均近直立(倾角和倾伏角均为 80°~90°)。

(4)斜歪水平褶皱(图 5-34 Ⅳ 区):轴面倾斜(倾角 10°~80°),枢纽近于水平(倾伏角 0°~10°)。

(5)平卧褶皱(图 5-34 Ⅴ 区):轴面和枢纽均近于水平(倾角与倾伏角均为 0°~10°)。

(6)斜歪倾伏褶皱(图 5-34 Ⅵ 区):轴面倾斜(倾角 10°~80°),枢纽也倾伏(倾伏角 10°~80°),但二者倾向和倾角均不一致。

(7)斜卧褶皱(重斜褶皱)(图 5-34 Ⅶ 区):轴面倾角和枢纽倾伏角均为 10°~80°,而且二者倾向基本一致,倾斜角度也大致相等,即枢纽在轴面上的侧伏角为 80°~90°。

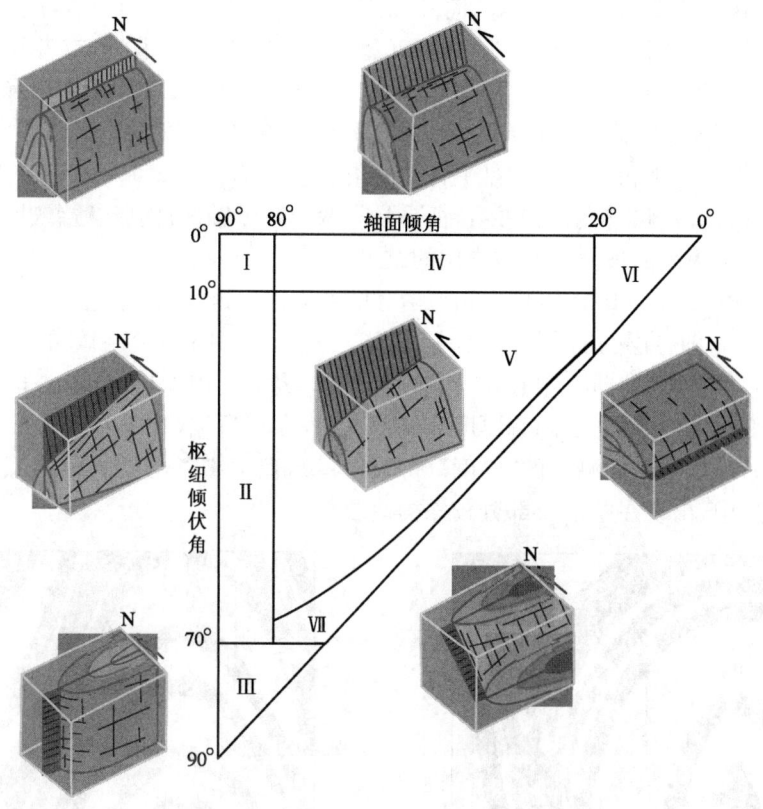

图 5-34 褶皱的产状类型及其赤平投影图
Ⅰ—直立水平褶皱；Ⅱ—直立倾伏褶皱；Ⅲ—倾竖褶皱；Ⅳ—斜歪水平褶皱；Ⅴ—斜歪倾伏褶皱；
Ⅵ—平卧褶皱；Ⅶ—斜卧褶皱

M. J. Rickard 关于褶皱的分类具有以下一些特点：

(1)正确地反映褶皱三维空间形态和产状特征，可表示所有可能存在的褶皱产状类型，避免前述二维空间对褶皱观察描述的片面性。

(2)在三角网图上所划分的 7 个区，分别代表上述 7 大类型褶皱的产状变化范围，各区的范围大小大致反映了该类褶皱在自然界出现的几率大小及其过渡类型的一般变化规律。

(3)定量化程度高，便于统计分析。

只要抓住其命名原则，就不难记住。命名原则是：轴面产状＋枢纽产状＋褶皱＝褶皱名称。

二、褶皱横截面的几何类型

(一)根据各褶皱层厚度变化分类

范海斯(C. R. Van Hise,1896)根据褶皱层的厚度变化及各层之间的几何关系，将褶皱分为平行褶皱、相似褶皱、顶薄褶皱三类。

(1)平行褶皱(Parallel folds)：这种褶皱的各岩层呈平行弯曲(图 5-35)，同一岩层垂直其层面的厚度(即真厚度，图 5-35 中 t^1、t^2、t^3)在褶皱的各个部位是基本一致的，所以也称为等厚褶皱。而平行轴面测量的"厚度"(即视厚度，图 5-35 中 T^1、T^2、T^3)，在褶皱不同部位则变化很大，弯曲的各层要保持各自厚度不变，必须具有一个共同的曲率中心，所以又称为同心褶皱(Syncore folds);但其曲率半径不等,向外弧方向曲率变小,褶皱变平缓,向内弧方向,曲率逐渐变大,岩层褶皱紧闭或成尖棱褶皱,进而又逐渐变缓而在深处消失,或者其中薄层软弱岩层形成复杂小褶皱和逆冲断层。平行褶皱通常发育于岩性较一致的强硬岩层和地壳较浅构造层次中。在不同深度的弯曲程度也不相同,对背斜来讲,随埋藏深度的增加,弯曲程度变大。

同心褶皱、箱状褶皱和肠状褶皱是平行褶皱的三种特殊情形。同心褶皱的特征是褶皱面在剖面上的迹线呈圆弧状;箱状褶皱的特征是具有两个共轭轴面;而肠状褶皱则是在褶皱层和其基质之间密度差很大的条件下褶皱作用的结果。

(2)相似褶皱(Similar folds):形成相似褶皱的各岩层经过弯曲后,上下岩层面弯曲成的形态相似(图5-36),即各层的曲率基本不变。褶皱的各岩层具有大致相等的曲率半径和相似的构造形态,但没有共同的曲率中心,故褶皱形态在一定深度内保持不变;各褶皱层的厚度则发生有规律的变化,即同一岩层的真厚度在翼部变薄,在转折端(顶部和槽部)岩层变厚(属顶厚褶皱的一种),而平行轴面测量的"厚度"(即视厚度),在褶皱各部位大致相等。相似褶皱常发育于软弱岩层中,出现在中部及部分较深构造层次。

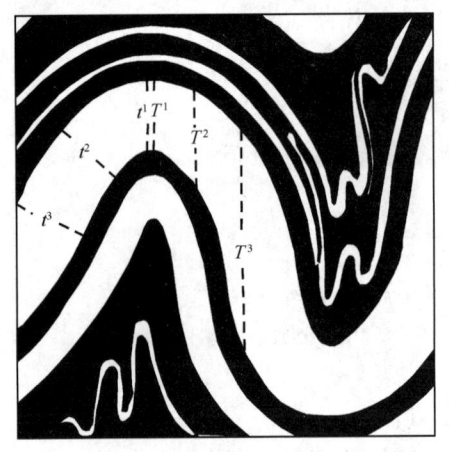 

图5-35 平行褶皱(据 J. G. Ramsay,1962)　　图5-36 相似褶皱(据 J. G. Ramsay,1962)

平行褶皱和相似褶皱的基本几何特征见表5-1。

表5-1 平行褶皱和相似褶皱的基本几何特征简表

特　　征	平　行　褶　皱	相　似　褶　皱
褶皱面形态	相邻褶皱面呈平行弯曲	相邻褶皱面呈相似弯曲
同一层厚度	褶皱各部位层厚相等	褶皱翼部薄,转折端厚
褶皱层曲率	外弧曲率小内弧曲率大,具同一曲率中心	各褶皱层曲率相同,但没有同一曲率中心
等倾斜线	向核部收敛,呈扇形	彼此平行,平行轴面

(3)顶薄褶皱(Supratenuous folds):一般表现为背斜形式。其特点是岩层厚度在两翼厚而在转折端(背斜的顶部)薄,一般还具有下部岩层倾角陡、上部岩层倾角缓的特点。

(二)根据褶皱中各层弯曲形态的相互协调性分类

(1)协调褶皱(Harmonic folds):又称为调和褶皱,褶皱中各岩层弯曲形态保持一致或为有规律的渐变过渡关系,其间没有明显不协调的突变现象,彼此协调一致(图5-37)。常见的协调褶皱有平行褶皱和相似褶皱两种(图5-35、图5-36)。

(2)不协调褶皱(Disharmonic folds):又称不调和褶皱,褶皱的各层弯曲形态明显不同,呈现褶皱大小、形态各异,致使各层的褶皱形式出现突变或不具几何规律。不协调褶皱常见的构造类型有层间牵引褶皱和底辟构造。褶皱不协调是较为普遍的现象,在褶皱变形强烈区、变质岩区或褶皱各岩层的岩石物理力学性质差异较大的地区,均常易发育不协调褶皱。这是由于组成褶皱各层的岩性和厚度不同,不同部位受力不均等原因引起的。如河南嵩山五指岭组岩层的褶皱(图5-38),其中石英岩因其厚度较大形成简单开阔的褶皱,而上面夹在千枚岩中的薄层石英岩形成复杂的小褶皱。

图5-37 协调褶皱

图5-38 河南嵩山五指岭组岩层组成不协调褶皱

(三)兰姆赛的褶皱几何分类

平行褶皱和相似褶皱只是自然界褶皱几何形态特征截然相反的两个典型的类型。实际上,它们之间有一系列过渡类型。为研究这些褶皱的几何特征,兰姆赛(J. G. Ramsay,1967)提出了一个有意义的褶皱几何分类方案。

兰姆赛褶皱分类的基本依据是褶皱横截面(即垂直于枢纽的褶皱剖面)上褶皱层的等倾斜线形式和厚度变化参数所反映的相邻褶皱面的曲率关系。

褶皱的曲率变化可用等倾斜线表示。等倾斜线是指褶皱层的上、下褶皱面倾角相等的切点的连线。其具体作法如下(图5-39):

(1)在垂直褶皱枢纽的照片(即顺枢纽倾伏拍摄的照片)或从地质图上作出的正交剖面图上(作法参看实验指导书),用透明纸描绘出各褶皱面的弯曲形态,并准确地画出轴面(轴迹)或实地的水平线。

(2)在绘好的褶皱层正交剖面图上,以标出的水平线为基准线或以轴迹的垂直线为基准

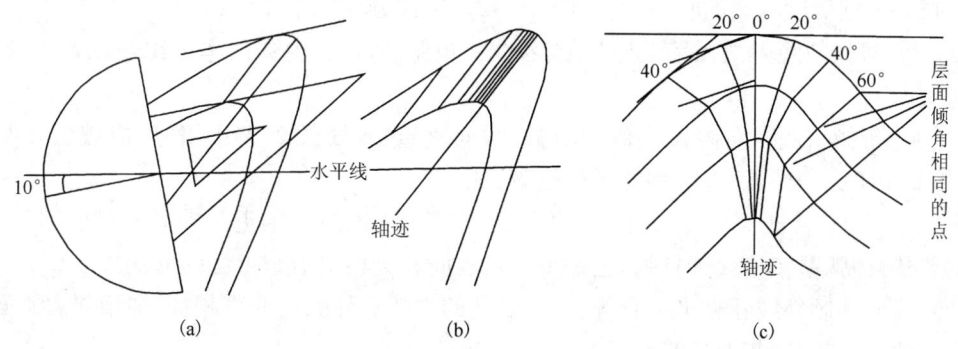

图5-39 等倾斜线的绘制方法(据 D. M. Ragan,1973)
(a)、(b)以水平线为基准线绘制等斜线;(c)以轴迹的垂直线为基准线绘制等斜线

线,按每间隔一定角度(如以每 10°为间隔,即 0°,10°,20°……)的倾角在褶皱层上、下层面上各作一系列等倾角值的点的切线[图 5-39(a)]。

(3)用直线将上、下层面上等倾角的切点连接起来,就是等倾斜线[图 5-39(b)],其间隔也可以取大于或小于 10°(如以 20°或 5°为间隔),这要视褶皱层厚度的变化情况和要求精度而定。

褶皱层的厚度变化用褶皱翼部岩层的厚度(t_a)与枢纽部位的岩层厚度(t_0)之比(t')来表示:

$$t'=\frac{t_a}{t_0}$$

式中,t_a 为褶皱轴面直立时倾角为 α 的翼部岩层的厚度,是褶皱层上下界面等斜处切线间的垂直距离(图 5-40)。以某一褶皱层不同倾角 α 处的厚度比 t' 作图,将各点用圆滑曲线相连,该曲线就反映了褶皱层的厚度变化特征(图 5-41)。式中 t_0 是指枢纽部位的岩层厚度。

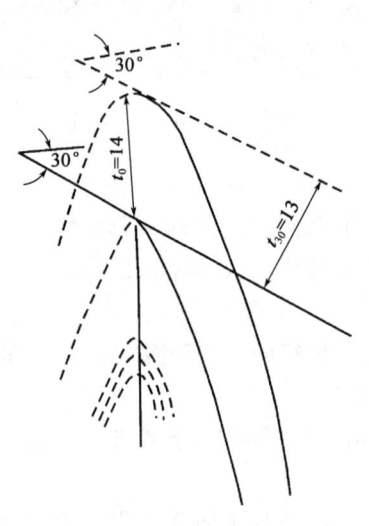

图 5-40 求等斜线垂直距离

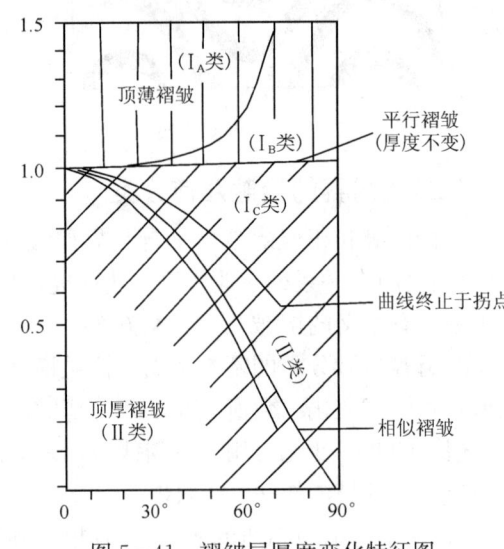

图 5-41 褶皱层厚度变化特征图

兰姆赛根据上述原则将褶皱分为三类五型(图 5-42)。

(1)Ⅰ类:褶皱的等倾斜线向内弧呈收敛状,内弧曲率总是比外弧大,故外弧倾斜度也总是小于内弧。根据等倾斜线的收敛程度(图 5-42),可细分为三个亚型:

I_A 型:等倾斜线向内弧呈强烈收敛,各线长短差别极大,内弧曲率远比外弧大,为典型的顶薄褶皱。

I_B 型:等倾斜线也向内弧收敛,并与褶皱面垂直,各线长短大致相等,褶皱层真厚度不变,内弧曲率仍大于外弧,为典型的平行褶皱。

I_C 型:等倾斜线向内弧轻微收敛,转折端等倾斜线比两翼附近的略长,反映两翼厚度有变薄的趋势,内弧曲率略大于外弧,这是平行褶皱向Ⅱ类相似褶皱过渡的形式。

(2)Ⅱ类:等倾斜线互相平行且等长,褶皱层的内弧和外弧的曲率相等,即相邻褶皱面倾斜度基本一致,为典型的相似褶皱。

(3)Ⅲ类:等倾斜线向外弧收敛,向内弧撒开呈倒扇状,即外弧曲率大于内弧,为典型的顶厚褶皱。

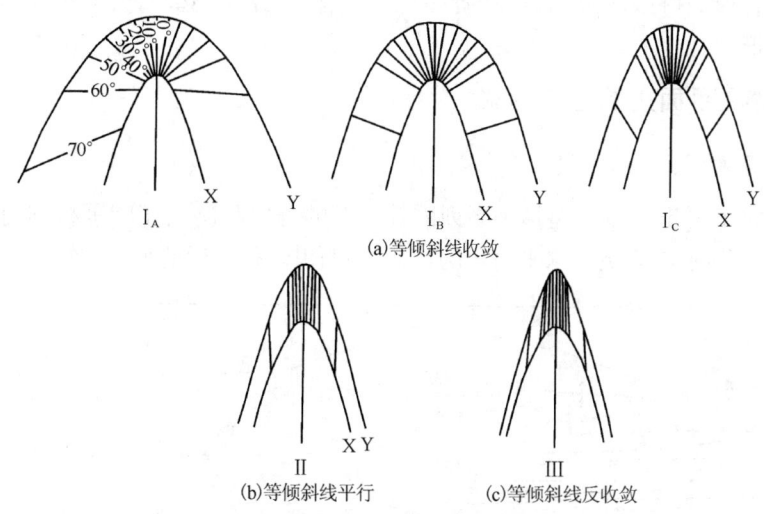

图 5-42 兰姆赛的褶皱几何分类（据 J. G. Ramsay, 1967）

下褶皱面(X)和上褶皱面(Y)间的等倾斜间隔为 10°；
下褶皱面(X)曲率假定在各类型褶皱中是一致的

兰姆赛用数学概念表达和划分褶皱类型，能较精确地测定褶皱的几何形态。许多可能被忽视的或不可能用传统的分类方法表现的褶皱特征，用等倾斜线方法都能清楚地表现出来，并可预测褶皱样式从一层至另一层的变化及褶皱层内的变化，这对研究褶皱形成机制有一定意义。

在不同岩层组成的褶皱中，各褶皱层常具有不同的褶皱形态，从而在剖面上出现等斜线折射的现象（图 5-43）。

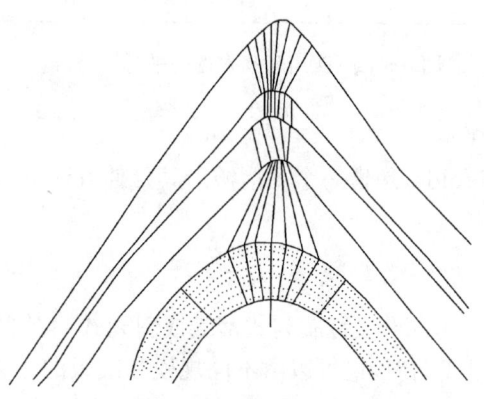

图 5-43 褶皱等斜线折射的现象
（据武汉地质学院《地质构造形迹图册》，1978）

三、褶皱的组合形式

在同一构造运动时期和同一构造应力作用下，在成因上有联系的一系列背斜和向斜组成的具有一定几何规律的褶皱总体样式，称为褶皱的组合形式。

在地壳中，一个地区的褶皱都不是单个孤立产出的，而往往是不同形态、不同规模和级次的褶皱以一定的组合形式成群分布于不同的构造地区。在不同的地区，褶皱组合形式不相同，这些组合形式往往同该地区的地质背景密切相关。

褶皱的组合形式可以从不同方面的特征去认识和划分其类型。这里只简要地讨论几类常见的褶皱组合形式。

(一) 褶皱在平面上的组合形式

1. 平行褶皱群

平行褶皱群(Parallel folds)是指一系列同等发育的背斜和向斜相间平行排列,布满全区,轴线彼此平行,它们显示出区域性水平挤压的特征,如四川旺苍附近的平行褶皱群(图5-44)。

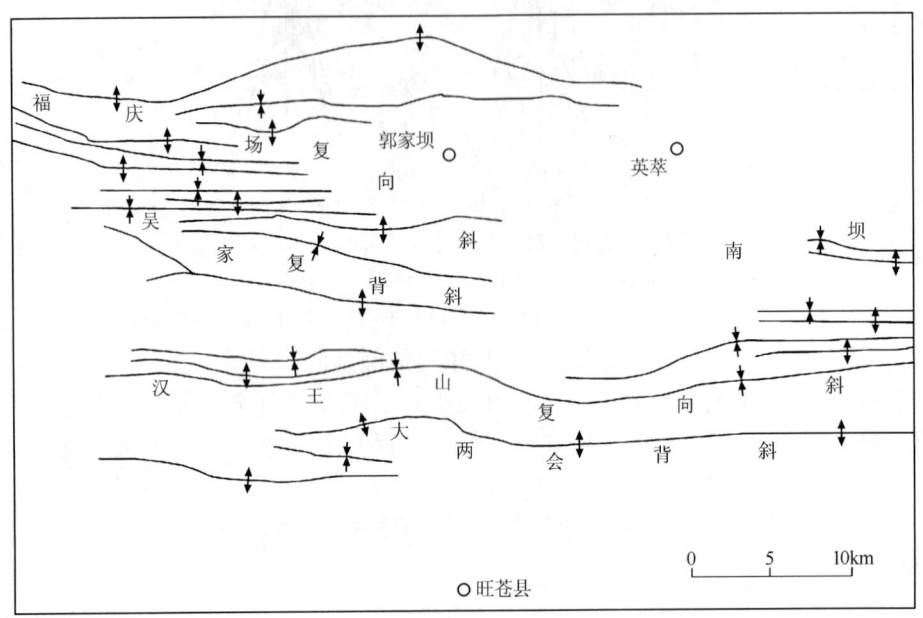

图 5-44　四川旺苍附近的平行褶皱群

2. 枝状褶皱群

枝状褶皱群(Dendritic folds)是指一个主褶皱沿其延伸方向分为若干分枝小褶皱,如川渝地区的华蓥山背斜(图5-45)。

3. 雁行褶皱群

雁行褶皱群(En-echelon folds)又称雁列式褶皱或斜列式褶皱群,指一个地区内一系列呈平行斜列(雁行状)短轴背斜或向斜,也可以由不同规模和次级的背斜或向斜所组成,轴线斜列分布,形如"雁行排列",是褶皱构造常见的一种组合形式。褶皱的这一组合形式一般认为是由于区域性水平力偶(扭应力)作用而形成的,有些雁行状向斜盆地被认为是受雁行断裂控制的。

例如我国华北地区上古生界或中生界向斜盆地,大都呈雁行分布(图5-46)。图5-47为青海柴达木盆地中的红三旱一带古近—新近系组成的一系列短轴背斜,由北西向南东斜列错开成雁行状的褶皱。图5-47的左下角所示的由五个短轴背斜($H_2^1 \sim H_2^5$)组成的雁行褶皱,它们又是由更高一级的雁行褶皱中的一个背斜(红三旱二号背斜,未标示在图上)的枢纽呈斜列和倾伏而形成的五个脊点(高点)所组成。图的上部所示的七个短轴背斜组成的雁行褶皱,则又是 H_2^2 背斜枢纽起伏错列而形成的更低一级的雁行褶皱。

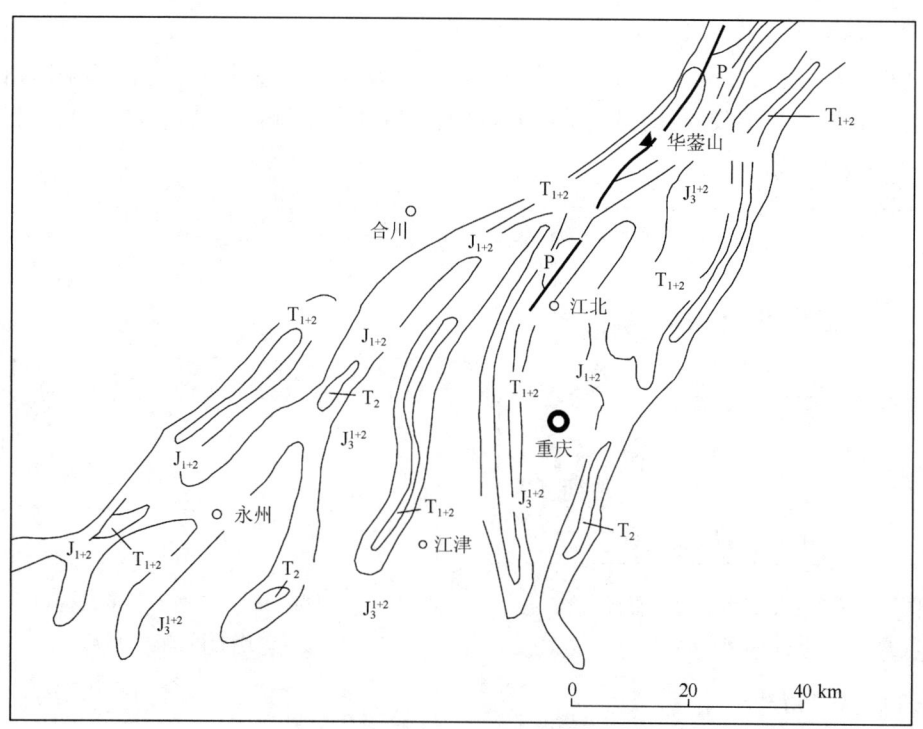

图 5-45 川渝地区地质图

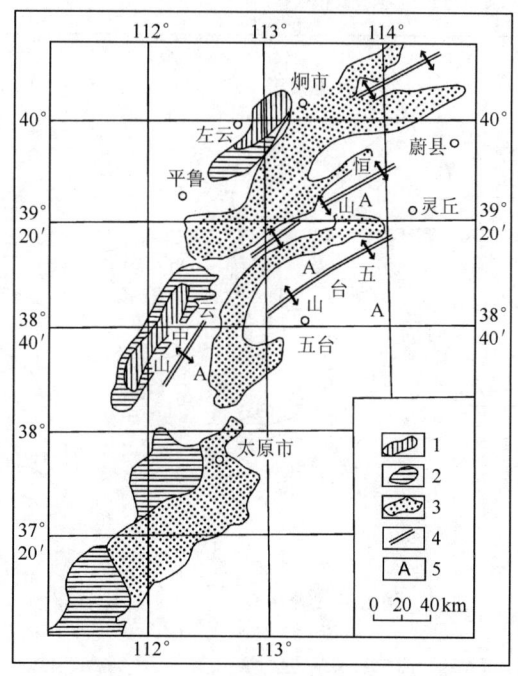

图 5-46 山西中北部由古生代—新生代各期
构造盆地组成的雁行褶皱（据李四光）
1—中生代（T—J）形成的构造盆地；2—古生代（C—P）
形成的构造盆地；3—新生代形成的构造盆地；
4—复式背斜轴；5—前震旦系岩块

4. 帚状褶皱群

帚状褶皱群(Superimposed folds)是指一系列相间排列的背斜和向斜,呈弧形扫帚状排列。这类褶皱群向一端收敛,向另一端散开,这是区域性水平旋扭运动造成的。广西巴马帚状构造就是一典型实例(图5-48)。

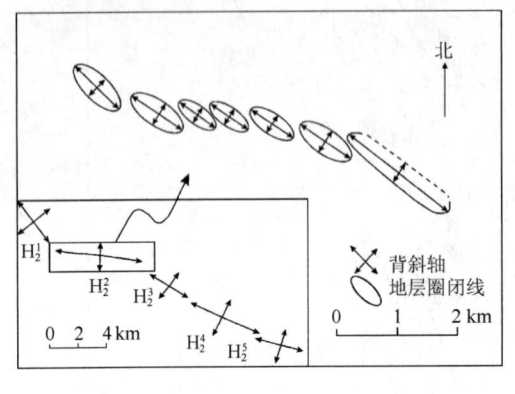

图5-47 青海柴达木盆地雁行褶皱
(据孙殿卿,1958)

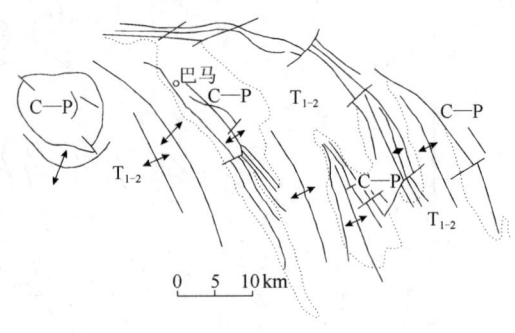

图5-48 广西巴马帚状构造
(据广西区测队,1975)

5. 弧形(状)褶皱群

弧形(状)褶皱群(Arc folds)是指一系列褶皱呈弧形排列,这是区域性不均匀水平运动所引起的,如四川西部金汤附近的弧形褶皱群(图5-49)。

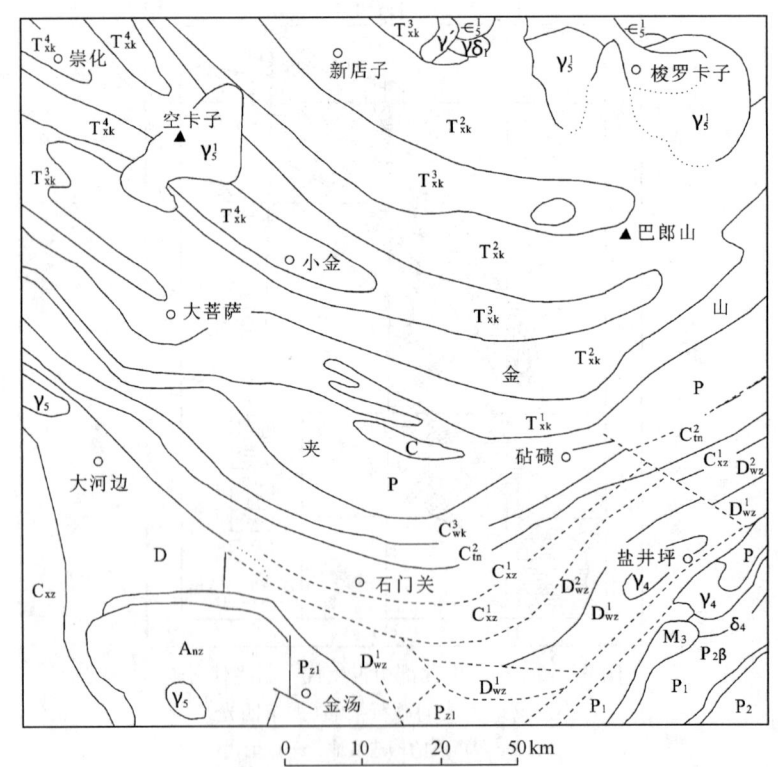

图5-49 四川西部金汤附近地质图(据《四川省地质图》,1964)

6. 穹隆和构造盆地

穹隆和构造盆地(Dome and structural basin)大都是形态简单、平缓或开阔的褶皱,二者都具有近乎圆形、椭圆形或近等轴的不规则形圈闭的露头形式。也有人把由于褶皱枢纽起伏而在局部地段形成的穹形隆起,称为"局部穹隆"。在平面组合往往没有特别明显的规律性,轴线并无一定的方向,大多发育在基底刚性较高、构造活动性小、褶皱作用不强烈、地质构造稳定的地区,如四川中部和华北部分地区。一般认为它们是由地壳较浅层次的构造变形作用所造成,并可能与基底的起伏和断裂活动有关。如四川威远穹隆是一个平面上呈北东向的卵圆形的穹形隆起构造(图5-50),其剖面形态为斜歪背斜,枢纽部位发育有断层及次级褶皱,在翼部还发育有挠曲和延伸不长的一端倾伏而又不闭合的构造鼻。

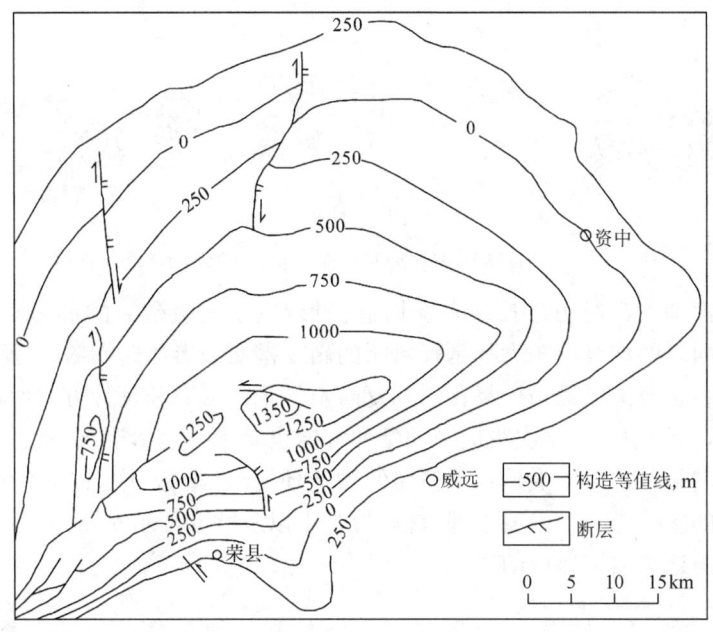

图5-50 四川威远穹隆构造等高线图(据四川石油管理局,简化)

(二)褶皱在剖面上的组合形式

1. 复式褶皱

复式褶皱(Compound folds)是指一个两翼被一系列次一级褶皱所复杂化了的巨大背斜或巨大向斜,分别称为复背斜(Anticlinorium)或复向斜(Synclinorium)。

各次级褶皱与总体背斜和向斜常有一定的几何关系。一般认为,典型的复背斜和复向斜的次级褶皱轴面常向该复背斜或复向斜的核部收敛(图5-51)。

(a)复背斜　　　　　　　　　　(b)复向斜

图5-51 复背斜和复向斜

在野外和在地质图上认识复背斜和复向斜,主要是根据新、老地层分布特征。在一个褶皱带中,如其中央地带次级褶皱的核部地层老于两侧次级褶皱的核部地层,次级褶皱的轴面构成"正扇形",则为复背斜(图5-52);反之,中央地带次级褶皱的核部地层新于两侧次级褶皱的核部地层,次级褶皱的轴面构成"倒扇形",则为复向斜(图5-53)。

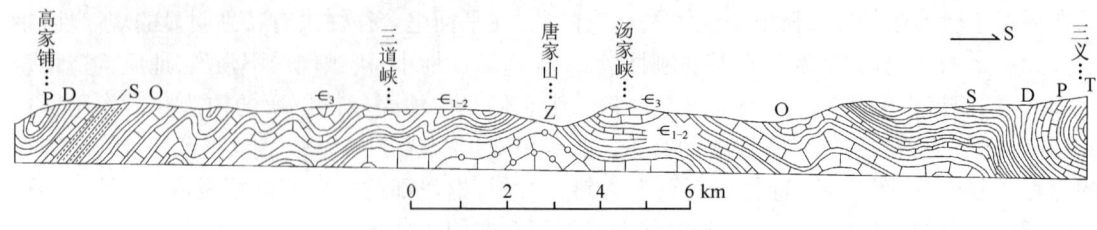

图5-52 湖北汤家峡复背斜剖面图

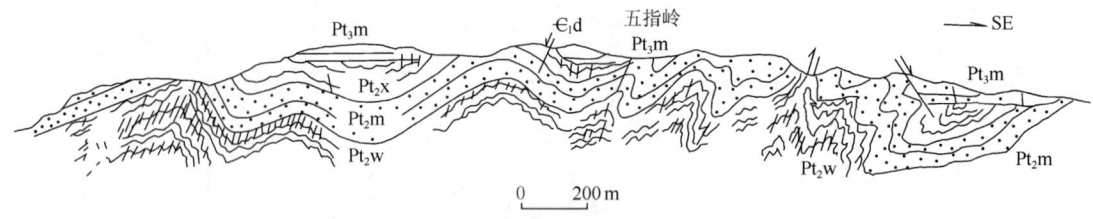

图5-53 河南嵩山五指岭复向斜剖面图(据马杏垣,1981)

复背斜和复向斜大都经历过长期多次构造变形,以至次级褶皱的形态和产状极为复杂。组成复背斜或复向斜的次级褶皱大都是较紧闭的斜歪褶皱或者倒转褶皱,甚至是等斜褶皱,但也有比较宽缓的箱状或圆弧褶皱。复背斜和复向斜的平面形态和延伸方向通常与相邻的稳定地块的边界平行,它们中的大型次级褶皱的延伸方向也基本与总体褶皱一致。

复背斜和复向斜常形成于强烈水平挤压的构造环境(地槽区)中,也常分布在这种构造活动地带。如我国的秦岭、天山、内蒙中部、喜马拉雅山以及欧洲阿尔卑斯山、美洲的阿帕拉契亚山等褶皱带都是由这类褶皱形成的。

2. 隔档式褶皱和隔槽式褶皱

隔档式褶皱(Ejective fold)又称梳状褶皱(Comb-shaped fold),由一系列平行的紧闭背斜和开阔平缓向斜相间排列而成的褶皱构造,如渝北就有这样的褶皱群(图5-54);隔槽式褶皱(Trough-like fold)是由一系列平行的紧闭向斜和平缓开阔的背斜相间排列而成的构造(图5-55),如黔北-湘西一带的褶皱就表现为这种组合形式(图5-56)。图5-57为川东、黔北地区的隔槽式与隔档式褶皱剖面图。

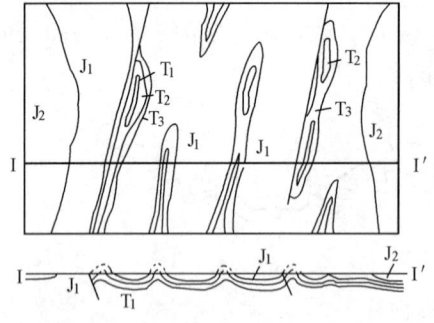

图5-54 隔档式褶皱平面图和剖面图

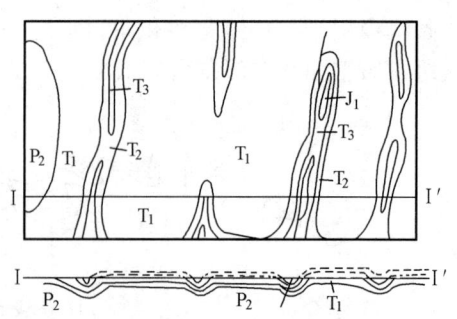

图5-55 隔槽式褶皱平面图和剖面图

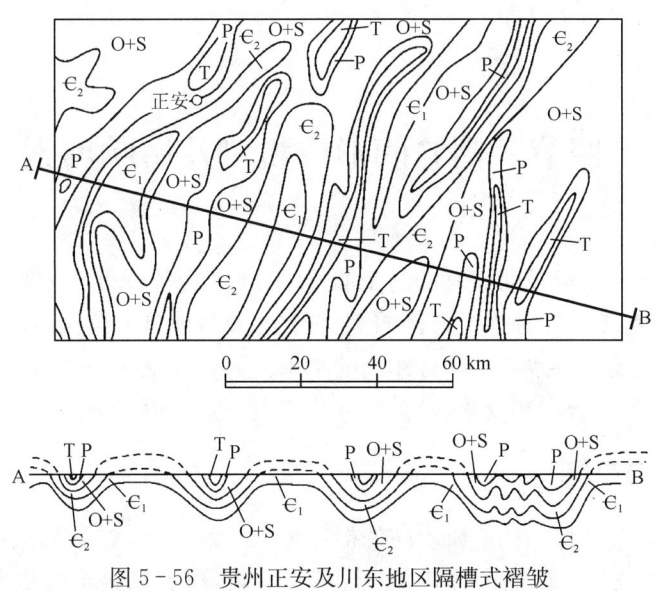

图 5-56 贵州正安及川东地区隔槽式褶皱
(据《中华人民共和国地质图》,1973,简化)

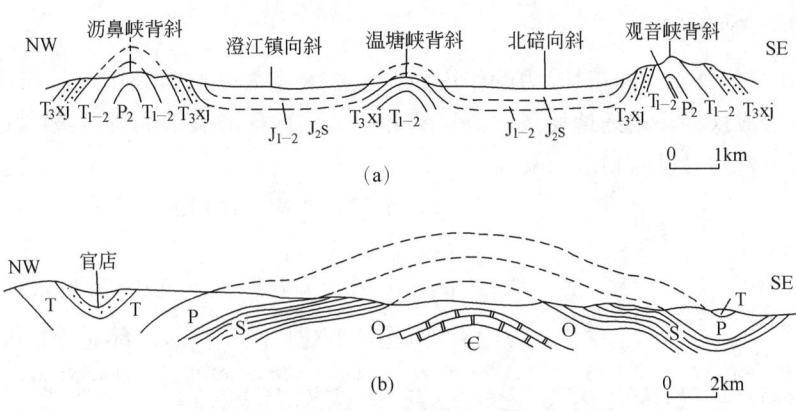

图 5-57 川东、黔北地区的隔槽式与隔档式褶皱
(a)重庆某地的隔档式褶皱;(b)黔北某地的隔槽式褶皱

　　隔档式褶皱与隔槽式褶皱的共同点是背斜和向斜平行相间排列,但是背斜和向斜变形特点截然不同。关于其成因,一种观点认为是沉积盖层顺基底剪切滑动的结果,故又称为滑脱构造(Detachment structure)。欧洲侏罗山中生界和古近—新近系岩层在固结的海西基底上顺着三叠系岩盐、石膏和页岩层滑动而形成隔档式褶皱,故这两类褶皱又称为侏罗山式褶皱(Jura-type folds),见图 5-58。但也有学者认为这两类褶皱是盖层在一定形式基底断块控制下变形的结果。

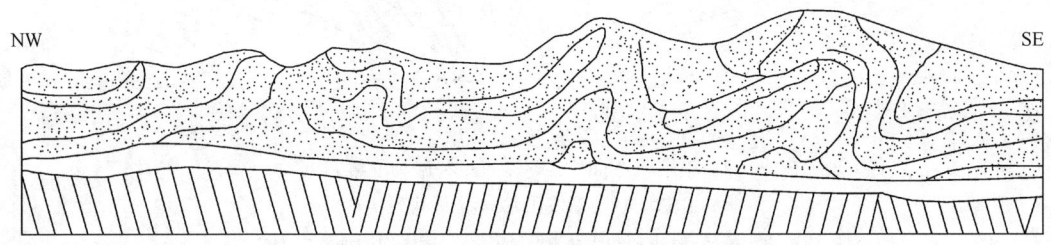

图 5-58 侏罗山隔档式褶皱

第四节 褶皱的形成机制及影响因素

岩石发生褶皱是一个漫长而又复杂的变形过程,要受到各种因素的影响。对于同一个褶皱形态,其形成机制可能是多种方式。例如箱状褶皱,就可能是上顶作用、挤压作用、下降作用或区域升降作用之中的一种或几种联合作用的结果。探讨和阐明一个褶皱的形成机制及其影响因素,对于掌握褶皱的分布和变化规律、指导找矿及石油勘探有着重要的意义。

一、褶皱的形成机制

根据褶皱的形态及其伴生构造所反映的褶皱形成过程,以及在其形成过程中的物质运动规律和应变的分布情况,并结合模拟实验进行理论分析,可将褶皱形成机制分成纵弯褶皱作用、横弯褶皱作用、剪切褶皱作用、柔流褶皱作用和褶皱的综合作用。

(一)纵弯褶皱作用

岩层受到顺层挤压(侧向挤压)力的作用而产生褶皱称为纵弯褶皱作用(Buckling)。地壳的水平运动是造成这种作用的地质条件。自然界中大多数褶皱是由纵弯褶皱作用形成的。过去称此类褶皱为弯褶皱(Buckling fold)。

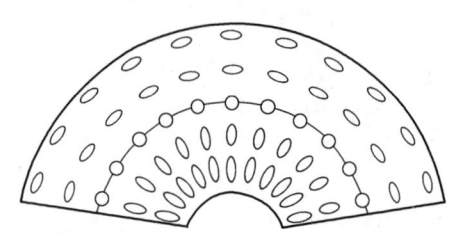

图 5-59 单层纵弯褶皱作用的应变特征

单层纵弯褶皱作用的应力和应变分布特征可通过实验观察(图 5-59):在结构均一的单层板状材料的侧面上画上几排小圆,平板发生纵弯曲变形后小圆形态的变化反映了褶皱内部应变情况。原始为圆形的小圆变成了椭圆分布,说明弯曲层面的外凸一侧处于顺层拉伸状态,内凹一侧则处于顺层挤压状态,两者之间有一个既不拉伸也不压缩的中和面。岩层越弯曲,中和面的位置就越向核部移动。

与应变分布相对应的纵弯曲层内的应力分布也反映中和面以上张应力呈近水平向分布,中和面以下压应力呈近水平向分布。纵弯褶皱的应力迹线如图 5-60 所示。

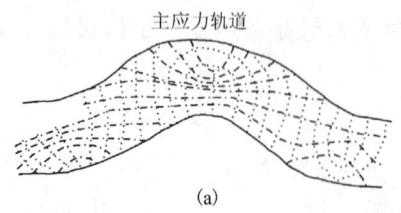
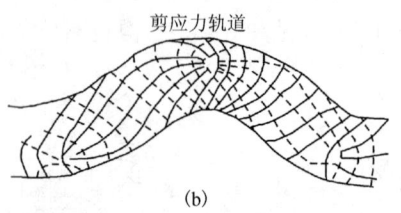

图 5-60 单层纵弯曲中的应力迹线(据马瑾等,1965)
(a)主应力迹线:断线代表 σ_1,点线代表 σ_3;
(b)剪切应力迹线:断线和实线分别代表两个不同方向的剪切应力迹线

当单一岩层或彼此黏结很牢成为一个整体的一套岩层受到侧向挤压形成纵弯曲时,在不同部位可能产生各种内部小构造。若是韧性层的变形,则内凹侧变厚,外凸侧变薄[图 5-61(b)];若是脆性层变形,则在外凸侧产生与层面正交、呈扇状排列的张节理或小型正断层,而在内凹侧产生小型逆断层[图 5-61(c)];在一定条件下(上部为脆性,下部为韧性),可在内凹侧发生小型褶皱[图 5-61(d)]。

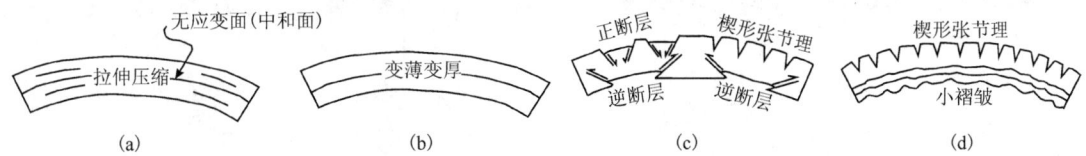

图 5-61　单层纵弯曲的应变状态及内部小构造（据 M. P. Billings, 1972）
(a)纵弯曲的应变状态;(b)韧性层的变形;(c)脆性层的断裂变形;(d)上部断裂下部褶皱

当多层岩石受纵弯褶皱作用而发生弯曲时,层面在形成褶皱的过程中起着重要的作用,不存在整套岩层的中和面,而因韧性不同岩层常通过弯滑作用或弯流作用的方式形成褶皱。

1. 弯滑作用

弯滑作用(Flexural slipping)是指一系列岩层在纵弯褶皱作用过程中,上下坚硬岩层之间通过层间滑动而弯曲成为褶皱。纵弯褶皱作用引起的弯滑作用主要特点有如下 3 个方面:

(1)各单层有各自的中和面,而整套褶皱岩层没有统一的中和面。各相邻褶皱面保持平行关系,各岩层真厚度在褶皱的各部位基本一致。因此,纵弯作用引起的弯滑褶皱作用所形成的褶皱,绝大多数为典型的平行褶皱(图 5-35、图 5-37),即 I_B 型褶皱。

(2)层间滑动规律:各相邻的上层相对向背斜转折端滑动,各相邻的下层则相对向向斜转折端滑动(图 5-62)。由于层间滑动作用,一方面强硬岩层在翼部可能产生旋转剪节理、同心节理(图 5-63)及层间破碎带和层间劈理,且在滑动面上出现与褶皱枢纽近直交的层面擦痕(图 5-64);另一方面,由于两翼的相对滑动,往往在转折端形成空隙或断裂破碎(图 5-65),造成所谓的虚脱现象(图 5-66),此处是成矿物质易富集的场所,也是油气易聚集的有利部位。

(3)当两个强硬岩层之间夹有层理发育的韧性岩层时,发生纵弯褶皱作用,则会在层间滑动的力偶作用下,使薄层韧性岩层发生层间小褶皱,该小褶皱多为不对称褶皱(图 5-67、图 5-68、图 5-69)。对于一系列连续发育的不对称褶皱,如果顺褶皱枢纽的倾伏方向观察,

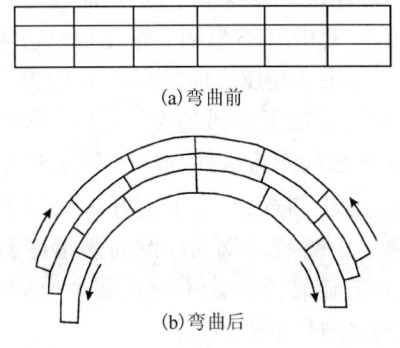

图 5-62　纵弯褶皱的弯滑作用

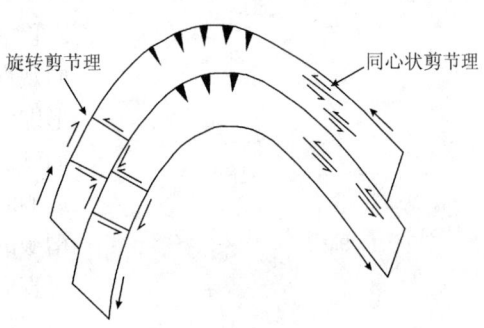

图 5-63　弯滑褶皱中的节理

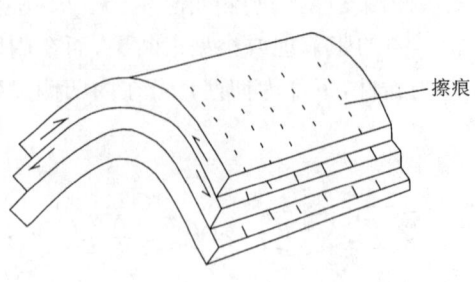

图 5-64 弯滑褶皱中发育的层面擦痕

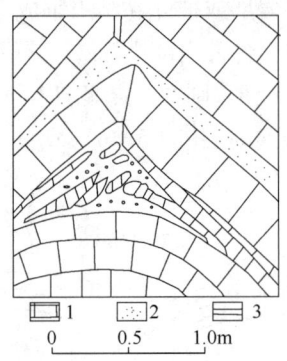

图 5-65 背斜枢纽部位强岩层的断裂破碎（据 кириллва，1958）
1—石灰岩；2—泥灰岩；3—断层

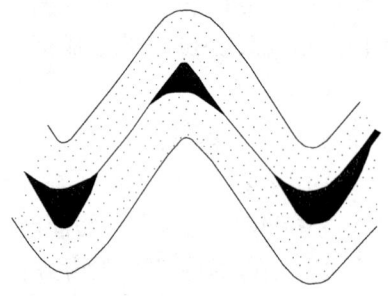

图 5-66 由弯滑作用在转折端形成的虚脱现象

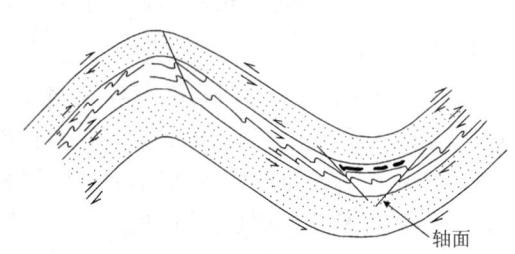

图 5-67 纵弯褶皱的弯滑作用形成的层间小褶皱
（据 E. W. Spencer，1977）
箭头表示顺层滑动方向

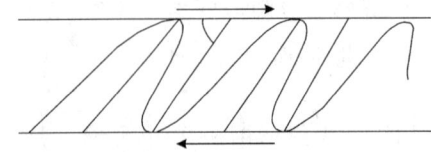

图 5-68 不对称褶皱的倒向

图 5-69 不对称褶皱形态

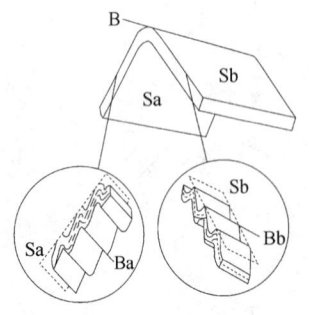

图 5-70 大褶皱翼部的次级褶皱
左翼为 Z 形，右翼为 S 形；Sa、Sb 为次级褶皱的包络面，B 为褶皱枢纽，Ba、Bb 为次级褶皱枢纽

可将其褶皱面形态从长翼到短翼的变化描述为 S 形或 Z 形（图 5-70），需要指出，S 形和 Z 形是顺枢纽倾伏方向观察面定的。如果从相反方向观察，Z 形即为 S 形，S 形即为 Z 形。它们反映了褶皱的倒向（不对称褶皱轴面倾倒的方向）：S 形为左行或逆时针倒向，Z 形为右行或顺时针倒向。地质调查中，为了更好地确定不对称褶皱的特征，常采用褶皱的倒向。倒向是指褶皱轴面自直立转为倾斜的旋转方向。不管从哪个方向观察，不对称褶皱的倒向均是不变的。

不对称小褶皱的轴面与其上、下相邻岩层面所夹锐角指示该相邻层相对运动方向。因此，可以根据这种层间滑动规律来判断岩层顶、底面,从而确定岩层层序是正常或倒转以及背斜和向斜的相对位置(图5-71)。

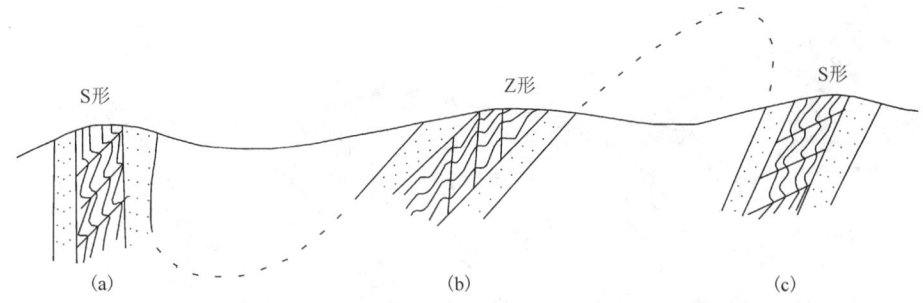

图5-71 层间小褶皱指示地层层序(据M. P. Billings,1947)
(a)直立岩层;(b)正常倾斜岩层;(c)倒转岩层

2. 弯流作用

弯流作用(Flexural flow)是指纵弯褶皱作用使岩层产状弯曲变形时,不仅发生层间滑动,而且某些岩层的内部还出现物质流动现象。其特点为:

(1)弯流作用大都发生在脆性厚层之间的塑性层内(如泥灰岩、盐层、煤层、黏土岩层等);

(2)层内物质流动方向,一般从翼部流向转折端,致使岩层在转折端处不同程度地增厚、翼部相对变薄,从而形成Ⅲ类的顶厚褶皱或Ⅱ类的相似褶皱(横弯褶皱作用时相反)。

(3)当软硬相间的岩层受到顺层挤压时,硬岩层难以发生流动,仍形成平行等厚褶皱,软岩层因易流动而填充了由于层间滑动形成的虚脱空隙,从而形成顶厚褶皱或相似褶皱这种顶厚与等厚两种褶皱同生共存的现象(图5-72)。

(4)在侧向挤压下软岩层发生强烈层内物质塑性流动,可能产生线理、劈理或片理(兼有变质作用)等小型构造;如其间夹有脆性薄岩层,则可形成构造透镜体和无根褶皱等(图5-73)。

图5-72 山东五莲白垩系砂岩、页岩组成的褶皱
(据武汉地质学院《地质构造形迹图册》,1978)
砂岩成平行褶皱,页岩成顶厚褶皱

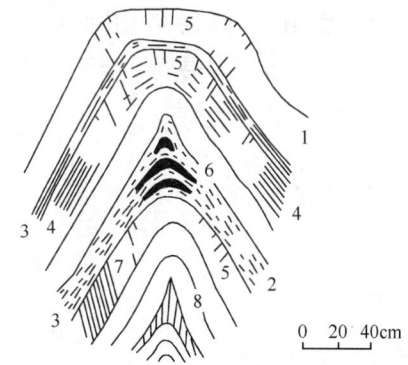

图5-73 弯流褶皱的内部构造(河北兴隆)
(据武汉地质学院,1979)
1—厚层硅质石灰岩;2—碳质板岩夹薄层石灰岩;3—顺层流劈理;4—顺层剪裂面;5—张节理;6—由硅质石灰岩形成的构造透镜体;7—翼部剪节理;8—反扇形流劈理

(5)如果发生层间差异流动,则在主褶皱翼部和转折端形成从属褶皱(与主褶皱有成因联系并有一定几何关系的次级小褶皱),其形态和产状显示出层内物质向转折端流动的特

征(图5-74)。

图5-74 桂林甲山倒转褶皱及其中的从属褶皱(据兰琪峰等,1979)
石灰岩形成倒转褶皱,其间泥灰岩形成从属褶皱

大型褶皱中常发育有同构造的次级从属小型褶皱。两翼的从属褶皱为S形或Z形,转折端处的则为对称的M形,总体构成SMZ形。因此,小型褶皱的对称性研究是识别大型褶皱各翼和转折端的重要手段。

(二)横弯褶皱作用

岩层受到和层面垂直的外力作用而发生褶皱,称为横弯褶皱作用(Bending)。由横弯褶皱作用形成的褶皱,过去称为板褶皱(曲)。因岩层的原始产状多近于水平,故横弯褶皱作用的挤压也多自下而上。产生这种力的原因,包括地壳的差异升降运动、岩浆的顶托(上拱)作用、岩盐层及其他高塑性岩层的底辟作用以及沉积、成岩过程中产生的同沉积压实作用等。由这些作用所形成的褶皱均属于横弯褶皱。这种作用在地壳中是局部的,较为次要。横弯褶皱作用也会引起弯滑作用和弯流作用,但是,它们与纵弯褶皱作用明显不同,其特点如下:

(1)横弯褶皱的岩层整体处于拉伸状态,一般不存在中和面,其应力迹线如图5-75所示。

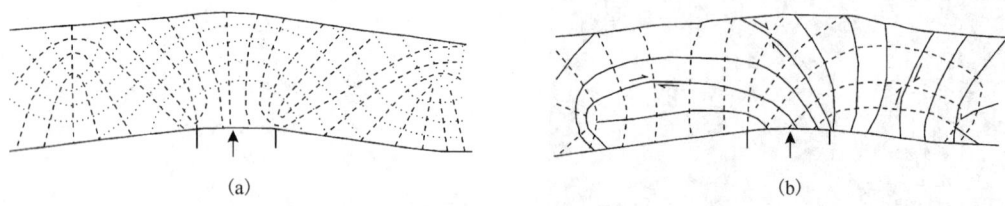

图5-75 横弯褶皱中的应力迹线(据马瑾等,1965)
(a)主应力迹线:断线代表σ_1,点线代表σ_3;
(b)剪切应力迹线:断线和实线分别代表两个不同方向的剪切应力迹线

(2)横弯褶皱作用往往形成顶薄褶皱(I_A型褶皱),尤其由于岩浆侵入或高韧性岩体上拱造成的穹隆更是如此(图5-76)。在这种情况下,顶部不仅因强烈的侧向拉伸变薄,而且还可能造成放射状断裂或同心圆状环形断裂(图5-77),如为矿液充填,就会形成放射状或环状矿体。

(3)横弯褶皱作用引起的弯流作用是使岩层物质从转折端向翼部流动(易形成顶薄褶皱),韧性岩层在翼部由于重力作用和层间差异流动可能会形成轴面向外倾倒的层间小褶皱

(图 5-76),其轴面与主褶皱的上、下层面的锐夹角指示上层顺倾向滑动,下层逆倾向滑动。

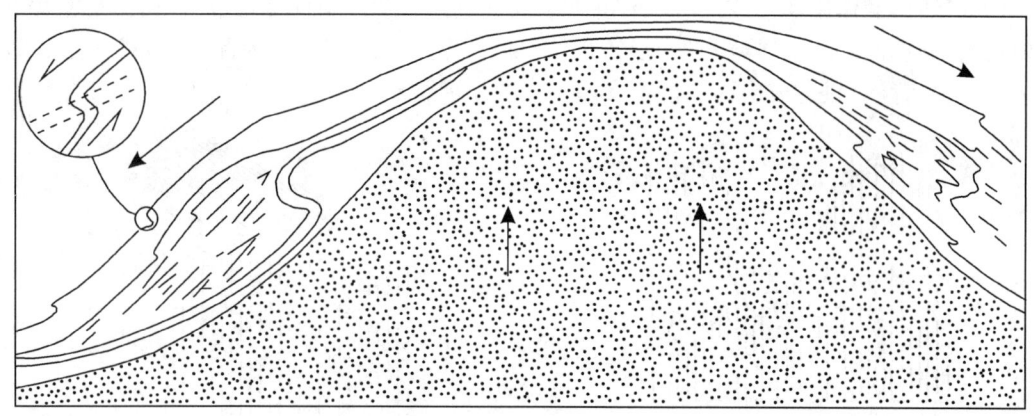

图 5-76　横弯褶皱作用引起的弯流作用(据 J. G. Dennis,1972,改绘)
注意层间小褶皱面产状正好与纵弯滑引起的层间小褶皱轴面产状相反

基底断块的垂向升降,除引起盖层的断裂外,有时可能迫使盖层弯曲而褶皱或形成大型挠曲(图 5-78)。这类褶皱或挠曲向深部常常过渡为断层。

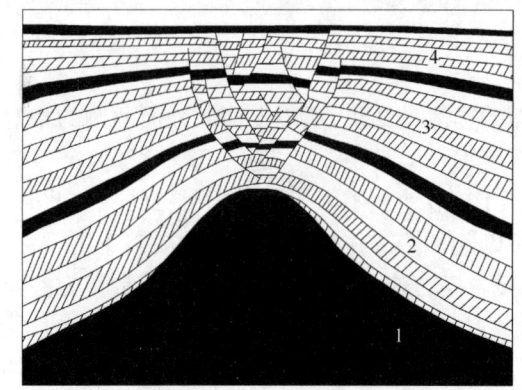 

图 5-77　底辟上覆岩层顶部断层的模拟
实验示意图(据 Currie,1956)
1—弧形隆起基底;2、3、4—泥质岩层

图 5-78　盖层中的挠曲与基底断层同关系的
模拟示意图(据 Davis,1978)

(4) 横弯褶皱作用一般形成单个褶皱,尤其以穹隆或短轴背斜最为常见,很少形成连续的波状弯曲。

(5) 横弯褶皱作用的理论意义是它与重力滑动构造有着很大的相似性,实际意义是良好的储油气构造。

(三) 剪切褶皱作用

剪切褶皱作用(Shear folding)是指岩层沿着一系列不平行于层面(一般呈大角度)的密集剪切面或劈理面发生有规律的差异性滑动而形成"褶皱"的作用,又称滑褶皱作用。

差异滑动和弯滑作用的区别,前者滑动面不是原生面,是非顺层的切面,滑动作用不受层面控制。

剪切褶皱作用的特点如下:

(1) 在横剖面上平行轴面方向(滑动面方向)所量得的褶皱不同部位的层的"厚度"(视厚度)基本相等(图 5-79),垂直轴面方向岩层的长度,在褶皱前与褶皱后保持不变,即 $OL=O'L'$,但是真厚度为顶部大、两翼小,所以为典型的相似褶皱。

(2)剪切褶皱作用所形成的"褶皱"并非岩层面真正发生了弯曲变形,而是层面沿密集的平行剪切面(劈理面)发生差异滑动而呈现出"弯曲"外貌(图5-80)。因此,一般难以形成较大规模的向斜、背斜,只造成层面锯齿状参差不齐的外貌。

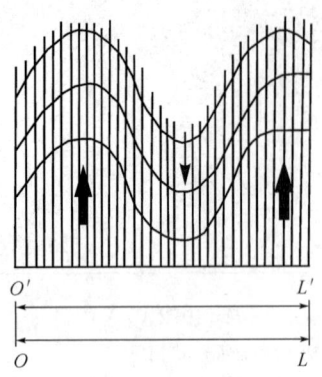

图5-79 剪切褶皱作用形成的相似
　　　　褶皱(据E. S. Hills)
　大箭头表示剪切作用方向;
　小箭头表示平行轴面量的层的"厚度"

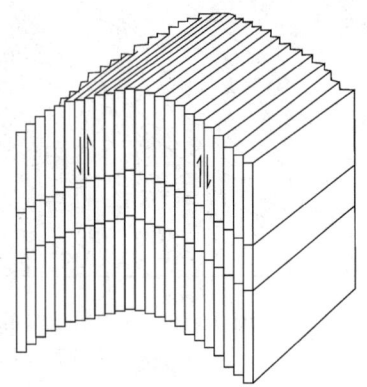

图5-80 剪切褶皱作用模式图

(3)剪切褶皱作用形成的褶皱是岩层沿剪切面差异滑动结果,所以在褶皱轴面两侧的相对剪切方向是相反的(图5-80)。

(4)在剪切褶皱作用中,岩层面不起任何控制作用,滑动也不限于层内,而是穿层的,此时,岩层面只作为被动地反映差异滑动结果的标志,所以这种褶皱作用又称为被动褶皱作用。

(5)剪切褶皱作用多产生于变质岩地区,在变质岩中普遍发育的劈理或片理面常作为差异滑动面(图5-81)。

图5-81 四川会理通安中元古界片岩中的剪切褶皱

(6)M. P. Billings(1972)认为,大多数剪切褶皱是在强烈变形条件下,在先期褶皱的基础上再发生的。

(四)柔流褶皱作用

柔流褶皱作用(Flow folding)是指高韧性岩层(如岩盐、石膏、黏土、煤层等)或岩石处于高温高压环境下变成高韧性流体,受到外力的作用而发生类似黏稠的流体那样的流动并形成褶皱的作用。由柔流褶皱作用所形成的褶皱称为柔流褶皱。柔流褶皱的形态十分复杂,产状无一定规律,但很多小褶皱转折端厚度大于翼部,如盐丘构造的底辟核的膏盐层、变质岩和混合岩化的岩体中有些长英质脉岩受力流变而成的肠状褶皱(图5-82)。

柔流褶皱作用与上述受层理控制的弯流褶皱作用常有互相过渡的现象。如有些煤层经受强烈的弯流褶皱作用时,煤层发生柔流,突破层面的限制,在局部地段形成肠状褶皱,造成煤层在一处变厚,在另一处变薄或尖灭的现象(图5-83)。在煤矿勘探、开发中应注意这个问题。

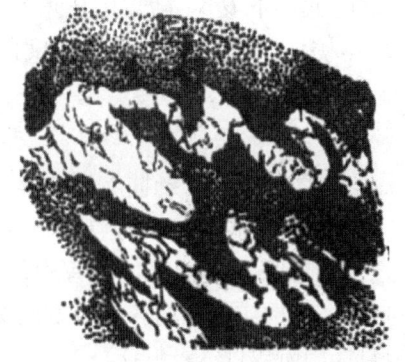

图5-82 长英质脉岩的肠状褶皱

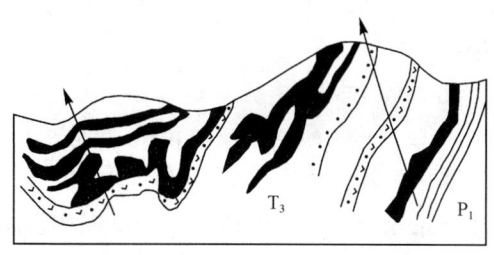

图5-83 江西萍乡青山矿煤层发生柔流现象
黑色代表煤层

(五)褶皱的综合作用

除上述褶皱形成机制的类型外,自20世纪60年代以来,许多构造地质学者对膝折作用、压扁作用等进行了详细的研究。

1.膝折作用

膝折作用是一种兼具剪切褶皱作用和弯滑褶皱作用两种特征的特殊褶皱作用。

膝折作用的形成方式一般认为是由于翼部的层间滑动并围绕一个相当于轴面的膝折面折叠而成尖棱褶皱(图5-84),这种褶皱既有等厚褶皱的特征又有相似褶皱的特征。两翼对称等

图5-84 河北下花园震旦系硅质板岩中膝折作用形成的尖棱褶皱

长的尖棱褶皱群又称为"人"字形褶皱或"手风琴式褶皱"[图5-85(b)]。两翼不对称的尖棱褶皱的短翼部分形成剪切带,称为膝折带[图5-85(a)]。膝折带两侧的界面称为膝折面(图5-85中的S)。两个膝折带可以相互平行,也可以共轭相交,如共轭相交往往称为箱状褶皱或称为共轭褶皱[图5-85(c)]。

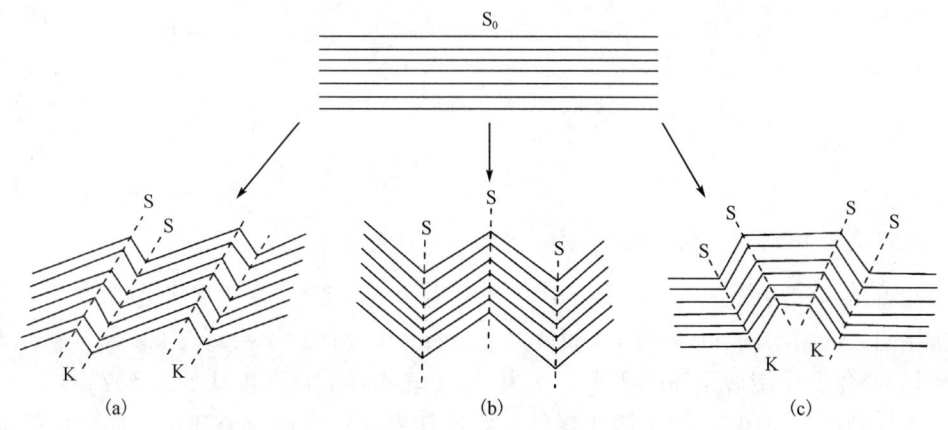

图5-85 膝折作用示意图(据徐开礼、朱志澄,2003)
(a)不对称膝折;(b)对称膝折("人"字形褶皱);(c)共轭膝折(共轭褶皱)
K—膝折带;S—膝折面

多纳斯(F. A. Donath)和帕克(R. B. Parker)通过板岩作用一系列试验发现,膝折带的宽度随围压而变化。宽膝折带(5mm 左右)只在 20Pa 以下的低压下发生,随着围压增大,膝折带的宽度也逐渐变窄。因此,膝折带宽度大小也可以作为推断膝折作用变形深度的一种标志。

2. 压扁作用

岩层在发生纵弯褶皱过程中,除发生相对滑动和流动外,还受到垂直轴面方向的挤压力作用,即引起平行于主压应力方向的压缩与垂直于主压应力方向的伸长,这种作用称为压扁作用(Flatting in folding)。压扁作用出现在岩层发生褶皱之前与岩层发生褶皱的过程中,随纵弯褶皱作用增强,褶皱岩层内各点应变状态发生有规律的变化,当褶皱岩层内各点应变椭球的长轴旋转到与轴面平行的方向上,褶皱作用即进入整体压扁作用阶段(图 5-86)。

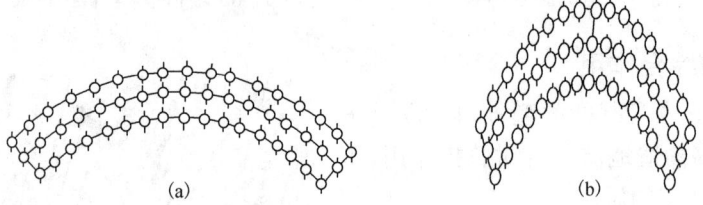

图 5-86　褶皱的压扁作用(据 B. E. Hobbs,1971)

本图为图 5-59 的纵弯褶皱经压扁作用

均匀压缩 20%(a)和压缩 50%(b)后的形态

强烈的压扁作用对褶皱形态及其内部变形特点具有显著影响,其特征如下:

(1)压扁作用越强烈,褶皱变形越紧闭。褶皱层中具对称要素的颗粒如卵石、鲕粒、三叶虫、石燕化石、黄铁矿矿物晶体等可发生有规律的压扁现象。图 5-87 是一个倒转背斜岩层中鲕粒变形的示意图,形象地反映出该背斜在变形过程中受到的压扁作用,根据对它们变形方位等要素的统计,可以推断压扁作用的方向和程度。

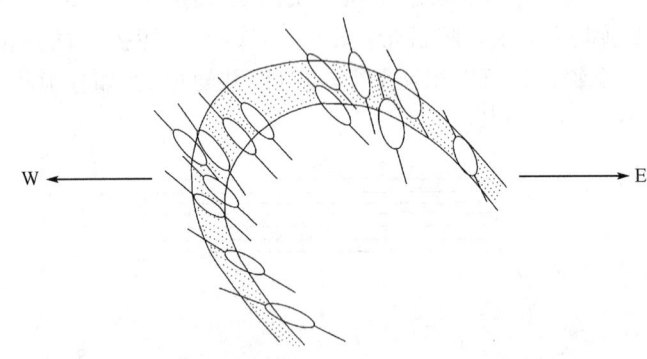

图 5-87　倒转背斜中鲕粒变形特征示意图(据 B. E. Hobbs,1971)

(2)随着压扁作用的进行,褶皱层的厚度也发生相应的变化,变化规律是:翼部岩层越压越薄,转折端附近的岩层则越压越厚,从而使整个褶皱从等厚向顶厚褶皱发展。图 5-88 表示一个等厚褶皱经压扁作用后翼部厚度从 t_a 变为 t'_a,而转折端岩层厚度从 t_0 变为 t'_0($t'_0 > t_0$)。

(3)在强烈压扁作用下,位于褶皱翼部的脆性薄夹层往往因垂直压缩方向的拉伸而被拉断,可以形成石香肠、构造透镜体;塑性岩层发生强烈的平行轴面的差异流动变形,形成轴面劈理,致使原来的层理面遭受到破坏。当褶皱是由脆性和塑性岩层相间组合而成时,经过强烈的压扁作用,塑性岩层易发育轴面劈理,脆性岩层往往在翼部被拉断形成石香肠,在转折端处被压扁形成外形似钩状的"无根钩状褶皱"(图5-89)。这种现象在褶皱作用强烈的变质岩区,如河南嵩山、内蒙古温都尔庙等地都是相当常见的。

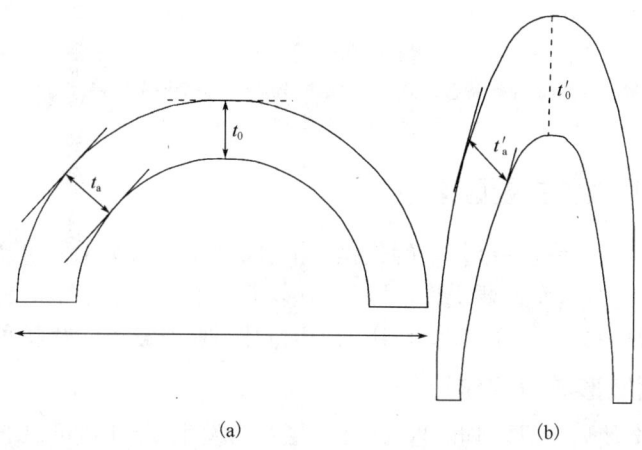

图 5-88 压扁作用对褶皱岩层厚度的影响
t_0、t_a 为压扁前的厚度,t'_0、t'_a 为压扁后的厚度

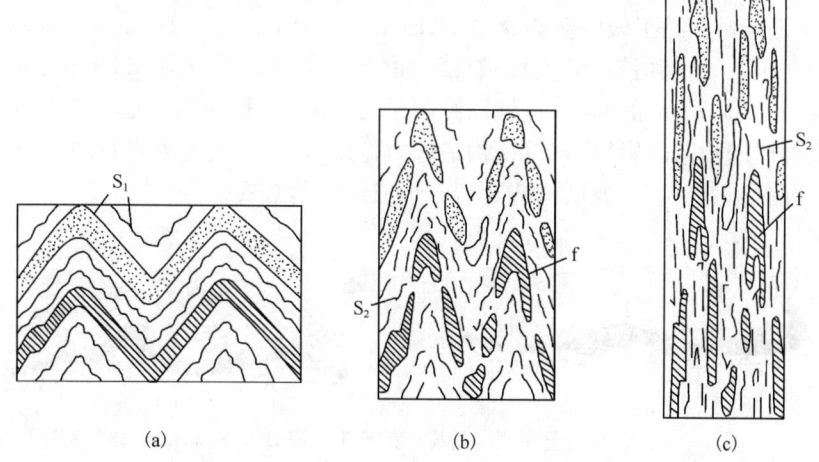

图 5-89 强烈压扁作用对褶皱的影响(据 P. E. Williams,1967)
(a)压扁前;(b)被压扁;(c)强烈压扁后
S_1—原始层理;S_2—片理或流劈理;f—无根钩状褶皱

兰伯格和兰姆赛等用压扁作用解释纵弯褶皱中层间褶皱的形成机制。如图 5-90(a)所示,首先在韧性厚岩层(如泥岩)之间夹有强硬薄岩层(如石英砂岩)的情况下,当受到顺层挤压作用时,韧性厚岩层因受压扁作用而沿主压应力方向缩短,强硬薄岩层则受压扁作用形成一系列波长较短的小褶皱[图5-90(b)],随着出现纵弯褶皱作用,致使整个岩系褶皱形成大型主褶皱,这时强硬薄岩层中的小褶皱也随着主褶皱而弯曲,于是在主褶皱两翼的小褶皱成为不对称褶皱,而在枢纽部位的小褶皱则可能仍为对称的小褶皱[图5-90(c)]。这一理论完满地解释了层间小褶皱不仅在大褶皱的翼部,而且也在大褶皱的枢纽部位发育的事实。但要注意,这种小褶皱出现在褶皱形成之前。

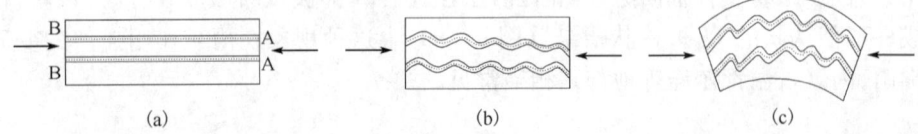

图 5-90 纵弯褶皱压扁作用形成层间小褶皱示意图
(a)原始状态;(b)韧性岩层被压缩;(c)整个层系褶皱
A—薄层强硬岩层;B—厚层韧性岩层

二、影响褶皱形成的主要因素

褶皱构造的发生、发展是一个复杂的过程。褶皱的形态、规模大小和分布特点不仅与褶皱作用力的方式有密切关系,而且要受许多因素的影响与制约。这些因素主要包括层理的发育程度、岩层厚度、岩石的力学性质、动力作用的方向和性质、埋藏条件及基底构造等。

(一)层理在褶皱形成中的作用

层理或成层构造使岩石具不均一性,致使岩层受力发生变形时,可以通过层间滑动或层内物质塑性流动而弯曲成褶皱。

层理在褶皱形成过程中起双重作用:(1)层理的存在,把一个岩系分成许多层,在变形过程中各层沿层面发生相对滑动,易于弯曲;(2)在层状岩石发生变形的过程中,由于层面的限制,岩石物质沿层面发生塑性流动而呈现褶皱。

图 5-91 是用蜡和黏土做的实验模型。(a)图是一个下部三层蜡,上部一厚块黏土组成的试件,在侧向挤压下,蜡层褶皱,黏土块被压缩而变厚,未表现出褶皱;(b)图是将黏土块分为若干分层,层间是易于滑动的蜡纸,再施以侧向压力,黏土和蜡就在一起形成规则的褶皱。由实验可知:没有层理构造的岩块,若承受构造应力作用时,只能表现为岩石的缩短或伸长,而不具有规则的弯曲形态。因此,成层构造是岩石形成褶皱的必要条件。

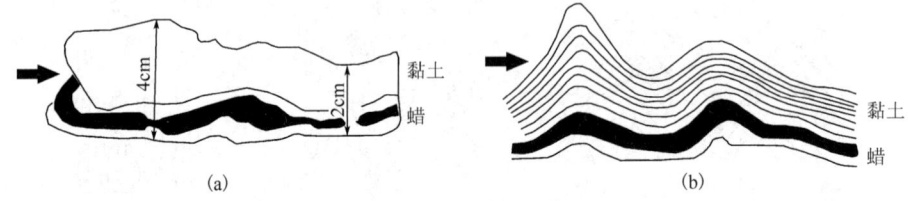

图 5-91 蜡和黏土在侧向挤压下的变形(据 B. B. Велоусов,1986)
(a)厚块黏土的变形;(b)成层黏土形成褶皱

(二)岩层厚度和力学性质对褶皱形成的影响

1.岩层厚度对褶皱形态的影响

岩层的厚度对褶皱的形态和大小有着显著的影响。例如,岩性相似而厚度不同的岩层施加同样的水平挤压力时,厚岩层往往形成曲率小、波长大的平缓开阔褶皱,而薄岩层则形成曲率大、波长小的紧密褶皱(图 5-92)。

2.岩石力学性质对褶皱形态的影响

岩石的力学性质直接影响褶皱的形态和类型。

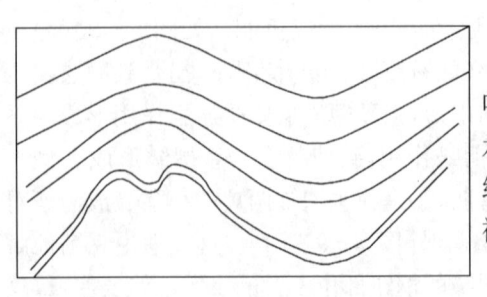

图 5-92 岩层厚度与褶皱的关系

从野外观察和实验表明，一套强、弱岩层成互层的岩系发生褶皱，强岩层常常以弯滑褶皱作用为主形成平行褶皱，在褶皱转折端产生扇状楔形张节理，并对整个褶皱的形态起控制作用；而弱岩层被迫迁就强岩层弯曲形成的空间，常常形成顶厚褶皱，为紧密褶皱，在转折端易形成反扇形流劈理。

岩层的"强"和"弱"是相对的，受多种因素控制，在一个地区表现为强的岩层，在另一地区可能为弱岩层。一般来说强岩层在褶皱中表现为相对刚性层，弱岩层则显示为相对韧性层。

如图 5-93 所示，A 层试件比 B 层试件的力学性质"强"10 倍，经侧向挤压，A 层的弯曲形态基本上决定了整个褶皱的形态，而 A 层之间的 B 层则被迫"迁就"A 层弯曲形成的空间而变形，形成顶厚褶皱（Ⅲ类）。图上褶皱前的正方格发生的畸变形态也清楚地反映了上述特征。

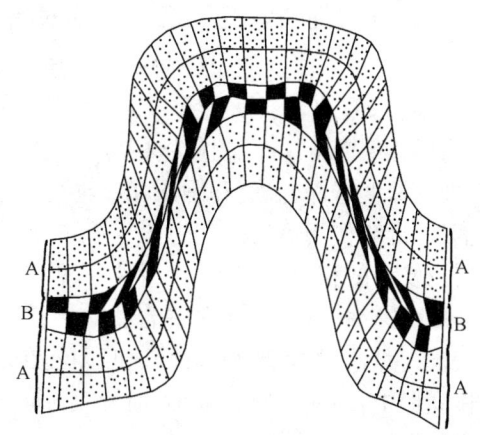

图 5-93 两种不同力学性质试件的褶皱实验
（据 B. E. Hobbs 等，1976）
A 试件为 NaCl 和云母组成，B 试件为 KCl 和云母组成，
A 层物质的强度约为 B 层的 10 倍，图上
方格在褶皱前均为正方形

(三) 外力作用方式对褶皱形成的影响

外力的作用方式会影响褶皱产状和形态：顺层水平挤压力形成纵弯褶皱，简单的纵弯褶皱作用往往形成平行褶皱；垂直层面的挤压力往往形成横弯褶皱，横弯褶皱往往长、短轴近于相等，相互之间具较强的独立性；平面水平力偶往往形成雁列式褶皱，扭动作用复杂时，形成帚状褶皱、S 形或反 S 形褶皱组合；如果挤压与层面斜交，则可以形成各种轴面斜歪的褶皱。岩层既受顺层挤压，又受到顺层剪切作用，或者岩层只受到顺层挤压，但岩性不同，层间发生相对滑动，产生附加力偶也会使褶皱轴面倾斜（图 5-94）。

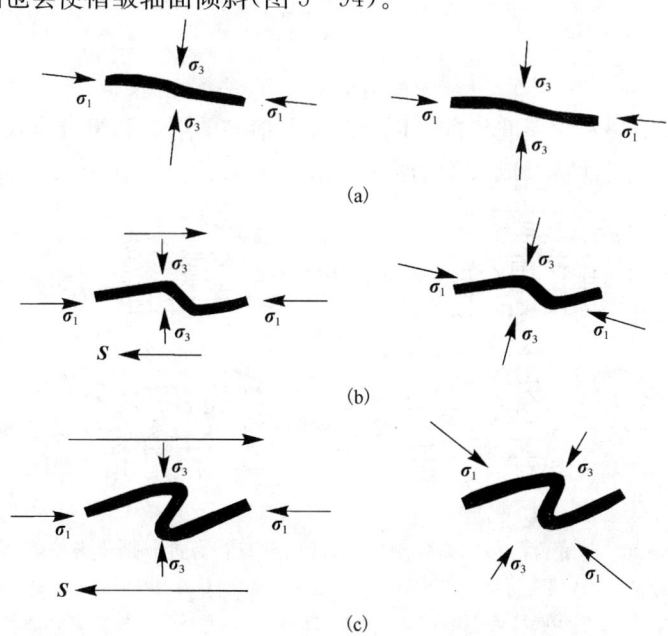

图 5-94 外力作用方式对褶皱产状的影响
(a) 顺层挤压；(b) 顺层挤压叠加力偶(S)；(c) 顺层挤压叠加强烈的力偶(S)作用

(四)岩层埋藏深度及应变速率对褶皱形成的影响

地壳中不同深度的岩层,由于所受的围压和温度不同而具有不同的力学性质。因而处于地壳不同深度的岩层发生褶皱时,褶皱作用机制和褶皱形态各有特点。一般地说,在地壳浅处,岩层在低温低压下呈弹性性状,层理显示不均一,发生变形时,岩层褶皱以弯滑褶皱作用为主;埋藏深度越深,温度和围压相应越高,岩石呈韧性性状(黏弹性),岩层层理不均一性减小直至消失,褶皱作用也逐渐变为弯流褶皱或剪切褶皱,甚至变为柔流褶皱,如太古界、元古界等变质岩区发育的相似褶皱、肠状褶皱等,就是这个缘故。

应变速率(Strain rate)对岩石的力学性状也有较大的影响。如果应变速率很大,岩石并不表现为黏性,而表现为弹性,这时即使在地下一定深处,岩层也会呈弹性弯曲或脆性断裂;在缓慢变形中,即使压应力很小,但持续时间很长,岩层也会发生蠕变而形成褶皱,甚至使韧性低的岩层发生强烈褶皱。

(五)基底构造对盖层褶皱的影响

通过模拟实验可以证实这一点。例如,有些雁行褶皱就是由基底中的平移断层(走向滑动断层)的水平剪切作用所引起的盖层褶皱(图5-95)。

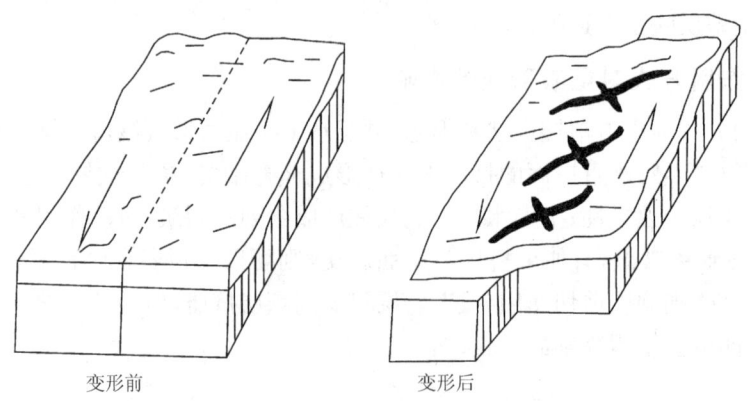

变形前　　　　　　　　　　变形后

图5-95　雁行褶皱与基底断裂的关系模拟实验

深层隆起、深层断裂及深层波状古风化面对浅层褶皱的形态和组合形式常常有控制关系。如基底隆起,其上的盖层常常形成大型的穹隆构造[图5-96(a)];深层断裂常常使浅层形成

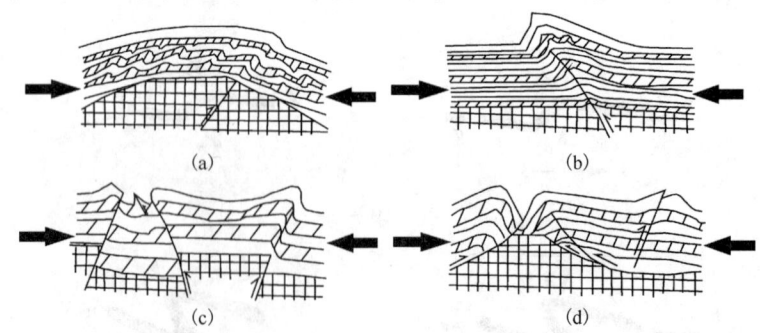

图5-96　基底(深层)构造控制盖层(浅层)构造示意图(据张文佑,1984)

(a)深层(基底)隆起控制浅层背斜,浅层挠曲正位于深层断裂部位;(b)深层断裂使浅层形成不对称褶皱;
(c)深层断块构造控制浅层箱状褶皱(注意背斜上发育有正断层,向斜中沿断裂有)强烈柔褶变形);
(d)基底波状面控制浅层构造(注意在侧向挤压下,沿背形基底面出现一系列滑动面)

不对称褶皱[图5-96(b)],其陡翼常反映深部断层的部位,褶皱轴面与断层倾向一致。在两基底断层之间的断块部位常形成箱状褶皱[图5-96(c)]。

第五节　褶皱的观察和研究

　　褶皱构造研究的基本任务是,通过野外观察和填图,结合各种地质勘探(如物探、钻探、测井和山地工程等)手段和遥感图像解译等所取得的地质资料的综合研究,查明褶皱的形态、位置、产状、规模及其圈闭和组合分布特点,探讨褶皱形成机制的形成时代,为研究区域地质构造特征、褶皱与矿产、油气能源的运移聚集以及水文、工程地质等关系提供这方面的基础资料。

一、褶皱形态的研究

　　在野外对褶皱的研究,首先是要了解区域内总的构造轮廓,明确所要研究的褶皱在区域中的分布位置;然后分析研究工作区内的小比例尺地质图、航空照片、卫星照片等,或进行横穿区域构造线的路线地质调查,了解全区地层时代、地层层序和构造总体特征,从而确定调查研究褶皱构造的调查路线或地震勘探方案。观察的主要内容有以下三方面。

(一)了解区域构造总轮廓

　　在着手研究一个地区褶皱构造时,首先应通过对包括研究区在内的小比例尺地质图及航空相片、卫星相片的解译分析,或在露头良好的地带进行横穿区域构造线的路线观察,了解全区地层时代、层序及构造总体的特征,如区域构造线方向及其变化,背斜和向斜发育特点,背斜、向斜是否构成更高一级的大型褶皱,褶皱枢纽的倾伏方向,全区构造发育的强弱变化情况等。总之,应尽可能对区域构造基本轮廓有一个初步了解,这对于详细研究该区褶皱构造是有益的。

(二)查明地层层序和追索标志层

　　查明地层层序是研究褶皱和区域构造的基础,因此,首先要进行地层研究,根据古生物和岩石沉积特征查明其时代层序,进行地层划分,或根据岩石中各种原生构造及伴生小构造(如层间小褶皱、节理、劈理等)来查明岩层相对顺序,区别层序正常和倒转的地层;然后根据地层对称重复的关系确定背斜和向斜的所在位置,通常背斜核部地层较老,而向斜核部地层较新。为了查明褶皱的规模和形态,还应追索标志层,圈出标志层的出露界线,测量其产状变化。在石油普查中,常把标志层精确地标绘在图上,根据其在各处的标高和产状,结合钻孔和物探资料,编制构造等高线图,以便准确地反映褶皱的形态和规模。在构造复杂的变质岩地区,在层理和地层层序不太清楚的情况下,追索石英岩、大理岩等标志层的分布特点和产状变化,就成了填图和研究构造的一个重要方法。

(三)确定褶皱枢纽和轴面产状

　　不知道褶皱枢纽和轴面的产状,就无法判断褶皱的产状和真实形态,弄错枢纽和轴面的产状,就会歪曲褶皱的产状和形态。对于露头良好的小褶皱来说,它们的枢纽和轴面的产状可以根据测量两翼同一岩层产状,用几何作图或赤平投影方法来确定。

(四)观察褶皱出露形态

在考察褶皱露头形态时,必须注意到地面是从任意方向切割褶皱的,地面这个天然切面起伏不平,很不规则,常常歪曲褶皱的真实形态。例如,原来虽是一个简单的褶皱,但在不同方向剖面上所出露的形态是很不相同的。因为地面可以是这些剖面中的任一个面,所以褶皱在地面出露的形态也可以是任何一种。可以纵横观察,详细测量,通过对褶皱在不同位置、不同方向上的出露形态的综合观察分析,揭示褶皱的真实面貌。地段的褶皱形态同时反映到一个横截面上。因此,对于枢纽倾伏向有变化的褶皱,要按枢纽倾伏向的变化划分区段,垂直于枢纽倾伏向绘制一系列横截面(横剖面图也需如此)。

此外,还应认真研究褶皱的纵剖面,了解其纵向变化规律。把纵、横剖面结合起来,加以综合研究,就能掌握褶皱在三维空间内的整体形态及在不同区段内形态变化特征与变化规律。

二、地下褶皱构造的研究

严格地讲,地下构造不仅指覆盖区的地下构造,而且还应包括露头区的地下构造。油气勘探中的地下构造一般都指覆盖区的埋没构造。在含油气盆地的地表一般都被第四系松散沉积物所覆盖,而且生产实践也证明,具有工业价值的油气藏绝大部分都是深埋在地下的。所以,油气勘探工作在很大程度上是研究褶皱构造的地下形态,寻找深埋地下的背斜及其他有利于油气聚集的圈闭构造。

关于露头区地下构造的研究,除了覆盖区地下构造研究的那些方法、手段之外,还可根据地表出露的构造特征大体推测深入地下的情况。对褶皱构造来说,可以从褶皱的地表形态特征推断它向下延伸的变化。如根据地面出露特征分析为顶薄褶皱,则可据此推断其两翼岩层向深部很可能变厚、变陡;如为相似褶皱且整套岩性也较一致,则褶皱形态可能延伸到一定深度还基本不变;如地表观测为平行褶皱,则褶皱曲率向深部变大或变小,整个褶皱不可能延伸很深。由于形成褶皱的岩石力学性质、厚度和变形条件的差异以及褶皱的形态、规模的不同,褶皱会随着埋深的增加可能发生变化。因此,为了有效地勘探油气田,合理地开发油气田,需要正确、详细地认识油气田地下构造特征。

目前,研究地下褶皱主要从如下两个方面收集地质构造资料,并从横剖面、纵剖面及平面图三个方面来研究褶皱的空间形态、分布以及变化规律。

(一)应用钻井录井地质资料

钻井地质工作的任务,是在钻井过程中取全、取准各项直接和间接反映地下地质情况的资料和数据,为油气田的勘探和开发奠定基础。以地质录井(包括岩心录井、岩屑录井、钻时录井、钻井液录井、气测井等)资料为第一手资料,首先进行地层标志层对比,这是一项非常重要的基础工作。在一个新探区,钻井岩性录井剖面与地震资料配合,可以确定较可靠的地震反射标准层。受到多重因素的影响,地震反射层不能直接反映出地层时代、岩性和准确的埋深,所以需要从钻井获得的剖面中,找出各个地震反射层相应的岩性和时代的位置。也就是将钻井岩性剖面按比例绘入相当位置的地震反射剖面中,从中对比分析,找出可靠、普遍分布的岩性地震标准层。

岩心的肉眼和镜下观察描述,可提供很多构造信息。如肉眼可直接观察到层间褶皱,从而判断背斜、向斜的位置。图 5-97 表示湖北某地钒矿层中的层间小褶皱与主褶皱的关系。起初认为,该区是一套厚层石灰岩组成的单斜构造,后来经过详细观察岩心中石灰岩组成的小构造,发现石灰岩中夹着一层小褶皱十分发育的薄层泥灰岩。根据这些小褶皱的轴面产状与层面间的关系并参考其他资料,认识到这是等斜褶皱的翼部。

(二)应用物探资料

在研究区域构造或者在区域初探阶段,构造研究主要是通过重力勘探和磁法、电法勘探确定区域构造单元,找出可能有利于生油的盆地构造。盆地内部的二级构造带、局部构造以及断层的确定,主要是根据地震勘探资料,并配合适当的钻井和录井资料。

由于地震勘探在投资、速度、效果等方面具有很多优点,它在油气田勘探中得到广泛应用。尤其是数字化处理技术和三维地震的应用,进一步提高了地震勘探的速度和精度,更有利于对覆盖层地下构造的研究。地震勘探勘探与其他物探方法相比,具有投资少、速度快、精度高、效果显著的优点。三维地震处理技术可以迅速获取任意方向的切片,这使人们能够很方便地了解构造在任意特定方向与位置的特征与变化,准确掌握构造形态总体特征及变化规律。

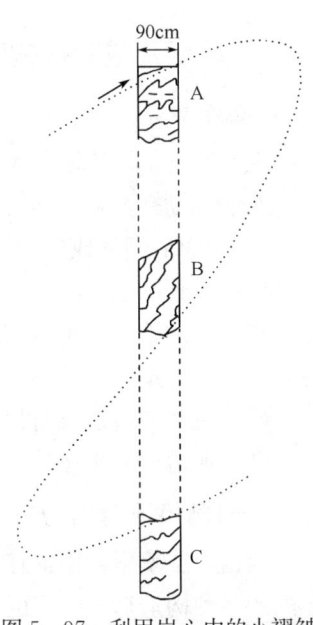

图 5-97 利用岩心中的小褶皱判断主褶皱类型

图 5-98 为四川东部卧龙河构造的一个地震剖面图,该剖面横切褶皱长轴。从剖面上可以清楚地看出各标准层的形态特征。该褶皱在浅层转折端近圆弧状,北西翼陡,南东翼缓,发生褶皱的地层是侏罗系至奥陶系,向下转折端变尖,高点偏移,西翼变陡并伴有逆断层。自阳新统底往下,岩层倾角再度变缓,到奥陶系顶部,褶皱已趋消失,断层也基本消失。

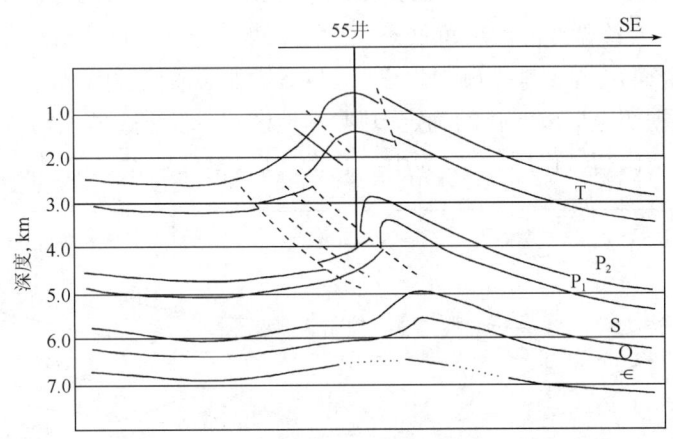

图 5-98 四川卧龙河构造地震勘探剖面(据四川石油管理局资料,简化)

地震勘探毕竟是一种间接手段,影响因素较多,其解释具有多解性。特别是地质构造情况较复杂地区,很可能用同样的地震资料却解释出不同的构造图。因此,在使用这种方法所得的资料时,必须结合地面地质构造的详细观察和研究,并充分利用其他资料综合解释,才能正确揭示地下构造特征,得出符合客观实际的结论;离开了对区域地质特征的认识,单纯靠物探或钻探资料难以得出正确的结论。

另外,利用地层倾角测井资料可以确定地层产状(倾向和倾角),并确定或鉴别褶皱类型、断层、不整合及其他构造现象。

三、褶皱形成时代的研究

对褶皱构造的分析研究,不仅应从空间上研究它的分布、形态、规模、类型等,而且还应从时间上研究它的形成时代及发展历史。

对油气勘探而言,在含油气盆地中,那些在油气大量运移前形成的背斜往往是大量油气聚集的构造,而后期形成的背斜构造很可能成为"空构造"。

如今看到的褶皱构造,有的是在短暂的地质历史时期内形成的(一次构造运动的产物),有的是在漫长的地质历史时期内逐渐产生的(伴随沉积作用逐渐生长起来的产物),有的是在经历多次构造运动的复杂叠加而形成的。

研究褶皱构造形成时代最常用的方法是角度不整合分析法、岩性厚度分析法和同位素年龄法和叠加褶皱分析法等。

(一)角度不整合分析法

根据地层不整合面的存在以及不整合面上、下褶皱形态是否连续一致,可以推断包括褶皱在内的各种构造形成时代的上限和下限。如果不整合面以下的地层均褶皱,而其上的地层未褶皱,则褶皱运动应发生与不整合面下伏的最新地层沉积之后和上覆最老地层沉积之前;如果不整合面上、下地层均褶皱,而上、下地层即不整合面的褶皱方式又都完全一致,则褶皱运动是后来发生的;如果不整合面上、下地层均褶皱,但褶皱方式、形态又都互不相同,则至少发生过两次褶皱运动;如果一个地区的地层有两个角度不整合面,且两个不整合面上、下地层均褶皱,则该区发生过三次或更多次褶皱运动。

从图5-99中可以看出图幅内发生过两次褶皱运动,第一次表现为白垩系与侏罗系之间的角度不整合,第二次表现为古近—新近系与中生代地层之间的不整合。又如图5-100所示,存在两个不整合面,一个是中、下侏罗统 J_{1+2} 与下伏地层的接触面,另一个是古新统与下伏地层的接触面。根据褶皱形成时代的确定原则,本地区至少发生过两次构造运动(褶皱变动):最下伏构造层经受两次褶皱作用,一次为中二叠世之后,早侏罗世之前;另一次发生在晚白垩

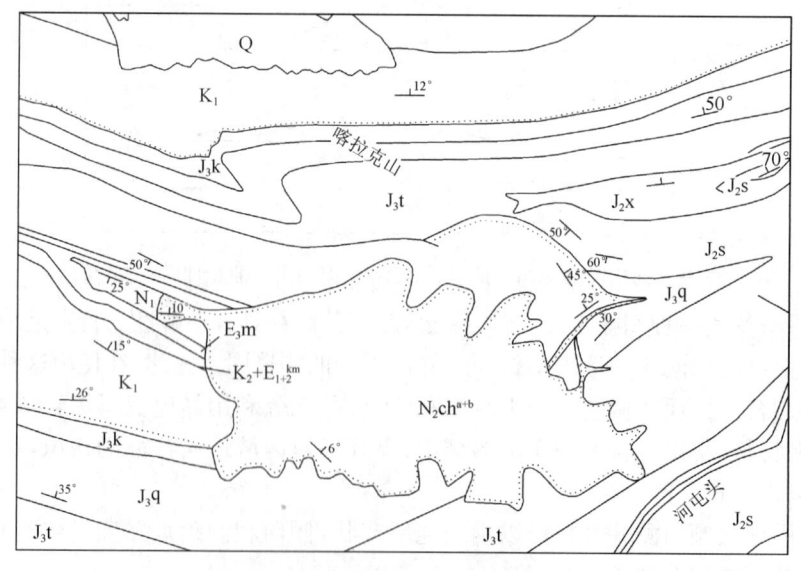

图5-99 新疆喀拉扎山附近地质图

世之后、古新世之前。中部构造层只经历了一次褶皱变动,即经过第二次构造运动形成褶皱。最上覆构造层,即古新统地层没有经受构造运动,故保持水平状态。

从江西上饶东田大坟山地质剖面上可以看出两个不整合面(图5-101),其中下二叠统和中二叠统之间的不整合代表的时间很短,可以推测下二叠统的地层褶皱时间大致相当于东吴运动的时间。侏罗系与下二叠统的不整合时间间距较大,不过根据这一带大区域地层对比得知,二叠系与

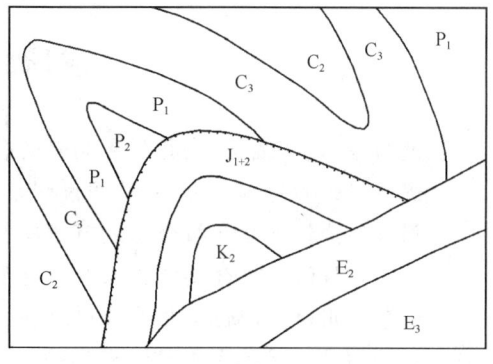

图5-100 利用角度不整合关系确定褶皱

三叠系之间是连续沉积的,而三叠纪晚期的印支运动对本区影响较广泛,因此可以认为中二叠统的褶皱是印支运动造成的,而中二叠统与侏罗系之间的不整合面显然也褶皱过,因此本区可能还发生过第三次褶皱运动,即在我国尤其是江南有广泛影响的燕山运动也曾波及当地。

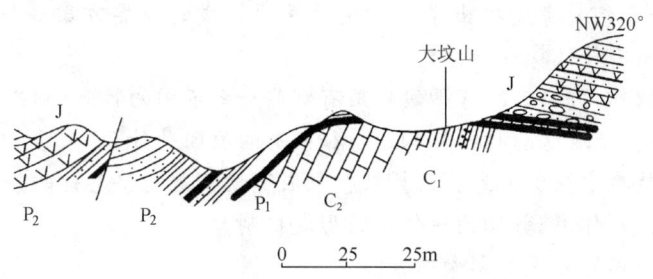

图5-101 江西上饶东田大坟山地质剖面图

(二)岩性厚度分析法

这种方法主要用于同沉积背斜形成时代的确定。因为同沉积背斜是一边隆起变形、一边接受沉积的构造,所以褶皱隆起的时期和幅度直接反映在沉积物的厚度和岩性上。有关内容详见第七章。

(三)同位素年龄法

褶皱的形成时代还可以根据同位素年龄来确定。其地质依据是一次区域性的强烈地壳运动,在形成褶皱变动的同时,也引起各种地质作用,诸如断裂活动、岩浆侵入与喷发以及变质作用等,也就是在褶皱形成的过程中可伴有断裂和岩浆活动。因此,褶皱的形成时代可根据与褶皱相接触的岩浆岩体(常侵入于背斜的核部)的同位素年龄来间接确定。

(四)叠加褶皱分析法

根据褶皱的重叠现象,可分析多期褶皱的存在及各期褶皱的先后顺序。同一时期形成的褶皱,它们的排列组合往往有着一定的规律,可以用统一的应力作用方式来解释;而不同时期的构造,由于应力作用方式不同,先后两套构造常有相互切割、相互干扰或叠加现象,因此,可以判断褶皱构造的先后顺序,主要是在变质岩地区使用。

通常用两种术语描述褶皱的形成时代:一是根据组成褶皱地层的时代,如早古生代褶皱、晚古生代褶皱、中生代褶皱等;二是根据形成褶皱的构造运动名称,如加里东期褶皱、海西期褶皱、印支期褶皱、燕山期褶皱等。

习题及思考题

1. 说明褶曲、褶皱构造、背斜和向斜的含义。
2. 试述褶皱的基本要素,并绘图说明。
3. 褶皱的产状类型和组合形式有哪些?
4. 试述褶皱的主要分类依据及分类类型。
5. 试分别用示意图说明褶曲在横剖面上及平面图上的形态分类。
6. 影响褶皱作用的主要因素有哪些?
7. 试述褶皱的研究意义、内容与方法以及它与构造油气藏的关系。
8. 怎样确定褶皱的形成时代?
9. 褶皱在不同深度有什么形式? 原因何在?
10. 地壳中哪类褶皱最多? 为什么?
11. Ramsay 出于何种考虑提出了基于褶皱等倾斜线的分类方案? 与其他褶皱分类方案相比,这种分类方案有什么特点和意义?
12. 与横弯褶皱作用相比,纵弯褶皱作用有哪些与之不同的特点(形态、应力—应变分布及特征、伴生构造等)? 造成这两种褶皱构造特征差别的原因是什么?
13. 为什么自然界中较少见到剪切褶皱? 形成剪切褶皱需要怎样的条件?
14. 说明横弯褶皱作用、剪切褶皱作用的形成机制。
15. 试述褶皱作用的方式及影响因素。
16. 自然界大部分褶皱是由纵弯褶皱作用形成的。从地壳变形的角度分析,这种现象反映了什么问题?
17. 对于柔流褶皱作用,应该采用什么方法和手段对其进行描述和研究?
18. 基底构造对盖层褶皱的特征有哪些影响?
19. 地下褶皱构造研究有哪些方法?
20. 褶皱形成时代分析有哪些方法?

第六章 节 理

本章提要

本章重点讲述节理、节理组、节理系概念;节理的分类;张节理、剪节理的特征;不同地质背景上发育的节理;节理的分期配套;节理资料的整理和作图;节理的井下识别与研究。

本章难点是张节理和剪节理的特征;不同地质背景上发育的节理以及节理的分期配套。

通过本章的学习,要求学生掌握节理的概念、基本特征和分类;剪节理与张节理的主要特征;节理的组合;与纵弯褶皱和横弯褶皱有关的节理;节理与断层的关系;节理发育的影响因素;张节理在褶皱中的密集规律;节理的观测研究内容及井下节理的研究方法。要求学生通过学习,可提高动手能力。

第一节 节理的概念及其研究意义

一、节理及相关概念

节理(Joint):又称裂缝(Fissure)或裂隙(Fracture),它们是岩石受力发生破裂,两侧的岩石沿破裂面没有发生明显位移的一种断裂构造。在石油行业中节理多称为裂缝,其形态各异,长短不一,成群出现。断裂构造包括节理(无显著位移者)和断层(Fault)(有显著位移者)两种构造类型。

节理面(Joint plane):节理构造的破裂面称为节理面。节理面可以是平面,也可以是曲面。节理面为面状构造,其产状反映了节理在空间的位态,仍用走向、倾向和倾角来表示。

节理组(Joint set):是指在一次构造作用的统一应力场中形成的产状基本一致、力学性质相同的一组节理。

节理系(Joint system):是指在一次构造作用的统一应力场中形成的两个或两个以上的节理组构成的一系列节理,如"X"形共轭节理系等,或在一次构造作用的统一应力场中形成的产状呈规律性变化的一系列节理,如一系列放射状张节理或同心环状张节理,称为节理系。

在野外工作中一般都以节理组或节理系作为观测研究的对象,因此,应特别注意正确划分节理组和节理系。

二、节理的研究意义

节理是地壳表层至中层构造层次内广泛发育的构造,因此,节理的研究在理论上和实践上都具有重要意义。

节理研究的理论意义在于节理与褶皱、断层和区域性构造密切相关，它的研究对认识和阐明区域地质构造及其形成和发展过程具有重要意义。

节理研究的实践意义在于：节理是一种重要的控矿构造，是矿液、石油、天然气等运移通道和储集空间，它控制着矿体的形态；地下水和石油的渗透性、含油性、含水性与节理发育的密度和开启性有关；大量发育的节理常常引起水工建筑物的渗漏和岩体的不稳定，为水库和大坝等工程带来隐患；影响壮观而奇异的地貌景观的形成，具有旅游艺术价值，如湖南张家界武陵源石林、石柱，云南路南石林，四川峨眉山金顶的舍身崖以及重庆北碚代家沟的猴儿石等；采石工们利用节理控制的薄弱面来开采花岗岩、石灰岩和砂岩等；节理脉作为建筑石材有一定的装饰功能，如纽约联合国总部大厦讲台。

节理与油气的关系很密切，从世界上已开发的油气田统计数字看，裂隙性储集层在油气资源和生产能力方面，大约占世界总量的一半。因此，对于石油行业而言，认识和研究节理显得尤为重要，主要体现在以下五个方面：

（1）节理常是石油和天然气的主要运移通道和储集空间，在某些致密的储集层中，节理几乎是唯一的运移通道和储集空间。

（2）节理发育的密度和开启程度不仅影响油气的渗透、运移和聚集，还会影响油气的采收率。当油气田的产量下降后，通常利用地下爆破或把流体高压泵入来产生或增加岩石的裂隙（压裂），以此来增加产量。

（3）随着石油勘探开发的深入，相对简单的背斜型均质油藏已越来越少，而较复杂的非均质裂缝型油藏是今后一段时期内勘探的主要目标之一。

（4）对地下水及其他一些矿床的分布有着重要影响。

（5）构造节理的产状、性质和分布规律与褶皱、断层有密切的成因联系。

第二节 节理的分类

节理形成的原因很多，根据其形成的地质原因有原生节理（Primary joint）和次生节理（Subsequent joint）两种基本类型。

原生节理是指在成岩过程中形成的。喷出岩的原生节理，例如玄武岩的柱状节理（Columnar joint），它是在熔岩冷凝收缩时产生的张应力作用下形成的，将喷出岩切割成比较规则的六方柱或多边形柱体（图6-1）。水下喷出的熔岩流往往形成球形或椭球形裂缝，称为枕状节理（Pillow joint）。侵入岩的原生节理，例如它在早期液态流动阶段形成两种主要的流动构造，即流线和流面；在凝固阶段形成的横节理、纵节理、层节理、斜节理等。沉积岩中的原生节理，例如泥裂（图6-2），其成因主要是表层沉积物失水收缩，这种节理局限于个别岩层之中，平面上多呈不规则的环状或网状，在不同的岩层中出现的密度不同。

次生节理是在岩石形成以后由于构造运动的影响或其他因素而形成的节理。次生节理包括构造节理和非构造节理两种。

由非构造运动的外动力地质作用形成的节理称为非构造节理，又称外生节理。例如岩石因温度变化引起体积不均匀的膨胀和收缩而产生的风化节理，冰川运动和冰劈作用形成的节理,山崩地滑、人工爆破以及地震等原因引起的节理均属于非构造节理。非构造节理的特点是一般发育范围不广,局限于一定岩层或一定深度之内(常局限于地表浅处),或局限于某一现象附近,与各级各类构造无规律性关系,产状和方位极不稳定,且以张节理为主。

图 6-1 峨眉地区龙门洞上二叠统玄武岩组柱状节理

图 6-2 峨眉地区川主上白垩统灌口组泥裂

构造节理是指由内动力地质作用(主要是构造运动)产生的节理。构造节理的形成与分布有一定的规律性,其方位和产状稳定,与区域构造或局部构造存在一定的关系,它往往与褶皱和断层紧密相伴,成因密切,而且发育的范围和深度较大,既有剪节理又有张节理。

构造节理对油气藏的影响比非构造节理的影响重要得多,因此,构造节理是本章主要讲述的内容。

通常对构造节理分类主要依据两个方面,即几何分类与成因分类。几何分类考虑节理与所在岩层或其他构造的几何关系;成因分类考虑节理形成的力学性质。这两者并非截然无关,几何分类是成因分类的基础,根据节理的形态特征和展布规律,可以推断节理的成因,同一力学成因的节理、褶皱和断层又具有一定的几何关系。

一、节理与相关构造的几何关系分类

节理是一种小型构造,往往发育在其他较大型构造上,如褶皱构造和断裂构造,或作为它们的派生构造存在,并与岩层有一定的相关关系。

(一)根据节理与所在岩层的产状关系分类(图 6-3)

走向节理(Strike joint):节理走向与所在岩层走向大致平行。

倾向节理(Dip joint):节理走向与所在岩层走向大致垂直(即与所在岩层倾向大致平行)。

斜向节理(Oblique joint):节理走向与所在岩层走向斜交。

顺层节理(Bedding joint):节理面大致平行于岩层层面,是一种特殊的走向节理。

以上分类适合于对发育在倾斜岩层地区的节理进行分类。

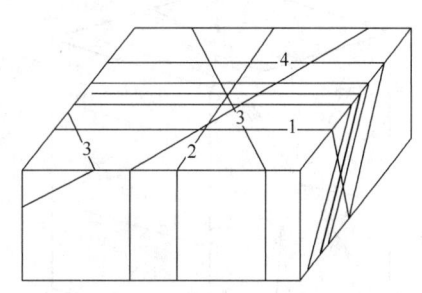

图 6-3 根据节理与所在岩层产状关系的节理分类
1—走向节理;2—倾向节理;3—斜向节理;4—顺层节理

(二)根据节理走向与所在褶皱枢纽(褶皱轴或区域构造线方位)的关系分类(图6-4)

纵节理(Longitudinal joint):节理走向与褶皱枢纽大致平行。

横节理(Transcurrent joint):节理走向与褶皱枢纽大致垂直(直交)。

斜节理(Oblique joint):节理走向与褶皱枢纽斜交。

以上分类适合于对发育在褶皱岩层地区的节理进行分类。

在某些情况下,如对没有倾伏的褶皱而言,上述两种分类常常相吻合,即走向节理相当于纵节理,倾向节理相当于横节理。

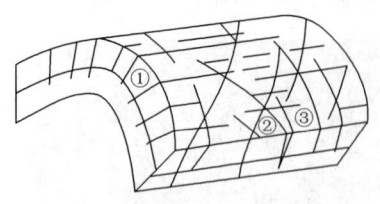

图6-4 根据节理产状与褶皱轴向关系的节理分类
①纵节理;②斜节理;③横节理

(三)根据节理走向(延伸方向)分类

对于发育于水平岩层或近水平岩层中的节理,一般根据节理的走向进行分类,如北东向节理、南东向节理等。

二、节理的力学性质分类

节理是力作用下的产物,根据节理形成时的力学性质,可将节理分为张节理(Tension joint)和剪节理(Shear joint)两种类型。

(一)张节理

张节理是由于张应力超过了岩石的抗张强度而在岩体中产生的张破裂面,但应注意不只是拉伸才能形成张节理。

1.张节理的形成机制和规律

岩石在单剪作用下会形成与剪切方向大致成45°的拉伸,在与拉伸垂直的方向产生张节理。岩石在一个方向上受压时,会形成与受压方向相平行的张节理以及以受力方向为锐角等分线的一对共轭剪裂面。这个剪裂面规模较小时称为节理,若规模较大时,会发展演化为纵向逆断层或斜向撕裂断层。因此,张节理的方位必然垂直于最大主张应力σ_3,与最大主压应力σ_1方向一致(图6-5)。

图6-6表示在平行受压的方向出现一系列相互近于平行的张节理,在沿共轭剪切面方向形成两组雁列张节理带。

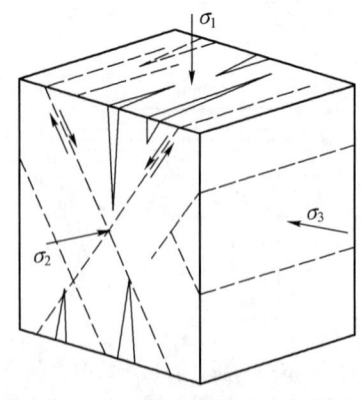

图6-5 剪节理(虚线)及张节理(实线)与主应力轴(σ_1、σ_2、σ_3)的关系(据Wilson,1982)

图6-6 北京坨里奥陶系白云质灰岩中的张节理系(李志锋摄,杨光荣素描,1980)

2. 张节理的主要特征

(1)张节理产状不稳定,往往延伸不远即消失。单个张节理短而弯曲,若干张节理则常以侧列关系出现(图6-7)。

(2)张节理面粗糙不平,在垂直于张节理面的方向上往往有轻微的开裂,但节理面上一般没有擦痕(Stria,Slickenside)。

(3)发育在砾岩、砂岩或含结核岩层中的张节理往往绕过砾石、粗砂粒和结核,一般不切穿,如切穿砾石、粗砂粒和结核,其破裂面也凹凸不平。

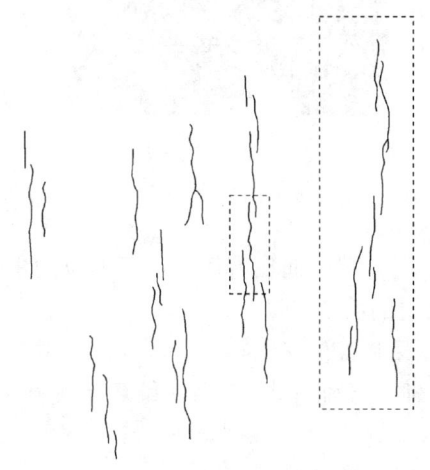 

图6-7 湖北某砂岩中张节理的侧列现象　　图6-8 宁芜侏罗系砂岩中的张节理平面素描
　　　(据马宗晋等,1965)

(4)平面观察张节理,虽可看出总体走向,但却明显呈不规则的弯曲状(图6-8)或规则的锯齿状(图6-9),后者乃追踪先已形成的两组共轭剪切面而成(图6-10、6-11),故又称锯齿状追踪张节理。张节理常呈单列或共轭雁列式张节理以及放射状或同心圆状的组合形式。

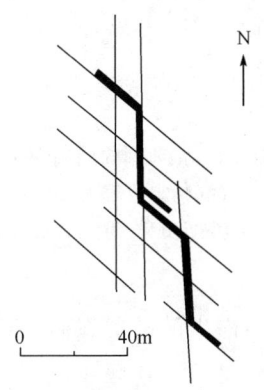 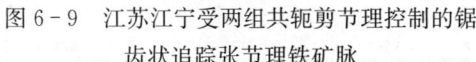

图6-9 江苏江宁受两组共轭剪节理控制的锯　　图6-10 四川峨眉龙门洞下三叠统嘉陵江组受
齿状追踪张节理铁矿脉　　　　　　　　两组共轭剪节理控制的锯齿状追踪张节理

(5)张节理两壁之间的距离较大,多开口,常被后期地质作用的物质所充填,形成各种脉体,形态呈楔形和扁豆形等,脉宽变化较大,脉壁不平直(图6-11、图6-12)。

(6)张节理一般发育稀疏,节理间距较大,而且即使局部地段发育较多,也是稀密不匀,很少密集成带。

· 117 ·

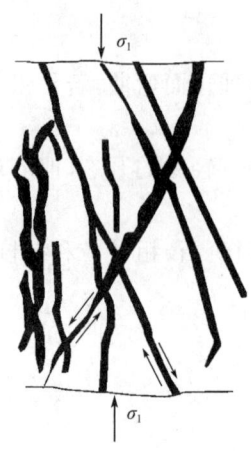

图6-11 锯齿状追踪张节理(宋鸿林摄,杨光荣素描)
右侧为一组共轭剪切,先剪切后张开,锯齿状追踪张节理被方解石脉充填,左侧是追踪两组剪节理形成的锯齿状张节理

图6-12 某岩石中沿共轭剪切带形成的两组雁列张节理

(7)一般在挤压和拉伸作用下形成的张节理彼此平行排列,而在剪切作用下形成的张节理在平面或剖面上呈雁行排列(图6-13),如在正、逆断层的剪切滑动。

(8)张节理的尾端变化形式主要有两种:树枝状分叉和杏仁状结环(图6-14)。树枝状分叉的小节理没有明显的方向性,可与剪节理尾端的节理叉区别开来;杏仁状结环呈椭圆形,棱角不明显,也可与剪节理尾端的菱形结环区别开来。

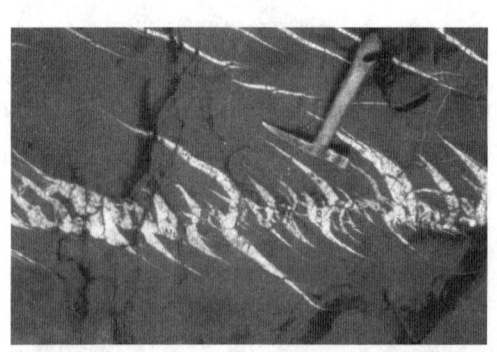

图6-13 反S形雁列张节理

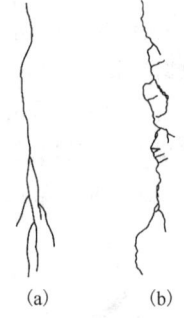

图6-14 张节理的尾端变化形式
(据马宗晋等,1965)
(a)树枝状分叉;(b)杏仁状结环

(二)剪节理

剪节理是由于剪应力超过了岩石的抗剪强度而在岩体中产生的剪破裂面,但应注意不只是剪切作用才能形成剪节理。

1. 剪节理与主应力轴的关系

剪节理两侧岩块沿节理面有微小剪切位移或有微小剪切位移的趋势,位移的方向与 σ_2 垂直,一般是两组同时出现,相交成"X"形。因为是成对出现,常称为共轭节理(Conjugate joint)成X形剪节理。它们的夹角分别被最大主应力(σ_1)和最小主应力(σ_3)所平分,而且两组剪节理的交线平行于中间主应力(σ_2)方向。其中剪节理面与 σ_2 平行,与 σ_1、σ_3 呈一定的夹角(图6-5)。最大主应力轴 σ_1 方向与剪切破裂面之间的夹角称为剪裂角。包含最大主应力

σ_1 象限的共轭剪切破裂面之间的夹角称为共轭剪切破裂角。在岩石力学实验室内，我们可以重现这样的 X 形共轭剪切破裂，条件是差应力大于 4 倍的岩石拉张强度。

根据库仑-莫尔理论，在没有递进变形和后期构造叠加的情况下，岩石内两组初始剪裂面的交角常以锐角指向最大主应力方向，故共轭剪切破裂角并不等于 90°，常小于 90°（通常为 60°左右），并常被最大压应力轴（σ_1）所平分，每一组剪节理与 σ_1 的夹角 $\theta=45°-\phi/2$（ϕ 代表岩石的内摩擦角）。这就是说剪裂角总是小于 45°，当内摩擦角很小、围压大、温度高、岩石呈塑性时，剪裂角才趋近 45°。从现有的高温高压岩石力学试验成果来看，剪裂角永远不能大于 45°，然而野外地质现象却清晰地表明可以大于 45°，这样就产生了矛盾。对于剪裂角大小的变化，目前有两种主要看法：(1)观点一认为剪裂角之所以可能变成大于 45°的状况，主要是由于长期地质作用的结果，即脆性破裂后又经过了塑性变形的影响；(2)观点二认为野外实际的岩石多是非均质的，微裂隙遍布于各个方位，岩石受力后常常沿着微裂隙发育的优势面（即潜在的软弱面）发生断裂。所以，根据剪裂面确定主应力轴，三个主应力轴中的 σ_2 是确定的，σ_1 或 σ_3 则需根据野外的切错、相对位移等关系来综合确定，不能简单以共轭节理所夹锐角或钝角来确定最大或最小主压应力方向。

2. 剪节理主要特征

(1)剪节理产状较稳定，沿走向和倾向延伸较远，但穿过岩性差别显著不同的岩层时，其产状可能会发生改变，反映岩石性质对剪节理方位有一定程度的控制作用。

(2)剪节理面较平直光滑，这是由于剪节理是剪破岩层而不是拉破岩层的结果。

(3)在砾岩、角砾岩或含有结核的岩层中，剪节理常切过胶结物、砾石、结核或较大的矿物颗粒。由于沿剪节理面可以有少量的位移，因此常可借助被错开的砾石或结核来确定节理面两侧岩块的相对位移方向。

(4)剪节理面上常有剪切滑动时留下的擦痕和摩擦镜面，但由于一般剪节理沿节理面相对位移量不大，因此在野外必须仔细观察。擦痕可以用来判断节理两侧岩石相对移动的方向，具体见第六章相关内容。

(5)由于剪节理是由共轭剪切面发展而来的，一般是两组同时出现（图 6-15），故常称为共轭节理。典型剪节理常组成 X 形共轭节理系，X 形节理发育良好时，可将岩石切割成菱形（图 6-16）、棋盘格状（图 6-17）岩块等。X 形共轭节理系两组节理的交角，在一般情况下，锐角等分线与挤压应力方向一致，钝角等分线与引张应力方向一致。

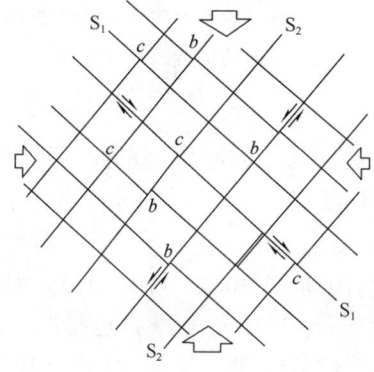

图 6-15 X 形共轭节理及其相对运动方向
（据万天丰，1988，有修改）

图 6-16 巢湖坟头组砂岩中的剪节理

(6)剪节理发育往往具有等距性,即相同级别的剪节理常有大致等距离的发育分布规律(图6-15)。

(7)剪节理一般发育较密,即相邻两节理之间的距离较小,常密集成带,但也可疏密相间出现。节理间距的大小又因岩性与岩层厚度的不同而变化,硬而厚的岩层中的剪节理间距大于软而薄的岩层(图6-18)。同时,剪节理发育的疏密还与应力作用情况有关。

图6-17 某地区岩石中发育的棋盘格状剪节理

图6-18 某地区不同岩性、不同厚度地层中的剪节理(傅昭仁摄,宋姚生素描)

(8)剪节理常呈现羽列(Feather joint)现象(图6-19),往往一条剪节理经仔细观察并非单一的一条节理,而是由若干条方向相同首尾相近的小节理呈羽状排列而成。小节理方向与整条节理延长方向之间为小于20°的夹角。

根据它们首尾邻接部分的两种重叠关系,羽列可分为左行羽列和右行羽列两种形式。若沿小节理走向观察,下方的每个小剪节理依次向左侧错开,为左行(或称左旋)羽列;反之,下方的每个小剪节理依次向右侧错开,为右行(或称右旋)羽列。利用剪节理排列方式可判断两侧岩石的运动方向,图6-19中左图为右行,反映两侧岩石相对移动方向为右行或右旋;右图为左行,反映两侧岩石相对移动方向为左行或左旋。实践证明,利用羽列现象判断剪节理两侧岩石相对动向是行之有效的。

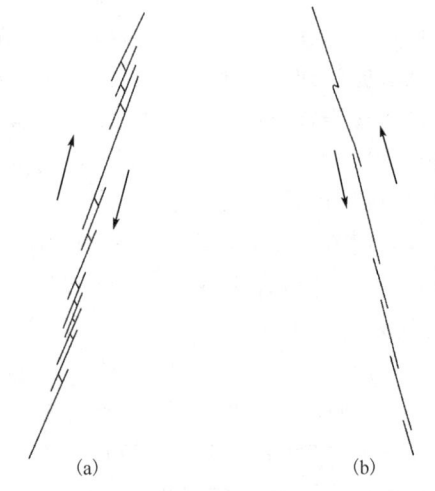

图6-19 湖北黄陵背斜南部寒武系石灰岩中剪节理羽列现象平面素描图
(据马宗晋、邓起东,1965)
(a)右行;(b)左行

呈羽列的小节理可以逐步连通起来,并进一步发展成为平移断层。左行羽列的剪节理发展成左行平移断层,右行羽列的剪节理发展成右行平移断层。

主剪裂面由羽状微裂面组成,羽状微裂面与主剪裂面交角一般为5°~15°,相当于内摩擦角(ϕ)的一半。图6-20是剪切实验形成的两组羽状剪节理A和B。其中A组微剪裂面与主剪裂面MN夹角为α,指向本盘错动方向;B组微剪裂面与MN夹角为γ,也指向本盘错动方向。此外,在野外常见的另一种羽列现象是沿错动面形成剪节理。图6-21由NWW-SEE向挤压力作用而形成的一对共轭剪节理均显示羽列现象,走向330°的一组节理,其羽列小裂面走向320°,夹角为10°,走向247°的另一组节理,其羽列小裂面走向为260°,二者夹角为13°。

根据实验观察和图上的交切关系,这种羽列小裂面先形成,共轭剪节理后形成。图 6-21 所示的一对共轭剪节理羽列指示的动向反映 σ_1 的方位大致为 NWW—SEE。

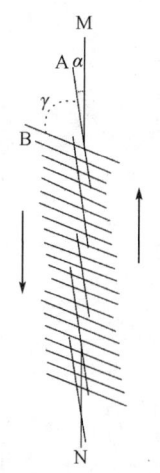
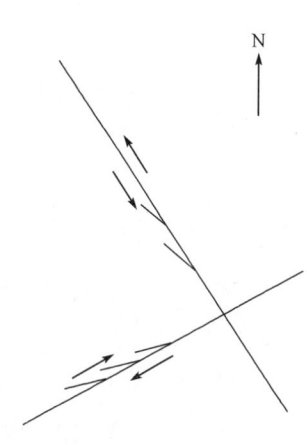

图 6-20　剪切实验形成的两组共轭剪节理 A 与 B
A 组羽列微剪裂面与主剪裂面(MN)夹角为 α,不超过 15°

图 6-21　宁芜公鸡山侏罗系粗砂岩中两组共轭剪节理的羽列

(9)剪节理两壁之间的距离较小,常呈闭合状。若被矿物充填时是平直闭合缝(图 6-22),脉宽较为均匀,脉壁较为平直。若后期因风化、地下水的溶蚀作用或后期应力作用方式的改变可以扩大剪节理的壁距(图 6-23)。

图 6-22　某地区地层中发育的平直闭合缝

图 6-23　某地区地层中发育的剪节理
由于溶蚀作用,使得节理壁距增大

(10)剪节理的尾端变化有折尾、菱形结环、节理叉等三种形式。这三种尾端变化均反映了两组剪节理不同的组合方式,它们可以出现在同一露头上。

折尾:一条剪节理的尾端突然转折至另外一个方向,延展不远即消失。转折后的方向一般即为共轭节理系中另一组的延展方向[图 6-24(a)]。

菱形结环:一条节理的尾端或两条节理的衔接处转折或分叉相连构成菱形结环。菱形结环的两个对边即为共轭剪节理系的两组节理[图 6-24(b)]。

节理叉:一条剪节理的尾端发育有许多小节理,它们向两个方向分开,其间保持一定夹角,这两个方向小节理的方位就是共轭节理系中两组节理的方位[图 6-24(c)]。

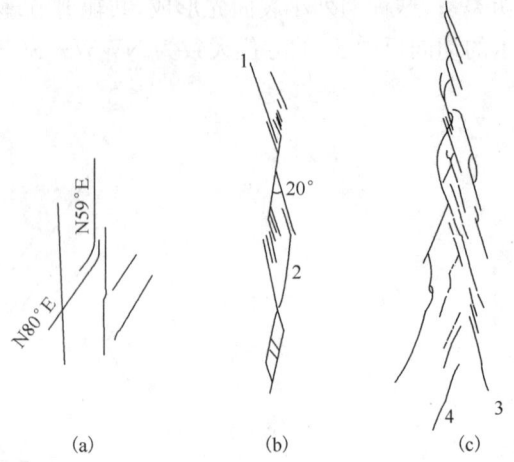

图 6-24 剪切节理的尾端变化（据马宗晋等，1965）
(a)折尾；(b)菱形结环；(c)节理叉
1 和 2、3 和 4 分别组成 X 形剪节理系

(三)张节理与剪节理主要鉴别特征

研究和掌握张节理与剪节理的特征，对于了解矿产资源的运移和富集以及分析区域性应力场有着重要的现实意义。为了便于读者学习，现将张节理与剪节理主要鉴别特征对比、归纳总结见表 6-1。

表 6-1　张节理与剪节理主要鉴别特征对比表

	剪节理特征	张节理特征
概念	由剪应力作用产生的破裂面	由张应力作用而产生的破裂面
产状	产状稳定，沿走向延伸较远、沿倾向延伸较深	产状不稳定，延伸不远，节理面短而弯曲
形态	节理面较平直光滑，常见滑动擦痕	节理面粗糙不平，无擦痕
切穿能力	一般切穿砾石、砂粒或结核，节理面平整	绕砾而过，节理面常凹凸不平
组合特征	单个剪裂面一般由许多羽状微裂面组成（羽列现象），剪节理常成对出现，共同组成共轭 X 形节理系，发育良好时，可将岩石切割成棋盘格状或菱形	张节理有时呈不规则状，有时也可构成一定的几何形态，如追踪 X 形剪节理而形成的锯齿状张节理，单列或共轭雁列式张节理等
充填情况	节理两壁常是闭合的，无充填或被矿物充填呈平直闭合状	节理面两壁多张开，常被矿物充填，矿脉宽度变化较大，脉壁不平直
尾端变化特征	呈折尾、菱形结环、节理叉	呈树枝状分叉、杏仁状结环

三、节理的其他特征

由于构造变形作用的递进发展和相应转化，会发生应力的转向和变化，因而常出现一种节理兼具两种力学性质特征或过渡特征，表现为张剪性。

如图 6-25 是一条主干节理及其派生节理，在主干节理与派生节理的组合排列上，显示主干节理具右行剪切滑动性质（垂直节理走向观察，对盘岩块向右剪切滑动称为右行；

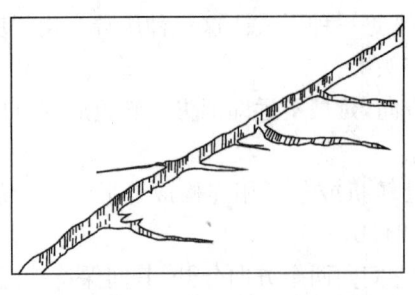

图 6-25　北京西山一条张剪性节理
（据宋鸿林，1983）
注意剪节理中纤细石英晶体与主节理壁的交角

反之称为左行)。但是,主干节理中发育的石英纤维晶体却与主干节理壁以约50°相交,该方向恰与张应力作用方向一致。这种现象说明,在剪切滑动过程中或其晚期,由于张应力的作用剪裂面被拉开了。再者,派生分支节理中的石英纤维晶体,在分支节理的末端垂直节理壁,而与主干节理汇合部位,与节理壁成60°夹角,这说明分支节理的末端是张性的,与主干节理汇合部位是张剪性的。主干节理实为剪应力与张应力同时作用的产物,应属于张剪性节理。有时一条剪节理顺走向转变为一条雁列张节理(图6-26)。

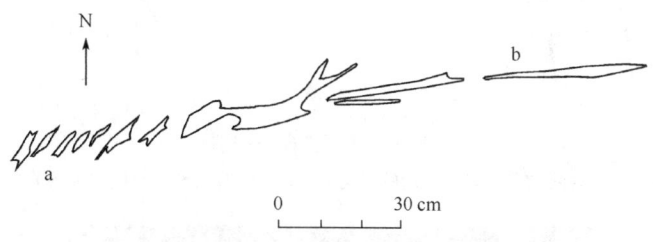

图 6-26　湖南锡矿山上泥盆统石灰岩剪切带中张剪节理的变化(据万天丰,1988)
注意剪切带中剪节理b沿节理带的走向变为雁列张节理

一些早期形成的剪节理,在后期构造变形中会被改造和叠加,发生先剪后张或者先张后剪等节理性质的转化现象。图6-27为先受南北向挤压形成一对共轭剪节理,后期在南北向平行力偶的作用下,使先期形成的两组剪节理的力学性质发生转化,先形成的一组剪节理被拉开转化为张节理。在图6-27中,(a)图为早期形成的共轭剪节理;(b)图为(a)图早期形成的共轭剪节理在后期南北向顺时针平行力偶的作用下,走向NE的一组剪节理转化为张节理,且其中充填了脉体;(c)图为(a)图早期形成的共轭剪节理在后期南北向逆时针平行力偶的作用下,走向NW的一组剪节理转化为张节理,也有脉体充填。

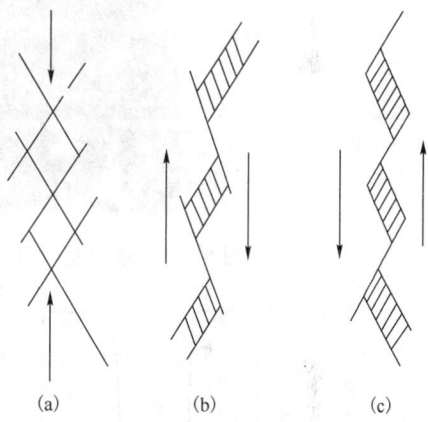

图 6-27　节理力学性质的转化平面图

(一)缝合线构造

缝合线(Sutural line)构造是一种压性节理,是一种与节理相近似的小型构造。沉积岩中缝合线一般顺层理产出,常见于不纯的石灰岩中,表现为一系列尖峰构成的折线(图6-28)。在我国南方三叠系等石灰岩中广泛发育(图6-29)。过去认为缝合线构造都是顺层理发育的,是在非构造的荷载重力下压溶作用的结果。但是近年来研究发现,缝合线构造不仅顺层理产出,也有与层理斜交或直交的。与层理不一致的缝合线构造一般是在构造作用下先形成裂缝,进而在压溶作用下发育成缝合线构造。所以缝合线构造的形成总是经过两个阶段,先有裂面,进而压溶。在垂直裂面的压溶作用下,易溶组分流失,难溶组分则残存聚积,以致原来平直的面转化成无数细小尖峰突起的缝合面。在许多大理岩中,经常会见到压溶作用引起的缝合线。剖面上缝合线的几何形态表现为柱状、锥状、简单波形、复杂弯曲形和震波曲线形等多种形式(图6-30),其中常富集黏土、沥青等不溶残余物。

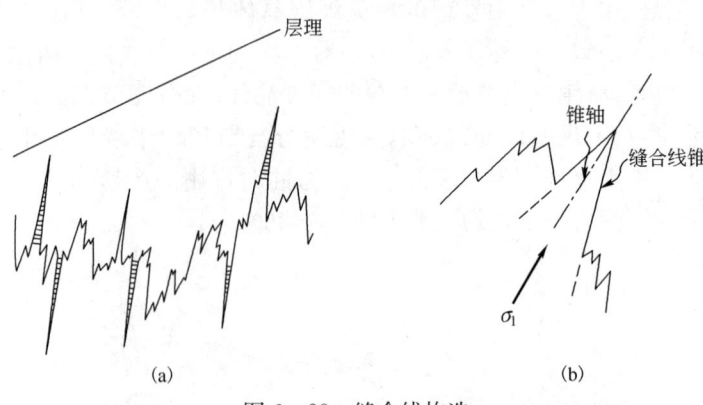

图 6-28 缝合线构造
(a)缝合线构造及其与层理的斜交关系;(b)缝合线锥轴与应力轴的关系

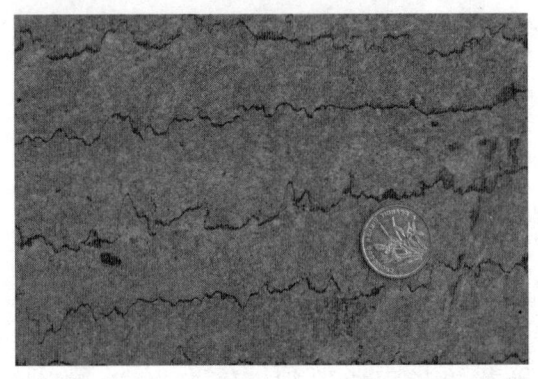

图 6-29 峨眉龙门洞下三叠统嘉陵江组鲕粒灰岩中发育的缝合线

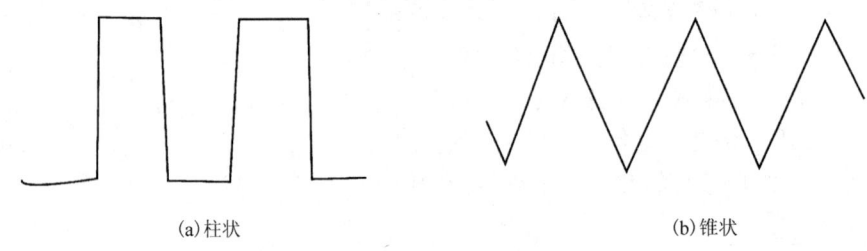

图 6-30 缝合线剖面

缝合线构造与主压应力轴直交,即主压应力与缝合线锥一致[图 6-28(b)],即与 σ_1 轴一致,σ_1 为缝合线锥轴方向。因此,缝合线构造在一定程度上有助于我们分析其所在部位的应力状态。

(二)裂开—愈合

在天然构造变形岩石中,常有被硅酸盐或碳酸盐等充填的岩脉,这种节理脉的充填常常是一个持续反复增生的过程。先形成一个窄的裂缝,然后其张开的空间被结晶物质所充填愈合。这种反复裂开、愈合的增生作用,称为裂开—愈合作用(Crack-sealing)(J. G. Ramsay,1980)。充填脉的愈合物质来源于脉壁岩石,是压溶作用的产物,这说明变形环境基本上不属于浅层次的脆性状态。

充填脉的矿物种类很多,如石英、方解石、长石、黑云母等。脉体矿物呈纤维状,一般与脉壁垂直,并具有反向生长的特点,即自中间面向两壁生长。在裂开-愈合过程中,后续的裂开发生在已愈合裂缝的边界,因为这里是岩石力学薄弱面。

(三)雁列节理和雁列脉

雁列节理(En echelon joint)是一组呈雁行式斜列的节理,如若雁列节理被岩脉或矿脉所充填,则称为雁列脉(En echelon vein)(图 6-31)。雁列节理和雁列脉在构造意义上是相同的,雁列脉可产出于多种岩石中,在碳酸盐岩中发育得更为广泛。

雁列脉成带状展布的空间范围称为雁列带。穿过各单脉中心而平分雁列带的中心面称为雁列面。雁列面在雁列带横截面上的迹线称为雁列轴。雁列面的产状即代表雁列带的产状。单脉与雁列面相交的锐夹角称为雁列角。雁列角具有较重要的构造意义,在野外应注意测定。雁裂脉的基本要素见图 6-32 所示。

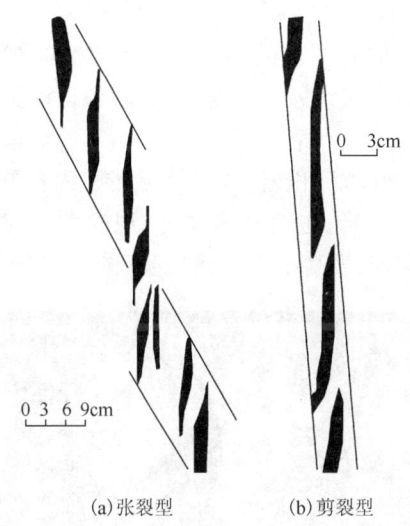

(a)张裂型　(b)剪裂型

图 6-31　两类直脉型雁裂脉(据 A. Beach,1975)

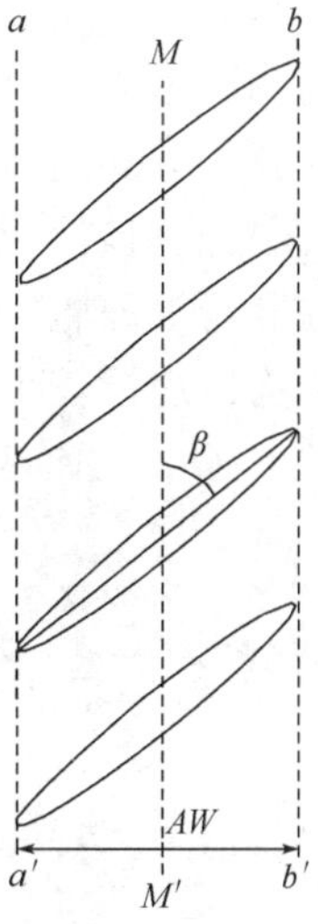

图 6-32　雁裂脉的基本要素
AW—雁列带宽度;aa'、bb'—雁裂带;
MM'—雁裂轴;β—雁列角

雁列角的大小对分析节理的力学性质是很有意义的。根据实测资料统计,雁列角有两个高峰值,45°左右和 10°左右。前者是张裂型,是剪切作用的派生张节理;后者是剪裂型,是由剪切作用中与主剪切面成小角度相交的微型剪切羽裂发育而成的(图 6-31)。

雁列节理和雁列脉在平面上有左阶和右阶两种形式。当顺着节理走向观察时,远侧节理向右侧错列或在右端重叠时为右阶,反之为左阶。

雁列脉可以是单列产出,常为单剪作用的结果,也可以由左阶和右阶两条雁列脉交叉组合成共轭雁列脉(图 6-33)。

雁列脉中单脉的形态可以有较大差异,主要可分为平直型和 S 形两种类型。平直型雁列脉窄而长,多属剪裂,反映破裂后变形较轻。S 形雁列脉中段较宽,多属张

图 6-33　北京周口店奥陶系白云岩中沿两组共剪切带形成的雁行排列的张节理

裂,反映了剪切作用中的递进变形。由S形单脉组成的共轭雁列脉中,一组为S形,另一组为反S形(图6-33)。这说明雁列张节理是由早期已形成的张节理又发生剪切变形中部发生旋转而形成的,是雁列张节理利用和迁就了早期张节理形成的。

(四)羽饰构造

发育在节理面上的羽毛状精细装饰,是构造应力作用下形成的小型构造。羽饰构造(Feather structure)包括羽轴、羽脉、边缘带等几个组成部分。边缘带由一组雁列式微剪截面(边缘节理)和连接其间的横断口(陡坎)组成(图6-34)。

羽饰构造有多种形式,最常见的是"人"字形,也有呈放射状和环状的。羽饰构造一般发育于浅层次的脆性状态岩石中,是快速破裂中形成的。羽脉的发散方向指示岩石破裂的扩展方向,羽脉收敛汇聚方向和人字形尖端指向断裂源点。边缘带的边缘节理及陡坎与微剪羽裂类似,显示出剪切力偶方向。

从岩石羽饰构造组成研究发现,裂源点总是岩石中原先存在的力学薄弱点,例如空洞、裂隙、化石或弱矿物等。说明岩石中的破裂是从一个薄弱点跳到另一个薄弱点,就像运动员的三级跳,由此可加深我们对岩石断裂机制的理解。

羽饰构造在砂岩等碎屑岩中最为常见,也见于细粒变质沉积岩中,甚至可在玄武岩等岩浆岩中发育。羽饰构造规模较小,宽度一般数厘米至数十厘米,也有数米宽者,规模大小与岩石的粒度有关。粒度越小,羽饰越小;羽脉越细,颗粒越均匀,发育的羽饰越完美(图6-35)。

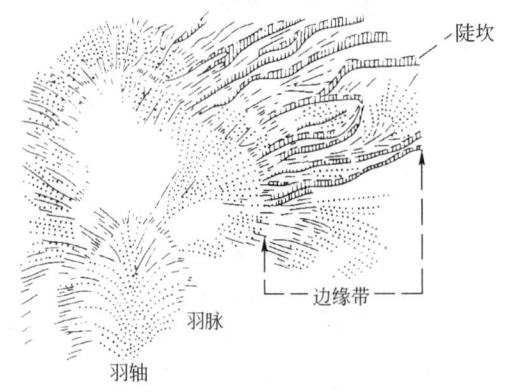

图6-34 北京西山三叠系凝灰质粉砂岩节理面上的羽饰构造及环状边缘带
(据马杏垣摄,杨光荣素描,1980)

图6-35 某地区地层中发育的羽饰构造
(据西北大学网络课程,2010)

第三节 不同地质背景上发育的节理

构造节理往往与褶皱或断层相伴生,或者由它们所派生。无论是伴生关系还是派生关系,节理与褶皱及断层之间都有着密切的联系。认识构造节理与褶皱、断裂的关系,了解构造节理分布规律及其影响因素,以便寻找孔渗条件好的节理发育带,这在油气勘探开发中具有十分重要意义。

本节主要讲述与纵弯褶皱作用、横弯褶皱作用有关的节理的分布规律,以及节理与断层的关系,节理发育的影响因素等。

一、与褶皱有关的节理

与褶皱有关的节理在很大程度上决定于褶皱的形成方式和发展进程。节理常作为褶皱或其他较大型构造的伴生或派生小构造出现,许多节理是在岩层形成褶皱、断层时产生的,同时受造成褶皱和断层的同一构造应力场控制。现简单介绍一下褶皱形成过程中的伴生节理。

(一) 与纵弯褶皱有关的节理

节理的发育和类型不仅与岩性和应力有关,而且与岩层的产状和受力后不同的变形阶段有关。

1. 早期节理

产状平缓的岩层在弯曲变形之前,当地层受到水平方向的侧向挤压力作用时,若压应力的强度已能使岩层发生破裂,而又在尚未弯曲之前,两组剪节理在平面(岩层面)上呈X形交叉的一对共轭剪节理,产状直立,即节理面与岩层面垂直。因其形成时间较早,也可称为早期平面X形剪节理(斜剪节理)。此时,变形椭球体的 A、C 两轴水平,B 轴直立。节理的走向与后形成的褶曲轴向斜交,两组节理系的锐交角指向挤压方向(C 轴),钝角指向褶曲的轴向或枢纽方向(A 轴),它们的产状可因岩层的弯曲而变缓[图6-36(a)]。

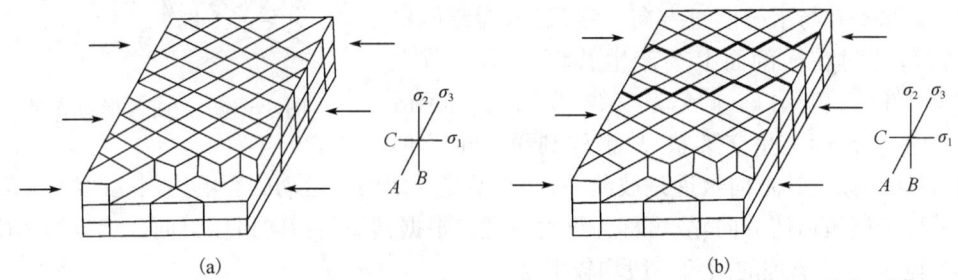

图 6-36 节理与褶皱关系示意图
(a)早期平面X形剪节理(斜剪节理);(b)锯齿状横张节理

岩层未弯曲前还可以产生与挤压力方向平行的早期横张节理,它常追踪早期的两组平面X形剪节理而呈锯齿状延伸[图6-36(b)]。这是由于沿褶皱枢纽方向的张应力作用而产生的,故锯齿状横张节理的走向垂直于褶皱枢纽方向。

早期节理是受区域性构造力作用而形成的,具有区域性特征。

2. 晚期节理

晚期节理是岩层受水平侧向挤压力作用而弯曲形成褶皱的过程中或褶皱后产生的节理。在褶皱逐渐变形和加剧的过程中,总的挤压方向未变,因此在岩层面上会有由水平挤压力派生的局部应力所形成的斜向晚期平面共轭X形剪节理系。由于岩层褶皱改变了边界条件,背斜轴部附近产生与褶曲轴线方向垂直的局部张应力(张应力垂直于褶皱枢纽方向),局部应力场导致的应变主轴方位是 C 轴平行于枢纽方向,A 轴垂直于枢纽方向,两组共轭剪节理的锐角指向褶皱枢纽方向;向斜轴部附近由于压应力与区域挤压方向一致,形成与轴线方向垂直的挤压应力的叠加,这两种局部应力导致在褶曲轴部附近形成晚期平面X形剪节理系。其中在背斜轴部附近平面X形剪节理系的锐角平分线与褶曲轴向一致[图6-37(a)],而在向斜轴部附近平面X形剪节理系的锐角平分线则与褶曲轴向垂直[图6-37(b)]。图6-38即为阿尔及利亚某区的一个经典实例,清楚地表明了晚期平面共轭剪节理在相邻的背斜与向斜中具有不同方位。

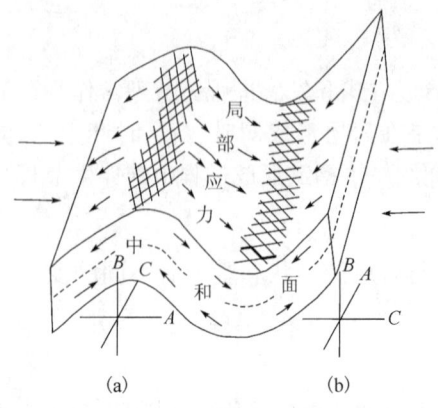 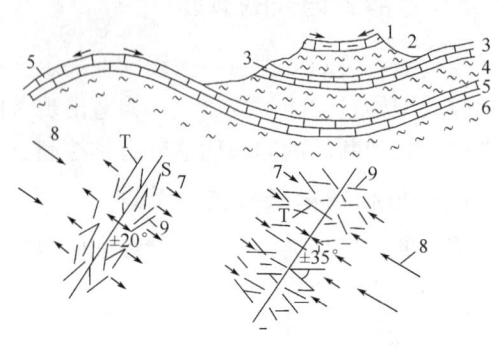

图 6-37　由水平挤压力派生的局部应力
所形成的斜向晚期平面 X 形剪节理系
及其定向

图 6-38　晚期的平面 X 形节理分布实例
（据 L. U. de Sitter,1956）

当挤压应力持续作用下岩层褶皱发展到一定程度,伴随着褶皱的形成导致局部应力发生相应的变化,最大伸长应变方向（A 轴）由原来的水平位置转到直立位置,B 轴则变为水平并与褶皱枢纽方向一致（进入褶皱压扁作用阶段）,此时在横剖面上会产生共轭 X 形剪节理（图 6-39、图 6-40、图 6-41）,其交线（B 轴）平行于褶皱枢纽方向,在剖面上呈交叉状,故也称剖面共轭 X 形

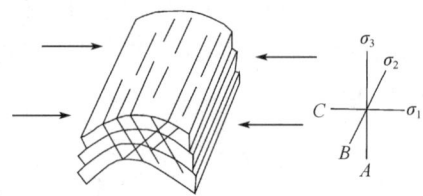

图 6-39　剖面 X 形剪节理

剪节理,在层理面上其走向永远是彼此平行的,不受后期构造运动的影响。因这两组剪节理的走向均平行于褶皱枢纽方向,故可称为纵剪节理。根据其锐角指向挤压方向（C 轴）的规律,两组剖面共轭 X 形剪节理的倾角一般均较平缓。

 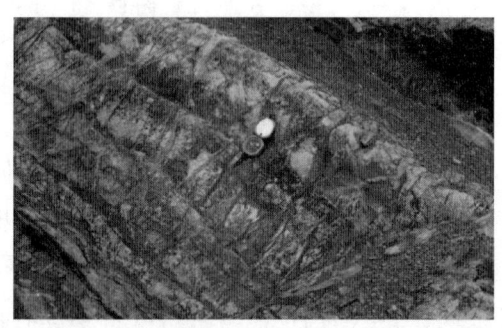

图 6-40　峨眉龙门洞下三叠统飞仙关组中
发育的剖面 X 形剪节理

6-41　合川清林村大安寨石灰岩地层中发育的
斜交层理的剖面 X 形剪节理

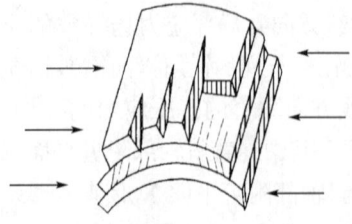

图 6-42　纵张节理及层间节理

纵张节理的发育与背斜岩层转折端部位的局部张应力直接作用有关,当褶皱发展到一定程度时,纵张节理走向平行于褶皱枢纽方向（图 6-42、图 6-43）,节理垂直于层面,并呈上宽下窄的楔形开口,一般在脆性岩层中发育较好,但沿走向延伸不远。纵张节理也可追踪背斜转折端部位的两组晚期平面 X 形剪节理而呈锯齿状延伸[图 6-44(a)]。

图 6-43 某地区地层中褶皱转折端
部位发育的纵张节理

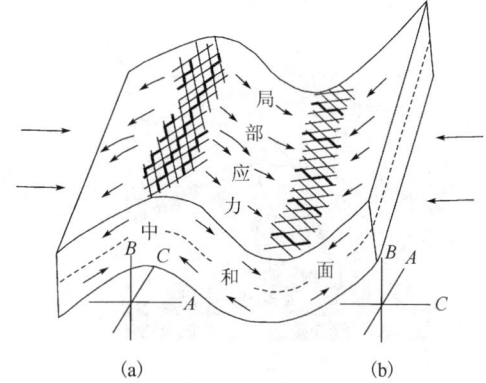

图 6-44 褶皱部位沿斜向 X 剪节理系追踪
的锯齿状张节理

(a)背斜部位发育的纵张节理；(b)向斜部位发育的横张节理

发生于岩层褶皱后的横张节理有两种：一种情况是在向斜部位，往往追踪晚期的平面 X 形剪节理呈锯齿状延伸，如图 6-44(b)中粗线条所示；另一种情况是在背斜的倾伏部位或两端明显倾状部位，由沿枢纽方向的拉伸应变而产生，但不呈锯齿状延伸。横张节理节理面与层面垂直，节理倾向与枢纽倾伏方向相反，二者倾角互为余角，因而可以利用这种横长节理的产状推断该地段褶皱枢纽的倾伏方向和倾角。

层间剪节理的发育与褶皱两翼层间滑动诱导的局部剪应力有关。在脆性岩层中形成一组与岩层层理斜交的剪节理，走向平行于褶皱枢纽方向，其锐角指向邻侧岩层的滑动方向（图 6-45）。由于褶皱两翼层间滑动的剪切作用还可产生旋转剪节理和同心状扭节理，其产生条件与层间剪节理相同，旋转剪节理的方位大致垂直于层面，同心状扭节理平行于层面，随岩层而弯曲（图 6-46）。

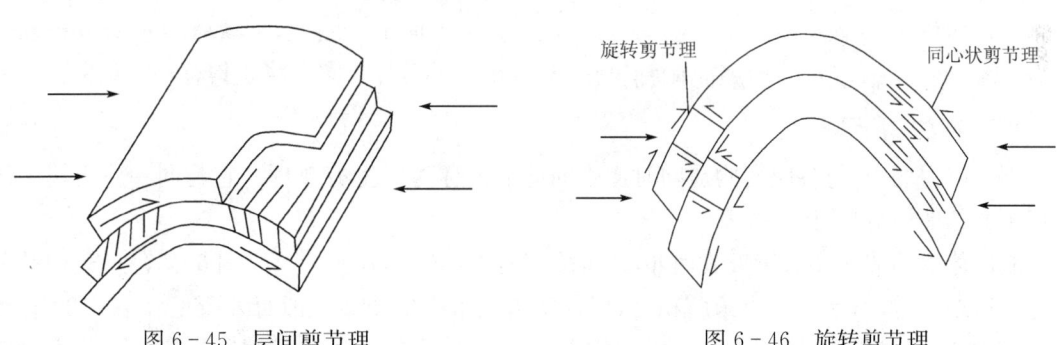

图 6-45 层间剪节理　　　　　　图 6-46 旋转剪节理

(二)与横弯褶皱有关的节理

由于自上而下的挤压力形成的穹隆或短轴背斜，岩层表面各个方向上普遍经受张应力的作用，从而形成环形张节理系；此外，岩层向上隆起，还伴随着同心状的拉伸效应，因而可产生放射形张节理系(图 6-47)。

因此，背斜的以下部位往往是节理分布的密集带(图 6-48)：枢纽或轴的延伸方向(a)；构造高点的范围之内(b)；枢纽发生弯曲的部位(c)；倾伏端(d)；岩层倾角突然变陡的地带(e)。

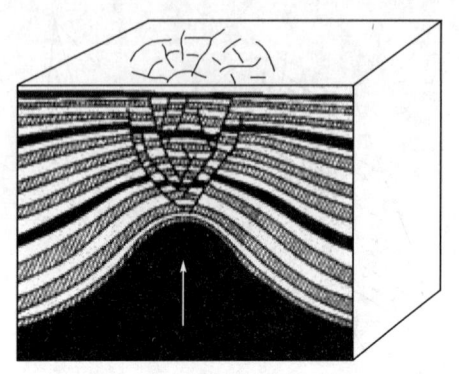

图 6-47 与横弯褶皱有关的节理

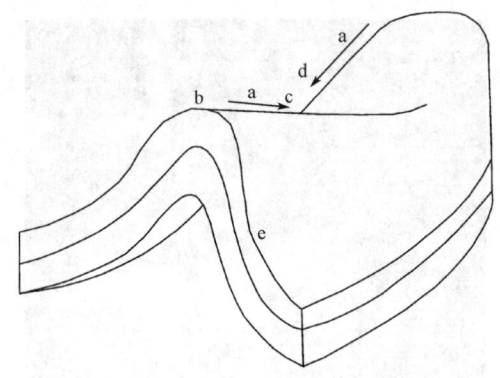

图 6-48 与背斜有关的张节理

二、与断层有关的节理

在断层作用中,由于断层两盘相对错动引起的派生应力作用,断层两侧常常会发育一套节理,这些节理与断层具有一定的几何关系,可为分析研究断层提供一定的依据。

(一)羽状张节理

断层两侧的羽状张节理一般是断层活动时派生应力活动的产物,具有一般张节理的特征,两壁张开,且越近断层面,节理开口越大;节理成羽状斜列,常与断层面成锐角相交,节理面与断层面相交的锐角尖端的指示方向为节理所在本盘的相对位移方向(图 6-49)。羽状张节理与断层的关系所反映的应力状态是:节理与断层面的交线代表 σ_2,与张节理垂直的方向代表 σ_3,σ_1 垂直于 σ_2 并位于张节理面上。因此,羽状张节理对分析断层两盘相对运动时的应力状态具有一定意义。

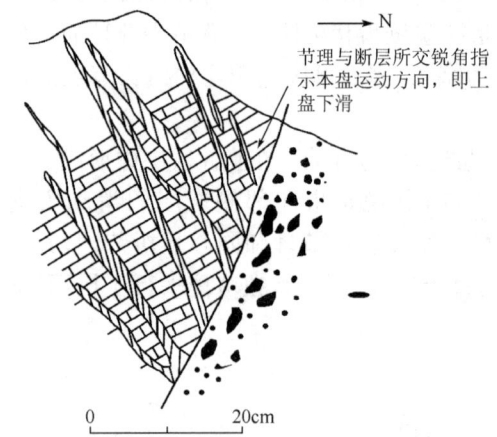

图 6-49 河南济源一条正断层上盘的羽状张节理

(二)伴生剪节理

同一应力场中,与各应变构造同时产生的剪节理称为伴生剪节理。它与同一应力场中同时产出的其他构造是"兄弟关系"。

断层伴生的节理除羽状张节理外,还可能有两组伴生剪节理 S_1、S_2(图 6-50)。S_2 组剪节理方位比较稳定,与断层呈小角度相交,根据实验交角小于 24°,一般野外所见也小于 20°。利用 S_2 组剪节理判断断层两盘相对动向比较可靠,其方法是以 S_2 与断层所交锐角指示本盘运动方向。

另一组剪节理 S_1 与断层成大角度相交或直交,但其方位很不稳定:一方面随岩石塑性的大小而变化;另一方面,在断层运动过程中还随剪切滑动而旋转。图 6-50 中 S_1 的方位代表经过相当程度旋转后获得的方位,该方位显示其与断层的锐交角指向对盘的动向。但在岩石比较脆性或断层的剪切滑动量不大,伴生剪节理的旋转程度也不大的情况下,S_1 的方位可能垂直于断层,甚至以它与断层的钝交角指示对盘动向。因此,在利用这一组伴生剪节理判断断层两盘相对动向时要慎重。

在理想情况下,两组节理的锐交角平分线代表 σ_1 方位。在正断层中,σ_1 直立;在逆断层中,σ_1 水平并与断层走向直交;在平移断层中,σ_1 水平并与断层走向以小于 45° 的交角相交。

(三)派生剪节理

在产生应变过程中,一个主应力场派生出了另一个从属应力场,在这个派生出的从属应力场中产生的两组剪节理称为派生剪节理,如断层派生的两组剪节理。派生剪节理形成时间晚于主应力场在产生应变过程中形成的主构造。主构造与派生构造之间的先后亲缘关系可以用"父子关系"来形容。断层派生的两组剪节理产状较不稳定,或因断层两盘错动而破坏,不易用来判断断层两盘的相对运动方向。

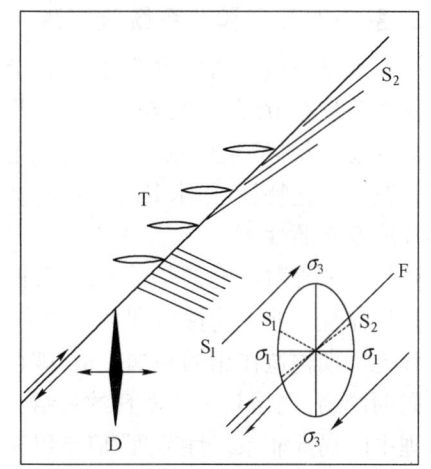

图 6-50 断层及其伴生节理和小褶皱示意图
F—主断层;σ_1—伴生应力场主压应力轴;
σ_3—伴生应力场主张应力轴;S_1、S_2—剪节理;
T—张节理;D—小褶皱轴面

以上主应力场和从属应力场分别形成的剪节理常常相互利用和改造而难以区分和鉴别。

三、与区域构造有关的节理

区域构造研究发现,地壳表层广大地区(某些构造单元)存在着规律性展布的区域性节理。区域性节理是区域性构造作用的结果,与局部褶皱和断层没有成因上的联系。

区域性节理常具有以下特点:发育范围广,产状稳定;节理规模大,间距宽;节理延伸长,可切穿不同岩层;节理常构成一定几何形式;较其他节理组更为醒目,延伸数十至上百米,有时控制形成峰林地貌。

区域性节理若被岩浆充填,则形成规律性排列的岩墙群,如有的平行排列,有的呈放射状。如著名的岩墙群有东格陵兰岩墙群,苏格兰岩墙群等;安徽桐城西部大别山太古宇中发育了一套 NE 向正长岩岩墙群,密集排列成带,也是顺一组节理发育的。

区域性节理常常在岩层产状近水平的地台区发育,如我国广西河池西南地区的上古生界石灰岩中发育的一套走向为 NE60° 和 NW300° 的 X 形节理;又如俄罗斯地台上的四组区域性节理,即正向系列 EW 向节理和 SN 向节理、斜向系列 NE 向节理和 NW 向节理;北美地台沉积盖层中也发育有区域性节理,产状稳定,在上千平方千米范围内广泛产出,不受局部褶皱和断裂控制。但是区域性节理也应该产出于变形较强以至强烈变形的构造单元,这些地区由于同期构造变形强烈或由于后期变形的叠加、改造,使早期区域性节理不易表现出明显的方位和排列的规律。

(一)主节理

主节理是指规模明显大于该区节理平均规模的节理。主节理延伸长,常以较稳定的产状切穿不同岩层甚至局部构造,在一定地区的各组各类节理中占主导地位。如衡阳盆地中北东向和北西向节理,湘西张家界的奇峰绝壁和粤北红层中的峰林地貌均与近直立的主节理有关。这些都是更大区域构造活动的产物,往往与一般节理不在同一次构造作用中形成。

(二)系统性节理和非系统性节理

根据节理排列组合的规律性,区域性节理可分为系统性节理和非系统性节理。

系统性节理在节理产状、方位、组合、排列、间距等方面具有规律性。这种规律性节理一般是构造成因的,或者是与某种构造具有一定的成因关系,属于主节理。在工作中应注意观测这种规律性及其变化特征,探求其与一定构造的关系。系统性节理或主节理往往清晰地显示在卫星照片或航空照片上。

与系统性节理对应的是非系统性节理。非系统性节理的产状、方位、组合、排列和间距等没有明显规律性。非系统性节理可以是构造成因的,可以是非构造成因的,也可以是原先的系统性节理受后期构造作用的叠加改造,破坏了其系统性。非系统性节理一般不是同期形成的,如果是同期产物,也是其中不发育的一组。因此,对成群出露的非系统性节理,尤其是大片系统性节理中的局部非系统性节理,应予以充分注意。

节理是一种脆性变形,是地壳浅层次的构造。随着向地下深部温度压力的增高,岩石的塑性也相应增高,节理的发育程度也发生相应变化。自地表向深部,节理会越来越闭合而逐渐消失。至于消失深度,并无确切数字,估计不超过10km。由于各个地区的热流值和地热增温率不同,节理的消失深度也因地而异。

埋藏在地下一定深度的岩石,一旦出露于地表,由于压力降低、负荷减小而破裂,形成"释重节理"或称"释负荷节理"。至于岩石中潜在的或隐蔽性的节理自然会明显地显露出来,这类节理因受到拉伸作用而具有张节理特点。

节理广布于各种构造单元、各种不同岩区以及不同时代的地层里。除地表局部地段发育少量非构造节理外,一般都是构造成因。节理发育是多阶段的,包括成岩期的、成岩后变形期前的、变形同期的和变形期后的节理。节理形成的多期性和多阶段性既可为构造分析提供一定依据,也因其复杂性给研究带来一定困难。

四、节理在分析区域构造中的作用和问题

(一)利用节理恢复构造应力场

构造应力场的研究要确定三个主应力轴在三维空间中的方位,节理的统计研究在这方面有着重要意义,共轭剪节理在这方面是良好标志。首先在具有代表性的观察点上确定三个主应力轴,两组共轭剪节理的交线平行于中间主应力轴σ_2,它们的夹角分别为最大主应力轴σ_1与最小主应力轴σ_3所平分。根据这个原理,在对节理进行大量的野外观察和统计研究的基础上,利用两组共轭剪节理所反映的统一剪切运动关系,在吴氏网上能够比较清楚地定出三个主应力轴的方位确定点应力状态。根据足够的点应力状态资料,即可编绘出主应力网络图,从而合理地恢复区域构造应力场,解释区域内构造的成因,阐明构造的分布和发育的规律。

(二)节理在分析区域构造中存在的问题

从理论上讲,节理与一定构造和构造应力场常具有特定的关系,故可利用节理来确定其所在的大型构造和构造应力场。但是实践证明,利用节理测量结果有些过于复杂,利用节理来阐明构造很难得出可靠的结论。戴维斯(G. H. Davis,1984)也指出,虽然节理是发育广泛的构造并有一定系统性,但在解释应力变化中,可能是用处最小的一种构造。造成上述困难的原因很多,主要是:(1)节理形成时期不易准确确定,除个别情况外难以对节理分期;(2)节理面上的运动十分轻微而难以留下踪迹,不易借以确定运动方向;(3)成因多样,包括非构造成因的节理有

时也混搅或叠加在一起;(4)多期节理的叠加和改造,即使在依次构造作用中,不同阶段和构造的不同部位也常有相应的节理组产出。尽管如此,一些学者还是努力在纷繁杂乱的现象中去探索固有的规律。除了对变形轻微地区的系统性节理进行认真细致的观测外,还要研究造山带中剪切带随地质环境而变化的规律。兰姆赛(J. G. Ramsay,1967)总结出共轭剪切带的夹角随深度而变化的规律:在韧性—脆性环境中,共轭角由钝角渐变为锐角。

鉴于以上情况,利用节理分析区域应力场时应注意以下 6 点:(1)节理研究只宜在构造变形轻微地区或节理与相关构造成因联系明晰的情况下进行;(2)应注意系统性节理和主节理的产出规律和变化趋势,尽可能查明并建立节理组合形式;(3)结合区域构造和变形史分析节理的发育过程和顺序,并且相互核对、修正;(4)根据节理组合形式和节理内部结构,结合相关构造分析其形成力学,并与区域构造应力场进行对比;(5)一定地区的节理可能是在长期多次变形中形成的,应注意节理的叠加和改造;(6)可能存在变形发育的节理,这时应将岩层展平,以测定节理产状,并从变形期形成叠加的效果中筛分出来。因此,只有在少数条件良好的情况下,才可以利用节理恢复应力场。

利用节理资料探讨构造应力场时,还应考虑在一定范围内,在同一构造应力场作用下,可形成不同规模、不同类型的构造(如褶皱、断层及其各种伴生和派生构造),但它们总是按一定的方式和方向有规律地组合在一起。因此,我们可以将各种构造现象的有规律的组合和分布作为一个有机的联系体来进行剖析研究,探讨区域应力场的性质、方位及构造应力的大小、性质和分布。研究时应注意同一构造应力场作用下形成的节理组合与大构造(如褶皱、断层)的关系。

一个地区同一构造应力场中造成的构造形变,包括节理、褶皱和断层,只要是属于同一层级的,往往在规模、间距等尺度方面相近,形态上也有相似性。同一个地方出露的玄武岩柱状节理,所切割成的柱体一般都大体上相同粗细。重庆地区华蓥山脉的三条近南北向的背斜,规模相差不大,尤其是它们的横宽比几乎相等;广西武鸣地区的煤层受挤压而流变出现了煤包,煤包的分布相邻相间,犹如国际象棋的棋盘。这种等间距现象(或称韵律现象)如能获得理论上的论证支持,并在找矿勘探中加以应用,对探寻油藏或查明断层都会很有意义。

第四节 节理的分期与配套

在漫长的地质历史时期中,一个地区可能经历过多次构造运动,每一次构造运动都有它自己应力作用的方式和方向,并由此产生了一定方向、一定力学性质的节理、节理组以及一定组合形式的节理系。而且早期构造运动中形成的节理在后期构造运动的构造应力场的作用下,会发生力学性质的改造和叠加。所以,有必要对一个地区发育的所有节理按其形成的不同时期和不同构造应力场进行分期和配套,以便从时间、空间和力学成因上研究一个地区节理的形成发育历史及分布产出规律,为研究一个地区的构造发展史及恢复古构造应力场提供一定的依据。

一、节理的分期

节理分期就是将一个地区不同构造时期、不同构造应力场所形成的节理进行筛分,把同一构造期和同一构造应力场所形成的节理组合在一起,即从时间尺度上对一定地区的所有节理进行分类,划分出先后序次,确定其长幼关系。

根据节理组的交切关系,节理的分期主要依据两个方面:节理组的交切关系;节理与有关各期次地质体的关系。

(一)根据节理组的交切关系进行分期

节理组的交切关系包括错开、限制、互切,以及追踪、利用和改造。

1. 错开

错开是指后期形成的节理常切断前期的节理,错断线两侧标志点对应错开,即被错开者早于错开者。如图6-51中早期节理1、2组被后期节理3组错开。

2. 限制

限制是指一组节理延伸到另一组节理前突然终止的现象。一组节理被限制在另一组节理之间或其一侧,使得被限制者不能切穿通过,则限制者为先期节理,被限制者为后期节理。如图6-52中,3、4组节理是被限制的节理组,形成时间较晚;1、2为限制节理,形成时间较早。

错开与限制的区别主要为错开表现为一系列标志点的对应错开,而限制则无对应点错开。

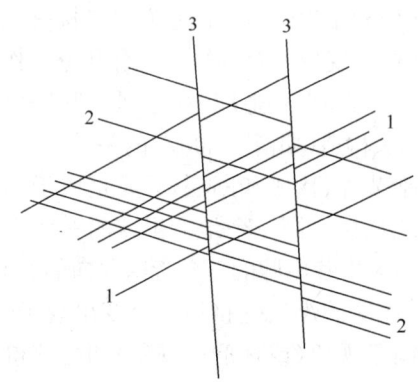

图6-51 不同期节理对应错开

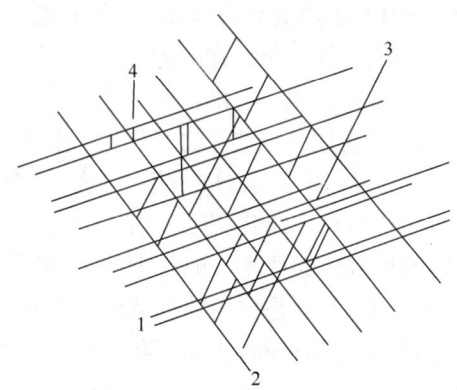

图6-52 湖北湘溪石灰岩中不同节理的限制现象(据马宗晋等,1965)

3. 互切

互切是指两组节理互相交切或切错,且两组节理相互切错的方向又遵循力学分析原理,服从统一的构造应力场,则说明两组节理是同时形成的,两者成共轭的关系(图6-53)。

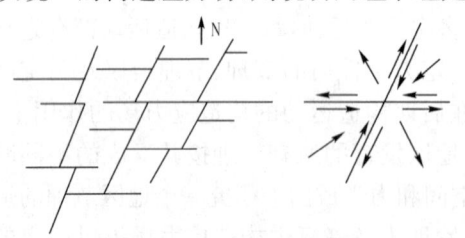

图6-53 两组共轭节理的互切

4. 追踪、利用和改造

追踪、利用和改造是指后期形成的节理有时利用早期节理,沿早期节理追踪或对早期节理改造,使一些晚期节理常比早期节理更明显、更完整。

在野外工作中,节理的交切关系错综复杂,应尽可能辅以其他依据综合分析研究。

(二)根据节理与有关各期次地质体的关系进行分期

在野外进行节理分期时,还可利用间接标志(如岩脉、岩墙)间接判定节理形成顺序。岩性、结构不同的岩脉、岩墙的交切关系,常清楚地显示出节理的先后顺序。如一组有岩脉充填的节理被一组无岩脉充填的节理切错,则前者先形成;又如一组节理被侵入体所截,另一组节理切过该侵入体，可知后者形成时间晚于前者。图 6-54 为西北某地一岩体中发育的三套节理：一套为同心圆状节理，主要发育于岩体中部；另一套为共轭剪节理，主要发育于内部边缘部位；这两套节理均被另一套穿切岩体和围岩的南北向节理所切。利用岩体可以较准确地确定出三套节理生成的先后顺序。

在节理的分期中应注意以下两点：(1)节理的分期不仅要依据节理相互之间的关系及其本身的特征，还要结合地质背景，结合节理所在的构造进行；(2)节理的分期主要应在野外进行，在野外观测的基础上及时进行统计分析，有时还需要把统计分析的结果再带到野外进行检验。

节理的分期可以为分析构造发展演化和判断古构造应力场提供有意义的依据，但是实践证明此项研究工作相当复杂繁琐，主要是因为节理是一种小尺度构造，成因多样，构造与非构造成因均可形成。在漫长的地质历史时期中，多次形成的节理又相互叠加、改造、穿插与

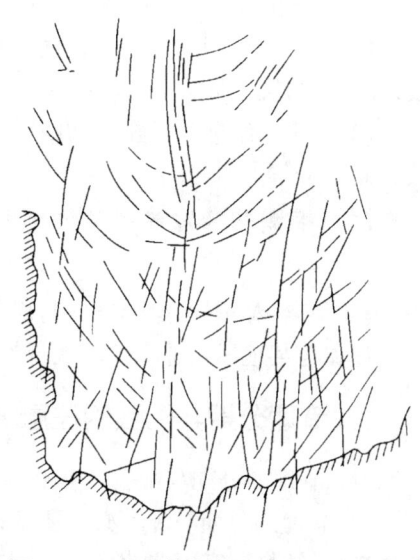

图 6-54 据岩体判断三套节理生成顺序
(据航空照片素描，1984)

切割，使得在各期次构造作用中形成的节理相互关系被破坏或隐蔽。因此，此项研究宜在构造变形轻微或构造关系较清楚的地区进行。地质研究人员应在对工作区节理的产出状况和规律性有初步认识了解后再着手进行分期研究，否则很难达到预期的效果，甚至是徒劳的。

二、节理的配套

构造应力场的基本表示方法是确定三个主应力轴 σ_1、σ_2、σ_3 的空间方位。而节理的研究，特别是共轭剪节理的研究，对于恢复构造应力场、有效地确定主应力轴的方位有着重要的意义。所以节理的配套工作是各种构造配套的基础，其任务主要是在各个方向的节理组中确定同期形成的、具有共轭关系的成对剪节理。

节理配套是将在一定构造期的统一应力场中形成的各组节理组合成一定系列，是从亲缘关系(或成生联系)上对一定空间范围内的所有节理进行组合。换句话说，就是去鉴别那些不同方向的节理或节理组是否形成于同一构造时期，并且是否形成于同一构造应力场的作用。显然一个地区至少可以有一个或多个具亲缘关系的节理系。

节理的配套主要依据共轭节理的组合关系，并辅以节理发育的总体特征及其与有关地质构造的关系来确定统一应力场中形成的各组节理。

(一)根据共轭节理的组合关系配套

(1)由于同期形成的两组共轭剪节理具有统一的剪切滑动关系，并常留下滑动的痕迹和标志，因此可以利用剪节理面上的擦痕、节理、羽列及派生张节理等所显示的剪切滑动方向来确定其共轭关系。其中尤以羽列现象最为常见和可靠。图 6-55 的两对共轭剪节理羽列指示的动向反映 σ_1 的方位为近南北向(P_1)及近东西向(P_2)。图 6-21 的一对共轭剪节理羽列指示的动向

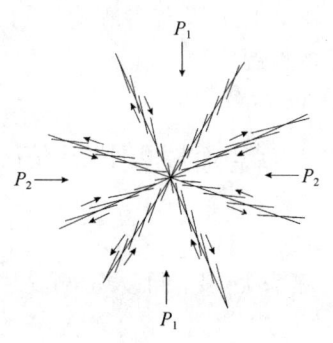

图 6-55 利用剪节理羽裂配套示意图
P_1、P_2 分别代表形成两套
X形剪节理的最大主应力方向

反映 σ_1 的方位大致为北西西—南东东。

(2)利用剪节理的尾端变化确定其共轭关系,两组剪节理的折尾与菱形结环所交锐角等分线,在一般情况下即为 σ_1 方位。图 6-24(a)表明 σ_1 方位大致为北北东—南南西。

(3)利用两组剪节理相互切断错开的对应关系确定其共轭关系。图 6-53 中 σ_1 的方位大致为北东东—南西西。

(二)根据节理发育的总体地质特征配套

在一个地区或一个地段上要进行节理配套研究工作,可以根据节理的展布范围、间距大小、延伸距离、穿透性、延伸方向与岩层产状以及局部构造的变化关系等,至少可以区分出区域性节理和与某地段构造有关的局部性节理。

三、节理分期与配套的注意事项

(1)节理的分期与配套工作必须在野外同时进行,但必须遵循先配套再分期的原则。

(2)节理的分期与配套必须要依据节理相互之间的关系及其本身的特征,而且应结合地质背景进行,结合研究区构造变形的期次及其相应的构造应力场特征,还要考虑节理所在的地质构造和地质体的构造特征。

(3)在野外测量、统计、分析而得出节理配套和分期的结果,应把统计分析的结论带至野外实践中检验,若有不符之处,需及时修正,再次分析。

第五节 节理的野外观测及室内研究

一、节理的野外观测

节理在自然界虽然广泛发育,但是尚未形成一套系统的研究方法。研究方法因任务不同而异,但各种不同的方法其研究节理的基础都是系统的观察、测量统计,然后在统计的基础上,结合地质构造等有关资料、测试结果和模拟实验进行分析。

通常在工作之前,对航空照片和卫星照片进行解释,宏观地观察认识工作区节理的特点和规律,做到心中有数。在航空和卫星照片上可确定节理的方向、产状及其与各级构造的关系、节理的组合形式及其变化、节理发育程度、展布范围和被充填的情况。

(一)观测点的选定

观测点的选定取决于研究的目的和任务,一般不要求均匀布点,而是根据地质情况和节理发育情况布点,做到疏密适度。

选定观测点时还应注意到:

(1)露头良好,最好是将观测点选在既有平面又有剖面的露头上,要便于大量测量且又能收集到有关地质资料的地段,以利于对节理的全面观察。

(2)露头面积一般不小于 $10m^2$,但也不要太大,最好是长宽一致的正方形,以照顾到不同方向发育的节理,避免统计偏差。

(3)构造特征清楚,岩层产状稳定。

(4)节理比较发育,节理组、节理系及其相互关系比较容易确定,且观测点要选择在重要的构造部位。

(5)一定地区各种不同的构造层,不同的构造、岩体和岩石组合中的节理总是互有差异的,应尽可能在不同的构造层、不同的岩系、不同的岩性层中布点。因此,可划分不同的节理区域,分别进行测量统计。

(二)观测的内容

1. 地质背景的观测

在对节理进行观测前,首先应了解观察地段的地质背景,其中包括节理所在构造部位及其组成,地层时代及其产状,岩性及其成层性,褶皱和断层的特点,观测点所在构造部位等。

2. 节理的分类和组系划分

对节理要进行分类,划分组系,如有主节理发育,应区分主节理和一般节理。如果在工作之初不能对节理进行分类或划分组系时,在收集到一定资料后应及时进行分析概括。另外,还应该根据节理特征对节理进行力学性质的鉴别和确定;根据节理方向、力学性质、形成时间的一致性,划分和确定节理组;根据节理和节理组形成时间的一致性,形成的构造应力场的统一性,划分和确定节理系等。

3. 节理的分期与配套

节理的分期和配套主要应在野外进行,野外和室内相结合,反复检验。首先根据节理配套的依据将所有节理和节理组进行配套;然后根据节理分期的依据将所配好的共轭节理和其他节理按形成的先后顺序进行分期。

4. 节理发育程度的研究

岩性对节理发育程度有明显的影响,主要表现为:

(1)在韧性岩层中,剪节理比张节理发育。

(2)在同一应力状态下,韧性岩层共轭剪裂角常常比脆性岩层大。

(3)节理的间距(密集程度)也因岩性而有所差异。

(4)岩层单层厚度影响节理发育的间距,一般来说,单层厚度越大,则节理间距越大,节理分布越稀疏;单层厚度越小,则节理间距越小,节理分布越密集。

(5)层面的存在会降低岩石的强度,因此,岩性相同而厚度不等的岩石,在同样外力下,薄层中的间距小,更密集。

节理发育程度常用密度或频度(U)表示。密度或频度是指节理法线方向上的单位长度(m)内的节理条数(n);用 n 条/m 表示,即

$$U = n/m$$

如果几组节理发育都很陡,可以选定单位面积测定节理数。

在水工建筑和油气勘探中,为了了解节理的渗透性及其影响,除计算节理的密度外,还要计算缝隙度(G),是指节理密度(U)与节理平均壁距(t)的乘积,即

$$G = Ut$$

壁距(t)是指一条节理缝壁之间的垂直距离。G 越大,岩石的渗透性也越好。对从事石油地质研究的人来说,G 的测量和计算很重要。

节理的发育程度也可以用单位面积内节理长度来表示,即一定半径(r)的圆内节理的长度之和(I),即

$$U = I/(\pi r^2)$$

为了确定节理密度与岩性和层厚的定量关系，在野外可以根据岩性和层厚选定一基准层，然后将不同层厚和岩性的岩石中测得的节理密度进行对比和换算，以求出其比值或系数。

5. 节理的延伸

在观测节理顺走向的延伸上，应注意节理的平行性和延伸长度。对于区域性节理，应注意节理走向在区域范围的变化趋势。

6. 节理的组合形式观测

岩石中的几组节理，常组合成一定形式，将岩石切成形状和大小各不相同的块体。要注意观察节理组合形式和截切的块体所表现出的节理整体特征。节理切割的岩块的大小和形状，对油藏的泄油和运移十分重要。对区域性剪节理中的等距性和分级等距性，应注意测定。

7. 节理面的观察

在节理的野外研究中，应注意节理面的观察。观察内容包括节理面的形态和结构细节；节理面的平直程度（平直形、波浪形、台阶形）；节理面是否有擦痕和羽饰构造；微剪切羽列及其主剪节理的几何关系。

8. 节理含矿性和充填物的观察

节理常常是重要的含矿构造，应注意节理是否含矿以及含矿节理占节理总数的百分数。

研究充填物时要划分先后充填顺序，如金属矿脉、石英脉、方解石脉、重晶石脉等，并记录矿化的先后及原生矿化和次生矿化的特征，以便分析节理形成的先后顺序。

（三）节理的测量和记录

在观察点上，对上述各方面进行观察的同时，要进行认真仔细的测量、计算和记录。

节理的测量主要有：裂缝的产状；单个裂缝的长度；裂缝张开的宽度。

节理的野外计算主要有：裂缝的线密度（单位长度裂缝的条数）；面密度（单位面积裂缝的条数）；裂缝的频度（单位体积裂缝的总条数）；裂缝的裂度（单位体积裂缝的总裂开）。

节理产状的测定方法与测定岩层产状要素的方法一样。如果节理面未充分揭露而不易测量时，可将一个硬纸片或塑料垫板插入节理缝内，然后用罗盘直接测量纸片或塑料垫板的走向、倾向和倾角；如果节理产状不太稳定而数据精度要求很高时，应逐条进行测量，并对每一条节理进行编号，以免观测混乱，造成重复或遗漏；如果节理按方位和产状分组明显，也可分组测量，每组中测量有代表性的几条节理，然后再统计每组节理的数目。

观察和测量过程中，要对有代表性的节理形迹特征和组合关系进行测量，应采集标本样品和绘制素描图或照相。测量和观察的结果应如实填入节理观测点记录表内（表6-2），不应分散记录在野外记录簿中，以便统计和整理绘图。有些专门项目（如油气苗和水泉等）则应专列项目进行描述。

表6-2 节理记录表

日期：

观测点			岩层的层位、岩性、厚度、产状及所在的构造部位	垂直节理组测线长m	节理条数	节理产状		节理的频度条/m	节理宽度	节理长度	节理的形态特征及伴生构造特征	充填物矿化标志及交切关系	节理的力学性质	节理分期	节理配套	标本、素描图、照片编号
编号	位置	面积				倾向	倾角									

测量人：　　　　　　　　　　记录人：

二、节理测量资料的室内整理

在野外通过观察节理所获得的大量原始资料,必须进行室内整理并编制相应的节理图件,然后结合地质图等图件进行分析研究,以探讨构造应力场并解决生产实际问题。为了简明、清晰地反映不同性质节理的发育规律,需要将野外所测节理产状要素资料分成不同的组、系,予以整理绘图。节理资料的整理、统计和构造解析一般采用图表形式,主要有节理玫瑰花图、节理极点图、节理等密图(节理等值线图)、共轭节理求主应力轴图解等。

(一)节理玫瑰花图

节理玫瑰花图(Joint rose diagram)编制简便容易,反映节理方位趋势也比较明显,是统计节理的一种较常用的图件。这种图形因似玫瑰花而得名。但此种图件不能反映各种节理的确切产状,多用来定性而形象地反映节理走向、倾向及倾角的优势分布。

节理玫瑰花图分为三种:节理走向玫瑰花图、节理倾向玫瑰花图和节理倾角玫瑰花图。现分别介绍其编制方法。

1. 节理走向玫瑰花图

节理走向玫瑰花图主要反映节理的走向方位,并在半圆内作图,是将野外测得的节理走向资料,根据作图要求和地质情况,按其走向方位角的一定间隔分组,通过统计每组的节理数、计算每组节理平均走向而绘制的。如图6-56所示,从图上可一目了然地看出三个方位的节理最为发育,其走向为NE10°~20°、NW40°~50°、NE70°~80°三组。这种图不能反映各组节理的倾斜,因此,节理走向玫瑰花图多用于直立或近于直立产状为主的节理统计整理。为了表示不同性质的节理,可分别编制不同性质的节理走向玫瑰花图,或在一幅图上用不同色调分别表示不同性质的节理。

2. 节理倾向玫瑰花图

在节理产状变化较大的情况下,共轭剪节理的统计整理可用倾向玫瑰花图表示。节理倾向玫瑰花图是按节理倾向资料分组,求出各组节理的平均倾向和节理数目,用圆周方位代表节理的平均倾向,用半径长度代表节理条数制作而成的,作法与节理走向玫瑰花图相同,但用的是整圆(图6-57)。

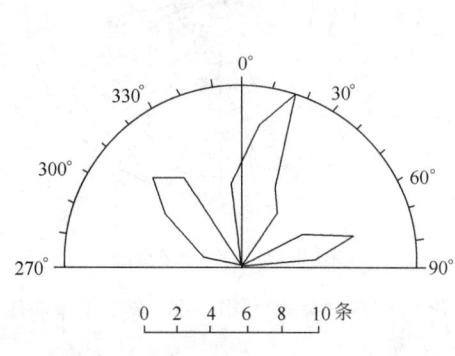

图6-56 节理走向玫瑰花图

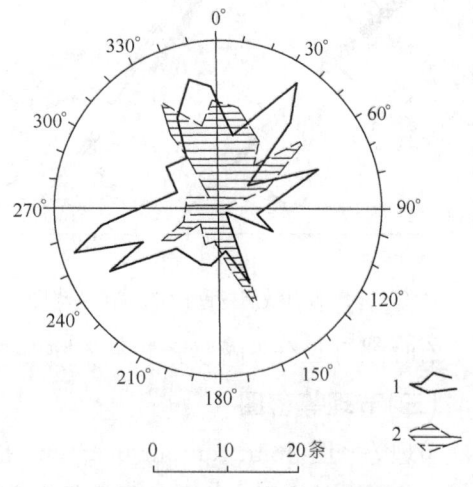

图6-57 节理倾向、倾角玫瑰花图
1—倾向玫瑰花图;2—倾角玫瑰花图

3. 节理倾角玫瑰花图

节理倾角玫瑰花图是按以上已分组的节理倾向方位角，求出各组的平均倾角，用半径长度显示倾角大小，然后用节理的平均倾向和平均倾角作图，圆半径长度代表倾角，由圆心至圆周从 0°到 90°，找点和连线方法与倾向玫瑰花图相同(图 6-57)。

倾向、倾角玫瑰花图一般重叠画在一张图上。作图时，在平均倾向线上，可沿半径按比例找出代表节理数和平均倾角的点，将各点连成折线即得，图上用不同颜色或线条加以区别(图 6-57)。

玫瑰花图是节理统计方式之一，作法简便，形象醒目，能比较清楚地反映出主要节理的方向，有助于分析区域构造，最常用的是节理走向玫瑰花图。

分析节理玫瑰花图应与区域地质构造结合起来。因此，常把节理玫瑰花图按测点位置标绘在地质图上(图 6-58)，这样就清楚地反映出不同构造部位的节理与构造(如褶皱和断层)的关系。综合分析不同构造部位节理玫瑰花图的特征，就能得出局部应力状况，甚至可以大致确定主应力轴的性质和方向。

(二) 节理极点图

节理极点图(Joint pole plot)是用节理面法线的极点投影绘制的，网的圆周方位表示倾向，由 0°到 360°，半径方向表示倾角，由圆心到圆周为 0°~90°。作图时，把透明纸蒙在网上，标明北方，当确定某一节理倾向后，再转动透明纸至东西向(或南北向)直径上，依其倾角定点，该点称极点，即代表这条节理的产状。为避免投点时转动透明纸，可用与施密特网投影原理相同的极等面积投影网(赖特网)，网中放射线表示倾向(0°~360°)，同心圆表示倾角(由圆心到圆周为 0°~90°)。作图时，用透明纸蒙在该网上，把观测点上的节理都分别投成极点，即成为该观测点的节理极点图(图 6-59)。

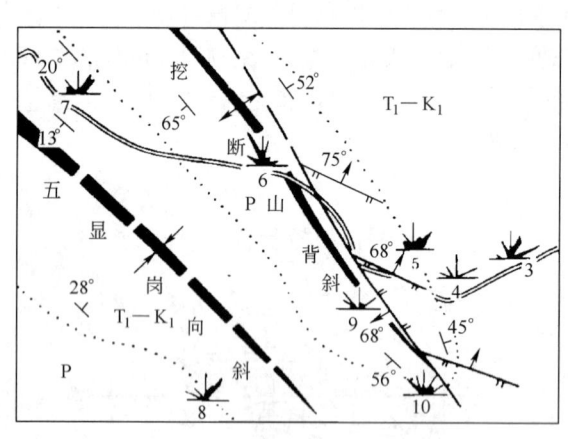

图 6-58 四川峨眉挖断山地质构造略图　　　　图 6-59 节理极点图

有时，为了区分不同力学性质、不同规模、不同矿化的节理与褶皱、断层的关系，可分别作图。

(三) 节理等密图

节理等密图(Joint contour diagram)是在节理极点图的基础上，用密度计统计节理数，通过统计、连线、整饰而成的。如极点图利用等面积网制作，则用密度计统计节理极点的密度(图 6-60)；如极点图利用等角距网制作，则用普洛宁网统计节理极点的密度，将节理极点的密度标在透明图上，按插入法勾绘出极点密度的等值线，并以不同符号表示出各个密度区间的节理极点百分数，由此绘制而成。图6-61是根据图6-60绘制的。节理等密图的绘制比较费工，但这种图能够比较精确地反映出节理发育程度及其优势方位，在节理研究中较常采用。

节理等密图是根据400条节理编制的等密图，等值线间距为1%。（图6-61）上可清楚地看出有三组节理：一组走向NE50°，倾角直立；一组走向SE130°，倾角直立；一组走向NE25°，倾向南东，倾角20°。前两组可能是两组直立的X形共轭节理系。然后进一步结合节理所处的构造部位，分析节理与有关构造之间的关系及其产生时的应力状态。

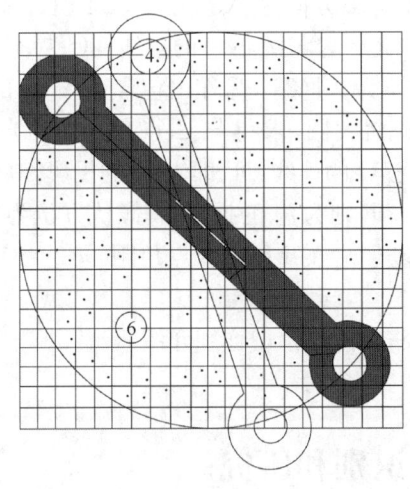

图6-60 用密度计统计节理数

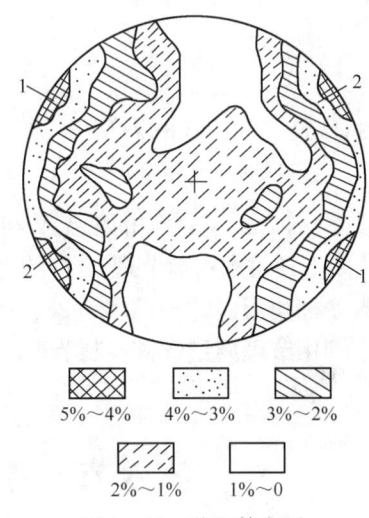

图6-61 节理等密图

（四）共轭节理求主应力轴图解

根据共轭剪节理与最大主应力轴、中间主应力轴和最小主应力轴的几何关系，利用赤平投影的原理和方法，将野外所测的共轭节理产状进行赤平投影（图6-62），利用图解法求出三个主应力轴的空间产状。

三、节理资料的计算机处理

利用计算机可以方便快捷地制作节理赤平投影图。现已有按照极射赤平投影方法和各种投影网制作原理编制的计算机程序，运用计算机处理野外测量的节理数据。除了作出各种投影图外，还可根据

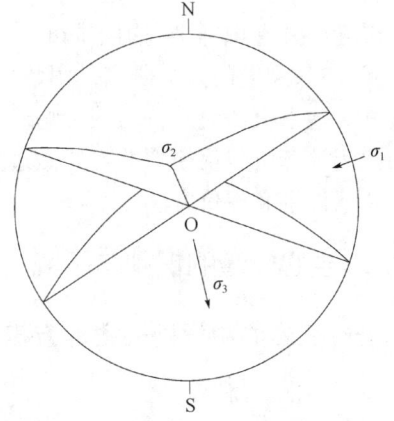

图6-62 用共轭剪节理求主应力轴方位
赤平投影图解

共轭剪节理的关系及节理擦痕数据等进一步求出主应力轴和研究恢复应力场等。

四、利用节理研究恢复构造应力场

前已述及，两组共轭剪节理的交线平行于中间主应力轴，它们的夹角分别为最大主应力轴与最小主应力轴所平分。根据这个原理，在对节理进行大量的野外观察和统计研究的基础上，利用两组共轭剪节理所反映的统一剪切运动关系，在吴氏网上能够比较精确地定出三个主

应力轴的方位确定点应力状态。有了足够的点应力状态，即可编绘出主应力网络图，从而合理地恢复区域构造应力场，解释区域内构造的成因和阐明构造的分布和发育规律。

图 6-63 是利用吴氏网求出的某地点应力状态赤平投影图。A、B 两组共轭剪节理的产状是根据大量野外测量资料由等密图求出的平均统计产状，A 组为 52°∠85°，B 组为 350°∠82°，野外研究还确定二者的统一剪切运动方向是 A 组左行，B 组右行。A、B 两个大圆的交点 C 与圆心 O 的连线 OC 为 σ_2 的投影，其倾伏方位为 9°∠83°；另作出包含 σ_1 与 σ_2 的 A、B 两面的等分面大圆，求得与 C 点角距为 90°的 E 点，E 点与圆心 O 的连线 OE 即为 σ_1 的投影，其倾伏

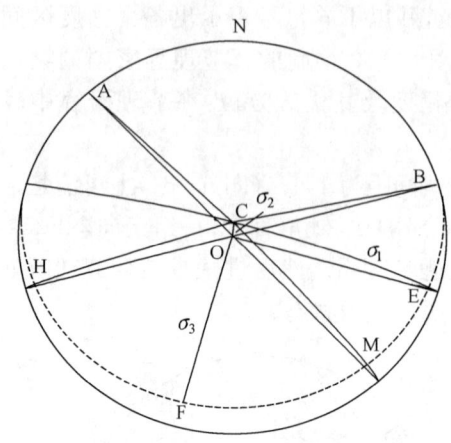

图 6-63 利用吴氏网求点应力
状态赤平投影图

方位为 112°∠3°；σ_1、σ_2 大圆的极点 F 与圆心 O 的连线 OF 则为 σ_3 的投影，其倾伏方位为 201°∠8°。从图上还可求得剪节理与 σ_1 的夹角为(180°− 包含 σ_3 的 M、H 两点角距)÷2＝31°，由此可知内摩擦角为$(45°-\alpha)\times 2=28°$。

关于利用节理测量资料编制节理图件的有关内容将在附录Ⅰ中详细介绍。

第六节 裂缝的井下识别和研究

裂缝的井下识别是利用不同的方法，采用多种信息，综合分析和描述储层中裂缝的特征及其空间分布；裂缝的井下研究是用数学公式表示，定量分析裂缝的分布和产状，评价及预测储层裂缝对地下流体流动特征的影响。关于预测储层裂缝对地下流体流动特征的影响，一些学者为此用计算机数值模拟的方法做过大量工作，但目前尚处于探索阶段。故本节主要介绍裂缝的井下识别和评价方法。

一、岩心裂缝的识别与研究

(一)在岩心中识别裂缝的方法

1. 岩心展示素描

若岩层破裂没有强烈到钻井取心改变原状结构的话，观察取自目的层的岩心也是探测储集层裂缝的方法。要仔细采集岩心可提供的裂缝倾角、密度数据以及有关岩石强度、岩石组构、裂缝与基质串流能力的数据。A. M. Saidi 提出了一种岩心裂缝观测方法，这种方法是用一种透明膜将岩心段包起来，该段的裂缝可直接印在膜布上，展开透明膜可得到岩心素描资料，称为岩心展示素描。这种岩心分析技术用于直接估计分析裂缝参数是很有特色的。

2. 镜下观察

镜下观察主要有普通显微镜的薄片观察和电镜扫描观察等方法，其主要特点是对岩石中存在的微裂缝进行统计和描述。但这样的观察随机性大，局限于裂缝的微观情况。镜下观察

的内容有：裂缝的形态、宽度、长度、缝面情况、溶蚀及充填情况（包括充填物成分、晶形、充填程度、分期性和分布）、裂缝系数、成因类型、分期和配套关系、裂缝和岩石颗粒及孔隙的关系。对于定向薄片还可以估计裂缝的产状。

(二)利用岩心研究裂缝的方法

利用岩心研究裂缝可以直接观察、描述、测量地下储层中的裂缝，并在实验室对其特征进行测试。描述的内容包括裂缝的宽度、密度、产状、充填特征、溶蚀改造和连续性等。在描述裂缝时应注意识别在取心过程中产生的非天然裂缝。与取心过程有关的非天然裂缝常具有以下特点：裂缝面新鲜；形态不规则；与层面一致；呈螺旋状。

通过测量得到的裂缝宽度、密度和长度可以用来进行裂缝孔隙度及渗透率的估算。裂缝的孔隙度和渗透率也可用全岩心样品测试。通过观察不同方向裂缝的组合形式以及构造应力场的分布作成因分析，研究裂缝发育特征与岩层埋藏深度、岩性、岩层厚度及结构关系，对建立定量断裂预测模型非常重要。

岩心观察和研究裂缝是一种直接的方法，是其他间接研究方法的基础。但是这种方法也存在不足：一是在一个探区钻井数量不多，有取心的井段有限，加上井的分布不均匀，不能全面反映裂缝在空间上的分布规律；二是井径小，即便是目的层裂缝发育，在一口井中见到裂缝的概率不大；三是当钻孔穿过裂缝带时，由于裂缝的存在，一般岩层比较破碎，很难取出岩心（或岩心收获率不高），得不到准确的资料。对此只能采用其他方法来补救。

二、主要测井方法识别裂缝

近几十年来，人们为了通过测井使裂缝更容易被探测与评价，已做出了很大努力。然而，人们也发现裂缝的定性和定量评价比原来预计的情况复杂得多。各种方法都基于这一事实，即在井眼尺寸不变的均质地层中，裂缝带将在探测的正常响应上产生异常。如果裂缝是张开的，这种异常相当大；如果是闭合的，这种异常则微不足道。裂缝的分布极为复杂，裂缝性储集层产量变化大而递减快，高产井、低产井、干井交替出现，开发这类储层需付出很高的代价。随着测井技术的进步，对裂缝性储层的描述与开发已形成一定的技术系列。以声波及放射性为主的裂缝测井系列与地震资料结合，进行横向预测，可以划分裂缝发育带及其分布，对裂缝发育带应用微电极扫描和井下声波电视测井，可以直观地把裂缝形态、宽度、长度、走向以及它们的含油产状展示在人们面前。虽然有了这些技术上的进步，但由于地震资料受到地质因素的影响，在一个新区判断裂缝发育带仍然有很大的多解性。这些技术只能提高成功率而不能在任何条件下得出单一而又肯定的解释。由于裂缝发育的随机性，以及层理、岩性等因素的影响，导致了测井响应的多解性，在一定程度上影响了用测井资料探测裂缝的成功率。

(一)电测井方法

1. 双侧向测井

这种仪器强烈地受到裂缝的影响，因为裂缝网络构成低电阻率通道，这种通道具有分流电流的作用。在与钻井轴成亚平行的裂缝情况下，如果钻井液比存在于裂缝中的导电流体导电性更强，则浅侧向电阻率 R_{LLS} 比深侧向电阻率 R_{LLD} 低，曲线呈现双轨；而在致密带内，孔隙少，无裂缝，R_{LLS} 与 R_{LLD} 读出的电阻率值相近，两条曲线基本重合。

2. 微侧向测井

与双侧向相同，微侧向测井受垂向电阻率变化的影响，应通过电阻率的异常来确定裂缝带。由于微侧向测井仪器具有极板,因此面向极板的裂缝才能观测到。

3. 感应测井

在假设裂缝产生电阻率异常的前提下,感应测井可用于确定裂缝的存在。由于其感应电流的分布是呈环状的,所以感应测井受水平电阻率变化的影响。微侧向测井与感应测井之间的振幅差异可用于显示垂直与水平裂缝的存在。

4. 电磁波传播测井

电磁波传播测井用千兆级高频电磁波探测很浅的地层,具特高垂向分辨率,使传播时间和衰减曲线反映很薄的岩性变化。对水平和低角度裂缝有不同的反映特征,水平缝以两条曲线的尖锐高尖出现,泥页岩的衰减更剧烈。如果极板遇上高角度缝,则出现较长井段的相应异常。

(二)核测井方法

1. 补偿密度测井

当井身结构较好时,补偿密度曲线能较好地反映地层岩性和进行裂缝识别。

2. 岩性密度测井

当采用重晶石钻井液钻井时,由于重晶石的光电吸收截面指数 Pe 值很大,Pe 曲线在裂缝段将急剧增高。如果裂缝段井壁上形成重晶石泥饼,则裂缝段不仅有高的 Pe 值,而且还会有负的补偿密度曲线值。

3. 自然伽马能谱测井

由于裂缝是流体循环的良好场所,所以在漫长的地质年代里,如果有铀或其他放射性元素存在,自然伽马能谱测井就能探测到裂缝。

(三)声波测井方法

1. 声幅测井

这种方法可能比其他方法更多地用于探测裂缝。据 Marris(1964)和其他学者的研究,纵波遇到垂直或高角度裂缝时减弱,而横波遇到水平或低角度裂缝时更敏感。当纵波遇到充满流体的裂缝时,由于接触面上的反射,它的振幅降低。当横波遇到充满流体的裂缝时,它的振幅基本消失(尤其是当流体为气体时)(Aguilera & Vanpoollen,1977)。

2. 变密度测井

变密度测井记录的是在一个声波传送脉冲后深度和振幅与时间的变化关系,大部分声波波列被记录下来并以近似地震道的形式显示在测井记录上。测井记录上的阴影变化表明了振幅变化。暗色阴影表明最大的正振幅,淡色阴影表明最大的负振幅。

3. 环形声波测井

这种测井方法记录沿井壁呈水平环形传播的声波,以声波幅度的衰减来探测垂直高角度裂缝。实践表明,这种方法是一种很有潜力的高倾角裂缝探测系统。

4. 阵列声波测井

通过时间窗口控制,可获得纵波、横波、斯通利波的能量曲线。利用斯通利波的衰减来探测裂缝,是一种探测裂缝的新途径。斯通利波是一种频率为 2~5Hz 的波,它对裂缝有很强的响应。

5. 全波列声波

裂缝的存在会使得全波列声波仪器接收到回波的能量降低,这是因为沿裂缝面部分能量被反射,部分被折射,部分可能转换成其他形式。这种方法对近水平的裂缝比较有效,但对垂直裂缝反应不太明显。全波列声波同时记录横波与纵波,所以可以计算岩石的泊松比。在裂缝发育的岩层中,岩石的泊松比与无裂缝带的同类岩石相比要高,故泊松比高是岩层中裂缝存在的标志(图6-64)。

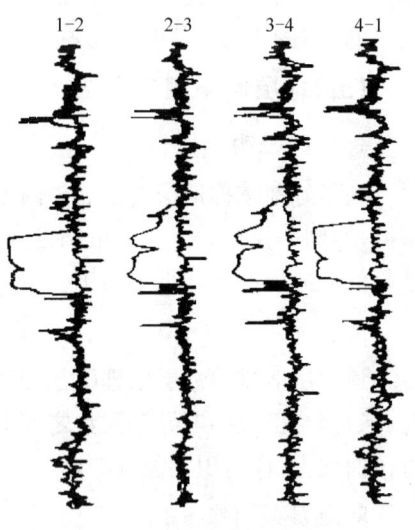

图6-64 全波列声波测井
剪切波能量明显衰减处指示裂缝的存在

(四)成像测井方法

1. 井下电视

井下电视能显示井眼表面声波响应的连续图像,能给出一张井壁声波影像。它是通过记录一部分声波能量获得的,由声源发出并由井壁折回,反射到本身发射极,因此它起着接收器的作用。当岩石致密而光滑时,地层的反射能量更高;如果岩石表面粗糙、有裂缝或者孔洞,那就会存在能量散失,从而在图像上表现得更加昏暗。这种仪器不仅能够探测裂缝,而且能够确定裂缝的产状,能很好地显示岩石表面的形状。它只能发现宽的、开启的破裂面。当时间和振幅测井双重显示时,可发现充填物与基质具有声波差异的裂缝。

2. 微电阻率扫描测井(FMS)

井壁附近的电阻率是重要的岩石物理性质之一,可用来描述地层的细微结构。微电阻率测井沿井壁测量,探测深度浅而垂向分辨率高,因而对井壁地层的电性不均匀极为敏感。微电阻率测井无法确定裂缝的产状,无法区分裂缝、小溶洞、溶孔,这些问题可以通过微电阻率扫描来解决。当致密层中存在裂缝时,钻开后高电导率的钻井液或滤液就回流或渗入地层中,FMS仪器扫描到此处时,就记录下裂缝的高电导信息,在相应的FMS图像上显示为深灰或黑色;而没有裂缝的地方,岩石为高电阻率,对应的FMS图像上为浅灰或白色。

FMS记录的信息的清晰程度取决于以下几个因素:

(1)裂缝的张开度。如果裂缝的张开度大,钻井液进入得多而深,裂缝处的FMS图像颜色就深,否则就浅;如果裂缝是闭合的,FMS就扫描不出来。

(2)钻井液性质。钻井液电导率越大,对应裂缝处的FMS图像就越暗。

(3)钻井液侵入程度。钻井液取代地层中的烃越多,对应的FMS图像就越暗。

利用FMS图像研究裂缝是一种新的测井手段,它能给出其他识别裂缝的测井方法不能给出的裂缝视产状,能把裂缝和溶孔两种不同的储集层区分开,能估计裂缝视宽度而不受其他参数控制。

3. 全井眼地层微扫描测井(FMI)

20世纪80年代中期,斯伦贝谢公司推出了第一支电法成像仪——地层扫描仪。1991年推出的FMI具有更大的井眼覆盖率和更高的分辨率。FMI极板安装在8in井眼中,应有80%的覆盖率、0.2in的垂向分辨率。FMI极板有192个电扣,能测定92条微电阻率曲线,能对井内每一条微电阻率曲线精确定位。现在已能用诸如 FracView 程序来分析井眼图像电导率所反映的裂缝密度、张开度和孔隙度。

(五)地层倾角测井方法

1. 双井径曲线

在很好地掌握地层剖面后,井径测井是发现井中裂缝带的有效方法。若井眼钻遇高密度裂缝带,则井径扩大。特别是钻遇高角度裂缝时,往往在与形成区域性裂缝的最小应力方向相平行的方向上产生井眼定向扩径。

2. 电导率异常检测

该方法能排除地层层理引起的电导率异常,突出与裂缝有关的电导率异常。求出各极板与相邻两个极板的电导率读数之间的最小电导率正差异,把这个最小正差异叠加在该极板的方位曲线上,作为识别裂缝的标志。

3. 地层倾角矢量图

在地层倾角测井矢量图中,裂缝或者表现为层段之间无法进行对比,或者表现为倾角看起来很杂乱。也可根据孤立的高倾角显示识别裂缝的存在。

(六)裂缝识别测井(FIL)

在倾角测井系列工具中,裂缝识别测井(Fracture identification log)是目前比较有效的井下应用测井手段识别裂缝的方法之一。将倾角测井相邻的两条测线重叠,两曲线观测值变化较大处常指示裂缝的存在。若两相邻电极之间的观察值相差很大,很可能为裂缝存在的标志(图 6-65)。

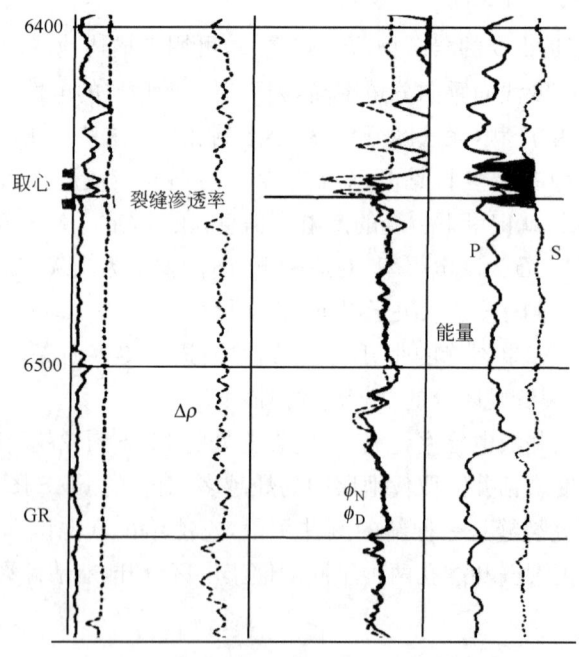

图 6-65 用裂缝识别测井(FIL)识别裂缝

三、用钻井工程方法识别裂缝

该方法提供关于钻井液漏失、机械钻速的可靠资料。钻井液漏失可能和天然裂缝、孔、洞、地下洞穴或次生裂缝有关,当钻到各种次生孔隙的地层时,机械钻速可大大增加,因而用于间接探测裂缝。此外,还包括井壁崩落、固井质量显示、钻时曲线分析等,但这些方法仅能定性判断裂缝的存在。

四、井下裂缝的预测

(一)实验室研究法

实验室研究法包括:

(1)光弹模拟实验——用于预测不同地质变形体与应力集中有关的裂缝发育带;

(2)岩石应变实验——利用应力—应变曲线,半定量地研究破裂前的永久变形量大小,帮助确定各种判定裂缝产生的临界值的大小;

(3)凯赛效应测定——岩石的声发射现象能够记忆岩石所承受最大应力值,这种现象称为凯赛效应,利用凯赛效应可以研究岩石的受力史和裂纹产生大规模失稳状态的历史时期;

(4)裂缝充填物的稳定同位素及包裹体测定——通过对包裹体的均一温度测定,可得知充填物形成的古地温,据此可同样了解充填期和帮助推断裂缝成因。

(二)数学方法

1. 数理统计法

数理统计法是数学地质中发展最早、应用最广泛的一类方法。相对数学地质而言,在裂缝性储层研究中的应用还刚刚开始。在裂缝性储层中,由于裂缝分布的随机性和不连续性,用数理统计方法可在不同程度上研究裂缝发育的概率。它可用来研究储集层的分类、储油物性参数间的分类以及在井剖面上判断裂缝层和油气层。作为一种辅助的研究手段,对裂缝性储集层的深入解剖,数理统计方法有它独特的优点。

2. 蒙特卡罗方法

Thoward(1990)利用采集储集岩中的小岩块样品上观测的裂缝数据,利用蒙特卡罗方法,对单位面积上的裂缝数目、长度和宽度进行观测,做出这三个变量的随机分布函数,对裂缝系统的孔渗性质进行估计。

3. 趋势面分析

在研究储集层构造、厚度等地质变量或各种测试指标的空间变化方面,趋势面分析具有广泛的用途。周文(1989)曾对川南地区二叠系裂缝性碳酸盐岩储集层使用趋势面分析,用钻遇裂缝井的储量来表示裂缝系统的大小,采用多项式趋势面分析和调和趋势面分析,研究区域裂缝的总体分布。从方法来看,调和趋势面效果较好。

4. 聚类分析

聚类分析的主体思想是根据一定的相似性指标,按照研究对象的相似程度合理地进行归并和分类。聚类在计算机上实现时所需的内存和计算机工作量都很大,因此这种方法的使用受到限制。可以利用聚类分析对裂缝性储层进行分类。

5. 判别分析

判别分析是一种解决分类问题的多元统计方法。实施判别分析需要有一批已知分类归属的样品,在这些样品中研究不同物体的性质和特征,根据多种观测变量,依据一定的判别准则建立判别函数,再用它来对未知样品判别归类。陆正之(1986)在研究川南缝洞储集层时,对测井资料应用判别分析方法区分储集层和非储集层,判别效果是显著的。

6. 灰色综合评判法

一个地区某一地层中的裂缝系统往往由大大小小的裂缝或裂缝子系统组成,由于它们在统一地质条件下形成,各裂缝子系统之间相互关联、相互制约。其中一部分子系统已被钻探以及被其他资料所揭示,裂缝特征信息是已知的,而其余未被揭示的裂缝子系统的内部结构未知,因此,裂缝系统是一种灰色系统。灰色综合评判法就是利用已知的裂缝子系统建立一个或几个已知模式,通过未知系统与已知模式的系统关联,求得它们之间的综合关联度,用以评价未知子系统的裂缝特征。

(三) 分形几何学方法

从传统的观点看,裂缝形态十分复杂。油藏中的裂缝蜿蜒曲折,纵横交错而又粗糙突变,很难用一个简单的模型加以概括。分形几何方法出现以后,人们对裂缝和裂缝油藏的认识有了质的飞跃。天然裂缝的产生和断裂过程以及原始材料的脆性之间建立起了联系。这方面的研究目前十分活跃,有关证据日益显示出:断裂过程会导致分形。对于裂缝油藏而言,这些证据间接地表明了天然裂缝是一个分形体系,同时,这些事实又为我们用分形观点去处理天然裂缝油藏提供了重要的启示。

压力响应测试是研究裂缝油藏产能特性的重要手段。常规模型把裂缝油藏当作双重介质,这类模型对于定性解释压力恢复曲线的三段性是成功的,但在定量解释方面却仍遇到许多困难。为了解决定量解释中遇到的矛盾,先后已有人提出了三种孔隙度模型和随机生成裂缝网络模型。这些模型对于复杂问题的描述有了一定的改进,但却始终并未摆脱认为裂缝是稠密而可以充满空间这一传统思想的束缚,仍然植根于欧几里得几何的土壤中,因而这些模型始终无法处理显示多标度裂缝连通性差且裂缝空间分布无序的情形。Chang 和 Yortsos 等对双重介质模型进行了重大修改,他们第一次把模型中的裂缝网络看作分形体系,并运用在分形网络上的扩散理论,建立了裂缝油藏压力瞬变的分形理论。这个理论包含了旧理论的所有内容,也可以很好地解释许多新的问题。他们针对双重介质模型的第二条假设,把裂缝体系看作是分形几何体,即把裂缝油藏导流体系或导流通道看作分形体。Chang 和 Yortsos 模型可以求解裂缝网络的分布、裂缝的孔隙度、渗透率等。

(四) 地震方法

通过一组单向平行张裂缝构成的各向异性介质传播的横波,将产生一个垂直于裂缝面的位移分量。平行于裂缝方向的位移分量比垂直分量传播得快,从而在不同时间可记录到极化横波发生的分裂。天然裂缝引发出渗透率各向异性是构成储层非均质的主要原因。同时,渗透率各向异性也引发了分裂横波间的速度各向异性。通过观测分裂横波数据组之间的时间差,可以直接建立速度各向异性之间的关系。为了试验用三维多分量地震数据来直接描述储层中的渗透率各向异性,托马斯-戴维斯等在落基山的三处裂缝性油气藏采集了多分量地震资料,观测数据包括垂直地震剖面和三维地面地震数据。他们在每一个记录点得到了地面震动的 3 个分量,即 1 个垂直分量和 2 个正交的水平分量,同样,在每一个震源点需作三分量激发。这样,具有 3 个震源分量和 3 个接收分量的每一个三维观测激发点产生 9 组数据集。落基山三个裂缝油气藏的多分量地震测量结果表明,不同类型储层中的张裂缝都是可以测定的。

(五)油藏动态分析法

1.示踪剂法

井间示踪近年来获得迅速的发展,并成为公认的重要的油藏工程手段。这是由于它能提供油层的非均质性和井间流体的流动特性,实际的裂缝系统渗透率要比通过计算得到的大很多,这是因为当示踪剂通过裂缝时分子扩散进基岩。通过示踪试验可以求出裂缝的延伸方向和宽度等参数,能够预测裂缝的存在,但至今还没有人研究出能解决多层裂缝系统的模型。

2.试井分析方法

试井解释的目的是通过压力、时间数据或同时测定压力和油层流量数据的分析获取有关参数和函数,针对裂缝体系,是根据流体流动状态特征,用产量和压力试井数据识别和评价裂缝。虽然 Steams 和 Friedman(1972)认为,试井分析是值得大力提倡的裂缝评价技术,但其应用还未被广泛接受,因为它的解不是唯一的。在应力恢复试井中得到的流量和压力特征与裂缝外的许多因素有关,如断层、层理和非均质性等因素。在没有取心和测井无裂缝显示的地区钻井,这使试井分析成为推断地层裂缝数据的唯一技术。试井分析,特别是压力不稳定试井所提供的有关裂缝方向、渗透率等参数,能代表研究油藏的大范围内参数的变化,可用于产量预测和数值模拟。

(六)遥感

遥感是探测地下裂缝的一种很间接的方法(Blanchet,1957)。这种方法就是利用地表遥感图像资料推断地下地层,所采用的基本资料是雷达图像和低空卫星拍摄的各种类型尺寸的黑白和彩色照片。

从强调地质特征的组构资料和特定位置的图像中,可提取构造、裂缝的线性数据(Nelson, 1983),然后假定高密度裂缝和线状带随深度继续存在(Wheeler,1980),并且平面图上非长形地质特征在剖面上向深处也存在(Nur,1978)。然而目前尚不了解这些假定的可信程度,根据遥感图像可有效地描出构造形迹(Norman 和 Parlridge,1978),这种方法也能用于寻找存在构造裂缝的地区。

综上所述,构造裂缝预测与评价一直是世界性的难题,人们一直在不断地研究它,提出了许多方法,各种方法各有优势,但目前还没有一种非常完美的成熟方法。

五、井下裂缝的研究意义与特点

裂缝对储层渗透性有较大的影响。裂缝的存在不仅控制了储层中油气的产出,也是影响油气富集的重要因素。

(1)裂缝可以使一些不具备孔隙的岩层成为储集层和生产层,如页岩、泥岩甚至火成岩及变质岩等不具备渗流孔隙的岩层在构造作用和风化作用下生成一系列裂缝和孔洞。这些裂缝和孔洞使原来不具渗滤孔隙的非岩层具备了作为油气运移的通道,也可以作为储层,在适当的条件下储集油气。例如四川盆地下三叠统嘉陵江组储气层、辽河油田及玉门油田志留系变质岩储层均属裂缝性储层(陈永生,1993)。

(2)开启裂缝的存在可提高裂缝储层的渗透率,使一些低渗透率油层具有开采价值。

在一些致密砂岩、粉砂岩的岩层中,虽然孔隙里充满了油,但是由于渗透率低,油采不出来,或产量很低不具经济价值。但若这类储层中存在开启的天然裂缝,这些裂缝可以大大改善油气的渗透率,使这类油气藏变得有经济价值,例如美国的期普拉柏雷油藏。在油的特性、地层的压力和裂缝产状有利的情况下，一口井穿过一条宽度为1mm的裂缝，其渗透率足以大得使每口井每日产1000～1600t油的水平(K. M. North,1990)。伊朗的Asmari石灰岩储层也是一个例子。

在另一些情况下，储层中虽然有裂缝存在，但裂缝不是开启的，对渗透性没有改善作用，或者致密岩石中天然裂缝不发育。采用一定方式经压裂产生人工裂缝以提高流体的渗透率，可使这些低产或非经济的油气层提高产量。

(3)一旦张裂缝穿过盖层并破坏其封闭性，开启的裂缝可成为油气散失的通道。例如美国的Lost Hill油田，在邻近的油气田中，Temblor地层是高产层，但是在Lost Hill油田该层不产油，主要原因是开启的裂缝穿过盖层并破坏其封闭性，使得聚集的油气散失(K. M. North,1990)。

(4)裂缝对采收率的影响。裂缝能改善储层的渗透率，加快采油速度，但总的来说对于提高采收率是不利的。裂缝延伸越远，越是对提高采收率不利。因此，了解地下裂缝的分布及状态，对优化开采方案，尽可能地提高采收率和开采速度是很重要的。

习题及思考题

1. 节理与断层如何区别？
2. 什么叫节理、节理组、节理系？
3. 节理如何分类？如何鉴别张节理与剪节理？
4. 与褶皱有关的节理有哪些？其主要特征是什么？
5. 与断层有关的节理有哪些？其主要特征是什么？
6. 与区域构造有关的节理有哪些？其主要特征是什么？
7. 如何从时间、空间和形成力学上研究一个地区节理的形成发育史及分布产出规律？
8. 简述节理的分期和配套标志。
9. 为什么雁列节理局限发育在剪切带中？挤压或拉张环境中能否形成雁列节理？

第七章
断　层

> **本章提要**
>
> 　　本章重点讲述断层几何要素，断距求取，正断层、逆断层及平移断层的特征和组合形式，断层形成机制，断层的观察与研究。
> 　　本章难点是正断层、逆断层的基本特征和组合类型，断层形成的力学机制，断层识别的地貌、构造及地层标志，判断断层运动方向的方法等。
> 　　通过本章的学习，要求学生掌握断层的基本概念、基本特征和分类，正断层与逆断层的主要特征，组合类型，断层与褶皱构造、节理构造之间的关系，断层形成的机制，断层观察与研究的基本方法，不同类型断层与油气矿产的关系，并了解井下断层的研究方法；要求学生通过本章节的学习，可以提高分析问题和解决问题的能力。

　　岩石因受力而破裂，沿破裂面两侧岩块有明显位移的构造现象叫**断层**（Fault）。断层与节理均为地壳浅层中发育的断裂构造，节理与断层区别在于，前者沿破裂面没有发生明显的相对位移或仅有微量位移。断层和节理就其力学性质而言，并无本质上的差别，断层往往是节理进一步发展而形成的。

　　断层在地壳中分布很广泛，但其规模差异很大，大至成百上千千米，小至用显微镜才能观察研究。往地下深处，随着温度、压力增高，岩石由脆性变为韧性，岩石的断裂表现出层次性：浅层次为脆性断裂，形成脆性断层，简称断层；深层次则形成韧性断层，或称韧性剪切带。

第一节　断层几何要素

　　断层的几何要素是指断层的组成部分以及与阐明断层空间位置、运动性质有关的具有几何意义的要素，它包括以下 5 种。

一、断层面

　　断层面（Fault plane）是将岩体断开、被断岩块沿着它滑动的破裂面（图 7-1 中 A）。在断层面上常可见岩块相互滑动留下的印记，如断层泥、断层角砾岩、擦痕等（图 7-1 中 B、C）。

　　断层面是一种面状构造，在局部地段可以是平面，但在较大范围内通常是不规则的曲面。和岩层产状一样，断层面的产状也用走向、倾向和倾角来表示。规模较大的断层面常由一系列断裂面和次级破裂面组成断层破碎带。

　　断层面与地面的交线称为**断层线**，它是断层面在地表的出露线（图 7-1 中 E）。和岩层的地质界线一样,断层线的形态受地形、断层面产状的影响,其影响方式完全和"V"字形法则相同。因此,在大比例尺地质图上,可用"V"字形法则间接测定断层面的产状。

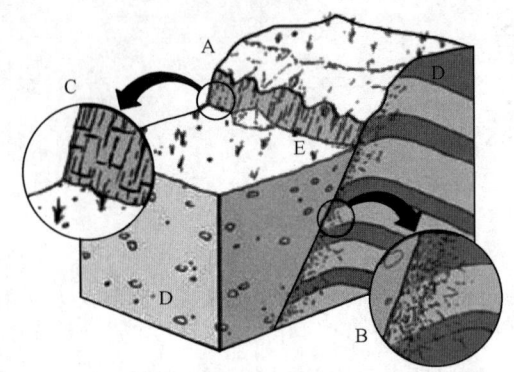

图 7-1 断层几何要素示意图(据 Davis 等,2012,有修改)
A—断层面;B—断层岩(断层泥或断层角砾岩);C—擦痕;D—断盘;E—断层线

二、断盘

在断层面两侧并沿断层面发生明显位移的岩块,称为断盘(Fault block),见图 7-1 中 D 处。

如果断层面是倾斜的,则位于断层面上侧的一盘为断层上盘,位于断层面下侧的一盘为断层下盘。如果断层面是直立的,则可按断盘相对于断层线的方位来描述,如北东盘、南西盘、东盘、西盘等。此外,根据断层两盘的相对滑动方向,常将相对上升的一盘称为上升盘,而相对下降的一盘称为下降盘。

三、位移

断层两盘岩块的相对运动既有直线运动,又有旋转运动。在直线运动中,两盘相对平直滑动而无旋转;在旋转运动中,两盘以断层面的某法线为轴作旋转运动。断层常常作这两种运动的综合运动,但多数断层以直线运动为主。一般地,断层规模越大,直线运动所占的比例越大。

四、滑距

断层两盘的实际位移距离称为滑距(Slip of fault)。从理论上讲,它是指在断层错动前的某一点,错动后分成的两个点(即相当点)之间的实际距离(图 7-2 中 ab),又称为总滑距。总滑距在断层走向线上的分量称为走向滑距(图 7-2 中 ac);总滑距在断层倾斜线上的分量称为倾斜滑距(图 7-2 中 cb)。

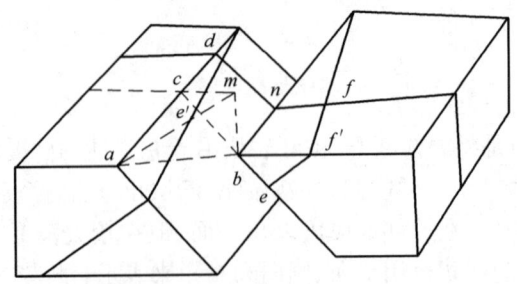

图 7-2 断层位移立体图(据 M. P. Billings,1972)
ab—总滑距;ac—走向滑距;cb—倾斜滑距;am—水平滑距

五、断距

被错断岩层在两盘上的对应层之间的距离称断距(Fault displacement)。不同方位剖面上的断距值不同。

(1)在垂直于被错断岩层走向的剖面上,可测得以下三种断距：

地层断距——断层两盘对应层之间的垂直距离,见图7-3(a)中 ho。

铅直地层断距——断层两盘对应层之间的铅直距离,见图7-3(a)中 hg。在石油钻探中,当直井穿过逆断层时,在断层面上、下两个对应的岩层面之间的进尺数之差,就是铅直地层断距,现场工作中称为"落差"。

水平地层断距——断层两盘相当层之间的水平距离,见图7-3(a)中 hf,又称水平错开,现场工作中称为"平错"。

以上三种断距构成了直角三角形关系,即图7-3(a)中$\triangle hof$。若已知岩层倾角和上述三种断距中的任一种断距,即可求出其他两种断距。

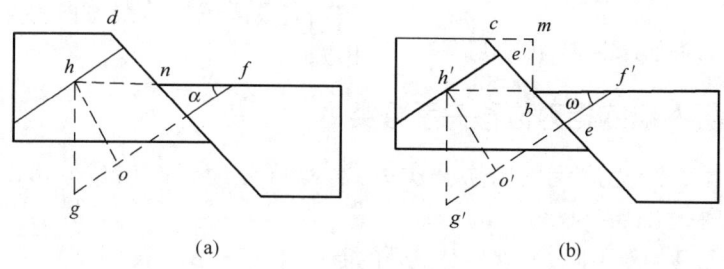

图7-3 断层位移剖面图(据 M. P. Billings,1972)
(a)垂直于被错断岩层走向的剖面图；(b)垂直于断层走向的剖面图
ho、$h'o'$—地层断距、视地层断距；hg、$h'g'$—铅直地层断距、视铅直地层断距；
hf、$h'f'$—水平地层断距、视水平地层断距；α—地层真倾角；ω—地层视倾角

(2)在垂直于断层走向的剖面上,可测得与垂直于岩层走向剖面上相当的各种断距,即 $h'o'$(视地层断距)、$h'g'$(视铅直地层断距)、$h'f'$(视水平地层断距)。同一岩层,当岩层走向与断层走向一致时,这三种断距值在两种剖面上均相等；当岩层走向与断层走向不一致时,除铅直地层断距在两个剖面上相等外,其余断距值不相等。图7-3(a)中的 ho、hf 都小于在图7-3(b)中测得的数值 $h'o'$、$h'f'$。因为 α(地层真倾角)$>\omega$(地层视倾角),故在$\triangle hog$、$\triangle hof$ 与$\triangle h'o'g'$、$\triangle h'o'f'$中；仅 $hg=h'g'$,而 $ho<h'o'$,$hf<h'f'$。

第二节　断　层　分　类

因侧重点不同,断层有多种分类方式,譬如考虑地质背景、运动方式、力学机制和构造几何关系等。现只对目前常用的分类进行介绍。

一、根据断层走向与所在岩层走向的关系分类

(1)走向断层(Strike fault):断层走向和岩层走向基本一致。
(2)倾向断层(Dip fault):断层走向和岩层走向基本垂直。

(3)斜向断层(Oblique fault):断层走向和岩层走向斜交。

(4)顺层断层(Bedding fault):断层面与岩层层面基本一致,当层间滑动达到一定规模并具有明显断层特征时,则形成顺层断层。顺层断层一般顺软弱层发育,断层面与原生面基本一致。

二、根据断层走向和褶皱轴向(或区域构造线)的关系分类

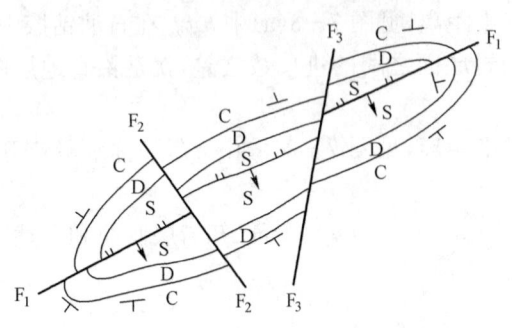

图7-4 纵断层、横断层与斜断层

(1)纵断层(Longitudinal fault):断层走向和褶皱轴向或区域构造线方向基本一致(图7-4中的F_1)。

(2)横断层(Transversal fault):断层走向和褶皱轴向或区域构造线方向近于直交(图7-4中的F_2)。

(3)斜断层(Oblique fault):断层走向和褶皱轴向或区域构造线方向斜交(图7-4中的F_3)。

三、根据断层两盘的相对位移关系分类

这是目前应用得最为广泛的断层分类方式,常可分为正断层(Normal fault)、逆断层(Thrust fault)和平移断层(Strike-slip fault)等。

(1)正断层:上盘相对下降、下盘相对上升的断层[图7-5(a)]。

(2)逆断层:上盘相对上升、下盘相对下降的断层[图7-5(b)]。

(3)平移断层:断层两盘沿断层面走向方向作水平位移,这种断层称为平移断层[图7-5(c)]。规模巨大的平移断层叫做走向滑动断层。

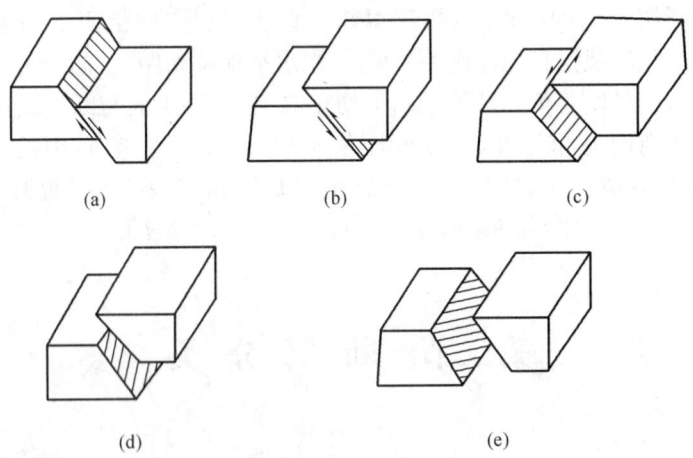

图7-5 按断层两盘相对位移划分的断层
(a)正断层;(b)逆断层;(c)平移断层;(d)逆—平移断层;(e)正—平移断层
断层面上的线条代表滑动方向

大多数情况下,许多断层的两盘并不完全顺断层面的走向或倾向滑动,而是斜向滑动的,因此兼具有正(逆)—平移的双重性质。对这类断层采用复合命名法命名,如逆—平移断层[图7-5(d)]、正—平移断层[图7-5(e)]、平移—逆断层等复合名称。复合名称的后者表示

主要运动分量,即复合命名通常是以后者为主、前者为辅的原则来进行命名。

正断层、逆断层、平移断层的两盘相对运动方式主要是直线运动,但自然界中还有许多断层常有一定程度的旋转运动。当断层两盘不作直线位移,而作旋转运动时,这种断层称为枢纽断层(Hinge fault)。枢纽断层的显著特点是在同一断层不同部位的位移量不等。枢纽断层主要有两种旋转方式:一是旋转轴位于断层一端,表现为在横切断层走向的各个剖面上位移量不等[图7-6(a)];另一种是旋转轴位于断层中间,表现为旋转轴两侧的相对位移方向不同,一侧为上盘上升,另一侧则为上盘下降[图7-6(b)]。

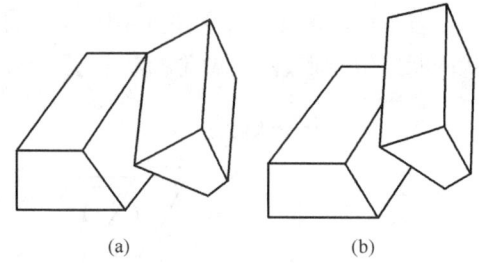

图7-6 两种旋转方式的枢纽断层

第三节 正断层、逆断层和平移断层

一、正断层

(一)正断层的一般特征

当岩层受到拉张应力作用后会发育正断层,断层作用使得上盘地层相对下盘地层向下运动(图7-7)。一般地,正断层的产状较陡,大多数在45°以上,以60°~70°最常见。正断层带内岩石破碎相对不太强烈,角砾岩多带棱角,断层带内通常没有强烈挤压形成的复杂小褶皱现象。

图7-7 犹他州Moab西部某路边出露于侏罗系砂泥岩中的正断层
(据 S. J. Reynolds,2012)

(二)正断层的组合形式

正断层可以孤立地出现,但更多的是若干断层组合在一起,以一定的组合形式出现。按照断层在平面和剖面上的排列组合形式,在平面上,断层可组合成平行式、斜列式、环状和放射状等形式;在剖面上,可组合成阶梯状、地堑和地垒等形式。现介绍几种主要的组合形式。

1. 阶梯状断层

由若干产状基本一致的正断层组成,各断层的上盘依次向同一方向断落,在剖面上看为阶梯状的断层组合形态,叫做阶梯状断层(Step fault),如图7-8所示。

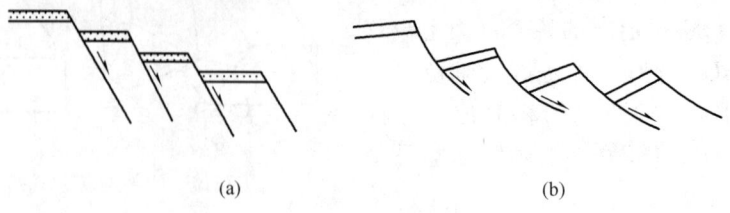

图7-8 阶梯状断层

在区域性抬斜过程中,阶梯状断层的断盘常沿弧形断裂面发生一定旋转而成阶梯状抬斜断块,如图7-8(b)所示,在地形上表现为单面山或山谷间列的景观。一些在地质历史中发育的阶梯状抬斜断块伴随地层同时沉积(同沉积作用),可形成一系列平行的箕状构造(图7-9)。箕状构造在我国东部中、新生代盆地中十分发育。

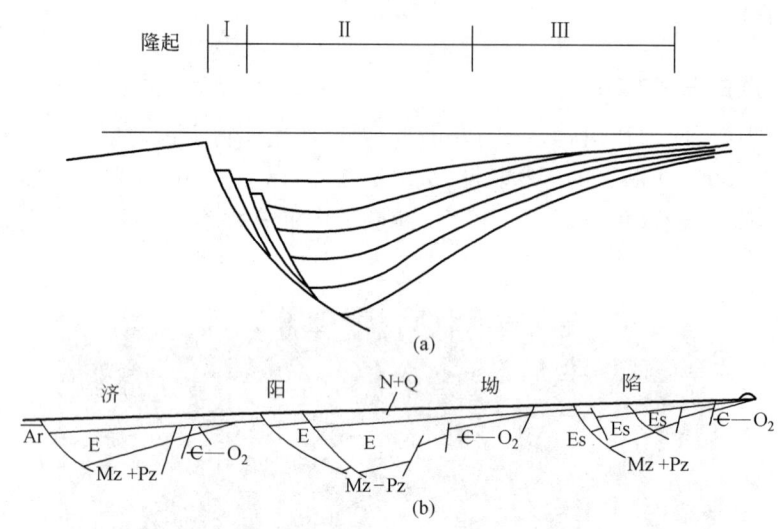

图7-9 山东济阳坳陷发育的箕状构造

(a)箕状构造结构示意图,其中Ⅰ为断阶带,Ⅱ为深凹带,Ⅲ为斜坡带;(b)山东济阳坳陷中发育的箕状构造

2. 地堑

地堑(Graben)主要由两条走向基本一致的相向倾斜的正断层构成,两条断层之间有一个共同的下降盘(图7-10)。

构成大、中型地堑边界的正断层往往不只是一条单一的断层,而是由数条产状相似的正断层组成一个同向倾斜的阶梯式断层系列,见图7-11(a)。多数地堑是由正断层组成,但也有少数地堑是由逆断层甚至逆冲断层组成。巨型地堑系应属裂谷,它常控制着沉积盆地的发育(如华南地区的一些古近—新近纪红色盆地),有的还是板块间的分界线,是板块扩张的发源地。

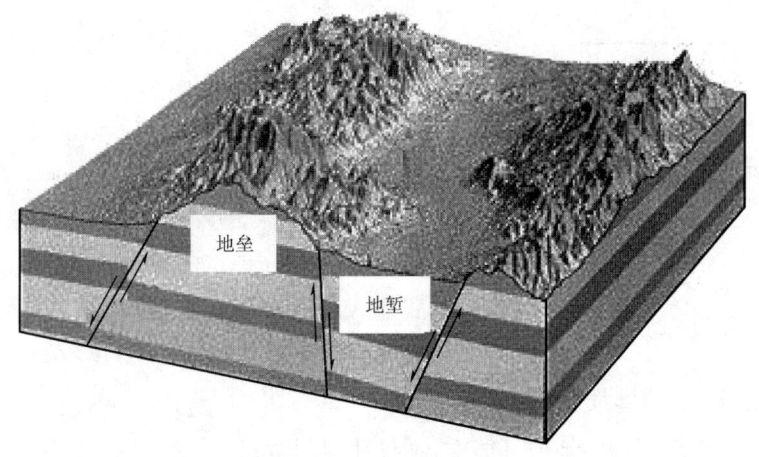

图 7-10 地堑和地垒的组合

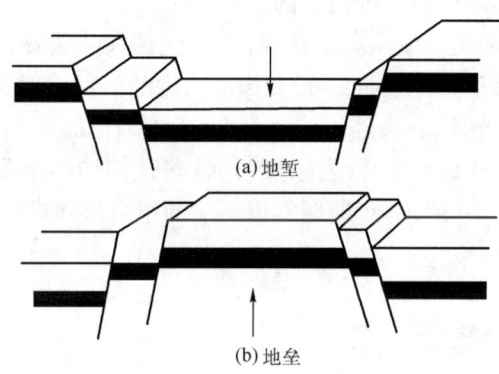

图 7-11 地堑和地垒示意图

3. 地垒

地垒(Horst)主要由两条走向基本一致、倾斜方向相反的正断层构成,两条正断层之间有一个共同的上升盘(图 7-10)。组成地垒两侧的正断层可以单条产出,也可由数条产状相似的正断层组成,形成两个依次向两侧断落的阶梯状断层带,见图 7-11(b)。

4. 环状断层和放射状断层

若干个弧形或半环状断层围绕一个中心成同心状排列,便构成环状断层(Ring fault);若干条断层自一个中心成辐射状向外发散排列,即构成放射状断层(Radiating fault),如图 7-12 所示。环状断层和放射状断层常见于盐丘造成的穹隆构造周围,也可能出现在火山口、岩浆底辟构造(因岩浆挤入而使上覆岩层局部上升形成穹隆或短轴背斜)等处。

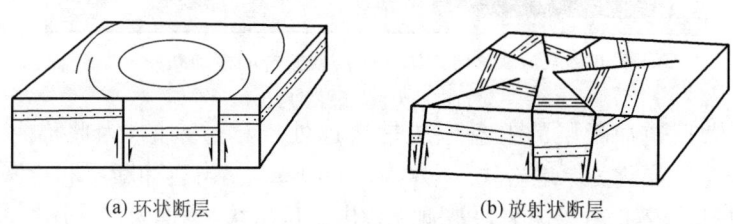

图 7-12 环状断层和放射状断层示意图

5. 雁列式断层

由若干条近平行的正断层呈斜向错列展布,构成雁列式断层(En echelon fault),如图 7-13 所示。雁列式断层带的走向与其排列的总体方向呈 30°~45°斜交。

6. 断块型断层

两组方向不同的大、中型正断层互相切割,构成方格状和菱形断块为断块型断层(Block fault)。我国东部地区这种组合形式比较普遍,如浙闽一带的北东向和北西向断裂的方格网组合就属于断块型断层组合形式。

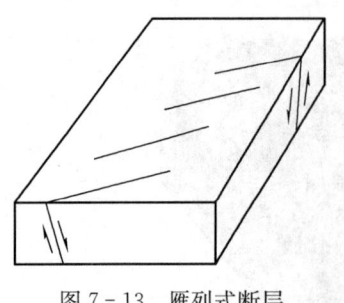

图 7-13 雁列式断层

(三)正断层形成的地质背景

正断层广泛发育于不同的地质环境中,不仅在拉张背景下发育,也在构造变形强烈的挤压褶皱带发育。不过在构造挤压强烈的变形区域,正断层一般不占主导地位,常以伴生或派生构造产出,位于背斜的转折端部位或两种构造的交替部位。

正断层发育最重要的地质背景是离散板块地带,包括大陆裂谷(Continental rift)、洋中脊(Mid-oceanic ridge)以及弧后盆地(Back arc basin)。大陆裂谷比较典型的实例是东非大裂谷(The East African rift)。此外,在大陆斜坡地带,由于重力滑脱也容易发育正断层。再者,盐岩溶解导致的盐撤离(Salt withdrawl)、岩浆撤离、背斜顶部局部拉张以及走滑断层的派生断层都可能导致正断层发育。一般地,正断层常以一定的组合形式产出。

二、逆断层

(一)逆断层的一般特征

断层上盘沿断层面相对向上滑动的断层称为逆断层。逆断层的产状一般较缓,断层面倾角一般在45°以下。逆断层中最常见的是逆冲断层(Thrust fault)和推覆构造(Nappe structure)。逆冲断层是位移量很大的低角度逆断层,断层倾角一般在30°左右或者更缓,而断层推覆距离在数千米以上的大型逆冲断层就称为逆冲推覆构造或推覆构造。

逆冲断层常常显示出强烈的挤压现象,形成角砾岩、碎粒岩和超碎裂岩等断层岩,沿逆冲断层还常出现劈理化、节理化、剪切带或各种复杂揉褶现象。断层两侧的岩层常常具有强烈变形特征,形成复杂褶皱变形,这种变形在造山带表现得尤为明显。然而,有些逆冲断层带或者断层带的某些部分,地层变形破碎却不十分明显,甚至非常微弱,譬如沿大型盐席推覆的盐上地层就很少发生明显褶皱变形(图 7-14)。

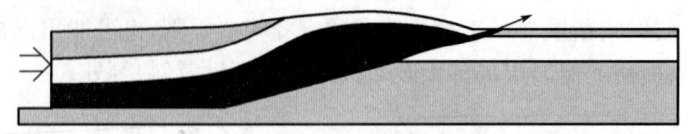

图 7-14 挤压作用下沿盐岩发育的逆冲断层

黑色区域为盐,盐岩呈席状

推覆构造或大型逆冲断层的上盘地层是从远处推移过来的,因此称为外来岩块(体)(Allochthon),下盘地层称为原地岩块(体)(Autochthon)。当逆冲断层和推覆构造发育地区遭受强烈剥蚀切割后,若部分外来岩块被剥掉露出下伏岩块,表现为在一片外来岩块中露出一小片由断层圈闭的原地地层,这种现象就称为构造窗(Window);若剥蚀强烈,外来岩块仅局部残留在大片的原地岩块上,便形成了飞来峰(Klippe)(图 7-15,图 7-16)。飞来峰常成为陡立的山峰,且无论是构造窗还是飞来峰,它们与周围原地岩块都呈断层接触关系。

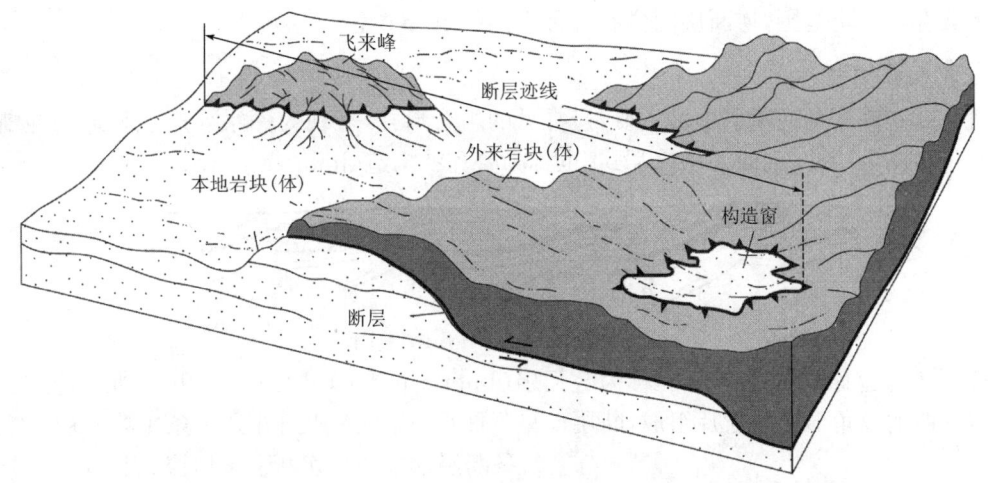

图 7-15 外来、本地岩块(体)及构造窗和飞来峰拟三维示意图(据 Davis 等,2012)

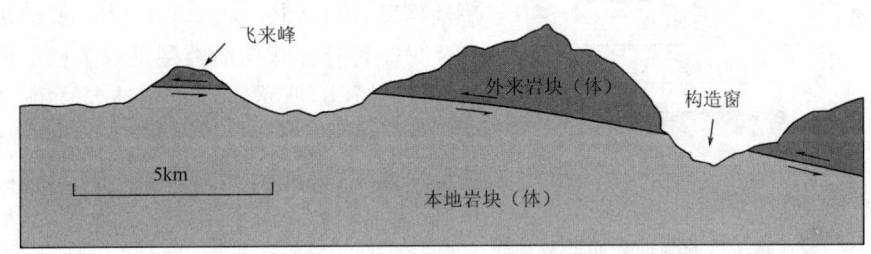

图 7-16 外来、本地岩块(体)及构造窗和飞来峰剖面示意图(据 Davis 等,2012)

逆冲推覆构造的几何形态常呈台阶状,即断层面由长而缓的断坪和短而陡的断坡交替构成。断坪常沿软弱岩层发育,断坡则以高角度切过强硬岩层。这种台阶状断层形态在造山带前缘的前陆盆地非常普遍,如美国的松树山地区、我国的天山南北山前、四川盆地川西褶皱冲断带等地均广泛发育。

在构造变形强烈的地区,往往发生过多次构造运动(图 7-17)。如此一来,早期的断层形态往往已被后期构造变形所改造。因此,现今的断层形态一般并未呈现典型的台阶状,只有经过合理的构造平衡恢复,复原到断层的初始形态时才能呈现最初的断层形态。

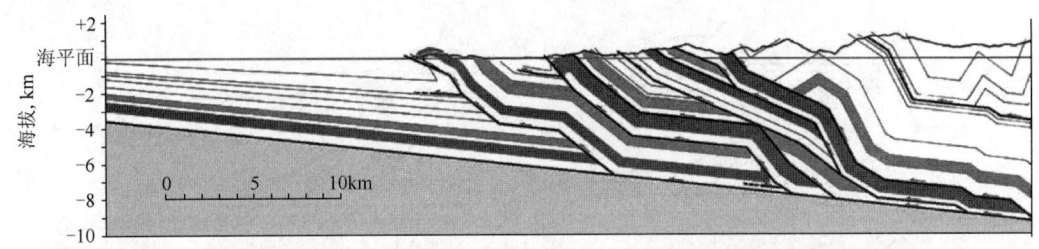

图 7-17 台湾台东山前的区域地震剖面显示多条逆冲推覆断层叠加变形(据 Suppe,1980)

总的说来,逆冲断层和推覆构造是地壳中最常见的断裂构造,其构造变形对油气运聚、地震活动、工程稳定性分析等意义重大,是当前构造研究中最引人注目的课题,尚有诸多问题值得地质学者进一步探讨和研究。

(二)逆断层的组合形式

自然界中各种地质构造通常不是孤立存在的,往往成群出现,并根据形成的原因以不同的组合形式存在一定范围,逆断层同样有各种不同的组合类型。

1. 叠瓦式逆断层

叠瓦式逆断层是逆断层中最主要、最常见的组合形式,表现为一系列产状相近的逆断层,其上盘依次向上逆冲,剖面上呈叠瓦式,也称为叠瓦状构造(Imbricate structures)(图7-18)。

图7-18 叠瓦状构造示意图

叠瓦状构造有两种类型,其一称为叠瓦扇(Imbricate fan),如图7-19(a)所示,主要由一系列成弯曲的三角形逆冲断片组成,断层面呈下凹形,向下逐渐归并到一条主要断层之上,且每条断层都未完全切断上覆地层,而是向上逐渐终止于断层上覆背斜前翼的转折端处,是典型的断层传播褶皱(Fault-Propagation folding)的组合形式。

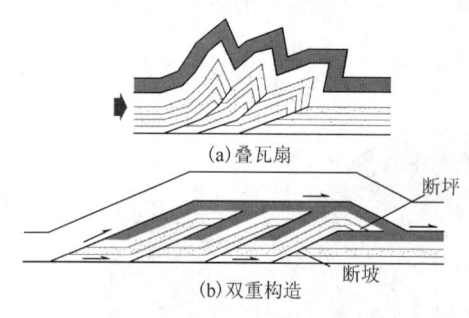

图7-19 叠瓦状构造的两种叠加类型

另一种叠瓦状构造类型是双重构造(Duplex),如图7-19(b)所示。双重构造是由顶、底板断层所限制的叠瓦状构造,构造最高的共同逆断层称为顶板逆断层,最低的共同逆断层称为底板逆断层。顶、底板逆断层在双重构造的前锋和后缘汇合。因此,双重构造重要特点就是叠瓦状构造叠加后具有共同的顶、底板断层。这种构造组合形式在四川盆地的川东高陡带较为常见,其主要原因是川东地区发育多个滑脱面(寒武系页岩、志留系页岩及三叠系膏盐岩)。

总体说来,叠瓦式逆断层的发育顺序和扩展方向有两种方式:前展式和后展式(图7-20)。前展式中新的逆断层向逆冲方向(一般为盆地方向)扩展,发育在老的逆断层之下,新的逆断层岩体增生在整个叠瓦构造的前缘,如图7-20(a)所示。后展式中新的逆断层依次向逆冲来源方向或腹地(山根)扩展,增生在推覆体的后缘,如图7-20(b)所示。因此,在前展式中位置最高或者说最后侧的逆冲岩体发育时间最早,而后展式则刚好相反,最后侧的逆冲岩体发育时间最晚。自然界中逆断层的发育顺序大多以前展式方式进行。

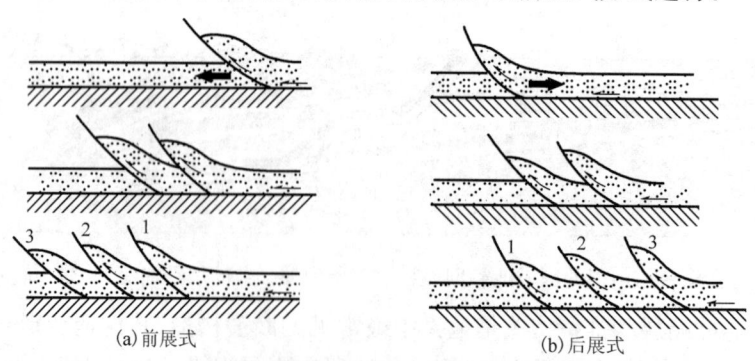

图7-20 叠瓦式断层的发育顺序示意图(据徐开礼,2003)

1—3为断层发育顺序,箭头指示构造扩展方向

2.背冲式逆冲断层

背冲式逆冲断层(Back thrust fault)由两条或两组相向倾斜的逆冲断层组成,表现为自一个中心分别向两个相反方向逆冲,一般自背斜核部向外撒开逆冲。与造山带复背斜伴生的两组逆断层,分别在两翼上产出,常常总体呈扇形(图7-21)。

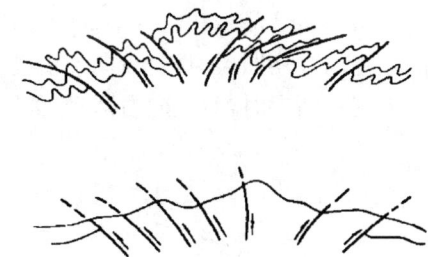

图7-21 背冲式逆冲断层

3.对冲式逆冲断层

对冲式逆冲断层(Face to face thrust fault)是由两条相反倾斜、相对逆冲的逆冲断层组成。小型对冲式逆冲断层常与背斜构造伴生(图7-22);大型对冲式逆冲断层产出于坳陷带边缘,自两侧隆起分别向坳陷带内逆冲。

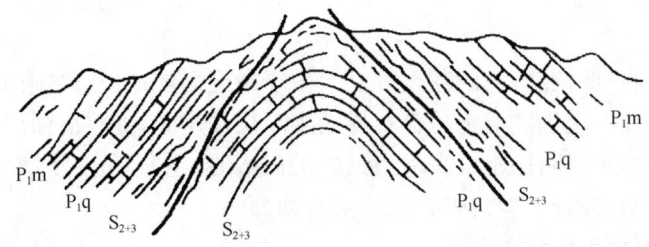

图7-22 四川广元月明峡背斜上发育的对冲式逆冲断层

4.楔冲式逆冲断层

老岩系一侧逆冲于新地层之上,另一侧则与新地层呈正断层接触,形成上宽下窄的楔形断片,这种断层称为楔冲式逆冲断层。它的断层面是勺状弯曲的弧面,深部逆冲,浅部由于断层面倾向反过来了,逆冲楔状体成了下盘,浅部表现与正断层相似。我国南方一些较大的红色盆地中有时出现的一些基底老岩层,过去一般认为是断块式上升,以地垒形式隆起于红层中。近年研究发现,这些老岩层一侧逆冲于红层之上,而另一侧与红层呈正断层接触,成上宽下窄的楔形断片,称为楔状冲断体构造(Wedge shape thrust fault),如图7-23所示。

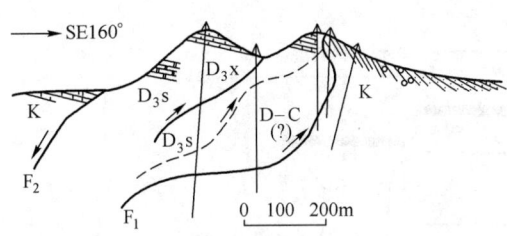

图7-23 湖南衡阳谭子山楔状冲断体

(三)逆断层形成的地质背景

逆断层及其各种组合形式分别产出于不同的地质环境中,并且以叠瓦式为最普遍的形式。逆断层一般是区域性挤压作用的结果,引起整体收缩,所以有人把逆断层称为收缩性断层,常与强烈的褶皱运动相伴生。此外,区域性伸展和重力滑脱(Gravitational sliding)作用也可形成逆断层。总之,引起逆断层和叠瓦构造的驱动力为水平挤压和重力作用。

三、平移断层

(一)平移断层的一般特征

当断层两盘基本上沿断层走向相对滑动而未沿断层倾向发生明显滑动时,这类断层称为平移断层(图7-24)。根据断层两盘的相对滑动方向,平移断层可分为左行平移断层(Sinistral strike slip fault)和右行平移断层(Dextral strike slip fault)。左行是指观察者的视线垂直于断层走向观察断层时,对盘向左滑动,如图7-24(a)所示;右行是指观察者的视线垂直于断层走向观察断层时,对盘向右滑动,如图7-24(b)所示。

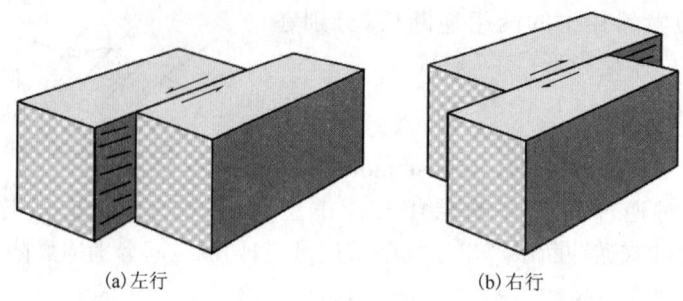

图7-24 平移断层示意图

平移断层的断面一般较陡,有的甚至直立。由于断层面陡峭,从横剖面上观测时常易误认为是正/逆断层。这在一定程度上也是自然界发生断层作用时,地层沿断层面常有一定倾斜滑动的原因。一般说来,平移断层常常表现为强烈的破碎带、密集剪裂带、角砾岩化带及超碎裂岩带等,与前面两类断层相比,剪裂破碎往往更为强烈。

(二)平移断层的组合形式

平移断层的形成过程中,由于两盘地层基本沿断层面走向方向滑动,可形成左行和右行平移断层组合(图7-25)。由于平移断层两盘的地层发生强烈剪切滑动,在断层附近常可见到派生的一系列构造,如雁列断层(En echelon fault)及其形成的正、负花状构造(Flower structure)(图7-26),以及沿大型走滑断层发育的拉分盆地(Pull-apart basins)和冲起构造(Pop-up structure)等(图7-27)。

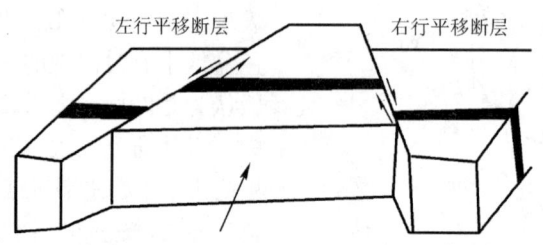

图7-25 左行和右行平移断层组合示意图

(三)平移断层形成的地质背景

平移断层发育的地质背景可以分为两类:一类是与褶皱等构造伴生的平移断层;另一类是区域性平移断层。与褶皱或逆冲断层伴生的平移断层规模一般不大,是在形成褶皱或逆冲断层的统一应力场中形成的,常与褶皱或逆冲断层斜交或横交。斜交构造线的平移断层是顺着一对共轭剪裂面发育的(见第四章);横交构造线的平移断层可能是顺着张裂面发育,并在差异应力下形成。这两种产状的平移断层,特别是斜向平移断层在造山带广泛发育。例如龙门山前的红河断裂、鲜水河断裂,这些断层现今仍在活动,可诱发强烈地震。

走向与褶皱轴向或纵断层走向一致的平移断层,是另一次构造运动沿早已形成的纵向断裂构造发育而成,两者不属于同一次构造运动的产物。

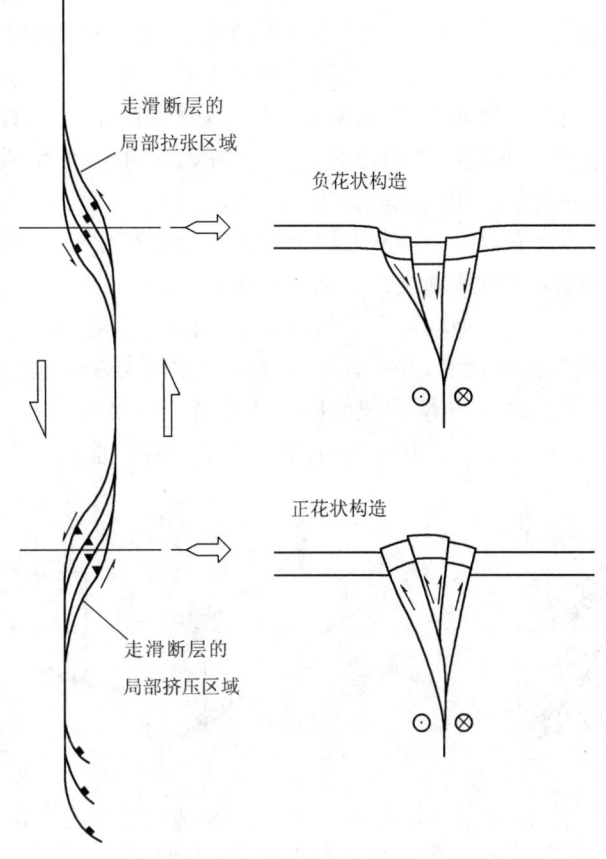

图 7-26　地表及剖面显示平移断层派生的雁列式断层组合和花状构造
（据 Woodcock and Rickards,2003）

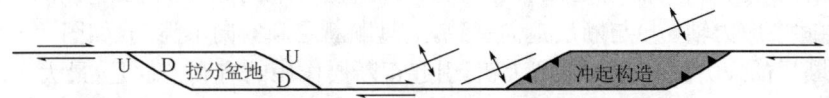

图 7-27　右行走滑断层作用下地表可见的拉分盆地和冲起构造（据 Suppe,1985）

D—下降；U—上升

规模较大的区域性平移断层又称为走滑断层，如美国西海岸的圣安德烈斯断层（San Andreas Fault）、塔里木盆地东缘的阿尔金断层都是大家公认的走滑断层。其中圣安德烈斯断层仅在大陆上的长度已超过 1500km，累计平移幅度达 648km。

第四节　断层形成机制与断层效应

一、断层形成机制

断层形成机制是一个十分复杂的课题，它包括断层破裂的发生和断层形成、断层作用过程与应力状态、岩石力学性质，以及断层作用与断层形成环境的物理状态等问题。

从断层破裂的微观机制考虑,当岩石受力超过其强度极限,即差应力超过其强度极限时岩石便开始破裂。破裂首先从微裂隙开始,微裂隙逐渐发展,相互联合和扩展,形成明显的破裂面,即断层两盘借以相对滑动的破裂面。断裂开始出现时的微裂隙一般呈羽状散布排列。微裂隙可属于剪裂,也可属张裂性质,但扫描电子显微镜观察揭示出大多数微裂隙具张裂性。当断裂面一旦形成而且差应力超过摩擦阻力时,两盘就开始相对滑动,形成断层。而随着应力释放或差应力趋向于零,一次断层作用也就终止。

安德森(E. M. Anderson,1951)等从断层形成的应力状态分析了断层的成因,他认为因地面与空气间无剪应力作用,故形成断层的三轴应力状态中有一个主应力轴趋于垂直水平面,并以此为依据提出了形成正断层、逆断层和平移断层的三种应力状态(图7-28)。

安德森模式被地质学家所接受,并将其用作分析解释地表或近地表脆性断裂的依据。一般认为,断层面是一个剪裂面,σ_1与两剪裂面的锐角等分线一致,σ_3与两个剪裂面的钝角等分线一致。此外,σ_1所在盘向锐角角顶方向滑动,就是说断层两盘垂直σ_2方向滑动(图7-28)。

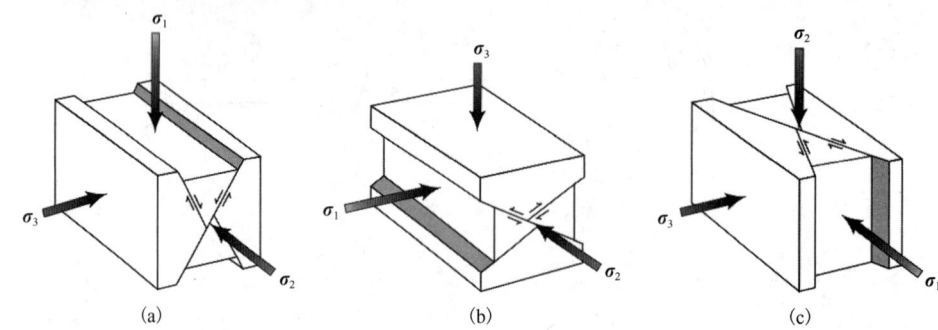

图7-28 形成三类断层的三种应力状态及其表现形式(据 Anderson,1951)

(a)正断层;(b)逆断层;(c)平移断层

根据安德森模式有以下三种应力状态:

(1)形成正断层的应力状态是:最大主应力(σ_1)直立,中间主应力轴(σ_2)和最小主应力轴(σ_3)水平,中间主应力轴(σ_2)与断层走向一致,上盘顺断层倾斜向下滑动,如图7-28(a)所示。根据形成正断层的应力状态和莫尔圆表明,引起正断层作用的有利条件是:最大主应力(σ_1)在铅直方向上逐渐增大,或者是最小主应力(σ_3)在水平方向上减小。因此水平拉伸和垂直上隆是最适于发生正断层作用的应力状态。

(2)形成低角度逆断层或逆冲断层的应力状态是:最大主应力轴(σ_1)和中间主应力轴(σ_2)水平,最小主应力轴(σ_3),中间主应力轴(σ_2)平行于断面走向,如图7-28(b)所示。根据逆断层的应力状态和莫尔圆表明,适于逆断层形成的可能情况是:最大主应力(σ_1)在水平方向逐渐增大,或者是最小应力(σ_3)逐渐减小。因此水平挤压有利于逆断层的发育。

(3)形成平移断层的应力状态是:最大主应力轴(σ_1)和最小主应力轴(σ_3)是水平的,中间主应力轴(σ_2)是直立的,断层面走向垂直于σ_2,滑动方向也垂直于σ_2,两盘顺层走向滑动,如图7-28(c)所示。

安德森模式虽然经常作为地质学家分析断层作用应力状态的基本依据,但该模型对自然界复杂的条件考虑不够。为此,一些学者在考虑某些特定的边界条件下提出了许多不同的断层带成因模式,如 W. Haffner(1951)模式等,参见有关论著与教科书,在此不做详述。

二、断层效应

断层效应是指断层作用引起的各种视觉效应。在实际工作中,由于岩层与断层复杂的交切关系以及两盘滑动引起标志层在平面和剖面上的视错动,常常难以从标志层的相对视错动上正确判定出两盘的相对滑动或断层性质,特别是斜向断层和横向断层可引起多种视觉效应。下面我们从 4 个不同方面对这个问题加以讨论。

(一)正(逆)断层引起的效应

倾向断层的两盘沿断层倾斜方向滑动时,经地表侵蚀夷平后在水平面上(地表)两盘岩层表现为水平错移,给人以平移断层的假象(图 7-29)。从图 7-29(b)中可以看出水平面上显示上升盘的岩层界线相对下降盘同一岩层的界线向岩层倾斜方向错动,并具有总滑距越大、岩层倾角越小时,水平地层断距越大的规律。

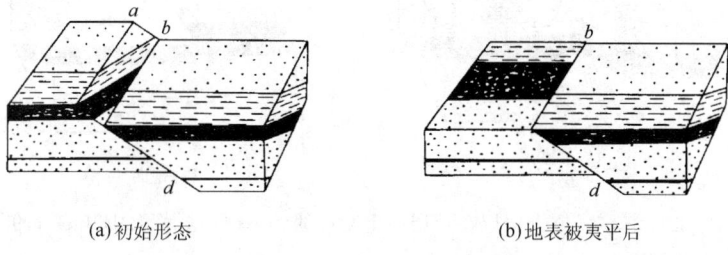

(a)初始形态　　　　　　　(b)地表被夷平后

图 7-29　倾向正断层引起的平移断层假象

(二)平移断层引起的效应

倾向断层的两盘顺断层面走向滑动时,剖面上会表现为正(逆)断层。如图 7-30 所示,顺错断岩层倾向平移错动的一盘在剖面上表现为上升盘。铅直地层断距的大小取决于总滑距和被错断岩层的倾角,岩层倾角越大,铅直地层断距也越大。

在野外观察断层时,对于倾向正(逆)断层和倾向平移断层应综合岩层水平面和剖面的错移情况来进行正确判断。

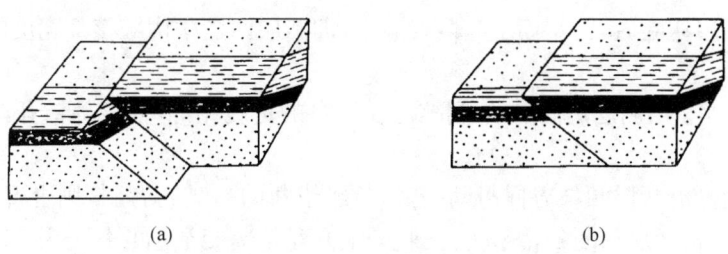

(a)　　　　　　　　　　　(b)

图 7-30　倾向平移断层(a)在剖面上引起的逆断层的假象(b)

(三)平移—正(逆)断层和正(逆)—平移断层引起的效应

当倾向断层的上盘沿断层面斜向下滑时,会出现三种效应。

(1)当滑移线与岩层在断层面上的交迹线平行时,不论总滑距大小,在平面或剖面上岩层好像没有错移(图 7-31);

(2)当滑移线位于岩层在断层面上交迹线的下侧时,在剖面上表现为正断层,而在平面上则表现为平移断层(图 7-32);

(3)如果滑移线位于岩层在断层面上交迹线的上侧,则在剖面上表现为逆断层,在平面上表现为平移断层(图 7-33)。

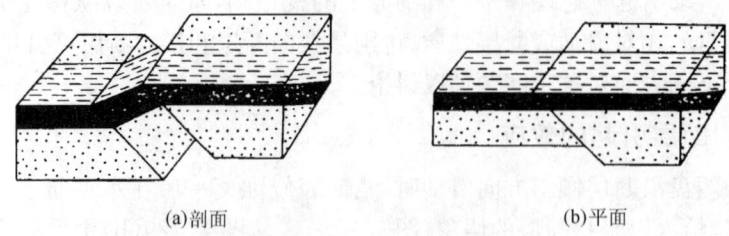

图 7-31　滑移线与岩层在断层面上的交迹线平行(据 M. B. Billings,1956)

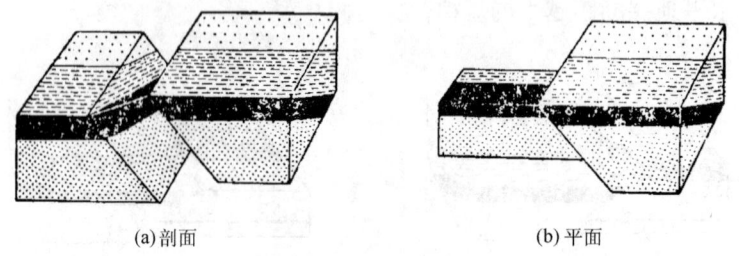

图 7-32　滑移线位于岩层在断层面上交迹线的下侧(据 M. B. Billings,1956)

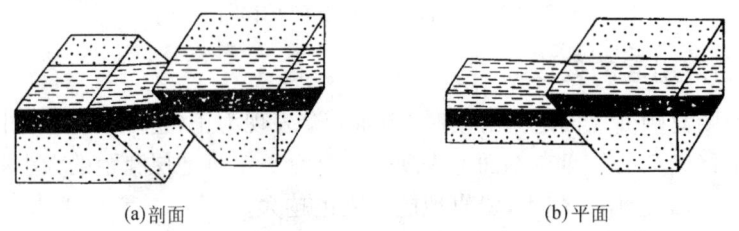

图 7-33　滑移线位于岩层在断层面上交迹线的上侧(据 M. B. Billings,1956)

(四)横断层错断褶皱引起的效应

褶皱被横断层切断后,在平面上有两种表现,即断层两盘中褶皱核部宽度的变化和褶皱轴迹的错移。

如果横断层完全沿断层走向滑动,则核部在两盘的宽度相等,仅核部错开,如图 7-34(a)、(c)所示。

如果断层两盘沿断层倾斜方向滑动,若横断层错断的褶皱为背斜,则上升盘核部变宽,如 7-34(b)所示;若横断层错断的褶皱为向斜,则上升盘核部变窄,如图 7-34(d)所示。

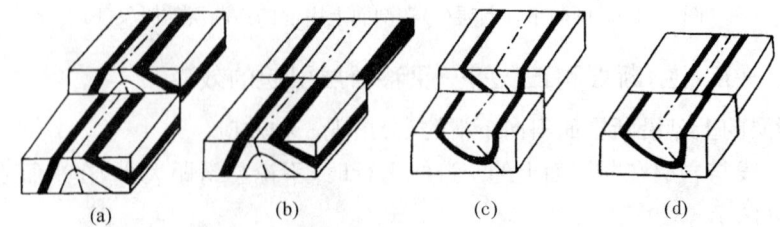

图 7-34　褶皱被横断层切断后两盘核部宽度的变化和轴迹错移

如果断层两盘沿断层面斜向滑动,则不仅褶皱核部宽度发生变化,而且被错开。

断层是否具有平移性质,主要依据褶皱轴迹在平面上的错移情况来判断。若被横向正断层切断的直立褶皱,两盘中的迹线仍连成一线,无平移滑动(图 7-35);反之,表明有平移分量。如果褶皱是斜歪或倒转的,轴面被横断层切断后,若两盘沿断层面倾斜滑动,夷平后两盘在平面上表现出轴迹错移,轴迹在两盘被错开的距离随倾角增大而减小;如果轴面倾斜的褶皱被横断层切断并夷平后,在平面上两盘轴迹仍在一直线上,表明断层两盘沿着轴面在断层面上的迹线滑动既有顺断层面走向滑动的分量,又有顺断层面倾斜滑动的分量。

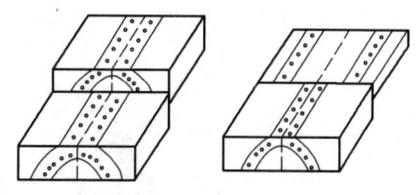

图 7-35 被横向正断层切断的直立褶皱

总之,断层两盘位移分量的大小和方向、两盘倾斜滑动分量的大小、褶皱轴面倾角这三个变量及其相互关系,决定褶皱轴迹是否错移及错移方向和距离。因此,在分析断层时,应从断层面产状、两盘位移大小和方向、岩层产状和褶皱形态及其相互关系等,结合有关构造、地形切割进行整体分析。

第五节 断层的观察和研究

断层广泛发育于不同构造环境,类型众多,形成机制各异,规模大小也相差很大,因此,针对不同的断层发育情况,断层的研究内容、方法和手段也各不相同。野外观测、地震剖面解释以及遥感影像解译等都是目前较为常用的断层特征研究方法。总的说来,野外观测是研究断层的基础。

断层观察和研究的主要内容有:断层的识别、断层产状的确定、断层两盘运动方向的确定、断距的确定、断层形成时代的确定,以及探讨断层的组合类型、断层活动演化过程、断层的形成机制及其产出地质背景等。

一、断层的识别

断层活动的特征会在产出地段的有关地层、构造、岩石及地貌等方面反映出来,这些特征可以帮助我们在野外进行断层识别,这就是所谓的断层活动标志。它们是识别断层的主要依据。

(一)地貌标志

断层活动后常在地貌上有明显表现,这些表现是识别断层的间接标志。

1. 断层崖

由于断层两盘的相对滑动,断层的上升盘和下降盘之间常形成陡崖,称为断层崖(Fault scarp)(图 7-36,图 7-37)。但并非所有的陡崖都是断层崖。

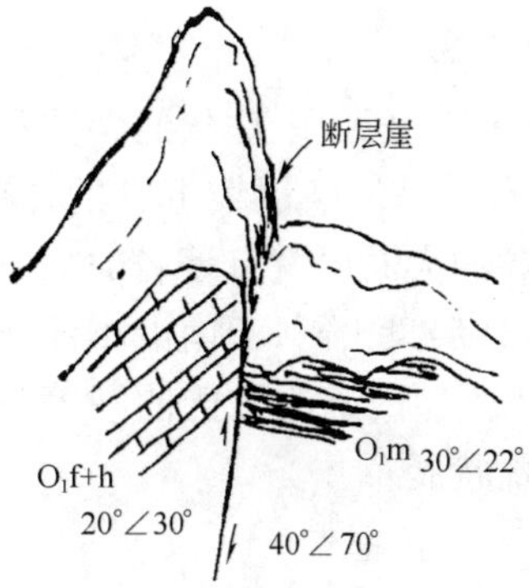

2. 断层三角面

断层崖受到与崖面垂直方向的水流侵蚀、切割,被改造成沿断层走向分布的一系列三角形陡崖,这种三角形陡崖,即为断层三角面(Fault facet)(图 7-38)。

图 7-36 重庆彭水鹿角吊颈子断层剖面

图 7-37　McConnell 逆断层形成的断层崖

图 7-38　某断层形成的断层三角面

3. 错断山脊

有些山脉在延展方向上如遇有横向或斜向断层存在时,则组成山脉的各山脊便发生相互错开,叫错断山脊。错断山脊往往是断层两盘相对位移所致,横切山岭走向的平原与山岭的接触带往往是一条较大的断层(图 7-39)。

4. 串珠状的湖泊和洼地

由断层活动引起的断陷常形成串珠状的湖泊和洼地。如北京玉泉山的泉水就是沿断层线上升的;陕西渭河地堑南侧沿秦岭北麓的大断层就有著名的临潼华清池、户县及眉县等一系列温泉出露;云南沿小江断裂带分布着草海、嵩明湖、阳宗海、滇池及抚仙湖等一系列湖泊盆地呈南北向串珠状展布。

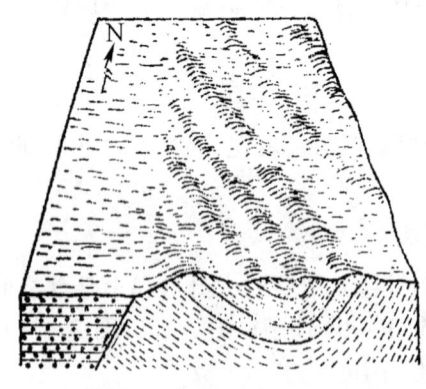

图 7-39　断层切断山脊示意图

5. 山岭和平原的突变

横切山岭走向的平原与山岭的接触带往往是一条较大的断层,如龙门山造山带和四川盆地之间就发育沿山岭走向的逆断层(图 7-40)。

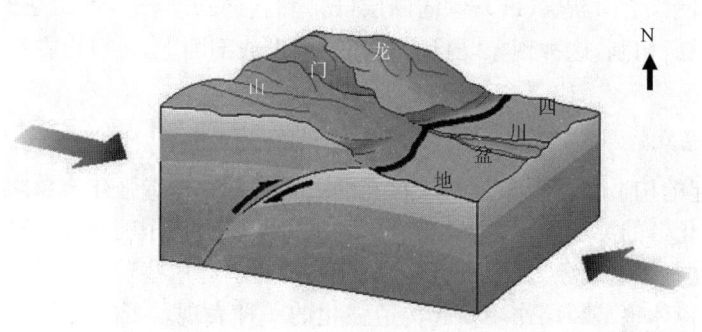

图 7-40　龙门山与四川盆地之间地貌和构造形态示意图

6. 泉水的带状分布

倘若断层属于开启断层,深部的地下水会沿断层面流至地表,导致泉水沿断层面呈带状分布。世界上有许多温泉就在活动断层位置分布,如西藏念青唐古拉山南麓从羊八井到当雄一带分布着一连串高温温泉(图 7-41),控制这些温泉分布的断层现今仍在活动。

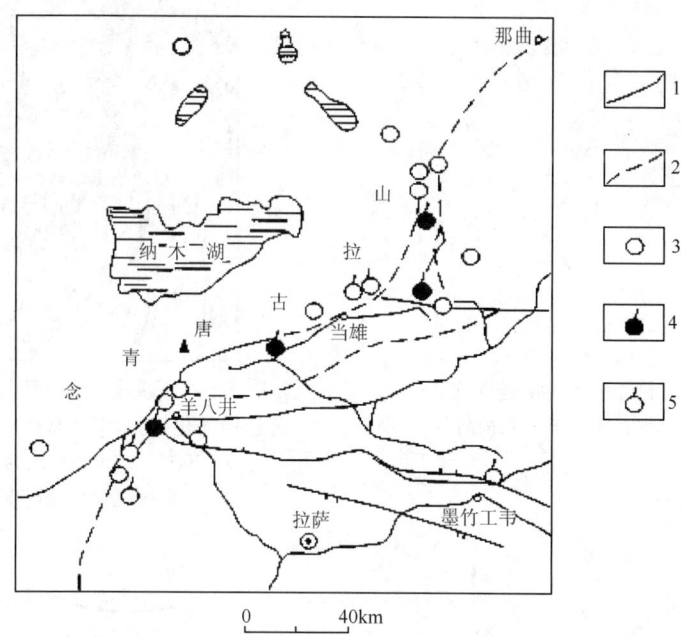

图 7-41　念青唐古拉山温泉乡地震震中分布图(据宋鸿林,1986)
1—逆断层;2—推测断层;3—震中;4—沸泉;5—热泉

7. 水系特点

断层的存在往往影响水系的发育,河流遇断层有可能急剧转向,河谷也有可能被断层错开。

(二)构造标志

断层活动会导致构造变形,留下许多构造现象,这些现象是判别断层存在的重要标志。

1. 构造线的不连续

任何线状或面状地质体,如地层、矿层、岩脉或片理等均顺其走向延伸,若这些地质体沿其走向突然中断或被错开,则是断层存在的直接标志。

如图 7-42 所示,走向断层(F_1)、倾向断层(F_2)和斜向断层(F_3)均切断地层,且早期形成的断层被后期断层所切割,这种现象既可表现在平面上或剖面上,也可以在平面和剖面上同时表现出来。

2. 构造强化现象

断层活动引起的构造强化现象是断层存在的重要依据。构造强化现象包括岩层产状的急变、节理化和劈理化带的突然出现、小褶皱急剧增加以及岩石挤压破碎和各种擦痕等。如若我们在野外观察到这些构造现象,就要进行认真观察,分析引起这些现象的可能原因。

此外,构造透镜体也是断层作用引起构造强化的一种表现。野外可以看到断层带内或断层面两侧岩石碎裂成大小不一的透镜状角砾块体,其长径一般为数十厘米至二三米(图 7-43、图 7-44、图 7-45)。透镜体有时单个产出,有时可以数个或数十个成组出现。

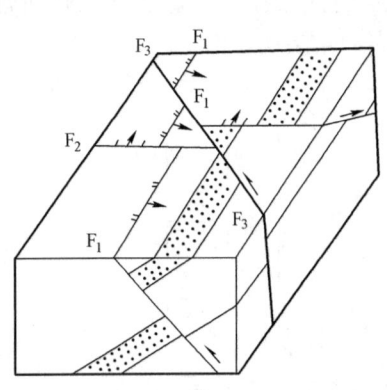

图 7-42 断层引起的构造线不连续现象
F_1—走向断层;F_2—倾向断层;F_3—斜向断层

图 7-43 西藏雅鲁藏布江断裂带内的
透镜体化岩石(宋鸿林摄,范崇彦素描)
1—石英绿泥石片岩;2—绿泥石片岩;
3—透镜体化石英脉

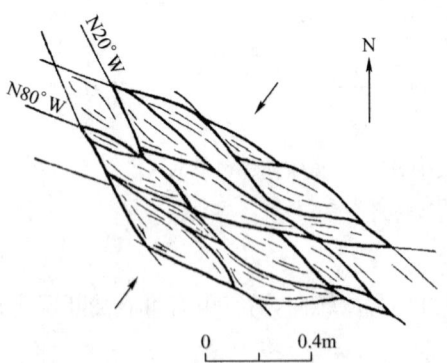

图 7-44 南京小九华挤压断层带中
构造透镜体平面素描

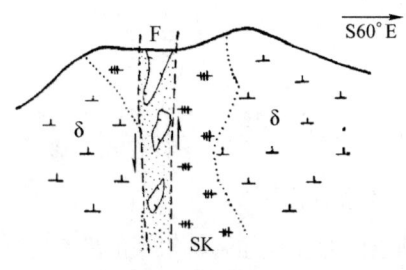

图 7-45 南京伏牛山挤压断层带中的构造
透镜体(据俞鸿年,1986)
F—断层带,宽约 1m;SK—矽卡岩;δ—闪长岩

构造透镜体一般是挤压作用产生的两组共轭剪节理切割岩石形成的菱形块体,其棱角被进一步挤磨而成(图 7-43、图 7-44),包含透镜体长轴(A 轴)和中间轴(B 轴)的平面(AB)

(见第四章),或与断层面平行或与断层面呈小角度相交并成雁列,如形成雁列,则构造透镜体的 AB 面与断层的锐夹角指示对盘的运动方向。

3. 断层两侧的复杂小褶皱

在断层带中或断层两侧,有时可见到一系列复杂紧闭的次级褶皱组成揉皱带(图 7-46),揉皱带一般产于较薄弱的岩层中,受断层性质和岩性控制。

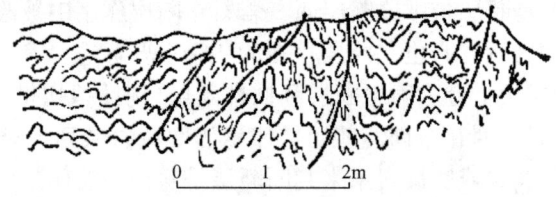

图 7-46 断层带附近的揉皱现象

(三)地层标志

一套顺序排列的地层,由于走向断层的影响常常造成两盘地层的缺失和重复。缺失是指地层序列中的一层或数层在地面上断失的现象。重复是原来顺序排列的地层部分或全部重复出现。由于断层的性质不同,断层与岩层的倾向、倾角不同,可以造成 6 种重复和缺失情况(表 7-1、图 7-47)。

表 7-1 走向断层造成的地层重复和缺失

断层性质	断层倾向与地层倾向的关系		
	二者倾向相反	二者倾向相同	
		断层倾角大于岩层倾角	断层倾角小于岩层倾角
正断层	重复[图 7-47(a)]	缺失[图 7-47(b)]	重复[图 7-47(c)]
逆断层	缺失[图 7-47(d)]	重复[图 7-47(e)]	缺失[图 7-47(f)]
断层两盘相对动向	下降盘出现新地层	下降盘出现新地层	上升盘出现新地层

表 7-1 中断层性质、倾向和地层倾向的关系在重复或缺失的现象中具有一定的几何关系,知道其中两种关系便可确定另一个变量。例如,若已知地层重复,并确定断层产状与岩层产状相反,则该断层应为正断层。

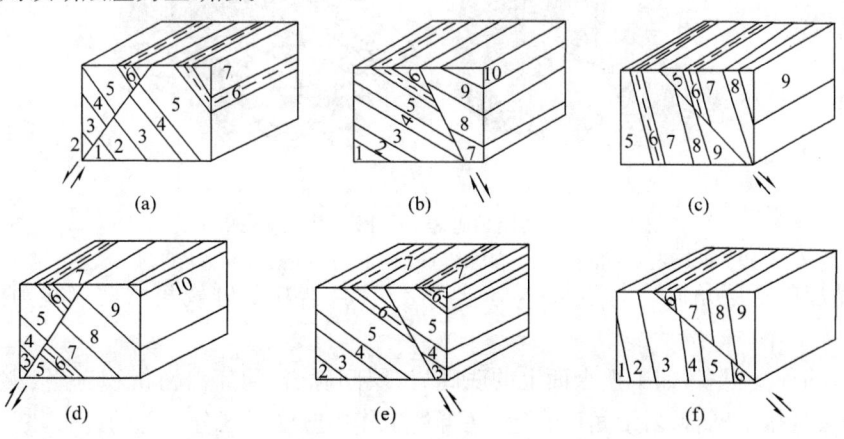

图 7-47 走向断层造成的地层重复和缺失
(a)、(c)、(e)地层重复;(b)、(d)、(f)地层缺失;1~9 表示地层序号

以上讨论的地层重复与缺失,是专指地层被剥蚀夷平后处于同一水平面上表现出来的结果。这是一种非常极端的情况,自然界断层两盘的地层处于同一水平地面的情况是非常少见的。因此,根据表7-1进行断层性质分析时,还需考虑地形的影响。总之,在分析断层性质时需综合考虑各种可变因素带来的影响。

(四)断层岩

断层岩(Fault rock)是断层带中或断层两盘岩石在断层作用中被改造形成的,具有特征性结构、构造和矿物成分的岩石。它也是断层存在的一个重要标志。

断层从产出的构造层次上分为脆性断层和韧性断层(韧性剪切带),断层岩也相应地分为与脆性断层伴生的碎裂岩系列和与韧性剪切带伴生的糜棱岩系列。显然,根据对断层岩性质的研究,可以利用其是碎裂岩或糜棱岩系来判断断层是脆性断层还是韧性断层。此外,我们还可以利用断层岩来测定和分析断层形成时的温度和压力,为分析断层形成时的深度和形成环境的温度压力状态提供一定信息。而且,断层岩的结构可以为分析确定断层两盘运动方向提供依据,有时也有助于分析断层形成时的应力状态。

断层岩一般包括断层角砾岩、碎裂岩、超碎裂岩、玻化岩(假玄武玻璃)、断层泥,以及糜棱岩、超糜棱岩、片理化岩等。

1. 断层角砾岩

断层在错动过程中,将断层面附近或断层带中的岩石破碎成大小不等的角砾,这些角砾被研磨成细粒或粉末的基质(填隙物)所胶结,成为一种特殊的角砾岩。断层角砾岩(Fault breccia rock)由仍保持原岩特点的岩石碎块组成,角砾形态多不规则,大小不一,杂乱无定向。角砾粒径一般在2mm以上,角砾外部有时有擦痕和磨光镜面(Slickenside)。

断层角砾出现在各类型断层的破碎带中。正断层形成的角砾岩特点是角砾形状不规则,棱角显著,分布杂乱,无定向性排列,角砾之间多空隙,如图7-48(a)所示;逆断层形成的角砾岩其角砾多具次圆状,大小不一,一般均成定向排列,填隙物多为断层泥、砂或显微破碎物,角砾多成透镜状变形且有定向排列或雁列式排列,如图7-48(b)所示。填隙物有时也显示定向排列或围绕角砾排列的特点,甚至发育成劈理。

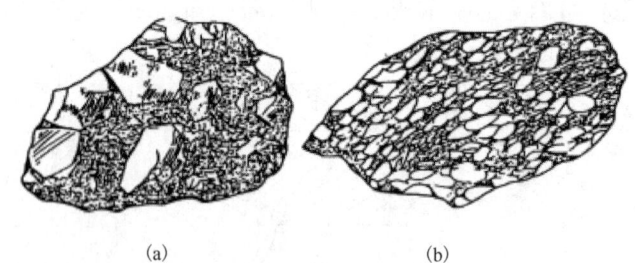

图7-48 断层角砾岩(据孙岩、韩克从,1985)
(a)苏州—正断层构造角砾岩标本素描图;(b)苏州—逆掩断层中构造角砾岩标本素描图

平移断层的断层角砾岩特点大体与逆断层相同,唯其角砾棱角磨圆度更好、大小更为均匀。

角砾岩的种类很多,如不整合面上的底砾岩、层间砾岩、河床滞留沉积砾岩、火山角砾岩、同生角砾岩、膏盐角砾岩、岩溶角砾岩等,在野外工作中应注意区分。总的说来,断层角砾岩与其他角砾岩区分的主要标志是看角砾与围岩是否有同源关系,是否顺层发育,是否有摩擦搓碎现象等。

2. 碎裂岩(碎斑岩)

碎裂岩(Cataclastic rock)是被断层两盘研磨得更细的断层岩。碎裂岩是由原岩的岩粉或细粒或原岩的矿物碎粒组成的。在偏光显微镜下,岩石具有压碎结构。碎裂岩中如残留一些较大矿物颗粒,则构成碎斑结构,这种岩石可称为碎斑岩。碎裂岩的粒径一般在 0.01~2mm,主要见于逆断层及平移断层中。

3. 超碎裂岩

超碎裂岩(Ultracataclasite)是岩石研磨得极细、粒度较为均匀的断层岩,一般粒径在 0.01mm 以下。

4. 玻化岩(假玄武玻璃)

如果岩石在强烈研磨和错动过程中局部发生熔融,而后又迅速冷却,会形成外貌似黑色玻璃质的岩石,称为玻化岩(Buchite),或称假玄武玻璃。玻化岩往往成细脉分布于其他断层岩中。

5. 断层泥

如果岩石在强烈研磨中成为泥状,单个颗粒一般不易分辨,且较大碎粒含量有限,这种未固结的断层岩可称为断层泥(Fault gouge)。对比原岩成分与断层泥成分,可发现两者不尽相同,这说明断层泥的细粒化不仅有研磨作用,而且有压溶作用,一些难溶成分残存下来组成断层泥的主要成分。

6. 糜棱岩及超糜棱岩

在断层带中,相邻岩石及矿物颗粒被压碎、碾磨成微粒和残留碎斑,这些微粒和残留碎斑因其定向排列形成糜棱结构,具有糜棱结构的岩石称为糜棱岩(Mylonite)。糜棱岩因碾碎物成分和颜色的深浅不同、碾磨程度的差异,可形成条纹状构造或层状的外貌(图 7-49)。

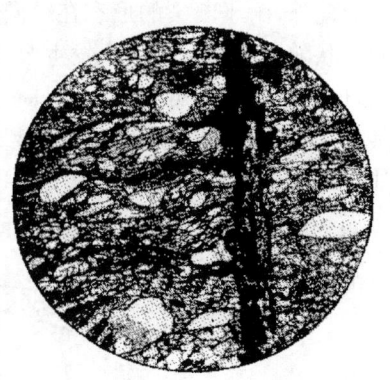

图 7-49 糜棱岩

超糜棱岩(Ultramylonite)是在高度压碎作用下经熔融而形成的隐晶质岩石,外表很像黑曜岩或致密状玄武岩,是一种特殊类型的糜棱岩,一般呈数厘米厚的小透镜体或细脉产出于糜棱岩中,常见于逆断层及平移断层中。

7. 片理化岩

与糜棱岩比,片理化岩(Foliation rock)具有显著的重结晶、变质现象,其内有大量的具片状构造的新生变质矿物。片理化岩实际上是重结晶程度较高的糜棱岩。

由于断层的形成因素较多,在同一条构造带中可以发育多种构造岩,甚至多种构造岩呈有规律的分带现象。

(五)岩浆活动和矿化作用标志

大断层尤其是切割很深的大断裂常常是岩浆和热液运移的通道和储聚场所。如果岩体、矿化带、热液蚀变带等沿一条线断续分布,常常指示有大断层或断裂带存在。

(六)岩相和厚度标志

如果一个地区的沉积岩相和厚度沿一条线发生急剧变化,可能是断层活动的结果。断层引起岩相和厚度的变化有两种情况：一种是控制沉积盆地和沉积作用的同沉积断层活动；另一种是断层的远距离推移，使相差很大的岩相带直接接触。

二、断层的观测

(一)断层面产状的测定

断层面产状是决定断层性质的重要因素，在观察和研究断层时，应尽可能测量其产状。出露于地表的断层可以直接用罗盘测量其产状，若断层没有直接出露，只能间接测定。如果断层面比较平直、地形切割强烈且断层线出露良好，可以根据断层线的"V"字形来判定断层面产状。隐伏断层的产状，主要根据钻孔资料，用三点法求出。此外，利用物探资料也可以方便地判断出断层的产状。

断层伴生和派生的小构造也有助于判定断层的产状。例如断层伴生的节理带和劈理带，一般与断层面近一致，而断层派生的同斜紧闭褶皱带、片理化断层岩的面理以及定向排列的构造透镜体带等，常与断层面成小角度相交。这些小构造变形越强烈、越压紧，说明其与断层面越接近。这些小构造有产状易变的性质，需经过大量测量并进行统计分析后，方可利用。

在确定断层面产状时，还要充分考虑到断层产状沿走向和倾向可能发生的变化。例如逆冲断层的断层面，由于岩石可能沿两组交叉剪切面发生破裂，在断层发育过程中经进一步的挤压和摩擦而形成波状弯曲，或是大断层形成前由分散的先期小断裂逐渐联合而形成，因联合方式不同常成波状起伏或台阶式。

此外，由于断裂的形态在纵向上会发生变化，而且断层活动也具多期性等特点，导致断层的产状随空间和时间均会发生改变。因此，不可简单地把局部产状作为一条较大断裂的总产状，也不可认为某类断层一定具有某种固定形态。例如，上文提及的台阶状逆冲断层形态，而某些正断层常表现为上陡下缓的犁式。此外，切割很深的大断裂，其产状总是具有一定的变化，如隆起边缘的大断层，地表常为低角度逆冲断层，向深处倾角可逐渐变大，甚至直立(图7-50)。

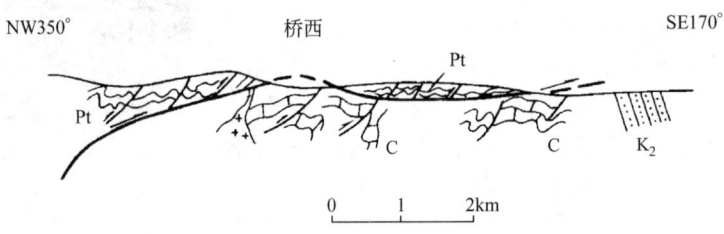

图7-50　江西宜丰九岭隆起南缘逆冲断层向地下变为高角度断层

(二)断层两盘相对运动方向的确定

断层运动是复杂的，一定规模的断层常常经历了多次脉冲式滑动。例如一条逆断层，在多次微量变形中虽然总体表现为上盘相对向上滑动为主，但也可能包括多次斜向滑动甚至向下滑动。如今对一些活动断层的定点观测(GPS观测点)已基本可以定量测定出两盘现今的相对运动位移。然而，由于断层活动复杂性及多期性，在确定两盘运动方向时，还需考虑其他的一些相关因素。不过，一条断层的活动性质或一定阶段的活动性质常具相对稳定性，例如正断层会在一定阶段保持其上盘相对下滑。如此一来，断层在特定时期的这种运动就会在断层面上或其两盘留下一定的痕迹，如擦痕、阶步等。这些痕迹是判断断层两盘相对运动方向的重要依据。

1. 两盘地层的新老关系

两盘地层的新老关系是判断断层相对错移的重要依据。对于走向断层,老地层出露盘常为上升盘,如图7-51(a)所示。但如果地层倒转,或断层倾角小于岩层倾角时,则老地层出露盘是下降盘,如图7-51(b)所示。如果两盘地层变形复杂,则不可简单地依据两盘直接接触的地层新老关系来判定其相对运动关系。例如,横断层切割褶皱时,对背斜来说上升盘核部变宽,下降盘核部变窄,如图7-52(a)所示;对于向斜,情况刚好相反,如图7-52(b)所示。

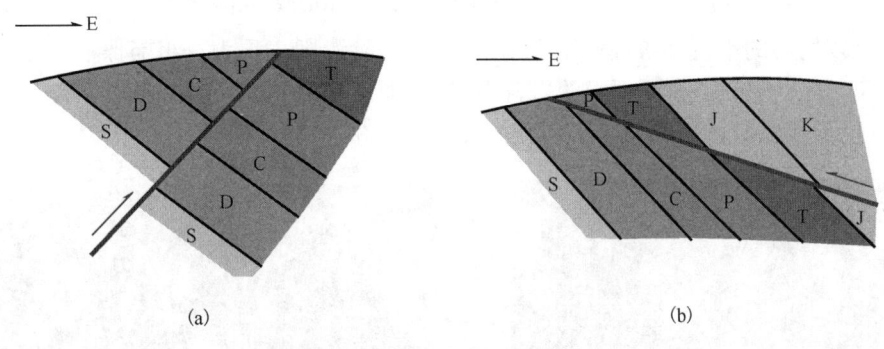

图7-51 走向断层剖面图
(a)断层倾向与岩层倾向相反;(b)断层倾向与岩层倾向相同,倾角小于岩层倾角

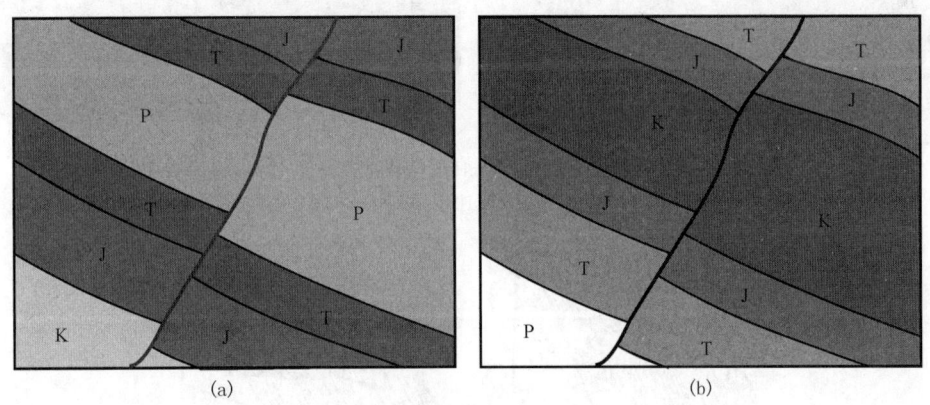

图7-52 走向断层切割背斜和向斜的平面特征
(a)断层切割背斜;(b)断层切割向斜

2. 牵引构造

断层两盘紧邻断层的岩层常常发生明显弧形弯曲,这种弯曲叫做牵引构造(Drag structure)。依据地层所受的力学成因分析,形成牵引构造的主要原因是两盘相对错动对岩层拖曳的结果,因此,岩层弧形弯曲的突出方向可指示本盘的运动方向(图7-53)。

牵引构造的弯曲方位,不仅取决于两盘相对运动的方向,而且还决定于断层产状与两盘地层的产状以及不同剖面或平面上的表现特征。一般说来,变形越强烈,牵引褶皱越紧闭。

此外,除正常牵引构造外,还有一种逆(或反)牵引构造(Counter drag structure)。这种逆牵引构造的弯曲形态与牵引构造的弯曲形态相反,即弧形弯曲的突起方向指示对盘的运动方向。

3. 擦痕和阶步

擦痕(Slicken line)和阶步(Step)是断层两盘相对错动时在断层面上留下的痕迹。擦痕表

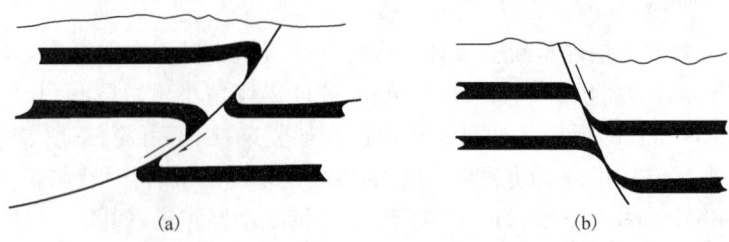

图 7-53 断层带中的牵引构造及其指示的两盘滑动方向

现为一组比较均匀的平行细纹(图 7-54、图 7-55);阶步则表现为一组与擦痕大致垂直的阶块(图 7-54、图 7-55)。在硬而脆的岩石中,擦痕面常被磨光,有时附有铁质、硅质或碳酸盐质薄膜,以至形成光滑如镜的面,称为摩擦镜面。

图 7-54 擦痕和阶步照片
(a)擦痕;(b)擦痕和阶步

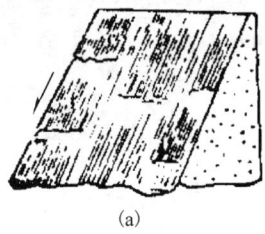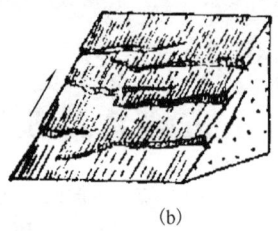

图 7-55 擦痕和阶步素描图
(a)由摩擦形成的擦痕和阶步;(b)由羽列剪裂隙形成的擦痕和反阶步

擦痕是两盘岩石被磨碎的岩屑和岩粉在断层面上刻画的结果,有时表现为一端粗而深、一端细而浅的"丁"字形,其细而浅端一般指示对盘运动方向。如果用手顺擦痕抚摸,可以感觉到顺一个方向比较光滑,相反方向则比较粗糙,感觉光滑的方向指示对盘运动方向。

在断层滑动面上常看到与擦痕呈直交的细微陡坎,这种细微陡坎就称为阶步。在断层滑动面上有时还可以看到一片片纤维状的矿物晶体,如图 7-54(b)所示,如纤维石英、纤维方解石、绿帘石、叶蜡石等。它们是两盘错动过程中,在两盘逐渐开始生长的纤维状晶体,这类纤维状结晶体称为擦抹晶体。各纤维晶体常被横张裂隙错开而形成一系列微小阶梯状断口。阶步的陡坎(Scarp)一般面向对盘的运动方向。

阶步作为一个帮助判断断层两盘相对运动的标志,多年来在实际运用中取得了良好的效果。然而,帕特森(Paterson,1958)对这一认识提出了异议。他用一系列实验证明,某些断层面上的小陡坎并不面向对盘的运动方向,而是指示本盘的运动方向。也就是说,阶步指示的方向与对盘的运动方向相反。这样的小陡坎被称为反阶步,如图 7-55(b)所示。反阶步是微剪切羽列横断的结果(图 7-56)。

 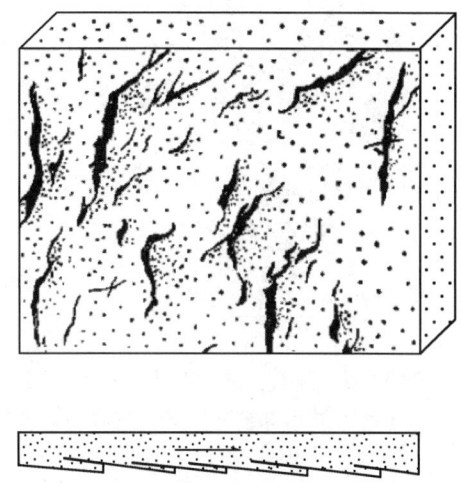

图 7-56　河北遵化中元古界白云质灰岩断层面上的反阶步(宋鸿林摄,杨光荣素描)

可是,为什么野外观察到的阶步大都是正阶步,而实验做出的结果却相反呢?进一步研究表明,在断层面形成初期生成的小陡坎都属于反阶步,而随着断层两盘的相对运动,初始形成的反阶步大都被磨失了,保留在断层面上的陡坎主要是断层发育晚期形成的正阶步。一般说来,野外区分正阶步和反阶步可依照如下两点进行判别:第一,正阶步的眉峰常呈弧形弯转,而反阶步的眉峰常呈棱角状直切;第二,如果阶步有擦抹矿物或在眉峰部位有压碎现象则常是正阶步。

断层运动往往是多期次的,即便是一次活动中,两盘运动也不一定保持稳定的方位和方向,且晚期运动的擦痕常将早期擦痕抹去或掩盖,保留在断层面上的往往是最后一次运动造成的擦痕。因此,不能仅以擦痕指示的方向来代表总的运动方向,也不能简单地根据断层面上出现不同方向的擦痕就轻易判定一个地区发生了两次或多次构造运动。

4. 羽状节理

在断层两盘相对运动过程中,断层一盘或两盘的岩石中常常会产生羽状排列的张节理和剪节理。这些派生的节理与主断层斜交,其交角的大小因派生节理的力学性质不同而异。

羽状张节理与主断层常成 45°相交,其锐角指示节理所在盘的运动方向(图 7-57)。

羽状剪节理有两组,一组与主断层成大角度相交或近于直交(图 7-58 中的 S_1);另一组成小角度相交,其交角一般在 15°以下,相当于内摩擦角的一半(图 7-58 中的 S_2)。小角度相交的一组节理,其与断层所交锐角指示本盘运动方向(图 7-58)。然而,由于断层派生的两组剪节理产状往往不太稳定,常被两盘的相对错动所破坏,故很难用于判断两盘的相对运动方向。

5. 断层两侧小褶皱

由于断层两盘的相对错动,断层两侧岩层有时形成复杂的紧闭小褶皱。这些小褶皱轴面与主断层常成小角度相交,其所交的锐角指示对盘运动方向。如图 7-58 所示,褶皱轴面 D 与断层成小角度相交,其所交的锐角指示对盘运动方向。

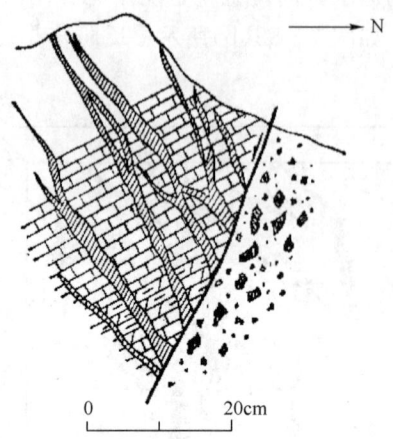 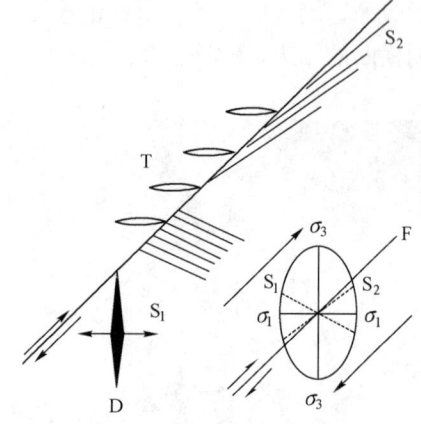

图7-57 河南济源一条正断层上盘的羽状张节理
节理与断层所交锐角指示本盘运动方向，
即上盘下降，为正断层

图7-58 断层及其派生节理和小褶皱示意图
F—主断层；S_1、S_2—剪节理；T—张节理；D—小褶皱轴面；
σ_1—派生应力场主压应力轴；σ_3—派生应力场主张应力轴

6. 断层角砾岩

如果断层切断并搓碎某一标志性岩层或矿层，根据该层角砾岩在断层带内的分布可以推断两盘相对位移方向。如图7-59所示，断层角砾岩指示上盘上升。此外，有时断层角砾岩成规律性排列，这些角砾的长轴与断层所夹锐角指示对盘运动方向。

图7-59 根据断层带中标志层角砾岩的分布推断两盘相对运动方向

以上我们讨论了多种判断断层两盘相对运动的标志。断层运动是复杂多变的，具多期次特征，先期活动留下的各种现象常被后期活动所破坏、改造、叠加，最后留下的是改造变动后的遗迹。因此，利用上述标志时，需进行综合分析并进行相互验证。

三、断层活动时间的确定

根据对现代活动断层及断层派生现象的时空观测分析表明，断层总是以十分不均匀的方式活动，表现为复杂的脉冲式，每一次脉冲的速率、位移量甚至方位都不一致。对某些大断层位移量的研究结果认为，部分断层在其活动阶段的平均速率约为每年1cm至数厘米，相对于大多数断层的平均活动速率每年几个到十几个毫米，速度是非常高的。

(一) 断层形成时间确定

断层在一定构造力作用下而形成。由于自然界构造力作用具复杂性、多期性以及长期性等特点,使得断层的活动过程也非常复杂,其形成时间往往难以准确确定。

断层一般是在一定构造运动中形成的,对于这些基本上于一次构造运动中形成的断层,可以利用断层与同期变形的地层和褶皱等的相互关系来确定其形成时期。例如一断层切割一套较老的地层,而其上又被另外一套较新的地层以角度不整合接触所覆盖,则该断层的形成时间是在不整合面下伏的最新地层形成以后和上覆地层中最老的地层形成之前这一时间区间内。

如果断层被岩墙或岩脉充填,而且岩墙或岩脉有错断迹象,则该断层形成或活动时期早于岩体的形成时间。利用放射性同位素法测定岩体时代,便可大体确定出断层的活动时代上限。如果断层被岩体切断,断层则形成于岩体之前;若断层切断岩体,则断层活动晚于岩体。

如果断层与被其切断的褶皱成有规律的几何关系,很可能两者是在同一次构造运动中形成的。查明这次构造作用的时期,也就确定了断层的形成时期。

此外,由重力作用引起的重力滑动断层,可以在沉积时期、成岩时期、构造运动时期或在其后的任何一个时期发生。这类断层的形成时期可以根据卷入断层的最新地层和未被断层切割的上覆最老地层年龄来确定。

总之,断层一般形成于某一构造运动时期,也可与某一沉积盆地的沉积作用同时活动,而重力滑动断层则可以在地质发展的任一阶段形成和发育。因此,确定断层的形成时期应针对具体断层进行具体分析。

(二)断层长期活动分析

地壳上一些区域性大断裂大多是经历过长期活动的。这些断裂常常经历了一个以上的构造活动期。有些断层可以在活动一定时期后静止,以后又再活动。有的大断裂长期多次活动主要根据断裂控制下沉积的地层厚度和岩相变化来确定,主要表现为断层两盘地层的沉积厚度和岩相在不同断层活动时期明显不同。此外,经历过长期活动的断层,各个阶段活动的强度及断层性质可能都有很大的变化。譬如早期为逆冲性质的断层,后期由于构造应力场改变,断层有可能发生反转,变为正断层,或是早期的正断层后期反转为逆断层。这种反转断层在四川盆地、天山南北缘以及非洲的安哥拉地区都非常常见。

有一些断层甚至现在仍然在活动,这类断层称为活动断层,如我国的郯庐断裂、川西龙门山映秀—北川断裂带、鲜水河断裂以及美国的圣安德列斯断层等。

岩浆活动是分析确定断层是否有长期活动的一个依据。长期多次活动的大断裂往往是多期岩浆带,由此形成的构造岩浆活动带也为分析断裂的长期活动提供了重要依据,其岩性还在一定程度上反映出切割深度的变化。伴随长期多次的岩浆活动,会发生长期多次的成矿作用,从而形成复杂多金属成矿带。

(三)同沉积断层

同沉积断层是指断层活动的同时伴随有地层的同沉积作用,这类断层又称为生长断层,主要发育在沉积盆地边缘,尤其是大、中型断陷盆地的边缘。在沉积盆地形成发育的过程中,盆地不断沉降,沉积作用不断进行,盆地外侧不断隆起,这些作用都是由于控制盆地边缘断层的不断活动而发生的。同沉积构造的形成时期和形成过程对油气的生成和聚集有重要影响。鉴于其重要性,本书后面章节将作详细专题介绍。

四、断层的描述

当对一条断层或对一个地区的一系列断层构造特征分析后,还需对其进行适当描述。一一般来说,对单条断层的描述内容主要包括以下 7 个方面的内容。

(1)断层名称:一般以地名+断层类型的方式对断层进行命名,或使用断层编号。

(2)位置:断层位于图区某方位、褶皱构造的某翼部、某山脊等地形处。

(3)断层在平面上的展布情况:延伸方向(断层面走向两端的延伸方向)、通过的主要地点、延伸长度等。

(4)断层产状及与两盘地层产状的关系:断层面产状、断层两盘出露的地层及其产状、地层重复和缺失以及两盘相对位移方向。

(5)地质界线错开特征和断距的大小。

(6)断层与其他构造的关系。

(7)断层的形成时代及力学成因等。

以星岗地区中部的 F_2 逆断层为例(详见本书实习部分图Ⅰ-13-5)对断层进行描述。

星岗地区中部的 F_2 横向逆断层位于北山坡东侧近山脊—王村—星岗一线,断层呈北北东向展布,断层北端在北山坡处与 K_1 地层对接,被角度不整合所截,南端延出图外,图内全长约 6.5km。断层面倾向北西,倾角 65°。上盘(即上升盘)为石炭系各统地层以及组成松村背斜的奥陶系、志留系地层,下盘(即下降盘)为二叠系各统地层和上、下石炭统地层以及构成石家向斜的志留系中、上统地层和核部的泥盆系下统地层组成。上盘地层逆冲叠覆于下盘地层之上,水平地层断距约 1250~1500m,由北向南逐渐增大。断层走向与褶皱轴向近于直交,为一横向断层。断层中部错断一早期形成的 F_3 走向逆断层。断层形成时代为晚二叠世(P_3)之后、早白垩世(K_1)之前。

第六节 断层的井下识别

据国内外资料,绝大多数油气田都受到断层的影响,我国东部地区不少油气田是属于断块类型的油气田,而且在油气田勘探开发过程中也经常碰到井下断层。因此研究井下断层对油气田的勘探和开发工作有重要的实际意义。根据以下标志,可综合判断井下是否有断层的存在。

一、井下地层的缺失和重复

在钻井过程中,一般来说如果发现有地层缺失,预示井下钻遇了正断层;如发现有地层重复,可能钻遇了逆断层。图 7-60 所示为一勘探线剖面,其地层及构造情况由钻孔 A、B、C 控制而显示,地层层序正常而连续,由老至新分别为 1~8 层。其中 B 井钻遇了 8 至 1 层的所有地层,显示了完整的地层层序,这是一个正常剖面;邻近与之相对比的 A 号井钻遇的地层由新到老分别是 8、7、5、4、3、2、1,缺失地层 6 层,根据这种短距离内地层的缺失,可以判断 A 井钻遇了正断层(F_1);C 井与正常剖面对比钻遇的地层由新到老分别是 5、4、3、2、5、4、3,重复出现地层 5、4、3 层,可以判断 C 井钻遇了逆断层(F_2)。

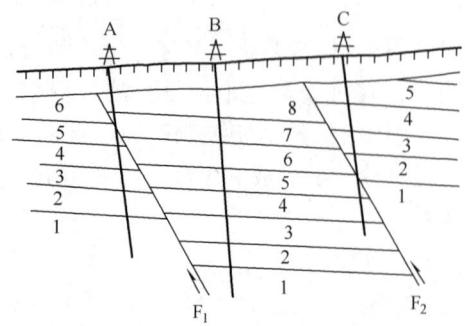

图 7-60 断层造成井下地层重复和缺失示意图

在通常情况下,同一个断层总是被多口井钻遇,而各井钻遇的深度、重复或缺失的层位各不相同,并且是按一定的方向作有规律变化的。另外,引起井下地层的重复和缺失除逆断层和正断层外,还会有其他构造因素影响,以下一并讨论。

(一)钻遇地层重复

1. 逆断层造成的地层重复

当钻遇同一逆断层时,与之相关的各邻井地层重复,重复层序,见表7-2。

表7-2 某剖面钻孔钻遇逆断层的规律变化表

A井	B井	C井	D井	E井	F井
8	8	7	7	6	6
7	7	6	6	5	5
6	6	5	5	4	4
8	5	4	4	3	3
7	7	6	3	2	2
6	6	5	6	5	1
5	5	4	5	4	5
4	4	3	4	3	4

A、B、C、D、E、F井是同一剖面的相邻井,钻遇地层的结果均表现有重复现象(表中加框数字代表重复地层)。A、B井均重复7、6地层;B、C井均重复6、5地层;C、D井均重复6、5、4地层;D、E、F井均重复5、4地层。钻遇重复地层的层位逐渐变老,钻遇重复地层的井深逐渐变深,这样的地层重复递变规律表明是逆断层造成的结果。

2. 倒转背斜引起地层重复

钻遇倒转背斜时,也会引起井下地层重复(图7-61),但是这种重复规律与逆断层有所不同,它表现为一种对称性重复。

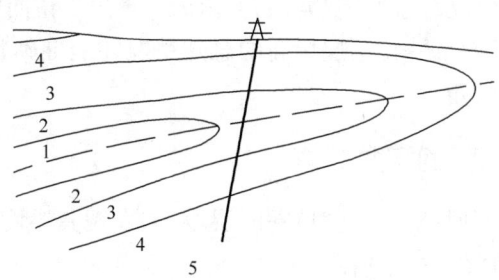

图7-61 倒转背斜引起的井下地层重复示意图

(二)钻遇地层缺失

1. 正断层造成的地层缺失

与逆断层相反,当钻遇地层缺失,缺失层位逐渐变新,钻遇缺失地层的井深逐渐变浅,这样的地层缺失递变规律表明是正断层造成的结果。

2. 不整合引起的地层缺失

在钻井过程中,各井钻遇以下地层层序时可以判断井下有不整合存在(表7-3)。

表 7-3 某剖面钻孔钻遇不整合的规律变化表

A井	B井	C井	D井	E井	F井
7	7	7	7	7	7
6	6	6	6	6	6
5	4	3	3	4	3
4	3	2	2	3	2
3	2	1	1	2	1

表 7-3 中,各井都存在 7、6 层,除 A 井完整外,其余各井在 6 层下均缺地层 5 层或更老的地层 4 层,这是剥蚀作用强烈所致。6 层分别覆盖在 4、3 层位上,这样的钻遇现象表明有不整合的存在。

二、标准层标高的变化

若相邻的井中地层层序正常,但相邻两井中标准层的标高相差极为悬殊,可能预示在两口井之间存在着未钻遇的断层(图 7-62)。

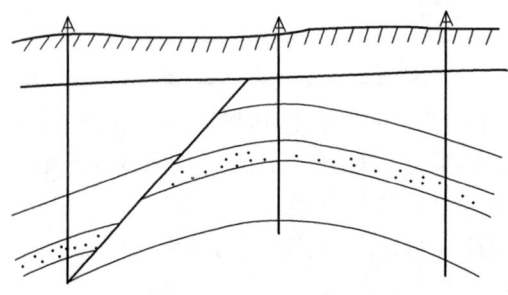

图 7-62 断层引起标准层标高相差悬殊示意图

这种分析方法在钻井资料较多的情况下应用比较可靠;在钻井资料较少的情况下,会有许多干扰因素影响,如地层产状突变的单斜岩层、背斜的一翼出现扭曲所引起等。这要结合地震资料和区域地质资料,并注意邻井标志层标高的悬殊情况才能准确判断。因此利用标准层标高的变化确定断层应非常慎重。

三、近距离内同层厚度的突变

相邻两井钻遇同一地层时,对于岩性单一的层段,如发现其厚度突变(增厚或减薄),是断层存在的可能标志之一,如图 7-63 所示。

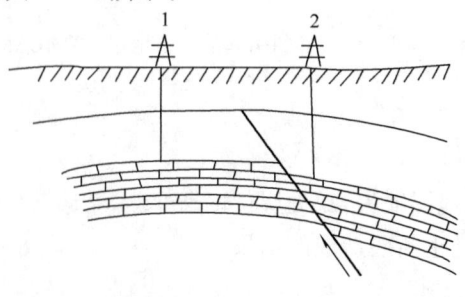

图 7-63 断层引起同层厚度突变示意图

在沉积时,由于地壳升降不均或沉积盆地基底起伏也会造成同层厚度突变,故使用此方法也要非常慎重地具体分析。

四、钻井过程中的井漏、井塌等现象

不同性质的断层对流体所起的渗流作用不同,受张力作用的正断层是流体运移的良好通道;受挤压力作用形成的逆断层对流体起封隔作用。因此当钻井中钻遇正断层的断层面时,钻井液会大量漏失,出现井漏异常。由于断层的存在,钻至断层附近岩层会发生垮塌,岩心上会有擦痕、断层角砾岩或岩石有揉搓现象。这些现象都可能说明有断层的存在。

在同一层内,由于流体性质的差异、油气层的折算压力不同以及油水或油气界面不一致等,也都是判断断层存在的标志。

判断井下断层,必须利用各种资料综合考虑,不能仅用某个单一资料和数据作为根据。

习题及思考题

1. 名词解释

断层、滑距、断距、正断层、逆断层、平移断层、逆冲推覆构造、双重构造、反转断层、地堑、地垒、飞来峰和构造窗、断层角砾岩和断层泥、擦痕和阶步、牵引构造。

2. 判断题

(1)阶梯状断层是由产状大致相同的若干条正断层所组成的断层组合。

(2)叠瓦状断层是由产状大致相同的若干条逆断层所组成的断层组合。

(3)叠瓦状断层是由产状大致相同的若干条正断层所组成的断层组合。

(4)地层缺失一定是断层造成的。

(5)地层重复一定是褶皱造成的。

(6)顺层断层是指断层产状与所在岩层产状一致。

(7)顺层断层是指断层倾角与所在岩层倾角一致。

3. 问答题

(1)什么是断层?它与节理的主要区别是什么?

(2)简述断层几何要素及其组成部分。

(3)简述断层分类依据及其类型。

(4)试述识别断层的地貌标志。

(5)试述识别断层的构造标志。

(6)断层的组合类型有哪些?

(7)什么叫构造窗、飞来峰?它们的形成条件是什么?

(8)如何确定断层活动的时间?

(9)试分析断层效应。

(10)简述确定断层两盘相对运动的标志。

(11)试述推覆构造的形成机制及其研究意义。

第八章 同生构造分析

> **本章提要**
>
> 本章重点讲述同沉积背斜的基本特征及研究方法，同沉积背斜在油气勘探中的意义，同生断层的概念、特点及分析方法，各种软沉积变形的特征。
>
> 本章难点是同沉积背斜的研究方法、同生断层的特点及分析方法。
>
> 通过本章节的学习，要求学生掌握同生构造的主要类型及其在油气勘探中的意义。

第一节 同沉积背斜

构造的形成时期和形成过程对于油气的生成和聚集有重要的影响。因此，构造地质学不但要研究那些在岩层形成后受力而形成的构造活动，而且还要研究与沉积作用同时形成的构造变动。

广义的古构造就是一定地史前的地质构造。这个概念包括了各级构造单元和各类构造变动。例如古潜山构造带、逆牵引构造带、坳陷带及盆地等都在广义的古构造的范畴之内。狭义的古构造主要指的是同沉积背斜。在石油地质文献中所指的古构造，往往是狭义的古构造。同沉积背斜(Syn-sedimentary anticline)是在盆地普遍沉陷的背景上，局部地区发生褶皱的背斜构造。

一、同沉积背斜特征

（1）同沉积背斜最常见的一个特征就是具有上缓下陡的构造形态，这个特征在一系列根据标准层所作的剖面图（图 8-1）上可以清楚看到。同沉积背斜往往浅层的构造岩层倾角小，深层的构造岩层倾角较大。如果同沉积背斜是一个封闭的构造，由于上、下岩层的倾角发生变化，使得下部岩层形成的闭合度大于上部岩层形成的闭合度；或者上部构造不具备圈闭条件，到了深处则可以演变为圈闭构造。

（2）同沉积背斜的上部构造与下部构造的形态常常不吻合。由于上、下构造形态不吻合，从而导致上、下部构造的高点发生明显的位移。这种位移的规律性将在下一节详细介绍，它与褶皱顶部的机械位移及不调和褶皱的顶部位移是很不相同的。

（3）同沉积背斜的岩层厚度由轴部向两翼变厚，越是在古隆起剧烈上升的时期，这种厚度的变化也越大。一旦古隆起上升在水面以上时，则发生岩层缺失。因此，同沉积背斜顶部的地层剖面与它两翼比较，通常是欠完整的，而且有多次的局部不整合在顶部出现。

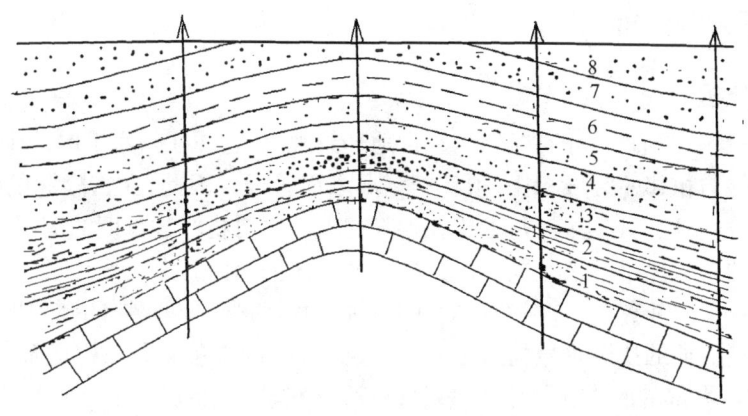

图 8-1 同沉积背斜剖面图
1~8 为地层序号

(4)同沉积背斜的岩性特征表现在岩层厚度变化的同时,同沉积背斜的同一层的岩性也相应地发生变化。一般是同一层的岩性由背斜顶部向两翼逐渐变细。对一套岩系而言,顶部岩系的砂岩含量往往大于翼部,或者翼部岩系的泥岩含量往往大于顶部。

上面所介绍的属于同沉积背斜的普遍特征。其他的原因同样可以导致同沉积背斜的形成,例如由断块运动形成的逆牵引背斜、由潜山引起的披盖构造、由岩盐流动引起的盐丘隆起。但是这些类型的同生构造,除了上面介绍的特征外,它们还有各自的特征,我们在后面详细介绍。

在我国东部或西部的盆地中,都可以见到同沉积背斜。上述的几种特征,不同程度被反映在这些构造之中。后期的构造运动可以使同沉积背斜的形态复杂化。因此,不仅要知道同沉积背斜的一般特征,而且还需要注意鉴别那些被复杂化了的同沉积背斜。例如济阳坳陷中的东营—辛镇背斜带,就是一个被后期断裂运动复杂化了的同沉积背斜(图 8-2)。

东营—辛镇背斜带的轴向近东西,面积约 $60km^2$,由 7 个局部构造组成。构造带主要在古近纪边沉积边褶皱逐渐形成,它具备前面所介绍的一般特征。但是东营—辛镇背斜带已被断层破坏,它的形态是一个地垒,而且它的深部又被膏岩层复杂化了。

东营—辛镇背斜带分布在坳陷的中央,深部地层特征厚而且含膏盐岩层,盐层厚达

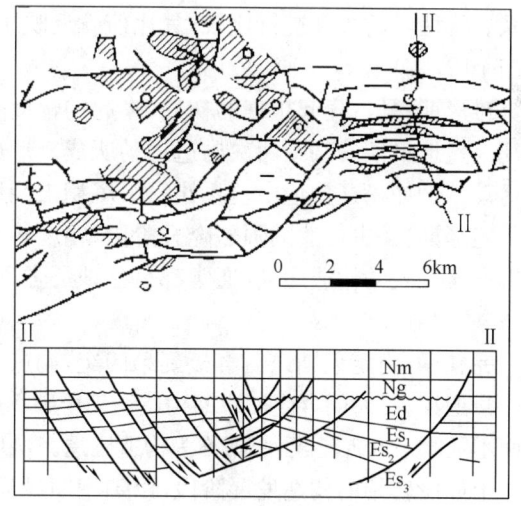

图 8-2 同沉积背斜:东营—辛镇背斜带

655m 以上,埋藏在 2900m 以下,受上部岩柱的差异负荷而产生塑性流动,形成盐背斜。盐层上拱使上部地层发生引张而形成张裂隙,接着因重力作用而顶部塌陷。大约在渐新世,背斜为断块所分割,至新近纪明化镇期达到定型。断层往深部发展时倾角变缓,以至顺层滑动而消失。因此,断层对深部地层的影响并不大,东营—辛镇背斜的深部仍是完整的大型背斜带。

二、同沉积背斜分析

(一)岩性分析

同沉积背斜是一个继承性的古隆起,在古地理景观上,它往往是水下的一个高地。它的高度不一定很大,但与相邻的区域相比,顶部毕竟离水面较浅。因此,在古隆起的顶部受到波浪的掀动和底流的冲刷比两翼更强烈,堆积在古隆起上的碎屑物经过长期的淘洗,较细的物质随底流带走,较粗的物质保留下来。同一层的砂泥岩的比例因而就有所变化,往往使砂岩的含量向古隆起中央变大,向两翼变小。随着岩性的这种变化,将导致储集层的孔隙度和渗透率发生变化。例如,松辽盆地的扶余Ⅲ号构造是一个同沉积背斜,扶余油层在构造轴部的岩性较粗,砂岩含量为40%,翼部的砂岩含量小于30%;渗透率在轴部附近达200mD以上,在翼部则小于100mD,可见它顶部的储油物性比翼部要好。

岩性变化既然与同沉积的成因有内在的联系,因此,通过编制砂泥岩的百分比含量等值线图,可以粗略地判断同沉积背斜分布的范围。

在碳酸盐岩发育的区域,如果背斜的翼部至顶部碎屑灰岩的含量有所增加,或者在顶部发育砂状灰岩,甚至砾状灰岩,这种现象同样也是同沉积背斜发育的标志。

在靠近古隆起的顶部,因水流较浅,细粒物质被带走,有利于形成生物滩和鲕滩沉积。在构造运动影响下,有时生物滩露出水面,遭受淋滤和溶蚀,使之成为良好的储集层。例如泸州古隆起就是这一类型,在嘉陵江组嘉一段沉积时成滩,分布在隆起顶部;嘉一段向嘉二段过渡沉积时成滩的范围不断加大。这种现象反映了海盆的海水变浅,隆起相对加大。

(二)形态分析

从古构造剖面图上能直观地看到标准层的构造发育过程,了解现今构造与古构造的演变关系。将两者的幅度进行比较,其比值就反映了古构造的发展阶段。通常将古构造划分为以下四个阶段。

雏形期:是古隆起出现的初期,隆起的幅度不大,古今构造的幅度比值小于50%。古隆起往往是盆地早期的某一两次构造运动所成。形成雏形古构造运动,一般不是盆地最强烈的构造运动。例如松辽盆地白垩系姚家组沉积末期形成的古隆起,一般均属于雏形期。

定形期:是古构造的强烈隆升阶段,幅度相当大,古今构造幅度比值大于50%、小于80%。定形期所反映的构造运动,通常都是盆地最强烈的一次运动。定型期的构造形态与现今构造形态基本相似。

完整期:由定型期以后直接到第四纪,构造略有发展,变化不大,称为完整期。

衰退期:是对闭合度被后期构造运动所破坏的构造而言。如果现今构造的圈闭幅度和面积反而不及原来的古隆起大,则称为构造衰退。从理论上讲,时代较老的构造,受破坏的可能性大。

上面所介绍的构造发展阶段,以定型期最为关键。根据定型期与盆地生油层烃类大规模运移的关系,可以将同沉积背斜分为早、中、晚三大类,现以松辽盆地的实例阐明如下。

第一类,早期发育而成的构造。在形态上浅层构造平缓,深部构造的倾角较大,构造的幅度也由浅向深变大,断层的数量和断距也向深处增加。在松辽盆地早期形成的古隆起,它的几何形态经常有一定的特征。在平面图上,构造轴向北西—南东延伸,与区域构造线斜交。构造组合大多数为斜列式。图8-3为松辽盆地的双兴构造,这是一个典型的早期形成的同沉积背斜。

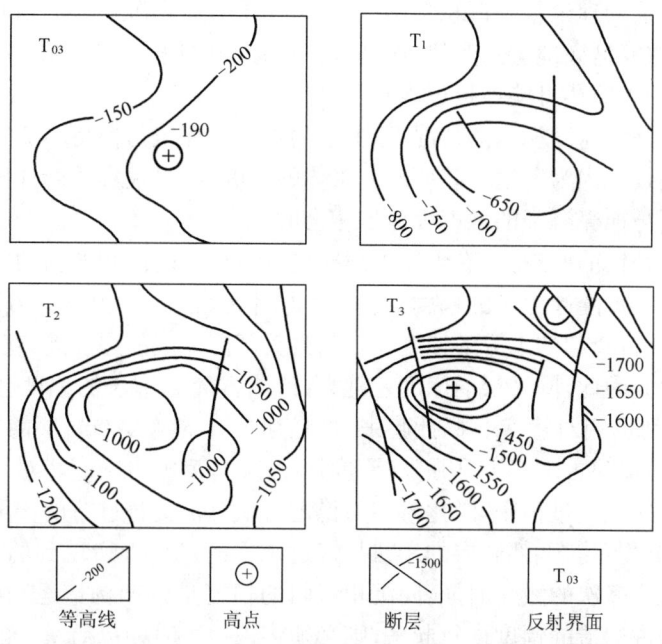

图 8-3 双兴构造在不同层位的构造等高线图

第二类,中期发育而形成的构造。这类构造在白垩纪初底界尚未隆起,从白垩系姚家组沉积时才具雏形。嫩江组沉积后定型,明水期完成。这类构造的特征是深层构造不明显,中层构造的面积和幅度均较大,浅层构造的面积和幅度均较小。

第三类,晚期发育而形成的构造,主要是明水组沉积以后一次形成。其特征是深层无构造显示,中层构造的面积和幅度均较小,浅层的构造面积幅度均较大。例如图 8-4 所示龙虎泡构造就是这种类型,它的浅层在四方台组为一个北东向的短轴背斜,向深处至青山口组则变为一个向斜。

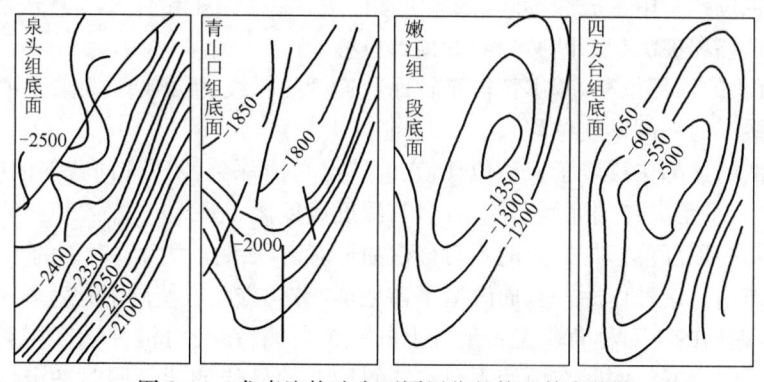

图 8-4 龙虎泡构造在不同层位的构造等高线图

以上三类构造,不仅它们的形态很不同,而且在盆地中的分布也具有一定位置。早期形成的同沉积背斜,主要分布在松辽盆地东部隆起带附近;中期形成的构造,主要分布在东部隆起与中央坳陷的斜坡上;晚期形成的构造,主要分布在盆地西部斜坡附近。可见,构造定型期总的趋势是由东向西越来越新,这种趋势与盆地的沉积中心的迁移方向基本相同。

(三)厚度分析

构造运动改变了盆地水下的地形,使普遍沉降的盆地发生局部隆起,接踵而来的便是沉积补偿。厚度分析方法的理论就是沉积补偿原理：由介质搬运到沉积区的物质，不是平均地铺在盆底，让它的表面重复盆底地势的起伏，而是按沉积补偿原理，迅速使底部起伏不平的地势填平补齐，使堆积物的表面尽可能地接近水平。

在沉降速度与补偿速度相当的情况下，盆地的古地理环境是保持不变的，反映为各类沉积物所处水深始终一致。因为盆地下陷所改变水体的深度，随时被堆积所补偿。因此，可以认为沉积物的堆积厚度与地壳沉降的幅度大体是相当的。

正是根据沉积补偿的原理，才有可能根据厚度分析重塑同沉积背斜的发育史，并认为厚度的变化基本上能反映古隆起上升的幅度和速度。具体地说，同沉积背斜由顶部到翼部岩层的厚度梯度，可以反映古隆起的上升的速度。顶部到翼部同一层的厚度差，就是该层沉积同时的古隆起增长的幅度。因此，同一层的厚度差越大，说明古隆起增长的幅度越大；岩层的厚度稳定，则反映地壳运动也相对稳定。概括起来，古隆起上升的速度与岩层的厚度梯度变化成正比。厚度梯度大时，反映古隆起上升强烈；厚度梯度小时，反映古隆起相对平静。

在同沉积背斜的成长过程中，激化时期与稳定时期总是交替进行的。可以认为，在古隆起没有激化以前，同沉积背斜上部岩层的产状是接近水平的。今天所见到的每一个同沉积背斜的构造形态都经历了多次的激化时期，同沉积背斜的幅度是各期构造运动的总和。如果为了把某一地质时期的古构造的幅度恢复起来，则必须将该地质时期以后所受的影响扣除，具体办法就是将该层的顶面展平。随着该层的顶面展平以后，构造的形态也变缓和了。这个扣除影响的构造，即相当于某一地质时期前的古构造。如果选择几个层面逐层扣除影响，那么便可以逐层地追溯古构造的演化。

由此可见，厚度分析法是定量地确定古隆起的发展历史、编制各时代古构造图的主要手段。

(四)顶部位移分析

同沉积背斜的顶部位移是一种普遍的现象。顶部可以垂直轴线方向发生位移，也可以顺着轴线方向发生位移。由于成因不同，顶部位移的规律也是不同的，大体上分为两种类型：连续沉积的顶部位移和被沉积间断所分隔的顶部位移。

(1)连续沉积的顶部位移，基本特征是轴面成连续的弧线，弧顶凸向陡翼，由深至浅由沉积背斜的顶部向缓翼的一侧发生位移。

不对称褶曲的顶部位移属于机械位移，它的特点是由深到浅顶部向背斜的陡翼一侧发生位移，其位移的水平距离与轴面倾角成正比，与深度成反比。

同沉积背斜的顶部位移与原始的不对称褶曲形态有联系。因为不对称的水下地形将导致不均衡的剥蚀作用。这种作用一方面改造了古地形，另一方面也使同沉积背斜顶部移动。

可以设想，原始的不对称背斜是古地理上的一个岛屿，在受海浪冲蚀作用后，可能出现下面的变化过程。假定海浪同时在原始不对称背斜构成的岛屿的两侧同时冲击，在岛屿缓坡的一侧，海浪到达海岸时受到海底摩擦作用的距离较大，消耗的能量也较多，所以破坏缓坡海岸的冲蚀力量势必被削弱。但是在岛屿的陡坡情况则不同，海浪可以直接对海岸进行冲刷，使海岸受到强烈的破坏。再则，缓坡一侧的海岸被海浪破坏的岩石，经底流携带至一定深度沉积下来，从而改变了海底的坡度，使之变为波切阶地，波切阶地的发展逐渐加大了波浪的摩擦作用，以致使波浪的冲蚀作用被摩擦力消耗殆尽，这时海岸的侵蚀作用也就停顿了。然而陡翼一侧的海水较深，较难达到冲蚀作用与摩擦力之间的平衡，使陡岸比缓岸较晚才能建立平衡剖面。由此可见，不对称的海底斜坡导致在岛屿的两侧发生不平衡冲蚀作用。这种不均衡冲蚀作用的直接后果,首先导致岛屿上的分水岭向缓坡迁移。在沉积作用进行以后,上覆岩层的背斜偏移至缓坡,其上、下构造形态连续起来看,则表现为背斜的顶部由上而下,由陡翼往缓翼的一侧迁移。图8-5表示背斜的顶部自1向2,继而向3位移的过程。

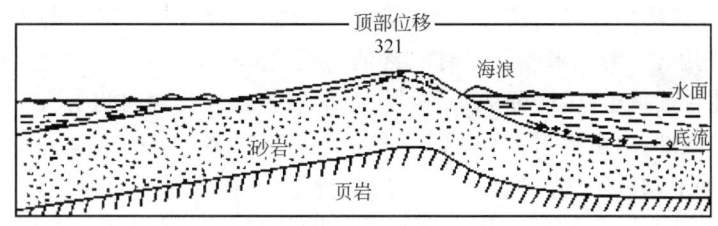

图8-5 不对称的冲蚀作用引起的顶部位移

(2)背斜受沉积间断分割的顶部位移,表现为在不整合面上、下的构造顶部的不符,但上、下构造轴面不能形成自然的弧线,大多成为折线。伴随着构造顶部位移,同时必然出现岩性的移动。必须指出,这种类型的顶部位移情况是很复杂的,它的位移规律尚有待认识。

(五)接触关系分析

岩层的接触关系有两种类型:整合接触和不整合接触。

(1)整合接触属于正常的接触关系,表现为新、老岩层的产状是彼此平行的,上、下岩层连续沉积,岩性逐渐过渡,其中所含生物化石属种没有间断。简言之,岩层的整合接触包括产状、岩性和化石三方面的特征,其中最关键的特征是没有化石间断。岩层整合接触的地质意义,是反映沉积区处于相对稳定的大地构造环境之中,这种稳定的条件表现为坳陷区的沉降速度与周缘剥蚀区的上升速度保持相对平衡。也就是说,在较大的地壳运动的旋回内,构造运动的方向没有发生根本的改变。

(2)广义的不整合概念所代表的岩层接触关系不只一种,而是多种。一种类型的不整合与另一类不整合不是毫无联系地孤立存在着,而是有规律地相互过渡与转化的。

不整合与整合的区别在于前者有明显的沉积间断,表现为上、下两套岩层被一个侵蚀面所隔开,这个侵蚀面称为不整合面。

地层剖面中出现的小沉积间断是一种常见的现象,特别在滨湖相、河流相、洪积相等陆相地层更为常见。此种小间断往往是由季节气候的变化所成。

从构造运动的角度来看,不整合有三重意义:(1)反映构造运动的形式;(2)指明构造运动的时期和次数;(3)显示构造运动波及的范围。因此,全面分析不整合在区域中的纵、横变化,是重塑构造历史的有力依据。

不整合可细分为四类,即角度不整合、平行不整合、超覆不整合、局部不整合。在同沉积背斜的分析中,局部不整合占有重要地位。凡由局部构造因素引起的不整合,称为局部不整合,其特点是地层间隔较短,影响范围小。局部不整合标志是古构造发展的激化时期,涉及含油层系的发育好坏、构造发育的历史,对局部地区含油层远景评价有直接的影响。

盆地中的局部不整合往往分布在古隆起的顶部,或者分布在古凸起和古背斜顶部,有的分布在断块的上升盘,盆地斜坡的局部古鼻状构造和挠曲的台阶上也有分布。

三、同沉积背斜与油气聚集的关系

(1)有利于形成良好的储集层。在盆地内的古隆起,因为对岩性起控制作用,使古隆起上的储油物性普遍变好,例如在松辽盆地的大庆长垣、扶余三号构造等。这种良好的储集层为早期的油气聚集提供了优越的条件。同时,古隆起具有沉积时的原始倾斜,又有邻区地层增厚时的压差,为早期油气运移提供了途径。

(2)古隆起带上有长期发育的圈闭构造,并且又具备储油物性的有利相带,是油气高产富集的场所。例如江汉坳陷王场构造、广华构造、浩口构造都存在早期形成的古油藏。虽然后期构造变动使古隆起解体,但仍未改变当时的含油情况。总的看来,在古隆起的顶部油层多,圈闭类型也多,因此含油最丰富,因而成为各种类型油藏叠合连片含油的场所。

(3)古隆起的鞍部,因水流阻力小,砂岩呈蛇状突起,往往顶部变薄。越过古隆起的顶部,砂岩于背水的一侧下倾方向逐渐尖灭,在其他因素配合下形成岩性油藏。

(4)有利于形成构造、岩性及地层等多种类型的油藏。同沉积背斜是富集油气的重要条件,但是它对油气藏形成也有不利的一面,主要是它常容易暴露在水面遭受剥蚀,使油气散失。例如四川泸州古隆起顶部嘉陵江组三段以上,因剥蚀而未形成油藏。

第二节 同生断层

有许多资料反复证明,某些断层发育的过程是很长的。在断层演化的同时,沉积作用也在进行。因此沉积作用明显地受断裂运动的影响,表现在沉积岩的岩性、厚度和岩相等均受断层控制。这种一边发生断裂运动、一边发生沉积作用的断层,称为同生断层(Contemporaneous fault),曾称同沉积断层、生长断层、同期断层、累进断层。

与同生断层相对照的是非同生断层(图 8-6)。这类断层是在沉积岩形成以后受力而成,基本上是一次构造运动的产物,一般规模较小,数量很大。虽然非同生断层对岩性和厚度没有影响,但能破坏油气的构造形态,并使油气藏分割成块,使之复杂化。

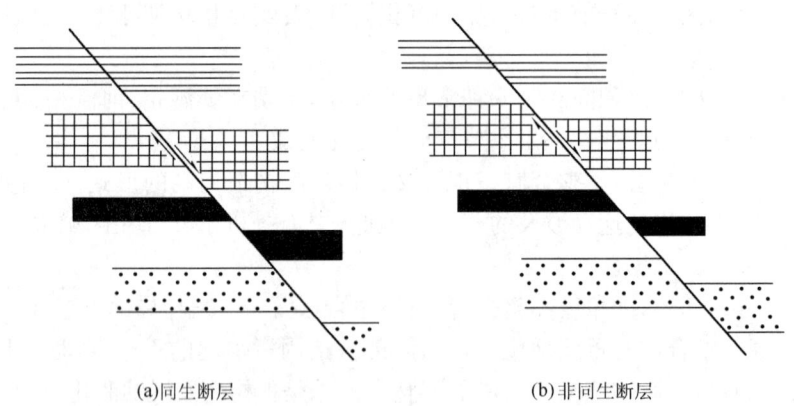

(a)同生断层　　　　　　(b)非同生断层

图 8-6　同生断层与非同生断层示意图

一、同生断层特征

(一)形成的长期性和间断性

同生断层最主要的特征之一就是边断边沉积,是长期发育而形成的。断层不仅使地层断开,而且在断层的两盘同一岩层的厚度突然变化。地层两盘厚度的比值(Q),称为断层的增长指数,利用增长指数可以反映同生断层运动的速度。比值越大,反映断层位移的速度越大。断层两盘的地层厚度差,便是同生断层的古落差。一条同生断层的发育速度是变化的。在某一地质时期断层的性质属同生断层,另一地质时期可以为非同生断层。在同一断裂带中,两者交替进行,显示出断层有间断的特征。

(二)深度和断距的特性

同生断层的破裂面常为一个曲面,形如座椅,破裂面的倾角向深处变缓。华北地区的经验数据是在浅层断层面一般为 60°,向深处变为 40°,有的断层一直切到基底。断距由浅到深逐渐增加,达到基底的落差可至数千米。当然断距的加大也不是无限的。从理论上讲,断层向深处发展时,断面逐渐变缓,并将逐渐与岩层面平行,最后断层终于在层与层之间发生滑动而消失,于是岩层的破裂变形被柔性变形所代替。

(三)延伸性和线性特征

同生断层的方向性一般代表区域构造线的方向,呈明显的线性特征,延伸数十千米至数百千米,在剖面上决定了盆地的结构,在平面上决定了盆地的轮廓。

(四)旋回性

同生断层的发育史绝大多数是不均衡的。在初期一般断裂活动较缓,断距较小;中期断层活动强烈,断层的落差较大;到了末期断层活动又变缓,直到静止。总结这些发育史,可以分为三个阶段,即初期发动阶段、中期活跃阶段、末期收敛阶段。三个阶段由始至终构成一个完整的断裂运动旋回。旋回与旋回之间出现一个平静期,称为休眠期。经过休眠,断层再一次可以复活,使其进入第二个旋回,这样循环反复而呈多旋回。

(五)区域性

从理论上讲,正断层和逆断层都可能形成同生断层。然而在华北地区所见到的数以千计的同生断层全部是正断层,至今尚未发现逆断层。可见同生断层两盘的相对运动的性质是受区域应力场控制的。

(六)等距性

相邻同生断层的间距在一定的区域呈等距。同时,在同一地区,相邻的同生断层之间的距离,又有因盆地的原始倾斜的加大而有间距变小的趋势。

同生断层的间距同沉积速度与沉降速度的比值之间有一个函数关系。沉积速度与沉降速度的比值大时,则导致同生断层的间距变小。由于沉积速度大于盆地的沉降速度,三角洲迅速向前推进,新的沉积中心连续形成,随着这些沉积中心向前推进,反过来促使同生断层的活动加剧。

(七)岩性控制的局限性

根据塑性活动的形成机制,同生断层与岩性的关系十分密切。如非洲尼日尔三角洲的同生断层只发育在泥岩中,块状陆相砂岩中不发育这类断层。

二、同生断层分析

可以设想,同生断层的形成在区域构造的背景上必定有一个总的沉降趋势,断层将伴以沉积补偿。如果沉积区的物源丰富、沉积补偿的速度与沉降速度基本一致时,两盘虽然仍在不断变位,但两盘的地形都通过沉积补偿保持平衡,不至于发生显著的变化,岩相更不会发生变化。这时,仅有下降盘地层增厚。

但是,假若下降盘运动的速度明显超过了沉积补偿的速度,则下降盘的地区厚度增长量将小于断层的活动量,盆地地形的平衡随之被破坏。于是下盘将出现一个深水环境,在沉积分异的作用下,两盘将相应地出现岩相的变化。反之,假若上盘的运动速度超过了总沉降趋势,则上升盘不仅立即出现地层厚度变薄,而且不可避免地导致地层的缺失。

同生断层两盘运动的绝对速度可以用同位素年龄法求得。以地层厚度值除以同位素年龄,得沉积速率。断层两盘同一层的沉积速率的差,即为同生断层的绝对速度。此法在原理上简明易懂,但分析化验工作是复杂的,实际不易推广。

为了表示同生断层两盘活动的相对速度,引用了断层增长指数的概念。增长指数(Q)是一个比值,为下降盘的岩层厚度(H_1)与上升盘同一岩层厚度(H_2)之比,即:

$$Q = H_1/H_2$$

Q是一个比较量,当$Q=1$时,说明同生断层两盘处于相对静止的状态;$Q>1$时,说明两盘正在活动;Q值越大,说明断裂运动越活跃。如果选择两盘一系列的地层进行系统的Q值对比,将Q值连成一条曲线,称为Q值增长曲线。增长曲线可以定量地划分同生断层活动的旋回,并可确定每一旋回的活动阶段。

Q值增长曲线可以直观地反映同生断层的活动强度。增长曲线的纵坐标表示地层层序和厚度;横坐标表示增长指数Q,由左向右增大。将同生断层各时代地层的增长指数,依次转投在相应的坐标上,得出一系列的"Q"点,连接各点即为增长曲线。曲线的峰值代表同生断层的活跃时期,峰值的次数代表断裂运动旋回的次数。

图8-7说明该断层初动时刻为J层对应的地质年代,最活跃的中期在G层对应的地质年代,末期收敛在B层对应的地质年代。G层的Q值虽然大,但断层的落差在G层并不是最大的,最大的落差在K层。因为同生断层的落差是一个累积数,最老的地层受断裂运动时间最长,故落差也最大。

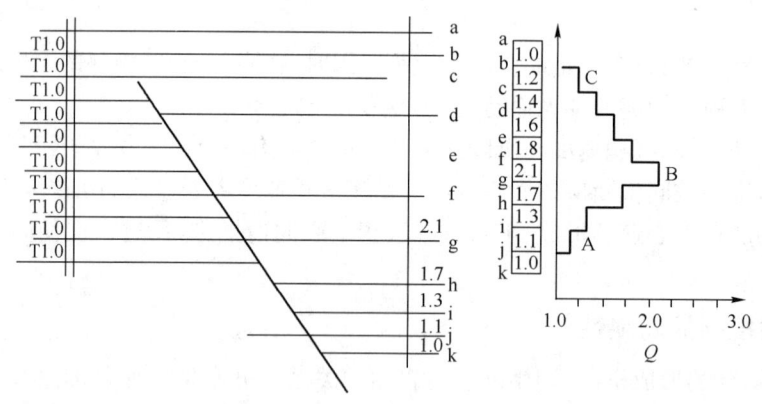

图8-7 同生断层的增长曲线

下面用一个实例说明Q值曲线对比图的特性。东营凹陷的南部斜坡由南向北依次排列着四条同生断层:丁家屋子、纯化镇、王家岗和梁家楼断裂带。它们的Q值曲线对比见图8-8和表8-1。

Q值\断层名称 地层代号	丁家屋子	纯化镇	王家岗	梁家楼
Ng	1.0	1.0	1.0	1.0
Ed	1.11	1.35	1.1	2.47
Es$_1$	1.12	1.4	1.04	
Es$_2$	1.25	1.73	1.06	
Es$_3$	1.76	1.27		
Ek	1.25			

平面示意图

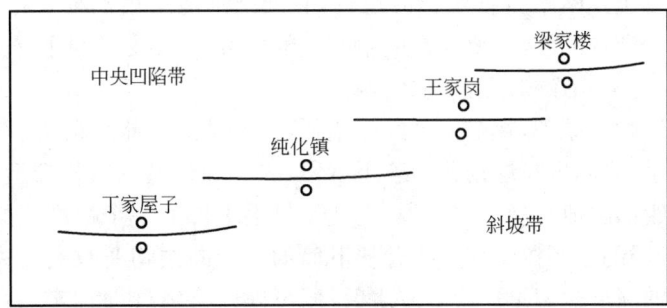

图 8-8 Q 值曲线对比图

表 8-1 东营凹陷南斜坡同生断层的 Q 值

Q值\断层名称 地层代号	丁家屋子	纯化镇	王家岗	梁家楼
Ed	1.1	1.35	1.1	2.47
Es$_1$	1.12	1.40	1.17	1.04
Es$_2$	1.25	1.73	1.06	—
Es$_3$	1.76	1.27	—	—
Ek	1.23	—	—	—

图 8-8 说明，同生断层在东营凹陷的南斜坡自南向东北转移。丁家屋子断层位于东营凹陷的边缘，断层由孔店期已开始活动，在古近系沙三段沉积时激化，至沙二段沉积时收敛。它的北面是纯化镇断层，在沙二段沉积时激化；再往北是王家岗断层，激化期是在沙一段沉积时；最北面的是梁家楼断层，实际上在沙一段沉积时才活动，在东营断层的活动期达到激化。

三、同生断层分级

同生断层的分级主要根据三方面的标志：岩性和厚度；延伸长度和切割深度；发展历史。通过这些标志将同生断层分为三级，其特征如下：

（1）一级同生断层：凡是控制盆地的边界，划分盆地中的一级构造单元的基底大断裂，属于一级同生断层。一级同生断层大多数在盆地形成的同时甚至更早便开始活动了。我国东部的断陷盆地，一级同生断层最迟在中生代末期已经形成，频繁的活动一直延续到古近纪末，甚至到新近纪还有余动。

(2) 二级同生断层：凡是控制二级构造带的主断层均属此类。在华北地区新生界的断陷盆地中，二级断层大多在古近纪渐新世以前形成，它的规模比一级断层小一个数量级。断层延伸十余千米或数十千米，落差在数十至数百米之间，其数量比一级断层多两倍以上。二级断层明显地控制断层两盘的厚度变化，但一般不像一级断层那样造成上升盘的地层缺失。

(3) 三级同生断层：属于一、二级同生断层的应力作用派生的断层，主要在二级构造带的基础上产生，影响着三级构造。三级同生断层延伸数千米至十余千米，落差不大，切割的深度较小，可以影响岩层的厚度，但影响范围有限。

四、同生断层构造发育史图

同生断层的发育史是断距持续增长的过程，它通过地层厚度的变化记录其增长的幅度。现在得到的是现今构造的剖面，若要恢复同生断层的发育史，则必须自下而上由一个地质时代到另一个地质时代，逐渐扣除构造运动的影响。

扣除构造运动影响的原理，在前面已经介绍了，这就是沉积补偿原理。恢复其发育史的方法是从现今剖面着手，将同生断层划分为若干阶段，先扣除最后一次构造运动的影响，将最上面一个标准层的断距消除掉。换一句话说，也就是将最上部的一个标准层的底面恢复到水平产状，因为第一标准层的底面拉平就意味着从下面的各个断层均要减去第一标准层沉积时的增长断距。当相应的断层缩短了这段落差之后，便可得到第一幅同生断层的古构造剖面图。

依此类推，可以得到第二、第三……直到最后一张古构造剖面图。越到断层发育的早期，沉积的地层越少，古落差也越小。将各阶段的古构造剖面按新老顺序排列，便可一目了然地看到同生断层地发育历史。

现以冀中坳陷任丘潜山带东西两侧的两条同生断层为例，介绍同生断层剖面图的恢复方法。

图 8-9(a)是任丘断块的现今构造，马西断层与任西断层是两条向西倾斜的正断层。两条断层都在孔店组沉积以前便有活动迹象。根据分析，断层有三次重大的变化，相当于东营组沉积末、沙河街组二段沉积末和孔店组沉积末。

图 8-9(b)是东营期末的古构造剖面。将馆陶期与东营期之间的不整合面展开，马西断层在东营组沉积末期断距为 4300m，任西断层无变化。

图 8-9(c)是沙二段沉积末期的构造剖面。将沙一段的底面展平，任西断层与马西断层的断距为 3300m。

图 8-9(d)是将 Es_{2+3} 的底面展平，任西断层与马西断层各减去断距 300m，当时的古构造的落差为 3000m。在这张剖面图上只有孔店组（Ek）分布，所有的次一级断层都已消失。

将孔店组（Ek）的底面展平，则古构造的落差应减去 1600m，孔店组的断块幅度为 1400m，此时古近纪地层尚未沉积。

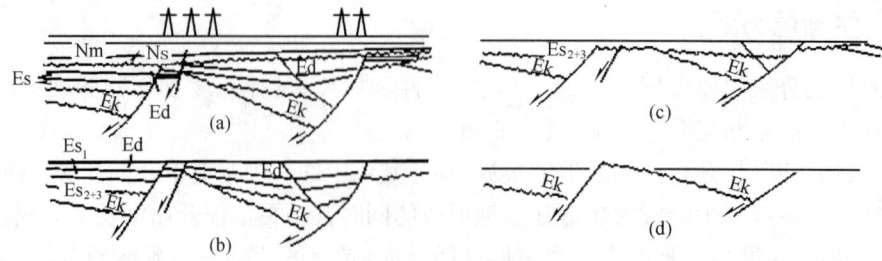

图 8-9　任丘断块的构造发育史

由构造发育剖面图可以看到,断裂运动的第一个旋回开始于孔店期,断层已具雏形。断层在孔店期末激化定型,在沙二段沉积末收敛,结束第一个断裂运动旋回。东营期开始为第二旋回,馆陶期出现反向活动,使断距减小。

第三节 软沉积变形

软沉积变形(Soft sediment deformation)是指沉积物尚未固结成岩时发生的变形。软沉积变形是比较常见的,有些还具有一定的规模。斯宾塞(E. W. Spencer,1997)指出,褶皱造山带中坚硬岩石内见到的一些构造,可能是在沉积物尚未固结或半固结时形成的。他甚至提出,巨大的逆冲断层、褶皱系甚至板状劈理,都可能是岩石处于半固结状态时发生的。我们提出软沉积变形的目的有两个:一是要指出构造现象并不全是成岩后构造作用引起的,以便更好地理解构造形成和发育的复杂历程;二是为了正确分析和区分成岩前与成岩后的变形及其叠加关系,避免构造分析的简单化。

软沉积变形涉及面很广,包括形成软沉积变形的构造环境、动力或促成因素、形态类型等。从局部沉积区来说,软沉积的形成作用包括负荷作用、重力滑塌、滑移作用、液化作用、孔隙压力效应以及水体扰动作用等。以下着重对一些常见的软沉积变形进行分析。

一、压模与火焰状构造

压模(Moulding-die)是一种底面印模,又叫重荷模,一般发育在泥质物之上的砂层底面,呈圆丘状或不规则的瘤状突起,排列杂乱,大小不一,突起高度从几毫米到十几厘米不等,但在同一层面上,压模的形状和大小较近似。有时砂岩中的原生层理因这种构造存在而变形,但向上层面逐渐恢复正常。压模是当砂层沉积处在塑性状态的泥质层之上时,由于超负载或差异负载作用沉积物发生垂向流动而成(图8-10)。

火焰状构造(Flame structure)是与压模密切相关的一种现象,即下伏的泥质层向上尖灭形成一排尖舌(图8-11),这些尖舌有时弯曲并向一个方向倾斜。这是由于上覆砂岩的不均匀负载压力使砂岩之下呈塑性状态的泥质沉积物挤入负载瘤状突起之间形成的。

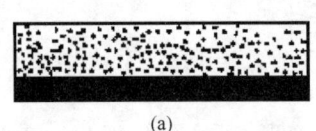

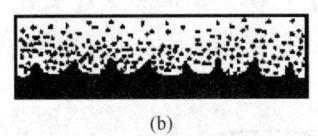

图8-10 泥岩(黑色)之上的砂层底面
负荷铸型的成因示意图
(a)初沉积状态;(b)负荷引起的变形

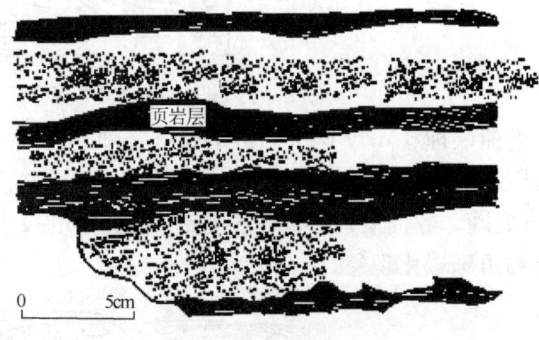

图8-11 火焰状构造
(据R. W. B. Davis,1994,有修改)

压模和火焰状构造在判断岩层顶底面方向时是极为重要的标志。具压模的层面为岩层的底面；火焰状构造的泥质舌尖指向岩层顶面。

二、球状构造与枕状构造

球状构造（Spherality structure）与枕状构造（Pillow structure）多发育在泥岩或粉砂岩之上的砂岩底部，一般局限在某一层内。其特征是：砂岩层的底部往往破裂成紧密排列或孤立分布的膝垫状，有的为半球状或肾状体，大小从几厘米到数米不等。砂岩的纹层与砂体的枕状边界一致，常呈向上凹的盆状或倒蘑菇状。发育球状构造和枕状构造的砂岩层具有起伏不平的底面和平直的顶面，其下伏泥质层常常发生变形，甚至被挤压成舌状深入到砂岩枕和砂岩球之间（图8-12）。

球状构造和枕状构造是由于地震、水体扰动和局部负重使砂层破裂、下沉而形成的。某些砂岩球和砂岩枕的形成也可能与滑塌作用有关。砂岩球和砂岩枕的凹面指向岩层顶面。

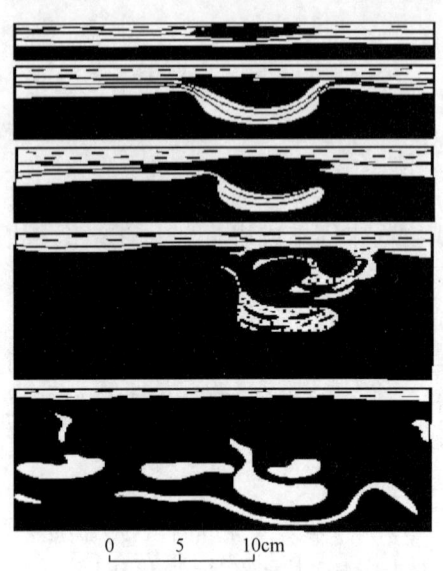

图8-12　砂岩球和砂岩枕发育过程示意图

三、滑塌构造与卷曲层理

滑塌构造（Slump structure）是指松散沉积物在未固结成岩之前，在重力的作用下沿斜坡向下滑塌（或滑动）而形成的各种滑塌褶皱、滑塌断层及滑塌角砾岩等一系列相互有成因联系的构造（图8-13）。风暴、海啸、地震等因素常诱发滑塌构造的产生。滑塌构造往往涉及一个以上的沉积层，褶皱变形纹理极复杂且不连续。滑塌构造的规模和厚度变化很大，小到厘米尺度，大到几十千米的范围。大的滑塌构造被卷进的地层可达数十米至数百米厚，且往往有很大的位移。但不论其规模大小，滑塌构造均仅局限于与斜坡有联系的局部地带。

图8-13　滑塌褶皱和滑塌断层（据P. H. Kuenen，1965）

卷曲层理（Curly bedding）是具有强烈卷曲或复杂褶皱的变形纹层（图8-14）。变形纹层仅局限在一个特定的厚度稳定的沉积层内，其上、下相邻岩层均未变形的岩层厚度在2.5～25cm之间。卷曲层理不同于滑塌褶皱，其中的纹层即使褶皱极为强烈，但仍非常连续，不伴有断层和角砾岩化现象。

图8-14　卷曲层理（据P. F. Williams等，1969）

卷曲层理主要产于细砂岩和粉砂岩中，在复理式地层，尤其是浊积岩中最为发育。卷曲层理有的是由于沉积物发生差异液化、侧向流动而成,有的则是因水流的拖曳作用引起层理变形所致。

四、砂岩墙与砂岩床

砂岩墙(Sandstone walls)是斜切岩层的板状砂岩体,形态不规则者可称为砂岩脉,见图 8-15。砂岩床(Sandstone bed)是与围岩产状一致的砂岩体。砂岩墙和砂岩床的成因相当复杂,但主要是未固结碎屑物质液化后贯入到裂缝中形成的。它们的形态和规模差别极大,内部常具有流动构造,反映了液态的液化碎屑物质的贯入变形作用,其形成机制仍在探索之中。

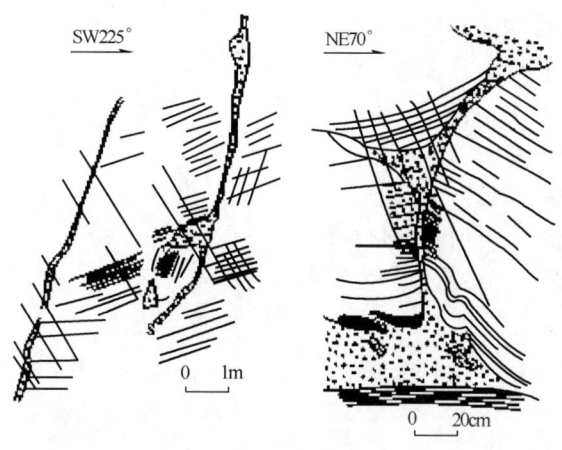

图 8-15　河南嵩山五佛山群中的砂岩墙和砂岩脉

五、碟状构造

碟状构造(Dish structure)是指砂岩或粉砂岩中凹面向上、形似盘碟的纹理(图 8-16)。"碟"的直径一般在 1~50cm 之间,边缘上翘,在横向上呈断续分布,在垂向上互相叠置。它们的形成与沉积物中的水分向上流动有关。这种碟状纹层的凹面指向岩层顶面。

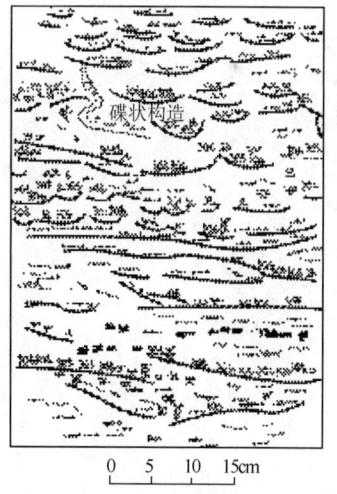

图 8-16　砂岩中的碟状构造
(据 P. E. Potter,1977)

以上仅概括地介绍了软沉积变形的某些实例。另外,还有一些重要的、值得注意的软沉积变形,如压实作用下埋丘上的同沉积形成的上薄褶皱。马克斯韦尔(J. C. Maxwell,1962)曾提出,某些板状劈理是在压实引起异常孔隙压力的作用下形成的。在阿留申海沟内壁和墨西哥湾陆架上更新世泥岩中发现的劈理,也为这种假说提供了佐证。

软沉积变形已成为引起地质学家注意的课题。其中,问题之一是如何鉴别软沉积变形。下面提出 3 点作为鉴别和分析的参考:

第一,软沉积变形常局限于一定层位或一定岩层中,如果整套岩系变形轻微,更说明个别层的变形可能是软沉积变形的结果;

第二,软沉积变形常局限于一定地段,如沉积盆地边缘、大陆隆起等;

第三,软沉积变形主要是重力作用的结果,一般不显示构造应力造成的构造定向性。

因此，在研究软沉积变形时，应该把沉积作用、沉积环境与构造变形结合起来。至于如何从已强烈变形的构造中筛分出早期软沉积变形，则是一项很复杂的正在探索的工作。

习题及思考题

1. 同沉积背斜的概念、特征是什么？
2. 如何进行同沉积背斜分析？包括哪些内容？
3. 试述同沉积背斜与油气聚集的关系。
4. 同生断层与非同生断层的区别是什么？
5. 什么是生长指数？它有什么意义？
6. 同生断层的特征有哪些？
7. 如何进行同生断层分析？
8. 同生断层是如何分级的？
9. 同生断层的构造发育史图是如何编绘的？
10. 软沉积变形构造有哪些基本类型？各自特征是什么？

第九章 大地构造基本理论

本章提要

本章重点讲述槽台学说及其基本特征;板块构造理论发展不同阶段的特点;板块边界的地质作用;中国的板块活动史与板块构造基本格局;中国不同的大地构造学术观点。

本章难点是槽台学说的基本特征、板块的概念及板块的划分、板块边界的地质作用。

通过本章的学习,要求学生掌握大地构造基本理论,认识槽台学说、板块构造、地质力学的基本思想和分析方法,了解相关大地构造单元的油气聚集情况。

第一节 概 述

大地构造学(Geotectology)主要是研究地壳的构造、运动及其发展规律的一门地质学科。当研究对象是一个比较大的区域时,一般称为区域大地构造学,如对我国来说就称为中国大地构造学。

大地构造学是一门综合性的地质学科。在研究时必须对研究地区的构造运动、沉积作用、岩浆作用、变质作用、成矿作用及地质发展历史等进行全面而综合的分析研究。

由于构成地壳的岩石具有复杂多样的运动形式,这些运动都具有一定的规律性。不同的学者对这种运动的规律性提出不同的观点,因而得出不同的运动模式。有的学者从升降运动的强度出发,研究地壳上地槽、地台发生发展过程的运动模式,即为地槽地台学说,简称槽台学说;有的学者从地表各种地质构造的分布、组合和交接关系研究在地球自转惯性离心力作用下地壳产生不均匀滑动发生发展过程的运动模式,即为地质力学学说;有的学者从水平运动出发,研究地壳被分割成若干板块的发生发展过程的运动模式,即为板块构造学说。这也是对我国地质界影响最大的三种学说。

槽台学说,又称为传统大地构造学说,它已经有一百多年的历史,长期以来在大地构造研究中起着主导作用,其理论已渗透到其他地质学科之中。槽台学说主要是将地壳的大陆部分按其相对活动性划分为强烈活动的地槽区和相对稳定的地台区,这两大基本构造单元无论在构造变动、岩浆作用、变质作用及成矿作用等方面都具有各自的特点和发展规律。介于两者之间有一个过渡区,具有地槽和地台的过渡性质。

地质力学是我国地质学家李四光教授创立研究的一门边缘地质学科,在我国地质类的历史文档中留下了深刻的影响。地质力学是从运动的观点出发,运用力学的原理研究地壳构造与构造运动,从构造形变着手,先鉴定其力学性质、组合规律和演变特点,继而推求其构造应力场,在此基础上来探讨构造运动的方式、方向及构造运动的起源和动力来源。

板块构造学说又称新全球构造学说,是 20 世纪 60 年代初期才形成和发展起来的一门大地构造学说。这一学说问世后,便得到世界各国地质工作者的强烈反应,目前已基本被地质学界所接受,是当今世界上最盛行的大地构造学说。板块构造学说认为:漂浮于地幔软流圈之上的地球外层岩石圈是一些被断裂或构造活动带分割开的板状块体;每个板块都在不停地运动,边生长、边移动、边消亡;板块间相互运动是形成地表各种活动和变形的根本原因;板块边界是地球表面最活动的地带,大多数地震、火山都分布在这里;大陆硅铝层驮于岩石圈板块之上,随岩石圈板块运动而漂移。

我国地质学家在大地构造研究领域中,除李四光教授创立和研究的地质力学外,还有著名的黄汲清、陈国达、张文佑、张伯声、李春昱、马杏垣及郭令智等教授,他们分别代表着不同的大地构造学术观点,在我国形成百花齐放、百家争鸣的可喜局面,促使我国大地构造研究工作不断向前发展,在预测和探查矿产资源及有关生产实践方面,都取得了一定的成效。

近几十年来,随着地球物理、地球化学、海洋地质、同位素地质、深部地质等学科的发展,随着数、理、化等基础学科与地质学的日益结合,随着遥感新技术、新方法的广泛使用,大地构造学科的研究进入了一个新的发展阶段。

本书由于篇幅有限,主要介绍槽台学说、板块构造学说,对于中国大地构造学派的地质力学理论、地洼构造学说、断块构造学说及镶嵌构造说,仅介绍其基本观点及这些学者对我国大地构造的主要看法。

第二节 槽台学说

地槽(Geosyncline)是地壳上活动的地带,这一概念最初是由美国地质学家霍尔(J. Hall,1859)和丹纳(J. D. Danna,1873)先后提出来的。一百多年来,随着地质科学的发展,地槽的概念不断被修改,内容不断被充实。

地台(Platform)是古老的大陆地壳,它的概念首先是由休斯(E. Suess,1885)提出来的。他认为,地台是地壳上稳定的、自形成以后不再遭受构造变动的地区。

一、地槽的基本特征

按照现代对地槽概念的理解,地槽的基本特征在于它的强烈活动性,以及它发展过程中由坳陷向褶皱带有规律地转变,它是地壳上最活动的地带。自震旦纪以来活动性非常强烈的地带,轮廓一般呈狭长带状,长几百至几千千米,宽几十至几百千米,甚至上千千米,分布在大陆边缘、大陆内部或大陆之间。在地槽发展时期,构造运动强烈,升降运动的幅度、速度及差异性很大,沉积厚度巨大,岩浆活动发育,变质作用和地震强烈,地槽发展的后期形成现在地表的山脉。

(一)地槽区的升降运动

地槽区的升降运动是非常显著的,无论是升降速度、幅度及差异性均很大。按照地槽区升降运动的特点,可将地槽区发展大体划分为以下两个阶段。

1. 沉降阶段

这一阶段,地槽下降,海侵扩大,主要表现为低洼接受沉积的坳陷地带。在下降过程中,各地段的速度和幅度都不相同。其中,底部强烈下沉,有的地方下降得多些快些,有些地方下降得少些慢些,甚至发生相对稳定或隆起。地槽区下降强烈的部分,叫地向斜或内地向斜;下降较少或相对稳定的部分,叫地背斜或内地背斜。这些论述都是对褶皱山系的地层进行详细研究的结论。

2. 回返阶段

回返阶段为上升作用占优势的阶段。在这一阶段中,地槽区呈差异性回返隆起,强烈褶皱形成褶皱山脉。

地槽区下降到一定程度后,沉降作用逐渐减弱,而被回返上升所代替。回返作用最先是在地向斜中首先形成新的次生隆起,称为中央隆起。每个地向斜被中央隆起分成两个较小的坳陷,称为边缘坳陷。中央隆起逐渐扩大,其旁侧的边缘坳陷不断向两侧迁移,当相邻的两个地向斜回返成两个中央隆起后,其间原来的地背斜反而形成一个新的坳陷称为山间坳陷。如果此坳陷位置发生在地台边缘,则称为山前坳陷。在中央隆起上部,有时发生地堑式陷落,称为上叠坳陷。上述局部回返逐渐变为全面回返,地槽区全面差异性隆起形成一片山区,造成山脉隆起和其间的坳陷洼地。

地槽从开始下降活动发展到褶皱回返上升形成褶皱山脉的整个过程,称为地槽发展时期,或称地槽构造旋回。

(二)地槽区的沉积建造

地槽在不同的发展阶段,常形成一定的沉积建造(Sedimentary formation)。在一定的大地构造条件下,某一构造阶段中生成,具有成因联系的一套岩石的共生组合称为建造。例如,在沉降阶段,其下降初期形成下部陆屑建造,下降末期形成石灰岩建造;在回返阶段,其上升初期形成上部陆屑建造,上升末期形成磨拉石建造等。地槽区的典型沉积建造还有硬砂岩建造、细碧角斑岩建造、复理石建造等。

1. 海底喷发岩建造

海底喷发岩建造(Submarine rock formation)是在地槽下降最强烈的阶段形成的沉积物组合,以细碧角斑岩建造(Spilitic keratophyre formation)为典型,以钠质火山岩如细碧岩、角斑岩、玄武岩、安山岩和凝灰岩等火山岩为主,并伴有硅质岩和硬砂岩的互层,有时也称硅质—火山岩建造。我国祁连山地槽就有这种建造。这样的建造中往往有铁、锰、磷矿床产于硅质岩中;火山岩里则可能有钼、铅、锌、黄铁矿和稀有元素等矿床。

2. 硬砂岩建造

硬砂岩建造(Hard sandstone formation)主要由硬砂岩组成,砂岩呈灰色及灰绿色,成分复杂,分选差,胶结物含量多达20%以上,厚度可达千米以上。硬砂岩建造一般形成于地槽发育早期,是在强烈剥蚀迅速堆积的条件下形成的。

3. 泥质页岩建造

泥质页岩建造(Argillaceous shale formation)由泥岩、页岩组成,造岩矿物以黏土矿物为主,常含有重矿物、黄铁矿和有机质等,呈黑色、绿黑色及褐黑色等,有的成分较复杂。泥质页岩建造一般形成于地槽发育的稳定时期,是在缓慢堆积的条件下形成的。

4. 碳酸盐岩建造

碳酸盐岩建造(Carbonate sedimentary formation)主要由石灰岩、白云岩组成,造岩矿物以方解石、白云石等碳酸盐矿物为主,常含有机质,呈灰色、深灰色及灰白色等,有的成分较复杂。碳酸盐岩建造一般形成于地槽发育的沉降时期,是在地槽下降、海侵扩大的低洼的坳陷地带中形成的。与地台区碳酸盐岩建造相比,地槽区碳酸盐岩建造成分不纯,岩相和厚度变化大。

5. 复理石建造

复理石建造(Flysch formation)具有典型的复理石韵律,每一韵律自下而上沉积物由粗变细,厚度由数十厘米至1~2m,韵律间常被清晰的侵蚀面分开。整个复理石建造厚度可达千米甚至数千米。地槽区沉积一般都具韵律特点,复理石建造仅是典型代表。

6. 磨拉石建造

磨拉石建造(Molasse formation)是一套以砾岩为主的粗碎屑沉积,常为灰色,有时为红色,分选差,厚度变化大。磨拉石建造是地槽发育最后阶段即褶皱回返形成褶皱山脉的条件下形成的。

(三)地槽的构造特征

地槽经褶皱回返转变成褶皱系,形成地槽的构造。地槽的构造是多期构造运动形成的,因而是多旋回的。早期形成的先期构造又往往被后期形成的后期构造所改造、重叠和干扰,所以,地槽内的构造是相当复杂的,地槽区的构造变动主要发生在每一旋回的回返阶段。

1. 地槽内褶皱的主要特征

在平面上,一系列褶皱沿轴向延伸很远,其走向与地槽的总体走向大致相同;在剖面上,背斜和向斜紧密相间、同等发育、连续出现,褶皱总是不间断地布满整个地槽,有些褶皱在相当大的范围内,其褶曲轴面向同一方向倾斜,显示了组成褶皱的岩层向同一方向推移的动向。

2. 地槽内断裂的主要特征

断裂走向和褶皱轴向平行,延伸长而规模大;断裂面倾向与线形褶曲轴面倾向一致,断裂性质多属逆断层和逆掩断层,有的还可以出现规模巨大的推覆体。在剖面上,一系列相平行的逆冲断层组成叠瓦状构造。

3. 地槽区构造的组合类型

地槽区构造的组合类型主要有复背斜构造带、复向斜构造带、褶皱构造带、断裂构造带、褶皱断裂构造带。

(四)地槽的岩浆活动

地槽是地壳上最强烈的构造活动带,因而具有最复杂的岩浆活动历史,主要表现为:

(1)活动方式:既有大规模的海底火山喷发,又有基性、超基性到酸性的大型岩浆侵入。

(2)岩石类型:超基性、基性、中酸性等岩石。

(3)发育时间:贯穿地槽发展的整个历史时期,而且是多期活动的。

(4)岩浆活动的顺序:初期岩浆活动以基性岩类为主,既有火山岩,也有侵入岩。地槽早期的岩浆活动与其早期的深断裂活动有关,深断裂沟通了地幔顶部的岩浆源;晚期的岩浆活动是以酸性岩浆的侵入为特征,其侵入作用往往与地槽的褶皱造山作用相伴而行。

根据岩浆活动的强烈程度,可将地槽分为优地槽(Eugeosyncline)及冒地槽(Miogeosyncline)两种。优地槽的岩浆活动十分强烈和复杂,从活动方式来看,既有喷发作用,又有侵入作用;从岩浆性质看,自基性到酸性均有,有时还有碱性;从活动时间看,整个地槽旋回发展过程均有岩浆活动;从活动规律看,初期为基性喷发活动,逐渐地被中酸性喷发活动或浅成小型侵入和层状侵入所代替,岩性上也由基性逐渐过渡为中酸性。在回返时期,与褶皱同时有广泛花岗岩浆侵入活动,往往在复背斜中央形成巨大岩基;褶皱后期,伴随着褶皱作用所引起的断裂构造,有裂隙式酸性及超酸性侵入,有时有碱性侵入活动,之后岩浆性质又趋于基性,最后全区隆起,再度变为喷发活动。而冒地槽的特征则是其中只发生沉积作用,缺失火山岩。

(五)地槽的变质作用

由于地槽区是地壳活动性十分强烈的地区,所以变质作用同样也十分强烈。特别是优地槽表现得最为明显,各种变质作用互相结合形成强烈的区域变质岩带。地槽区岩石的变质作用是与地槽的岩浆活动性紧密相关的。地槽内地壳大幅度沉降及上覆巨厚岩层的形成,使岩层受到高温高压的影响,引起区域变质。强烈的岩浆活动,引起接触变质。剧烈的构造变动,特别是断裂变动,也会引起动力变质。

(六)地槽的矿产

地槽内矿产丰富多样,既发育了与沉积作用有关的外生矿床,也形成了与岩浆活动有关的内生矿床。巨厚的沉积岩系为形成石油、天然气、煤、铁、铝等提供了有利的条件。

二、地台的基本特征

地台是由地槽发展而来的,一个地槽沉积带经过剧烈的造山运动和相伴随的岩浆活动之后,就回返褶皱而成稳定地带,而且与相邻的老地台合并,之后就进入了地台发展阶段。有些地质学家将地槽转化为地台的过程称为"僵化"。

(一)地台的双层结构

1. 地台的基底

地台的基底指地台的下伏层。组成基底的岩石是各种结晶变质岩系,它们的原始岩石则为巨厚的碎屑岩、火山岩和复理石建造等。由于经历了强烈的褶皱运动、变质作用及岩浆侵入,使其转变为不同程度的变质岩系。

2. 地台的盖层

地台的盖层指地台的上覆层,以角度不整合覆盖于基底之上。盖层是由各种地台型沉积建造所组成,厚度小,岩相变化不显著,构造变动微弱,很少发生变质作用。地壳表现为大面积的缓慢上升和下降,运动的差异性较小(图 9-1)。

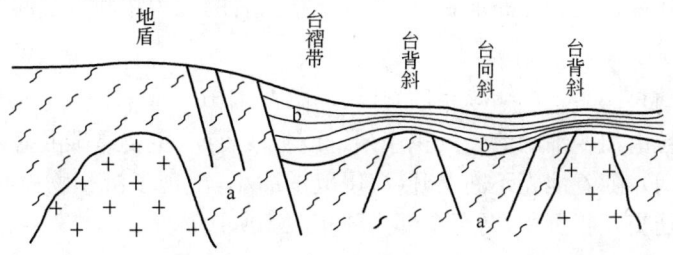

图 9-1 地台结构及内部构造单元示意图
a—基底;b—盖层

(二)地台的类型

按基底形成时代,地台可划分为古地台和年轻地台。古地台的基底于寒武纪之前形成,又称为"克拉通";年轻地台的基底是寒武纪以后形成的。

按地台稳定的程度(黄汲清,1945),地台可划分为正地台(Orthoplatform)和准地台(Paraplatform)。正地台比较稳定,基底僵化程度高,盖层沉积薄,构造变动轻微,无重要的中酸性岩浆活动;准地台较活动,基底硬化程度低,盖层沉积较厚,构造变动较强烈,岩浆活动广泛而显著。

(三)地台内部构造单元的划分

根据地台不同部分沉积盖层的厚薄和构造变动的特点,可以将其内部划分为四个不同的二级单元(图9-1)。

(1)地盾(Shield):有些古地台的盖层由于长期剥蚀抬升,结晶基底大面积出露,这种地区称为地盾,也叫地轴。

(2)台背斜(Anteclise):是地台内部的大型隆起单元,其上沉积盖层厚度较小,沉积间断较多,在相邻的台向斜中发育的某些地层延伸至台背斜可能完全缺失。

(3)台向斜(Syneclise):是地台上相对坳陷的负向单元,其上沉积盖层发育完全,厚度较大,在较大范围内岩相和厚度均较稳定。

(4)台褶带(Platformal fold belt):是地台上的褶皱带。它是地台上最深沉降带。早期强烈下降,有些沉降带本伴有火山喷发,后期强烈褶皱,形成地台和地槽间的过渡性褶皱,有时还伴有酸性花岗岩的侵入。

地台内的三级构造单元为:隆起区(带)、隆断区(带)、隆褶区(带)、坳陷区(带)、坳断区(带)、坳褶区(带)。

地台内的四级构造单元为:凸起、凹陷、穿褶、穿断、凹断、凹褶。

地台内的五级构造单元为:背斜、向斜、穿隆、挠曲、地堑、地垒。

(四)地台的沉积建造

地台的沉积建造是在构造活动相对稳定的环境中形成的,其沉积盖层的厚度及岩相变化均比地槽区稳定,沉积厚度一般不大,并有其独特的建造特点。

1. 地台的沉积建造特点

(1)岩性以砂质、黏土质和碳酸盐岩为主,浅海相沉积物居多,少复理石、磨拉石、火山岩建造。

(2)组成建造的岩性单一,结构均匀,分布面积广,相变不大,厚度稳定。

(3)不同建造之间多为整合或假整合接触。

(4)由于沉积环境稳定和分布面积广,所以反映当时的沉积相和古气候特征明显。

2. 地台沉积的特点

下降阶段(早期):褶皱基底遭受长期剥蚀,坳陷范围由小变大,沉积环境由陆相过渡为海相,出现沉积物颗粒由粗变细的海侵沉积序列。该阶段后期,主要是碳酸盐岩沉积。

上升阶段(晚期):随着地壳不断上升,海侵范围缩小,出现了沉积物由细变粗的海退沉积序列,以后变为海陆交互相沉积,乃至全部为陆相沉积所代替。

3. 地台区典型的沉积建造

地台区沉积建造主要有石英砂岩建造、碳酸盐岩建造、含煤—铝土矿—铁建造、红色碎屑岩建造及陆相火山碎屑岩建造等。它们一般均反映地台区升降运动的特点。

(1)石英砂岩建造(Quartz sandstone formation)：在地台上广泛发育，主要由成分较纯的石英砂岩组成，分选性及圆度均较好，交错层理发育。这类建造大部分属近海沉积，其成因有风成、湖成及河成沉积等。

(2)碳酸盐岩建造(Carbonate sedimentary formation)：在地台上也广泛发育，主要由浅色石灰岩和白云岩组成。与地槽区碳酸盐岩建造相比，地台区碳酸盐岩建造成分较纯，岩相厚度变化不大。

(3)含煤—铝土矿—铁建造(Coal-bauxite-iron formation)：主要由砂质、泥质沉积及与其共生的铝土矿、铁矿、煤及耐火黏土等沉积组成，一般均形成于明显的基岩侵蚀面上。地台区含煤建造与地槽区相比，其特点是煤系厚度不大，煤层层数少，各层煤的厚度较大，且比较稳定。

(4)红色碎屑岩建造(Red fragment rock formation)：多形成于地台的发展后期，主要由碎屑岩构成。它分滨海—浅海相沉积与陆相沉积两种，前者常有泥灰岩、石灰岩及白云岩夹层，后者粗碎屑岩较多，且含较多石膏盐类矿床。

(5)陆相火山碎屑岩建造(Continental volcano clastic rock formation)：包括中、酸性及少量基性的火山熔岩、凝灰岩及集块岩，其中夹有大量碎屑岩，厚度，数十米至一两千米不等。

(五)地台的岩浆活动

无论是岩浆活动规模还是岩浆活动方式，地台区沉积盖层的岩浆活动强度均比地槽区相差很多，是不强烈的。地台区岩浆活动大致分为两类：一类是小型浅层侵入，如岩墙等类裂隙式侵入岩体多发育在台褶带内；另一类是大片玄武岩流，往往出现在地台区的负性构造内。地台的沉积盖层一般不发生区域变质，仅局部地区有接触变质和动力变质。我国地台区岩浆活动，除中生代比较强烈外，其他时期均较微弱。

(六)地台的构造变动

基底控制着盖层构造，盖层构造又可能影响基底构造：基底僵化程度高的地区，盖层构造表现为形变微弱的特点；反之，基底僵化程度低的地区，盖层表现为较强烈的构造变形，构造形式有继承性。同样，盖层在形变过程中，对基底的构造产生了明显的改造作用，使基底进一步破碎或导致构造线方向发生偏转。

地台盖层的褶皱一般比较开阔，通常是一些孤立的短轴褶皱，如穹隆、长垣、短轴背斜和构造盆地。但在台褶带内褶皱比较强烈，出现一些紧闭的梳状、箱状等构造，空间组合上构成了隔档式或隔槽式褶皱。地台区断裂变动一般不强烈，且多为正断层，主要发育在隆起区，常成群出现，组成地堑、地垒等构造。地台区的逆断层相对较少。

(七)地台的矿产

地台在漫长的发展过程中，既有产生各种矿产的沉积建造和岩浆岩类，又有赋存各种矿产的构造条件，所以其矿产是非常丰富的。沉积矿产有石油、天然气、煤、磷、铁、铝矾土和盐类等。内生矿产有铁、铜、钼、铅、锌、汞、金刚石、稀有元素和稀土元素等。

三、地槽的发展模式

自从地槽的概念提出以来，对于它的产生原因和发展模式，国内外地质学家提出了许多论述。一般认为，地槽从强烈活动开始到最后褶皱成山，是向着稳定的方向发展，期间经历过复杂的、有规律的发展过程。归纳起来，地槽的发展有两种模式：单旋回模式和多旋回模式。

(一)地槽发展的单旋回模式

地槽发展单旋回模式的奠基人是 H. 史提勒,他以构造岩浆旋回为主线,提出了地槽发展的单旋回模式,其发展过程如下:

初期岩浆活动(地槽期),大量蛇绿岩出现;

同造山岩浆活动(造山幕),大量花岗岩出现,其中又分两个阶段(高造山阶段,出现顺层花岗岩和区域变质;晚造山阶段,出现穿层花岗岩和接触变质);

后继岩浆活动(半克拉通期),安山岩等喷发,各类斑岩侵入;

末期岩浆活动(全克拉通期),玄武岩喷溢。

后来,俄罗斯地质学家 B.B. 别洛乌索夫提出另一个地槽发展单旋回模式的发展过程:

地槽以下降为主的阶段;

地槽以上升为主的阶段;

地槽全面转变形成褶皱山系的阶段,标志着地槽发展的结束。

(二)地槽发展的多旋回模式

我国地质学家黄汲清教授于1945年提出了地槽发展的多旋回理论。他认为地槽转化为褶皱山系的褶皱运动不是单旋回的,而是多旋回的,即一个褶皱山系的形成往往经历了多次褶皱运动。20世纪60年代,他进一步指出,地槽发展的多旋回性,不仅是多旋回的褶皱运动,还包括多旋回的断裂运动、多旋回的岩浆活动、多旋回的沉积作用、多旋回的变质作用、多旋回的成矿作用(图9-2)。

1. 多旋回模式的特点

地槽发展的第一旋回过程是:开始时蛇绿岩套沿深断裂带出现,紧接着复理石大量沉积。然后,地槽沉积带的一部分褶皱成山,花岗岩类侵入。紧接着各种斑岩形成小侵入体,在地面有安山岩喷发。

地槽发展的第二旋回、第三旋回……的发展大致与此相同,当然各旋回情况不尽相同,有的可能缺乏蛇绿岩,有的可能缺乏花岗岩或安山岩等。磨拉石建造一般在早期很少,主要发育在主地槽期及后地槽期。

2. 多旋回模式的内容

地槽发展的多旋回模式主要表现是蛇绿岩套在每一旋回中都会出现,所以地槽发展的多旋回模式的内容就是蛇绿岩套的不断出现。

蛇绿岩套是一种高铁镁的变质岩组合,矿物成分是蛇纹石、绿帘石、绿泥石等。它原本是粗晶辉长岩、粗晶辉绿岩以及类似成分的火山岩和放射虫燧石岩等经过水热变质而成的多种岩石的组合,通常出现在曾经是深海沟而现在已经褶皱回返成为褶皱山系的地槽区。地槽活动初始时,地壳强烈下沉并出现裂缝,上地幔中的熔融物质喷涌出来,成为水下火山,生成的枕状玄武岩与同时生活在那种环境中的放射虫等以及从熔岩中析出的硅质间夹着沉积在一起形成蛇绿岩套。

3. 多旋回的典型沉积建造

(1)复理石建造:由海相陆源碎屑物质(主要是砂、泥质)组成,有明显的韵律特征。单个韵律的底面常为冲刷面,底部由粗粒物质组成,往上逐渐变细,直到上一个韵律开始。每个韵律

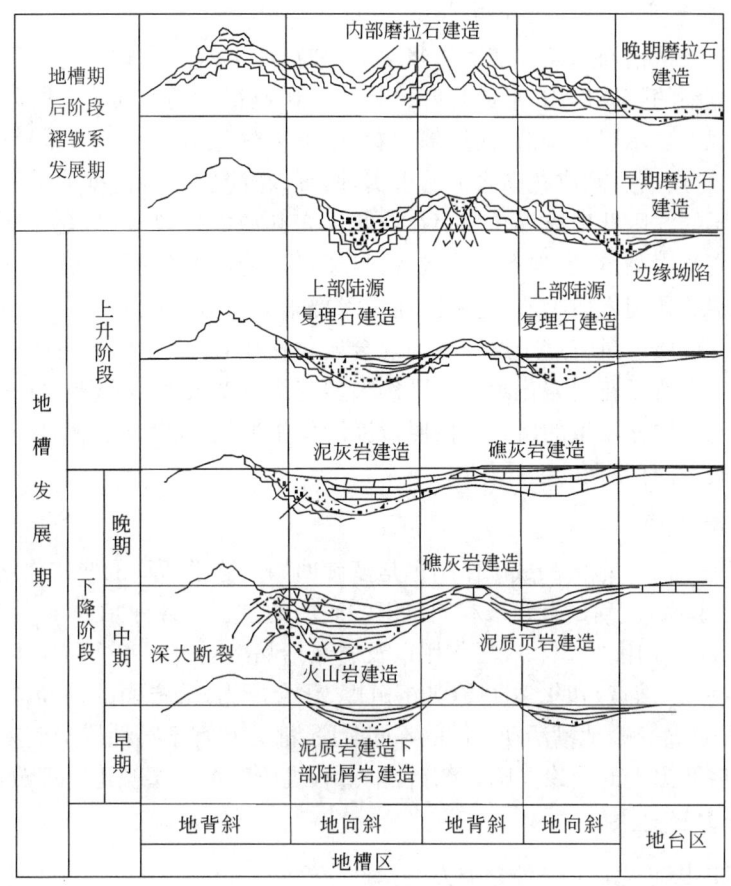

图 9-2 地槽发展阶段示意图

的厚度可自数厘米到数十厘米；整个建造共有成百上千个韵律，总厚可达上万米。这个建造中砾岩很少，交错层和波痕罕见，几乎不含化石，虽有韵律，却是十分单调的。

（2）磨拉石建造：是一套以陆相粗粒碎屑岩为主的建造。其中的砂岩、砾岩分选性差，单层厚度相当大；也可夹有少量泥质、钙质沉积，总体上层理不规则，可有交错层、波痕等；岩性和厚度在侧向追索时都很不稳定。它是地槽发展后期，已有部分褶皱隆起成山，陡峻的山岭受到强烈的冲刷剥蚀时沉积在山间或山前的坳陷带中的沉积物。

（3）细碧角斑岩建造：典型的代表岩石是钠质火山岩，如细碧岩、角斑岩以及玄武岩、安山岩、凝灰岩等，其中也伴有各种硅质岩和硬砂岩，它们成互层。其中硅质岩中常见富铁、锰、磷等矿床，火山岩中则常含铜、铅、锌、黄铁矿和稀有元素等矿床。我国祁连山地槽中就有这样的建造。

4．多旋回的构造作用

地槽活动的每一个阶段都会有断裂活动：沉降阶段会有张性的深断裂发生，导致地幔中的熔融物质喷涌，形成高铁镁的火山岩，后受热变质，产生蛇绿岩套。地槽回返时，一般伴有强大的挤压活动，造成复杂的紧闭褶皱，以及叠瓦状的逆冲、逆掩断层，同时，由于地槽带很长，各个段落间运动不均匀，横向的平移错断在所难免。可见，地槽区断层多见而且类型多样。每个旋回如此，多旋回活动的地槽自然是褶皱、断裂都很发育了。

5. 多旋回的岩浆作用与变质作用

槽台学说认为在地槽回返期伴随着岩浆活动，来自地下的液态物质与深埋地下获得的高温高压导致了大范围的变质作用，形成片麻岩等结晶颗粒粗大的变质岩。野外观察常能见到有的片麻岩在宏观上显示层状构造，而局部细看，则不易察觉与花岗岩的差异；同时沿着走向追索时，片麻岩常有逐渐过渡成花岗岩体的事实，而且，花岗岩体所占据的空间大部分是吞蚀了原来的沉积岩层的。因此地质界长期存在着花岗岩起源的争议，也就是花岗岩化问题。有些变质很深的超变质岩中，还发现有肠状构造、眼球状构造以及角砾状构造，它们的周围则是含硅、钾、钠较丰富的花岗岩质物质，这是由地壳深部来的富硅、钾、钠的岩汁与围岩发生强烈相互交代的结果。地质人员将这个过程称为混合岩化作用，所产生的岩石统称为混合岩。混合岩的发现进一步支持了花岗岩化观点。既然大型花岗岩基几乎全部出现在地槽区，这里也就是花岗岩化与混合岩化发生的所在。按照黄汲清先生所揭示的地槽活动多旋回性，地槽区就会出现不只一次、各有差别的变质作用。

6. 多旋回的成矿作用

按照多旋回模式，一个地区的成矿作用也是多旋回的。这里所说的成矿作用就是某种有用的元素或矿物集中起来，达到具有开采利用价值的矿床的过程。各种元素、矿物分散在地壳中，当经受风化作用、搬运作用、沉积和成岩作用以及岩浆结晶冷凝过程和变质作用时，都有机会按照其物理性质(如密度、熔点)和化学性质(如溶解度、化合能力)等方面的差异，富集成为具有经济价值的矿床。因此每一个地槽活动旋回的不同阶段，都会有宜于某种特定矿床生成的时间和空间。地槽活动后期出现的边缘坳陷，常有含丰富有机质的沉积层被迅速埋藏，成为生油层。

(三)地槽的基本类型

1935年，H.史提勒提出了一种分类方案。

正地槽：两个大陆之间的地槽或大陆与海洋克拉通之间的地槽。

准地槽：大陆上的海盆坳陷。

1941年，H.史提勒又提出一种新的分类方案。

优地槽：岩浆活动很强烈，多旋回明显。基性超基性岩侵入和海相火山喷发，从地槽发展初期直到末期可以出现若干次，花岗岩侵入也是。喷发岩出现在比较平静的下降阶段，花岗岩类则出现在褶皱隆起阶段；沉积建造海相较多，具多旋回性；褶皱运动显示多旋回性，褶皱带在横向和纵向上有迁移；区域变质广泛，有花岗岩化和混合岩化的深变质带。

冒地槽：岩浆活动一般很弱，多旋回性不明显。一般缺乏基性、超基性岩和火山岩，花岗岩类也缺乏，但在地槽回返阶段有重要发展；沉积建造浅海相较多，一般以碎屑岩、碳酸盐岩、复理石等为主；褶皱运动、区域变质均不如优地槽强烈；地槽发展的多旋回性也不及优地槽。

四、中国主要地槽褶皱系

根据中国大地构造的特征，可以将中国划分为若干个地槽褶皱系(图9-3)。每个地槽褶皱系由于其所处的大地构造背景和环境不同，因而表现出不同的特点。尽管各个地槽褶皱系有其自身的特点，但互相之间在成因上、发展规律上等具有许多关联。

(一)祁连山地槽褶皱系

祁连山地槽褶皱系是我国西北较大的褶皱山系之一，呈北西西—南东东方向展布，其东北为阿拉善地块和贺兰—六盘台褶带，西南为柴达木盆地，西北与阿尔金山褶皱带相连，东南与秦岭地槽褶皱系相接。

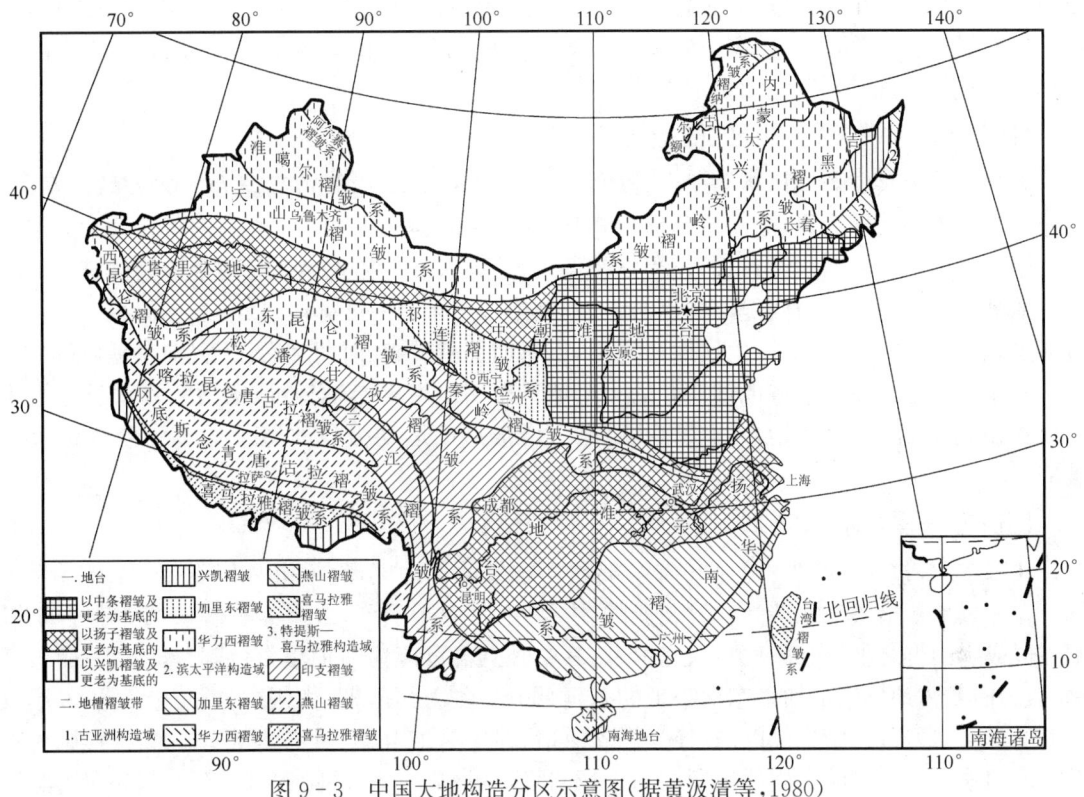

图9-3 中国大地构造分区示意图(据黄汲清等,1980)
地图出处:GS(2008)1228号

根据祁连山地槽褶皱系内部在发展过程中所表现出的大地构造特征差异性,可将其进一步划分为四个次一级构造单元:河西走廊边缘坳陷、北祁连优地槽褶皱带、祁连中间隆起带、南祁连冒地槽褶皱带。

(二)阿尔泰地槽褶皱系

阿尔泰地槽褶皱系位于西北地槽系的北部,包括我国境内的阿尔泰山及其南面的山前平原,以及北塔山及准噶尔盆地西北部的山地。阿尔泰地槽内部又可划分为三个一级构造单元:北阿尔泰加里东地向斜、斋桑海西地向斜和玛立齐尔海西地向斜。早在奥陶纪时,阿尔泰山区及玛立齐尔区已处于地向斜发育阶段,而斋桑地区则是相对隆起。志留纪末加里东运动使北阿尔泰地向斜褶皱隆起,斋桑地区则由原来的隆起转化成强烈坳陷,这次运动使下古生界岩层普遍发生强烈褶皱和区域变质,但岩浆活动是微弱的。晚古生代阶段,斋桑地区开始发生强烈坳陷,玛立齐尔及阿尔泰山部分地区也再次下陷,接受地槽型沉积,整个海西旋回中火山活动强烈,伴随海西运动有岩浆侵入活动,二叠纪末地槽完全封闭。中生代时,大部分地区处于剥蚀状态,燕山活动在本区表现微弱,但近期喜马拉雅运动较强烈,它表现为强烈的断块升降,造成了今天的阶梯状山形。

阿尔泰地槽褶皱系内部可划分以下4个单元:阿尔泰冒地槽褶皱带、西准噶尔优地槽褶皱带、东准噶尔优地槽褶皱带、准噶尔盆地(准噶尔地块)。

(三)天山地槽褶皱系

天山地槽褶皱系位于新疆中部,构成天山山系的主体,南邻塔里木盆地,北接准噶尔盆地,其范围与夹持于塔里木盆地和准噶尔盆地之间的天山山脉及其东延的北山地区大致相当。天山地槽褶皱系呈近东西向延伸，长达2000多千米，形成于早古生代，强烈发育于晚古生代，结束于二叠纪，其内部可进一步划分四个次一级构造单元：北天山优地槽褶皱带、天山中间隆起带、南天山冒地槽褶皱带、北山优地槽褶皱带。

(四)内蒙古—大兴安岭地槽褶皱系

内蒙古—大兴安岭地槽褶皱系包括内蒙古居延海以东的内蒙古高原和大兴安岭山系，东以深断裂与松辽盆地为界，南与华北地台相邻，西与天山地槽褶皱系相连。内蒙古—大兴安岭地槽褶皱系为一华力西褶皱系，研究程度较低，暂分为内蒙古和大兴安岭两个地槽褶皱带。内蒙古地槽褶皱系为一华力西优地槽褶皱带，但其南部边缘至白云鄂博之北，上志留统不整合于包括中、下志留统在内的下古生代地层之上，应属加里东褶皱(前期旋回)。它向东延伸可能与温都尔庙群一起构成内蒙古地轴北侧的一个加里东褶皱带；大兴安岭地槽褶皱系大部分被中生代火山岩掩盖，古生代地层出露零星，是一个被燕山运动强烈改造了的华力西优地槽褶皱带。

(五)吉—黑地槽褶皱系

我国东北，包括吉林省、黑龙江省东部和辽宁省北部地区，地槽沉积以石炭、二叠系为主体。吉—黑地槽褶皱系北部尚未发现奥陶、志留系，泥盆或石炭、二叠系往往直接不整合于黑龙江群或麻山群之上；南部有奥陶、志留系，其中呼兰群可能为晚加里东(或早华力西)褶皱产物，似为内蒙古地槽南部加里东褶皱带的东延部分。华力西末期，大规模酸性岩浆侵入，形成巨大的花岗岩岩基。中生代以来，经受强烈改造，并伴随相当规模的岩浆活动。新生代则为玄武岩流的喷溢。著名的大庆油田所在的松辽凹陷，是一个白垩系坳陷，西半部的基底属吉黑褶皱系，二者之间大致以孙吴地堑及其南延部分为界。

(六)昆仑地槽褶皱系

昆仑地槽褶皱系包括昆仑山脉、祁曼塔格山、布尔汗布达山、阿克塔克山、可可西里山和阿尔金山等，是一个复杂的华力西地槽褶皱系。昆仑地槽褶皱系开始于早古生代，经中、晚古生代强烈坳陷、沉积和火山作用，古生代末褶皱回返，地槽系封闭。内部单元有：北昆仑冒地槽褶皱带、昆仑中间隆起带、南昆仑优地槽褶皱带、祁曼塔格优地槽褶皱带、阿尔金优地槽褶皱带、柴达木北缘优地槽褶皱带、布尔汗布达优地槽褶皱带。

(七)秦岭地槽褶皱系

秦岭地槽褶皱系位于滇藏地槽系的最东部，在豫、陕、甘、青、川、鄂六省的交汇处，包括秦岭主脉以南，大巴山、米仓山和积石山以北的广大地区。该地槽内部又划分为四个次一级构造单元：南秦岭加里东地向斜、武当地背斜、东秦岭海西地向斜和西秦岭海西—印支地向斜。前三者位于徽成盆地以东，统称为东秦岭地槽，与徽成盆地以西的西秦岭海西—印支地向斜相对应。武当地背斜形成于晚元古代晚期。震旦纪初，在其南北两侧分别形成南秦岭加里东地向斜和东秦岭地向斜，同时伴有强烈的基性岩浆喷发。寒武、奥陶纪时，秦岭东段的沉积具有相对稳定的特点，但在秦岭西段则发育了巨厚的地槽型沉积。但至志留纪，南秦岭加里东地向斜中出现了强烈的基性岩浆喷发活动。志留纪末的加里东运动使南秦岭褶皱上隆，还伴有大量岩浆侵入。晚古生代时，坳陷限于东秦岭和西秦岭两个海西地向斜中，但东秦岭以稳定型沉积为主，西秦岭则以复理石沉积为特征，显示出东、西两段的差异性。东秦岭地向斜于二叠纪末褶皱隆起，而西秦岭地向斜的发展则延续到三叠纪末期。三叠纪末期的印支运动使秦岭地槽褶皱封闭并整体上升为大陆。侏罗、白垩纪形成了许多断陷盆地（如徽成盆地），燕山运动又使侏罗、白垩纪产生了北东向的褶皱和断裂。新生代断块运动继续发展，喜马拉雅运动使古近—新近系产生平缓褶皱和断裂。秦岭地槽褶皱系可划分以下5个单元：秦岭扬子褶皱带、北秦岭华力西褶皱带、东秦岭印支褶皱带、西秦岭印支褶皱带、南秦岭加里东褶皱带。

（八）松潘—甘孜地槽褶皱系

松潘—甘孜地槽褶皱系分布于四川西部，是一个巨型三角形地槽褶皱系，三边均以深断裂与相邻单元为界。松潘—甘孜地槽褶皱系西南面为金沙江红河深断裂北段，东南为龙门山深断裂，北面为东昆仑深断裂和玛沁略阳深断裂。这个地槽系以炉霍、康定深断裂和甘孜、理塘深断裂为界分为以下三部分：巴颜喀拉冒地槽褶皱带、雅砻江冒地槽褶皱带、优地槽褶皱带。

（九）华南地槽褶皱系

华南地槽褶皱系是加里东期形成的地槽褶皱系，位于扬子准地台之南，又称华南准地台（后加里东地台）。这是一个早古生代的冒地槽，主要由下古生界组成，沉积以包括类复理石在内的海相碎屑岩为主。志留纪末褶皱，转化为地台，并与扬子地台合并。泥盆纪至三叠纪海相沉积盖层发育良好，中生代主要为陆相盆地沉积。自中生代以来，印支、燕山旋回均很重要，前者表现为强烈的地台盖层褶皱及花岗岩浆的侵入，后者表现为强烈的断裂运动，并有大规模的中酸性岩浆的侵入和喷出。喜马拉雅旋回，断裂活动也很重要，一些地带并伴有玄武岩浆的喷溢。华南地槽褶皱系内部可划分以下3个单元：右江冒地槽褶皱带、桂湘赣褶皱带、华夏褶皱带。

（十）其他地槽褶皱系

除上述介绍的地槽褶皱系外，中国的地槽褶皱系还有三江地槽褶皱系、西藏地槽褶皱系、喜马拉雅地槽褶皱系、台湾地槽褶皱系、那丹哈达岭地槽褶皱系。

（十一）中国地槽褶皱系总结

在空间分布上，地槽褶皱系围绕着地台边缘分布，如昆仑地槽褶皱系、祁连山地槽褶皱系、松潘—甘孜地槽褶皱系、三江地槽褶皱系和西藏地槽褶皱系，围绕华北地台和塔里木地台而展布。

在时间发育上，地槽向褶皱带的转变常常是从大陆边缘开始，逐渐向大洋迁移。如华南地槽褶皱系，自加里东运动以来，围绕扬子地台展布，由于洋壳板块不断向西北俯冲，地槽逐次褶皱，大陆不断加大，地槽则不断向太平洋方向迁移，形成了东南沿海地区的加里东、华力西和中、新生代地槽褶皱带，台湾地槽则到古—新近纪才褶皱成山，迄今还在活动着。

五、中国主要地台

（一）华北地台

华北地台的主体位于我国华北地区，包括整个华北、西北东部、东北南部、渤海及北黄海，向东延伸可至朝鲜北部，故有"中朝准地台"之称。该地台总体呈三角形，与周围相邻的构造单元均以深断裂为界。

华北地台经17亿年以前的吕梁运动（中条运动）形成了统一的褶皱基底，自震旦纪以来一直表现为相对稳定的地区，但内部发展是不平衡的，可以划分为10个次级构造单元（图9-4）：内蒙古地轴、辽东台背斜、辽冀台向斜、燕山台褶带、山西台背斜、鄂尔多斯台向斜、贺兰—六盘台褶带、豫淮台褶带、鲁西台背斜、鲁东地盾。

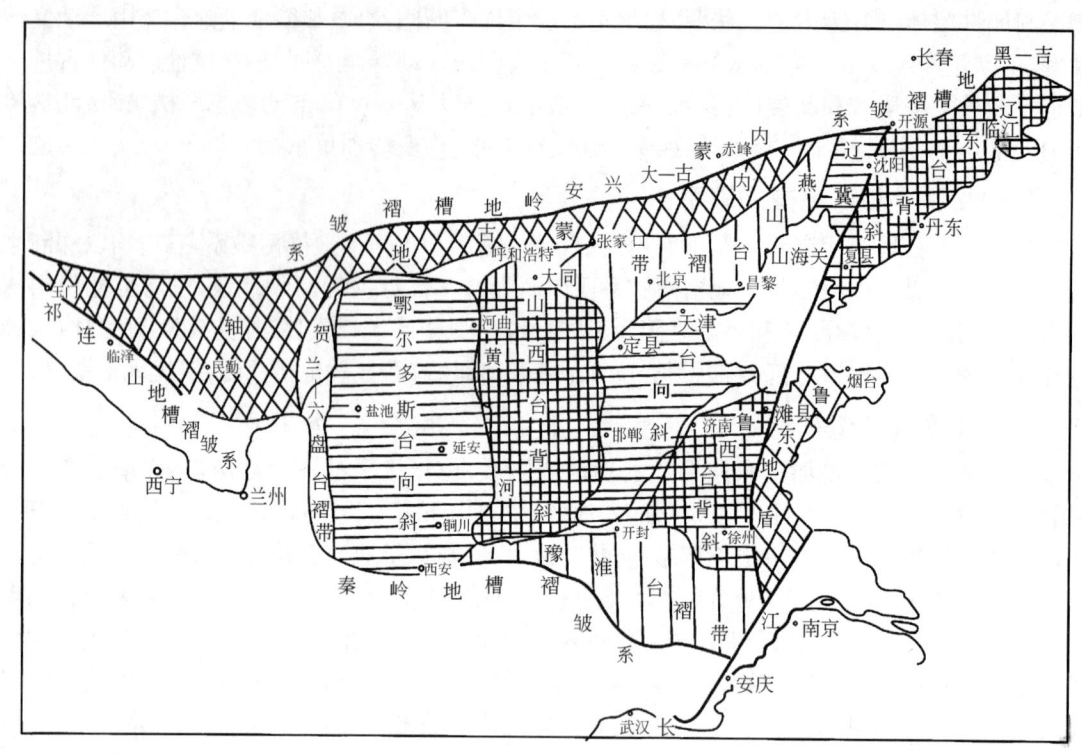

图 9-4 华北地台大地构造分区略图

华北地台的基底岩系是由太古宇的各种结晶片岩、片麻岩,元古宇的各种片岩及大理岩组成。它的上界同位素年龄大约 17 亿～18 亿年,目前发现最老的下界同位素年龄值为 36 亿年。华北地台的基底主要由三套岩系构成,即太古宇阜平群及其相当岩系、古元古界下部五台群及其相当岩系、古元古界上部滹沱群及其相当岩系。它们之间都呈不整合接触,分别是阜平运动、嵩阳运动、五台运动留下的物质记录。这也表明华北地台的基底是经历多个旋回之后才稳定下来,"僵化"成地台的。

华北地台的盖层岩系包括中元古代阶段(天津蓟县剖面)、新元古代阶段(青白口纪—震旦纪)、早古生代地层(寒武系—中奥陶统)、晚古生代地层(中石炭统—二叠系)、中生代地层(三叠系—白垩系)、新生代地层(古近系—第四系)。

华北地台自古元古代末(17 亿年左右)经吕梁运动作用以后,形成了地台的统一基底,此后即进入地台发展阶段。

华北地台的岩浆活动与构造运动、构造发展阶段有着密切的关系。在地台基底发展阶段,岩浆活动剧烈、频繁,种类也多。中新元古代和古生代阶段,由于构造发展的相对稳定,岩浆活动微弱,种类也简单。中新生代阶段,因构造运动强烈,岩浆活动也随之剧烈起来。

华北地台是一个具有双层结构的古地台,基底经历了复杂的地槽发展阶段,有三次重要的地壳运动和两期重要的岩浆活动,因此,在基底中发育有与地槽有关的各种矿产,如冀东的变质铁矿。在沉积盖层发育的过程中,既有与各时代沉积地层伴生的沉积矿产,又有与燕山期、喜山期岩浆活动相伴生的内生矿产。所以,华北地台的矿产是十分丰富多彩的。

(二)扬子准地台

扬子准地台是我国第二个重要的地台,包括从云南东部至江苏,几乎整个长江流域和南黄海。扬子准地台北边以北淮阳深断裂与秦岭地槽褶皱系为界,西边以龙门山深断裂与松潘—甘孜地槽褶皱系相邻,西南以金沙江—红河深断裂与三江地槽褶皱系为界,南及东南与华南地槽褶皱系呈过渡关系,总体呈长条形(图9-5)。其内部单元包括:盐源丽江台缘褶皱带、扬子地台北缘褶皱带、四川台向斜、康滇地轴、滇黔褶断区、八面山褶皱带、江汉坳陷、江南地轴、下扬子褶皱带、钱塘褶皱带、苏北坳陷及南黄海、淮阳地块。

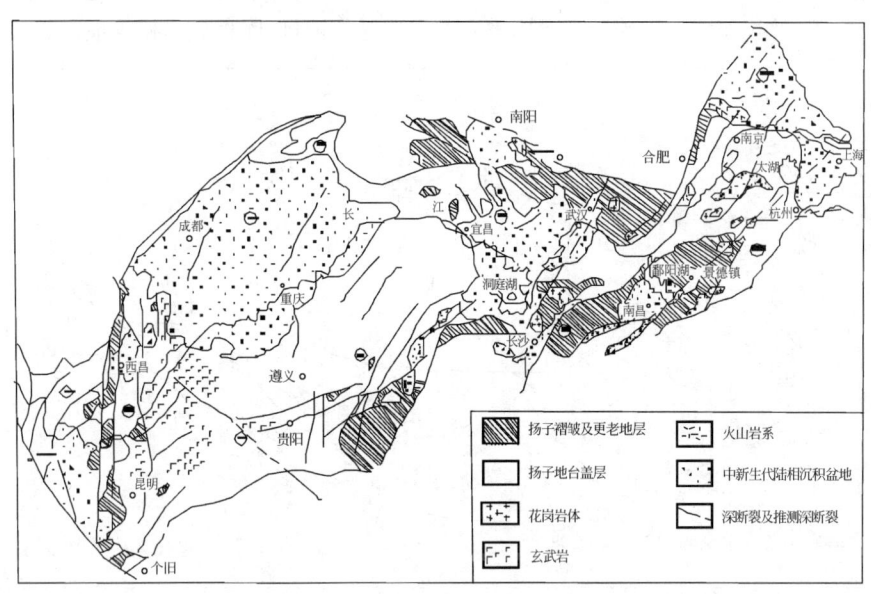

图9-5 扬子准地台大地构造略图

扬子准地台的基底是由中新元古代的昆阳群(川西、滇东)、板溪群(湘西、黔东)、神农架群(鄂西)及其相当地层组成。

扬子准地台在中元古代时期是一个广阔的活动海区,沉积了反映地壳活动性大的建造类型。此后,由于晋宁运动的影响,昆阳群等及其相当地层普遍遭受了区域性变质,使得扬子准地台的大地构造状况发生了质的变化,从而结束了地槽发展阶段,形成了扬子准地台的统一褶皱基底。

扬子准地台的沉积盖层发育极为良好,中国许多地层的标准剖面及名称都是在这里建立的。地台发展的早期是海相沉积阶段,晚期是陆相沉积阶段,主要分为:

(1)震旦纪—三叠纪海相沉积盖层发育阶段。

(2)晚三叠世及其以后的陆相沉积盖层发育阶段。因为印支运动(中三叠世末)作用,三叠纪晚期,扬子准地台全面上升为陆,结束了海侵历史,地台开始进入陆相沉积阶段。

(3)新生代阶段。由于喜马拉雅运动,整个地台以强烈上升为主,大部分为剥蚀区。

由于晋宁运动,扬子准地台结束了地槽的发展阶段,形成了统一的褶皱基底。在盖层发展阶段,早期的海相沉积时期,地壳发生多次的震荡运动,使得地台内不同的部位,海侵的时间、范围各有区别。晚期陆相沉积阶段,由于燕山运动和喜马拉雅运动的影响,使扬子准地台的盖层发生了褶皱和断裂。

扬子准地台沉积盖层极为发育,一般均在数千米至数万米,为油气生成与聚集创造了非常有利的条件,不论是陆相地层还是海相地层均含有丰富的石油和天然气。目前在扬子准地台已发现的含油气盆地有:四川、江汉、南襄、苏北—南黄海等。在震旦系、石炭系、二叠系、三叠系、侏罗系、古近—新近系等层位获得了工业油气流。

(三)塔里木地台

塔里木地台位于新疆南部,界于天山山系和昆仑山系之间,包括塔里木盆地及围绕盆地边缘的一些山脉。地台总体走向近东西,长约1500km,宽约200~600km,总面积达$62×10^4 km^2$(图9-6)。塔里木地台形成于元古宙末,也是由古老褶皱基底和沉积盖层构成的古地台。这个地台大部分被新生代沉积覆盖,基底和古生代盖层主要出露于北部边缘的柯坪、库鲁克塔格等地。

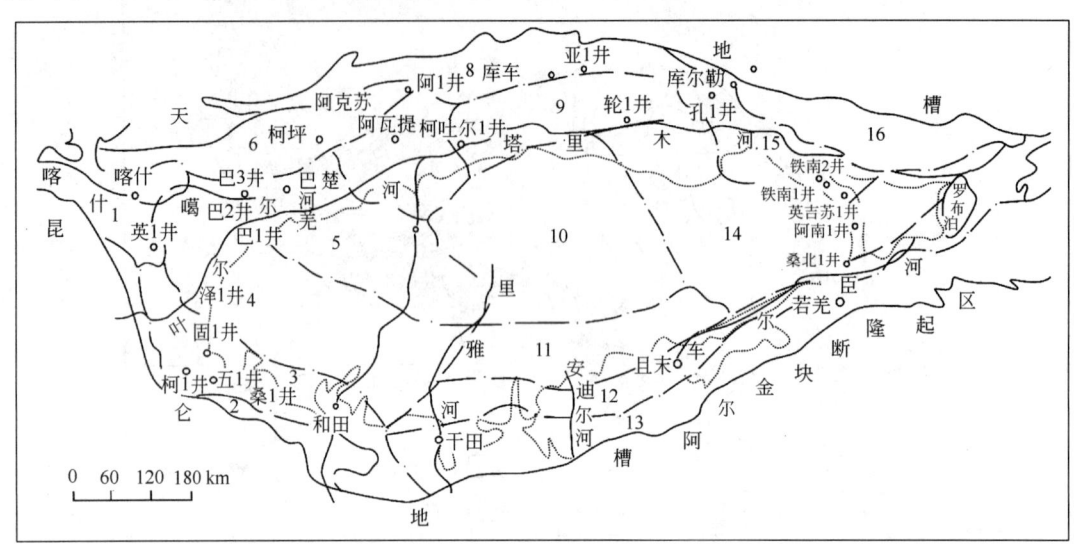

图9-6 塔里木地台构造分区略图(据新疆石油管理局,1979)

1—喀什坳陷;2—铁克里克隆起;3—西南坳陷;4—西南斜坡;5—巴楚隆起;6—柯坪隆起;7—阿瓦提坳陷;8—库车坳陷;9—塔北斜坡;10—中央隆起;11—塘古斯巴斯阶地;12—且末隆起;13—于田若羌坳陷;14—塔东坳陷;15—孔雀河斜坡;16—库鲁克塔格隆起

塔里木地台内部单元包括:喀什坳陷、铁克里克、西南坳陷、西南斜坡、巴楚隆起、柯坪隆起、阿瓦提坳陷、库车坳陷、塔北斜坡、中央隆起、塘古斯巴斯阶地、且末隆起、于田若羌坳陷、塔东坳陷、孔雀河斜坡、库鲁克塔格隆起。

在库鲁克塔格,地台基底中有三个重要的不整合面。第一个不整合面位于元古宇兴地塔格群与太古宇达格拉克布拉克群之间;第二个不整合面位于新元古界杨吉布拉克群与兴地塔格群之间;第三个不整合位于库鲁克塔格冰碛层与新元古界爱尔基干群之间。库鲁克塔格冰碛层与南沱冰碛层相当,而爱尔基干群中也找到了属于新元古代的叠层石,因此塔里木地台也是元古宙末最终形成的。

基底地层中的三个不整合面,说明塔里木地台在僵化前的地槽活动阶段有过三旋回,这是黄汲清先生的多旋回说的一个证据,它以一个地腰(或地峡)式元古宙隆起(敦煌、玉门、金塔一带)和华北地台连接起来。

塔里木地台太古宇为深变质的片麻岩、云母片岩、角闪片岩等,太古宇末期的地壳运动,使太古宇强烈褶皱。古元古代本区强烈坳陷,下部为石英岩、云母石英片岩等,中部为大理岩,上部为黑云母石英片岩等。古元古代末的地壳运动,使古元古界强烈褶皱隆起,地台基底大部分已形成。中新元古界以浅海相碎屑岩为主,夹少量碳酸盐岩。新元古代末期的地壳运动(塔里木运动)使古地槽封闭,进入地台发展阶段。

从震旦纪开始,塔里木地台进入了相对稳定的地台发展阶段,经历了以下一些发展阶段:

震旦纪阶段、早古生代阶段、晚古生代阶段、中生代阶段、新生代阶段。

塔里木地台进入地台发展阶段以后，中央隆起部分沉积物总厚度为1000余米，边缘地区则达万余米。震旦纪开始，库鲁克塔格及柯坪地区强烈下沉，构成古生代坳陷。中生代时沉积中心迁移，在库车及叶尔羌地区形成新的坳陷。新生代时由于四周高山上升，形成一个内陆盆地，接受了陆相碎屑沉积。

在大地构造性质上，地台处于比较稳定的状态，构造变动比较微弱，仅边缘部分强烈。此后，塔里木成为地台，进入一个全面的地台演化阶段。

第三节　板块构造学说

板块构造(Plate tectonics)是建立在岩石圈水平变位的基础上的，有趣的是，最早发现并鼓吹岩石圈存在大幅度水平变位的并非地质学家，而是一位德国的气象学家魏格纳(A. L. Wegener，1880—1930)。他于1912年首先发表了大陆漂移学说的观点。魏格纳起初从大西洋两岸，尤其是南美洲和非洲海岸线弯曲形状的相似性中得到启发，后来他进一步发现美洲、欧洲与非洲在地层、古生物化石和地质构造上都有着惊人的相似性。

20世纪60年代后期提出的板块构造学说掀起了地球科学的一场革命，现已成为最受欢迎的大地构造理论。板块构造学说建立的基础则是大陆漂移学说和海底扩张学说。

一、大陆漂移学说

1620年法国的巴肯(Bacon)就在地图上对大西洋两岸相似的部分作出了标记。奥地利地质学家休斯(E. Suess，1909)把南半球大陆拼在一起，并推测存在一个统一的南方大陆——冈瓦纳大陆(Gondwanaland)。但魏格纳根据古生物化石、岩石特征和地质构造的相似性，提出大西洋两岸曾是一个大陆，随后收集了大量证据，推测3亿年前曾经存在一个全球统一的联合古陆(Pangea)，并于2亿年前开始破裂，发生了大规模的水平位移(实际上是沿球面的漂移)后，才慢慢分离成现今的陆洋格局。

大陆漂移学说的证据可归纳如下：

(一)大陆形状相似性

大西洋两岸的非洲和南美洲的海岸似可吻合。粗略地看，大西洋略呈"S"形，北美的新斯科舍半岛可以和比斯开湾对应，西撒哈拉可以嵌入墨西哥湾，巴西的布兰科角与几内亚湾对应。这种相似性，似乎预示着大西洋两岸曾是连在一起的。曾有人用计算机将两侧大陆进行拼合，发现在大陆坡的水下915m等深线处进行拼合效果最佳(图9-7)。

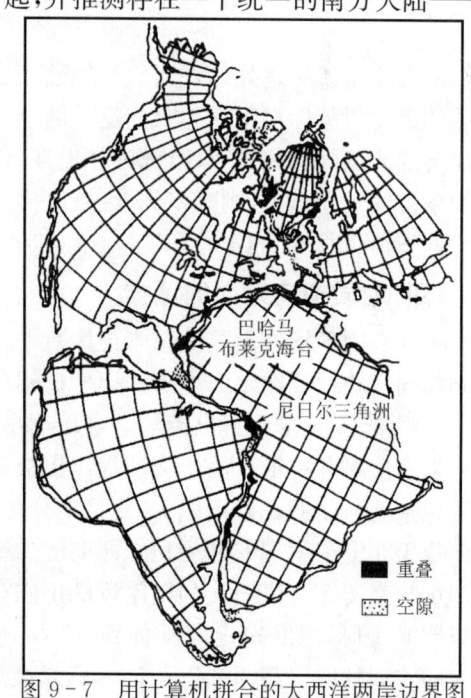

图9-7　用计算机拼合的大西洋两岸边界图
(据 E. C. Bullard. 1965)

(二)古生物证据

生物学关于物种起源的单祖论观点认为,相同生物种是不可能在相隔遥远的两个地区分别独立形成的,它们必定起源于某一地区,然后直接或间接地传播到另一地区去。目前研究发现,在远隔大西洋的两岸及世界其他地区都有许多相同种类的生物。如非洲和南美洲均发现有石炭纪～二叠纪时的陆生动物水龙兽化石,它们与印度、澳大利亚及南极洲发现的二叠纪和三叠纪的爬行动物群极为相似。现在热带生长的舌羊齿植物过去曾在伦敦、巴黎、北极圈的格陵兰岛生长过。有一种庭园蜗牛既发现于德国、英国等地,也发现于大西洋对岸的北美洲等。种种古生物证据都说明,大西洋两岸的大陆过去曾是相连在一起的,从而可使两岸生物能相互迁移。

(三)古气候证据

距今3亿年前的晚古生代,在南美洲东缘、非洲中部和南部、澳大利亚南部及印度、南极洲曾发生过广泛的冰川作用。在冰碛岩的底下能够找到冰溜面,其上的擦痕、擦槽显示这是一次规模很大的大陆冰川。但据此恢复的方向竟是从海洋往陆地流动(图9-8)。对于这种反常现象,只有把这些陆地拼合起来,才能得到冰川是从陆地中心向外侧海洋流动的满意解释。

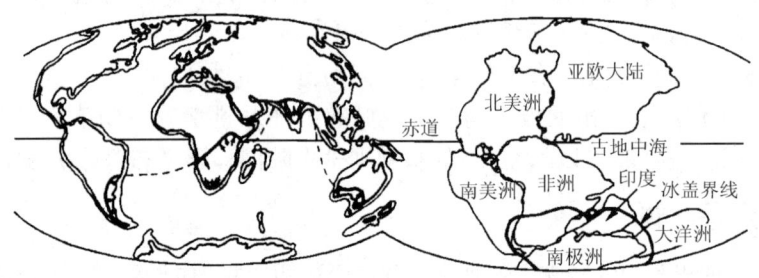

图9-8 南方大陆(冈瓦纳大陆)晚古生代冰川的分布及拼合示意图
(据Dietz等,1971)

除古冰川遗迹之外,岩盐、石膏等蒸发岩和红层、珊瑚礁是另一些古气候标志。若把石炭系中的蒸发岩等标在重建起来的泛大陆上,则呈两大条带状分布,夹于条带之间的是盛产石炭纪煤层的北美阿帕拉契亚,欧洲的顿巴斯、鲁尔、比利时、英国及亚洲的中国。若将这个盛产煤炭的条带置于赤道上,则蒸发岩、红层等恰好分布在副热带高压区,而非洲南部正处于南极圈内,是当时冰川活动的中心。

(四)地质构造方面的证据

各种有力证据使大陆漂移学说风行一时,但魏格纳犯了一个致命错误:他认为大陆漂移的机制如同木块漂浮在水面上那样,是"硅铝质的大陆漂移在硅镁质的洋壳之上",这一推断与地球物理观测不符,遭到了以英国著名地球物理学家杰弗里斯(H. Jeffreys)为代表的地球物理学界强烈反对和抨击。由于无法提出更加合理的大陆漂移机制,至19世纪30年代前后,这一极富想象的科学假说被嘲讽为"魏格纳狂想曲"而几乎销声匿迹。

位于非洲最南端的好望角东西向的二叠纪褶皱山系开普勒山脉,在海岸线附近突然中断,但却可与南美布宜诺斯艾利斯附近的山脉在地层和构造上彼此衔接。横亘美国东部的阿帕拉契亚褶皱山脉,以北东走向延伸到芬兰,中止于大西洋,但又重新出现于对岸爱尔兰和英国。巨大的非洲片麻岩高原和巴西的片麻岩高原遥相对应等(图9-9)。此外,非洲和印度、澳大利亚等大陆的中生代以前的地层和构造也有类似的联系性。

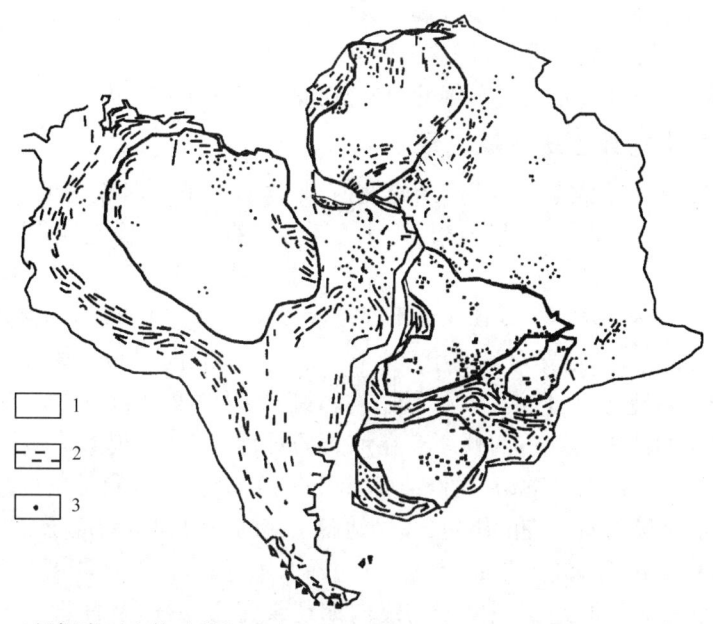

图9-9 根据岩石和构造特征对南美洲和非洲所进行的拼合(据 W. K. 汉布林,1975)
1—20亿万前变质岩和火山岩组成的陆块;2—年轻岩层,由褶皱轴线
所示的构造线走向(450~650Ma前);3—同位素年龄的测定地点

二、海底扩张学说

20世纪50年代,国际上开展了大规模的海洋科学探险,积累了丰富的海底地质和地貌资料。尤其是古地磁学所取得的重大进展,导致赫斯(H. H. Hess,1962)和迪茨(R. S. Dietz,1962)几乎同时提出海底扩张的观点。他们认为,海底搜集到的古地磁资料极有可能是海底扩张的确凿证据。而所谓海底扩张,是指大洋岩石圈在大洋中脊处裂开,地幔中炽热、熔融的玄武岩浆从中涌出,到达海底后,冷凝并固结成新的大洋岩石圈,这些新形成的大洋岩石圈把早先形成的老岩石圈向两侧推挤开去,从而导致大洋海底不断扩张。另一方面,海底扩张也并非是无限发展的,因为被推开的大洋岩石圈到达大陆边缘的海沟处后,会沿着大陆边缘的消减带向大陆岩石圈之下俯冲,重新消亡于软流圈中(图9-10)。因此,海底扩张的实质是全球大洋地壳不断进行生灭循环,一般在2亿~3亿年内整个海底全部更新一次。

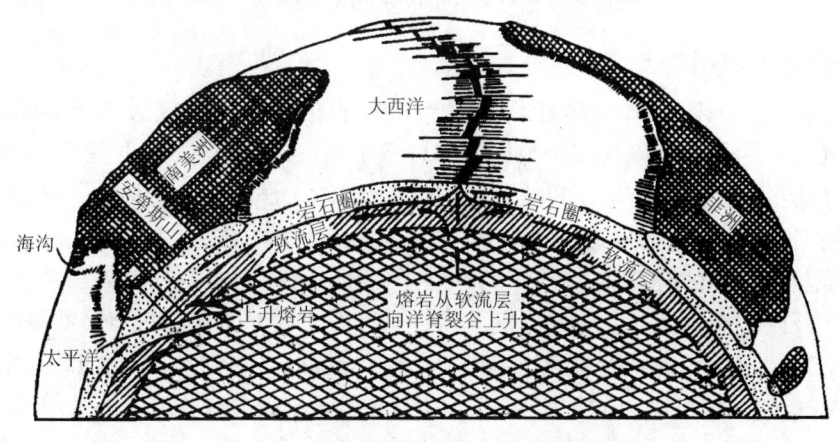

图9-10 海底扩张与板块构造(据 P. J. Wyllie,1975)

海底扩张和大陆漂移一样,都强调岩石圈板块的水平运动方式。在大陆漂移假说被严厉抨击之后,海底扩张的设想能够面世,得益于科学的进步和广泛的海洋调查,而最重要的依据,则是海底古地磁条带的发现、海底岩石年龄的分析和转换断层的发现。

(一)海底磁异常与地磁场倒转记录

众所周知,所有的岩石都或强或弱显示磁性,它是岩石在形成时获得的,其极性与当时的地球磁场一致,这种磁性也被称为化石磁性。化石磁性具有较大的稳定性,其磁化方向与岩石形成时所处位置的地球磁力线方向一致。50年代后期梅森(Mason)对海洋探险所采集的大洋岩石标本进行了古地磁学研究,发现东太平洋海底以洋中脊为对称轴,两侧岩石分布显示出相同的地磁异常条带。这些磁异常条带相互平行,统一呈南北向展布。如果把所测定的磁异常条带标在海底地形图上,并且沿洋中脊轴对折,那么其东西两侧磁异常条带将大致重合(图9-11)。磁异常曲线中峰和谷的顺序存在惊人的对称性,这一现象一直使学者们困惑不解。直到1963年英国的瓦因(Vine)、马修斯(Matthews)指出,地磁异常条带并非磁化强度不均匀引起的,而是地磁场方向转变的历史记录,地磁条带的正负异常对应于当时古地磁场的正反方向变化,如实记录下了海洋扩张的历史。通过对太平洋、大西洋和印度洋所测得的地磁极性年代表,证明全球各大洋的地磁正向期与反向期记录完全一样,从而肯定了海底扩张的普遍性。

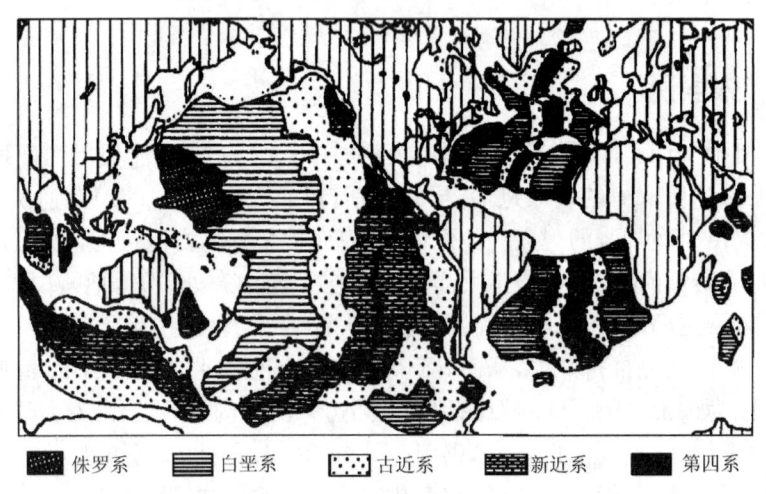

图9-11 海底磁异常与年龄条带分布图(据W. Pitman,1994)

(二)海底岩石年龄的测定

20世纪60年代以来,在各大洋打了上千个钻孔,根据所采集的放射虫标本鉴定发现,盖在玄武岩基底之上的最老沉积物年龄与根据磁异常所测得的年龄一致,并且岩石年龄值的分布与磁异常条带的分布特征有一个重要的相似之处,即以大洋中脊为对称轴,两侧岩石年龄的新老也是对称分布的,并且越接近洋中脊,洋底年龄越新,反之亦然(图9-11)。这也进一步衬托出了海底扩张推断的合理性。

图9-11反映了全球海底扩张的状况。从中可以看出大洋中脊与最年轻的海底吻合。而通过对海底岩石标本磁异常年龄测定,得到自洋中脊形成以来的年龄,最老的海底年龄只有约1.7亿年左右,这间接给出海底的扩张速率。因为参照每个磁异常条带的年龄及其距大洋中脊的距离,就可以推断出各大洋的半扩张速率(只考虑洋中脊一侧)。按此方法,再计算出海底

扩张的全速率为1～20cm/a之间。以此推算,太平洋海底板块在2亿年内即可以全部更新一次。

(三)转换断层(Transform fault)的研究

转换断层概念由加拿大学者威尔逊(J. T. Wilson) 1965年首次提出。在此之前的50年代,人们已发现洋中脊被一系列横向断层切割,并明显错位,错距可达数百千米至数千千米。断层本身长可达数千千米,并在海底地貌上构成很深的沟槽(图9-12)。而威尔逊认为这些断层是由于洋中脊轴部向两侧的海底扩张引起的,并称这种横断洋中脊的特殊断层为转换断层。

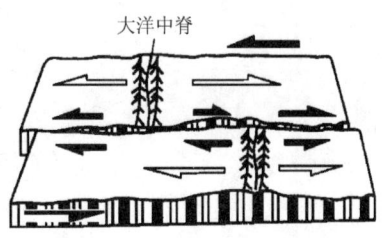

图9-12 转换断层块状示意图
(据宋春春等,2004)

转换断层两侧的洋中脊之间的相对距离,尽管存在洋中脊轴两侧海底的不断扩张,但其距离相对不变;转换断层两侧洋底的相对错动仅发生在两侧洋中脊轴之间的区间上,该区间外的断层两侧洋底具同方向的海底扩张率,其间无相对错动。对海底地震的研究发现,地震活动几乎集中在被错开的洋中脊之间的区段上,其余区段基本无地震发生。由此可见,转换断层是的确存在的,它的发现又为海底扩张学说提供了有力的证据。

三、板块构造学说理论的建立

板块构造学说归纳了大陆漂移学说和海底扩张学说所取得的成果,并吸取了当时对地球内部岩石圈和软流圈所获得的新认识,从全球的统一角度阐明了岩石圈活动和演化的许多重大问题。

板块构造学说的基本思想包括以下几点:

(1)固体地球表层在垂向上可分为物理性质显著不同的上覆刚性岩石圈和下伏塑性软流圈;

(2)刚性的岩石圈在侧向上可划分为若干大小不一的板块,它们漂浮在塑性较强的软流圈上作大规模的运动,其驱动力来自地幔物质对流;

(3)板块内部是相对稳定的,板块的边缘则由于相邻板块的相互作用而成为构造活动强烈的地带,是发生构造运动、地震、岩浆活动及变质作用的主要场所,同时也从根本上控制着各种地质作用的过程。

(4)板块运动以水平运动为主,位移可达几千千米。运动过程中各板块间分散裂开或碰撞焊合或平移相错,由此决定了全球岩石圈运动和演化的基本格局。

(一)板块的边界类型及板块的划分

1. 板块的边界类型

依据板块之间的相对运动方向及其物质的生长消减特征,将板块边界划分为三种类型(图9-13):

1)分离型板块(Divergent plate)边界

分离型板块边界或称成生性边界、建设性边界,即两个板块沿边界相背运动,地幔对流物质不断沿边界涌出并添加到两侧板块边缘上,形成新的洋壳,故而也是板块生长的边界。大洋中脊和大陆裂谷系统属于这类边界。

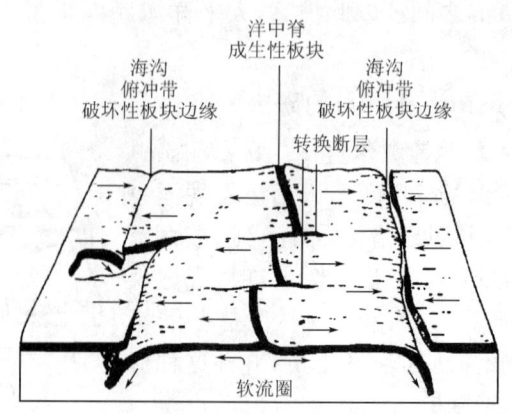

图 9-13　板块边界类型示意图(据 W. K. 汉布林,1975)

2) 汇聚型板块(Plate convergence)边界

汇聚型板块边界或称破坏性边界,其边界两侧的板块作相对运动,发生挤压、对冲或碰撞,进一步可分为两个亚类。

(1)俯冲边界(Subducting edge):相邻的大洋与大陆板块发生叠覆,由于大洋板块厚度小、密度大、位置低,大陆板块厚度大、密度小、位置高,因而一般是大洋板块俯冲于大陆板块之下。这种板块俯冲边界主要分布于太平洋周缘及印度洋东北缘,也有人称其为太平洋型汇聚边界。由于这类板块边界是由大洋板块俯冲潜没消减于地幔之中,因而也称为消亡型边界。俯冲边界进一步分为两类:

岛弧—海沟型——指大洋板块沿海沟俯冲于以海盆相隔的岛弧和大陆之下,主要见于西、北太平洋边缘,如日本群岛、琉球群岛等,故而又称为西太平洋型大陆边缘或沟(海沟)—弧(岛弧)—盆(海盆)体系;

山弧—海沟型——指大洋板块沿陆缘海沟俯冲于山弧之下,主要见于太平洋东南部的南美大陆边缘,故而又称安第斯型大陆边缘。

(2)碰撞边界(Collision boundary):又称地缝合线,指两个大陆板块互相碰撞,使大洋闭合,陆壳彼此受挤压形成高耸的山脉并伴随强烈的构造变形、岩浆活动及变质作用。如阿尔卑斯—喜马拉雅山构造带,是印度板块和欧亚板块的碰撞边界,形成印度河—雅鲁藏布江缝合线。

3) 平错(剪切)型板块(Shear plate)边界

平错(剪切)型板块边界指两个板块沿边界互相水平错动,两侧板块不发生褶皱、增生或消亡,相当于转换断层,主要分布于大洋内,也可在大陆上出现,例如美国西部的圣安德烈斯断裂就是一条著名的从大陆上通过的转换断层。

2. 板块的划分

地球科学家以上述板块边界类型为基础,将全球岩石圈划分为七大板块,即欧亚板块、非洲板块、印度板块、太平洋板块、南极洲板块、北美洲板块和南美洲板块。这七大板块称为一级大板块,它们决定了全球板块运动的基本格局。一级大板块通常既包括陆地也包括海洋。

除上述七大板块之外,根据全球地震研究资料可进一步划分板块。目前较流行的有划分成 12 个板块的方案,详见图 9-14。

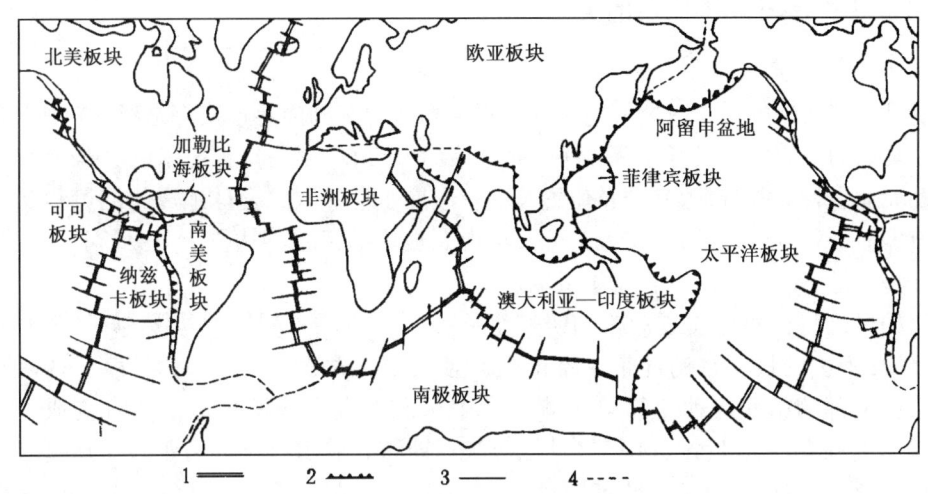

图 9-14　全球板块的划分示意图(据 A. N. Strahler,1997)
1—洋中脊;2—消减带;3—转换断层;4—被动边缘或性质未定

(二)板块运动的威尔逊旋回

加拿大学者威尔逊(J. T. Wilson,1973)从板块构造观点出发,将岩石圈从大陆破裂、裂谷出现到洋盆形成,再从洋盆俯冲、缩小到闭合的完整过程,划分为 6 个阶段(期),完整地解释了岩石圈板块从生到灭的全过程。

(1)胚胎期(Embryo Stage)。地幔的活化最初引起稳定大陆壳的破裂,形成大陆裂谷,东非裂谷就是现代开裂的实例。

(2)幼年期(Infancy)。地幔的活化使其热熔物质喷流或上涌对流,岩石圈进一步破裂并开始出现狭窄的洋壳盆地,红海和亚丁湾为其代表。

(3)成年期(Adult stage)。随着洋中脊系统的延伸和扩张作用的加强,终于出现了新的大型成熟洋盆,大西洋是其典型。洋盆两侧未发生俯冲作用的称为被动大陆边缘。

(4)衰退期(Degenerating stage)。在洋脊系统扩张的同时,洋盆一侧或两侧开始了俯冲消减作用,称为主动大陆边缘。洋盆面积开始收缩,以太平洋为代表。尤其是太平洋板块沿着亚洲东部大陆边缘的千岛海沟、日本海沟、琉球海沟和菲律宾海沟,向欧亚板块下面俯冲,形成(海)沟—(火山岛)弧—(边缘海)盆型的汇聚带,组成现今亚洲东缘花彩列岛式的地理面貌。

(5)残余期(Residual period)。随着洋脊扩张作用减弱,两侧陆壳地块相互逼近,其间仅存残留海盆,如地中海。

(6)消亡期(Extinction period)。最后两侧大陆直接碰撞拼合,海域完全消失,转化为高峻山系。横亘欧亚大陆的阿尔卑斯—喜马拉雅山脉就是最好的代表。例如,印度板块与欧亚板块的碰撞是属于陆—陆碰撞型的板块汇聚带。由于大陆壳较轻,它漂浮在软流圈之上,大部分不可能被带往消减带的深处。因而当两个大陆碰撞时,先前的大型古洋盆因俯冲消亡而在地表只保留一些残迹(由蛇绿岩、基性火山岩及深海放射出的硅质岩组成),称为板块缝合带,代表板块构造演化最后的陆—陆碰撞阶段。

威尔逊的板块演化模式反映了岩石圈板块构造演化的一种经典周期,迅速获得了广泛的传播和应用,进而被公认为威尔逊旋回(Wilson cycle)。

(三)板块构造与地质作用的关系

1.板块构造与地震作用的关系

地震是地球活动的一个重要标志。现代板块构造的三种边界形式都是建立在地震研究基础上的。全球的地震主要发生于环太平洋地震带、地中海—喜马拉雅—印尼地震带、大洋中脊地震带及大陆裂谷地震带上,其分布位置与板块边界非常一致。全球地震的能量约95%都是从板块边界地带释放出来的,其中大部分又集中在板块的汇聚型边界上,由此可见,板块边界处的相互作用是引起地震的一种基本成因。

板块的运动特征对地震震源机制研究至关重要。如汇聚型板块边界地区,随着俯冲作用进行,俯冲下去的板块在俯冲带深部的运动使得靠向岛弧或大陆一侧发育深源地震,而在俯冲带中上部的俯冲运动使靠洋一侧发育中深源地震和浅源地震。二者构成一个沿俯冲带倾斜的震源带。20世纪50年代贝尼奥夫(Benioff)将其作为一个巨大的断裂带,后人称之为贝尼奥夫带(图9-15),此带倾角45°左右(30°~70°之间),最深达700km,厚度只有几十千米。

2.板块构造与岩浆作用的关系

火山活动是岩浆作用的一种方式,它的活动特征和规律是岩浆作用的具体表现。全球火山活动集中分布于环太平洋火山带、地中海—喜马拉雅—印尼火山带及大洋中脊和大陆裂谷带,这一分布规律与现代板块边界也十分吻合。不仅如此,板块的边界活动特征还决定了岩浆活动的成分、来源及成因机制等特征(图9-16)。如洋中脊地区岩浆成分主要为基性和超基性,它们来源于地幔。俯冲带的岩浆活动以中、酸性岩浆为主,形成岛弧地区著名的安山岩带。碰撞边界的岩浆活动主要以酸性为主,主要由地壳局部重熔形成。

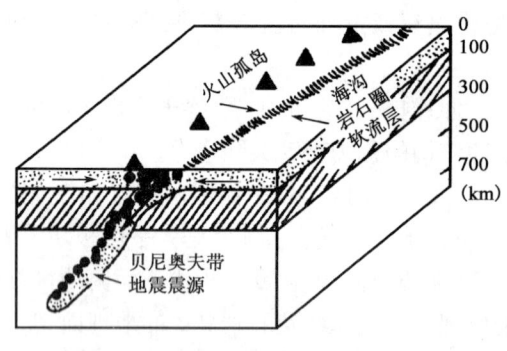
图9-15 贝尼奥夫带(据 P.J.Wyllie,1975)

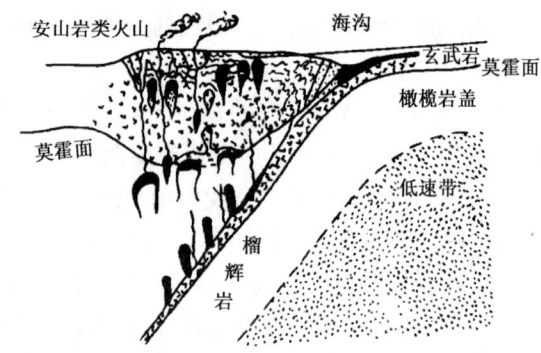
图9-16 块状俯冲带与岩浆作用的关系示意图

3.板块构造与变质作用的关系

分离型板块边界的洋中脊轴部附近,由于岩浆不断上涌形成新的洋壳,因而具较高的地热梯度及热流作用,使先形成的洋壳岩石遭受中—低级变质作用,并随海底扩张分布于整个洋底,日本的都城秋穗(1971)称之为洋底变质作用。平错型板块边界,由于相对错动而发育动力变质作用,如圣安德烈斯转换断层发育一条宽达几千米的动力变质岩带。汇聚型板块边界,由于强烈的板块俯冲或碰撞及由此引起的岩浆作用,常引起广泛的区域变质作用。在板块的俯冲边缘,由于俯冲压力及上覆岩层的重力而产生高压环境,冷的洋壳和沉积物的俯冲使得在海沟及海沟靠大陆一侧的内壁附近出现低的地热梯度和热流值,二者共同作用形成了低温高压变质作用,以蓝闪石片岩出现为主要特征,故又称为蓝片岩带。与此同时,在远离海沟的火山岛弧地区,板块俯冲导致火山和岩浆活动,使热流值和地热梯度增高,而因俯冲作用产生的压力则相对减小,从而形成高温低压变质作用,以红柱石片岩出现为特征。上述低温高压变质带与高温低压变质带双双成对发育在俯冲板块边界近海沟和近陆地一侧,称为双变质带(图9-17)。如果出现两次以上的板块俯冲作用,则可形成两对以上的双变质带。

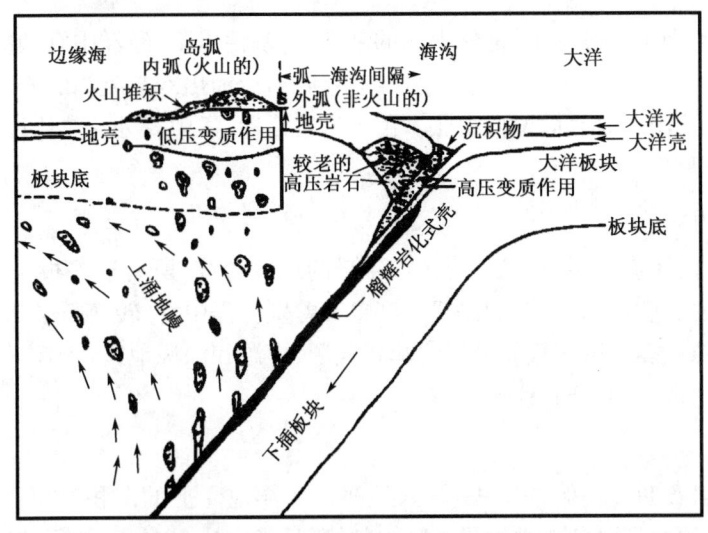

图9-17 板块俯冲与变质作用关系示意图
(据都城秋穗,1972)

4. 板块构造与造山运动的关系

地球上年轻的山脉都分布于板块的汇聚型边界上。环太平洋山系发育于太平洋周缘的汇聚型板块边界上,如北美的科迪勒拉山脉及南美的安第斯山脉。阿尔卑斯—喜马拉雅山系展布于欧亚板块与非洲板块及印度板块的碰撞边界上。洋中脊是分离型板块边界中地幔对流物不断上涌的产物。不仅如此,现代大陆内部的一些较古老的巨型褶皱山系(如阿帕拉契亚山脉、祁连山、天山、大别山等)也都是地质历史时期板块俯冲或碰撞作用的产物。

5. 板块构造与地表地质作用的关系

各种地表地质作用受地形、气候、植被、岩性及构造运动的影响,这些影响因素则都与板块活动密切相关。汇聚型板块的俯冲或碰撞作用,造就了地球表面高大的山系,迫使地表地质作用以剥蚀作用为主。当山系高出雪线以上时,地表作用方式由原来的风化、地面流水等作用转变为冰川地质作用为主。同时地形的巨变还影响到周围地区的地表地质作用。如新生代后期喜马拉雅山的崛起,阻挡了印度洋向北吹的潮湿空气,使中亚地区变成荒漠,发育强烈的风力地质作用。分离型板块的扩张分离,造就了地球上最主要的沉积盆地——海洋和大陆裂谷。快速的海底扩张使海洋周围发生广泛的海侵,沉积范围扩大。大陆裂谷的快速扩张,可在短期内形成巨厚的沉积物。

显然,板块构造与地震、岩浆、变质、造山运动及地表地质作用均密切相关。板块构造理论可成功地解释100多年来地球科学工作者在地球上发现的大多数事实,因而被称为地球科学的一场革命。有人将其重要性与天文学上哥白尼的太阳中心说和生物学上达尔文的进化论相提并论。

(四)板块分界线的活动性

世界上各个板块的内部,一般都是构造活动、岩浆作用、变质作用以及地震作用等相对稳定的地区。但是,在各个板块之间的分界线上则是各种地质作用活动非常强烈的地带。它们的活动性表现为以下多种形式。

1. 岩浆上升

在海底扩张地壳生长过程中,地幔上部的基性、超基性岩浆,经洋中脊轴部上涌到海底,冷却凝固后而成为岩石。岩浆的上升涌出是连续不断的,后涌出冷却凝固的岩浆,将先前上涌的岩浆往两侧推移,从而使海底向两侧扩张。由于岩浆活动,洋中脊处的热流量比大洋盆地和大陆的热流量要高得多。

2. 地震活动带

无论是洋中脊、转换断层、岛弧—海沟或年轻的地缝合线,所有这些板块分界线都是地震活动带。活动带的宽度不同,震源的深浅程度也有差别。洋中脊、转换断层和地缝合线上的地震大多数属于浅源地震。聚敛板块分界线具备浅源、中源和深源地震。海沟是板块俯冲带,也是构造最活跃的地带,主要分布浅源地震。

3. 地壳下降

在深海沟处岩石圈板块俯冲下去,深入地幔。大洋地壳上的沉积物由于密度小,被刮下来,停留在外边。俯冲带向岛弧内侧或大陆内部倾斜,最多达700km,就要被地幔所同化。

4. 火山

在岛弧地带有强烈的火山活动,如环太平洋四周的火山活动带。小板块边界线上也有火山活动,如菲律宾、斐济、加勒比等板块边界。洋中脊生长新地壳,其作用与火山相近而不同。

5. 剪切

剪切也是板块边界上活动性的一种表现形式。除了切断大洋中脊的许多转换断层外,近年来研究发现,现在大陆上的美国加利福尼亚州的圣安德烈斯断层和新西兰的大阿尔卑斯断层均是具有转换断层性质的、目前还在活动的断层。

6. 喜马拉雅式造山带

板块边界的活动方向主要有三种:一是两个板块相向而行,一个俯冲下去,一个仰冲上来;二是两个板块相背而行,从洋中脊或地壳裂缝向外扩展;三是两个板块的边界在相反的方向上进行错动,形成转换断层。

两个板块相向而行,当洋壳俯冲已尽,原来驮载在洋壳之上的两个陆壳相遇,挤压造成山脉,在地质史上是常有的事。古老板块所形成的山脉,已失去活动性,不能作为分界线,而现代年轻的山脉就可以作为现代板块的边界,比如喜马拉雅山山脉。

四、板块构造形成机制探讨

现在,地球科学家都一致认为,岩石圈的变形与变位都受到板块运动的控制,在同一过程中发生,互相关联;同一时期,不同的板块可具有不同的运移方向和速度;不同时期的同一板块,也可以有不同的运移方向和速度。然而,岩石圈板块构造的动力学机制问题,仍是一个至今尚未解决的难题。

(一)洋壳的生长机制

岩石圈和其下软流圈之间的分界面表明它们的物理性质有差异。由于软流圈的存在,岩石圈板块才能在它的上面缓慢地移动,板块一边生长,扩大面积;一边下沉,减少面积(图9-18)。

岩浆沿洋中脊轴部上升,冷却凝固成薄而长的岩墙。新的岩浆又从墙下裂缝钻出,冷却凝固成新墙,这样形成的一堵一堵的薄而长的岩墙,一墙推动另一墙向两边扩张而形成新的洋壳。

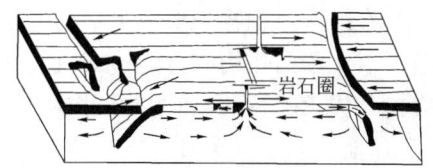

图9-18 岩石圈板块一边生长、一边下沉的机制示意图

(二)洋壳的俯冲机制

在海底扩张过程中,随着洋壳的生长,洋壳板块逐渐远离中脊,当移动到大陆岩石圈板块边缘的岛弧前缘时受阻,便沿着岛弧外侧的深海沟向陆壳下边俯冲,斜插到地幔软流圈中去。在海洋板块沿着海沟向下俯冲的同时,大陆板块向海洋方向仰冲(图9-19)。在仰冲板块一侧,由于岩浆作用和火山喷发,形成岛弧和火山碎屑岩,在其顶部,往往形成褶皱山脉。

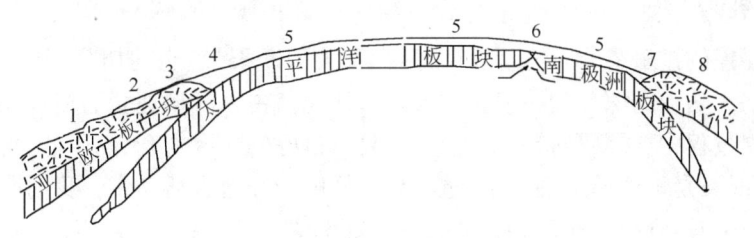

图9-19 太平洋板块与南极洲板块的生长与消亡

1—亚洲;2—日本;3—日本弧;4—日本海沟;5—太平洋;6—东太平洋生长脊;7—智利海沟;8—南美洲

(三)板块运动的驱动力问题

板块构造学说刚提出来时,不少学者曾经以为刚性的岩石圈既然在软流圈上面运移,想当然地认为一定是地幔对流带着它运移,认为地幔中由于存在温度差异或密度差异,可能引起物质的缓慢移动,热的、轻的物质上升,造成大洋脊的热显示;同时带动大洋脊两侧岩石圈板块作相背移动,在俯冲带处大洋板块下插,冷的、重的物质下沉,于是地幔物质就形成了对流环,好像"传送带"一样带着岩石圈板块运移。这就是板块构造学说早期所主张的地幔对流的"传送带模式"。

(四)板块运动的膨胀、收缩理论

有的学者想用地球周期性的膨胀、收缩或有限膨胀来解释板块运动,主要根据是海平面的确一直在不断地升降变化,古大陆残留的面积远远小于地球总面积,因而,他们认为地球有胀缩变化,并在不断地膨胀着。这种设想似乎颇能适合宇宙大爆炸说,然而,天文与地质观测资料都不支持地球在近40亿年来曾经有过显著膨胀(例如10%~15%)的观点。观测资料表明,地球在近40亿年以来,体积没有显著的变化,仅有1/600~1/100的体积加大。另外,如果采用地球膨胀观点,想要解释岩石圈曾经发生过数百万米的水平位移的事实,也是十分困难的。

(五)板块动力学机制的最新成果

近年来,根据大洋钻探的成果,发现大洋中有两次巨大的陨石撞击事件(B. P. Glass, 1982),在海底沉积物中形成上亿吨的微玻璃陨石,撞击中心点正好与几个板块的拼接点位置相近。巨大陨击作用有可能造成直径几十万米、深度几万米的陨击坑,使岩石圈表层物质发生显著的亏损,在岩石圈均衡补偿作用的影响下,诱发深部地幔物质上涌,造成海洋板块的张裂、扩张,从而使周邻板块沿着不同的方向运移。这种观点尽管似乎比以前的假说更合理一点,然而受到当前技术条件的限制,所获的资料有限(海底钻探深度一般仅为上千米),只能较好地解释古近纪以来的两次陨击作用与板块运动的关系。

五、大陆板块的识别标志

板块构造学说起源于海洋,对于海洋构造地质,论述得有理有据,但对大陆构造特别是古大陆构造,讨论得较少。那么,是不是板块构造学说不适合大陆和古代地质构造的研究呢?近年来,广大的地质工作者从不同的角度,用板块构造的理论对大陆构造进行认识,得到了一些结论,下面分述之。

(一)深断裂带

两个板块碰撞的接触界线,一定是一个又深又大的断裂带,它的切割深度可达岩石圈,甚至达到软流圈。大陆上的深断裂一般是古大陆型地壳与古大洋型地壳的接合线。

在地史发展过程中,深断裂带的地方,一般具有良好的蛇绿岩套、高压低温变质带,以及混杂岩堆积等,同时又是地壳厚度突变带、重力异常梯度带和地震活动带。我国境内可能是古板块缝合线的断裂带有:雅鲁藏布江和台湾大纵谷深断裂带,北祁连、金沙江—红河、西昆仑、北秦岭等深断裂带也可能是古板块缝合线。

(二)混杂岩堆积

混杂岩堆积(Melange accumulation)是板块俯冲带上特有的一种堆积物。当一个板块向另一个板块俯冲时,仰冲的板块像推土机一样,把俯冲板块上的不同地区、不同时代甚至包括基底的洋壳碎片堆积在一起,称为混杂岩。

混杂岩内堆积物颗粒大小悬殊,小的只有几毫米,大者达到数十米,甚至上千米。例如,沿西秦岭深断裂带就发现不少混杂堆积。

(三)蛇绿岩套

沿着两个板块的接触带,在俯冲板块的一侧,或在地槽内部,往往有一条由基性、超基性杂岩和深海沉积岩的共生体构成的条带,断断续续延伸很远,这就是所谓的蛇绿岩套(Ophiolite suite)。

蛇绿岩套是认识古板块构造的一个重要的标志。我国境内最著名的蛇绿岩套是雅鲁藏布江蛇绿岩套和祁连山蛇绿岩套。

(四)双变质带

沿板块构造接触线俯冲的一侧,常见有高压低温的变质带——蓝片岩(蓝闪石片岩)带,这种变质带是古板块构造的重要标志之一。

在俯冲带,俯冲下降的大洋板块,沿着较陡的面向下俯冲,由于俯冲压力和重力作用,形成高压;又因为海沟热流值低,就形成了高压低温变质带。蓝闪石是该变质带的特有矿物。

研究发现,标志高压低温的蓝片岩带和低压高温的红柱石片岩带,往往成对出现(图9-20)。后者一般位于靠近大陆板块的一边(火山发育带)。

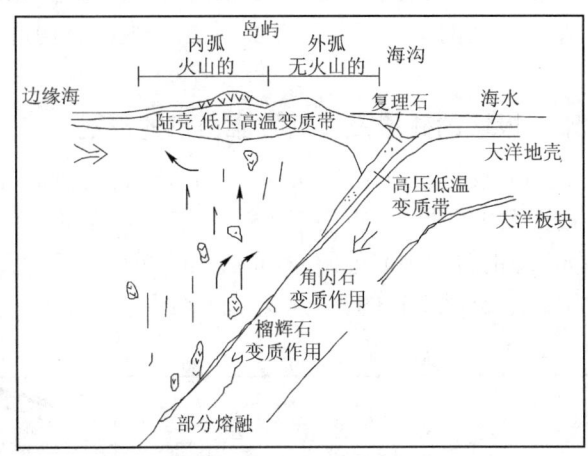

图9-20 岛弧及变质带示意图

(五)沉积岩相和古生物群特征

在板块接触带或分裂的界线两侧,沉积岩相和古生物群的特征截然不同。

由于两个性质完全不同的大地构造单元的界线往往是深大断裂带,所以界线两侧的沉积岩相、厚度和古生物群特征,必然反映出它们的差异性。如我国华南地区在寒武纪和奥陶纪时,以巨厚的碎屑岩沉积为主(硬砂岩及复理石建造);华北地台和扬子准地台则以碳酸盐岩建造为主。另外,秦岭南北的沉积岩相和化石群,也完全不相同。

(六)侵入岩及喷发岩的分布规律

在两个板块接触带上,当板块俯冲进入上地幔达到一定深度(150~200km)时,洋壳板块及其上覆沉积物便局部熔化,成为岩浆,沿着断裂上升穿入地壳上部以至喷出地表,生成了侵入岩和火山岩,在岛弧地区形成了著名的安山岩带。

有人认为,安山岩带的存在,可以作为判别古板块接触带——古岛弧存在的证据。反过来,古岛弧分布地区可能是相邻两个板块的接触带。

(七)地震震中的分布

现代地震震中分布,与板块活动有着密切的关系。据统计,震中的分布主要集中在太平洋两岸,其次是古特提斯海所成的山脉地带,第三是海底分裂地带,这些均是两个板块互相冲击接触处。

我国有文字记载的地震的震中主要分布在以下一些地槽褶皱带和大断裂带上:龙门山—川西南—滇西褶皱带、秦岭褶皱带、喜马拉雅山—横断山褶皱带、辽东营口—郯城—庐江大断裂带、台湾太平洋褶皱带等。

(八)古地磁所指极向的移动

用古地磁(Paleomagnetism)方法可以测知某一地区在一定的地质历史时期其南北极的位置。如果在板块构造接触带两侧所测出的两个板块的磁极,各个时期彼此互不相同,可以证明它们原来不是处于现代的位置,而是在不同部位经过板块移动后汇合到一起的。

六、中国板块构造的轮廓

中国位于亚欧板块的东部,其西南边缘正处于亚欧板块与印度板块的交界地带,而其东南边缘位于亚欧板块与太平洋板块的接触带上。所以,中国境内板块构造的发展和特征必然受到三大板块的控制。

(一)亚欧板块与印度板块的碰撞及喜马拉雅山系的形成

从我国西藏地区的地质发展史知道,亚欧板块与印巴次大陆之间,在古生代、中生代和新生代早期,曾存在着一个东西向延伸的古地中海。新生代以后,那里的海洋地壳由于印度板块的向北移动,在亚欧大陆南缘的古地中海处俯冲,北部亚欧板块南缘的藏南地块向南仰冲,两陆壳相碰后,形成了构造复杂、巍峨挺拔的喜马拉雅山脉(图9-21)。

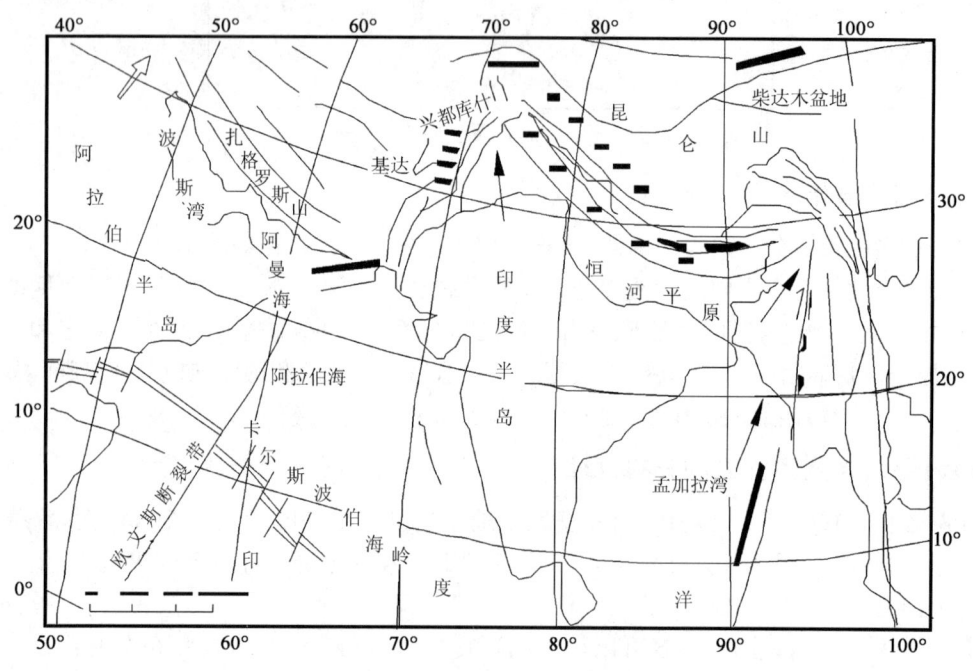

图9-21 喜马拉雅弧形构造与印度洋底构造格式的关系示意图

喜马拉雅山的形成是现在的印度板块在新生代时期向北俯冲的结果,喜马拉雅弧形构造与印度洋底构造格式相同,清楚地反映了这种向北俯冲的遗迹。同样,在喜马拉雅山以北的各条东西向山脉,也都是南部板块向北俯冲的结果。如唐古拉山是印支运动时期藏北板块向北俯冲的结果。

(二)太平洋板块与亚欧板块的碰撞及台湾东断裂谷的形成

台湾是一个中生代和古近—新近纪优地槽褶皱带。在台湾东海岸的断裂谷附近,有蛇绿岩套和混杂岩存在,中生代玉里组变质岩中还发现有蓝片岩。这些标志证明大断裂谷就是板块构造的缝合线。

大断裂谷是太平洋板块与亚欧板块相互作用所产生的缝合线的一部分,太平洋板块沿菲律宾、我国台湾、日本等岛弧东侧的深海沟俯冲下去。这样大规模的板块活动所产生的挤压力是非常巨大的,涉及的面积相当广阔。

第四节 中国大地构造学派简介

一、地质力学

(一)地质力学概述

地质力学(Geomechanics)是我国地质学家李四光教授在20世纪20年代初期创立的。它是用力学原理研究地质构造和地壳运动规律的一门边缘学科。

地质力学根据构造体系和构造应力场分析,提出地壳运动以水平运动为主的观点,把地壳运动的方式归纳为径向的和纬向的水平运动,提出产生这种地壳运动方式的原因是在重力控制下的地球自转惯性离心力。惯性离心力起源于地球自转速度的变化,而地壳运动是控制地球自转速度的自动机制。

地质力学运用力学原理,按照一定的逻辑步骤,从研究地质构造的力学本质出发,探索各种构造形迹的内在联系及其发生、发展的规律,建立构造体系,恢复区域构造应力场,并进一步探索地壳运动的方式、方向和动力来源,以达到认识地壳运动规律和解决生产实际问题的目的。

(二)地质力学的研究对象及其工作方法

1. 地质力学的研究对象

地质力学研究的基础理论是地壳运动,而地质构造是地壳运动的产物,因此地质力学研究的主要对象是地质构造。

为了探索地壳运动的规律,地质力学从地壳运动留下的踪迹着手。从广义上来说,地质构造包括改造和建造两个方面,它们都是地壳运动的踪迹,二者是对立的统一体。没有建造,改造无法表现;没有改造,也就没有建造的形成条件。大量的客观事实说明,改造是地壳运动的直接产物,而建造则是在地壳运动过程中伴随改造而形成的。改造控制建造,建造反映改造、影响改造,地壳就是在改造与建造的矛盾运动中演化发展的。因此,地质力学既重视对建造的研究,又特别强调对改造(构造形迹)的研究。

2. 地质力学的研究内容

地质力学的研究内容包括研究各种构造形迹的力学性质;划分构造形迹的序次和等级;确立构造体系和构造形式;研究全球构造体系分布及其时空演化规律;研究典型构造形式的构造应力场;分析构造体系的复合和联合;根据全球构造体系的分布规律及其构造应力场分布特征推导地壳运动的方式和方向,从而探讨地壳运动的起源和动力来源的问题。地质力学在找矿勘探、水文地质和工程地质以及地震地质等方面的应用,曾经取得巨大成就。

3. 地质力学的工作方法

地质力学并不满足于对构造形迹的形态描述,而是强调辨别它们的力学性质,探求它们的力学成因。但是,这种研究方法与一般力学的研究程序相反,即由形变反推应力作用方式。地质力学根据反序研究的特点,总结出自己的工作方法。

在野外,首先鉴定每一种构造形迹的力学性质,然后辨别各种构造形迹的序次和等级,再确定构造体系的存在和它们的范围,划分巨型构造体系,鉴定构造形式,分析不同构造体系的联合与复合现象。

在室内,研究组成构造体系的岩石力学性质和各种类型的构造体系的应力活动方式,并通过模拟实验,验证构造体系的形成条件和过程。最后,根据各个区域的构造应力作用方式和方向,探索全球构造应力场问题,并对地壳运动的起源和动力来源提出自己的解释。

(三)地质力学的发展过程

地质力学的理论和方法也是随着社会生产活动的发展逐步建立起来的。地质力学的发展过程大致可分为以下三个阶段。

1.地质力学思想的萌芽阶段

1921年,李四光教授在研究我国东部的石炭二叠纪地层时发现北方地层以陆相沉积为主,夹有若干煤系地层,而在我国南方这个时代的地层却是海相沉积为主,这样就产生了对地球上的海水进退有没有一定方向性这一问题。北半球各地区自古生代以来的地层资料也进一步表明:当高纬度地区发生海侵时,在低纬度地区则发生海退;当高纬度地区发生海退时,低纬度地区则有海侵。这一发现使他把这种海水进退的规律与地球自转运动联系起来分析,并设想地球自转的速度在漫长的地质时代中,反复发生了时快时慢的变化。当地球自转速度加快时,离心力加大,地球扁度增加,海水由两极向赤道运动,就会在低纬度地区发生海侵;当地球自转速度减慢时,海水又从赤道流向两极,而往高纬度地区发生海侵。他从海水运动规律得到启示,设想当地球自转速度变化时,组成地壳的岩石在长期地应力的作用下也会发生运动,产生变形,并留下相应的踪迹,即构造形迹。

2.地质力学理论的建立阶段

这个阶段主要是研究区域性的构造现象及其相互关系,建立地质力学的系统理论。这种工作是从认识一些个别的和特殊的现象开始的。最初,发现耸立在亚欧大陆之间的乌拉尔山脉,如一条长蛇,南北延展,在它的两侧是广大的平原,它的南面存在着巨大的弧形褶皱山脉。整个组合形态像一个"山"字,因此称为山字形构造体系。同时,对纬向构造带、多字形构造等也有了初步认识。1929年,李四光根据当时的认识作了一次总结,概括了不同类型构造的基本特征,明确提出了构造体系的概念,推导了与每一类型构造体系有关地区的构造运动方式和方向,论述了大陆和海洋运动的主因。后来,地质力学以构造体系为指导,继续深入研究,发现了许多构造体系的定型性、定位性和定时性,三者都反映了构造体系的形成与地球自转有着密切关系。1945年,李四光教授发表了《地质力学的基础与方法》,书中正式提出了地质力学这一名词。从此,地质力学作为一门独立的学科问世了。

3.地质力学的发展阶段

1962年,李四光教授结合我国地质工作积累起来的丰富材料,对地质力学进行了一次全面总结,写成了《地质力学概论》一书。在这部著作中,进一步把构造体系归纳为三大类,即纬向构造带、经向构造带和各种扭动构造形式,更确切地阐明了各构造类型的基本特点,明确提出了地壳运动以水平运动为主的论点,并总结出一套地质力学的工作方法,使地质力学的理论和方法更加系统和完善。

(四)关于构造形迹的序次和等级划分

为了认识构造运动的发生、发展过程,在对结构面进行力学分析的大量基础工作之后,还必须查明构造形迹(Structural features)的序次和等级,这样才能保证在理论分析和实践应用上不造成混乱。

构造形迹的序次是指具有生成联系的构造形迹依次出现的先后次序。例如,在同一外力作用下的某一岩块中,依次出现一连串的构造形迹形成的先后次序,出现序次的原因在于局部边界条件的变化。在一定的地块范围内,尽管总的动力作用方式不变,但由于产生了褶皱或断裂,内部边界条件发生了变化,因而随着产生的构造形迹的力学性质和展布方位就会有所不同。因此,局部边界条件的变化是划分序次的主要依据。序次不是单纯的时间先后,在进行序次分析时要注意这个问题。

构造形迹的等级是指这些构造形迹的相对大小。同一构造体系中有各项构造形迹,可根据其规模大小,划分为不同的等级。某一个构造体系中,占主导地位的构造形迹列为一级构造,规模较小的列为二级构造,规模更小的列为三级构造,依次类推。构造形迹级别的划分与研究范围的大小有关,因而只有相对的意义。在实际工作中,往往把研究范围内规模最大、占主导地位的构造定为一级构造。

(五)构造体系及研究意义

1. 构造体系的概念

构造体系(Tectonic system)是由许多不同形态、不同性质、不同等级和不同序次但具有成生联系的各项结构要素所组成的构造带,以及它们之间所夹的岩块或地块组合而成的总体。

地壳上的各种构造形迹不是孤立存在的,某些构造形迹在形成和发展过程中,往往相伴成群出现,在空间上作有规律的排列组合。例如,在野外工作中,经常发现同一走向的褶曲往往不止一个,常有与褶曲走向相同的挤压带和冲断带、与它们垂直的张裂带、与它们走向斜交的两组扭裂面等一系列构造形迹相伴出现。如果大体上它们是同一时期、同一运动或者是同一方式断续几次运动的产物,就构成一个具有成生联系的总体,称为构造体系。一个构造体系包括各种构造形迹,虽然它们的大小、形态、性质和序次不同,但它们在形成发展过程中具有成因上的联系,即成生联系。因此,可以把具有成生联系的构造形迹及其所影响的岩块、地块看作一个统一的整体。

根据构造体系的规模大小,可分为巨型、大型、中型、小型等不同等级。一般来讲,中小型构造体系是一次性局部构造运动的产物,只涉及有限的范围;大型构造体系是区域构造运动的产物;巨型构造体系是全球构造运动的结果,占据广阔的空间,往往具有全球意义。大型、巨型构造体系往往经历了多次同一方向、方式的构造运动,而且每次剧烈运动的时间间隔也往往较长。

构造体系形成时期的确定,主要是根据地层不整合关系、构造形迹之间的关系、沉积建造、岩浆活动以及同位素年龄测定等方面的资料综合分析。燕山运动以前形成的构造体系,称为古构造体系(Ancient tectonic system);第四纪以来仍在活动的构造体系,称为活动性构造体系(Active tectonic system)。

2. 构造体系的主要类型

构造体系的类型很多。根据目前的认识范围和程度,构造体系可分为三大类:纬向构造体系、经向构造体系、扭动构造体系。其中,扭动构造体系又可分为以下两种类型:

(1)直扭构造体系类型,包括多字形构造、入字形构造、棋盘格式构造、山字形构造。

(2)旋扭构造体系类型,包括帚状构造、莲花状构造、涡轮状构造、S状构造和反S状构造、歹字形构造。

3. 研究构造体系的意义

运用地质力学的观点和方法研究构造体系及其特征,是探讨地壳地质构造规律的一条途径。在工作中,当发现某些构造形迹及由它们组合的构造带是按一定形式和规律出现时,运用构造体系的概念,确定它们的构造体系归属,就可根据相应构造体系的固有形态特征,预测那些尚未发现的部分。如果没有其他构造体系的干扰,它们必然按一定的形式并以一定的方位出现。这对矿产普查、勘探、水文、工程地质等方面有着重要的指导作用。

(六)构造形式及其确定原则

构造形式(Tectonic type)是由于地壳各部分的岩块或地块力学性质的差异以及应力作用的方式、方向的不同,从而产生各种不同类型的具有独自形态特征的构造体系的具体表象。例如,有的构造体系的组合形态像"山"字,称为山字形构造体系;另有的像"多"字,称为多字形构造体系;还有的像一朵盛开的莲花,称为莲花状构造体系等。

构造体系是人们在认识地质构造规律的基础上总结出来的一个抽象概念,只有构造体系的各种类别和形式才是具体的。每一种构造形式都是一幅应变图像,每一幅应变图像都对应着一定的构造应力场。因此,只要已经查明的一群构造形迹所呈现的应变图像能够合理地以某种构造应力场来解释,那么,它就应该被认定为一个构造体系,借助构造应力场和构造体系的认识,又可以预见一些尚未查明的构造形变。

在同一个地区同一个构造体系的各种构造形迹,可以相互穿插、相互连接或者彼此分离,甚至相距很远,排列方式和空间展布形态也可以不一致。如何得知上述各种构造形迹是同属于一个构造体系呢?确定构造体系的构造形式有以下三条原则:

(1)构造形迹经常按一定的方式排列组合成一定的形式,在地壳上的不同地区多次出现。如山字形、多字形、帚状构造等,都是地壳上普遍存在的构造形式。

(2)构造形迹的这种有规律的组合形式,能用统一的构造应力场来加以解释。因为一个构造体系是某一种方式的地应力作用的结果,所以具有统一的构造应力场。

(3)构造形迹的组合形式可以用适当的材料,用实验的方法做出与自然界的构造形式相似的构造模型。

上述三条原则,是对一个构造形式从感性到理性的认识过程。野外实地调查研究是最基本的工作,只有通过实际调查,确定了构造形迹的某种组合形式客观存在的时候,才能进行力学成因分析和实验验证。

二、地洼构造学说

地洼构造学说是1956年陈国达提出的一种大地构造学说,是在研究中国地壳结构和发展史特点的基础上,批判地继承和发展了美国 J. 霍尔(1859)及 J. D. 丹纳(1873)的地槽学说而逐步形成的。

(一)地洼构造学说的主要内容

(1)阐明一种新的大地构造单元(第三构造类型,活化区或地洼区)。

槽台学说把地壳构造划分为地槽区(活动区)和地台区("稳定"区),后者由前者转化而来的看法,符合中国东部中生代以前情况。但从印支和燕山开始,"中国地台"已大部分衰亡,转化为新型活动区,命名为活化区(1956)或地洼区(1959)。

(2)提出地壳动"定"转化递进说。

该学说认为,在地壳构造的发展过程中,强烈活动区和相对稳定趋势可以相互转化,不仅地槽区可以转化为地台区,地台区也可以转化为新的活动区即地洼区,这叫做动"定"转化。这种转化并非地壳构造单元的简单重复和循环,而是由简单到复杂,由低级向高级发展、递进。地壳发展的总趋势是遵循螺旋式上升的规律,按照否定之否定法则,活动区同稳定区相互转化,互相交替更迭,继续前进,这就是地壳动"定"转化"递进律"(图9-22)。

地壳发展是多阶段的,就像地台区不是地壳发展的最后阶段一样,地槽区也不是地壳发展的最初阶段。在地槽区之前,可能有一个前地槽区,如图9-22中用X加以表示;另一方面,地洼区发展到一定程度后,也可以转化为新的构造单元。

地壳的发展是不平衡的,有的地区进入地台阶段甚至地洼阶段的时候,另一些地区却还处于地槽阶段。在不同地区,同一性质的发展阶段,其开始和结束时间可以早晚不一,延续时间长短也不一致。有一些地区,有时甚至可以缺失某一阶段。

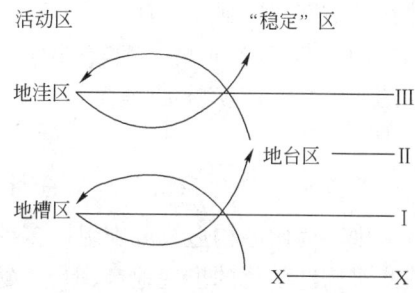

图9-22 地壳发展过程示意图

(3)提出地洼(递进)成矿理论,包括:

①不同大地构造单元各有成矿专属性,地洼阶段是一重要成矿阶段,有色、稀散、放射等金属矿床特别多。

②后成构造单元可继承先成构造单元的矿产,形成成矿叠加。地洼区是出现最晚的构造单元,故这种现象普遍,矿种、矿床类型丰富多彩。

③先成矿床(包括层控矿床)可受后阶段成矿作用的叠加、改造、富化、富集,形成以三多(多成矿阶段、多物质来源、多成因类型)为特色的多因复成矿床。在地洼区内,尤为多见,为寻找大型富矿的有利地区。

(二)地洼构造说对中国大地构造的看法

1. 中、新生代新型活动区广泛分布

中国大地构造单元具有多样性,除地槽、地台外,尚存一些其他类型的构造单元。其中,最明显的为中、新生代出现的一种新型活动区,即地洼区广泛分布,使中国大地构造演化翻开了新的一页,进入到一个新的阶段。

2. 几个大地构造演化系统的出现

中国境内有几个不同的大地构造演化系统,分别见于不同的地区。在中生代中期以前,可分为北部、东部及西部的三大地槽—地台演化系统,其地槽区分别属于古亚洲海、古太平洋及古地中海地槽演化系统的一部分,地槽分布时间大体上自北而南推迟。北部地槽—地台系统位于天山南麓—白云鄂博—开原一线以北;东、西部地槽—地台演化系统的分界为贺兰山—龙门山—大雪山一线。到中生代中期前后,则代之以东部的华夏期和西部的中亚期两大地洼演化系统,二者以贺兰山—龙门山—大雪山及其向北延长线为界,地洼出现时间大体上自南而北逐步推迟。

3. 三大壳块(壳体)的形成和变化

由于上述几个大地构造演化系统的存在和发展，导致中国大地构造发生相应的差异。中生代中期以前的三大地槽地台系统，形成了北、东、西三个相应的壳块，相互间以深大断裂带作为接合或过渡地带；中生代中期以后，银川—昆明深大断裂带向北延伸，北部壳块东西两端出现显著差别，遂由原来三大壳块转变为中国全境东西两半部的分异。东部为华夏期地洼区，其特征是：地槽阶段结束较早，地台存在时间较长，地洼阶段开始及剧烈活动期出现较早；地势较低，海拔高度一般在2000~3000km以下；地壳厚度较小，约30~35km，莫霍面埋藏浅。西部属中亚期地洼区，其特征是：地槽阶段结束较迟，地台存在时间较短，地洼出现及剧烈活动时期较晚；地势一般较高，有海拔5000km以上的青藏高原及世界最高山脉；地壳厚度大约50~70km，莫霍面埋藏深。介于东西两半部的南北地洼区，是一个急剧变化的过渡地带。

4. 五大构造体系及其成因分析

中国境内的构造线分别组成多种构造体系，分布于一定地区，它们控制着地槽区、地洼区或次级构造单元的出现地点、形态、延长方向以及沉积建造和后期改造。它们主要有弧形构造系、东西构造系、南北构造系、北东构造系及北西构造系。这几个构造系在分布上形成以银川—昆明轴线为羽轴的羽状对称图案，在轴线北端两侧为北疆—兴安弧的东西两翼；稍南为天山南带—阴山东西构造系的东西两段；更南为北东及北西两构造系，分别展布于东西两方的广大地区。它们的主要构造线银川—昆明羽轴呈锐角相交，越往南其交角越小。根据应力分析，这些构造系的形成及分布特点，可能是一对南北向区域性水平压应力及由它转变而成的南北向水平弯力在作用过程中受区域性水平压力干扰的结果。

三、断块构造学说

断块构造学说(Block structure)是一种阐述地球岩石圈断块结构及其运动的假说，1958年由张文佑教授等提出。该学说认为中国大地构造的基本特征是：基底断裂多，对盖层构造及岩浆活动起了主要控制作用。经过20多年的努力，根据积累并分析研究大量地质和地球物理资料，他们于1973年再次编制了《中国大地构造图》，次年发表了《中国大地构造基本特征及其发展的初步探讨》一文，明确提出了块断构造理论，以后又多次发表论文阐述块断运动的力学机制和驱动力，1978年正式将块断构造更名为断裂体系及断块构造学说。

(一)断块构造理论的基本内容

断块构造学说使用地质力学分析和地质历史分析相结合的方法研究大地构造，同时也吸收了其他大地构造的正确理论和方法。

断块构造理论是建立在断裂体系基础之上的。构造断裂的岩石受力变形到达破裂阶段后，最先出现的是一对共轭的X形交叉断裂系，进一步发展均交替迁就两组X形交叉剪切面进行。由于受力方式、边界条件及变形物体力学性质不同，断裂常构成不同形式的组合，即断裂体系。这些基本形式有X形剪切断裂体系、Y形剪切—拉张断裂体系、I形张裂断裂体系、S形(锯齿状)断裂体系及V形剪切—拉张断裂体系，以及由它们组成的多种复合形式。断裂体系形成以后，在漫长的地质历史时期内，由于区域应力场的转变，断裂活动方式与应力状态均发生变化。总的来说，它们的活动方式可概括为挤压、拉张、剪切、挤压—剪切、拉张—剪切、挤压—断陷及拉张—断隆等七种。其中，以挤压—剪切、拉张—剪切最为常见。断裂对岩石圈构造与演化过程所起的作用,主要取决于它所切割的深度,据此可将断裂分为岩石圈断裂、地壳断裂、基底断裂、盖层断裂及层间滑动断裂(图9-23)。

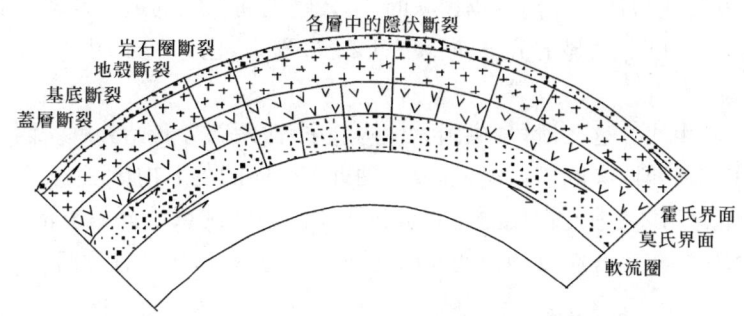

图9-23 四类断裂及一种层间滑动断裂示意图

断块构造学说认为,地球岩石圈就是被深浅不同的各种断裂网格切割成许多大小不同的断块,相应划分为岩石圈断块、地壳断块、基底断块和盖层断块四级。这些断块从三维空间来看,都带有一定弯度的层状块体。这些层状块体在区域构造应力场作用下,不仅可以沿着块体两侧的断裂面发生错动与离合,而且可以沿着块体顶底的近于水平的构造层面发生层间滑动,这是断块间相对运动的两种基本方式。

断块间的相对运动,对于其上覆岩层的形成(建造)发育与构造变形(改造)有着重要的制约作用。盖层的沉积盆地边界、厚度、沉积建造类型、岩相的分布以及后期的褶皱、断裂变形、岩浆活动及变质作用等,都与下伏断块形状、断块边界的深度、活动方式、活动强度、基底的物理力学性质等密切相关。盖层构造变形的组合形式在很大程度上取决于基底断裂网格的形式和活动方式。反之,盖层构造变形又可以进一步改造基底。

根据地球表面出现的北北东、北北西及北东东、北西西两套剪切断裂网格,断块构造学派认为:由于地球自转所产生的离极力、科里奥利力以及转动角速度不均一效应,在地球岩石圈内产生由两极向赤道挤压及近东西向挤压或剪切等两个基本方向的应力。在这两个基本方向力的作用下,使地球表面出现行星网格。这种断裂网络控制着地球岩石圈的形变与演化,并形成现今地球表面具有规律的断裂体系与大陆形态。对于每一断块边缘及断块内部所出现的丰富多彩的形变特点,则需具体分析块缘应力及块内应力的详细情况,还需考虑断块本身特点等。

(二)断块构造学者对中国大地构造的看法

断块构造学说认为,断块是在一定构造的阶段和构造期形成和发展起来的。1974年发表的《中国大地构造基本特征及其发展的初步探讨》一文中,根据中国各断块发展历史的不同及形成和变形特点以及同位素年龄资料等,将中国大地构造的发展划分为以下五个阶段和三大断块区。

1. 中国大地构造发展的五个阶段

第一阶段:太古宙。这一阶段,古老块体形成,其岩石组合以阜平群、桑干群及泰山群等为代表。与世界大多数太古宙构造趋向比较,中国太古宙断块的同位素年龄值小,变质程度高。

第二阶段:古、中元古代。在华北地区太古宙褶皱基底上,首先产生北北东和北北西向X形剪切断裂,随后发展为迁就经向的锯齿状断裂,断块进一步形成。在地壳进一步增厚和隆起作用下,又出现北东东和北西西向X形剪切断裂网络,如在塔里木地区的构造线以北西至北西西向较显著,其他地区则以北东至北东东向为主。

第三阶段:新元古代至古生代。这一阶段,在中国境内普遍出现北东东和北西西向 X 形剪切断裂网,随后发展成为迁就纬向的锯齿状断裂,较刚硬而稳定的地台及较软弱而活动的地槽在形成的地质作用中已有明显的分异;断块在形变过程中,也进一步明显分化为褶皱、断坳和断块。

第四阶段:中、新生代。这一阶段,中国大地构造东、西两部分开始分解。西部继承新元古代至古生代北东东和北西西向断裂系统,形成长轴近东西向的菱形构造区,表现为西域系和西藏系。在东部,华北地区古、中元古代的北北东和北北西向断裂系统开始复活。此外,整个东部还产生一些新的北北东至北东及相应的北西向断裂系统,并形成长轴近南北向的构造区,表现为华夏系。

第五阶段:新构造时期。这一阶段,华夏、西域和西藏三大断块区进一步形成和发展。三者之间的分界线一条是近东西向展布的西昆仑山、北祁连山断块缝合线及阿尔金山深断裂;另一条为六盘山—贺兰山深断裂和后龙门山、滇西断块缝合线。

2. 三大断块区的特征

西藏断块区:是一个整体剧烈上升的地区。地壳厚度 50～70km,在其南北两侧发育有晚上新世至更新世的磨拉石建造,它们遭受褶皱作用,逆冲和逆掩断层极为普遍。

西域断块区:为强烈升降区。地壳厚度变化大,在山区为 55～60km,盆地为 50km 左右。两者接触带附近也发育有晚上新世至更新世磨拉石堆积,它们也遭受不同程度的褶皱、逆掩和逆冲断层作用。

华夏断块区:为明显的升降区。地壳厚度由东向西逐渐加厚。山区与盆地沿北北东至北东向相间排列,其中华南和东北地区差异运动不明显,而华北地区则相当强烈,新生代以来,沿着太行山西缘形成裂谷带。

上述三大断块区,无论从地质发展或从新构造活动特点以及地壳厚度来看,都有十分明显的区别,而且他们的边界又具有强烈的活动性。

四、波浪状镶嵌构造说

地壳的波浪状镶嵌构造(Wavy mosaic structure)是一种阐明地壳的统一构造格局及地壳运动规律的假说,它是一种新的大地构造理论。从 20 世纪 50 年代末期起,张伯声教授开始研究中国大地构造,1962 年他提出"镶嵌的地壳"这一构造理论,1965 年又提出地壳波浪运动的观点,形成中国区域大地构造研究领域的一种假说。1974 年以后,波浪状镶嵌构造说逐步明确地划出了以斜向构造为主交织而成的"中国构造网"并于 1980 年出版了《中国地壳波浪状镶嵌构造》一书。

(一)波浪状镶嵌构造说的基本论点

波浪状镶嵌构造说认为整个地壳构造表现为:有规律地排列着两个系统以上的构造带,互相斜交,形成一个复杂构造网,它们一级套一级、级级相套;有规律地排列成行,并不断地在空间和时间上进行着上下摆动和水平推移的波浪运动。

地壳中的构造带,不论其大小和分布都有一定的构造格局,一般构造带延展方向多为斜向的,偏于北东向或北西向。由它们分割开并镶嵌起来一级套一级的大大小小的地块和岩块也都做有规律的排列,大多数也是斜向的。

最显著的全球一级构造带是环太平洋构造带和地中海构造带,它们在构造地貌上是差异运动最明显的断裂带,岛弧—海沟带或内岛弧—海沟带,又是地球上最活跃的火山带及频率最繁、震级最强的地震带。这两大构造带将地壳分为太平洋、劳亚及贡瓦纳三大壳块。三大壳块以内,又被级别不同的次一级构造带依次分为较小的地台、地块以至小小的岩块,这些地台、地块、岩块又被构造带结合在一起,好似破伤了的地壳又被愈合了的伤痕结合起来的形象。这种既破裂又结合起来的构造,就叫地壳的镶嵌构造。

这种构造形式交织在一起形成了镶嵌构造网。被这样一种构造网所镶嵌的不同级别的大小地块运动方式往往是波浪状的。所有在构造带两侧镶嵌着的地块,进行着左右水平摆动或上下垂向摆动,但最常见的是既非水平又非垂向的斜向交替摆动,由此而形成或大或小的地壳波浪运动。把地壳的分块运动以它们的上下起伏和左右摆动相结合的形式,就叫地壳的波浪状镶嵌构造运动。在这种运动中,互相之间的地块错动,不论是顺走向、倾向或斜向,总的前进方向基本是水平的,好像水上的波浪,虽然它们的表现是一起一伏的波峰与波谷相间运动,但其传播方向是水平的。

(二)波浪状镶嵌构造学者对中国大地构造的看法

中国大地构造位置,恰好处于环太平洋构造带与地中海构造带丁字形接头处和劳亚壳块的东南角。环太平洋构造带及一系列外太平洋构造带,以北东—南西方向纵贯中国,它们在中国东部走向大致为北北东,在中部变为北东,在西部则转为北东东。地中海构造带及古地中海构造带,则以北西—南东方向横贯中国,在中国北部走向一般为北西西,在中国南部为北西—北北西。两大构造带的一些近于平行的次级、更次一级分带,在中国交织成网,构成中国地壳构造的斜向网格。在网格中,有秩序地依次排列着许多不同级别地块及岩块,这就是中国地壳的镶嵌构造格局。

两大构造带的各分带多是远古代以来不同时期的地槽褶皱造山带,夹于其间的是地块沉陷带。两大构造带所形成的构造地貌,犹如两大系统的巨大波浪,叫做地壳波浪或地块波浪。褶皱断裂隆起带是波峰,地块沉陷带为波谷。两大系统波峰与波峰相交地区,隆起互相叠加,波峰往往更高;波谷与波谷相交地区,由于双重沉陷,波谷往往更低;波峰与波谷相交地区,则因情况不同,有时较高,有时较低。这就是中国地壳的镶嵌构造格局的明显规律性。

中国地壳的镶嵌构造不仅现在在构造地貌上表现为地壳波浪式,而且在地史中不断地进行着天平式的波浪摆动。这种天平式摆动不是单纯的相对升降运动,它包括像蚯蚓蠕行似的纵波、像蚕行时弓屈的垂向横波及蛇行时蜿蜒的侧向横波的复杂地壳波浪运动。目前中国构造地貌的波浪形式,是由地史中地壳波浪长期发展而成的,而且尚在继续向前发展。地壳波浪随时随地地发展和变迁,是镶嵌构造的一个重要特点。

习题及思考题

1. 试述槽台学说的主要观点。
2. 试述中国的主要地台及其特征。
3. 试述板块构造学说的基本理论思想。
4. 绘图说明板块的三种边界类型。
5. 试述板块的划分及边界的活动性。

6. 大陆板块有哪些识别标志?
7. 试述中国的板块构造轮廓。
8. 试述地质力学的研究对象、研究内容及其工作方法。
9. 地质力学中主要有哪些构造体系类型? 其基本特征如何?
10. 了解大地构造学说的现代发展情况。

第十章
盆地构造基本理论

> **本章提要**
>
> 本章重点讲述盆地及含油气盆地、含油气盆地的形成机制和中国大陆板块内中新生代盆地的特征;掌握中国典型含油气盆地的主要特征。
>
> 本章难点是拉伸、挤压、扭性盆地的形成与构造特征,中国含油气盆地的类型及其构造特征。
>
> 通过本章的学习,要求学生掌握盆地概念、盆地类型与结构特征;熟悉含油气盆地分类及其特征;掌握含油气盆地形成的板块构造机制;通过实例分析中国含油气盆地的类型及其构造特征。

第一节 盆地及含油气盆地

石油地质学主要是研究沉积盆地的地质学,因为石油主要赋存于沉积盆地之中,没有盆地也就没有可能去寻找石油。因此,对盆地的研究是评价油气远景的基础。

沉积盆地可以认为是在地球表面具有相当厚度沉积物的一个构造单元。盆地中的沉积物可以来自一个方向或几个方向,但沉积物厚度应比周围地区大得多,因此有时可以在盆地周围找到岸线形迹,在沉积作用的同时具有下沉作用。

实际上,盆地的概念最先是由槽台学说发展而来的,最初是以与地槽和地台的关系来分类的,如克拉通内盆地、边缘凹陷、山前凹陷、上叠盆地、山间盆地、地洼等。

20世纪80年代以来,地质学家多认为盆地的形成与板块有关,常根据与板块构造的关系对盆地分类,如大洋盆地、被动陆缘盆地、克拉通盆地、裂谷盆地等。

一、盆地及其基本类型

盆地(Basin)是指那些四周高、中间低的盆形沉积地区,或是持续接受沉积的地区。可以从不同的角度对盆地进行分类描述,如以沉积相为依据,可将盆地划分为海相盆地和陆相盆地;根据盆地形成方式,可划分为断陷盆地和坳陷盆地;根据盆地形成时的受力状态,可划分为挤压性盆地和拉张性盆地。

从一般概念出发,可以把盆地归纳为三种基本类型。

(一)地貌盆地

地貌盆地(Geomorphy basin)是一种四周被高地围绕的地表盆形洼地。地貌盆地有陆上的,也有水下的。陆上盆地包括四周封闭的洼地(山间盆地、山前坳陷)和横贯大陆的冲积平原;水下盆地包括洋底盆地和冰川湖。

地貌盆地的存在对于沉积盆地的形成是必不可少的。地质学中,盆地内应有巨厚的沉积物充填。

(二)同生沉积盆地

同生沉积盆地(Syngenetic sedimentary basin)是在边下陷边沉积作用之下形成的盆地。同生沉积盆地内,岩相带的延伸方向、古水流方向与盆地的结构相联系,盆地内的沉积物有边缘相和内部相之分,边缘相属氧化环境,红色岩层较多,沉积物粒度粗,不稳定的长石、黑云母等矿物含量高。内部相一般属于还原环境,岩石颜色较深,颗粒较细,不稳定矿物含量较低。岩层的厚度由盆地的中央向边缘逐渐变薄。

同生沉积盆地又可分为补偿性同生沉积盆地和非补偿性同生沉积盆地。

补偿性同生沉积盆地(Compensatory syngenetic sedimentary basin):盆地的沉降速度与沉积速度大致相当,即沉降幅度与沉积厚度大体相等。

非补偿性同生沉积盆地(Non-compensatory syngenetic sedimentary basin):盆地沉积速度与沉降速度不相当。

如果下降速度比较快而沉积物补偿比较慢时,就会使盆地的沉积范围逐渐缩小,岩层之间出现退覆现象;当下降速度比沉积补偿速度小时,不仅盆地逐渐被填平,而且还会出现岩层超覆现象。沉积盆地的补偿性决定于盆地的下降和盆地周围陆地上升这两个因素。

(三)构造盆地(沉积后盆地)

构造盆地(Tectonic basin)是在沉积形成以后,由于断裂或褶皱作用而形成的盆地。构造盆地中沉积物无边缘相与内部相之分,相带的延伸方向、古水流方向与盆地的结构无关,这些说明沉降作用发生在沉积岩层形变之后,与同生沉积盆地明显不同(图10-1)。

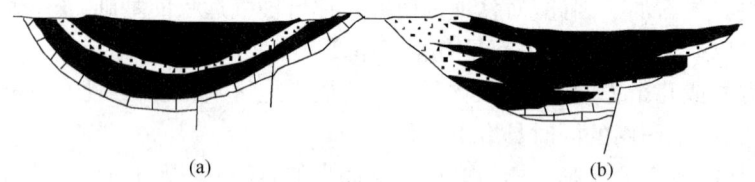

图 10-1 构造盆地(a)与同生沉积盆地(b)示意图

二、含油气盆地及其特征

由于盆地内有巨厚的沉积物,所以盆地是石油与天然气生成和聚集的良好场所。

据统计,世界上大多数大的油气田都产生于盆地之中。我国的大油气田也都产生于陆地和海上的沉积盆地内。如大庆油田在松辽盆地中、四川油气田位于四川盆地范围内,还有塔里木盆地、柴达木盆地等均是我国石油和天然气重要产区。

(一)含油气盆地的形成条件

含有工业型油气矿藏的沉积盆地叫做含油气盆地(Petroliferous basin),它必须具备以下几个条件:

(1)必须有巨厚的沉积物和丰富的有机物质。

(2)要有一个有机质赖以繁殖、聚集和沉积下来,并能够避免氧化而向石油转化的古地理环境。

(3)要有一个稳定持续下降的大地构造条件。

(4)含油气盆地必须经受一定程度的构造运动,这样不仅可以推动油气运移和为油气运移创造必要的构造条件,而且还可以为油气聚集提供圈闭场所。

含油气盆地是油气生成、运移、聚集的基本地质单位。在油气勘探中,总是把含油气盆地作为一个整体来率先考察它的全貌,从整个盆地的沉积发育史、构造发展史以及水文地质演化史出发,研究油气生成、运移、聚集的条件,划分油气生成和聚集的有利地区,从而有可能在最短的勘探时期达到发现该盆地最主要的油气聚集区的目的。

(二)含油气盆地的结构

从大地构造的角度讲,含油气盆地是在一定的地质时期地壳某一地段产生的坳陷。就我国目前已知的情况来看,绝大多数含油气盆地形成在中、新生代。它们叠置在前中生代构造之上,甚至是不同性质的大地构造单元之上。因此,含油气盆地就有它特有的结构。

1. 含油气盆地的基础

含油气盆地的基础即含油气盆地赖以存在的底盘,它是由盆地产生前的所有的岩系组成。地台区盆地的基础可能包括地台的基底和一部分盖层。

华北盆地是一个新生代的沉降盆地,它的基础就应当包括华北地台前震旦系古老的结晶基底和以后直至中生代的沉积盖层。四川盆地是晚三叠世以来形成的陆相沉积盆地,它的基础是前中三叠统的所有地层。

2. 盖层

盖层即含油气盆地内的沉积盖层。含油气盆地的盖层与基础层之间往往具有平行不整合接触关系。

地台区的构造盆地,其盖层与地台的盖层是一致的。

3. 盆地的沉降中心和沉积中心

沉积盆地的沉降中心(Subsidence center)即盆地内沉积物堆积最厚的地带,而沉积中心(Depocenter)则是盆地中沉积物粒度最细的地带。沉积中心控制着盆地内最主要的油源区。

在对称性盆地内,沉降中心和沉积中心的位置往往是一致的,沉积物最厚和最细的地带相吻合,这种情况最利于生油。在非对称性沉积盆地内,沉降中心和沉积中心往往不一致,在这种情况下,不仅要利用作等厚图的方法确定坳陷中心,而且还需利用作岩相图的方法确定沉积中心,以便确定最有利的生油中心。

在盆地的形成、发育过程中,沉降中心和沉积中心并不是固定不变的,而是有规律地迁移,它们在空间上都呈条带状分布,并具有一定的方向性。

4. 含油气盆地的边界

含油气盆地的边界即是盆地的周边和其边界地质体的接触关系,主要有三种接触类型:超覆式的沉积接触;断层式的构造接触;盆地一边为沉积接触,另一边为断层接触,称为断超式接触。盆地边界的接触类型对盆地在剖面上的形态和演化特征有着十分重要的影响。

(1)超覆式的沉积接触盆地:其发展是以坳陷沉降为主。例如,密歇根盆地位于北美地台之上,以前寒武纪结晶岩石为基础,盆地的平面形态大体呈圆形,剖面上沉积盖层呈同心圆状自周边向中心退覆,它的发育过程是一个逐渐收缩的过程(图10-2)。

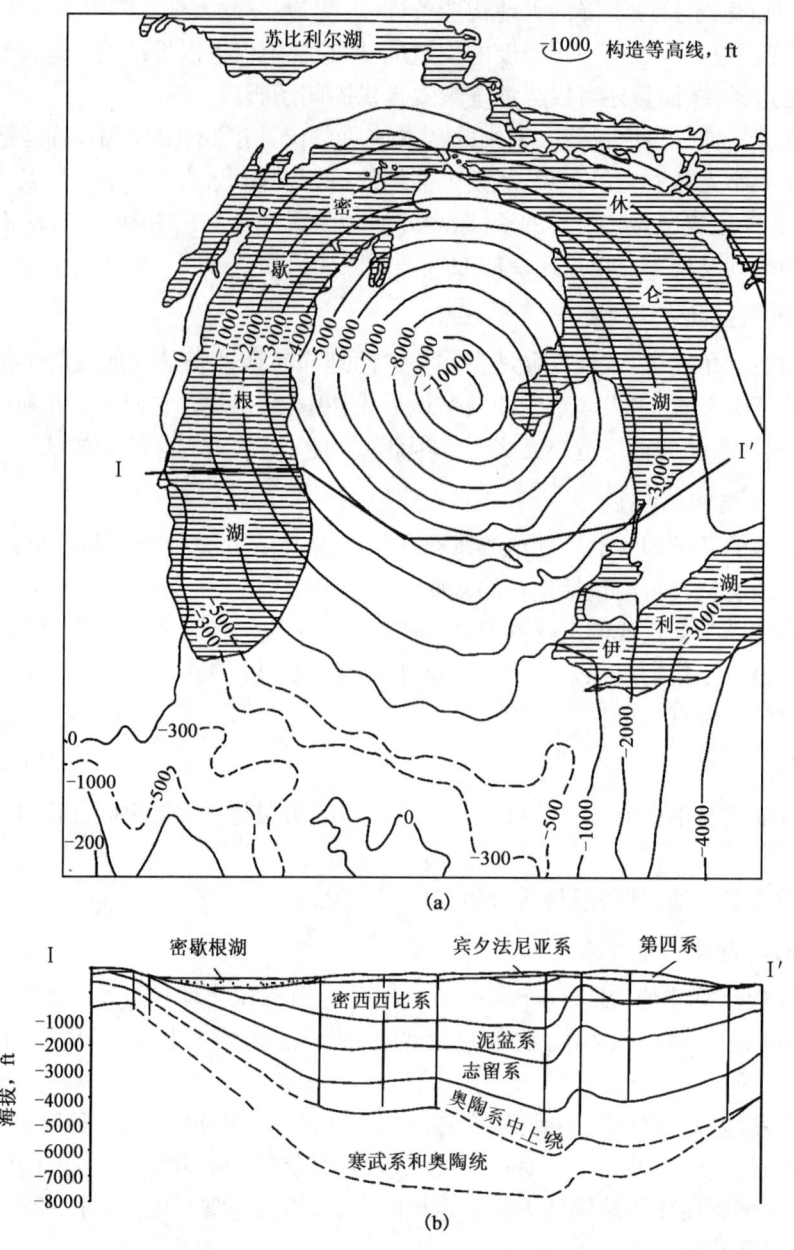

图 10-2 美国密歇根盆地特林顿石灰岩顶面构造图(a)和构造剖面图(b)

(2)断层式的构造接触盆地:边界为断层接触的盆地,其发展可能以断陷为主,常见的地堑盆地就是如此。例如,莱茵地堑发生在西欧的海西地块上,古近纪时,因地块上拱而发生张性断落,盆地的平面形态因受地堑边界断层的限制而呈长条形,剖面则呈狭窄的槽形(图 10-3)。

(3)断超式接触盆地:断超式接触盆地的发展具有断陷和坳陷兼有的特征,最突出的特征是盆地剖面形态的不对称性,盆地的沉降中心偏向断层边界的一侧。断超式接触盆地在我国盆地中是比较多见的,如四川盆地的西边及西北边界为断层接触,东南边界则是沉积接触为主(图 10-4)。

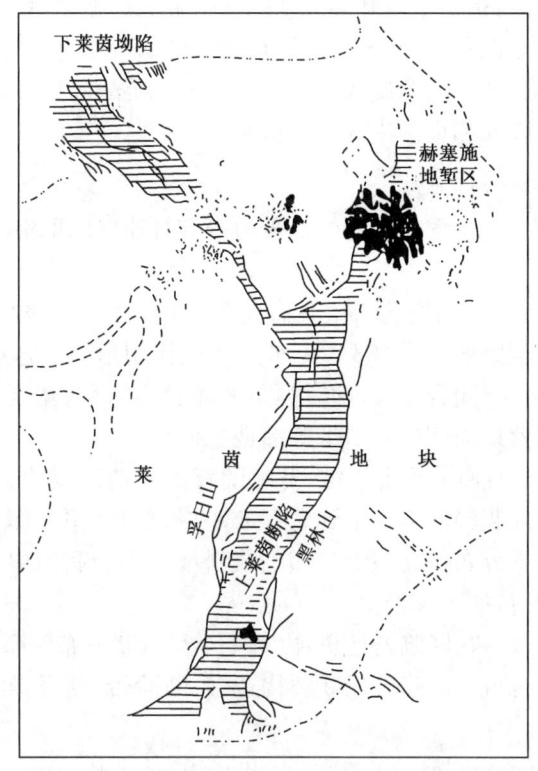

图 10-3 莱茵地堑平面形态图

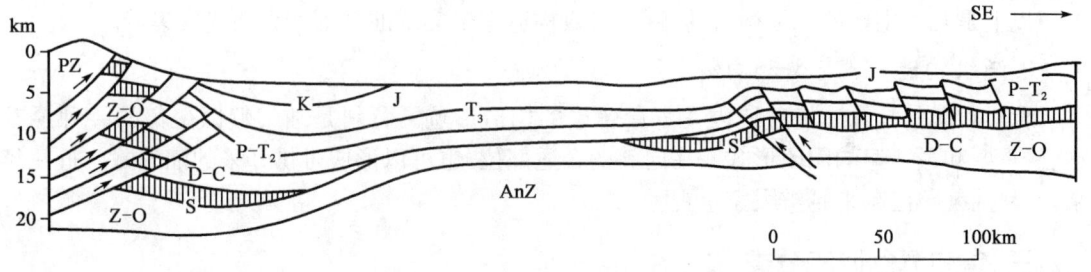

图 10-4 四川盆地构造横剖面图

(三)含油气盆地的内部构造

含油气盆地是地壳的一定地段在大地构造发展到一定阶段的一种洼陷构造,也就是说它是在地质发展历史一定阶段的一定运动体制下形成并发展的统一的沉降大地构造单元。

盆地的内部构造是不均一的,它的基础和基底有起有伏,可将盆地分隔为彼此不连通的次一级坳陷。它的盖层由于后来构造运动的改造而褶皱成为背斜和向斜,并且受到断层不同程度的破坏。盆地内部可以进一步分成不同级别的构造单元。

1. 一级构造——隆起和坳陷

(1)隆起(Uplift):是盆地的基础和基底相对隆起的地区,其上的沉积盖层往往发育不全,甚至有时古老的褶皱基底露出水面而成为剥蚀区。但由于隆起在盆地中起着分隔或围限坳陷的作用,它与坳陷邻接的一侧经常有地层超覆和岩层尖灭出现。坳陷内存在着利于生油的情况下,隆起翼部的超覆和尖灭就十分容易捕获来自邻近坳陷内的油气,形成地层圈闭类型的油气藏。

(2)坳陷(Depression)：是盆地内基础或基底下陷最深的地区，具有沉积盖层发育完全、连续性好和厚度大等特征，是沉积盆地内生油最有利的地区，所以它是含油气盆地的油源区。在含油气盆地内一些较大的坳陷内，基础或基底又表现了一定的起伏性，形成一些范围更小的凸起和凹陷，它们属于一级隆起和坳陷内亚一级构造。

2. 二级构造——二级构造带

我国的勘探实践证明，含油气盆地内的二级构造带对油气的聚集起着重要的控制作用，是油气富集带，主要有：

(1)背斜带(Anticlinal belt)：由若干个具有同一方向性的背斜构造组成的二级构造带称为背斜带。背斜带常呈线状、雁行状排列，为水平挤压作用形成。这种二级构造往往成排出现。背斜带的特点是长度大、闭合度大、两翼倾角大而且不对称、宽度小。如我国甘肃酒泉盆地老君庙背斜带、准噶尔盆地南侧的背斜带等都是这种类型。

(2)长垣(Placanticline)：由若干个平缓、宽大的背斜构造组成的二级构造带称为长垣，其长度达数十到数百千米，隆起幅度为数十到数百米，两翼常不对称。长垣构造的轴向常与盆地的主要构造线方向一致，常分布在盆地中央凹陷或斜坡带上。我国中—新生代的含油气盆地中，长垣是十分有利的构造，如大庆长垣。

(3)断裂带(Fault zone)：在断陷盆地里，由若干个呈带状分布的断块或被断层复杂化的不完整的背斜称为断裂带，也可进一步分成断裂构造带、断阶带、断鼻带等。断裂带在我国东部盆地中特别发育。

(4)挠曲带(Flexure slope break)：在隆起和凹陷的斜坡上，由于基底断裂活动，使上覆沉积盖层的倾角突然变陡的地区，称为挠曲带。挠曲带上常伴有鼻状构造、小型背斜构造。

以上是几个主要的二级构造的特征，二级构造中聚集了油气则称为油气聚集带。

3. 三级构造——背斜和向斜

背斜和向斜是含油气盆地内发育最普遍的构造形迹。背斜是油气赖以聚集的一种最基本、最重要和最普遍的圈闭形式。在向斜的合适部位，也可以形成可供开采的油气藏。近几年来，向斜油气藏已越来越被大家重视。

三、含油气盆地的分类

含油气盆地的形成和发展是受大地构造条件所控制的，因而其分类也是以大地构造背景为基础。

以往比较流行的分类都是以槽台学说理论为基础。自板块构造理论创立以来，为含油气盆地的分类增添了许多新的内容。下面介绍几种分类方案。

(一)以槽台学说为基础的分类

地台型盆地(Basin of platform type)：地台内部盆地(如华北盆地、鄂尔多斯盆地等)、地台边缘盆地(如四川盆地)。

地槽型盆地(Basin of geosyncline type)：山间盆地(如酒泉盆地、民和盆地、三江盆地)、山前盆地(又称中间地块盆地，主要有塔里木盆地、准噶尔盆地)。

(二)以板块构造理论为基础的分类

按照板块构造学说对含油气盆地进行分类，国内外石油地质学家提出了很多分类方案。下面主要介绍 H. D. 克莱姆在1975年提出的分类方案。

H. D. 克莱姆的盆地分类是以地壳结构为基础。他认为含油气盆地主要产生于克拉通地壳和过渡地壳带（包括大陆坡、大陆架、海岸平原、陆台等），所以将盆地分成克拉通盆地和过渡地壳盆地两大类。

1. 克拉通盆地（Cratonic basin）

克拉通内部盆地（Intracratonic basin）：通常位于前寒武纪地盾附近的克拉通内部，为底部平坦的碟状盆地，具有地台型单旋回古生代沉积，其中有基底控制的构造和沉积圈闭。典型的代表是巴黎盆地。

内陆复合盆地（Inland basin）：位于克拉通边缘附近，其规模可以从次大陆冒地槽到小型山间盆地。这种盆地为多旋回型盆地，古生代地台沉积为第一旋回。在其中的某些盆地中，第一旋回在海西造山运动时期形成了构造，因而有不整合于第一旋回之上的晚古生代或中生代的第二旋回的造山碎屑岩。

裂谷式盆地（Rift basin）：产生于海底扩张早期——大陆裂谷阶段，但在海底扩张进一步发展时被遗弃，成为死裂谷，规模小型到中型，多为线状。有些裂谷型盆地是作为第三旋回叠加在大型的内陆复合盆地之上。

2. 过渡地壳盆地（Intermediate crust basin）

外陆下陷为小洋盆的盆地：包括边缘海和其他小洋盆，又可分为三个亚类型：从各方面都展布到近海大陆地块上的盆地；前渊盆地，大部分沿着古地中海的狭窄地带分布；简单沉没的近海开阔盆地。

拉开盆地：是克拉通裂谷盆地演变末期的表现，多位于大西洋和印度洋的两侧，一般形成线状的海岸盆地，中生代和古近—新近纪沉积物具有向海倾斜的断块构造。海洋地质工作者认为这类盆地分布在被分离开的大陆板块的边缘。

横向山间盆地、走向山间盆地（Intermontane basin）：大都沿大陆和大洋盆地间的俯冲消减带分布，多为横切或平行以前的大陆边缘形成的优地槽褶皱带的第二旋回的古近—新近纪盆地，典型代表是加利福尼亚的古近—新近纪盆地。

新近纪三角洲盆地（Delta basin）：以尼日尔河三角洲、密西西比河三角洲等为代表。

（三）以运动体制划分盆地

朱夏（1965，1978）认为，含油气盆地是在地质发展历史一定阶段的一定运动体制下形成的统一的沉降大地构造单元，所以他提出以运动体制来划分盆地的观点，并认为在中国以印支运动为转折点，含油气盆地分属于两种不同的构造体制：其一为中生代含油气盆地，属于地槽—地台构造体制下形成的；其二为新生代的含油气盆地，是在板块构造体制下形成的。在这种理论的指导下，陈焕疆（1980）将中国板内盆地划分为以下几种类型。

1. 山前冲断盆地或山间块断盆地

这类盆地是在地壳碰撞挤压作用下新生成的上叠盆地。它的构造特点是盆地内上覆地层的形变和基底构造关系不太明显，主要是受水平挤压应力作用产生的浅层构造，在应力作用强的山前区，构造以线形排列为特点，伴生逆冲断层，缺乏巨大的推覆体构造，并在应力作用减弱的地区形成块断等。

2. 弧后冲断盆地或弧间块断盆地

这类盆地是在岛弧区俯冲挤压作用下形成的，它们叠置在不同时代的褶皱基底上。其构造特点是上覆地层的形变与活动区的构造线方向一致,可以产生较大规模的推覆构造,与基底构造的关系也不明显。

3.地堑、半地堑坳陷盆地或裂谷盆地

这类盆地产生于地壳的隆起区,伴随着板块内部分裂线的生成、发展。其构造特点是主要发育张性断裂及同生的各种构造圈闭,还有高热流值、玄武岩喷发等特点。

4.小型的地堑、半地堑或裂陷盆地

这类盆地的产生往往与基底断裂的重新活动相联系。

前两类是由地壳挤压作用形成的盆地,后两类是由地壳拉张作用形成的盆地。不同类型的含油气盆地中,保存的油气储量彼此可能有很大的差别。正确划分盆地类型,可以预测含油气远景,指导勘探工作。

第二节 含油气盆地的形成机制与板块构造

板块构造对油气的生成、运移、聚集以及含油气盆地的产生、发展和分布都有着重要的控制作用。

本节将从最基础的地质构造问题着手,介绍一些有关板块构造与含油气盆地的形成和分布关系方面的内容。

一、克拉通内部的含油气盆地

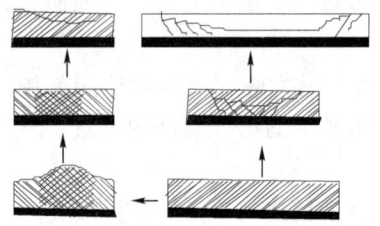

图 10-5 板块或克拉通内部盆地形成的两种方式图解(据 Fischer,1975)

地幔的热流值局部升高可引起岩石圈热膨胀,地表的隆起部分被侵蚀,使那一部分地壳变薄。随着热异常点的消失,地壳变冷,被侵蚀变薄的那一部分冷缩,从而在克拉通内部形成盆地。构造拉张作用引起地壳变薄,从而下陷成为盆地,也是生成克拉通内部盆地的一种简单方式(图 10-5)。

二、岛弧与边缘海含油气盆地

这类盆地主要分布在太平洋西岸的亚洲地区,即岛弧边缘海区。在这个地区可以形成含油气盆地的地方有岛弧褶皱带的两侧和边缘海,特别是边缘海靠大陆一侧的大陆架和大陆坡地区。

汤普森认为,岛弧褶皱带是大陆板块的最前缘,由于大陆板块不断向着洋壳板块仰冲,在这里连续发生着向海洋方向的仰冲作用。这种逆冲断层仰冲作用,不仅可以将堆积在海沟附近的新沉积物及其相应的生油母质迅速埋藏在地下,它达到一定深度就转化为石油,而且可以将其再次推举到地表或接近地表而成为可以开发的油气藏(图 10-6)。

岛弧前缘的冲断带发育为冲断盆地,岛弧后方的边缘海和大陆边缘则由于拉张作用发育成为断块盆地。岛弧带前后一压一张形成两种成因类型的盆地,其中冲断盆地由于活动性大,油气藏不容易保存(图 10-7)。

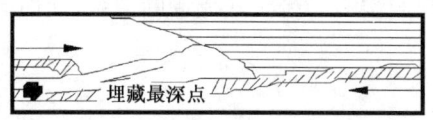
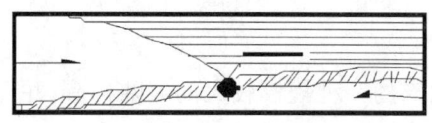

图 10-6 深水沉积物的埋藏和冲断层推举机理示意图

图 10-7 太平洋西岸岛弧—边缘海构造结构略图

在岛弧带后缘,既有沿着它的边缘形成的弧后盆地,也有靠近大陆边缘形成的盆地。

第三节 中国大陆板内中—新生代盆地的特征

中国是世界上拥有数量众多、规模不一、性质多样、历史复杂、沉积特殊和含油气丰富的大陆板内中—新生代盆地。通过对中国大陆板内中—新生代盆地的研究,将可以开拓更多的油气资源,同时大大丰富所谓"克拉通盆地"的理论认识。

结合中国板内中—新生代盆地的形成机制,可将中国盆地原型划分为 A 型俯冲、基底拆离、板块碰撞、差异沉降、拉张、走向滑移断层、重力滑动构造七种。

一、A 型俯冲

(一)A 型俯冲的概念

按照板块构造理论,海洋板块沿海沟下插到大陆板块之下的构造作用称"俯冲作用"(B 型俯冲);20 世纪 80 年代以后,有证据表明在硅铝壳范围内,存在一部分陆壳下插的陆内俯冲作用,这种位于克拉通和造山带之间,表现为基底相对于盖层的俯冲作用称为"B 型俯冲"。A 型俯冲(A-type subduction)是一种陆内造山运动,美国地质学家 Bally 认为,A 型俯冲是与挤压—巨型缝合带伴生的一种构造现象,它与较早的或同时代的 B 型俯冲同源或共轭产生。

(二)A 型俯冲的类型及其在中国的表现

根据挤压—巨型缝合带上 A 型俯冲的形成和分布,Bally(1975)提出三种类型:
(1)科迪勒拉型,伴随 B 型俯冲产生的 A 型俯冲,形成了挤压—巨型缝合带及其盆地。

(2)巴尔干型,主要特点是两个方向相对的A型俯冲带对应与下插,继承了早期B型俯冲结构面。

(3)喜马拉雅型,主要特点是"高置位面"发生岩石圈的隆拗或弯曲,导致岩石圈断裂、拉张,出现长英质侵入即花岗岩化,在缺失花岗岩物质区呈现莫合面上隆和盆地的沉降。

(三)A型俯冲在中国的主要分布

位于印支造山带与中国克拉通之间的A型俯冲主要有四川盆地西北龙门山前缘和鄂尔多斯盆地的西缘;台湾中央山脉前山丘陵区,现今中央山脉与前山丘陵区之间,大南澳杂岩以高角度逆冲于古近纪岩层之上,前山丘陵区则表现为滑脱褶皱与台阶式掩冲断裂系,断面向山区缓倾,形成薄皮构造的特征。

二、基底拆离

(一)基底拆离的概念

基底拆离(Basement decoupling)是发育于基底内部的一种规模较大的大陆构造,并经常表现出造山的性质。

东阿尔卑斯、喜马拉雅等山系出露的花岗片麻岩外来岩块,被认为是沿陆壳上部基底拆离至地表的断片,有时这些拆离的基底还包括陆壳下部的斜长片麻岩、深变质岩和超基性岩等。

(二)基底拆离构造的主要特征和盆地

一个完整的基底拆离构造主要有拆离带、拆离体、构造前缘楔状体和前陆盆地四部分组成。如大别山基底拆离构造由南往北划分为:

(1)扬子陆块,包括南大别山拆离体(麻城-岳西拆离带)和北大别山拆离体(桐柏-磨子潭拆离带);

(2)中朝陆块,包括北淮阳构造楔形变带和合肥前陆盆地。

三、板块碰撞

(一)板块碰撞与造山

从板块构造观点分析,洋壳潜没终止就会出现碰撞汇聚系统。地球上最广泛的洋壳消亡记录是中—新生代造山带,主要有:

(1)阿尔卑斯-喜马拉雅造山带,包括由板块碰撞产生的地壳增厚,由板块碰撞产生的大陆形变;

(2)环太平洋造山带,根据现代地体分析方法研究,环太平洋造山带属于洋中微大陆或陆壳碎块(包括洋底高原)与大陆壳的碰撞增生作用而产生的增置构造。

(二)板块碰撞与盆地

两个大陆汇聚碰撞产生的盆地的机制取决于大陆边缘的性质,分为以下三种情况。

(1)两个活动大陆边缘汇聚碰撞形成的沉积盆地:碰撞期与造山沉积盆地和碰撞期后形成的磨拉石盆地相同。

(2)活动大陆边缘与被动大陆边缘汇聚碰撞产生的盆地:主要有被保存的碰撞造山前的被动大陆边缘盆地、碰撞期形成的造山带内的盆地、造山带前缘盆地或前陆盆地。

(3)两个被动大陆边缘汇聚碰撞形成的盆地。

四、差异沉降

(一)差异沉降的概念

差异沉降(Differential settlement)是指不稳定地台上的一种活动方式。显然,稳定地区表现出不稳定的原因之一就是差异沉降。

荷兰的乌姆勃格罗夫认为,差异沉降既可发生在不稳定的克拉通内部(由基底的不均一性控制),也可以形成于与造山带邻近的不稳定大陆边缘地区(差异沉降同样决定于基底的性质)。

(二)差异沉降形成的机理

(1)与岩石圈拉张有关的沉降。
(2)与热有关的沉降盆地,包括:
①大陆岩石圈拉张、地下的热量上涌、地壳产生热膨胀,冷却以后产生收缩沉降形成盆地。
②岩石圈内壳内岩浆岩的热膨胀喷发。
③由于岩石圈下部相变,物质成分的变化。
(3)负载沉降,包括:
①沉积物的加厚使岩石圈弯曲,产生沉降。
②岩石圈的卸荷效应下的重力均衡调整产生的沉降。

五、拉张

(一)拉张的概念

习惯上,人们经常把拉张(Extension)作为一种高角度正断层形成机制对待,而对产生拉张的其他一些机制如低角度正断层和岩墙群等不够重视。实际上,岩墙群作为地壳伸展的一种标志是很重要的。

裂谷下常有直立岩墙群的存在,而平行岩墙群是区域性隆起与坳陷的转折部位。我国东部玄武岩的分布对中—新生代盆地来说是深部隆起、浅部拉张的反映。

(二)拉张的模式

按照断层系统的特征,拉张模式有以下四种:
(1)由垂直正断层系统控制的垒堑系统如图10-8(a)所示;
(2)由犁式正断层系统控制的盆岭系统如图10-8(b)所示;
(3)由掀斜断块系统控制的掀斜断块构造如图10-8(c)所示;
(4)低角度滑脱断层系统,这是一种沿大型低角度正断层运移的外来系统,可称为伸展外来系统或伸展构造如图10-8(d)所示。

(三)拉张的机制

板块构造观点认为,被动大陆边缘的形成过程分为三个阶段:陆内裂谷阶段→原始洋盆阶段→被动大陆边缘阶段,最后形成深海平原。例如,东非裂谷系阶段→红海亚丁海阶段→大西洋阶段,就分别对应上述的陆内裂谷、原始洋盆、被动大陆边缘三个阶段。

板块构造登陆以后,在洋壳边界发现了以比斯开湾为代表的拉张成因机制,即拉张的发生首先是地壳延展拉薄,并促使地幔被动上拱,进一步形成被动大陆边缘的沉降。

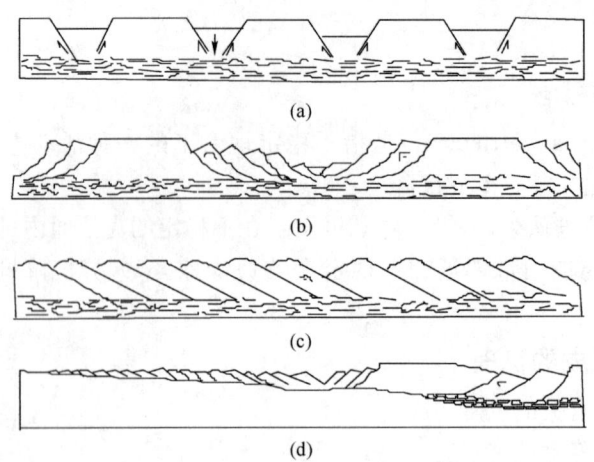

图 10-8 按断层特征划分拉张模式类型(据 A. W. Bally,1984)

(四)引起地壳和盖层拉张的原因

引起地壳拉张的原因有板块离散作用、热膨胀作用(地幔上隆)、转换断层产生的拉分盆地。

引起盖层拉张的原因有下伏泥页岩和盐岩等软层的流动产生的拉张、由位势差产生重力滑动引起的拉张、隆起作用产生的拱张或与挤压褶皱伴生的拉张,断层走滑作用也可以产生盖层的拉张。

六、走向滑移断层

走向滑移断层(Strike-slip fault)指的是断层的运动方向主要是水平的,或运动方向平行于断层线的断层,平移断层是其同义词。在海洋地质中,走向滑移断层则称为转换断层,若转换断层登陆,则又称为转换平移断层(Transform transcurrent fault)。

(一)走向滑移断层的分类

按照断层所处的大地构造位置不同,走向滑移断层可分为以下三类:
(1)大洋型走滑断层;
(2)位于陆壳边缘的走滑平移断层;
(3)大陆内部由碰撞产生的走滑断层系。

另外,朱夏(1982)对走向滑移断层按演化的过程和性质的不同又将其分为弧背弧走滑断层、弧后扩张走滑断层、漏出型走滑断层、平移型走滑断层(图 10-9)。

(二)走向滑移断层的特点和产生的后效

(1)走向滑移断层的弯曲可形成离散与汇聚。离散形成拉张区,发育拉分盆地;汇聚呈现挤压区,发育隆起。

(2)走向滑移断层分叉与重新聚合形成网状,汇聚的地方受到挤压,形成隆起,分叉的地方出现拉张产生沉降。

(3)走向滑移断层可转化为一系列的平行断层而使原断层"消失",在断层的端点不是挤压就是拉张。两条平行的走向滑移断层相对运动,不是形成挤压褶皱就是形成拉分盆地(图 10-10)。

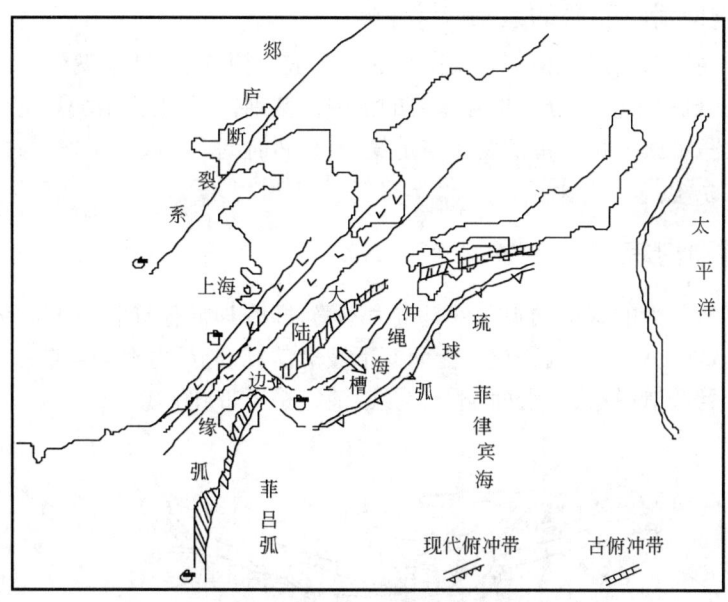

图 10-9 中国东部及临近海区四种性质转换断层分布示意图

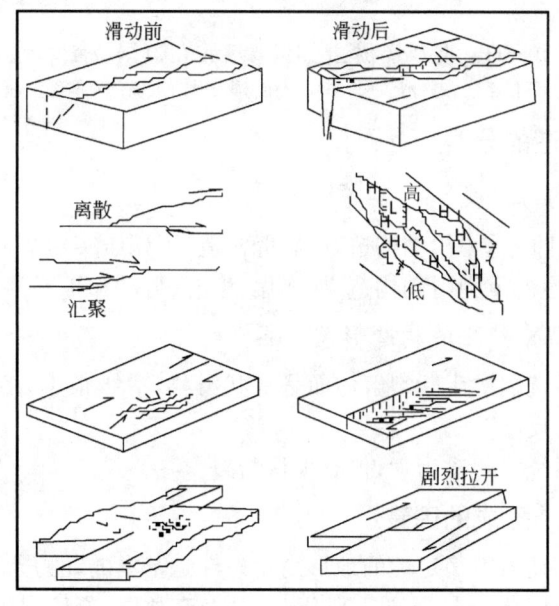

图 10-10 走向滑移断层和拉分盆地挤压褶皱关系示意图

(三)拉分盆地

拉分盆地(Pull-apart basin)是走滑断层体系中的一种特殊拉张构造,地貌上呈菱形,又称为扭性地堑或菱形地堑。拉分盆地有一定的几何形态,A. Aydin 和 A. Nur(1982)认为其长度和宽度之比在 3 左右。拉分盆地的形成有以下三种方式:
(1)断层两侧运动方向的改变;
(2)断裂方向与运动方向斜交;
(3)断裂在运动中发生弯曲。

(四)古老走向滑移断层的鉴别

对古老的走向滑移断层的识别是很困难的。一般来说,除了断裂两侧岩石块体分开的证据外,岩石构造区域性不正常分布也是主要的证据。鉴别古老的走向滑移断层,主要的地质方法有:沉积相对比,了解分析相带的变化与重复;复原古地理环境,查明发生过的横向位移,以识别古走滑断层系统。

七、重力滑动构造

重力滑动构造产生的基本动力条件是重力不稳,即当地质体获得过剩的势能而又有一适宜的斜坡或滑面,那么就可能因释放势能而向下坡滑动,形成重力滑动构造。重力滑动构造组成要素有:下伏系统、滑脱层、主滑面、滑动系统、前缘挤压带(图10-11)。

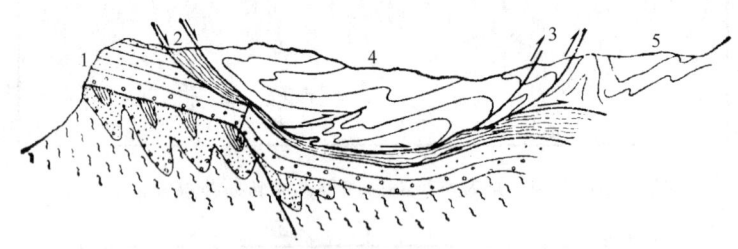

图10-11 重力滑动构造组成要素示意图(据马杏垣,1982)
1—下伏系统;2—滑脱层;3—主滑面;4—滑动系统;5—前缘挤压带

(一)重力滑动构造的分类

1. 按产生构造的力源分类

(1)由垂向运动产生的重力滑动构造,如底辟构造、沉积压实构造;
(2)由侧向运动产生的重力滑动构造,如崩塌、塌滑、滑动和扩展。

2. 按重力滑移过程中产生的构造形式分类

(1)滑片型:滑动系统因次生断裂解体而呈片状滑移,褶皱很少,多个滑片重叠时,从上往下滑面时代变新,出现"反序"现象;
(2)滑褶型:滑移系统以褶皱为主,伴有少量断裂。

(二)重力滑动构造形成的因素

(1)动力条件:造成动力不稳定性的地形高差条件是基本的动力条件。
(2)岩性条件:滑脱层是一个软弱层,如泥岩、盐及膏盐层、变质岩中片理面以及不整合面、高含水层等。
(3)构造变形条件:构造形变时间的长短非常重要,往往为"蠕变滑移",岩体沿滑面的位移,如果能在瞬间克服滑体的最大阻力,那么只要很小的力就可以使滑体继续滑动。

(三)重力滑动构造的识别

首先要辨别斜坡的存在,确定出一个封闭的滑动面,滑面上、下两盘的构造形态是不同的,不论是规模、强度和变质程度等都是不协调的。主滑面附近有指向意义的伴生构造存在,如褶皱、分枝断裂、擦痕等。滑体的分布呈弧形、放射状,无一定主体方向排列,并与滑面相交。

第四节　中国主要含油气盆地简介

一、塔里木盆地

塔里木盆地位于新疆维吾尔自治区南部,北接天山,南为昆仑山、阿尔金山,面积约 $56×10^4 km^2$,平均海拔 1000m 左右,是我国最大的内陆盆地。盆地中部有面积达 $33.7×10^4 km^2$ 的塔克拉玛干沙漠,是我国面积最大、沙丘高差最大、气候最干燥的沙漠。盆地边缘有以高山冰川雪水为源的内流河——塔里木河,位于盆地北半部,全长 2137km。塔里木盆地基底为元古宇变质岩系,其上发育有震旦系和古生界海相沉积,中—新生界为陆相沉积,是一个在元古宇基底上叠置的古生代和中—新生代的复合型盆地。从盆地沉积发育的情况和周围褶皱带的特点来看,古生代明显地表现出近东西向的构造带及其相伴随的主要断裂的构造格架,如塔北隆起带、中央隆起带和塔南隆起带,后者因受阿尔金山影响,呈北东走向。中—新生代的构造特点是在古生代构造基础上继承和改造的。由于边缘褶皱山系的隆起,首先在盆地的边缘山前地带形成前陆盆地,而后发展成为统一的坳陷盆地,接受了厚度巨大的中—新生代沉积,这一特点掩盖了古生代形成的东西向和北西向构造面貌,成为现今的构造格局。塔里木盆地内部可以划分 36 个一级的构造单元(表 10-1),主要含油层有 5 套:震旦系—下古生界、石炭—二叠系、中上三叠—中下侏罗统、上白垩统—古近系,新近系中新统。到目前为止,已在塔北、塔中、塔西南发现了油气田,油气资源估算有 $120×10^8 t$ 左右。

表 10-1　塔里木盆地构造单元划分表

构造单元	面积,km²	沉积岩厚度,m	构造单元	面积,km²	沉积岩厚度,m
库车坳陷	30600		库尔勒鼻状凸起	6010	8000
北部单斜带	3380		北部坳陷	127700	
乌什凹陷	9700		阿瓦提凹陷	30000	14000
拜城凹陷	3700		满加尔凹陷	60700	15500
阳霞凹陷	3080		孔雀河斜坡	22000	12000
南部平缓背斜带	1540		英吉苏凹陷	15000	12000
秋立塔克背斜带	4440		中央隆起	114000	
克依背斜带	4760	11000	巴楚凸起	43700	8000
塔北隆起	36700		塔中低凸起	22800	10000
南喀—英买力低凸起	6640	11000	塔东低凸起	44900	10000
轮台凸起	9300	8000	西南坳陷	145000	
哈拉哈塘凹陷	5000	10000	麦盖提斜坡	52100	9000
轮南低凸起	4730	9000	喀什凹陷	27200	13000
草湖凹陷	5020	11000	齐姆根凸起	8000	11000
叶城—和田凹陷	30700	14000	罗布庄凸起	24500	2500
塘古孜巴斯凹陷	27000	12000	东南坳陷	65500	
塔南隆起	43100		民丰凹陷	35000	5000
民丰北凸起	18600	5000	若羌凹陷	30500	4000

二、渤海湾盆地

渤海湾盆地位于我国东部,地跨渤海及沿岸地区,包括天津市及辽宁、北京、河北、河南和山东等省市的部分地区。盆地面积 $19.5\times10^4 km^2$(包括陆、海),北为燕山,西为太行山,东为胶辽山地,南与华北南部盆地相通。渤海湾盆地是以新生代为主要发育期的裂谷盆地,是由古生代、中生代和新生代三个层系组合的复杂的含油气系统,其中古近系发育主要的烃源岩和主要的储油层。在构造发展上,早侏罗世为断块发育阶段,下侏罗统多为含煤的小盆地如阜新、朝阳等。晚白垩世至古近纪始新世,渤海湾进入第二期裂谷发育阶段,形成一系列张性断裂控制的地堑或箕状断陷组成的凹陷和凸起相间的构造格局。至新近纪,渤海湾转入大面积坳陷期,形成了统一的渤海湾盆地。其内部可以划分为10个次一级的构造单元(表10-2)。

表10-2 渤海湾盆地主要构造单元划分表

构造单元	面积,km^2	构造单元	面积,km^2
辽河坳陷	11600	济阳坳陷	26500
冀中坳陷	30200	昌潍坳陷	4000
沧县隆起	12500	临清坳陷	41000
黄骅坳陷	19400	渤中坳陷	20400
埕宁隆起	13000	辽东湾坳陷	14900

渤海湾盆地主要成油组合是古近系。侏罗系、白垩系虽有一定生油条件,但烃源岩分布局限,在石炭系和二叠系中发育煤系地层,已在冀中、黄骅、中原地区发现工业气流,是中国东部具有巨大潜力的地区。

三、柴达木盆地

柴达木盆地位于青藏高原,在青海省西北部。盆地西北为阿尔金山,南有昆仑山,北接祁连山系,形若不规则的菱形,面积 $10.4\times10^4 km^2$。盆地周缘群山环立,峰巅终年积雪,而盆地内部景象迥异,西部及中部荒丘遍布,沟壑纵横;东部地域盐泽浩瀚,大小盐湖星罗棋布,海拔一般为2600～3200m。

柴达木盆地位于中祁连断裂以南,昆南断裂以北,西至阿尔金山,是中国西部一个大型的中、新生代盆地,包括了库木库里、苏干湖和共和盆地等。盆地内13口井钻达的基岩为元古宇花岗片麻岩,震旦系全吉群不整合其上。从物探资料分析,古地块的分布范围大于现今盆地范围,其北界为柴北断裂,其南为昆南断裂,西界阿尔金山,包括了现今柴达木、德令哈、库木库里及苏干湖盆地。

海西运动后,柴达木地块抬升经历长期剥蚀,盆地大部地区缺失二叠、三叠系,仅在盆地东部、北部出露了一套三叠系沉积。印支运动后中、新生代盆地开始形成,经历了早期断陷,中期坳陷和后期转移(向东)消亡三个阶段。晚三叠世晚期盆地基底开始裂陷,在盆地北部、西部断陷中接受了一套中下侏罗统的湖相含煤、含油岩系。白垩系为一套红色的河流相沉积,面积进一步扩大。喜马拉雅期边界断裂又剧烈活动,以西部断陷区为中心,由小型边缘断陷逐步变为大型的、以古近系和中新统为主的茫崖坳陷。古新世、始新世为充填沉积,从渐新世开始进入坳陷沉积,渐新世、中新世是一套半咸水盐湖沉积体系,发育了一套有利的生油层。进入上新世至第四纪,盆地有规律地向东迁移,形成了盆地东部第四系的生气坳陷,至今已发现了5个第四系工业气田,控制了 $500×10^8 m^3$ 的储量。柴达木的含油层系中有中下侏罗统、古近系渐新统、新近系中新统和第四系,目前已发现油田16个,气田5个。

四、松辽盆地

松辽盆地位于东经 $120°\sim128°$,北纬 $42°20'\sim49°20'$,面积约 $26×10^4 km^2$。盆地西为大兴安岭,东北为小兴安岭,东南为张广才岭,南为康平—法库一带的丘陵地带,盆地中间是嫩江、松花江、辽河水系流经的平原沼泽区,地面海拔 $120\sim300m$,盆地呈北北东向展布。南北长 750km,东西宽 $330\sim370km$。现今仍是个地貌盆地。

松辽盆地经历了完整的裂谷盆地的断陷和坳陷两大发育阶段。晚侏罗世—早白垩世为裂谷开始阶段,中晚白垩世转入坳陷期湖沼沉积,形成了具有下部断陷、上部坳陷的叠加盆地结构,沉积厚达5000余米的深湖相生油岩系,晚白垩世末期进入褶皱回返阶段,湖盆萎缩。松辽盆地内含大庆油田、吉林油田,是东北含油亚区面积最大、含油最丰富的以中生代为主的含油气盆地。松辽盆地内部可以进一步划分42个次一级构造单元(表10-3)。

表10-3 松辽盆地构造单元划分表

构造单元	面积,km²	沉积岩厚度,m	构造单元	面积,km²	沉积岩厚度,m
西部斜坡区	42100		扶新隆起带	2660	4000
西部超覆带	13500	870	华字井阶地	2990	6800
泰康隆起带	4320	2400	红岗阶地	2590	7500
富裕构造带	4980	1100	东北隆起区	32400	
西部斜坡带	19300	1600	绥化凹陷	7500	3800
北部倾没区	29100		绥棱背斜带	7000	2000
乌裕尔凹陷	2000	2500	海伦隆起带	10200	1000
依安凹陷	6340	1800	呼兰隆起带	2600	
三兴背斜带	640	1600	庆安隆起带	5100	
嫩江阶地	11000	1000	东南隆起区	50200	
克山依龙背斜带	2270	2500	梨树凹陷	11700	8000
乾元构造带	6850	2000	钓鱼台凸起带	2520	2000
中央坳陷区	39800		登娄库背斜带	2160	3000
黑鱼泡凹陷	2570	2700	九台断褶带	4820	1000
明水阶地	4420	2700	榆树凹陷	8810	3800
龙虎泡阶地	1930	3000	德惠凹陷	3710	5000
齐家古龙凹陷	5070	13000	青山口背斜带	5390	2400
大庆长垣	2580	4000	宾县王府凹陷	9530	10700
三肇凹陷	5420	9400	长春岭背斜带	1256	3500
朝阳沟阶地	3100	4500	西南隆起区	33200	2600
长岭凹陷	6470	7400	开鲁坳陷区	33800	

五、鄂尔多斯盆地

鄂尔多斯盆地是我国大型沉积盆地之一,面积 $25×10^4 km^2$,东以吕梁山,南以金华山、嵯峨山、五峰山岐山,西以桌子山、牛首山、罗山,北以黄河断裂为界,轮廓呈矩形,位于东经 $106°20'\sim$

110°30′，北纬35°～40°30′，地跨陕、甘、宁、蒙、晋五省区。鄂尔多斯盆地是一个大型的中生代内陆坳陷盆地，同其下伏的古生代海相原型盆地组成叠合盆地。内部可以进一步划分为6个次一级构造单元(表10-4)。在盆地内已发现有大型的古生代古岩溶气田，已控制含气面积1300 km²，储量 $1300×10^8 m^3$。上古生界煤型气藏已在盆地西缘、北坡和东部相继发现。在油田勘探上除延长和马岭等区有所进展外，在安塞地区三叠系中发现了亿吨级大油田，老油区延长油田近年来有重要突破，年产量增长至 $1000×10^4 t$ 以上。因此盆地中形成了多层系含油含气的复合油气区，有良好的发展前景。2013年长庆油田油气当量已经超过 $5000×10^4 t$，取代大庆油田成为中国最大的油田。

表10-4　鄂尔多斯盆地构造单元划分表

构造单元	面积,km²	沉积岩厚度,m	构造单元	面积,km²	沉积岩厚度,m
伊盟隆起	42000	3500	渭北隆起	19000	7500
陕北斜坡	110000	6000	天环坳陷	28000	11000
晋西挠褶带	26000	4000	西缘逆冲带	24000	8000

六、准噶尔盆地

准噶尔盆地位于新疆维吾尔自治区北部，南邻天山山脉，东北邻阿尔泰山脉，西北邻成吉思汗山，北与富海盆地相通。盆地中央为古尔班通古特沙漠，盆地面积 $3.4×10^4 km^2$，是我国西部油气储量、产量最大的盆地。其内部可以进一步划分为39个次一级的构造单元(表10-5)。准噶尔盆地四周为海西中期古生代褶皱带环绕，奥陶系—石炭系强烈褶皱变质。

表10-5　准噶尔盆地构造单元划分表

构造单元	面积,km²	构造单元	面积,km²
乌伦古坳陷	15700	昌吉坳陷	39400
红岩断阶带	7100	四棵树凹陷	2900
索索泉凹陷	8600	昌吉凹陷	17600
陆南隆起	17900	山前断褶带	18900
石英滩凸起	3700	西部隆起	12400
英西凹陷	2100	红车断阶带	8800
三个泉凸起	5500	克乌断阶带	3600
陆石凹陷	2700	东部隆起	25600
陆南凸起	3900	帐北断褶带	3800
中央坳陷	16300	石树沟陷	1300
玛湖凹陷	4550	黄草湖凸起	1900
达巴松凸起	1700	石钱滩凹陷	2300
盆1井西凹陷	3100	黑山凸起	2200
莫北凸起	1350	梧桐窝子凹陷	4400
东道海子北凹陷	4600	奇台凸起	6400
五彩湾凹陷	1000	吉木萨尔凹陷	1300
中央隆起	6700	三台凸起	400
中拐凸起	1120	古城凹陷	1200
马桥凸起	3630	木垒北凹陷	400
白家海凸起	1950		

据物探资料,盆地中部可能为一稳定的前寒武纪地块,向东可同吐哈基底相接。盆地的沉积岩厚 6000～9000m。中晚石炭世盆地四周褶皱隆起,至早二叠世形成内陆残留海沉积,晚二叠世—晚侏罗世逐渐变为大面积陆相沉积,沉积中心由边部转移到盆地中央。白垩纪—新近纪在盆地南缘形成山前坳陷,而北部继续抬升,新近纪晚期在盆地南部形成了成排成带的构造带。总之,准噶尔盆地是一个上古生代和中新生代叠合型的盆地,其含油层系包括了上石炭统、下二叠统、上二叠统、三叠系、中下侏罗统和古近系。准噶尔盆地是中国西北地区重要的石油工业基地。吐哈盆地在发现侏罗系油田之后,又向西在葡北、胜南、胜北、三塘湖取得了新的进展,说明了准噶尔盆地及其附近盆地有着丰富的油气潜力。

七、四川盆地

四川盆地位于川渝地区,其范围界于北纬 28°至 32°40′,东经 102°30′至 110°之间,它包括四川省东部、重庆市大部和部分湖北、贵州、云南三省边界相嵌地带,面积约 $20×10^4 km^2$。盆地呈菱形,四周为高山环绕,西北为龙门山,东北为大巴山,东南为巫山、大娄山,西南为大凉山,盆地内部为低山、丘陵,气候温湿,土地肥沃,物产极为丰富,自古享有"天府之国"的美誉。其内部可以进一步划分为 6 个次一级的构造单元(表 10-6)。

表 10-6 四川盆地构造单元划分表

构造单元	面积,km²	沉积岩厚度,m	构造单元	面积,km²	沉积岩厚度,m
川东高陡褶带	50000	10000	川西南低陡褶带	21000	7000
川南低陡褶带	26000	8000	川北低平褶带	34000	12000
川中平缓褶带	37000	9000	川西低陡褶带	32000	10000

四川盆地是一个中—新生代和古生代叠合型盆地,发育了从震旦系、古生界到中生界海陆两套含油层系。震旦系至中三叠统厚 4000～7000m 的海相碳酸盐岩为主的沉积,发育了六套成烃组合;晚三叠世开始川西一带形成了前陆盆地,上三叠统至新近系厚 3000～6000m,主要为陆相沉积。石炭系、二叠系和三叠系是主要产气层,侏罗系是川中地区的主要产油层。燕山至喜山期,是盆地盖层构造定型的主要时期。四川盆地是目前国内主要天然气产区。四川西南部的西昌、楚雄盆地,晚三叠世以后和四川盆地有共同的沉积发育史,又同属于上扬子区,只是燕山和喜山运动之后,将其同四川盆地分隔,但是其勘探程度较低。

习题及思考题

1. 了解盆地的概念及基本类型。
2. 试述含油气盆地的概念及其特征。
3. 试述含油气盆地的内部构造特征。
4. 分析板块构造对含油气盆地的形成、发展和分布的控制作用。
5. 试述中国大陆板块中新生代盆地的特征。

附录Ⅰ
构造地质学实习

实习一　地质图的基本知识及读水平岩层地质图

一、目的和要求

1. 明确地质图的概念,了解地质图的图式规格;
2. 了解阅读地质图的一般步骤和方法;
3. 掌握水平岩层在地质图上的表现特征。

二、实习用图和用品

1. 实习用图:凌河地形地质图、南河镇地形地质图;
2. 实习用品:铅笔、橡皮、小刀、三角板、量角器、方格纸等。

三、实习内容

(一)地质图的概念及图式规格

以图Ⅰ-1-1或选用正式出版的1:20000地质图或其他比例尺地质图作样本,介绍地质图的图式规格。

将一定范围内地壳的地质内容(包括不同时代的地层、岩系、地质构造单元及矿产等)在地面上的分布情况,按一定的比例尺缩小,投影到平面图(通常带有地形等高线,即地形图)上,并用规定的符号、色谱、花纹表示的图件就是地质图(图Ⅰ-1-1)。地质图是具体反映某一地区各地质体和地质现象的形态、产状、规模、时代及其分布和相互关系的一种图件。然而一张地质图,是不可能把某一地区所有的地质现象都表示出来的,除用来反映某地区的地层、岩石和地质构造现象的普通地质图外,还有一些为了某种要求而编制的专题地质图,比如矿产图、水文地质图、工程地质图和第四纪地质图等。

地质图的编制,首先必须是通过野外现场观察,对区内地层、岩石、岩浆活动、变质作用和构造变动等情况进行综合调查研究;再以规定的线条把各种地质界线(包括地层界线、岩体界线、断层线、不整合界线等)勾画出来,标注相应的地层、断层或其他地质体的产状,对各时代地层和各类型岩浆岩涂以各种统一规定的颜色,对各种岩相(岩浆岩、变质岩)和蚀变、矿化现象加以各种规定的符号、花纹,并且标注相应地层或岩体代号。

地质图不仅反映野外各种地表地质现象,还将区内地层、岩石、构造和矿产等方面形成、发展的一定时间、空间规律反映出来,能够反映地下一定深度的地质构造。因此,地质图是帮助

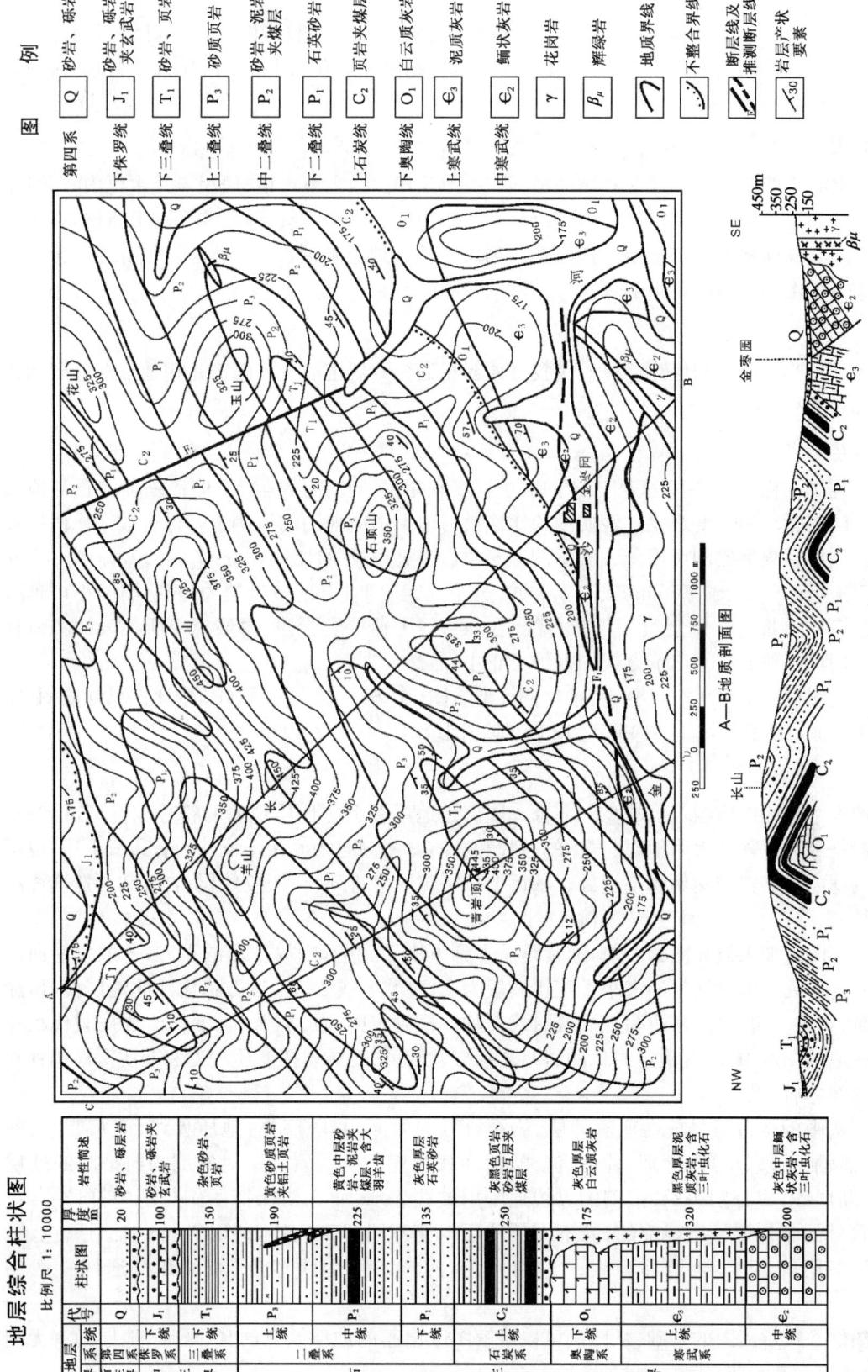

图 I-1-1 长山地区地质图（据瓦·尼·帕夫林诺夫，有改编）

我们认识自然、改造自然的一种重要而最基本的地质资料。

一幅正规的地质图有统一的规格,除正图部分外,还应有图名、图号、比例尺、图例、图框、地层柱状图、地质剖面图、经纬度、责任表(一般包括制图单位、制图人、制图日期和资料来源等)等。

1. 图名

图名要表明图幅所在地区和图的类型。一般采用图内主要市镇、居民点及主要山岭、河流等命名。如果比例尺较大,图幅面积较小,地名不为人们所知,则在地名前要写上所属省(区)、市或县名,如《新疆维吾尔自治区地质图》《独山子油田地形地质图》。图名通常用端正美观的字体书写于图幅上端的正中部位。

2. 图号

图号是为了图件的保存、整理、查找方便起见而统一规定的。一般都是用地形图的国际统一分幅和编号。

3. 比例尺

比例尺又称缩尺,用以表明该图的缩小程度和精度。比例尺是图上的任一段线长与地面上相应的实际水平长度之比。地质图的比例尺与地形图或地图的比例尺一样有数字比例尺和线条比例尺。数字比例尺用分数表示图上长度与实地长度的比例(如 1:50000,即图上 1cm 相当于地上 50000cm 或 500m 或 0.5km)。分子规定用 1,因此,分母越大,表明图缩小得越厉害。线条比例尺是在图上绘一尺状直线,在该直线上截取若干段,每段标出所代表的实地长度。比例尺一般放在图名下方或图框下方正中位置。

地质图按比例尺大小可分为:小比例尺地质图(比例尺<1:500000),中比例尺地质图(比例尺 1:200000~1:100000)和大比例尺地质图(比例尺>1:50000)。

4. 图例

图例是一张地质图不可缺少的部分。图例是地质图上各地质现象的符号和标记,用各种规定的符号和色调来表明地层、岩体的时代和性质。图例通常放在图框外的右边或下边,也可放在图框内足够安排图例的空白处。图例要按一定顺序排列,一般按地层、岩石和构造这样的顺序排列,并在它们前面写上"图例"二字。

地层图例如果放在图的右侧,通常是从上到下由新到老;如放在图的下方,一般由左向右从新到老排列。图例格子的大小长宽比一般为 1.2:0.8 或 1.5:1,方格内注明地层代号,涂上颜色,右边注明岩性,左边写地层或时代名称。已确定时代的岩浆岩、变质岩要按时代顺序排列在地层图例中,没有确定时代的岩浆岩按酸性程度、变质岩按变质程度和变质深浅排列在地层图例之后。

图例中的构造符号放在所有地层、岩石符号的后面,其顺序是:地质界线、产状要素、断层、褶曲轴、节理、层理、劈理、片理、流线、流面和线理产状要素等。对实测的与推断的地层界线、断层线,应分别表示,推测的界线通常用虚线表示,而且要保持图例与图中符号一致。各种符号的颜色也是有规定的,除不同的地层填充不同的颜色外,地层界线一般用黑色,断层线一般用鲜红色,地形等高线一般用棕色,河流一般用浅蓝色,城镇和交通网一般用黑色。

图例是指示读图的基础,从图例可以了解图区出露的地层及其时代、顺序,地层间有无间断,以及岩石类型、时代等。

凡是图内表示出的地层、岩石、构造及其他地质现象就应无遗漏在图例中列出，图内没有的符号不应列入图例。地形图的图例一般不标注在地质图图例中。

5. 图框

图框一般分为内框和外框。外框用粗实线，内框用细实线。两框之间用数字注明经纬度或大地坐标，并按规定画出经纬线格或公里网格。图框外左上侧注明编图单位；右上侧写明编图日期；下方左侧注明编图单位、技术负责人及编图人；右侧注上引用资料（如图件）单位、编制者及编制日期。也可以将上述内容绘成"责任表"，放在图框外右下方，或图框内空白处。

6. 地质剖面图

正规地质图均附有一幅或几幅切过图区主要地层、构造的剖面图（图Ⅰ-1-1），它有代表性地、最醒目地、概略地揭示了本区的地质构造特征。这种图通常是地质人员根据所掌握的资料以及自己对该地区的认识在室内根据地形地质图编绘成的。地质剖面图是以地形图切制成的地形起伏剖面为基础，按地质界线位置及地层产状绘上相应的地质内容。地质剖面图通常附在地质图的下方或单独成图。

单独绘地质剖面图时，则要标明剖面图图名，如周口店（指图幅所在地区）太平山—升平山地质剖面图，并且要表明剖面线的方位；如果附在地质图下面，则以剖面标号表示，如Ⅰ—Ⅰ′地质剖面图或 A—A′地质剖面图。剖面在地质图上的位置用细线标出，两端标注剖面代号，如Ⅰ—Ⅰ′或 A—A′等，在相应剖面图的两端也相应标注同一代号。

剖面图的比例尺应与地质图的比例尺一致，如剖面图附在地质图的下方，可不再注明水平比例尺，但垂直比例尺应表示在剖面两端竖立的直线上，按海拔标高标示。通常情况下，剖面图垂直比例尺与水平比例尺应保持一致；如果有特殊要求需要放大，则应特别注明。

剖面图一端或两端的同一高度上注明剖面方向（用方位角表示）。剖面所经过的山岭、河流、城镇等地名应在剖面上方相应位置注明。为醒目美观，最好把方向、地名摆放在同一水平位置上。

剖面图的放置一般南端在右边，北端在左边，东右西左，即剖面右方方位通常小于180°方位。

剖面图与地质图所用的地层符号、色谱应保持一致。如剖面图与地质图在一幅图上，则地质剖面图与地质图可共用一个图例。

剖面图内一般不要留有空白。地下的地层分布、构造形态应该根据该处地层厚度、层序、构造特征适当推断绘出，但不宜推断过深。

7. 地层柱状图

地层柱状图也叫综合地层柱状图，它是按工作区所出露的地层新老叠置关系综合出来的、具代表性的柱状剖面图。柱状图中地层自上而下，由新到老顺序排列，各地层的岩性用规定的花纹表示，另栏注明各地层单位的厚度和相邻地层的接触关系；喷出岩或侵入岩按其时代与围岩接触关系绘在柱状图里。正式的地质图或地质报告中常附有工作区的地层综合柱状图。地层柱状图可以附在地质图的左边，也可以单独绘成一幅图。柱状图比例尺可根据反映地层详细程度的要求和地层总厚度而定。图名书写于图的上方，一般标为"××地区综合地层柱状图"。

地层柱状图中有的只绘地层（包括喷出岩），不绘侵入体。也有将侵入岩体按其时代与围岩接触关系绘在柱状图里。用岩石花纹表示的地层岩性柱子的宽度，可根据所绘柱状图的长度而定,使之宽窄适度,美观大方,一般以 2~4cm 为宜。

地层柱状图格式见长山地区地质图(图Ⅰ-1-1)。图内各栏可根据工作区地质情况和工作任务而调整。如"化石"一栏有时可并入"岩性简述",因工作任务需要也可单独列一栏,有时"水文地质"和"地貌"等栏目可略去。

(二)阅读地质图的一般步骤和方法

1. 看图名和图幅

阅读地质图,首先是要看图名。从图名、图幅代号和经纬度可了解该图幅的地理位置和图的类型。例如《新疆维吾尔自治区地质图》《新疆维吾尔自治区第四纪地质图》等。

2. 看比例尺

比例尺反映了图幅内实际地质情况的详细程度,比例尺越大,制图精度越高,反映地质情况也越详尽。从比例尺可以了解研究区地质体的大小和详细程度。

3. 读图例

熟悉图例是读图的基础。首先要熟悉图幅所用的各种地质符号和色谱。从图例中可以了解图区内出露的岩石类型、地层时代、地层有无间断,以及岩体出露情况等内容,最好结合地层柱状图一起,来确定地层时代顺序及其接触关系。

4. 读地层柱状图

柱状图的左栏是界、系、统、阶或群、组、段、带等地层单位,并注有相应的地层代号。

柱状图的右栏是简要的岩性描述,有关化石、地貌、水文和矿产等,可各设专栏,也可一并放在岩性描述栏中。

通过阅读地层柱状图,可以清晰的了解图区内地层的岩性特征、化石、地层时代、地层新老关系、接触关系、地层厚度等基础信息,可为综合分析奠定基础。

5. 分析图内的地形特征

地质图往往绘有地形等高线,可以据此分析区内山脉的延伸方向、分水岭所在、最高点、最低点、相对高差等。如不带等高线,可以根据水系的分布来分析地形特点,一般河流总是从地势高处流向地势低处,根据河流流向可判断出地势的高低起伏状态。

6. 读地质剖面图

地质剖面图就是在地质图上选一条尽可能穿越不同地形、地层和构造状况的有代表性的直线,把该线段上的地形、岩层和构造等用二维的垂直断面图的形式表示。

地质剖面图置于图框外的下方,一幅地质图可设一个或若干个地质剖面图,剖面图的图名以剖面线上主要地名写在图的上方正中,或以剖面线代号表示,剖面线代号就是用细线条画出在地质图上的线段两端的代号,如 A—B,它表明地质剖面图在地质图上的位置。

地质剖面图的比例尺有水平比例尺和垂直比例尺两种,水平比例尺一般与地质图的比例尺一致,垂直比例尺表示在剖面两端竖立的直线上,按海拔标高标示。

各地层的代号标注在剖面线出露的相应地层的上面或下面,地层的符号(花纹)和色谱应与地质图一致,其图例放在地质剖面图框的下方正中。

剖面图的两端上方要注明剖面线方向,用方位角表示。剖面线所经过的主要山岭、河流、村镇等地名应注在断面地形上相应的位置。

7.地质图的综合分析

一幅地质图所反映的地质内容是相当丰富的。在熟悉了上述各种要素的基础上,即可对地质图主图面进行分析。先从地形入手,然后再观察地层、岩性、构造、地貌等;从观察方法上,采用一般—局部—整体的分析步骤,首先了解图幅内一般概况,然后分析局部地段的地质特征,逐渐向外扩展,最后建立图幅内宏观地质规律性的整体概念。

分析图内的地形特征,如果是大比例尺地质图,往往带有等高线,可以据此分析一下山脉的一般走向、分水岭所在、最高点、最低点、相对高差等。如果是不带等高线的小比例尺地质图,一般只能根据水系的分布来分析地形的特点,如大河流的主流总是流经地势较低的地方,支流则分布在地势较高的地方;顺流而下地势越来越低,逆流而上越来越高;位于两条河流中间的分水岭地区总是比河谷地区要高等。了解地形特征,可以帮助了解地层分布规律、地貌发育与地质构造的关系等。

分析地质内容应当按照从整体到局部再到整体的方法,首先了解图内一般地质情况,例如:(1)地层分布情况,老地层分布在哪些部位,新地层分布在哪些部位,地层之间有无不整合现象等,对于柱状图上标明有不整合关系的地层,要仔细查看,尤其是下伏地层的分布和变形状况;(2)地质构造总的特点是什么,如褶皱是连续的还是孤立的,断层的规模大小,它发育在什么地方,断层与褶皱的关系怎样,是与褶皱方向平行还是垂直或斜交等;(3)火成岩分布情况,火成岩与褶皱、断层的关系怎样。

褶皱构造在地质图上的表现:地层对称分布,中间地层较新为向斜;地层对称分布,中间地层较老为背斜。如地层依次出露顺序为C—D—S—D—C,则可看出中间地层较老,为背斜构造。

断层在地质图上用红线表示,红色虚线表示推测断层。在地质图上,地层错开是断层的重要标志。把各个局部联系起来,进一步了解整个构造的内部联系及其发展规律,主要包括:

(1)根据地层和构造分析,恢复全区的地质发展历史;

(2)地质构造与矿产分布的关系;

(3)地质构造与地貌发育的关系。

(三)读水平岩层地质图

水平岩层是同一层面上各点的海拔标高相同或基本相同的岩层。未经变动的、保持原始状态的沉积岩层一般都是水平的。变形极其轻微的地台盖层,其岩层往往成水平或近水平产出。

水平岩层在地质图上出露的特征是:

(1)在地形地质图上,岩层的地质界线与地形等高线平行或重合(图Ⅰ-1-2);

(2)在山顶或孤立山丘上的地质界线呈封闭的曲线,在沟谷中呈尖齿状条带,其尖端指向上游(图Ⅰ-1-2);

(3)在岩层未发生倒转的情况下,一套水平岩层,老岩层在下,新岩层在上。若地形切割轻微,地面只出露最新地层。如果地形切割强烈、沟谷发育,则在低洼处出露较老的地层,自低谷至山顶地层时代依次变新(图Ⅰ-1-3);

(4)水平岩层的厚度即是其顶、底面的标高差(图Ⅰ-1-4);

(5)岩层出露宽度是其顶、底面出露线之间的水平距,水平距的大小取决于岩层厚度和地面坡度。厚度一致的岩层出露宽度决定于坡度,坡度大出露宽度小,坡度小则出露宽度大;坡度一致时,出露宽度决定于厚度,厚度大出露宽度大,厚度小则出露宽度小(图Ⅰ-1-4);在陡崖处,水平岩层顶、底界线投影重合成一线,造成地质图上岩层发生"尖灭"的假象。

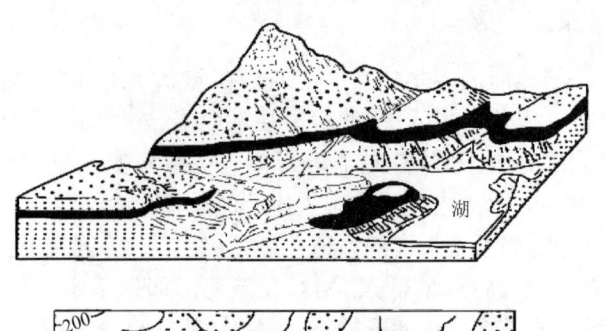

图Ⅰ-1-2 水平岩层露头分布特征

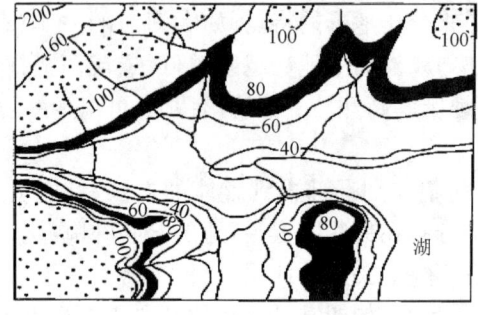

图Ⅰ-1-3 水平岩层的分布特征

(a)地形切割轻微时,地面只出露新岩层;(b)地面切割强烈、地形起伏时,水平岩层的出露情况

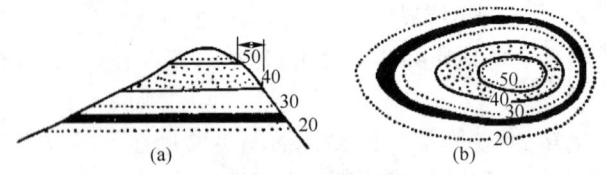

图Ⅰ-1-4 水平岩层露头宽度与岩层厚度和地形坡度的关系

(a)剖面图;(b)平面图

四、作业

阅读并分析凌河地形地质图(图Ⅰ-1-5)或南河镇地形地质图(图Ⅰ-1-6),判别哪些地层是水平岩层的地层,在凌河地形地质图(图Ⅰ-1-5)中求取 K_1 地层厚度。

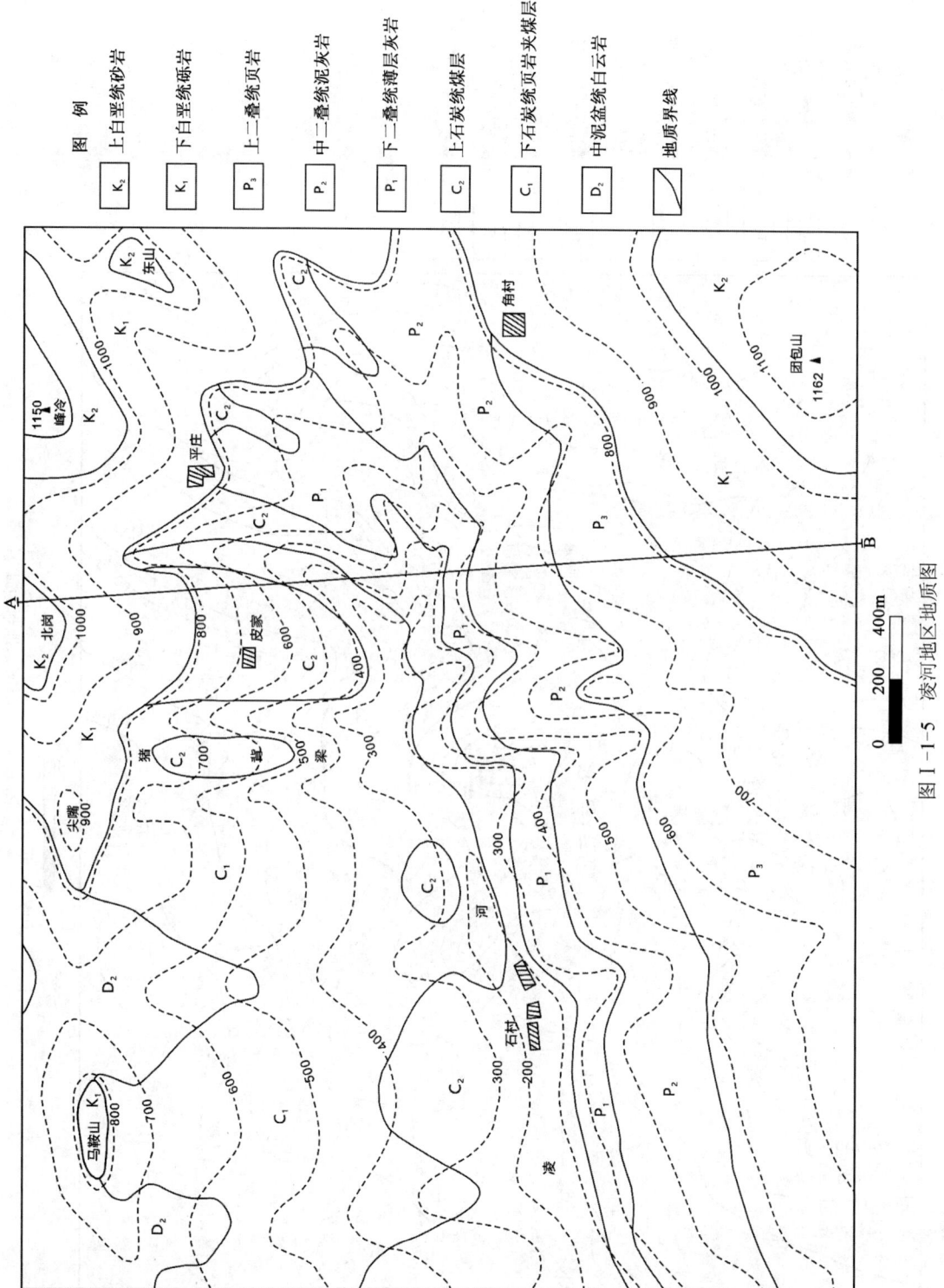

图 I-1-5 凌河地区地质图

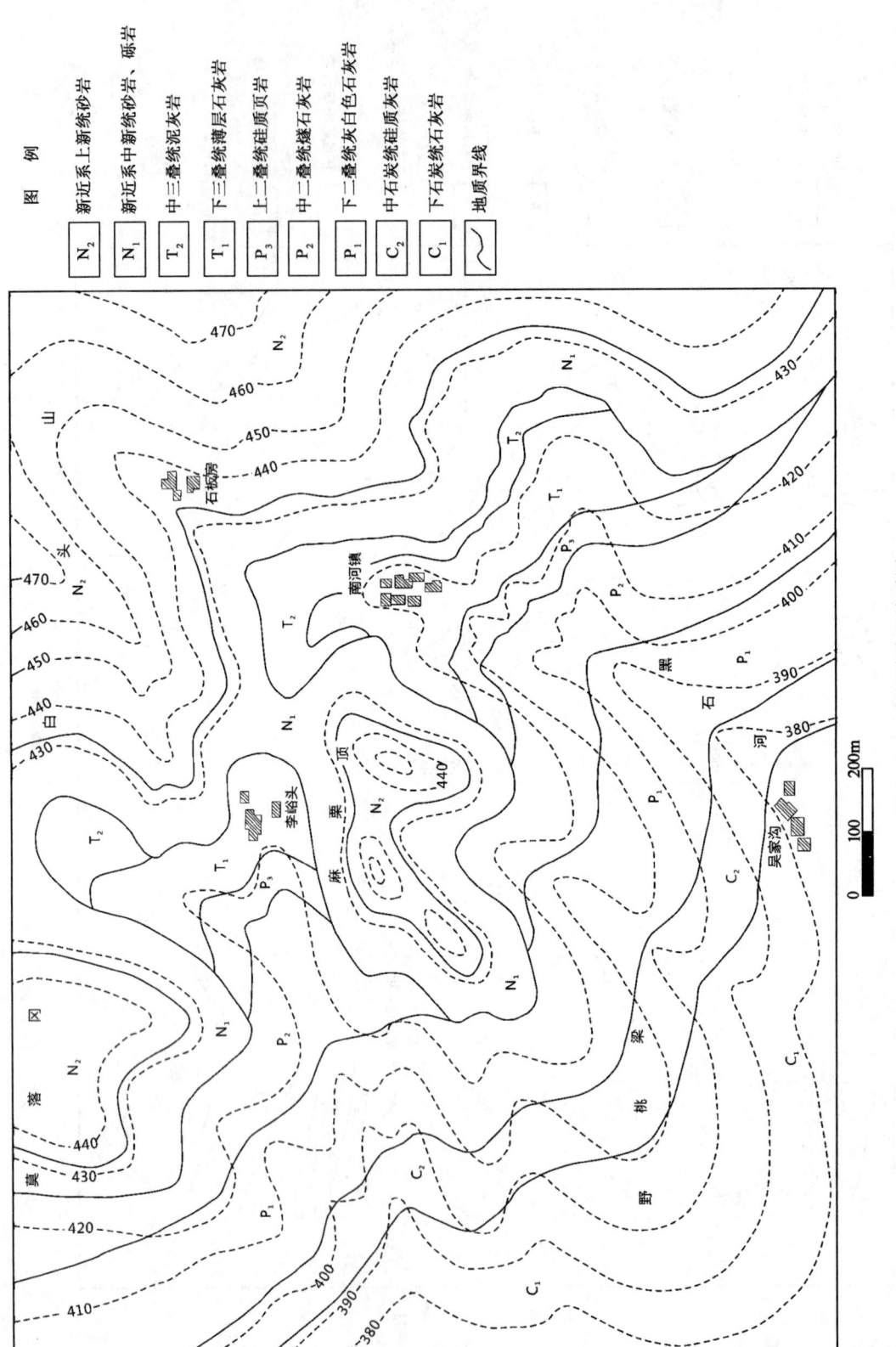

图 I-1-6 南河镇地形地质图

实习二 用间接方法确定岩层产状要素

一、目的和要求

1. 掌握倾斜岩层在地形地质图上的表现特征；
2. 学会在地形地质图上和用三点法求岩层产状要素，进一步掌握岩层产状要素的概念。

二、实习用图和用品

1. 实习用图：凌河地形地质图、嘉阳坡地形地质图、松溪地形地质图；
2. 实习用品：铅笔(2H)、彩色铅笔、三角板、量角器等。

三、实习方法及步骤

(一)在地形地质图上，求倾斜岩层的产状要素

1. 求走向

在地形地质图上，同一地质界线与同一高程的等高线相交两点（或与高度相同的两条等高线相交的点）的连线即为走向线。图Ⅰ-2-1中，AB、CD 分别为砂岩上层面 200m 和 150m 的走向线的投影，量出 AB 或 CD 的方位角即为走向。

2. 求倾向

在地形地质图上，由高程值大的走向线（200m）向高程值低的走向线（150m）作垂线，此倾斜线在水平面的投影 EF 的方位角即为倾向。

3. 求倾角

在地形地质图上，将相邻两条走向线的高差，按照平面图的比例尺换算，在其中一条走向线上的投影 GE，连接 GF 得一直角三角形，这时∠EFG=α 即为倾角。

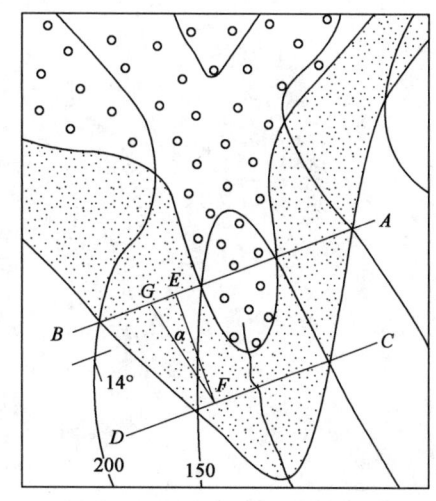

图Ⅰ-2-1 地质图上求岩层产状要素

4. 注意事项

(1)求取走向时，一定要作同一地质界线与同一条等高线（或者高程相等的两条等高线）相交两点的连线，才是走向线。

(2)如果只有一条等高线与地质界线相交于两点，另一条交于一个点，在求倾向线时，可过此点作一走向线的平行线。然后由较高的走向线向较低的走向线作垂线，即为倾向线。

(3)由于岩层产状不可能是绝对不变的，所以最好不要把同一层面相距太远的同高度的两

点连接起来作为走向线,特别是当倾斜岩层是构造某一部分时尤其要注意。

(二)用走向法在地形地质图上求岩层产状要素

走向法求取产状的方法,适用于大比例尺的地质图,而且在测定范围内,岩层产状稳定不变,无褶皱、断层干扰,并且同一岩层面按走向线的定义,在地形地质图上与不同标高的等高线所代表的水平面有交点。求解原理如下:

根据走向的定义,如图Ⅰ-2-2(a)中,某砂岩层上层面与100m和150m高的两个水平面相交得Ⅰ-Ⅰ和Ⅱ-Ⅱ两条走向线,沿上层面作它们的垂线 AB 则为倾向线。AB 与其在水平面上的投影 AC 的夹角 α 即为岩层的倾角,CA 方向为倾向。在直角三角形 ABC 中,BC 为两条走向线的高差。因此,从这个透视图中不难看出,只要能作出同一层面不同高程的相邻两条走向线,再根据其高程和平距就可以求出岩层在该处的产状要素。作图步骤如下[图Ⅰ-2-2(b)]:

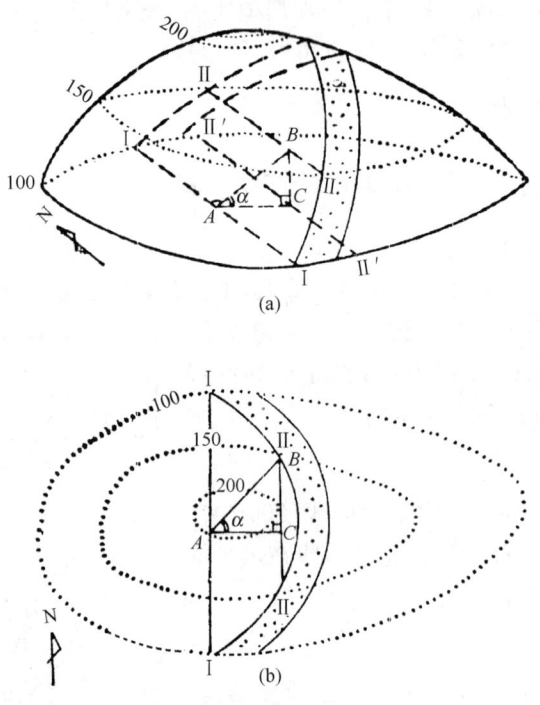

图Ⅰ-2-2 在地质图上求产状要素
(a)透视图;(b)地形地质图

(1)将砂岩层的上层面界线与100m和150m两条等高线的交点Ⅰ、Ⅰ和Ⅱ、Ⅱ分别相连,得走向线Ⅰ—Ⅰ和Ⅱ—Ⅱ。

(2)从150m高程的走向线Ⅱ—Ⅱ上任一点 C 作一垂线与100m高程的走向线Ⅰ—Ⅰ交于 A 点,则 CA 代表倾向,倾斜方向由高指向低。根据两条走向线高差50m,按地质图比例尺截取 BC 线段得直角三角形 ABC。

(3)用量角器量出 $\angle BAC$ 的度数即为岩层倾角 α,或按地质图比例尺求出 AC 长度,已知 BC 为50m,可由 $\tan\alpha=\dfrac{BC}{AC}$ 求出 α 的度数;并量出 CA 的方位角即为岩层的倾向。

(三)用三点法求岩层产状要素

当岩层产状平缓(倾角只有几度)而罗盘不便测量或岩层深埋地下不能直接测量时,可以测出岩层面的标高,或者利用钻探得到的层面标高资料,然后运用三点法求岩层产状要素。

1. 应用三点法求岩层产状的前提条件

(1)三点要位于同一层面上,但又不在一条直线上。
(2)三点的方位、相互间水平距离和标高(或高差)为已知,并且三点相距不太远。
(3)在三点范围内岩层面平整,产状无变化,无褶皱和断层。

2. 三点法的要点

从图Ⅰ-2-3(a)可以看出,只要在最高点 A 和最低点 C 的连线上,找到与 B 点等高的一点 D,就可以作出走向线 BD;过另一点 C(或 A)作出与 BD 平行的另一条走向线 CF,并根据两条走向线各自高程和水平距离,求出倾向和倾角[图Ⅰ-2-3(b)]。具体作法如下所述。

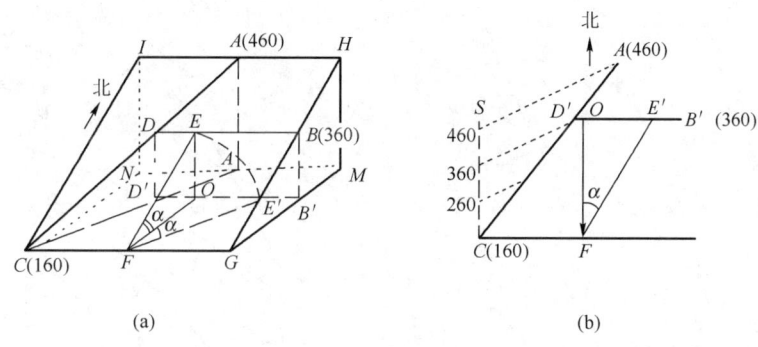

图Ⅰ-2-3 三点法求产状
(a)立体图;(b)平面图
$CGHI$—岩层层面;$CGMN$—水平面(160m 高程);DB、$D'B'$、CF—走向线;
EF—倾斜线;OF—倾向线;$α$—倾角

(1)求等高点:如图Ⅰ-2-3(b)所示,从最低点 C 作任意辅助线 CS,根据 A、C 两点间的高差按一定的等高距将其平分。用等比例线段法在 AC 线上求出与 B 点等高的 D'。

(2)求倾向:连接 $D'B'$ 即高程为 360m 的走向线,并过 C 点作 $D'B'$ 的平行线 CF,即高程为 160m 的走向线。在 $D'B'$ 上任取点 O 作垂线与 CF 相交于 F 点,则 OF 为倾向线,倾斜方向由高至低(箭头方向),并用量角器量其方位角值(如图所示为 180°,即倾向 S180°)。

(3)求倾角:按平面图比例尺,在 $B'D'$ 走向线上截取 OE' 等于 B、C 两点的高差,连接 $E'F$,则 $\angle OFE'$ 为地层倾角 $α$,以量角器量其值。

四、作业

1. 在凌河地形地质图(图Ⅰ-1-5)上求下石炭统(C_1)顶面或底面的产状。
2. 在嘉阳坡地形地质图(图Ⅰ-2-4)上求 C_1^2 顶面或底面的产状。

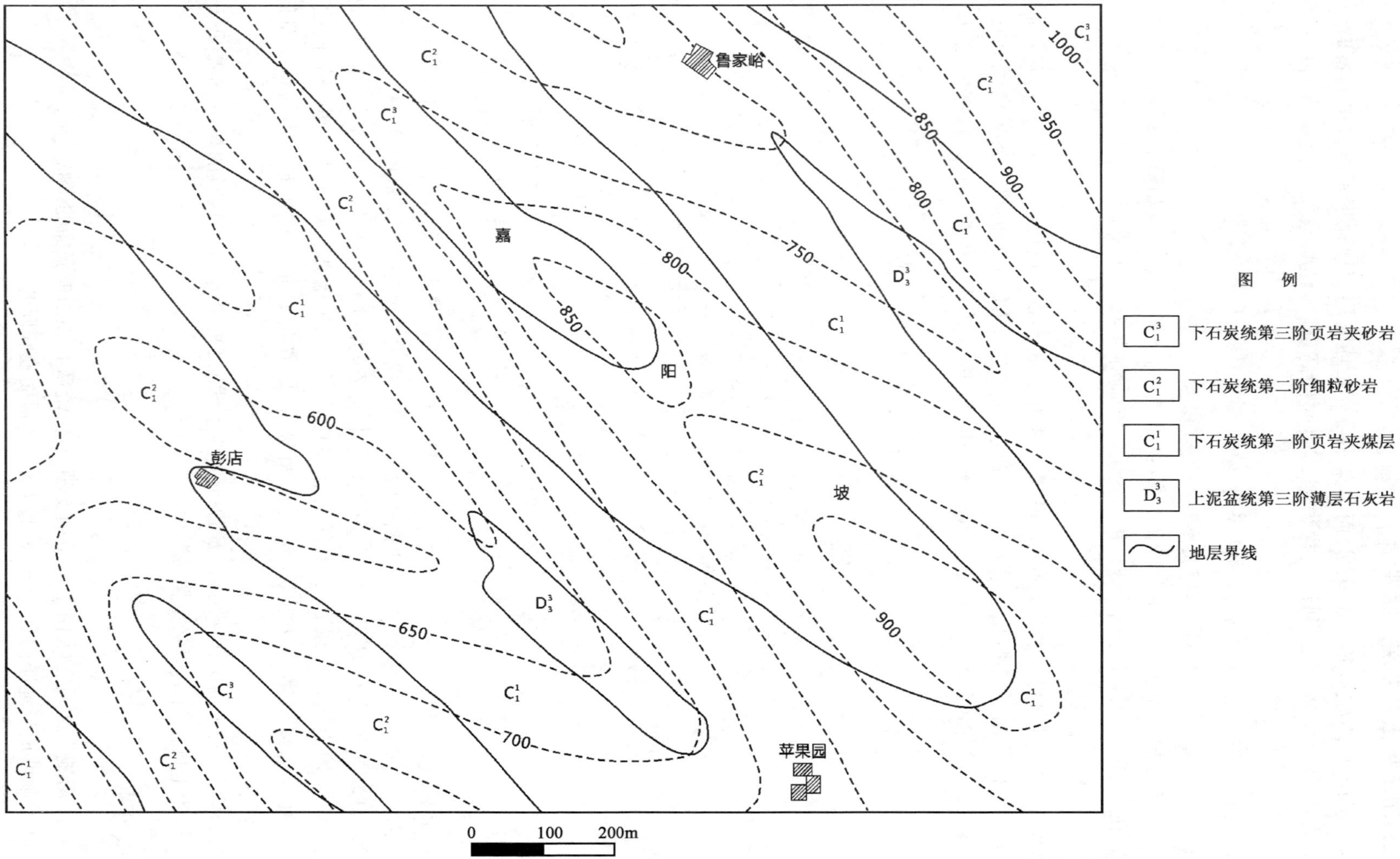

图 例

C_1^3 下石炭统第三阶页岩夹砂岩

C_1^2 下石炭统第二阶细粒砂岩

C_1^1 下石炭统第一阶页岩夹煤层

D_3^3 上泥盆统第三阶薄层石灰岩

～ 地层界线

图 Ⅰ-2-4 嘉阳坡地形地质图

实习三　在地质图上求岩层厚度、埋藏深度并判断地层接触关系

一、目的和要求

1. 学会在地形地质图上求取岩层厚度和埋藏深度；
2. 学会在地质图上判断地层接触关系的方法。

二、实习用图和用品

1. 实习用图：凌河地形地质图、嘉阳坡地形地质图；
2. 实习用品：铅笔(2H)、彩色铅笔、三角板、量角器等。

三、实习方法及步骤

(一)地层接触关系的判断

地层间的接触关系是石油地质工作者研究的重要内容之一，它对划分地层、研究地壳运动、油气藏的形成和类型都有重要意义。阅读地质图时，应该重视地层接触关系的分析和判断。

在地质图上，确定地层接触关系的主要依据有两点：

(1)对地层图例进行分析，了解该区出露的地层和地层间顺序、岩性特征和地层缺失情况；
(2)在地质图上观察地质界线的相互关系。

下面扼要介绍3种主要接触关系在图上的表现特征：

1. 整合接触

上、下两套地层时代连续、产状一致，在地质图上表现为地质界线彼此平行，如图Ⅰ-3-1三叠系、二叠系(T_3、T_2、T_1、P_2、P_1)之间的关系。

2. 角度不整合

两套地层时代不连续，其间有明显的地层缺失，不整合面上、下两套地层产状不同，在地质图上表现为较老的一套地层被不整合线所切，而新的一套地层与不整合线大致平行，在地质剖面图上表现为不整合线上新地层的底界与各个不同时代的老地层界线呈角度相交。如图Ⅰ-3-1中上覆白垩系(K)切过下伏二叠系(P)、三叠系(T)。

3. 平行不整合

不整合面上、下两套地层时代不连续，有明显的地层缺失，但产状基本相同。在地质图上表现为地质界线基本平行展布。

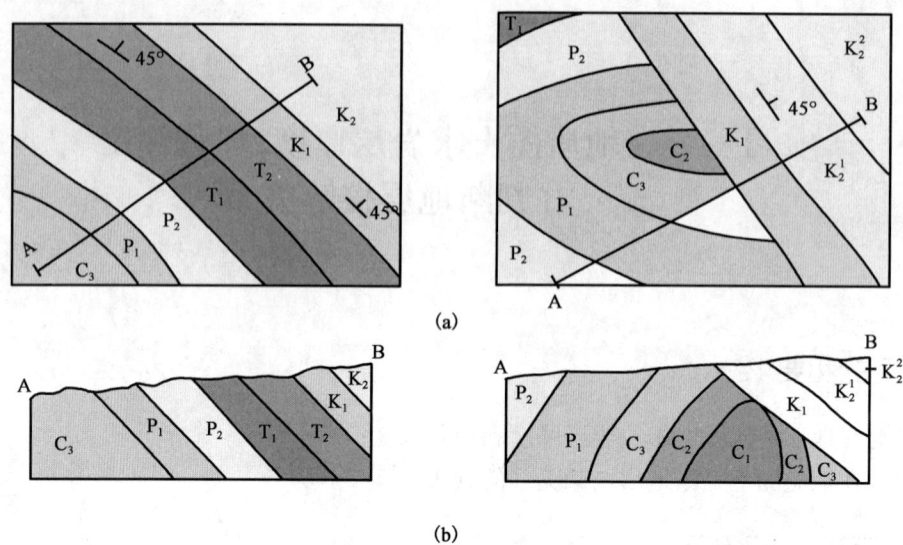

图Ⅰ-3-1 不整合的表现
(a)地质图；(b)沿A—B线的剖面图

(二)求岩层厚度

岩层厚度指岩层顶、底面间的垂直距离。一般都在野外实际丈量。在有地形等高线的地质图上，也可图解求得，但这仅是一种间接方法，可以作为野外丈量厚度的补充与验证，其具体方法有两种：

1.上、下层面相同高度走向线平行法

(1)在地形地质图上作岩层上、下层面同高度的走向线，上层面走向线是Ⅱ′，下层面走向线ⅡⅡ′[图Ⅰ-3-2(a)]。

(2)作直线AB垂直Ⅱ′、ⅡⅡ′两走向线(A、B两点高度都在300m，也是在倾向上的两点)。

(3)过A、B两点作与AB夹角α(α为岩层倾角)的两直线BB'、AA'。这时的BB'和AA'相当于剖面图中的岩层下层面和上层面[图Ⅰ-3-2(b)]。

(4)过A点作AC(使AC垂直BB'和AA')，AC即为岩层厚度(按作图比例换算出即可)。

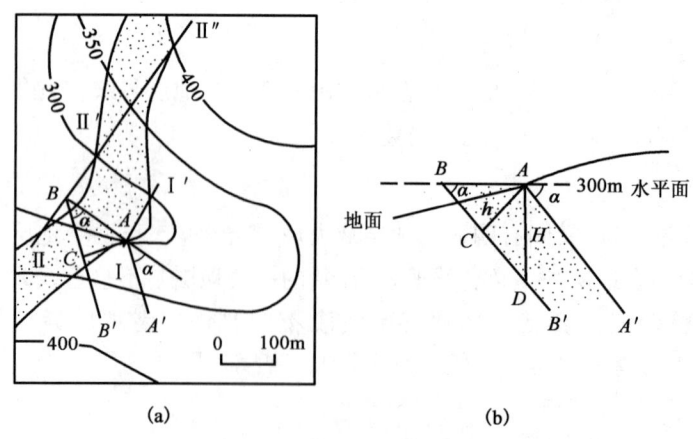

图Ⅰ-3-2 走向线平行法求岩层厚度
(a)平面图；(b)剖面图

从图Ⅰ-3-2中还可以看出,AB为岩层上、下层面同高度走向线间的水平距离,量出AB的长度后可用公式直接计算岩层厚度h:

$$h = L \cdot \sin\alpha$$

式中,$L=AB$;α为岩层倾角。

2. 同一岩层上、下层面走向线重合法

(1)将下层面走向线ⅡⅡ′延长至Ⅱ″,与上层面交于400m等高线Ⅱ″点,即下层面300m走向线与上层面400m走向线重合[图Ⅰ-3-2(a)]。

(2)两者走向线的高差(100m)就为岩层的铅直厚度(H),相当于图Ⅰ-3-2(b)中的AD。

(3)求真实厚度h:

$$h = H \cdot \cos\alpha$$

(三)求岩层埋藏深度——即岩层距地面的铅直距离

由于地形起伏,各处埋藏深度不同,一般由钻井资料求得,但也可以根据岩层露头产状,间接计算出深度。这种计算出来的深度,可以作为开钻前进行地质设计的参考资料。如图Ⅰ-3-3所示,AC为所要计算的矿层深度。

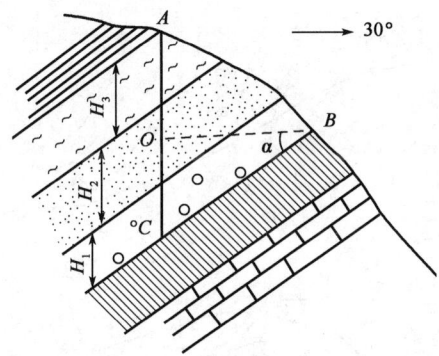

图Ⅰ-3-3 求岩层埋藏深度

$$AC = AO + OC$$
$$AO = A\text{点标高} - B\text{点标高}$$
$$OC = BO \cdot \tan\alpha$$

式中,BO为A、B两点间的水平距离,为已知参数;α为岩层真倾角,可以测量出来;A、B两点标高及水平距离均可由地形地质图上得出,岩层倾角为已知,即可求得埋藏深度AC。

若AB剖面不垂直岩层走向时,真倾角应换算成AB剖面上的视倾角。

此外,前述求岩层铅直厚度的方法,也可以用来求岩层的埋藏深度。

四、作业

1. 读凌河地质图(图Ⅰ-1-5),判断各地层间的接触关系。
2. 在南河镇地形地质图(图Ⅰ-1-6)上,求出C_2地层厚度。
3. 在松溪地形地质图(图Ⅰ-3-4)上,根据:

(1)已知某赤铁矿层为一倾斜矿层,产状稳定,有三个钻孔各见矿深度为:ZK2(60m)、ZK3(40m)、ZK5(80m),用三点法求该矿层产状;

(2)在设计钻孔ZK9处,预计打多深即可达该赤铁矿层顶面?

(提示:钻孔中铁矿层顶面高程等于钻孔地面位置高程减去见矿深度。)

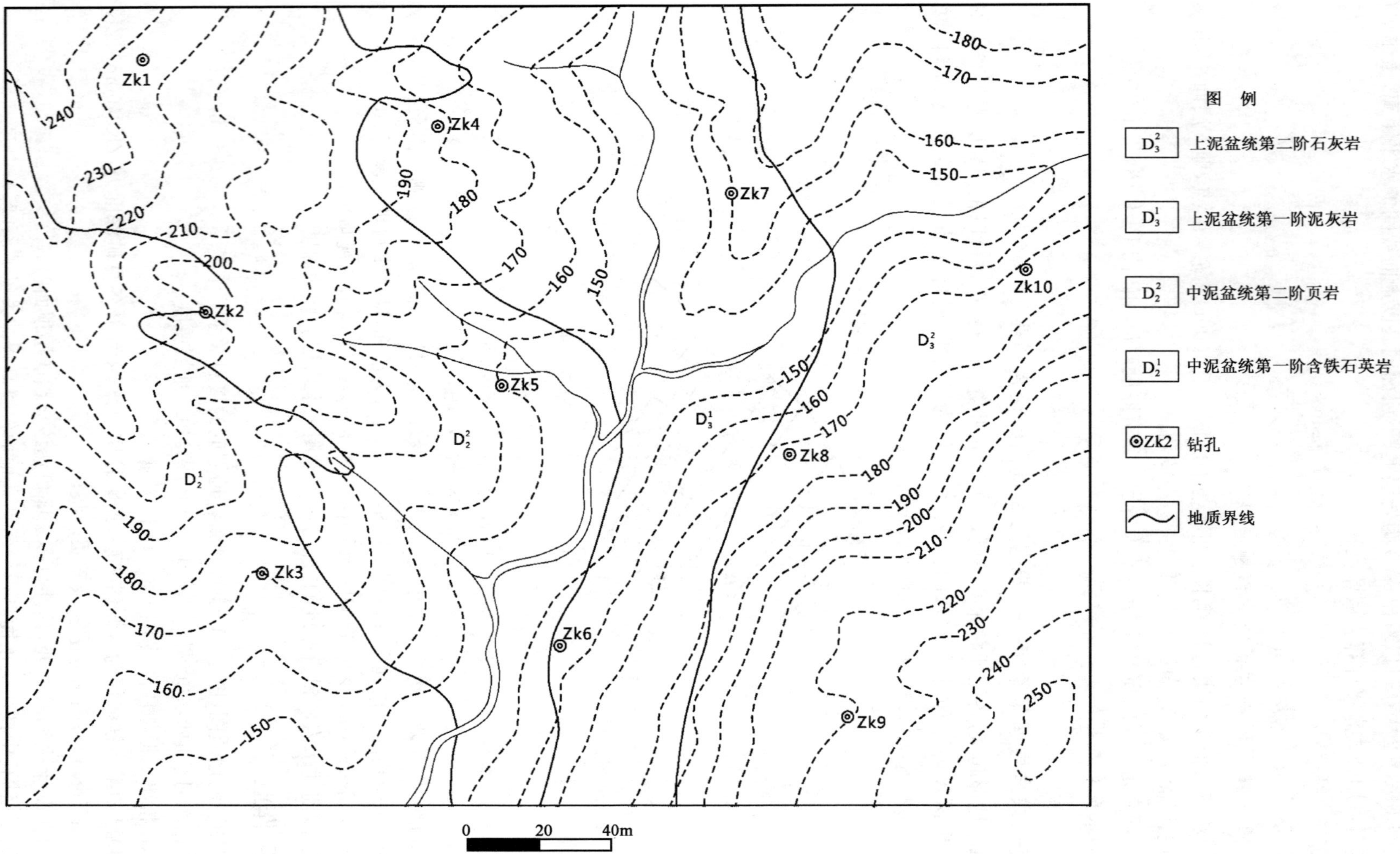

图 例

D_3^2	上泥盆统第二阶石灰岩
D_3^1	上泥盆统第一阶泥灰岩
D_2^2	中泥盆统第二阶页岩
D_2^1	中泥盆统第一阶含铁石英岩
⊙ZK2	钻孔
～	地质界线

图Ⅰ-3-4 松溪地形地质图

实习四　根据放线距编制倾斜岩层地质图

一、目的

1. 了解放线距的意义及用途；
2. 学会根据放线距编制岩层地质图；
3. 更进一步理解 V 字形法则。

二、放线距的概念及性质

放线距(也叫放线比例尺)，指倾斜岩层每升高一个等高距，相邻两条走向线在同一水平面上投影间的水平距离(图Ⅰ-4-1)。存在如下关系：

$$a = h \cdot \cos\alpha$$

式中，a 为放线距，h 为高程差，α 为岩层倾角。

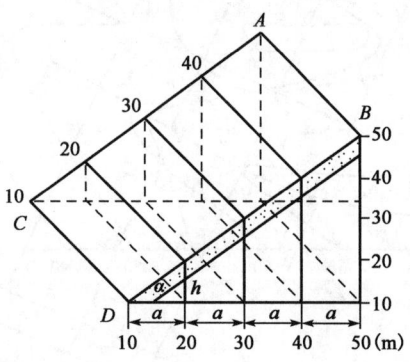

图Ⅰ-4-1　求放线距

ABCD—倾斜岩层面；a—放线距

图Ⅰ-4-1中，ABCD 为某倾斜岩层面，其上每隔 10m 画一条走向线(即等高距为 10m)，a 为各走向线间的水平投影距离(放线距)。

三、用放线距编制倾斜岩层地质图的原理

一个层面平整、产状稳定的倾斜岩层相同等高距的不同高程的走向线，其水平投影为间距相等的平行线(图Ⅰ-4-1)。岩层面在地表的出露界线，即为地质界线，一个岩层露头点的高程，既代表地面高度，又代表岩层面高度，所以，岩层面上不同高度的走向线与其高度相等的各地形等高线的交点，就是该岩层的出露点，只要把这些点按顺序(由低到高或由高到低)用平滑曲线连接起来，即可得出该岩层在地面的界线。因此，当倾斜岩层产状稳定，如果有了一定比例尺的地形图，又有了欲求倾斜岩层出露线投影的一个点，且此点的产状数值已知，则根据已知条件，利用放线距即可将此层在地质图上的分布情况画出来。

四、制图的方法步骤

(1)求放线距：利用已知的层位要素及地形等高距，放线距的求法有两种。

①作图法如图Ⅰ-4-2中，直接从图上已知点 A，作走向线 AA' 并延长到图框外至 A'' 点。过 A'' 点，垂直此走向线作一直线，此直线的高程为 80m。然后，以此线为基线，根据比例尺换算了的等高线的高差为间距，画一系列与该基线平行的直线，并以露头 A 点走向线高程（本例为 80m）为准，按顺序注上高程，如 90m、70m、60m 等。通过图框外 A'' 点，以 80m 线为基准，按岩层倾向和倾角（30°）作一倾斜线，分别与各高程平行线交于Ⅰ、Ⅱ、Ⅲ点，然后过这些点作与走向线 $A''A'$ 平行的线，如Ⅰ-Ⅰ′、Ⅱ-Ⅱ′、Ⅲ-Ⅲ′等线。各平行线之间的间距 a 即为放线距。用作图法求放线距，一般用在岩层倾角较大的情况下。当岩层倾角很小时，作图不易准确，产生的误差大，此时就改用计算法。

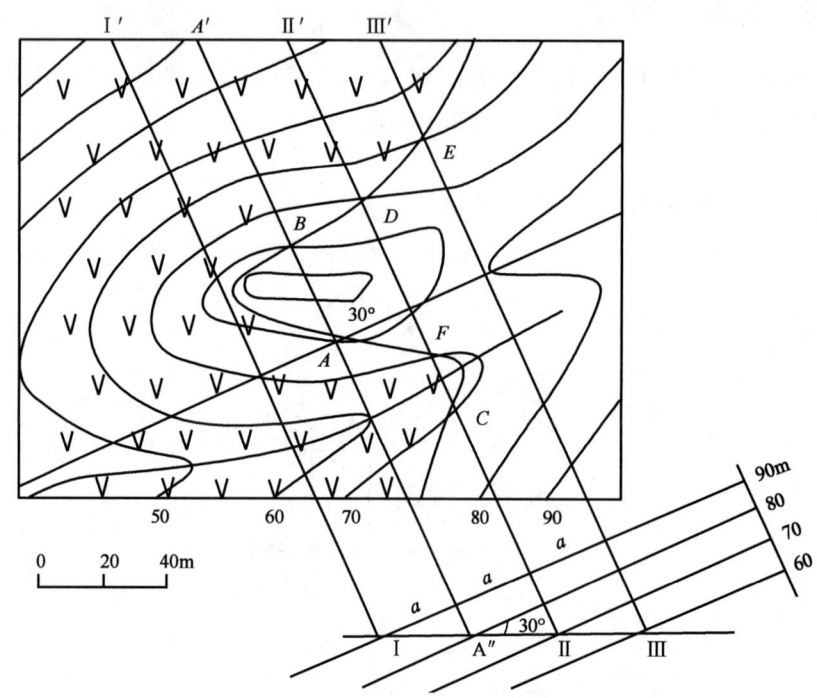

图Ⅰ-4-2 图解法求放线距，并绘制倾斜岩层界线

②计算法：

$$\because \tan\alpha = \frac{h}{a} \quad \therefore a = h \cdot \cot\alpha \quad (\text{式中 } h \text{ 为等高距})$$

(2)在已知露头点的位置上画出岩层的产状要素，把走向线和倾向线都延长至图框边（图Ⅰ-4-2和图Ⅰ-4-3中 A 为已知露头点）。

(3)在倾向线上按放线距的长度截取线段。

(4)过分截点作已知走向线（过 A 点所作的走向线）的平行线，这些走向线的高度不同，与倾向方向相同者高程低，相反者高。

(5)求出高程相同的走向线与等高线的交点，即为岩层的出露点，将各点用圆滑曲线相连，即为该岩层面的地质界线（图Ⅰ-4-3）。

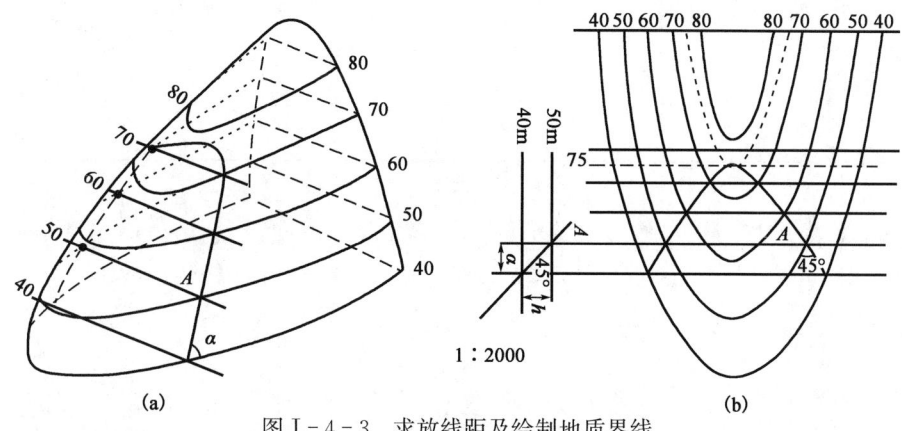

图 Ⅰ-4-3 求放线距及绘制地质界线
(a)立体图;(b)平面图

五、注意问题

(1)当地质界线通过山头和河谷时,要注意岩层倾向、倾角和地质界线的关系,此时为了准确画出地质界线,要作辅助等高线和辅助走向线(图Ⅰ-4-4)。

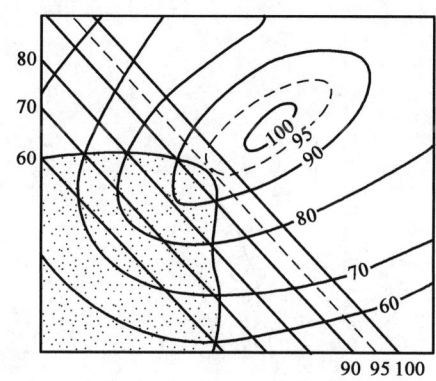

图 Ⅰ-4-4 用辅助走向线和辅助等高线绘制岩层界线

作辅助等高线——在两相邻等高线间作垂线,根据两等高线高差,及所求辅助等高线高度,按比例找出所求高度的一些点,用圆滑曲线连接各点,即得辅助等高线。

作辅助走向线——在两相邻走向线间作垂线,按比例求出一些欲求高度的点,连接各点即得辅助走向线。

(2)当地质界线过陡壁时,则应与等高线及陡壁界线重合。
(3)过河谷时地质界线的形状应根据岩层产状和地形的联系来判断,或根据河流宽度来判断。

六、作业

在鹰岩地形图(图Ⅰ-4-5)中按照下列条件作图。

该区白垩系下统(K_1)含铜砾岩层的下界面出露于 C 点(标高 170m),产状为 168°∠10°,K_1 砂砾岩层下界面为不整合面,产状也是 168°∠10°。C 点又正好是不整合面之下元古界 Pt_a 含铜白云岩层的上层面与 Pt_b 黑色板岩的分界点,产状为 20°∠27°。试根据这些产状要素绘制该区地质图。地形图比例尺为 1∶5000,等高线间距为 10m。(注意:不整合面上、下要分别作各自的放线距和不同高程走向平行线及相应交点,并应先绘出不整合面,即 K_1 下界面。)

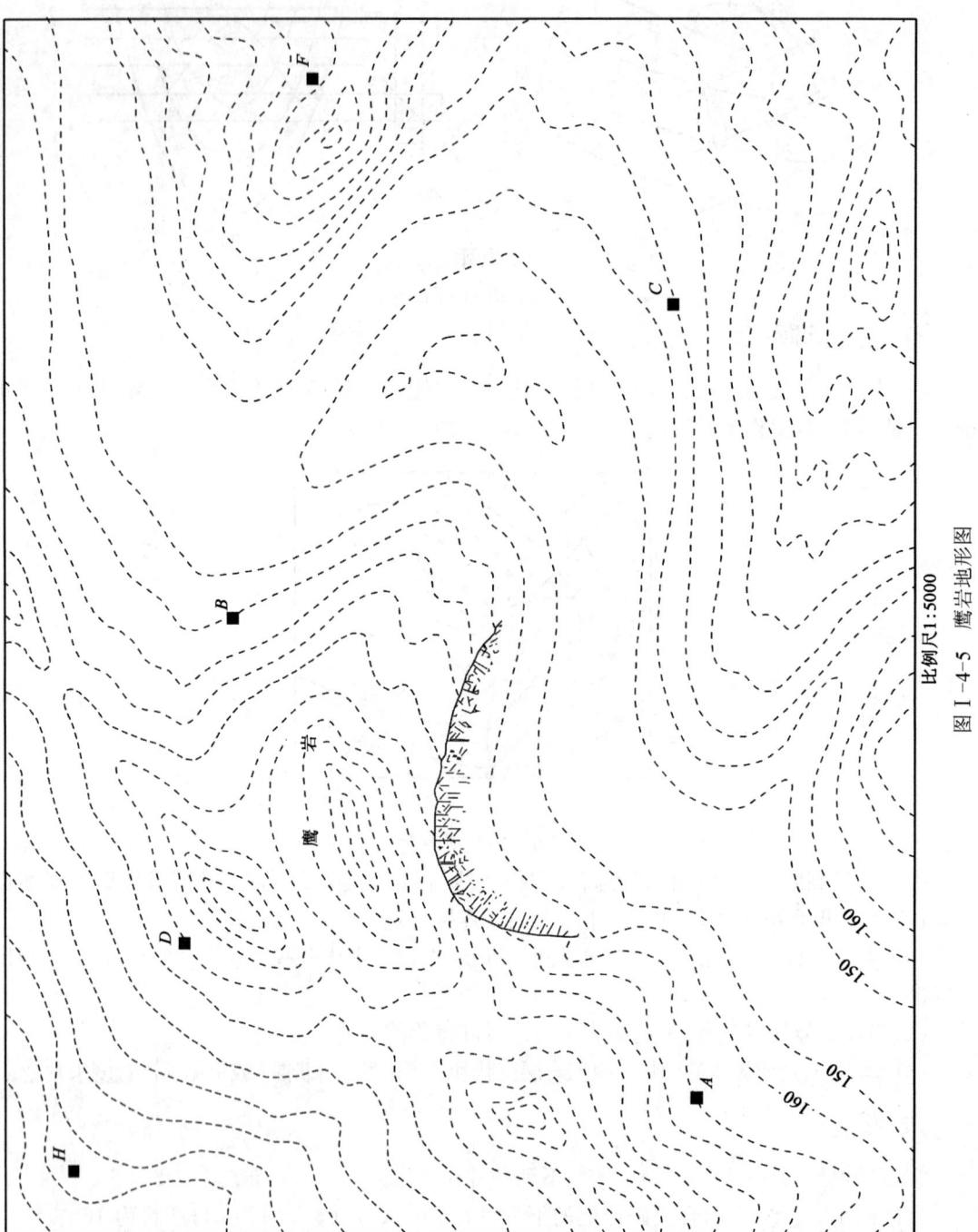

图 Ⅰ-4-5 鹰岩地形图

比例尺 1:5000

实习五　编制倾斜岩层地质剖面图

一、目的和要求

学习编绘倾斜岩层地质剖面图的方法。

二、实习用图和用品

1. 实习用图：凌河地形地质图；
2. 实习用品：铅笔(2H)、三角板(或直尺)、量角器、方格纸等。

三、实习方法及步骤

(一)地质剖面图的概念

地质剖面图是沿一定方向反映地下一定深度的地质构造形态的图件。一幅完整的地质图都应附有一至两条通过全区主要构造的剖面图，与地质图配合使用，更能清晰、形象地反映剖面所经过的地区地下构造情况。地质剖面图是地质图不可缺少的辅助图件，也是编制构造图的基本图件。

由于地质剖面图和岩层产状或褶曲轴的关系不同，可分横剖面图和纵剖面图两种，一般所说的剖面图常常是指横剖面图而言的。

横剖面图是指垂直于褶曲长轴或岩层走向所编制的铅直剖面图。纵剖面图是指垂直于褶曲短轴或平行岩层走向所编制的剖面图。

(二)地质剖面图的规格

(1)图名：说明剖面所在位置，以剖面所通过的主要地名来命名(以山、河、城镇等名字命名)(图Ⅰ-5-1)。

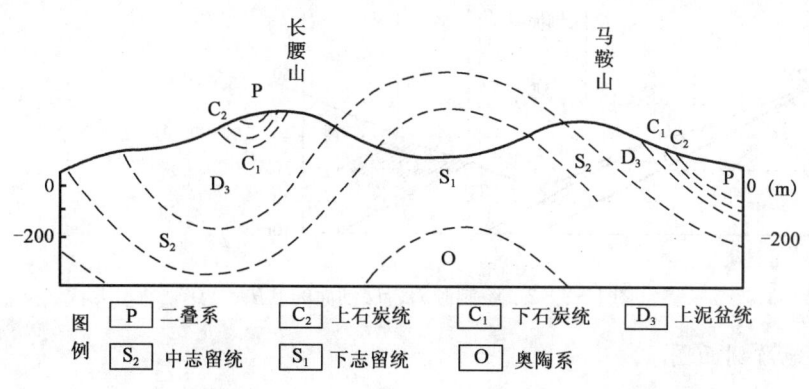

图Ⅰ-5-1　长腰山—马鞍山地质剖面图

(2)比例尺:剖面图有垂直比例尺和水平比例尺,水平比例尺与相应的地质图相同,垂直比例尺表示方法是画成尺子状,竖立在所画剖面的两边,其高度起点应从剖面所经地区中最低标高以下的地方开始(可不必从零开始)。垂直比例尺大小应和水平比例尺一致。只在岩层倾角小于5°时才能放大,放大倍数在剖面上注明。

(3)图例:意义同地质图。若剖面图附在地质图下,可不必画图例。

(三)地质剖面图的绘制方法和步骤

1. 选择剖面位置

在分析图区地形特征、地层的出露、分布和产状变化以及构造特点的基础上,要使所作的剖面尽量垂直于区内地层走向,通过地层出露较全和图区主要构造部位,或者选在阅读地质图所需要作剖面的地方。选定后,将剖面线标定在地质图上。

2. 绘地形剖面

在绘图纸(以方格纸为好)上画出剖面基线,长短与剖面相等,两端画上垂直线条比例尺(一般与地质图比例尺一致),按等间距作一系列平行于基线的水平线(用方格纸作剖面只注明标高位置)(图Ⅰ-5-2)。基线标高一般取比剖面所过区域最低等高线高度再低1~2个间距,然后以基线高程为起点,按等高距依次注明每条平行线的高程并将基线与地质图上剖面线放平行。最后将地质图上的剖面线与地形等高线各交点一一投影到相应高程的水平线上(或剖面标高位置),按实际地形用平滑曲线连接相邻点即得出地形剖面。

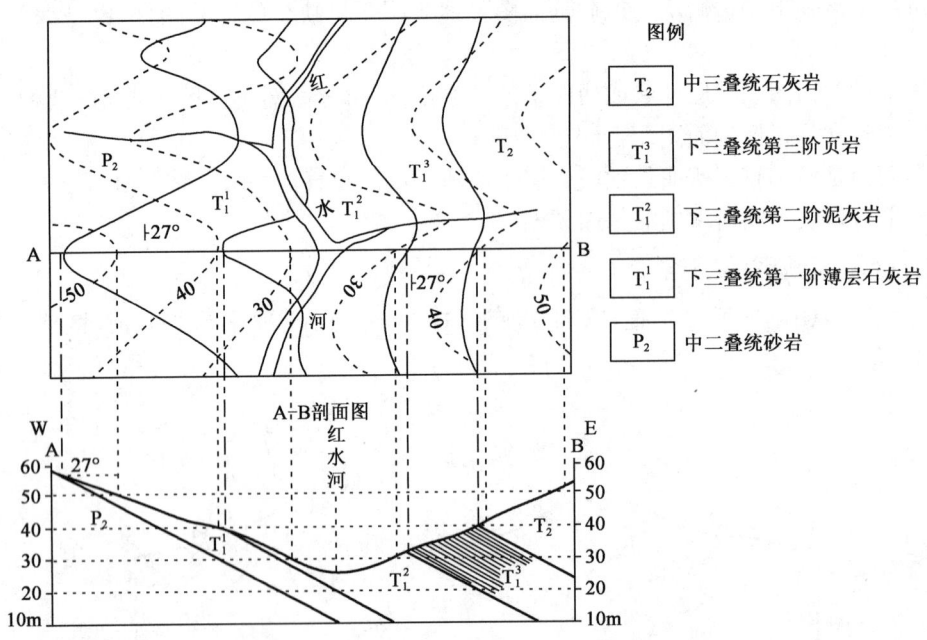

图Ⅰ-5-2 绘制倾斜岩层剖面的方法示意图

3. 完成地质剖面图

将地质图上的剖面线与地质界线(地层分界线、不整合线、断层线等)的各交点投影到地形剖面曲线上(图Ⅰ-5-2中的虚点线)。根据各岩层倾向和倾角,在各岩层出露点绘出分层界线。如剖面与走向斜交时,则应按剖面方向的视倾角绘分层界线。根据在地质图上地质构造的特征在剖面图上恢复各构造。

4. 绘制岩性花纹

在地质剖面图上绘制相应的岩性花纹。

5. 整饰剖面图

按剖面图的规格填上各项内容,即得一张完整的地质剖面图。

(四)注意问题

(1)画岩层产状时,应在地层出露点上画(即在地形剖面上的投影处画各地质界线和剖面线交点)。

(2)剖面线附近岩层产状要素有变化时应选用离剖面线最近的产状要素。

(3)当剖面线与岩层走向不垂直时,则岩层倾角应换算为:

$$\tan\beta = \tan\gamma \cdot \cos\omega$$

式中　β——换算后的视倾角;

　　　γ——岩层的真倾角;

　　　ω——真倾向与视倾向的夹角。

(4)剖面经过地区有角度不整合存在时,剖面图的作法。

在画地层界面时,应先画出不整合面(角度不整合用波浪线表示),再分别画出不整合面的上、下岩层,在剖面上为被不整合的上覆地层及掩埋在其下的下伏地层,应按产状进行恢复,方法如下(图Ⅰ-5-3)。

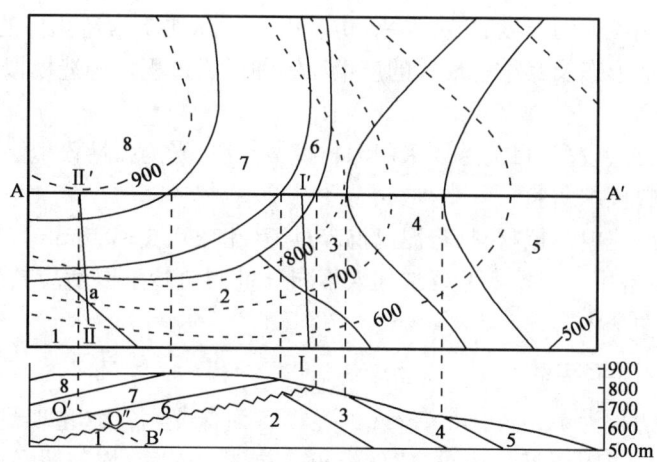

图Ⅰ-5-3　存在不整合的倾斜岩层地质剖面的作法

图中1、2层面在剖面线上被上覆新地层(不整合层)掩盖,以恢复1层顶面为例,过a点作1层顶面700m走向线ⅡⅡ′,相交剖面线于O点,O点垂直投影到剖面上700m高程处得O′点,过O′以1层面倾角(或视倾角)作地层界面交不整合面于O″,O″B即为不整合面下1层顶的剖面。

四、作业

绘制凌河地形地质图(图Ⅰ-1-5)中A—B地质剖面图。

实习六　构造物理模拟实验

一、目的和要求

1. 通过泥料模拟实验了解压缩和剪切力作用下塑性变形和断裂变形的特征及其相互关系，获得对应力、变形、材料性质三者的感性认识，巩固应变椭球体概念，从而为进行地质构造的力学分析打下基础；
2. 基本熟悉泥料模拟实验的一般工作方法和步骤。

二、实习材料和工具

1. 材料：泥巴、蜡纸、棉纸等；
2. 仪器：压缩仪、剪切仪；
3. 工具：刮刀、铅笔、三角板、量角器等。

三、实习内容说明

构造模拟实验是在特定条件下，选择适当的材料，用人为的方法，按照相似理论原则，使试件遭受与地质环境相类似的温度、压力作用，仿制出与实际地质构造相似的模型体，用以分析研究地壳上某些构造形态及其组合形式的产生原因和形成过程。构造模拟实验是进行构造地质研究的重要方法之一。

构造模拟实验方法较多，目前主要采用泥料模拟方法、光测弹性模拟法和高温高压模拟实验法。这里仅作泥料模拟实验。

实验前应制备好泥料模拟材料，将泥巴捣碎过筛(孔径0.6~0.8mm)，然后缓慢加水搅拌成均匀的湿泥团，以备用。根据实验要求加入不同分量的粉砂土以适应其模拟地质体的力学性质。本次实验有两个内容。

(一)单向水平压缩实验

将准备好的各边长为 4cm×6cm×8cm 的泥模各面抹光，各面(主要是侧面)用圆盖轻轻印上圆圈，量其直径，放入压缩仪内，按比例绘出立体图。然后，均匀缓慢地摇动压缩仪的把柄，边压缩边观察泥模变化，直至各面出现明显的节理为止。观察和记录要点如下：

(1)注意泥模塑性流动方向及各面圆圈形状的变化，测量其变形前后泥模的边长和圆圈的直径，确定出变形椭球体 A、B、C 轴的方位。

(2)分析节理性质、特征、发育先后、相互关系、组数、产状、共轭剪切节理夹角大小及其锐角与施力方向的关系，注意羽列现象与施力方向关系，并绘图表示(图Ⅰ-6-1)。

(3)比较不同材料泥模实验变形的异同点，分析其原因。

(二)剪切实验

将准备好的泥模饼如(5cm×5cm×5cm)放置剪切仪上，抹光。在位于剪切仪之上的泥模

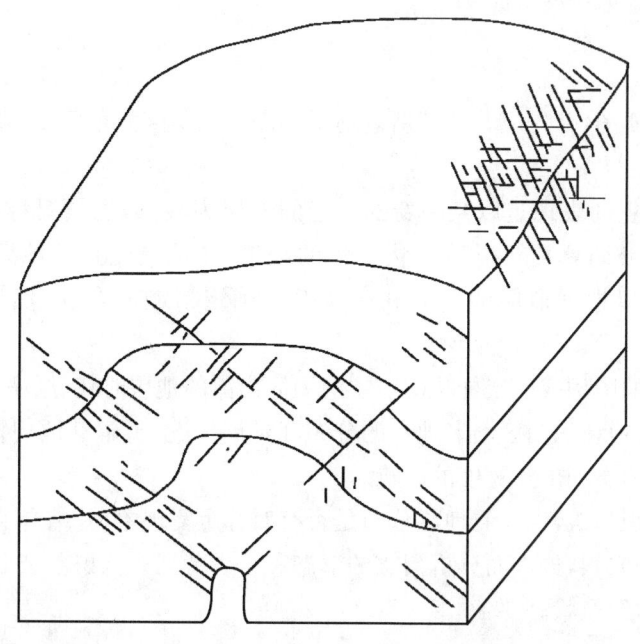

图Ⅰ-6-1 侧向挤压泥巴模拟实验素描图(据李四光)

饼内,印上两个圆圈。过圆心作相互垂直的两条直径,然后摇动剪切仪把柄,均匀缓慢地施加剪切力,边施力边观察泥模饼的变化,直至出现明显的节理为止。观察和记录要点如下:

(1)注意泥模饼上圆圈形态、直径长短及其方位的变化,确定应变椭球体 A、B、C 轴的方位,并测量 A 轴与剪切运动方向的夹角;

(2)观察形成小褶皱的枢纽方位、排列规律及其影响因素;

(3)观察节理性质、特征、组数、发育先后及其相互关系,张节理或剪节理与剪切方向相交锐角指向与剪切运动方向的关系,注意各组节理的发育程度、羽列现象及其力学性质的变化;

(4)绘制不同变化阶段的素描图。

四、作业

以小组为单位,进行单向水平压缩和剪切实验,将观察的情况记录下来,总结不同泥模受到不同性质和方向的力作用与变形的关系,初步解释有关的地质构造现象。

实习七 分析褶皱地区地质图

一、目的和要求

1.初步掌握阅读褶皱地区地质图的步骤和方法;
2.学会从地质图上认识和分析褶皱的形态特征和描述方法;

3. 学会分析褶皱的形成时间。

二、实习内容

读褶皱地区地质图,首先应分清楚新老地层层序及在本区分布情况,弄清本区的地形对地质界线形态的影响。

褶皱在平面图上的表现是以某一新的或老的地层为核部,两翼对称重复出露较老或较新的地层。由于褶皱两翼及转折端产状变化的结果,在地层受到剥蚀后,地质界线呈闭合状。这就使我们可以根据地层的新老和产状变化确定褶皱的存在,然后再一步一步分析描述。

首先从地质图的图例或地层柱状图上了解图区出露的地层时代、层序和接触关系;然后浏览一下地质图,概略地认识图区新老地层的分布和延展情况,了解其地貌特征,并结合比例尺分析地形露头分布形态和出露宽度的影响。

从地质图上认识褶皱,先要看地层分布是否有对称重复现象,并结合地层新老关系和地层产状,分辨出背斜和向斜,再进而分析褶皱的形态和组合特征。认识褶皱形态的关键是确定褶皱的两翼、轴面和枢纽产状。

(一) 单个褶皱形态的分析

在概略了解全图的地层顺序、分布、褶曲形态的基础上,转入单个褶皱形态特征的分析。

1. 区分背斜和向斜

首先通过褶皱核部研究两侧岩层的分布情况,根据地层的对称重复以及地层新老关系和产状区分背斜和向斜。若核部为老地层,两翼依次为新地层者,为背斜;若核部为新地层,两翼依次为老地层者,为向斜。

2. 确定两翼产状

分析两翼产状是认识褶皱形态的关键。认识翼部时,不仅要注意它的地层时代,而且要注意地层的产状。如果地质图上标有产状符号,可以直接从地质图上读出两翼的产状,认识褶皱两翼的产状变化情况。在缺少产状符号的情况下,也可以根据同一岩层在褶皱两翼出露的宽度的差异,定性地比较两翼倾角大小。在中小比例尺地质图上,地质界线的延伸方向,基本上反映了岩层的走向,而岩层露头宽度只与岩层倾角大小有关,露头宽的一翼倾角小,窄的一翼倾角大。

倒转翼的确定:通常在褶皱倾伏端的岩层层序总是正常的,如果有倒转翼的存在,则倒转翼的岩层从翼部向倾伏端方向,倾角由缓变陡,到倾伏转折端附近总有一段产状是直立的(图Ⅰ-7-1)。在褶皱倾伏端和倒转部分,岩层露头宽度都比较大,而在直立部分露头宽度最窄。因此,如果褶皱自翼部向倾伏端过渡处,岩层露头出现最窄一段,则该翼可能是倒转翼。

这种判断两翼产状的方法,是以上述地层对岩层露头宽度影响不明显为前提的。对于枢纽近于直立的倾竖褶皱和轴面水平的平卧褶皱及斜卧褶皱则不适用。

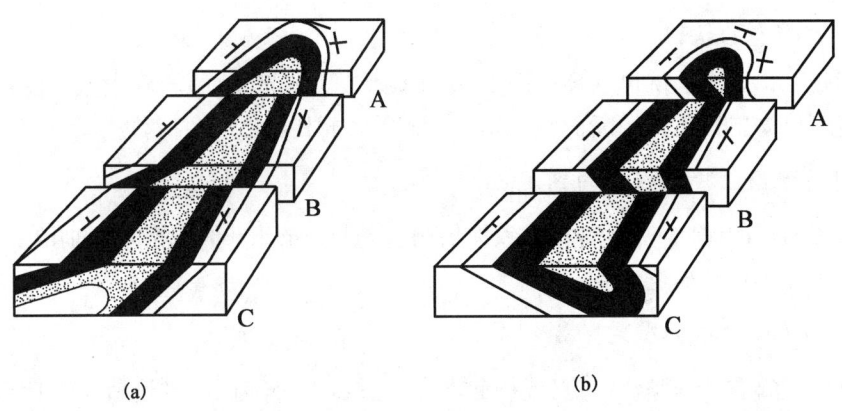

图 Ⅰ-7-1 倒转褶皱
(a)倒转背斜;(b)倒转向斜

3. 判断轴面产状

根据两翼的倾向、倾角大致判断轴面产状。若两翼倾向相反、倾角近相等,表示轴面直立;如两翼倾角不等,轴面是倾斜的。在斜歪和倒转褶皱中,无论背斜或向斜,其轴面大致与倾斜较缓的一翼的倾斜方向近于一致,但轴面倾角常大于缓翼的倾角。

褶皱轴面形态和产状比较复杂,要比较准确地确定轴面产状,最好是根据两翼各层的产状,用赤平投影方法求出枢纽的产状,再同时求出轴面的产状。

4. 枢纽产状的确定

当地形近平坦,若褶皱两翼平行延伸,表示两翼岩层走向平行一致,则褶皱枢纽是水平的;若两翼岩层走向不平行,两翼同一岩层界线交会或呈弧形弯曲,说明该褶皱枢纽是倾伏的。背斜两翼同一岩层地质界线交会的弯曲尖端指向枢纽倾伏方向,向斜两翼同一岩层地质界线交会的弯曲尖端指向扬起方向(图 Ⅰ-7-2)。但不论背斜或向斜,沿倾伏方向,总是依次出露较新的地层。另外,沿褶皱延伸方向核部地层出露的宽窄变化,也能反映出枢纽的产状。核部变窄的方向是背斜枢纽倾伏方向,或为向斜枢纽扬起方向。

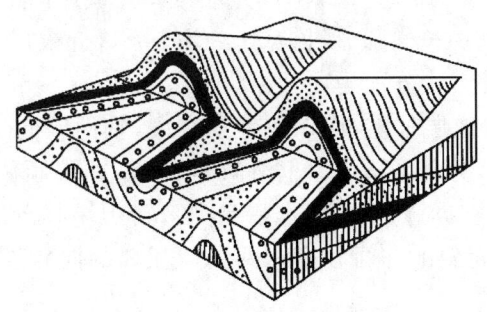

图 Ⅰ-7-2 倾伏背斜和向斜

在地形起伏很大的大比例尺地质图上,褶皱岩层界线受 V 字形法则的影响,岩层界线弯曲不一定反映枢纽起伏。枢纽水平的褶皱,会因地形起伏的影响,表现出两翼交会。此时,从褶皱两翼产状、褶皱岩层界线分布形态与岩层产状和地形的关系等方向综合起来分析,才能正确认识枢纽产状。

5. 转折端形态的认识

在地形较平坦或小比例尺的地质图上，褶皱倾伏处（扬起处）的轮廓大致反映褶皱转折端的形态。这可以同斜切黄瓜的断面与横切断面的关系相比。

6. 翼间角和褶皱紧闭程度的判定

根据两翼岩层的倾向与倾角，可大致地估测出翼间角的大小，再据其翼间角的大小范围对褶皱紧闭程度作出定性描述。

7. 轴迹和平面轮廓的确定

将褶皱各相邻岩层的倾伏端点（或扬起端点）连线，即是轴迹。轴迹所示方向表示褶皱的延伸方向，轴迹的长短表示褶皱在平面上的大小。褶皱两翼同一岩层的出露线沿轴迹方向的长度与垂直轴迹方向的宽度之比即褶皱的长宽比。按长宽比可将褶皱分为线型、长轴、短轴和等轴四种类型。

(二)褶皱组合类型的认识

在逐个分析区内背斜、向斜之后，再从地质图对同一构造层各褶皱的轴迹排列形式和剖面上的褶皱组合特征，确定和描述褶皱的组合形式，如平行线列、雁列式、穹盆构造、隔档式、隔槽式、复背斜、复向斜等。

(三)褶皱形成时期的确定

主要根据地层间的角度不整合接触关系来确定褶皱的形成时代。不整合面以下的褶皱形成于不整合以下的最新地层时代之后、不整合面以上的最老地层时代之前。

(四)褶皱的描述

褶皱的描述包括褶皱名称（地名加褶皱类型）、分布地点及范围、延伸方向、核部及两翼地层、两翼产状及其变化、转折端形状、褶皱的位态分类、次级褶皱特征、与周围其他构造的关系以及褶皱形成时代等。现举暮云岭背斜为例说明。

暮云岭背斜位于暮云岭一带，呈 NE—SW 向延伸；核部由下石炭统组成，宽约 500m，长约 2750m，平面上成不规则的长椭圆形，长宽比约为 5∶1，近线形。背斜两翼由中、上石炭统及二叠系地层组成，两翼产状分别是：北西翼是 315°∠(60°～55°)，南东翼是 135°∠(40°～25°)。由此可见，北西翼地层较陡，南东翼地层较缓，轴面倾向于南东，倾角约 80°，转折端比较圆滑，翼间角约 80°，为开阔褶皱。枢纽向 NE、SW 两端倾伏，中部隆起，背斜向南西一分为二成两个背斜和一个向斜。总之，本褶皱为一转折端圆滑的斜歪背斜，属褶皱位态分类中的斜歪倾伏褶皱。背斜的北西和南东两翼与相邻的向斜连接。背斜形成于晚二叠世之后、中侏罗世之前。

三、作业

分析暮云岭地质图（图Ⅰ-7-3）中的褶皱形态、组合形式和形成时代；描述青岩顶向斜的发育特征，确定地质图中褶皱组合形式，并判断青岩顶向斜的形成时间。

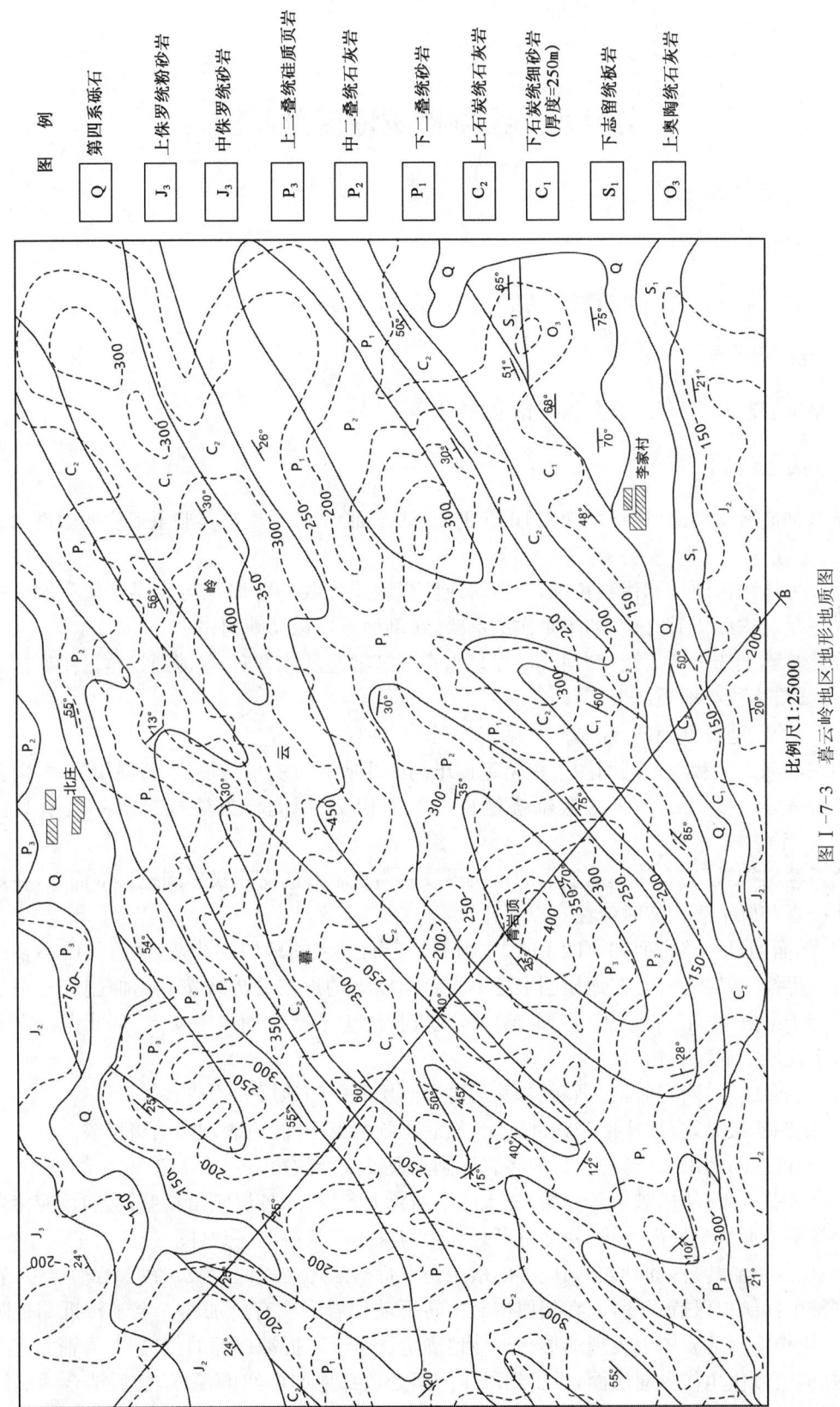

图 I-7-3 暮云岭地区地形地质图

比例尺1:25000

实习八 绘制褶皱地区剖面图

一、目的和要求

学会在褶皱区地质图上绘制图切剖面图(铅直横剖面图)的方法。

二、实习用具

方格纸、圆规、直尺(或三角板)、铅笔、橡皮等。

三、实习内容

褶皱剖面有横剖面(铅直剖面)和正交剖面(横截面)两种。本次实验重点说明横剖面的编制方法。

首先分析图区地形和褶皱特征,分析时应注意地层界线的弯曲是与岩层产状和地形的影响有关还是与次级褶皱有关,如果是次级褶皱,在剖面上应该反映出来。

在此基础上选择剖面线,剖面线应尽量垂直褶皱轴迹延伸方向,且能通过全区主要褶皱构造,剖面线应标绘在地质图上。

然后,绘制地形剖面图,绘制方法见实验五。

再在剖面线上和地形剖面图上用铅笔标出剖面线所通过的褶皱位置,背斜用"∧"、向斜用"∨"符号表示。要把次一级褶皱轴迹延长与剖面相交,用同样方法标出次一级褶皱位置(图Ⅰ-8-1)。

之后绘出褶皱形态,将剖面线上的地质界线和褶皱轴迹的交点投影到地形剖面上,在地质界线上投点和画褶皱构造时应注意以下几点:

(1)剖面切过不整合面和第四系时,先画不整合面以上的地层和构造,然后再画不整合面以下地质界线。其画法为:在地质图上把不整合面以下的地层分界线按其延伸趋势延至剖面线上相交于某点(图Ⅰ-8-1中的M点),将此点投影于不整合面得一交点,从此点绘出不整合面以下地层的界线和构造。

(2)剖面线切过断层时,先画断层,然后再画断层两侧的地层和构造。

(3)绘制褶皱时,应该从褶皱核部开始,然后再画两翼,并注意表现出次级褶皱。

(4)剖面线与地层走向斜交时,应将岩层倾角换算成视倾角。

(5)作图顺序应从褶皱核部开始,依次绘出两翼上各层,如各层倾角相差较大时,应使岩层厚度保持不变而调整局部产状,使之逐渐过渡为与主要产状协调一致(图Ⅰ-8-2)。

(6)恢复褶皱转折端的形态则应考虑褶皱是平行褶皱还是相似褶皱。在平行褶皱中,岩层厚度在整个褶皱中保持不变,而在相似褶皱中转折端处岩层应有所加厚。至于转折端是圆滑或尖棱,应根据其地质图上表现的形态近似地确定。至于转折端深部的位置,如为轴面直立褶皱,根据枢纽倾伏角作纵向切面,求出到所作剖面处核部地层枢纽的深度,然后结合两翼倾角及枢纽位置绘出转折端(图Ⅰ-8-3)。在一般情况下,转折端深部位置可根据两翼产状和褶皱形态，作合理的推测。

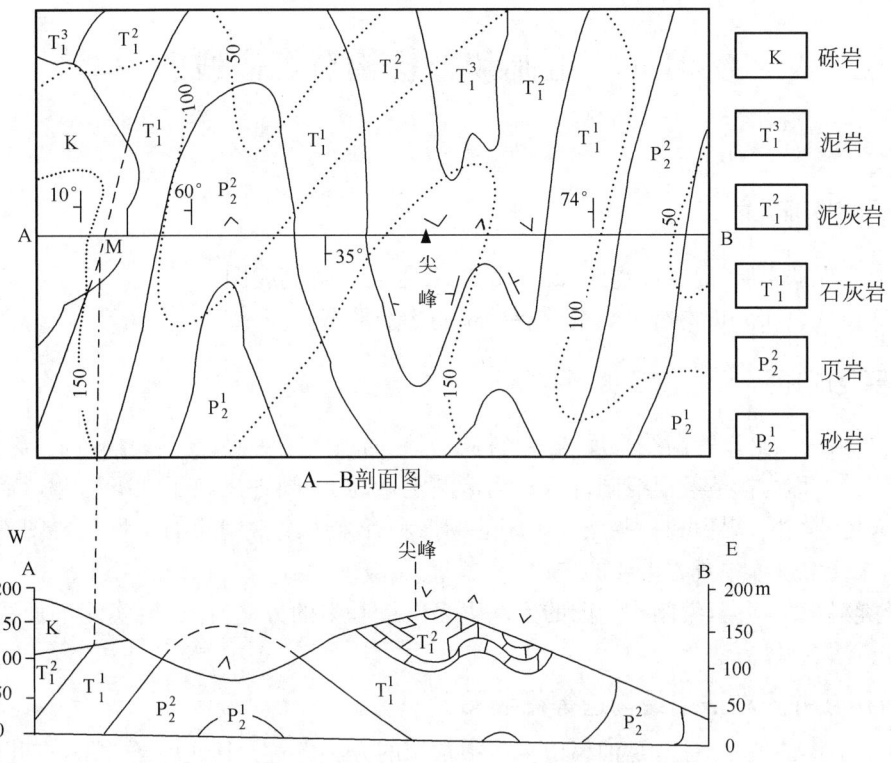

图Ⅰ-8-1 褶皱构造剖面图的绘制

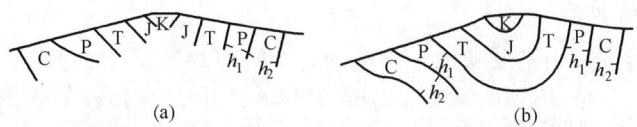

图Ⅰ-8-2 根据同一岩层厚度不变校正同翼岩层产状
(a)校正前；(b)校正后

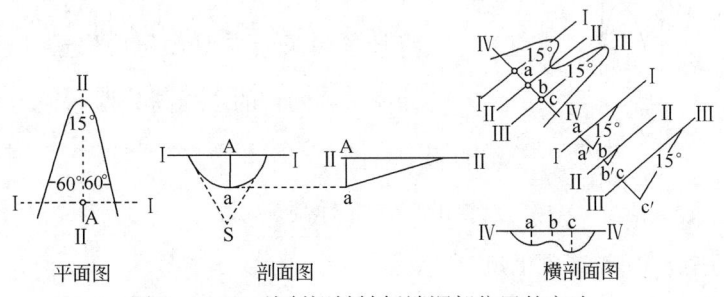

图Ⅰ-8-3 绘制褶皱转折端深部位置的方法

最后，按剖面规格加以整饰。

四、作业

绘制暮云岭地形地质图(图Ⅰ-7-3)中A—B剖面。

实习九　编制和分析构造等高线图

一、目的和要求

(1)学会根据岩层标高(或埋藏深度)资料,编制构造等高线图;
(2)学会认识和分析构造等高线图所反映的构造形态。

二、实习内容

构造等值线图是用等高线来反映某一特定岩层的顶面或底面(或某一构造面)起伏形态的一种构造图,又称为构造等值线图。这种构造图定量地、清晰地反映了地下构造,特别是褶皱构造形态,是油气田、煤田和一些层状矿床的勘探和开采中经常编绘的一种重要图件,特别是在油田勘探开发过程中具有重要的作用。

由于资料来源不同,编制构造图的方法很多。最基本的方法有三种:实测剖面法、钻井资料(构造点)法、物探方法。

(一)用钻井资料法编绘构造等高线图

这种构造图的编制方法,是油气田生产中常用的方法之一。其使用条件是:有井位分布的平面图或地形图;有各井的深度资料。具体绘制方法如下:

1. 换算目的层层面标高

所谓目的层是指选定用来反映地下构造的一个特定的岩层或矿层。要绘目的层面的等高线就必须测定或换算出它在各处的标高(图Ⅰ-9-1)。每个钻孔口地面标高减去到达目的层面的孔深,即得出每个钻孔处目的层的标高。如钻孔 A 地面标高是 350m,到目的层面的孔深是 375m,则在 A 点目的层面标高为 -25m。

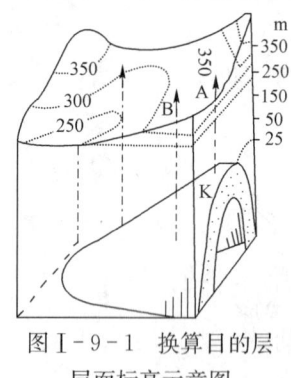

图Ⅰ-9-1　换算目的层层面标高示意图

2. 将计算结果标在图上相应位置

将计算得到的目的层标高数据标记于如图Ⅰ-9-2所示的图中。图1-9-2中,"$\circ\dfrac{5}{55}$"中"5"为钻孔号,"55"为该点目的层层面标高。

3. 分析目的层层面高程变化规律

找出层面的最高点或最低部位或高程突变位置(可能是断层存在的显示),分析层面高程变化趋势。初步确定背斜或向斜以及枢纽轴线或脊线、槽线方位。如图Ⅰ-9-3,以11号孔为中心,附近各点高程变化特点是:朝北西和南东方向变低,向北东方向也逐渐降低,可以判断这一个枢纽向北东倾伏的背斜,沿11-9-7的连线应大致是背斜枢纽或脊线的位置。

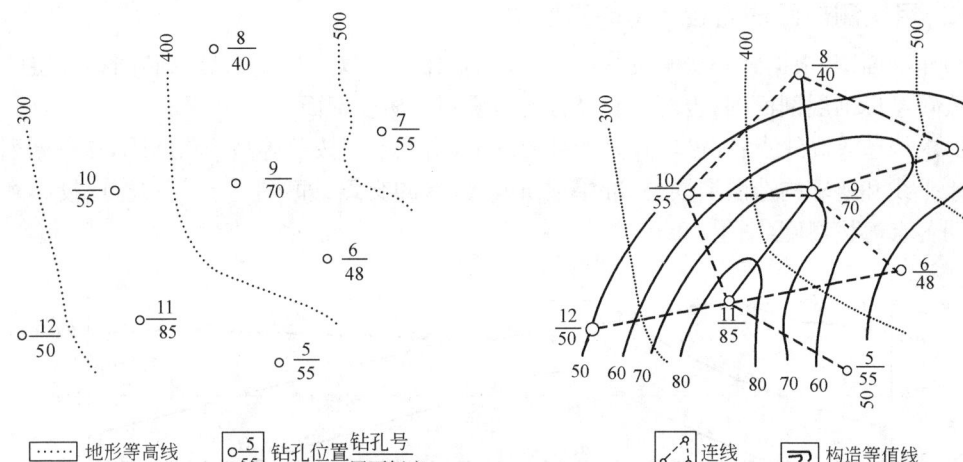

| ⋯⋯ 地形等高线　　○ $\frac{5}{55}$ 钻孔位置 钻孔号／层面标高 | ／　连线　　⊃ 构造等值线 |

图Ⅰ-9-2　分析目的层层面高程变化的特点　　　　图Ⅰ-9-3　连绘三角网和等高线

4. 用插入法求等高距点

从最高点(或最低点)开始,向周围距离较短高差较大的点连线。用透明方格纸作高程差线网,按所规定的等高线距,用内插法求出钻孔连线间的等高距点。

内插法如图Ⅰ-9-4所示,2号孔层层面标高为65m,3号孔层面标高为82m,二者高差17m。按等高线间距为10m,应在两孔之间线段上求出70m和80m两高程点位置。将差线网盖在图上,使其某一基线与2号孔吻合,此基线即为65m,用大头针固定2号孔,转动高程差线网,使自基线起算与3号孔标高相等的网上的一条线与3号也重合,则等高差线网中相对应的70m和80m线与2—3连线的交点,即为所求的等高线点。

5. 绘等高线

以平滑曲线连各等高点即得出等高线图(图Ⅰ-9-5),连线时应从最高(或最低)线向外依次完成。绘等高线时要注意相邻等高线的形态与之协调,也要注意高程的突变,以免遗漏断层。

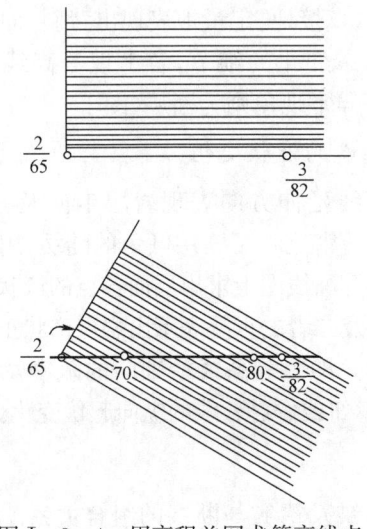

图Ⅰ-9-4　用高程差网求等高线点

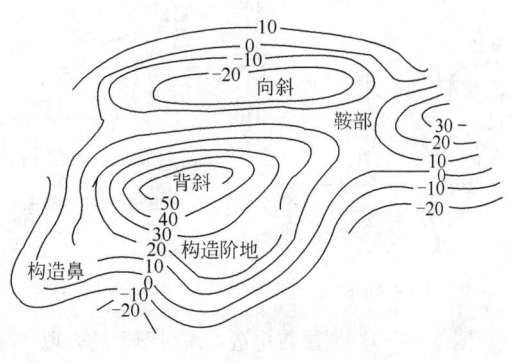

图Ⅰ-9-5　褶皱形态在构造等高线图上的表现

(二)用实测剖面法编绘构造等高线图

(1)作剖面图:根据野外实测资料绘制的横剖面图,可以直接用来量取制图标准层的高程资料,或转绘标准层剖面图,也可以在已有的地质图上切横剖面图。

(2)求构造等高线点:在已经作好的剖面图上,由低至高按照等高距为间隔,作一系列水平线,将水平线和所求构造图层面(标准层顶面或底面)的交点(即为构造等高线点)投影到基线上,注明各点海拔高度(图Ⅰ-9-6)。

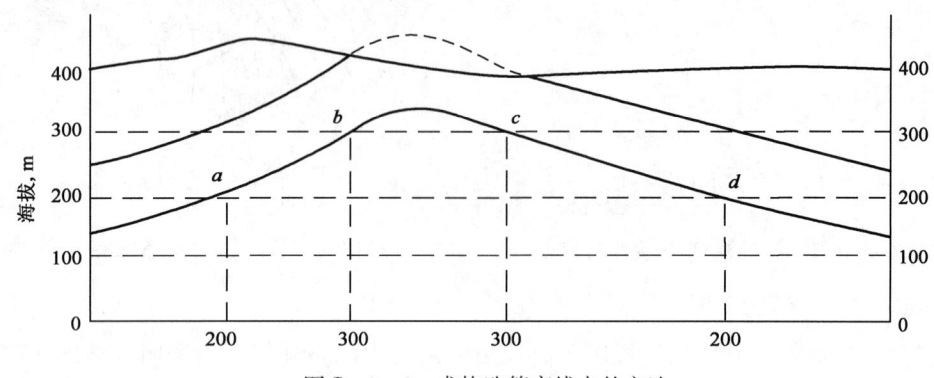

图Ⅰ-9-6 求构造等高线点的方法

(3)转点:将各剖面上所得的构造等高线点按平距大小转到地质图上相应的剖面线上。

(4)初步分析:分析构造总的起伏趋势。

(5)连构造图:根据岩层产状,用圆滑曲线将高度相同的构造等高线自高向低相连,即得构造图。

(6)检查图件:检查并按规格加以完善。

(7)清绘:在进一步检查的基础上将构造图转绘到透明纸上并上墨。

(三)分析构造等高线图

根据构造等高线图可以认识和分析由目的层面的起伏形态所反映的构造特征。

1.构造类型

如图Ⅰ-9-5所示,从等高线圈闭形状和高程变化,直接地、定量地表现出背斜、向斜和一些褶皱形态变化的细节,若出现等高线的错开或重叠等异常现象则为断层(图Ⅰ-9-7)。

2.构造的产状变化

等高线延伸方向表现岩层走向及其变化,等高线的疏密反映了岩层倾角的陡缓,用作图法可在构造等高线图上求出层面各点的产状。用实线和虚线及二者的重叠表示出岩层产状正常和倒转(图Ⅰ-9-8)。等高线沿轴向的疏密及高程变化,反映枢纽或脊(槽)线的纵向起伏变化。

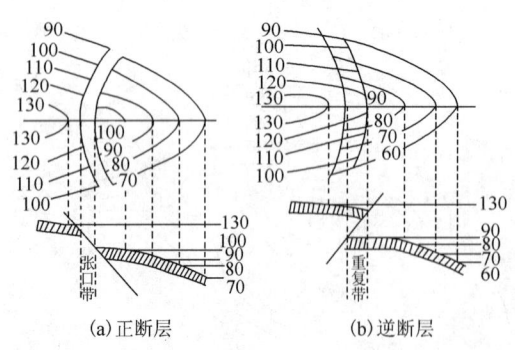

图Ⅰ-9-7 断层在构造等高线图上的表现

3.构造组合

在较大区域的构造等高线图上,可以看到地下的褶皱及褶皱与断层的组合关系。在资料较丰富、编绘较精细的构造图上,还可以反映出次级构造形态。

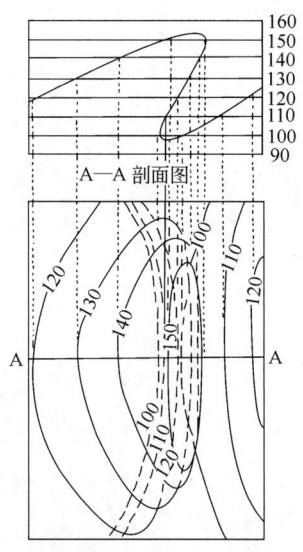

图Ⅰ-9-8 倒转褶皱在构造等高线图上的表现

三、作业

1. 编制凉风垭地区(图Ⅰ-9-9)中侏罗统介壳灰岩顶面构造等值线图。凉风垭地区由钻孔资料所得该介壳灰岩顶面标高、钻孔地面高程和介壳灰岩顶面的深度,列于表Ⅰ-9-1中。

表Ⅰ-9-1 凉风垭地区 J_2 介壳灰岩深度及顶面标高数据表

钻孔号	深度 m	目的层标高,m	钻孔号	深度 m	目的层标高,m	钻孔号	深度 m	目的层标高,m
1	180	70	13	207	70	25	220	80
2	195	80	14	223	60	26	200	80
3	235	60	15	220	70	27	207	
4	305	40	16	220	90	28	175	70
5	249		17	200	100	29	155	
6	210		18	240	70	30	195	60
7	170	100	19	205	95	31	185	80
8	190	70	20	196		32	185	80
9	200	70	21	207		33	264	56
10	170	100	22	178		34	270	50
11	190		23	198		35	185	56
12	233	60	24	195				

2. 根据表Ⅰ-9-2所给资料,在王家梁地形图(图Ⅰ-9-10)上编制油层顶面构造图。
3. 运用地质剖面法在石油山地形地质图(图Ⅰ-9-11)上绘制三叠系顶面构造图(取等值线距为200m,侏罗系地层厚度为600m)。
4. 按以上说明,分析编绘出的构造等高线图上的构造形态。

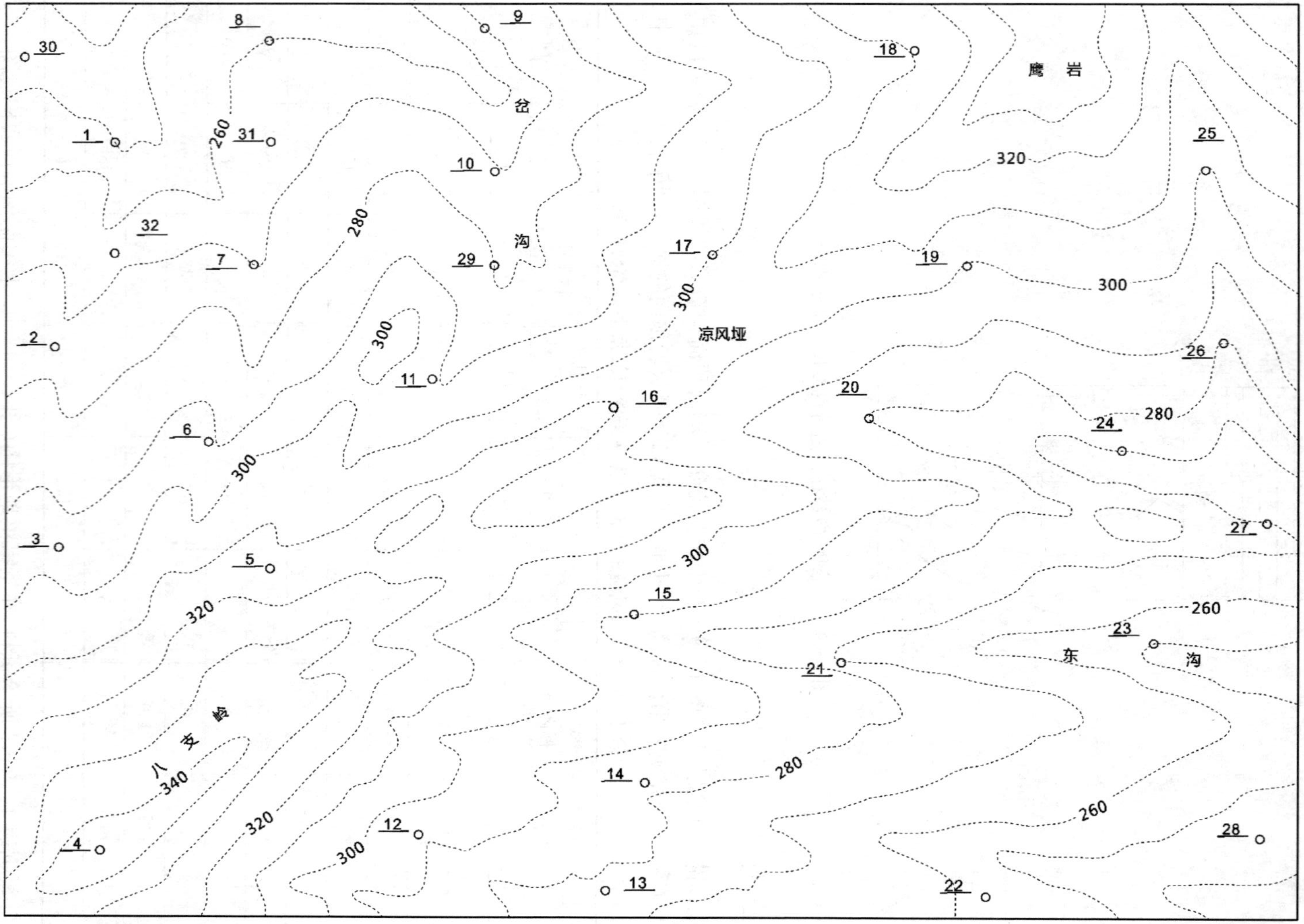

比例尺 1:10000

图 Ⅰ-9-9 凉风垭地区地形图

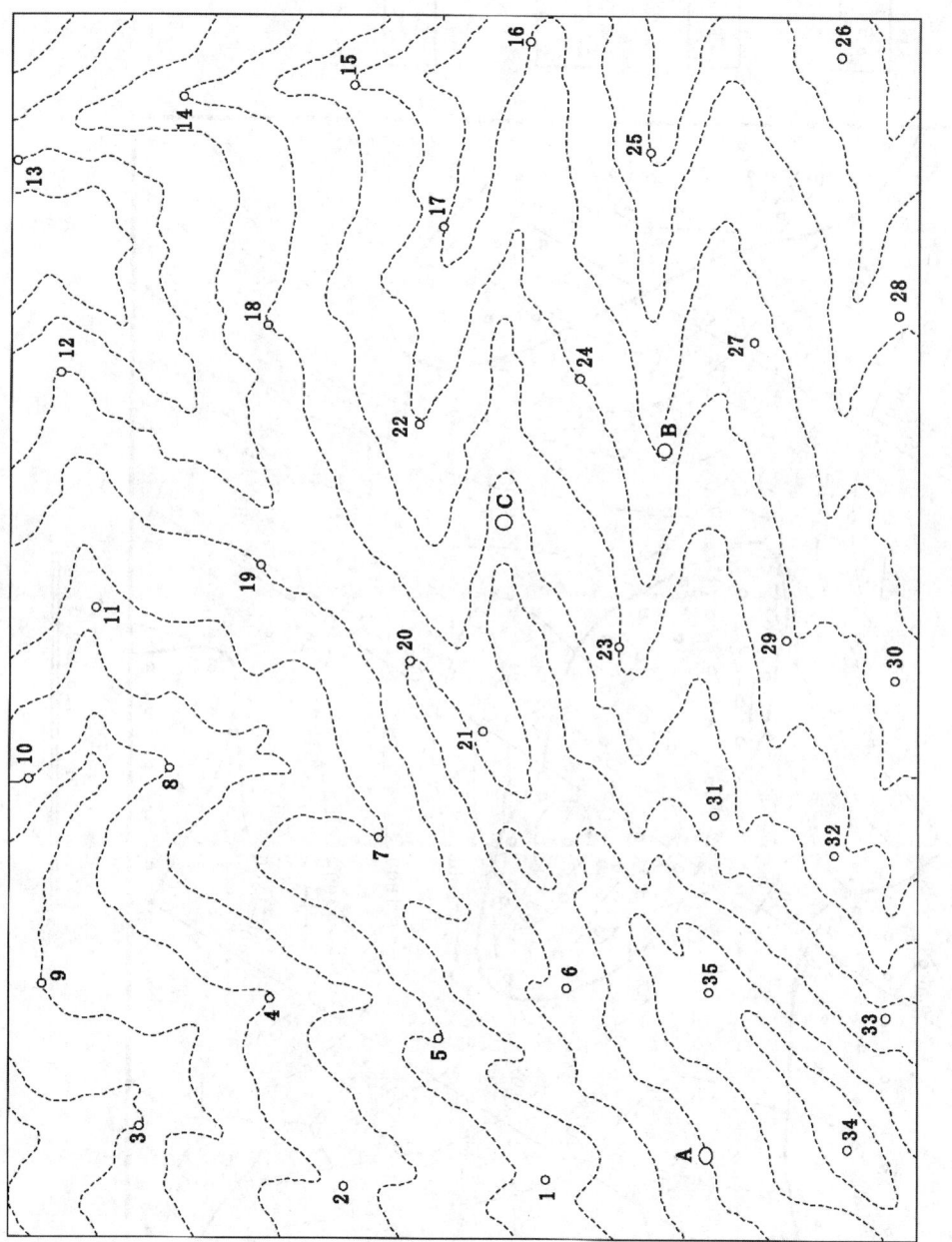

图Ⅰ-9-10 王家梁地形图

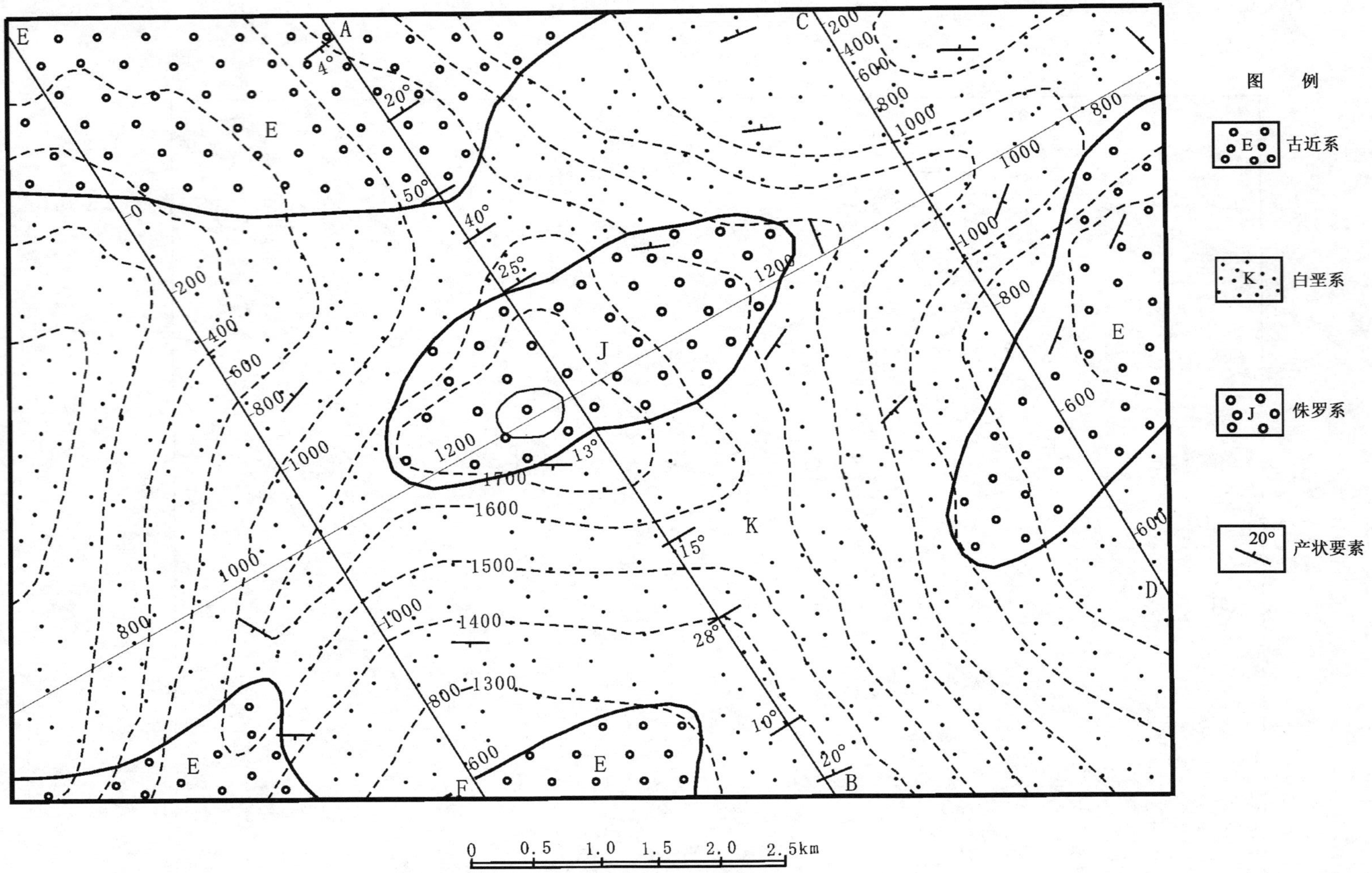

图例: 古近系 E, 白垩系 K, 侏罗系 J, 产状要素 20°

图 I-9-11 石油山地形地质图

表 I-9-2 王家梁构造中三叠统含油层埋藏深度表

井号	地形标高	上层面		下层面		含油层铅直厚度 m	井号	地形标高	上层面		下层面		含油层铅直厚度 m
		深度 m	标高 m	深度 m	标高 m				深度 m	标高 m	深度 m	标高 m	
A	340	200	140	245	95	45	17	240	105	135	155	85	50
B		105		133			18		150		200		
C		152		180			19	300	150	150	180	120	30
1	290	157	133	195	95	38	20		150		180		
2		133		174			21	310	136	174	155	155	19
3		100		140			22		105		142		
4	240	113	127	140	100	27	23		127		140		
5		140		165			24		123	137	155	105	32
6		175		200			25		85		140		
7	280	124		140	140	16	26		100		160		
8		108		135			27	245	125	120	165	80	40
9		120		160			28		112		155		
10	240	125	115	160	80	35	29		133		155		
11		143		180			30	250	130	120	155	95	25
12		190		240			31		163		175		
13	340	220	120	290	50	70	32		157	128	180		
14		170		240			33	328	200		240	88	40
15		133		200			34		265		310		
16		125	115	190	50	65	35	370	222	148	250	120	28

实习十 编制和分析节理玫瑰花图

一、目的和要求

1. 学会整理节理资料和绘制节理玫瑰花图；
2. 分析节理玫瑰花图并了解其构造意义。

二、实习内容

(一)绘制节理玫瑰花图的方法

1. 节理走向玫瑰花图

1)资料的整理

将野外测得的节理走向，换算成北东和北西方向，按其走向方位角的一定间隔分组。分组间隔大小依作图要求及地质情况而定，一般采用 5°或 10°为一间隔，如分成 0°～9°，10°～19°，……。然后统计每组的节理数目，计算每组节理平均走向，如 0°～9°组内，有走向为 6°、5°、4°三条节理，则其平均走向为 5°。把统计整理好的数值，填入表中(表 I-10-1)。

表Ⅰ-10-1　天平山 8 号观测点节理统计资料

方位间隔	节理数目	平均走向	方位间隔	节理数目	平均走向
0°~9°		5°	270°~279°		
10°~19°	5	14.8°	280°~289°	3	282.7°
20°~29°			290°~299°	6	294°
30°~39°	13	34.7°	300°~309°		
40°~49°	21	45.9°	310°~319°		
50°~59°			320°~329°	10	325.6°
60°~69°			330°~339°		
70°~79°			340°~349°		
80°~89°			350°~359°		

2) 确定作图的比例尺及坐标

根据作图的大小和各组节理数目,选取一定长度的线段代表一条节理,然后以等于或稍大于按比例表示的、数目最多的那一组节理的线段的长度为半径,作半圆,过圆心作南北线及东西线,在圆周上表明方位角(图Ⅰ-10-1)。

3) 找点连线

从 0°~9°一组开始,顺序按各组平均走向方位角在半圆周上作一记号,再从圆心向圆周上该点的半径方向,按该组节理数目和所定比例尺定出一点,此点即代表该组节理平均走向和节理数目。各组的点确定后,顺次将相邻的点连线。如其中某组节理数目为零,则连线回到圆心,然后再从圆心引出与下一组相连。

4) 写上图名和比例尺(图Ⅰ-10-1)

最后,写上图名和比例尺,完成节理走向玫瑰花图。

2. 节理倾向玫瑰花图

按节理倾向方位角分组,求出各组节理的平均倾向和节理数目,用圆周方位代表节理的平均倾向,用半径长度代表节理条数,作法与节理走向玫瑰花图相同,只不过用的是整圆(图Ⅰ-10-2)。

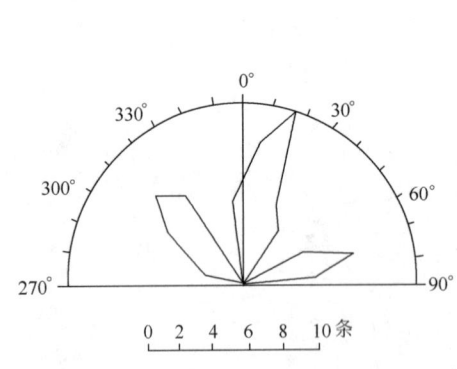

图Ⅰ-10-1　节理走向玫瑰花图
比例尺代表节理的数目

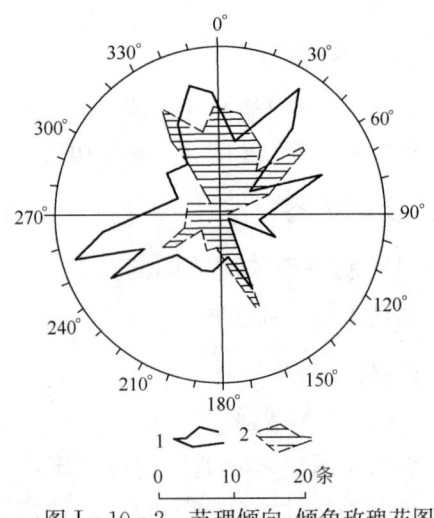

图Ⅰ-10-2　节理倾向、倾角玫瑰花图
1—倾向玫瑰花图;2—倾角玫瑰花图;比例尺代表节理的数目

3.节理倾角玫瑰花图

按上述节理倾向方位角的组,求出每一组的平均倾角,然后用节理的平均倾向和平均倾角作图,圆半径长度代表倾角,由圆心至圆周从 0°～90°,找点和连线方法与倾向玫瑰花图相同。

倾向、倾角玫瑰花图一般重叠画在一张图上。作图时,在平均倾向线上,可沿半径按比例找出代表节理数和平均倾角的点,将各点连成折线即得。图上用不同颜色或线条加以区别(图Ⅰ-10-2)。

(二)节理玫瑰花图的分析

玫瑰花图是节理统计方式之一,作法简便、形象醒目,比较清楚地反映出主要节理的方向,有助于分析区域构造。最常用的是节理走向玫瑰花图。

分析节理玫瑰花图,应与区域地质构造结合起来。因此,常把节理玫瑰花图按测点位置标绘在地质图上(图Ⅰ-10-3),这样就清楚反映出不同构造部位的节理与构造(如褶皱和断层)的关系。综合分析不同构造部位节理玫瑰花图的特征,就能得出局部应力状况,甚至可以大致确定主应力轴的性质和方向。

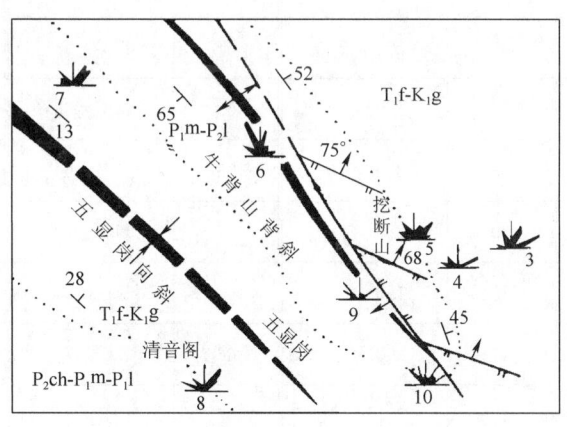

图Ⅰ-10-3　四川峨眉挖断山地质构造略图

走向玫瑰花图多应用于节理产状比较陡峻的情况,而倾向和倾角节理玫瑰花图多用于节理产状变化较大的情况。

三、作业

1.根据表Ⅰ-10-2节理产状资料,编制节理走向玫瑰花图,并进行分析。

2.根据表Ⅰ-10-3中节理产状数据,分别编制节理倾向玫瑰花图和节理倾角玫瑰花图。

表 I-10-2 某观测点节理测量记录表

序号	节理产状	序号	节理产状	序号	节理产状	序号	节理产状
1	13°∠61°	26	196°∠69°	51	104°∠52°	76	340°∠60°
2	19°∠76°	27	196°∠74°	52	105°∠56°	77	352°∠71°
3	20°∠71°	28	201°∠60°	53	106°∠69°	78	302°∠82°
4	5°∠81°	29	202°∠66°	54	107°∠61°	79	304°∠76°
5	22°∠78°	30	206°∠85°	55	108°∠76°	80	305°∠60°
6	24°∠73°	31	208°∠62°	56	110°∠68°	81	307°∠68°
7	46°∠66°	32	212°∠72°	57	111°∠67°	82	308°∠78°
8	26°∠81°	33	216°∠64°	58	112°∠63°	83	310°∠62°
9	27°∠74°	34	218°∠60°	59	113°∠81°	84	310°∠72°
10	28°∠78°	35	220°∠70°	60	114°∠74°	85	306°∠62°
11	30°∠69°	36	200°∠70°	61	115°∠58°	86	310°∠79°
12	16°∠78°	37	279°∠72°	62	116°∠68°	87	321°∠78°
13	14°∠64°	38	285°∠70°	63	117°∠64°	88	324°∠60°
14	12°∠70°	39	286°∠78°	64	118°∠79°	89	201°∠76°
15	20°∠81°	40	196°∠74°	65	119°∠54°	90	203°∠73°
16	18°∠66°	41	290°∠60°	66	120°∠74°	91	204°∠76°
17	24°∠66°	42	291°∠61°	67	121°∠60°	92	207°∠79°
18	22°∠63°	43	292°∠80°	68	122°∠73°	93	205°∠69°
19	32°∠74°	44	293°∠70°	69	123°∠78°	94	208°∠66°
20	36°∠66°	45	296°∠57°	70	125°∠62°	95	191°∠61°
21	38°∠76°	46	297°∠76°	71	126°∠74°	96	199°∠78°
22	38°∠70°	47	298°∠64°	72	128°∠68°	97	198°∠69°
23	36°∠60°	48	300°∠59°	73	190°∠62°	98	196°∠81°
24	21°∠68°	49	301°∠72°	74	144°∠66°	99	192°∠85°
25	22°∠57°	50	302°∠68°	75	103°∠64°	100	195°∠78°

表 I-10-3　某观测点节理测量记录表

序号	节理产状	序号	节理产状	序号	节理产状	序号	节理产状
1	10°∠84°	32	1°∠71°	63	151°∠76°	94	342°∠80°
2	280°∠88°	33	289°∠83°	64	183°∠60°	95	22°∠82°
3	16°∠83°	34	77°∠81°	65	222°∠40°	96	343°∠66°
4	88°∠82°	35	0°∠71°	66	243°∠79°	97	347°∠81°
5	20°∠88°	36	1°∠75°	67	230°∠40°	98	27°∠79°
6	270°∠88°	37	87°∠79°	68	158°∠40°	99	40°∠70°
7	352°∠8°	38	0°∠71°	69	240°∠73°	100	85°∠89°
8	83°∠7°	39	285°∠75°	70	253°∠87°	101	345°∠87°
9	0°∠82°	40	77°∠83°	71	120°∠80°	102	89°∠69°
10	275°∠80°	41	75°∠73°	72	240°∠52°	103	339°∠78°
11	1°∠89°	42	40°∠73°	73	92°∠60°	104	84°∠88°
12	274°∠89°	43	289°∠78°	74	200°∠83°	105	342°∠68°
13	23°∠63°	44	90°∠65°	75	243°∠81°	106	282°∠82°
14	284°∠78°	45	281°∠86°	76	150°∠73°	107	353°∠78°
15	270°∠84°	46	76°∠83°	77	243°∠71°	108	80°∠89°
16	280°∠79°	47	1°∠70°	78	150°∠68°	109	352°∠84°
17	284°∠63°	48	330°∠89°	79	243°∠63°	110	86°∠88°
18	272°∠79°	49	275°∠75°	80	243°∠79°	111	1°∠80°
19	0°∠83°	50	1°∠71°	81	260°∠71°	112	280°∠88°
20	317°∠77°	51	105°∠81°	82	155°∠87°	113	350°∠89°
21	302°∠70°	52	200°∠65°	83	94°∠87°	114	343°∠84°
22	280°∠79°	53	255°∠81°	84	140°∠80°	115	328°∠80°
23	274°∠87°	54	161°∠77°	85	252°∠85°	116	89°∠89°
24	272°∠73°	55	134°∠63°	86	253°∠60°	117	330°∠79°
25	271°∠70°	56	253°∠87°	87	240°∠87°	118	71°∠88°
26	83°∠73°	57	236°∠73°	88	230°∠81°	119	335°∠80°
27	83°∠73°	58	253°∠69°	89	176°∠80°	120	41°∠73°
28	81°∠87°	59	265°∠28°	90	187°∠83°	121	340°∠88°
29	63°∠60°	60	233°∠61°	91	142°∠70°	122	330°∠80°
30	287°∠81°	61	141°∠73°	92	260°∠80°	123	65°∠89°
31	83°∠83°	62	249°∠63°	93	87°∠86°	124	340°∠80°

实习十一　编制节理极点图和等密度图

一、目的和要求

学会编制和分析节理极点图和等密图。

二、实习内容

(一)节理极点图的编制

节理极点图通常是在施密特网上编制的,网的圆周方位(0°～360°)表示倾向,半径方向表示倾角,由圆心到圆周为 0°～90°。作图时,把透明纸蒙在网上,描上基圆和中心(原点),标明北方,当确定某一节理倾向后,再将透明纸标注的倾向转到施密特网上东西向或南北向直径上,依其倾角定点,该点就是这条节理的极点,即代表这条节理的产状。为避免投点时转动透明纸,可用与施密特网投影原理相同的极等面积投影网(赖特网)(图Ⅰ-11-1)。极等面积投影网中放射线表示倾向(0°～360°),同心圈表示倾角(由圆心到圆周为 0°～90°)。作圆时,用透明纸蒙在该网上,投影出相应的极点。如一节理产状为 20°∠70°,则以北为 0°,顺时针数 20°即倾向,再由圆心到圆周数 70°(即倾角)定点,为节理法线的投影,该点就代表这条节理的产状(图Ⅰ-11-1 中 a 点)。若产状相同的节理有数条,则在点旁注明条数(图Ⅰ-11-1 中 b 点)。把观测点上的节理都分别投成极点,即成为该观测点的节理极点图。有时,为了区分不同力学性质、不同规模、不同矿化的节理与褶皱、断层的关系,可分别作图。

(二)节理等密图的编制

等密图是在极点图的基础上编制的,其编制步骤如下:

(1)在透明纸极点图上作方格网(或在透明纸极点图下垫一张方格纸),平行 E—W、S—N 线,间距等于大圆半径的 1/10(图Ⅰ-11-2)。

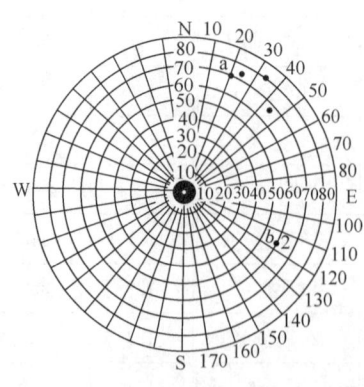

图Ⅰ-11-1　极等面积投影图

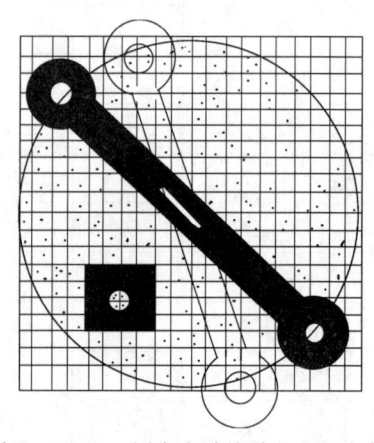

图Ⅰ-11-2　用密度计统计节理极点数

(2)用密度计统计节理数。

①工具。中心密度计是中间有一小圆的四方形胶板,小圆半径是大圆半径的1/10;边缘密度计是两端有两个小圆的长条胶板,小圆半径也是大圆半径的1/10,两个小圆圆心连线,其长度等于大圆直径,中间有一条纵向窄缝,利于转动和来回移动(图Ⅰ-11-2)。

②统计。先用中心密度计从左到右、由上到下,顺次统计小圆内的节理数(极点数)。并注在每一方格"十"中心,即小圆中心上;再用边缘密度计统计圆周附近残缺小圆内的节理数。将两端加起来(正好是小圆面积内极点数),记在有"十"中心的那一个残缺小圆内,小圆圆心不能与"十"中心重合时,可沿窄缝稍作移动和转动。如果两个小圆中心均在圆周,则在圆周的两个圆心上都记上相加的节理数。

③连线。统计后,大圆内每一小方格"十"中心上都注上了节理数目,把数目相同的点连成曲线(方法与连等高线一样),即成节理等值线图(图Ⅰ-11-3)。一般是用节理的百分比来表示,即小圆面积内的节理数,与大圆面积内的节理总数换算成百分比。因小圆面积是大圆面积的1%,其节理数也成比例。如大圆内的节理数为60条,某一小圆内的节理数为6条,则该小圆内的节理比值相当于10%。在连等值线时,应注意圆周上的等值线,两端具有对称性(图Ⅰ-11-4)。

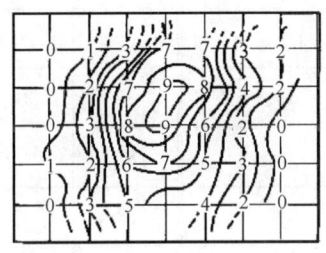

图Ⅰ-11-3 节理等值线连法

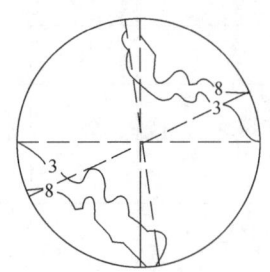

图Ⅰ-11-4 圆周上等值线连法

④整饰。为了图件醒目清晰,在相邻等值线(等密线)间着以颜色或画以线条花纹,写上图名、图例和方位(图Ⅰ-11-5)。

(三)分析

图Ⅰ-11-5是根据400条节理编制的等密图,等值线间距为1%。图上可清楚地看出有两组节理:第1组走向NE60°,倾角直立;第2组走向SE120°,倾角直立;第1组与第2组构成"X"共轭节理系。然后进一步结合节理所处的构造部位,分析节理与有关构造之间的关系及其形成时的应力状态。

节理等密图的优点是表现比较全面,节理的倾向、倾角和数目都能得到反映,尤其是能反映出节理的优势方位;缺点是作图工作量较大。

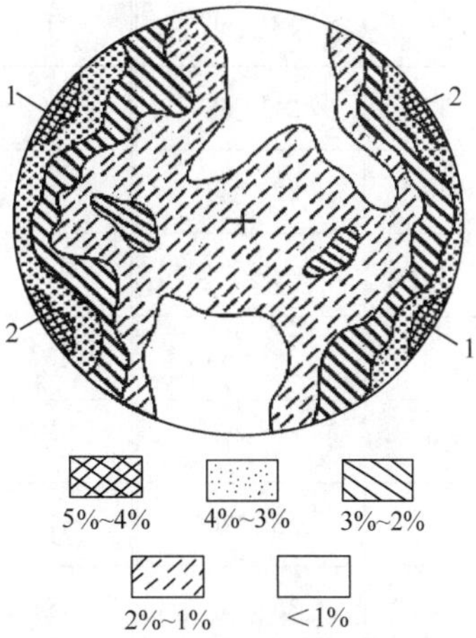

图Ⅰ-11-5 节理等密图

三、作业

根据表Ⅰ-11-1节理测定的产状资料(共100个节理)用极等面积投影网编制节理极点图,进而编制节理等密图。测点处岩层产状为25°∠69°。

表 I-11-1　某观测点节理测量记录表

节理序号	节理产状	节理序号	节理产状	节理序号	节理产状	节理序号	节理产状
1	13°∠61°	26	196°∠69°	51	104°∠52°	76	340°∠60°
2	19°∠76°	27	196°∠74°	52	105°∠56°	77	352°∠71°
3	20°∠71°	28	201°∠60°	53	106°∠69°	78	302°∠82°
4	5°∠81°	29	202°∠66°	54	107°∠61°	79	304°∠76°
5	22°∠78°	30	206°∠85°	55	108°∠76°	80	305°∠60°
6	24°∠73°	31	208°∠62°	56	110°∠68°	81	307°∠68°
7	46°∠66°	32	212°∠72°	57	111°∠67°	82	308°∠78°
8	26°∠81°	33	216°∠64°	58	112°∠63°	83	310°∠62°
9	27°∠74°	34	218°∠60°	59	113°∠81°	84	310°∠72°
10	28°∠78°	35	220°∠70°	60	114°∠74°	85	306°∠62°
11	30°∠69°	36	200°∠70°	61	115°∠58°	86	310°∠79°
12	16°∠78°	37	279°∠72°	62	116°∠68°	87	321°∠78°
13	14°∠64°	38	285°∠70°	63	117°∠64°	88	324°∠60°
14	12°∠70°	39	286°∠78°	64	118°∠79°	89	201°∠76°
15	20°∠81°	40	288°∠74°	65	119°∠54°	90	203°∠73°
16	18°∠66°	41	290°∠60°	66	120°∠74°	91	204°∠76°
17	24°∠66°	42	291°∠61°	67	121°∠60°	92	207°∠79°
18	22°∠63°	43	292°∠80°	68	122°∠73°	93	205°∠69°
19	32°∠74°	44	293°∠70°	69	123°∠78°	94	208°∠66°
20	36°∠66°	45	296°∠57°	70	125°∠62°	95	191°∠61°
21	38°∠76°	46	297°∠76°	71	126°∠74°	96	199°∠78°
22	38°∠70°	47	298°∠64°	72	128°∠68°	97	198°∠69°
23	36°∠60°	48	300°∠59°	73	190°∠62°	98	196°∠81°
24	21°∠68°	49	301°∠72°	74	144°∠66°	99	192°∠85°
25	22°∠57°	50	302°∠68°	75	103°∠64°	100	195°∠78°

实习十二　根据共轭剪节理求主应力方位并绘制主应力迹线图

一、目的和要求

1. 学会根据共轭剪节理用吴氏网求主应力方位；
2. 根据某一地区一系列点的主应力方位，编制该地区的主应力迹线图，恢复该区构造应力场和外力作用方式。

二、预习内容

1. 预习教材第六章中"利用节理研究恢复构造应力场"的相关内容；
2. 预习附录Ⅱ第三节中"断裂构造的赤平投影和分析"。

三、实习内容

(一)根据共轭剪节理利用吴氏网求主应力轴。

例如，某地 4 号观测点上测得大量节理资料，经整理并作出等密度图，求出共轭剪节理的平均产状：A 组为 16°∠68°；B 组为 326°∠63°，求出三个主应力轴的方位。投影方法如图Ⅰ-12-1如示，操作步骤如下：

(1)按平均产状将两组剪节理面投影在透明纸上，如$\overset{\frown}{AB}$和$\overset{\frown}{CD}$两个大圆弧，二者交点 P_2 就是 σ_2 轴的投影点。

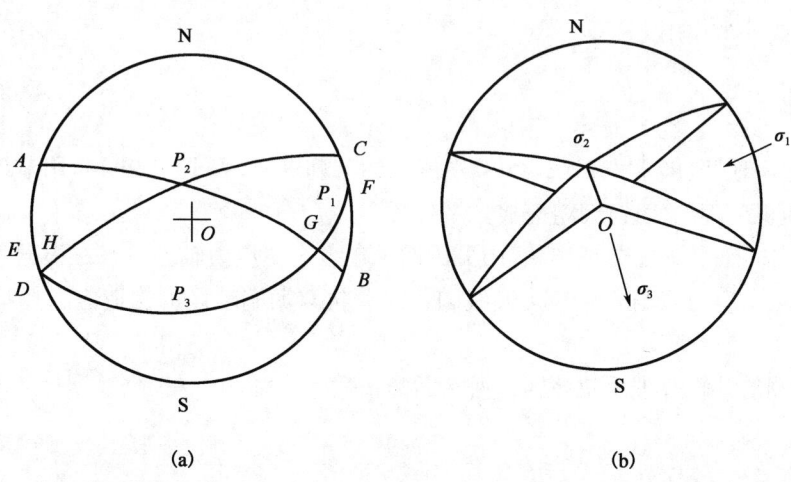

图Ⅰ-12-1　利用共轭剪节理产状求主应力轴
(a)共轭剪节理的赤平投影图；(b)主应力轴位置投影

(2)作出以 P_2 为极点的对应大圆弧 $\overgroup{EF}$，与 $\overgroup{AB}$ 圆弧交于 G，与 $\overgroup{CD}$ 圆弧交于 H。求出 GH 角距中点 P_3，P_3 即为两节理面夹角等分线投影点，也就是 σ_3 产状投影点（GH 角距为 114°，故其平分线为 σ_3）。

(3)沿 $\overgroup{EF}$ 大圆弧，自 P_3 度量 90°，得 P_1 点，此点即为 σ_1 的投影点。

(4)测得各主应力轴的产状：$OP_1(\sigma_1)$ 86°∠5°，$OP_2(\sigma_2)$ 332°∠62°，$OP_3(\sigma_3)$ 176°∠28°。图Ⅰ-12-1(b)为共轭剪节理产状与主应力关系投影图。

(二)编绘主应力网格图

(1)用上述方法根据研究区各观测点的共轭剪节理的产状，用吴氏网将各点主应力轴的方位一一确定出来。

(2)作出各点的共轭剪节理和主应力轴的赤平投影图（缩小成直径为 2cm 的投影图），按各点编号顺序绘在地质图上适当位置（一般绘在图上分析区四周空白处该点附近），标明点号。投影图要注明"北"（圆圈上注明"N"标记），其定向应与地质图方位一致。

(3)将所求得的各点的主应力轴，按各自的方位一一转移到地质图上各测点上。

(4)作主应力 σ_1 与 σ_3 的应力迹线。将相邻测点的主应力 σ_1 与 σ_3 分别用断线和点线按其方位连接。连线时要注意分析各点主应力轴的方位变化趋势，用平滑曲线相连，而不能连成折线。两组主应力迹线在各处总是垂直相交的矩形网络。

(5)主断层两侧的主应力迹线一般各自至断层而终止，不能穿过断层相连，但可穿过次级派生断层。

(6)根据主应力轴与剪应力方位关系，主应力网络的对角线连线大致是两组剪切应力迹线。但是，如测点太稀或不均匀，测其迹线方位与实际情况偏差很大。

(7)绘上赤平投影图和主应力迹线图例。

(三)分析区域构造应力场和构造动力作用方式

根据主应力网络特征，分析该区构造应力场，并结合研究区域地质资料，分析区域构造动力作用方式（或外力作用方式）。

四、作业

根据双塘涧地区（图Ⅰ-12-2）18 个观测点的节理资料（表Ⅰ-12-1），用节理等密度图求出的各点共轭剪节理的优选产状，完成如下任务：

(1)根据各点的共轭剪节理产状，用吴氏网求出各点主应力轴方位；(2)根据各点主应力轴方位，编绘该区主应力 σ_1 与 σ_3 的应力迹线图；(3)分析双塘涧地区的构造应力场特点和构造运动方式。

说明：所测的共轭节理反映该区天河水断裂最后一次活动为左行平移。

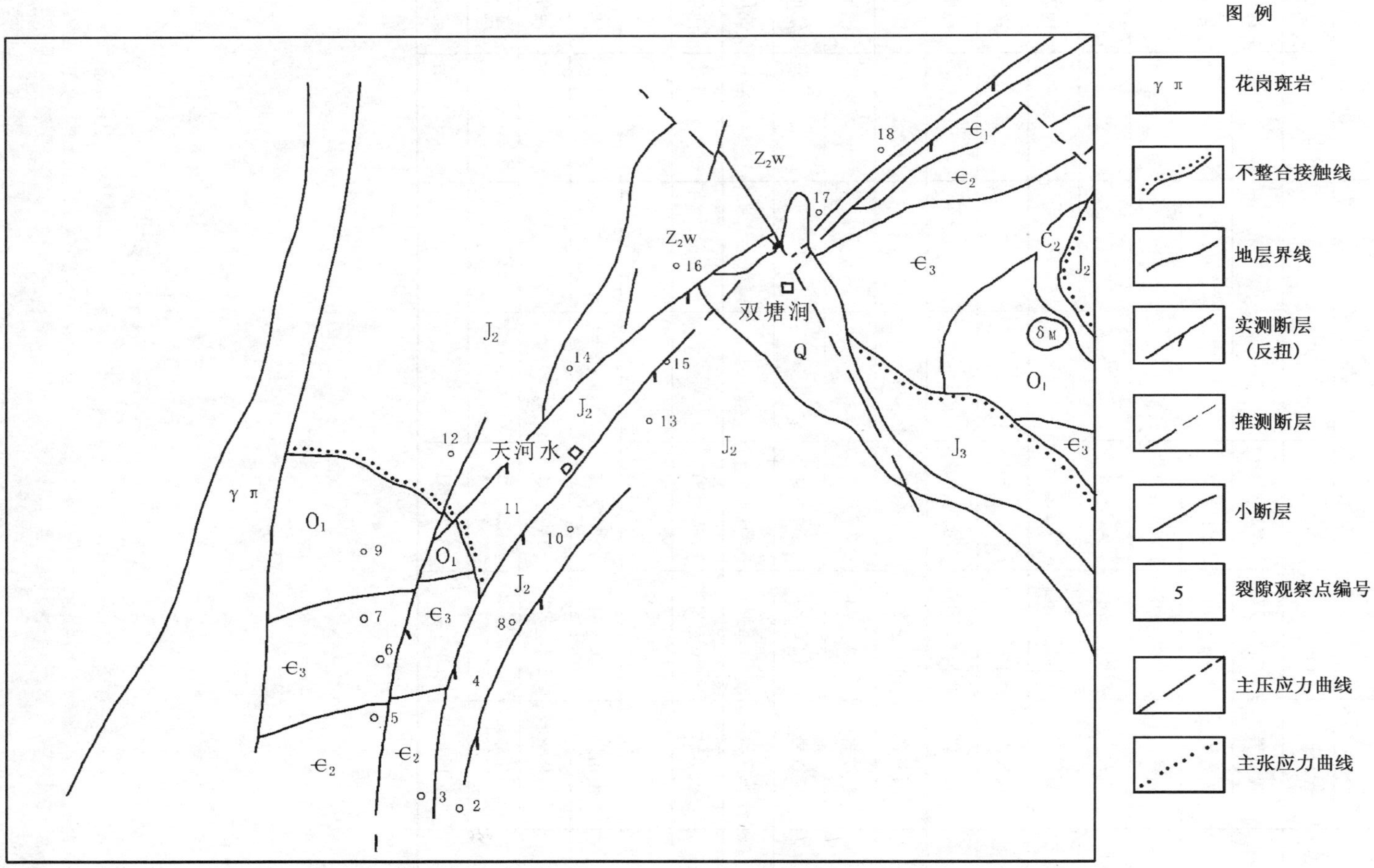

图 例

γ_π	花岗斑岩
	不整合接触线
	地层界线
	实测断层(反扭)
	推测断层
	小断层
5	裂隙观察点编号
	主压应力曲线
	主张应力曲线

图 I-12-2 双塘洞地区构造图

表 I-12-1　双塘涧地区节理产状统计资料

观测点号	岩性	节理产状		主应力轴产状			σ_1
		Ⅰ组	Ⅱ组	σ_1	σ_2	σ_3	
1	流纹岩	332°∠53°	60°∠64°				锐角分角线
2	流纹岩	280°∠77°	341°∠76°				钝角分角线
3	石灰岩	190°∠76°	278°∠53°				锐角分角线
4	流纹岩	105°∠80°	200°∠78°				锐角分角线
5	石灰岩	338°∠74°	45°∠70°				钝角分角线
6	石灰岩	107°∠79°	185°∠82°				钝角分角线
7	流纹岩	260°∠72°	325°∠70°				锐角分角线
8	流纹岩	200°∠70°	300°∠60°				钝角分角线
9	石灰岩	102°∠83°	6°∠82°				钝角分角线
10	流纹岩	170°∠70°	70°∠47°				锐角分角线
11	流纹岩	110°∠80°	230°∠65°				锐角分角线
12	流纹岩	66°∠61°	284°∠60°				钝角分角线
13	安山岩	190°∠88°	290°∠81°				钝角分角线
14	白云质灰岩	206°∠80°	133°∠73°				钝角分角线
15	安山岩	30°∠64°	295°∠55°				钝角分角线
16	白云质灰岩	264°∠80°	140°∠79°				钝角分角线
17	白云质灰岩	45°∠45°	120°∠70°				锐角分角线
18	白云质灰岩	139°∠79°	342°∠51°				钝角分角线

实习十三 读断层地区地质图并求断层产状及断距

一、目的和要求

1. 在地质图上分析断层;
2. 分析逆冲断层发育地区地质图。

二、实习内容

(一)断层发育区地质特征的概略分析

分析该区出露的地层,建立地层层序;判定不整合的时代;研究新老地层分布及产状;确定区内褶皱形态及轴向以及断层发育状况。

(二)断层性质的分析

1. 断层面产状的判定

断层线是断层面在地面的出露线。因此,它和倾斜岩层的露头线一样,可根据其在地形地质图上的"V"字形,用作图法求出断层面的产状。图Ⅰ-13-1中断层线在河谷中呈指向下游的"V"字形,说明断层倾向南西,通过作图求得断层产状是230°∠40°。

2. 两盘相对位移的判定

断层两盘相对升降、平移并经侵蚀夷平后,如两盘处于等高平面上,则露头和地质图上一般表现出以下规律:

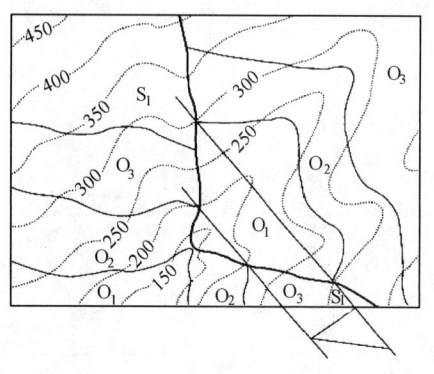

图Ⅰ-13-1 求解断层面产状

(1)走向断层或纵断层,一般是地层较老的一边为上升盘;但当断层倾向与岩层倾向一致,且断层倾角小于岩层倾角,或地层倒转时,则上升盘是新地层。

(2)横向或倾向正(或逆)断层切过褶皱时,背斜核部变宽或向斜核部变窄的一边为上升盘;如为平移断层,则两盘核部宽窄基本不变。

(3)倾斜岩层或斜歪褶皱被横断层切断时,如果地质图上地层界线或褶皱轴线发生错移,它既可以是正(或逆)断层造成,也可以是平移断层造成,这时应参考其他特征来确定其相对位移方向;若是由正(或逆)断层造成的地质界线错移,则岩层界线向该岩层倾向方向移动的一盘为相对上升盘。若是褶皱,则向轴面倾斜方向移动的一盘为上升盘。

确定了断层面产状和断层相对位移方向,就可确定断层的性质。如图Ⅰ-13-1所示,断层面倾向西南,西南盘(上盘)地层相对较新,为下降盘,所以是一条上盘下降的正断层。

(三)断层时代的确定

(1)根据角度不整合,断层一般发生在被其错断的最新地层之后,而在未被错断的上覆不整合面以上的最老地层之前。

(2)根据与岩体或其他构造的相互切割关系,被切割者的时代相对较老。

(四)断距的测定

在大比例尺地形地质图上,如果两盘岩层产状稳定且产状未变,在垂直岩层走向方向上可以求出以下各种断距。

1.测定铅直地层断距

断层两盘同一层面的铅直距离即铅直地层断距(图Ⅰ-13-2中hg)。在地质图上求铅直地层断距时,只要在断层任一盘上作某一层面某一高程的走向线,延长穿过断层线与另一盘的同一层面相交,此交点的标高与该走向线之间的标高差即为铅直地层断距。如图Ⅰ-13-3所示,在断层东南盘泥盆系顶面作300m高程走向线AB,延长过断层线,使之与另一盘同一层面相交于G点,G点标高为250m,AG代表断层西盘泥盆系顶面250m高程的走向线,与东盘300m走向线AB间高差为50m,即为断层的铅直地层断距。

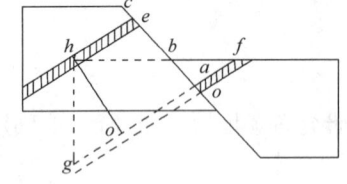

图Ⅰ-13-2 垂直地层走向剖面图

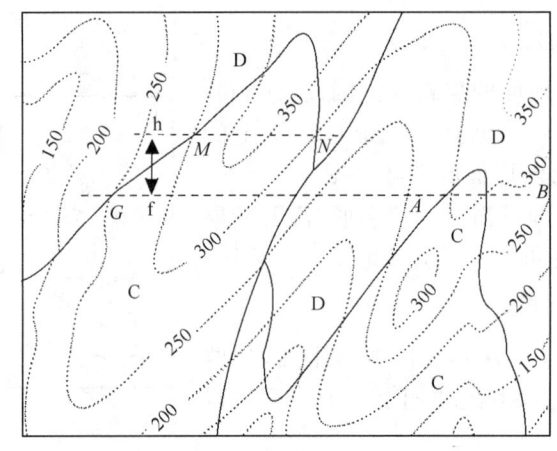

图Ⅰ-13-3 在地质图上求断距

2.测定水平地层断距

如图Ⅰ-13-2所示,在垂直岩层走向的剖面上,过断层两盘同一层面上等高的h、f两点间的水平距离(hf)即为水平地层断距。在地质图上的断层两盘分别绘出同一层面等高的两条走向线,两条走向线之间的垂直距离即为水平地层断距。如图Ⅰ-13-3所示的地形地质图上,断层上盘泥盆系顶面300m走向线与下盘泥盆系顶面300m高程之间的垂直距离为1cm,按该图比例尺(1∶50000)可计算出该断层的水平地层断距为500m。

3.求地层断距

如图Ⅰ-13-2中地层断距为:

$$ho = hg \cdot \cos\alpha \text{ 或 } ho = hf \cdot \sin\alpha$$

用作图法求得 hg 或 hf 之后，可按上式计算求出地层断距。

上述断距的测定，是以岩层被错断后两盘的岩层产状未变为前提条件的，即沿断层面没有发生旋转。

(五) 断层的描述

一条断层的描述内容一般包括：断层名称(地名＋断层类型，或用断层编号)、位置、延伸方向、通过主要地点、延伸长度；断层面产状；两盘出露地层及产状；地层重复、缺失及地质界线错开等特征；两盘相对位移方向；断距大小；断层与其他构造的关系；断层形成时代及力学成因等。

如金山镇地区地质图(图Ⅰ-13-4)西部的纵断层，描述如下：

奇峰—雨峰纵向逆冲断层：位于奇峰和雨峰之东侧近山脊处，断层走向 NE—SW，两端分别延出图外，图内全长约 180km，断层面倾向 NW，倾角 20°～30°。上盘(即上升盘)为组成奇峰—雨峰背斜的石炭系各统地层，下盘(即下降盘)为下二叠统和上石炭统地层，构成一个不完整的向斜。上升盘的石炭系各统岩层逆掩于下二叠统和上石炭统地层之上。地层断距约 800m。断层走向与褶皱轴向一致，基本上为一纵向断层。断层中部为两个较晚期的横断层所错断。断层形成时代与同方向、同性质的桑园—五里河逆冲断层等相同，即晚三叠世(T_3)之后、早白垩世(K_1)之前。三条断层构成叠瓦式。

(六) 逆冲断层发育区地质图特点

逆冲断层是压缩下形成的位移量很大的逆断层，常成叠瓦状产出，并与强烈褶皱伴生。在阅读逆冲断层发育区地质图时，应注意分析以下几个方面：

(1) 逆冲断层的产状及其顺走向和倾向的变化；

(2) 逆冲断层的组合形式；

(3) 逆冲断层侵蚀形成的飞来峰和构造窗等构造；

(4) 与逆冲断层伴生的褶皱的形态、产状、轴面倒向；

(5) 根据逆冲断层面的产状、伴生褶皱的轴面倒向、飞来峰和构造窗的产出部位及其他伴生构造，确定逆冲运移方向；

(6) 根据被错断地层估算运移距离；

(7) 确定断层发生的时代。

三、作业

1. 读星岗地形地质图(图Ⅰ-13-5)，判断图中各断层的性质，并说明判断依据。

2. 读望洋岗地形地质图(图Ⅰ-13-6)，判断断层性质，求断层产状及断距，并确定断层形成时代。

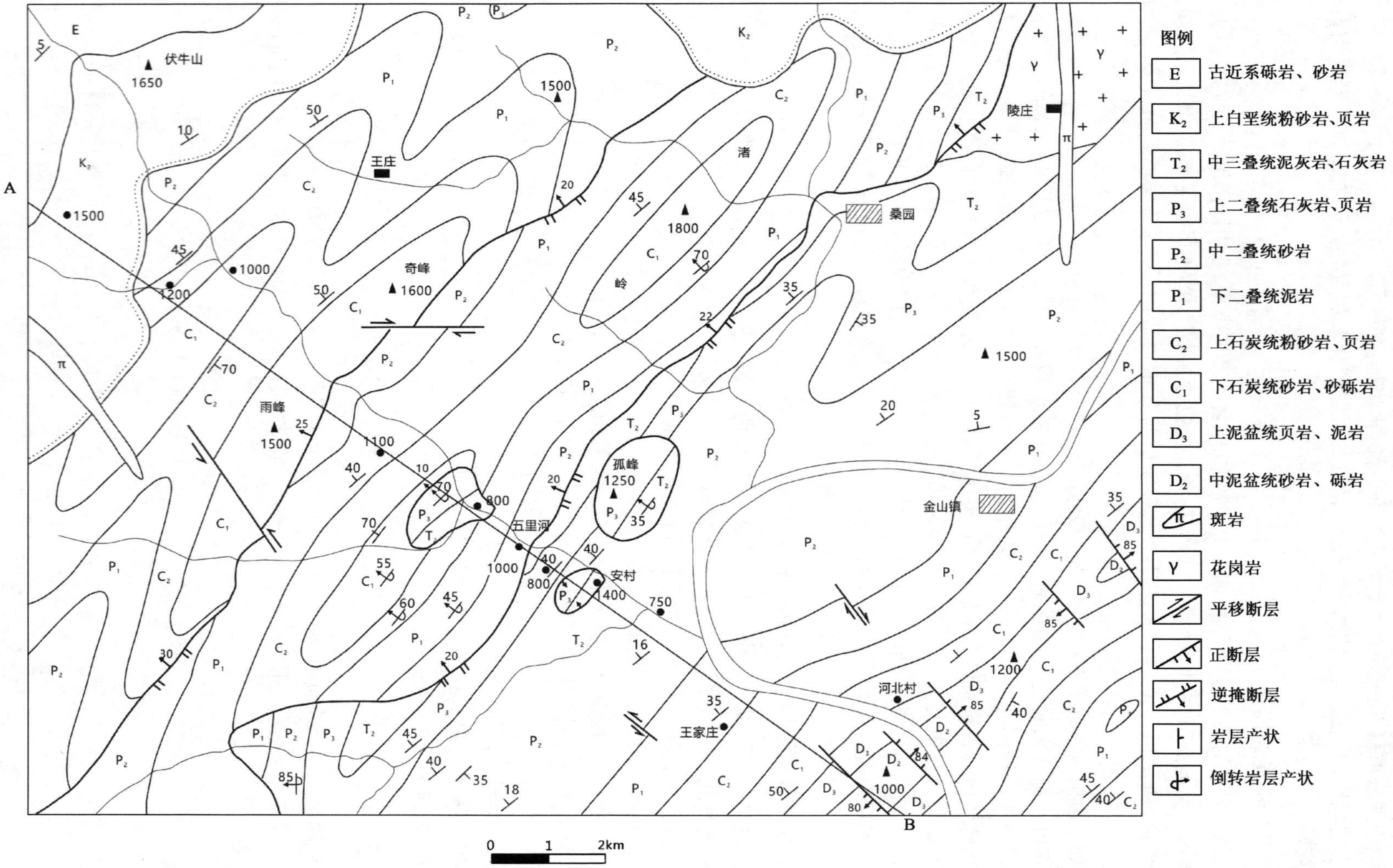

图 I-13-4 金山镇地质图

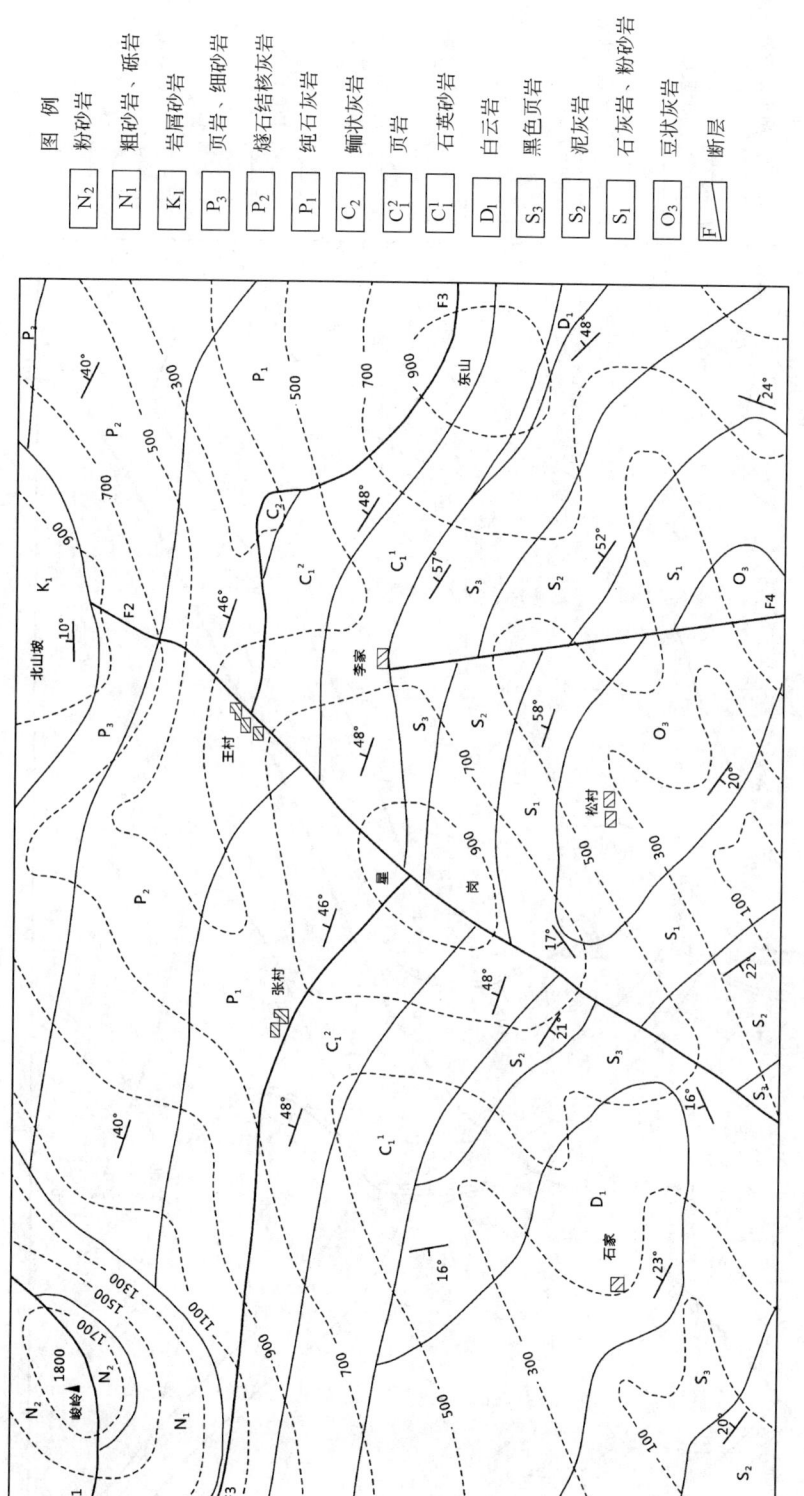

图 I-13-5 星冈地区地形地质图

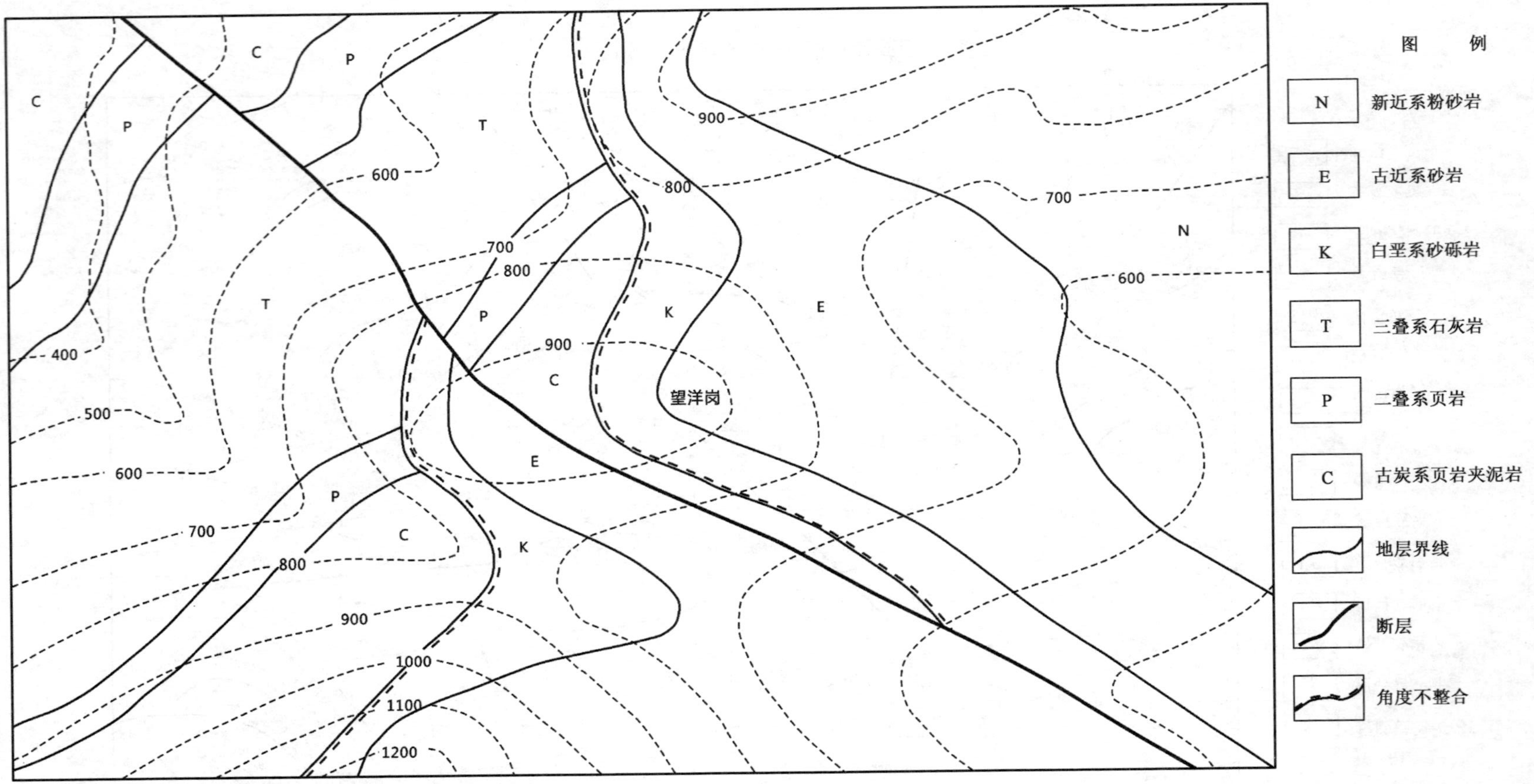

图 例

N	新近系粉砂岩
E	古近系砂岩
K	白垩系砂砾岩
T	三叠系石灰岩
P	二叠系页岩
C	古炭系页岩夹泥岩
⌢	地层界线
⌢	断层
⌢	角度不整合

图 Ⅰ-13-6 望洋岗地形地质图

实习十四　利用钻井资料编制断层构造图

一、实习目的

1. 掌握根据钻井资料编制断块地区构造图的方法；
2. 学会分析断层构造图所反映的构造特征，确定各个断块的构造高点、闭合度和闭合面积。

二、实习工具

透明方格纸、直尺、铅笔、橡皮。

三、实习说明

断层构造等高线图简称断层构造图，是用等高线的方式表示断块区某一岩层（标准层）构造形态的平面投影图，是油气勘探和开发中最常用的地质图件之一。

编制断层构造图的方法很多，包括根据钻井资料以及根据地质剖面和地震剖面资料等。

在编图过程中，应注意以下几点：

(1) 同一断层，在相同方向的测线上，断点的性质、落差及断层面产状应该基本一致，或作有规律地变化。

(2) 同一断层，其断开的层位应该相同。

(3) 同一断块地层产状应有一定的规律，因此，在编图过程中，相同产状的部分划归为同一断块。

(4) 基于区域构造背景，所连断层线要合乎一定的地质规律。

四、实习方法

本次实验是根据钻井资料，在一张已知标准层的高程点和断层点的底图上直接绘制构造图，具体步骤如下：

(一) 分析资料

根据所给资料，初步估计断层的大致位置和方向。

(二) 作断层面构造等值线图

(1) 根据三点法将钻遇断层的钻孔连成三角网。

(2) 依据断点标高（或深度）用高程差网按规定的等高线距求出各辅助线上的不同高度的高程线点。

(3) 用平滑曲线连接相同高度的点，即为断层面等高线。

(4)选取井位图中处于断层上盘的井。

(5)利用三角网法作出上盘地层的等高线。

(6)找出上盘地层等高线和同高程断层面等高线的交点,并且用平滑曲线连接。

(7)选取处于断层下盘的井,方法同上,得到另一条平滑曲线。这两条平滑曲线即为构造图上的断层线。

(三)整饰

擦去断层面等高线和断层面、张口带以及重复带以内的地层等高线,按图幅规格完成图件。

五、实习注意事项

(1)断层上、下盘之间不能连三角网,即三角网以该盘断层线为界。

(2)在勾绘等高线时,正断层有一个开口带,两盘等高线都终止在该盘的断层线上;逆断层有一个重复带,在平面图上,上、下盘等高线有重复部分,这时通常将掩蔽的下盘等高线用虚线表示,以示区别。

(3)作断层面等高线时连三角网的原则与实习九相同,最好用横穿断层辅助线。

六、断块构造图的分析

(一)断层面产状

将构造等高线看作"地形等高线",结合判断倾斜岩层产状的方法以及"V"字形法则,判断断层面的产状。

(二)断层性质

如图Ⅰ-9-7所示,在构造图中,正断层有一个开口带,逆断层有一个重复带。如果断层面直立,图中只显示一条断层线,那么,根据构造图只能确定断层的相对升、降盘。

(三)求铅直地层断距

在断层构造图中,某点的铅直地层断距可以从图中直接读出,即该点切线与上、下盘断层线交点的高程差。

(四)求闭合度和闭合面积

在带有断层的构造图上求闭合度和闭合面积时,要确定断层是封闭的,还是开启性的。
闭合度=闭合等高线条数×等高距,闭合面积=最低闭合等值线与非闭合等值线之间插值闭合等值线所围限的面积。

七、作业

编制××油田(图Ⅰ-14-1)某层顶面构造图。

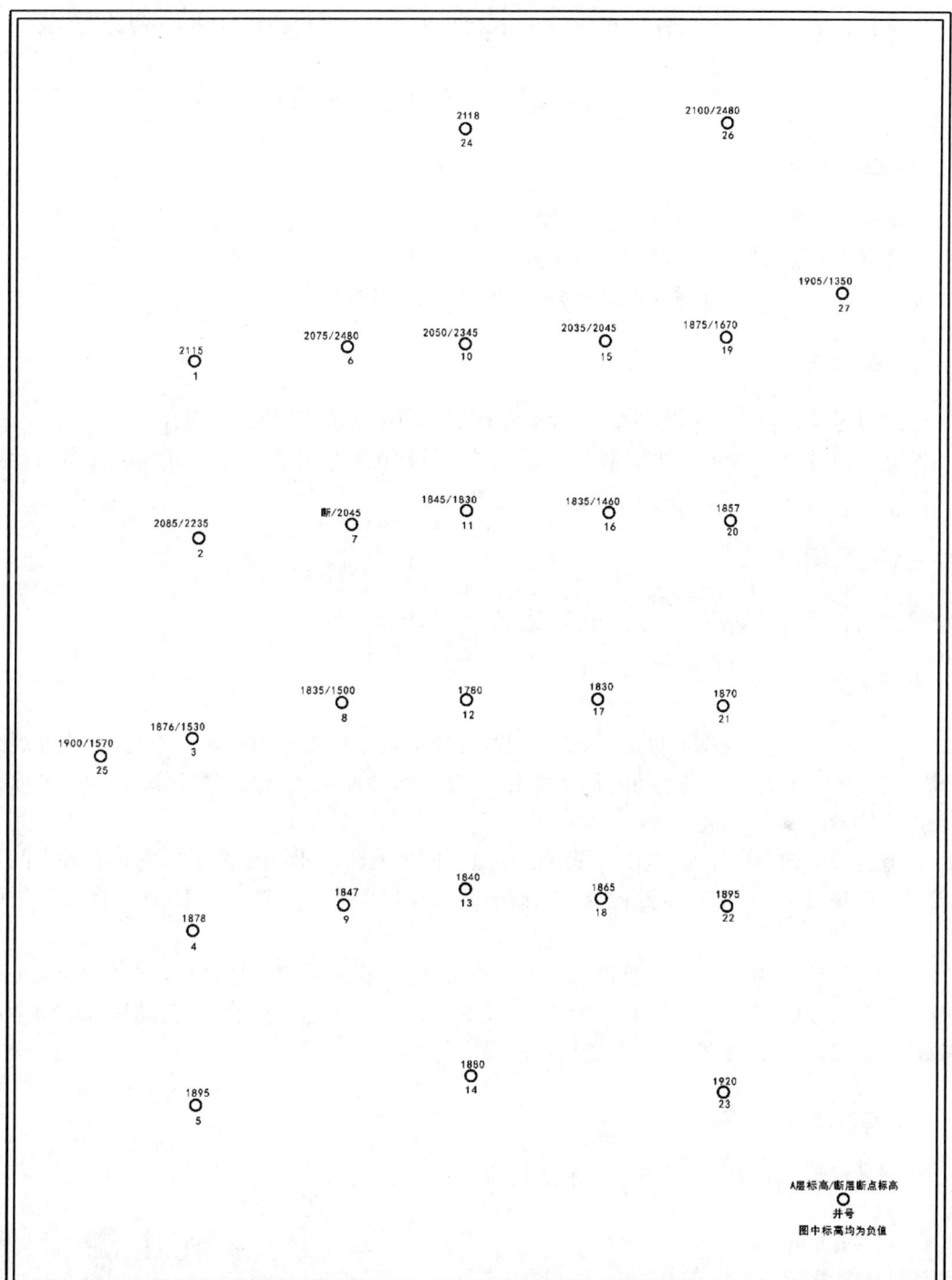

比例尺1:10000

图Ⅰ-14-1 ××油田井位图

实习十五　应用赤平投影方法换算真、视倾角并求岩层厚度

一、目的和要求

1. 掌握极射赤平投影的原理及投影网的规格；
2. 掌握平面、直线和平面法线的投影方法；
3. 学会用赤平投影方法换算岩层的真、视倾角和岩层的厚度。

二、预习内容

1. 预习附录Ⅱ中第三节"极射赤平投影在构造地质中的应用"的相关内容。
2. 复习教材中第二章中的岩层的真倾斜、视倾斜及其相互关系，以及岩层厚度丈量与计算等内容。

三、实习用具

吴氏网、直尺、铅笔、橡皮、数学用表、透明纸、圆规、大头针。

四、说明

(1) 在动手运用吴氏网解决地质问题之前，必须了解赤平投影的原理。为此，可认真观察"投影球"中各个平面及直线之间的相互关系，了解空间各种几何要素在投影球的赤道平面上可能形成的投影形态、方位。

(2) 投影网（如吴尔福网）是以投影球的赤道平面为大圆（基圆）的平面图，它将各种空间几何要素的产状以大、小圆弧（或经向、纬向圆弧）的方式尽可能地反映了出来，使立体问题平面化了。

(3) 极射赤平投影有上半球投影与下半球投影之分，我们采用下半球投影。另外，赤平投影是一种等角投影，它可以保证物体的各面、线的夹角关系投影后仍然不变。但是，球面上不同部位的面积，经过赤平投影后，会受到不同程度的歪曲。

五、方法步骤

参看教材附录Ⅱ中极射赤平投影相关内容。

六、作业

1. 有一铁矿层产状为 270°∠40°，求它在下列各方向剖面上的视倾角：①0°；②290°；③190°；④120°。

2. 某地质队在一条向南延伸的铁道旁的陡壁上发现一层油页岩，经测量其视倾斜为180°∠40°，后来又在走向130°的探槽中找到了这层油页岩，量得视倾斜为130°∠50°，试求该层油

页岩的产状。如果挖一条正东的巷道时,该层油页岩在巷道壁上出露的视倾角值应为多少?

3. 根据表Ⅰ-15-1中列出的丈量地层剖面所得的资料,求岩层厚度。

表Ⅰ-15-1 丈量地层剖面结果数据表

导线号	地层产状	导线方位	导线距,m	地面坡角
1	SE95°∠38°	N85°E	21.5	+12°(仰角)
2	SE108°∠48°	N80°E	36.9	−10°(俯角)
3	SE105°∠45°	S115°E	13.0	+18°

实习十六　应用赤平投影方法求取褶皱枢纽和轴面的产状

一、目的和要求

1. 掌握极射赤平投影的原理及投影网的规格;
2. 掌握平面、直线和平面法线的投影方法;
3. 学会用赤平投影方法求取褶皱枢纽和轴面的产状。

二、预习内容

1. 预习教材附录Ⅱ中第三节"赤平投影在地质构造中的应用"相关内容;
2. 复习教材第五章中的褶皱枢纽、轴面等产状要素的含义。

三、实习用具

吴氏网、直尺、铅笔、橡皮、数学用表、透明纸、圆规、大头针。

四、实习内容

参看教材附录Ⅱ中关于利用赤平投影确定褶皱枢纽、轴面产状的方法。

五、作业

已知背斜两翼产状为10°∠30°和50°∠60°,在一个产状为180°∠70°的陡壁上测得该背斜轴迹的侧伏角为26°E,求该背斜的枢纽产状、翼间角、枢纽与轴迹构成的轴面产状和枢纽与翼间角平分线构成的轴面产状。

实习十七　同沉积构造分析

一、实习目的

1. 掌握同沉积背斜的复原方法,学会分析同沉积背斜的演化历史;

2.掌握断层生长指数图的编图方法,学会分析同沉积断层的演化历史。

二、实习工具

方格纸、直尺、铅笔、橡皮。

三、实习说明

同沉积构造,也称同生构造,是沉积过程中形成的构造,常见的有同生断层和同沉积背斜。同生构造可以发育在挤压环境,也可以发育在拉张环境,可以是褶皱(一般指背斜),也可以是断层。同沉积构造中的沉积层厚度在横向上不均匀,相对上升部位沉积层薄,相对下降部位沉积层厚,这样的沉积层也叫生长地层。

(一)拉张环境下的褶皱机理

面状构造在外力作用下发生弯曲称为褶皱作用。沉积岩的褶皱指的是沉积岩层面的弯曲。拉张作用下形成的褶皱有两种(图Ⅰ-17-1),即弯曲褶皱作用和被动褶皱作用。

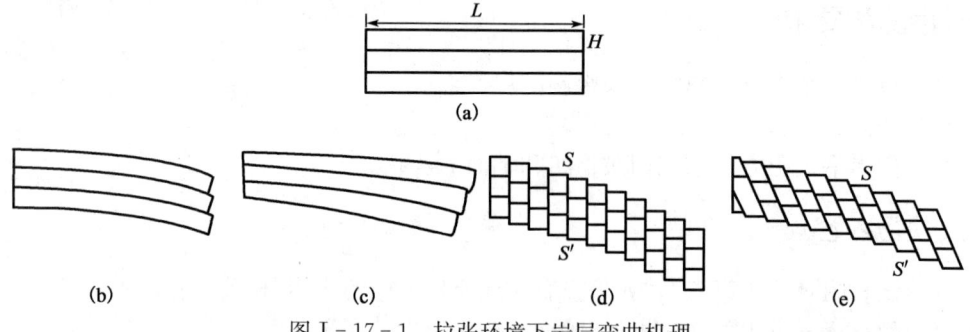

图Ⅰ-17-1 拉张环境下岩层弯曲机理
(a)变形前状态,L—岩层长度,H—单层厚度;(b)弯曲滑动褶皱;(c)弯曲流动褶皱;(d)垂直简单剪切,SS'—垂直剪切滑动面;(e)斜向简单剪切,SS'—斜向剪切滑动面

弯曲褶皱作用又分为两种情况:(1)各岩层沿层面滑动形成褶皱,原始层理限定物质的流动,并积极参入褶皱作用,岩石长度和厚度保持不变,形成平行褶皱,属于弯曲滑动褶皱[图Ⅰ-17-1(b)]。滚动背斜可以是这种形成机理。(2)各岩层沿层面滑动形成褶皱,原始层理限定着物质的流动,但岩石长度和厚度发生改变,属于弯曲流动褶皱[图Ⅰ-17-1(c)]。纵弯褶皱中的弯流褶皱场形成相似褶皱,而横弯褶皱中的弯流常形成顶薄褶皱。同沉积背斜是顶薄褶皱,应属于弯曲流动褶皱。

被动褶皱作用中,岩石物质的流动和滑动不受原始层面的限制,而是沿着次生剪切面滑动或流动弯曲,层理只是作为岩层错移方向的标志,呈现外貌上的弯曲。次生剪切面可以是垂直的,也可以是斜向的,前者称为垂向简单剪切[图Ⅰ-17-1(d)],后者称为斜向简单剪切[图Ⅰ-17-1(e)]。两者都可以形成相似褶皱,岩层长度和厚度在变形前后均发生变化。滚动背斜和同沉积背斜都可以是这种形成机制。

(二)同沉积背斜和滚动背斜

同沉积背斜是边沉积边褶皱形成的背斜,一般与基底隆起有关,其特点是:形态开阔,两翼岩层上缓下陡;岩层顶薄,两翼厚;背斜顶粗,两翼细;背斜高点在深部和浅部明显发生偏移。

滚动背斜也称逆牵引背斜,是边沉积边发生褶皱作用形成的背斜,与铲式断层有关,深浅层高点的连线与铲式断层面平行。滚动背斜的形成与断层面的形态有关,属于正断层相关褶皱[图Ⅰ-17-2(a)]。

(三)断弯褶皱、断展褶皱和断滑褶皱

这三种类型的褶皱属于挤压环境下的逆冲断层相关褶皱。断弯褶皱是坡坪式逆冲断层上盘岩层受断层面形态制约而发生的褶皱变形[图Ⅰ-17-2(b)]。断展褶皱(断层传播褶皱)是逆冲断层断尖点以上的地层弯曲而形成的褶皱[图Ⅰ-17-2(c)]。断滑褶皱是岩层顺层逆冲滑动形成的褶皱[图Ⅰ-17-2(d)]。

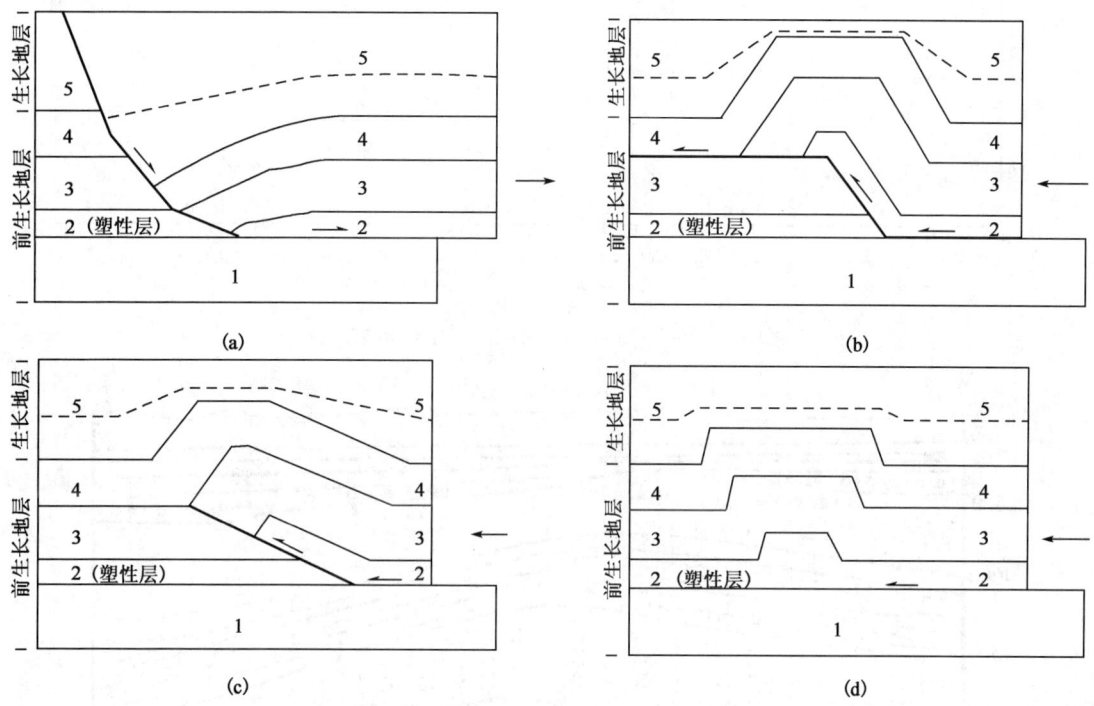

图Ⅰ-17-2 典型的断层相关褶皱

(四)同沉积断层

同沉积断层为边沉积边发生断裂作用形成的断层,其特点是同时代地层,下降盘厚度大于上升盘厚度,浅部断距小,深部断距大。其活动特点常用断层生长指数(Q)表示,$Q=\dfrac{h_d}{h_u}$,h_d为某时代下降盘地层厚度,h_u为该时代上升盘地层厚度。在生长指数—地质年代直方图中,可以做出生长指数与地质年代关系的直方图,以用来表示某断层的活动历史。图Ⅰ-17-3是莘县凹陷生长指数图,从图中可以看出,该凹陷二级断层 E_2s^4 期开始发育,E_3s^1 期活动强度最大,E_3d 至 Ng 时断层活动几近停止,Nm 至 Q 时,断层活动完全停止。

四、作业

1.图Ⅰ-17-4 为某油田同沉积背斜地质剖面,恢复其演化历史。
(提示:褶皱机理为垂直简单剪切,不考虑压实作用。)

2.图Ⅰ-17-5 为某油田断层剖面图,计算断层 F_1 和 F_2 的各层生长指数,并编制生长指数直方图。要求横坐标为地层代号,纵坐标为生长指数。

3.图Ⅰ-17-6 为某铲式断层及其伴生的滚动背斜,试根据层长守恒、垂直简单剪切和斜

向简单剪切(剪切面倾向与铲式断层相反,倾角60°)变形机理,恢复该滚动背斜的演化历史,其中下盘未变形。

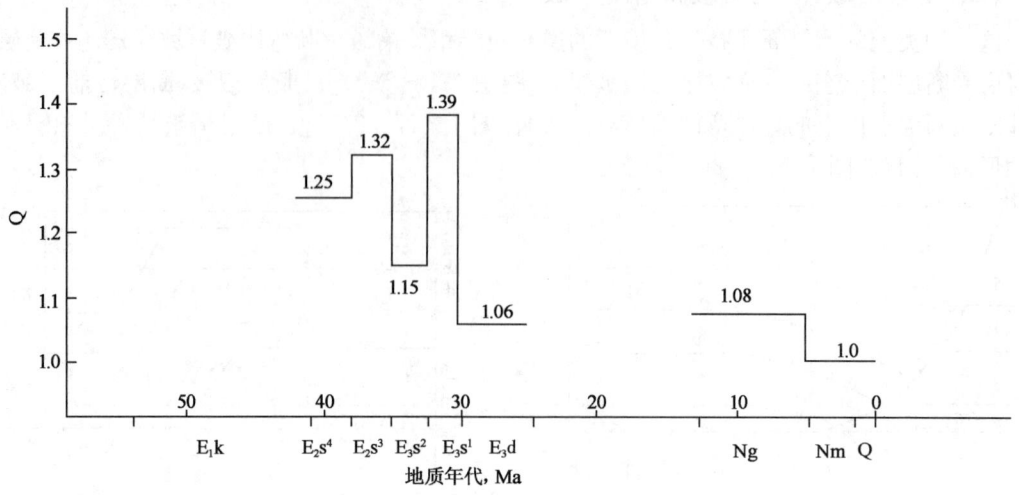

图Ⅰ-17-3　莘县凹陷二级断层生长指数图

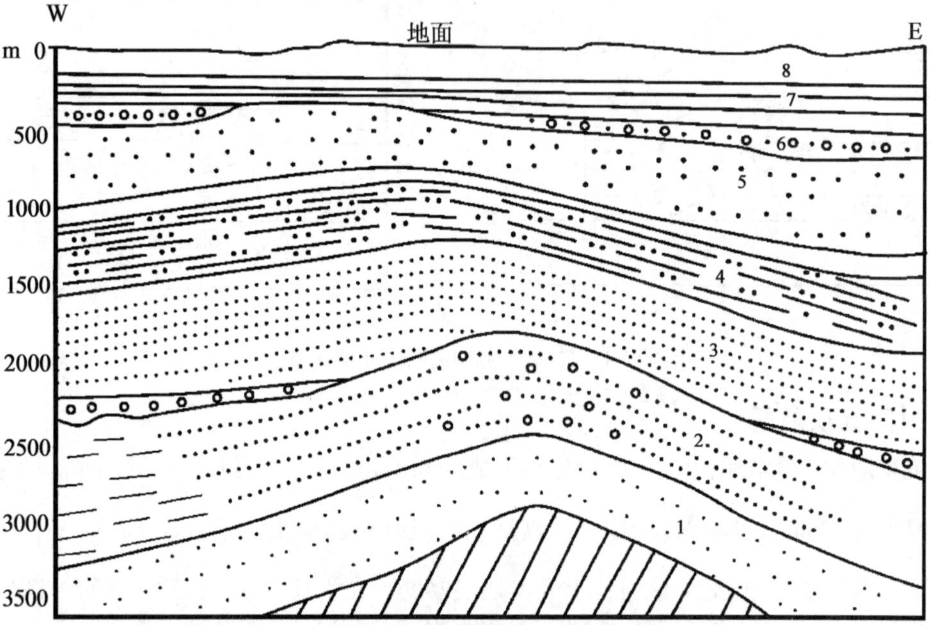

图Ⅰ-17-4　某油田同沉积背斜地质剖面
1—8 为地层代号

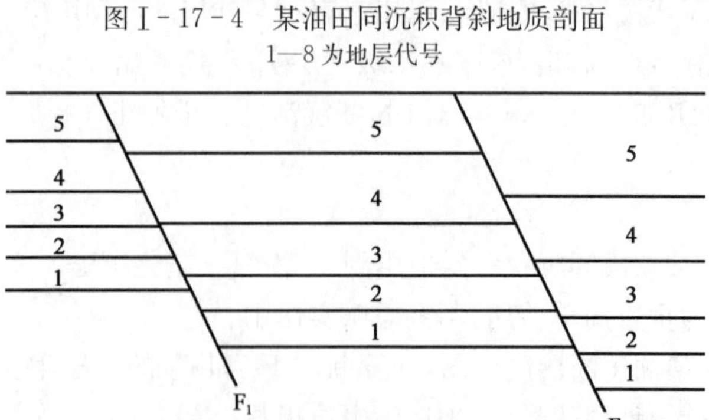

图Ⅰ-17-5　某油田断层剖面图

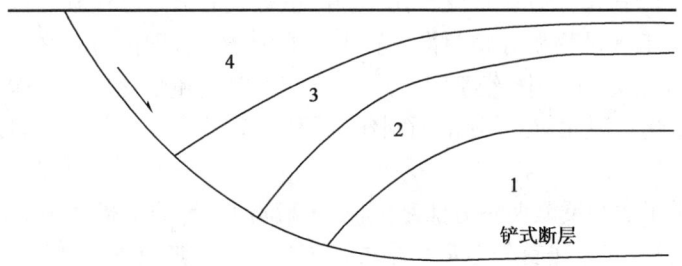

图Ⅰ-17-6 铲式断层及上盘逆牵引背斜

实习十八 平衡剖面编制

一、实习目的

1. 掌握编制平衡剖面的基本原理和方法；
2. 学会利用平衡剖面分析构造演化历史。

二、实习工具

方格纸、直尺、铅笔、橡皮、圆规、细线。

三、实习说明

平衡剖面是指能够恢复成未变形状态的剖面，恢复方法和恢复过程所得到的构造现象符合地质学原理。平衡剖面遵循物质守恒原理，即变形前后物质的体积不变。当然，从原始沉积地层剖面，依据变形原理和变形条件所得到变形的剖面也是平衡剖面。平衡剖面是一条合理的、可接受的剖面，但不一定是真实剖面。与未平衡的剖面相比，平衡剖面满足了大量合理的限制条件，因而也是更严谨的剖面。相反，一条未作平衡检验的剖面是不可信的，而一条难以平衡的剖面则是错误的。目前，平衡剖面已经成为地震资料解释过程中一项关键技术。

平衡剖面符合两条验证准则，第一条是可接受性，即恢复后的地质剖面应该符合实际地质情况；第二条是合理性，即剖面恢复过程中要保持变形前后体积守恒，一定条件下体积守恒可简化为面积或层长守恒。

体积守恒：变形前后区域地层所占的体积不变。

面积守恒：如果变形过程中没有物质的流入或流出，而且沿构造走向不发生变形（平面变形），则变形前后的面积保持不变，即三维空间内的体积不变原则可以转化为二维平面内的面积不变原则。图Ⅰ-18-1(a)是一挤压收缩变形剖面，$S_{c1}=S_{c2}$；图Ⅰ-18-1(b)为拉张伸展构造剖面，$S_{e1}=S_{e2}$。根据面积守恒，得到的收缩变形和伸展变形的滑脱面深度分别为：

$$H_c = \frac{S_{c2}}{L_{c0}-L_{c1}} \text{ 和 } H_e = \frac{S_{e2}}{L_{e1}-L_{e0}}$$

层长守恒：如果变形前后岩层厚度不变，则可以把发生褶皱变形的岩层沿其中线展开，即代表其原始长度(图Ⅰ-18-2);如果被断层错开,也可只需沿断层使其复位。

平衡剖面适用于满足物质守恒(体积守恒)的封闭环境,即没有物质流出或流入该系统。实际情况是,在构造变形过程中,经常存在压实、压溶、剥蚀和塑性层流动等现象,使变形前后的地层体积发生变化。因此,在平衡剖面制作过程中,需进行相应的校正,以排除这些因素的干扰。

目前主要采用正演和反演两种方法来编制平衡剖面。正演是指从未变形的原始状态向变形后的剖面进行恢复,该方法首先假定一个可以表达岩层变形机理和变形过程的正演模型,然后依据各种限制条件修改原模型,以得到最符合实际地质情况的平衡剖面。在图Ⅰ-18-2中,(a)为原始剖面,(d)为最终的平衡剖面,变形机理为断弯褶皱。反演是从一条真实存在的变形剖面入手,根据构造的形成顺序,从现今反向回推,将其恢复到未变形的原始状态。在恢复过程中,必须时刻注意检验剖面的合理性和可接受性,避免解释的随意性,提高剖面解释的质量和效率。

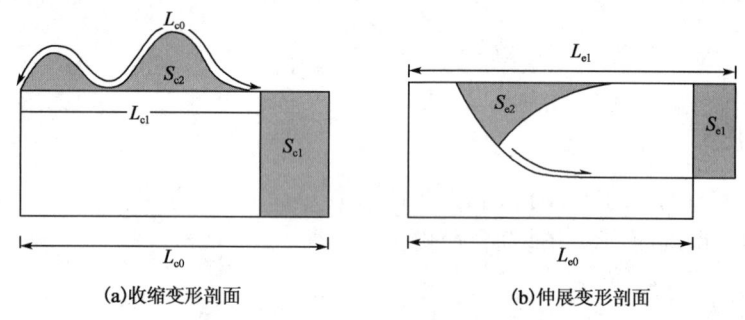

(a)收缩变形剖面　　　　　　(b)伸展变形剖面

图Ⅰ-18-1　面积和层长守恒示意图

L_{c0}—收缩变形前长度,L_{c1}—收缩变形后长度,L_{e0}—伸展变形前长度,L_{e1}—伸展变形后长度,S_{c1}和S_{e1}分别为原始剖面面积,S_{c2}和S_{e2}分别为溢出面积和损失面积,下标c和e分别代表收缩和伸展

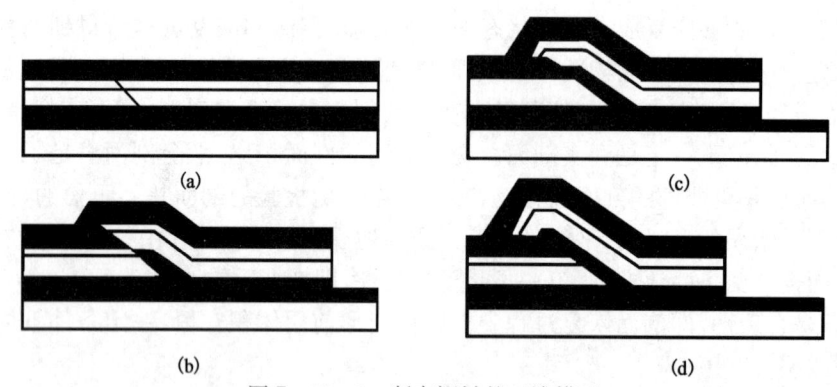

图Ⅰ-18-2　断弯褶皱的正演模型

平衡剖面的编制过程一般如下:

(1)剖面线的选择。在确定构造背景的基础上,选择合适的剖面线,一般选取平行构造运动方向或垂直构造走向的剖面,以减小不等面积变形的影响。

(2)制作地质剖面。尽可能利用已有的露头、钻井和地震资料,制作合理的地质剖面。在石油勘探中,一般都是利用初期的地震时间剖面,通过时深转换将其转换为地质剖面。根据层长和面积守恒原则,初步检查是否是一条平衡剖面。

(3)确定滑脱面深度。一般来说,具有一定厚度的韧性层(煤层、膏盐层等)都可能成为滑脱面。在地震剖面上,上下构造不协调的界面一般是滑脱面。根据地震资料,利用作图法或计算法确定滑脱面深度是最可靠的方法。

(4)确定基准面。一般选取水平面作为基准面,如果有资料证明变形前的地形是倾斜的,则应采用倾斜面。

(5)选取钉线(固定线)。在测量岩层长度时首先要选择参考线,也称固定线或钉线。一般选择在未变形的前陆或褶皱的轴面,保证钉线在变形前后都垂直于层面,相邻层未发生相对滑动。有时也选择断层或剖面的端线作为钉线。钉线的选择不应穿过滑脱层。

(6)确定变形机理。根据变形特点,初步确定变形方式,如弯滑、弯流、简单剪切等。

(7)构造复原过程。在完成以上工作的基础上,就可以选择合适的剖面复原方法编制平衡剖面了。在复原过程中,一般使用面积守恒法对断层和褶皱等进行复原。

(8)整饰。

如果上述过程中得到了无法根据地质学原理进行解释的现象,如地层空缺、相邻变形层长度不等、厚度发生突变等,要检查原始剖面的合理性或选择其他的恢复方法,直到得到符合地质学原理和几何平衡的剖面。

四、作业

利用面积守恒方法对图Ⅰ-18-3某盆地地质剖面进行平衡复原,并据此对该地区的构造演化历史进行分析。(提示:不考虑剥蚀和压实。)

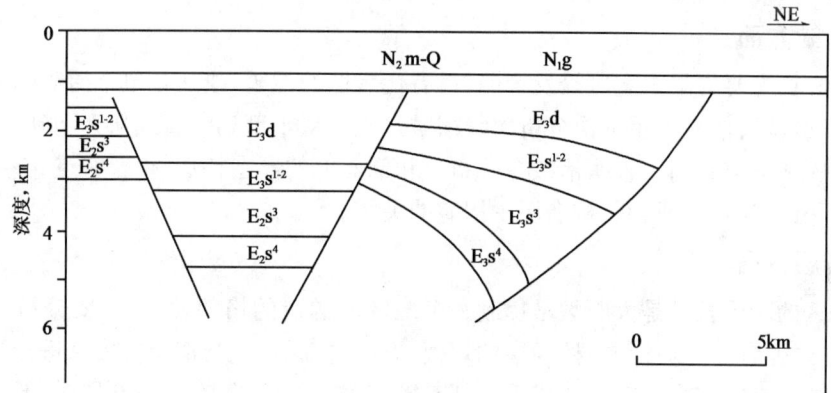

图Ⅰ-18-3 某盆地地质剖面

实习十九 构造地质综合实习

综合实习使学生比较全面掌握构造地质学的基本理论、知识和技能,从而提高学生分析和解决地质构造实际问题的能力,因此,这种类型作业是重要的教学环节。综合实习可以采用多种方式,主要方式是综合分析一幅内容广泛的地质图。这种方式对培养学生读图、作图及提高学生运用理论知识分析构造问题的能力都具有较好的效果。

一、目的和要求

综合读图要求在对选定的图幅进行全面分析后,编出一幅构造纲要图、1~2幅地质剖面图,并对该地区的地质构造和构造发展史写出尽可能详实的说明文字。

二、读图分析

读图的步骤和方法如下:第一,初步认识地质图及其全貌,如图名、图幅号、比例尺、图例和责任表;第二,分析认识地形总的特点及其与地层的接触关系;第三,分析认识地质构造总的特点,包括地层展布及其相互关系、主导构造方向、构造层及其特点和展布。在对全区总的地质构造特点有初步概念后,应分别按构造层、构造单元、构造方位、构造类型进行地质构造细部的分析和描述。

(一)地层方面

分析地层和地层组合的展布和排列;分析并确定地层之间的接触关系,尤其要注意角度不整合,这是划分构造层和分析构造发展史的基本依据。

所谓构造层,是指一定构造单元内一定构造发展阶段中形成的一套地层(或建造)的组合及其组成的构造,其中常包含一定的岩浆岩组合。构造层常由角度不整合限定,它在地层组合、沉积岩相、构造、岩浆活动等方面具有一定特色而区别于其他的构造层。构造层在时间上代表一定构造旋回和构造幕,空间上代表该构造幕影响的范围。

(二)褶皱方面

分析褶皱首先要着眼于全区最发育的、最有代表性的褶皱,或从各单个褶皱的形态特征概括总体褶皱,或从大褶皱入手依次分析次级褶皱。不论从小型到大型或从大型到小型,总是要把褶皱的总体和细节查明。查明褶皱在分布上和剖面上的形态特点、组合特点、叠加关系和展布规律,进而分析与相邻或相关构造层中褶皱的关系。

(三)断层方面

一个地区的断层尤其是大断裂是控制一个地区的构造的格架。第一,要分析全区性大断裂及其对全区构造的控制;第二,按断层的规模、方向、性质及其与褶皱的关系进行分组;第三,断层与褶皱不论是在空间展布上或成因上都有密切关系。所以,在分析断层时,要结合褶皱等其他有关构造进行分析。

(四)岩浆岩体方面

一个地区的岩浆岩体及其组合是在一定构造背景下形成的,既受区域构造和构造运动的控制,又常受局部构造的控制,而岩体的形成又对其周围构造产生影响。在分析岩浆岩发育区地质图时,应注意分析不同时代、不同类型、不同规模岩体的分布组合规律、发展演化史及其与褶皱、断层等构造的空间分布关系。

(五)构造发展史

一个地区的构造是按阶段性和旋回性演化的,具体表现在一个个构造层的相互叠加上。所以在分析构造发展史时,第一,应根据地层和角度不整合等划分构造阶段和构造作用期,在划分构造阶段上,应注意确定哪些阶段和运动是主导的、奠基性的,哪些是次要的、调整性的;第二,从各种构造的形态、方向和强烈程度以及相互关系上,分析各期构造作用的方式和方向;

第三，根据地层方面的岩性、厚度等资料，结合区域构造，适当分析并恢复各时期的古地理面貌和地壳升降运动的变化。

三、编制构造图件

为了表现各种构造，在分析地质图的基础上应编制剖面图 1~2 幅和构造纲要图一幅。

构造纲要图是以地质图为基础编制的，以不同的线条、符号和色调表示一个地区地质构造的一种图件。构造纲要图的内容如下所述。

(1)构造层：将划分各构造层的角度不整合画在图上，以划分出各构造层。构造层以地层时代代号表示。构造层没有统一规定的色谱，一般时代越老色调越深，时代越新色调越浅。

(2)断层：各类断层用规定符号表示，并注明名称和编号。如果区域范围很大，断层发育，则不同时代断层可用不同颜色的符号表示。

(3)褶皱：褶皱用轴迹线表示，轴迹线的宽窄反映核部或褶皱的宽度变化。褶皱的倾伏应用枢纽产状表示。

(4)岩体：绘出岩体界线和内部岩(相)带界面，注明岩石代号及其时代，并标出原生构造产状。

(5)标出代表性的产状以及节理、面理、线理产状等。

(6)完成图的规格要求，如图名、比例尺、图例等。

除构造纲要图外，还要再编制 1~2 幅反映全区构造特点的剖面图。

四、编写某地区的地质构造概述

文字和图表是反映和表现某一地区的构造特征的两种主要方式。构造概述是在分析读图和编制图之后进行的，概述的编写又是分析读图的深化。在编写概述过程中必须使地质图、剖面图、构造纲要图与文字报告符合一致，互相印证，相互补充。地质构造概述应包括以下章节。

(一)第一章　引言

简述综合读图的目的、要求、所读图幅名称、比例尺、图区地形轮廓以及完成工作量情况。

(二)第二章　构造

简述区内地层分布及其接触关系之后，重点阐述构造。这是报告中的最主要部分，首先概括区内构造的总体特征，以何种构造为主(以褶皱为主或以断裂为主)，构造的方向性，构造单元或构造层的划分。总之，以简明文字描绘出总的构造轮廓。

本章的写法因构造特点而异，可采用以下 5 种方式描述：(1)按构造单元；(2)按构造层；(3)按构造类型；(4)按构造组合；(5)按构造方位等。以上各种方式可以互相配合，实际上也常常是相关的。例如，构造单元的划分与构造层的划分常常是一致的。一定的构造层以一定构造类型为主，构造方位也常与一定的构造类型密切相关等。不论按哪种方式描述，既要对代表性或典型构造进行描述，还要在描述的基础上进行分析概括。

岩体作为一种构造可以在本章描述。描述内容包括：侵入体的名称(如×××花岗岩体)、产出的构造部位、平面形态和规模、与围岩的接触关系、内部岩(相)带划分、原生构造、侵入时代，如有可能可对岩体总的轮廓加以恢复。

(三)第三章　构造发展简史

根据构造层可划分出全区各构造发展阶段和构造幕。在描述构造发展简史时，把全区的构造事件列成一个序列。简述各构造阶段的构造活动特点,如构造运动性质、构造作用方式和方向、构造作用强度,以及相应的岩浆活动。如果资料丰富,可对岩相古地理稍予描绘。

在概述中,为了形象地说明构造特点和规律,可绘制一些插图,如剖面图、联合剖面图和立体图等。

五、编制地质图并分析地质图

(一)方式

学生在老师的指导下编制一幅地质图,并在所编制的地质图上进行读图分析。

(二)要求

编图开始前,应对所编地质图提出具体要求。第一,图的比例尺和面积大小;第二,地形特点和地形对地质界线的影响程度;第三,发育的地层、地层组合、接触关系以及各构造层的特点;第四,断层发育情况,如一条横过全区的大逆冲断层和一系列正断层,或一套叠瓦式断层等;第五,褶皱发育情况,如一套变形中等至强烈的褶皱、轴向、倾伏和轴面产状等;第六,岩浆活动特点等。

(三)步骤

编图步骤是:第一,要有明确的主导思想,即在图上要表现的主体构造及与其有关的次要构造、各类构造的空间组合及先后顺序等;第二,要先编制一条横过全区主体构造的剖面;第三,编制全区地质图。

以所编图为基础,再编制一幅构造纲要图和剖面图,也可再编写一份地质概述。

综合实习采用编图方式,必须在整个教学过程中单项读图实验时,就安排一些单项作图。在学生开始编制地质图以前,发给学生一些参考性图件。

六、编写读图报告

(一)方式

为了提高学生阅读构造文献能力、综合分析能力、组织概况能力和表达能力,综合实习可以采用编写读图报告方式,其课题可以是构造地质学中有一定理论意义和实际意义的问题,或者是某些地区存在的构造问题。

(二)步骤

学生在导师指导下编写读图报告,可以按以下步骤:第一,选题,并附以选题意义和有关文献;第二,阅读文献并作摘要或笔记;第三,拟定提纲;第四,编写报告。

指导中要注意启发引导学生如何阅读文献资料、分析问题以及如何组织材料。

七、描述构造标本

规模大小不同的各级构造,常常具有一定的相似性,一些不大的构造标本上往往呈现出单一的或复杂纷繁的构造现象,它们既反映了小构造的特点,也反映大构造的一定特点。所以描述构造标本是培养学生学习观察和分析构造现象、提高构造地质学理论和技能的良好方式。

对标本上的构造进行观察、描述和分析,进而探讨其空间和时间的组合关系和形成机制。最后完成一份小型专题地质报告,最好附一相应的素描。

八、观察实际构造现象和编写地质概述

一些地质院校位于基岩出露的山丘边缘,这里是学习构造地质学的大自然课堂。学生可在教师指导下对某些现象进行专门性观察,并写出小型地质报告。

在综合作业完成后,可以选择个别优秀的或有代表性的作业进行答辩。

九、综合读图用图

(1)松岭峪地质图(图Ⅰ-19-1);
(2)景陵峪地质图(图Ⅰ-19-2);
(3)彩云岭地质图(图Ⅰ-19-3);
(4)库尔什地质图(图Ⅰ-19-4);
(5)飞云山地质图(图Ⅰ-19-5);
(6)迁钢市地质图(图Ⅰ-19-6);
(7)清源县地质图(图Ⅰ-19-7)。

十、作业

1.综合分析金山镇地质图(图Ⅰ-13-4),并制作构造纲要图,编写读图报告一份。
2.综合分析宁安镇地区地质图(图Ⅰ-19-8),作全区有代表性的地质横剖面图,编写该地区读图报告一份。

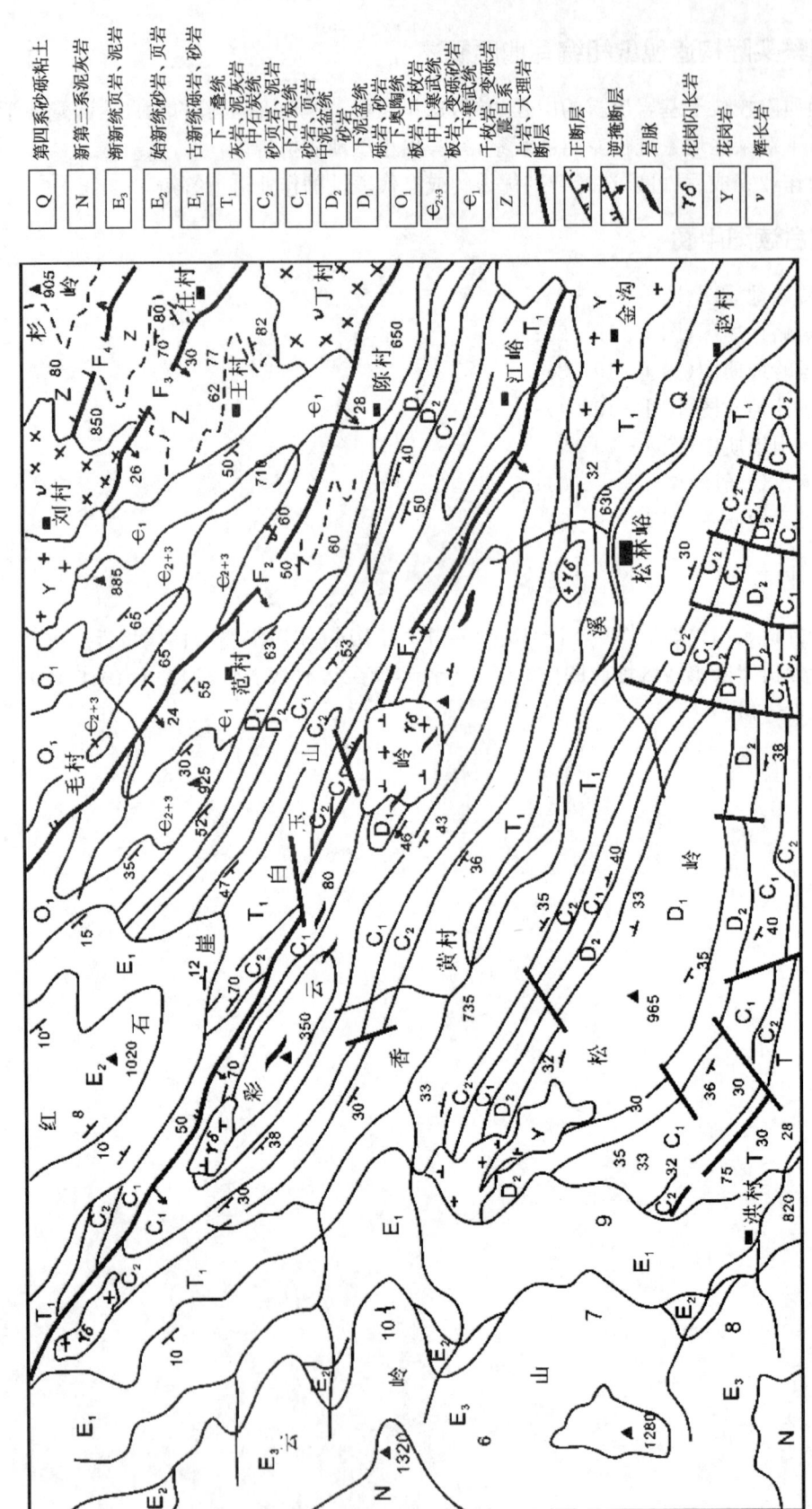

图 I-19-1 松岭峪地质图

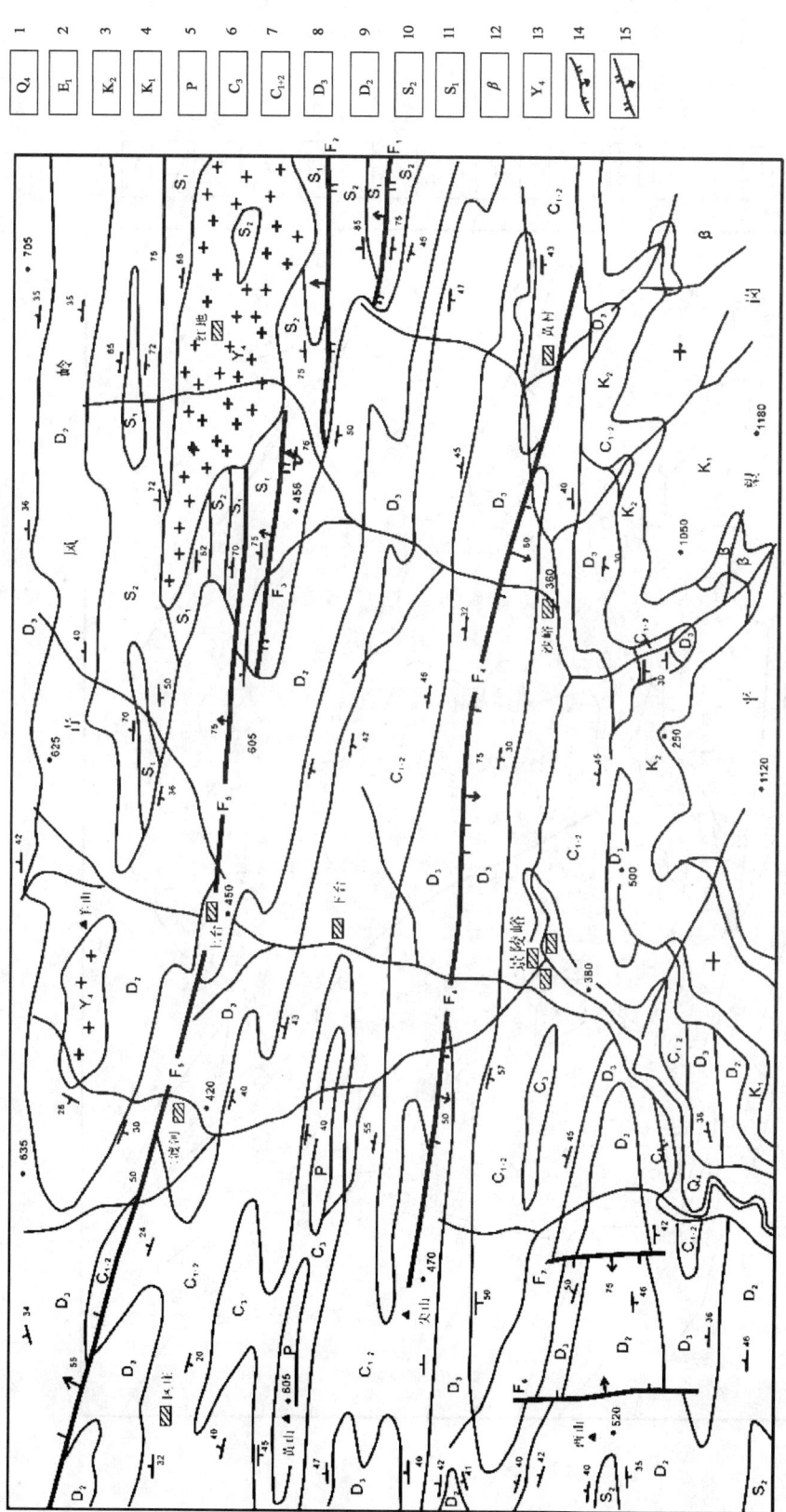

图Ⅰ-19-2 景陵峪地质图

1—第四系砂、砾、黏土；2—古新统页岩、砂岩；3—上白垩统石灰岩、页岩；4—下白垩统砂岩、粉砂岩；5—二叠系页岩夹煤；6—上石炭统砂岩、页岩、粉砂岩；7—中下石炭统石灰岩、白云岩；8—上泥盆统砂岩、砾岩；9—中泥盆统砂岩；10—中志留统千枚岩、大理岩；11—下志留统千枚岩；12—玄武岩；13—花岗岩；14—正断层；15—逆掩断层

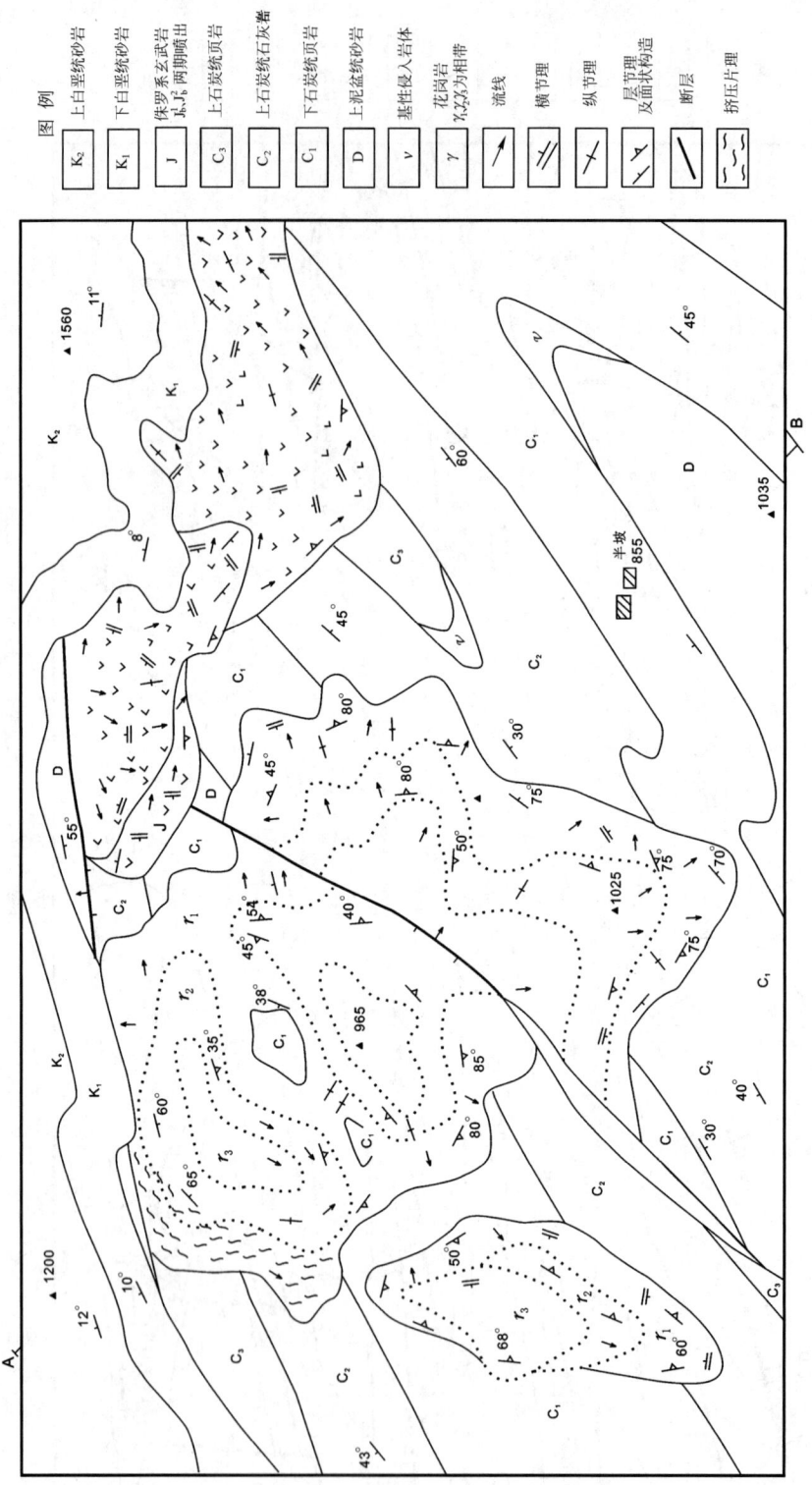

图 I-19-3 彩云岭地质图

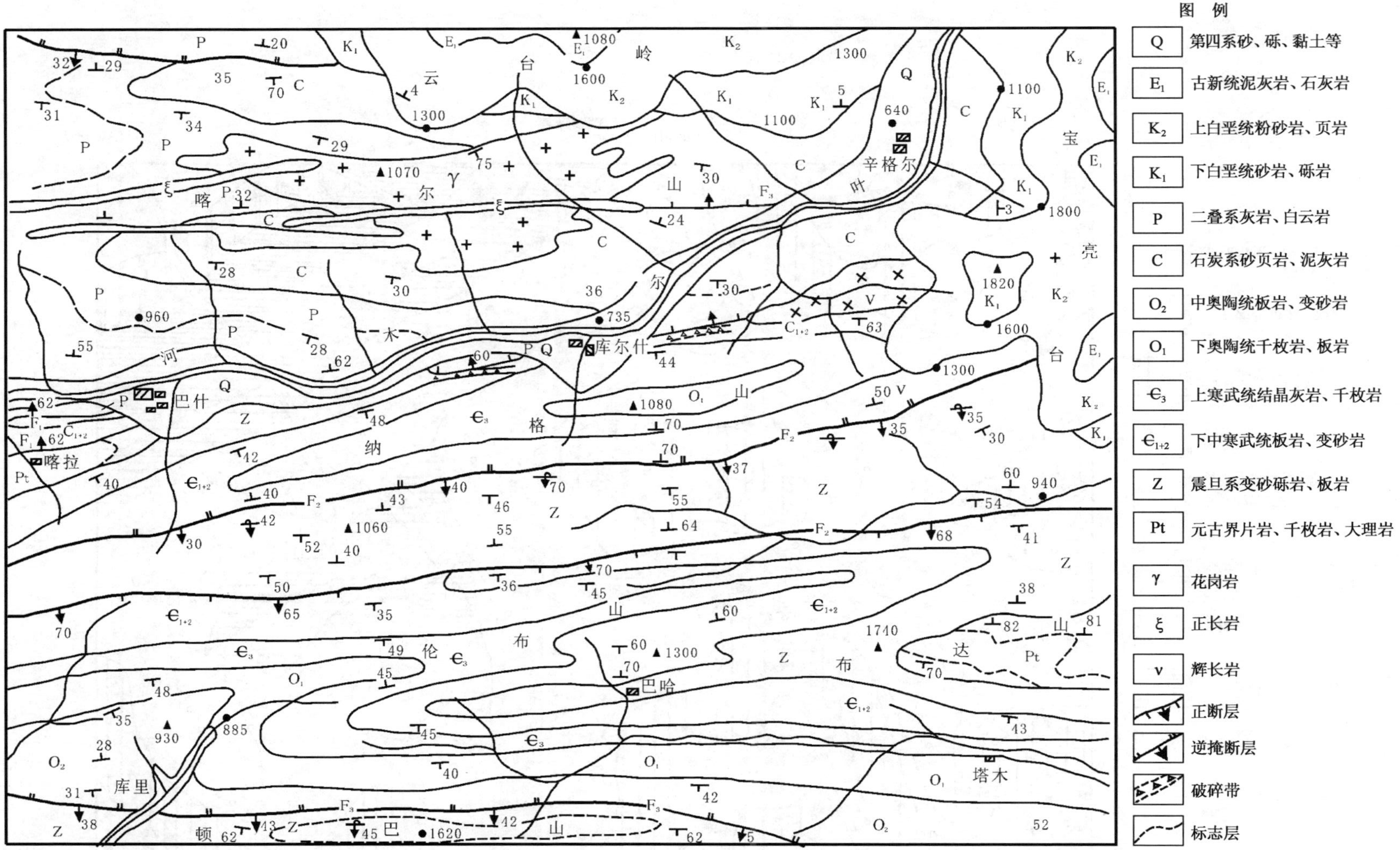

图 I-19-4 库尔什地质图

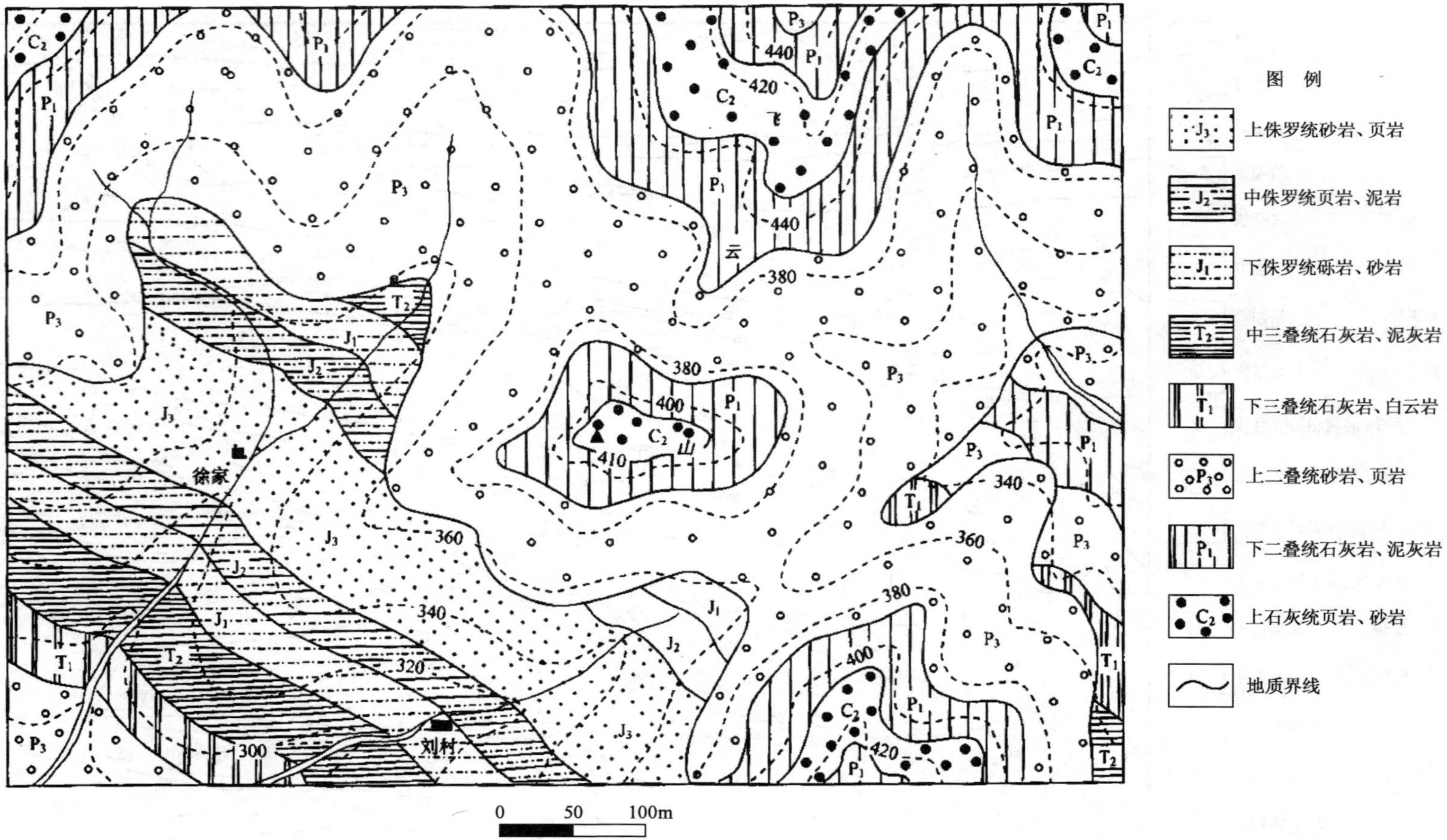
图 例
J_3 上侏罗统砂岩、页岩
J_2 中侏罗统页岩、泥岩
J_1 下侏罗统砾岩、砂岩
T_2 中三叠统石灰岩、泥灰岩
T_1 下三叠统石灰岩、白云岩
P_3 上二叠统砂岩、页岩
P_1 下二叠统石灰岩、泥灰岩
C_2 上石灰统页岩、砂岩
地质界线
飞
云
山
徐家
刘村
440
420
380
400
410
360
340
320
300
0
50
100m

图Ⅰ-19-5　飞云山地质图

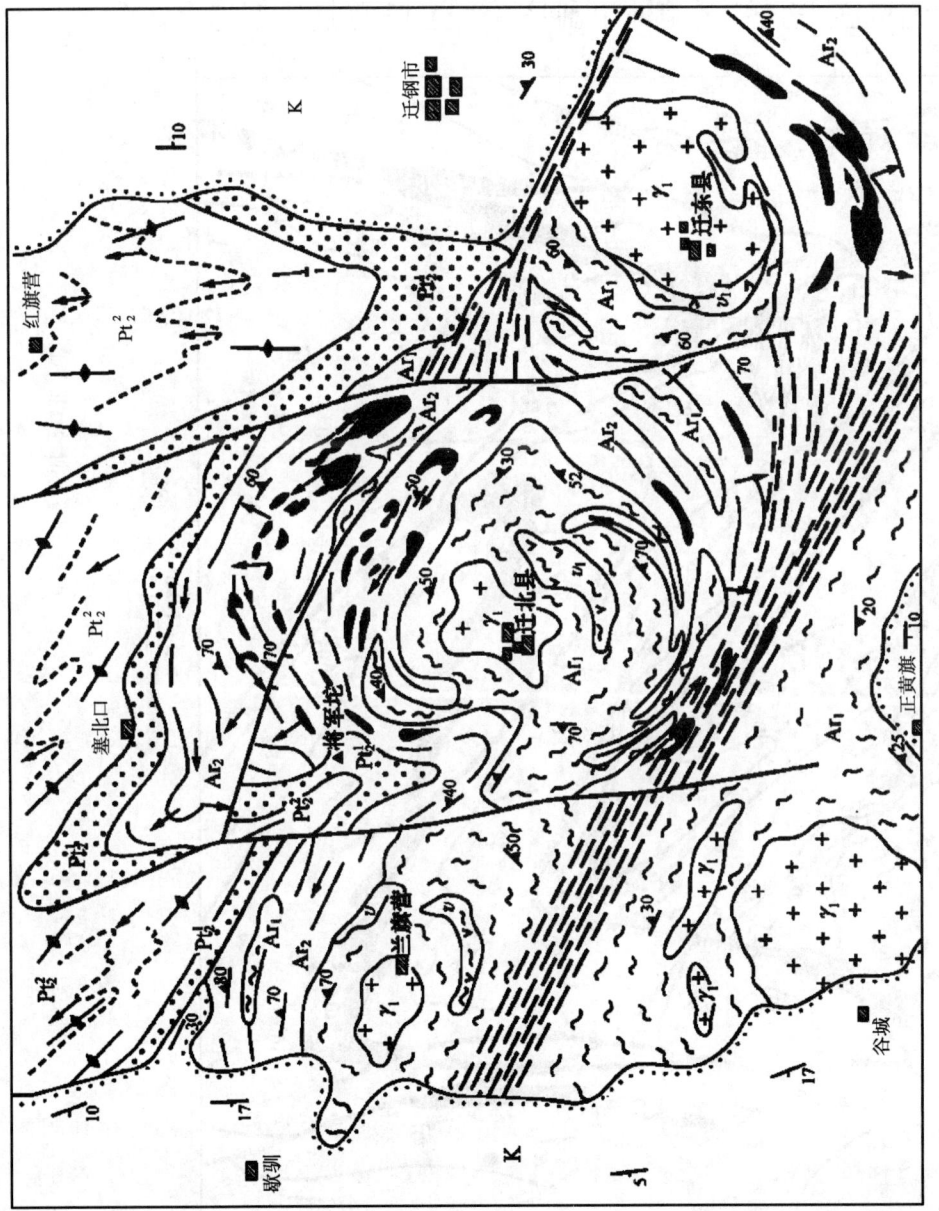

图 Ⅰ-19-6 迁钢市地质图

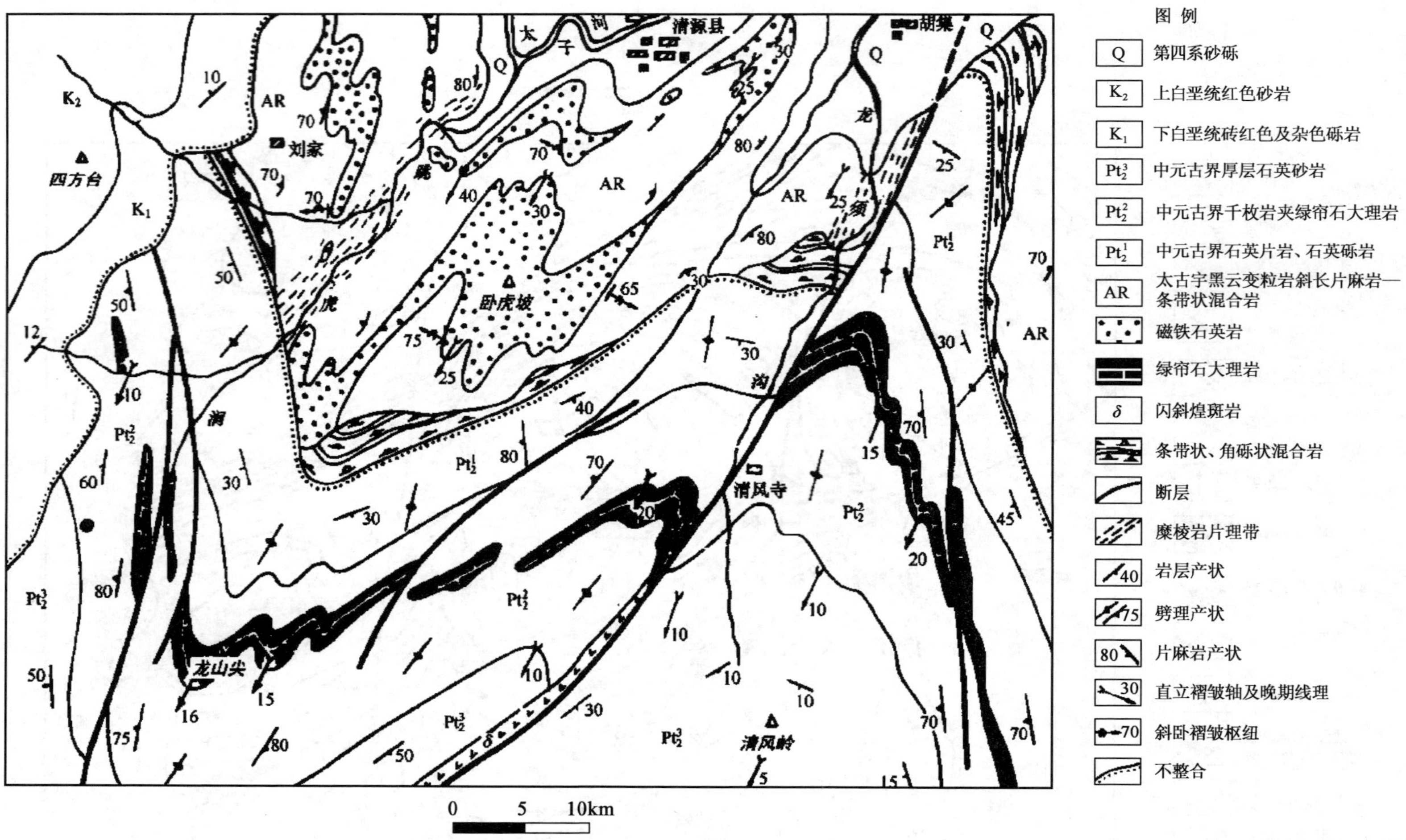

图例

符号	说明
Q	第四系砂砾
K_2	上白垩统红色砂岩
K_1	下白垩统砖红色及杂色砾岩
Pt_2^3	中元古界厚层石英砂岩
Pt_2^2	中元古界干枚岩夹绿帘石大理岩
Pt_2^1	中元古界石英片岩、石英砾岩
AR	太古宇黑云变粒岩斜长片麻岩—条带状混合岩
	磁铁石英岩
	绿帘石大理岩
δ	闪斜煌斑岩
	条带状、角砾状混合岩
	断层
	糜棱岩片理带
40	岩层产状
15	劈理产状
80	片麻岩产状
30	直立褶皱轴及晚期线理
70	斜卧褶皱枢纽
	不整合

图 I-19-7 清源县地质图

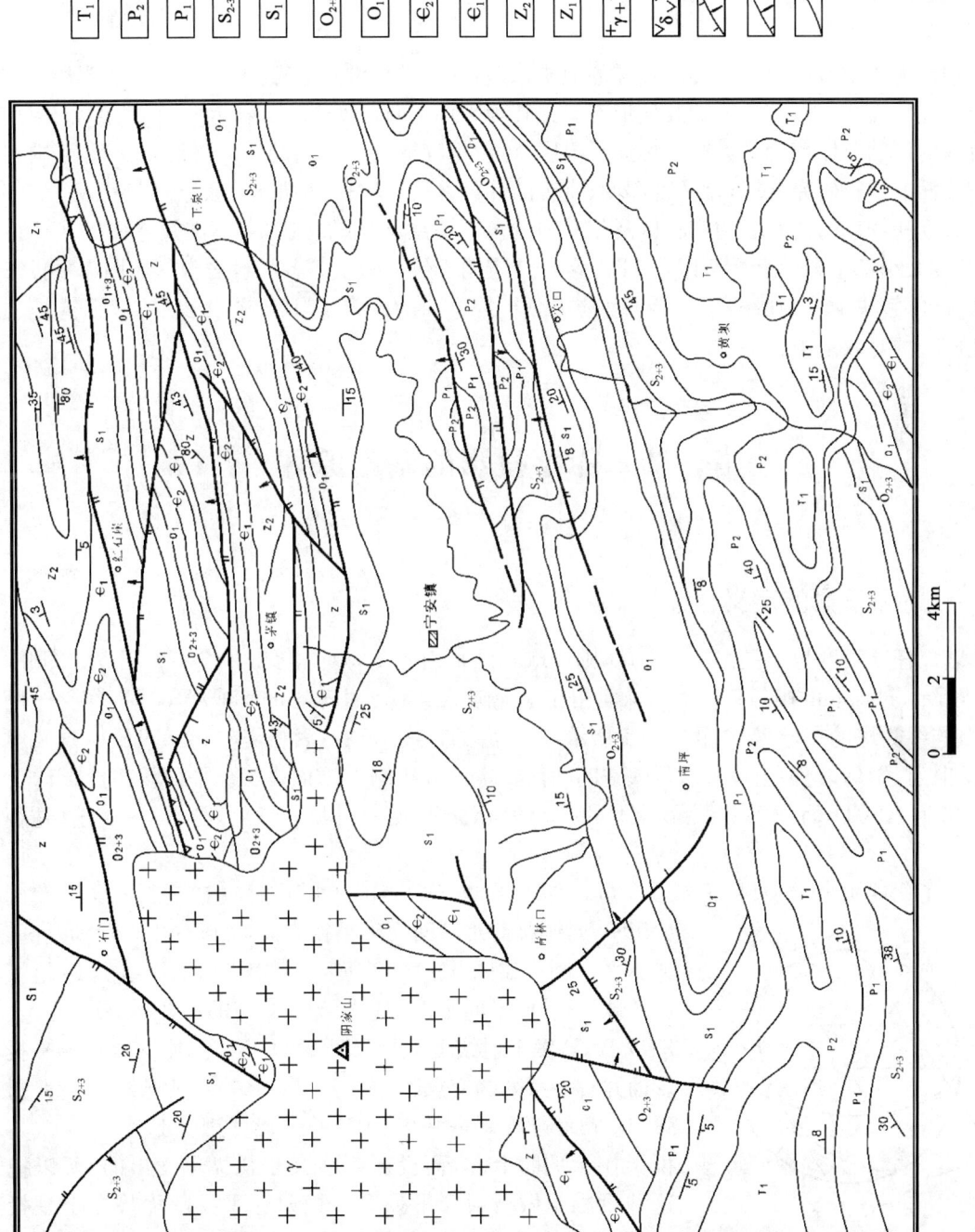

图 Ⅰ-19-8 宁安镇地区地质图

附录 II
极射赤平投影

构造地质学研究地壳中形态各异的地质构造,在野外详细观察勘测的基础上,还要经过室内认真地研究。怎样使立体的几何形态研究转为平面的计算分析,极射赤平投影给我们提供了有效的帮助。极射赤平投影简称赤平投影,可以把物体三维空间的几何要素(线、面)反映在投影平面上进行研究处理,是一种简便、直观的计算方法,又是一种形象、综合的定量图解。特点是只反映物体的线和面的产状以及相互间的角距关系和运动轨迹,而不涉及它们的具体位置、长度大小和距离远近。所以,赤平投影广泛应用于包括地质等各学科之中。运用赤平投影方法,能够解决地质构造的几何形态和应力分析等方面的许多实际问题,因此,它是研究地质构造的一种有效手段。

第一节 赤平投影的基本原理

一、赤平投影的定义

若以任意长度为半径作一空心球,则过球心的平面必与球面相交,并成一大圆。如图Ⅱ-1-1所示,过球心的倾斜平面a与球面相交于大圆ABCD。过球心的直线必与球面相交于两点,其连线为球的直径,如图Ⅱ-1-1所示,过球心的直线L与球面相交与m、n两点。这一空心球叫做投影球,这种用投影球反映空间几何要素的方法叫做球面投影。平面a在投影球上的投影为ABCD,直线L在投影球上的投影为m、n两点。可见,球面投影是一种立体透视图。

为了化球面投影为平面投影,可以过投影球球心作一水平面,相交投影球于大圆(NESW),则称此水平面为赤平投影面,大圆(NESW)为基圆,或赤平大圆。如图Ⅱ-1-2所示,从投影球的极射点P(上半球的球极点)向空间平面与投影球下半球的一系列交点(A、C、F、D、B等)发出射线PA、PC、PF、PD、PB等,则必穿过赤平投影面并有一系列的交点(A、C′、F′、D′、B等),其连线为一大圆弧,这个大圆弧就是平面的赤平投影。因为这个大圆弧是投影在赤平面上的,而投影射线又是从极点发出的,所以把这种投影叫做极射赤平投影。极射赤平投影优势在于是投影前后物体各面、线的夹角关系保持不变,是一种等角投影。

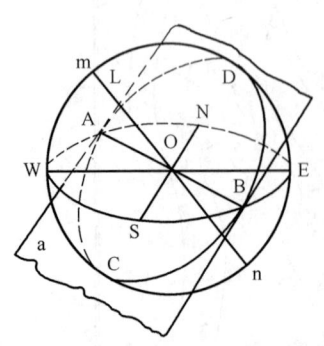

图Ⅱ-1-1 通过球心的倾斜平面和直线的球面投影

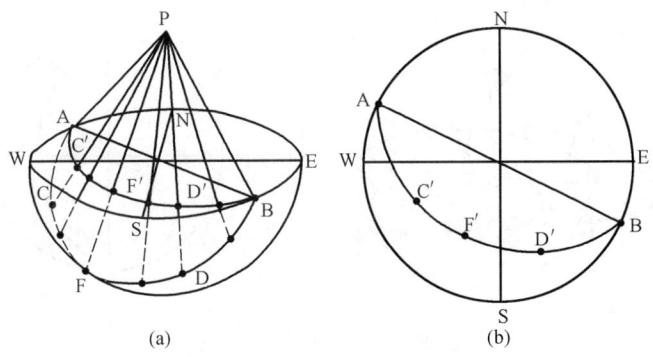

图Ⅱ-1-2 平面的球面投影(a)及其赤平投影(b)(下半球投影)

从极射赤平投影的定义来看,可以有上、下半球极点的选择,故有下半球投影和上半球投影之分。在实际工作中,主要根据研究工作的需要来选定。一般下半球投影能直接反映直线和平面的倾斜方向,故地质构造研究人员习惯用下半球投影,且将基圆视为水平面、正上方为北、右侧为东。本教材也采用下半球投影。

二、平面和直线的投影解析

(一)平面的投影

1. 过球心的平面的投影

通过球心的平面无限伸展,必与球面相交成一个直径与投影球直径相等的大圆:直立平面为一直立大圆[图Ⅱ-1-3(a)中 SPNF];水平平面为水平大圆[图Ⅱ-1-3(a)中 WNES,即基圆];倾斜平面为一倾斜大圆[图Ⅱ-1-3(a)中 SANB]。因而,可得出以下结论:

(1)直立大圆的赤平投影为基圆的一条直径[图Ⅱ-1-3(a)中 PSFN 投影成 NS 直径],方位取决于直立平面的走向;

(2)水平大圆的赤平投影就是基圆[图Ⅱ-1-3(a)中的 WNES];

(3)倾斜大圆的赤平投影是以基圆直径为弦的大圆弧[图Ⅱ-1-3(a)中 SBN 投影成 SB′N,SAN 半圆的投影是在基圆之外的赤平面上,此处未画]。

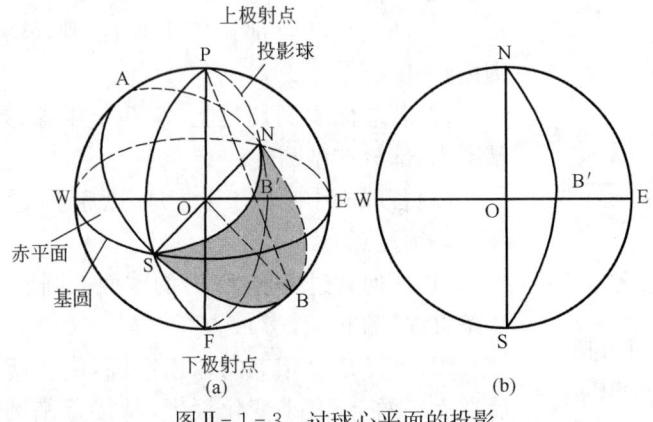

图Ⅱ-1-3 过球心平面的投影
(a)透视图;(b)赤平图

极射赤平投影的一个重要性质是,球面大圆投影在赤平面上仍为一个圆。如图Ⅱ-1-4中,球面大圆 ASBN 赤平投影后的 A′SB′N 为一个圆。

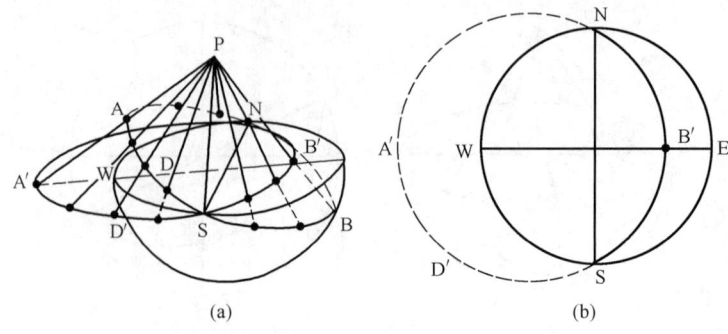

图Ⅱ-1-4 倾斜平面的赤平投影
(a)透视图；(b)赤平图

2. 不过球心的平面的投影

不过球心的平面与球面相交成一个直径小于投影球直径的小圆：直立平面为直立小圆[图Ⅱ-1-5(a)中AB]；水平平面为水平小圆(图Ⅱ-1-6)；倾斜平面为倾斜小圆[图Ⅱ-1-5(a)中FG小圆]。球面小圆投影在赤平面上仍为一个圆。如图Ⅱ-1-5，球面小圆FG投影后为F′G′小圆；AB投影后成A′B′小圆。水平小圆的投影是基圆的同心圆(图Ⅱ-1-6)；直立小圆投影后，下半球部分是基圆内的一条圆弧，上半球部分位于基圆外。小圆倾斜，可能出现以下3种情况：

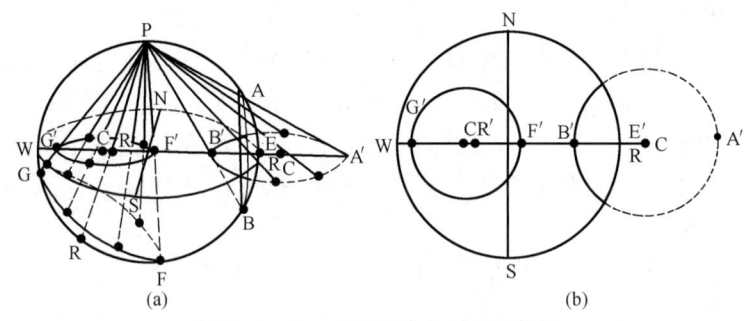

图Ⅱ-1-5 不通过球心平面的投影
(a)透视图；(b)赤平图

(1)球面小圆全部位于下半球，则赤平投影全部位于基圆内；

(2)若球面小圆切过上、下两个半球，则赤平投影部分在基圆内，部分在基圆外；

(3)若球面小圆位于上半球，则赤平投影全部位于基圆外。

必须注意：

(1)任何通过极射点(P)的球面大圆或小圆的赤平投影为一条直线(图Ⅱ-1-7)。

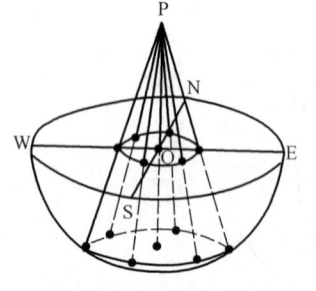

图Ⅱ-1-6 水平球面小圆的
赤平投影透视图

(2)半径角距相等的球面小圆，由于所在位置不同，投影后在赤平面上，大小变化很大，越接近基圆圆心面积越小，越远离基圆圆心面积越大(图Ⅱ-1-8)。

(3)球面上的大圆或小圆投影到赤平面上的圆的投影圆心(R)与作图圆心(C)是互相分离的(图Ⅱ-1-5)；只有水平的球面小圆投影后，R与作图圆心(C)才重合在基圆的圆心O点上

（图Ⅱ-1-6），并且赤平面上投影圆的投影圆心（R）与基圆圆心 O 越远，则 R 与 C 分离越大。

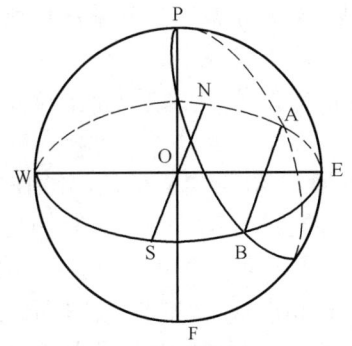

图Ⅱ-1-7 通过极射点（P）的球面
小圆的赤平投影

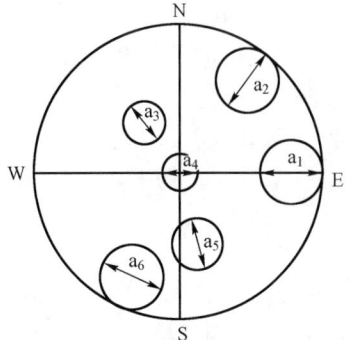

图Ⅱ-1-8 角距相等的球面小圆
（投影后面积的变化）

（二）直线的投影

任何通过球心的直线，它的球面投影是两个点。两个点与极射点（P）的连线穿过赤平投影面交的点称直线的赤平投影点，分以下 3 种情况讨论。

(1) 铅直线交于球面上、下两点，其投影点位于基圆中心（两点重合）（图Ⅱ-1-9）；

(2) 水平直线交于球面基圆上两点，其投影点就是基圆上两个点，连线为基圆直径（图Ⅱ-1-9）；

(3) 倾斜直线交于球面上相应两点，其赤平投影点有一点在基圆内，另一点在基圆外，两点呈对距点，在赤平投影图上角距恒为 180°，其中任意点都能代表直线的产状（图Ⅱ-1-9）。

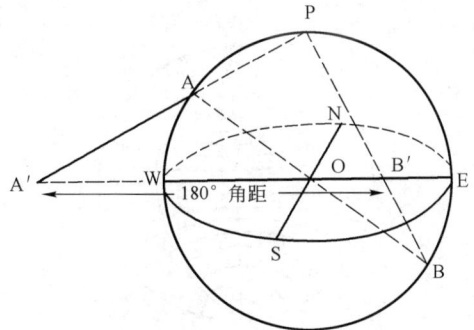

图Ⅱ-1-9 过球心的倾斜直线（AB）的
赤平投影为两个对距点（A′和 B′）

由以上分析可知，对空间上的面和线的研究，完全可以转化为对平面的线和点的研究：面可以转化为线，即通过投影球心的面的投影——大圆和未通过投影球心的面的投影——小圆；线可以转化为点，即通过投影球心的直线的投影——位于基圆上的一个或两个点。另外，面还可以转化为点，即通过投影球心的面的投影——大圆，可以用该面的法线的投影——极点表示。

三、赤平投影网

为了迅速而准确地对地质构造的几何要素进行赤平投影，需要使用赤平投影网。目前广泛使用的投影网有吴尔福网（简称吴氏网，又称等角距投影网）和施密特网（简称施氏网，又称等面积投影网），两种投影网各有特点，但用法基本相同。

通常，在求解面、线间的角距关系方面，侧重于用吴氏网，因为吴氏网上反映各种角距比较精确，而且作图方便；缺点是相同角距的投影面积变化很大。在研究面线群统计分析（作极点图和等密图）进而探讨组构问题时，多用施氏网，因为施氏网上比较真实地反映了球面上极点分布的疏密，从基圆圆心至圆周，具有等面积特征；其缺点是球面上大圆和小圆的赤平投影都不是圆，作图麻烦。这里只介绍吴氏网及其成图原理。

吴氏网(图Ⅱ-1-10)由基圆(赤平大圆)、经向大圆弧(如弧 NGS)、纬向小圆弧(如弧 ACB)等经纬线组成。标准吴氏网的基圆直径为20cm(精度要求不高时通常采用直径为10cm的吴氏网),经、纬度间距为2°,使用标准投影网误差可以不超过半度,其构成和成图原理如下:

(1)基圆,其指北方向(N)为0°,顺时针标有0°~360°的方位角,用来量度被测量方位的方位角(图Ⅱ-1-10)。

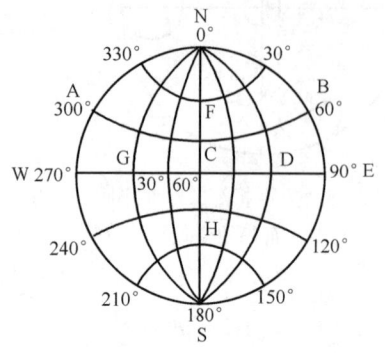

图Ⅱ-1-10 吴氏网示意图

(2)经向大圆弧,是通过球心、走向南北、分别向西或东倾斜的平面与球面交线的投影,投影图上标有倾角由0°到90°的许多平面投影大圆弧(图Ⅱ-1-10)。这些大圆弧与东西直径线的各交点到直径端点(E点和W点)的距离分别代表各平面的倾角值。如图Ⅱ-1-10中,由G到W的方向表示了NGS所代表的平面倾向,即倾向为西(即270°);而W与G之间的角距就是倾角(即30°)。

(3)纬向小圆弧,是不通过球心、走向东西的直立平面与球面交线的投影(图Ⅱ-1-11)。这些小圆弧离基圆圆心越远,表示球面小圆的半径角距就越小;反之,离圆心越近,则半径角距就越大,即直立小圆与球心相连而成的圆锥顶角随直立小圆越接近球心而增大(图Ⅱ-1-12)。纬向小圆弧分割南北直径线的距离与经向大圆弧分割东西直径线的距离相等,即在图Ⅱ-1-10中 ED=SH=WG=NF,都代表30°角距。

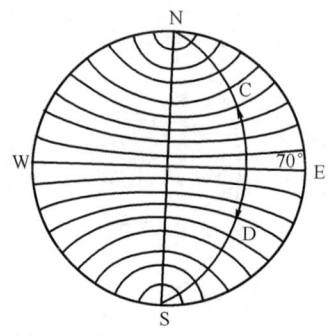

图Ⅱ-1-11 吴氏网纬向小圆弧

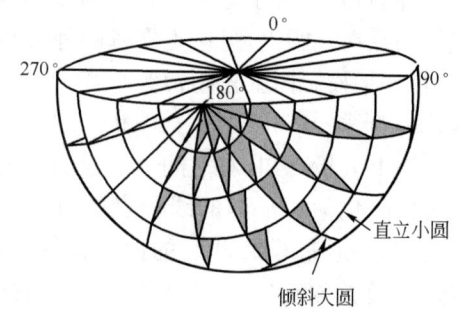

图Ⅱ-1-12 吴氏网纬向小圆透视图

第二节 赤平投影网的使用方法

一、准备工作

(一)吴氏网的选择和工具准备

为便于携带与操作,通常采用直径为10cm吴氏网。要求精度较高时,则选用直径为20cm吴氏网。另外,需准备透明纸、圆规、固定针和直尺、铅笔、橡皮等绘图工具。

(二)基本操作

首先把透明纸蒙在吴氏网上,画出基圆及"十"字中心,并用固定针固定于网心上,使透明纸能旋转。然后在透明纸上标出 E、S、W、N,以正北(N)为 0°,顺时针数至 360°(图Ⅱ-2-1)。

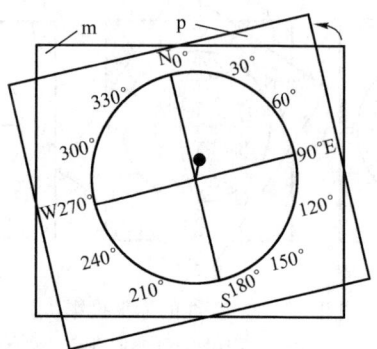

图Ⅱ-2-1 投影准备工作示意图
m—吴氏网;p—透明纸

二、投影操作

(一)平面的赤平投影

【例Ⅱ-1】 作平面 120°∠30°的赤平投影。

(1)确定平面的倾向和走向:将透明纸上指北标记与网上 N 重合,以 N 为 0°,顺时针数至 120°得一点,其方位角即为倾向;过圆心与倾向垂直的直径 AB 为平面的走向(图Ⅱ-2-2)。

(2)确定平面的倾角并描绘经向大圆弧:转动透明纸使 120°倾向的点移至东西直径上,由圆周向圆心数 30°(平面的倾角),得 C 点,通过 C 点描绘经向大圆弧[图Ⅱ-2-2(b)中圆弧 ACB];

(3)透明纸复位:把透明纸的指北标记转回到原来的指北方向,此时弧的凸向及凸度代表平面 120°∠30°的产状,即所求平面的赤平投影为大圆弧 ACB[图Ⅱ-2-2(c)]。

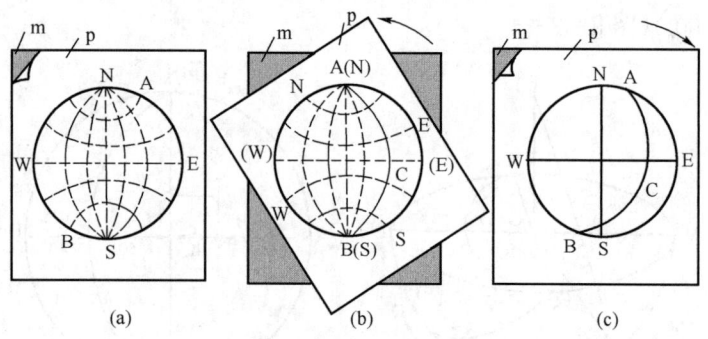

图Ⅱ-2-2 平面的赤平投影步骤
m—吴氏网;p—透明纸

(二)直线的赤平投影

【例Ⅱ-2】 作直线 330°∠40°的赤平投影。

(1)确定直线的倾伏向:将透明纸上指北标记与网上 N 重合,以 N 为 0°顺时针数到 330°,为该直线倾伏向[图Ⅱ-2-3(a)中 A 点];

(2)确定直线的倾伏角:把 A 点转动至东西直径上(或转至南北直径上),由圆周向圆心数 40°,并投点 A′,即直线的倾伏角[图Ⅱ-2-3(b)、(c)中 A′点];

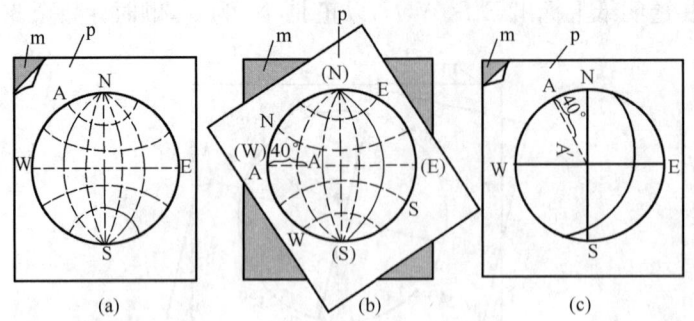

图Ⅱ-2-3 直线的赤平投影步骤

m—吴氏网；p—透明纸

(3)透明纸复位：把透明纸的指北标记转回到原来指北方向，该点即为该直线的赤平投影[图Ⅱ-2-3(c)]。

(三)法线的赤平投影

法线的赤平投影是指对平面法线的产状投影(即已知平面产状，求其极点)。平面及其法线的投影常常互为使用，往往是用极点投影代替平面投影可以使操作和计算简单很多。二者的关系是互相垂直，夹角相差90°，在下半球投影中，极点所在的位置正好是和平面的倾向相反。

【例Ⅱ-3】 作平面90°∠40°的法线投影。

方法一：将透明纸上北标记与吴氏网上N重合，以N为0°顺时针数至90°，正好在东西直径的E点，过该点由圆周向内数40°，得D′点，D′点即为平面倾斜线产状的投影。若继续数90°，显然已越过圆心进入相反方向倾向，得F′点，该点即为该平面法线投影(图Ⅱ-2-4)。

方法二：将透明纸上北标记与吴氏网上N重合，以N为0°顺时针数至90°，正好在东西直径的E点，以圆心向反倾向数至40°，得F′点，该点即为该平面法线的投影(圆周数起和从圆心反向数起正好差90°)(图Ⅱ-2-4)。

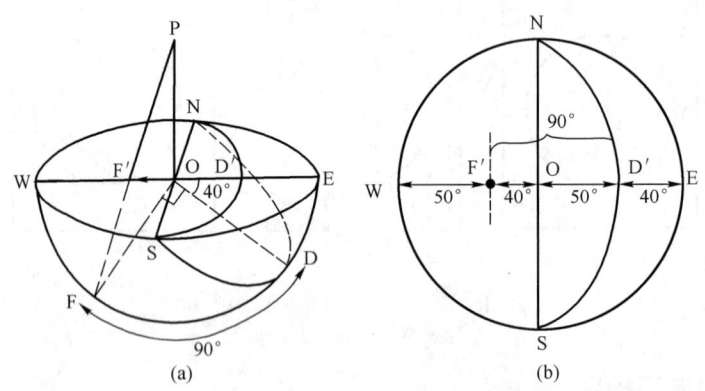

图Ⅱ-2-4 法线的赤平投影

(a)透视图；(b)赤平图

上述单一面、线的投影方法是利用赤平投影研究线与线、线与面、面与面相互关系的基础方法。

(四)求相交两直线构成的平面产状

【例Ⅱ-4】 求由两直线180°∠20°和120°∠36°构成的平面产状

(1)作直线投影:在透明纸上分别画出两直线产状,得 F′、D′两点[图Ⅱ-2-5(a)]。

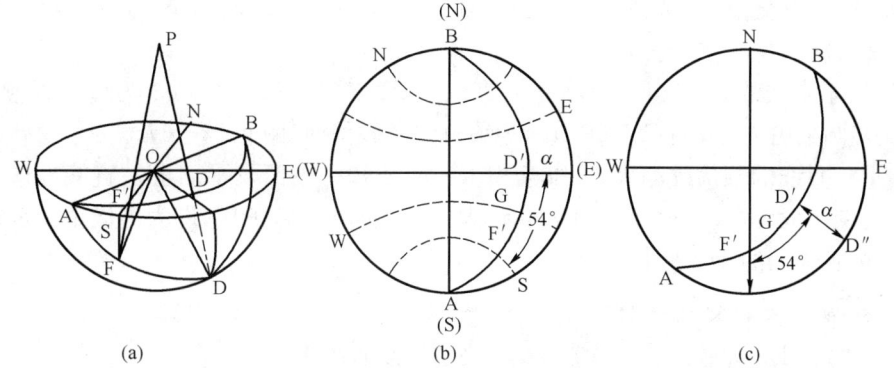

图Ⅱ-2-5 相交两直线的赤平投影
(a)透视图;(b)求两条直线的夹角及其所成平面的倾角;(c)赤平图

(2)描绘径向大圆弧:因为两相交直线构成一个平面,转动透明纸使 F′、D′两点位于同一大圆弧上,并将此大圆弧 AF′D′B 描绘于透明纸上,即为所求平面的赤平投影[图Ⅱ-2-5(b)]。

(3)读所求平面的产状:保持(2)的作图状态,可知,大圆弧 AF′D′B 与东西直径相交于 D′,把透明纸复位,此时由圆心过 D′连至基圆圆周上 D″点,并从北开始,顺时针方向数至 D″点,即为该平面的倾向(120°);转动透明纸使 D′、D″两点位于东西直径上,并读出 D′与 D″的角距,即为该平面的倾角(36°);记作 120°∠36°[图Ⅱ-2-5(c)]。

(五)求相交两直线的夹角及其平分线

【例Ⅱ-5】 求两条直线 180°∠20°和 120°∠36°的夹角及其平分线。

(1)求作两条直线 180°∠20°和 120°∠36°构成平面的赤平投影,产状为 120°∠36°。

(2)量大圆弧上 D′与 F′间的角距(54°),即为相交两直线的夹角[图Ⅱ-2-5(b)]。该夹角的平分角距点 G(27°),即为夹角平分线[图Ⅱ-2-5(b)、(c)]。

(六)求平面上一直线的倾伏和侧伏

【例Ⅱ-6】 已知一平面产状为 180°∠α(α=37°),其上一直线 AC 的侧伏向 E、侧伏角 β (44°),求该直线的倾伏向、倾伏角。

(1)作已知平面的投影:在透明纸上作出平面 180°∠37°赤平投影的大圆弧 AD″C″B[图Ⅱ-2-6(c)]。

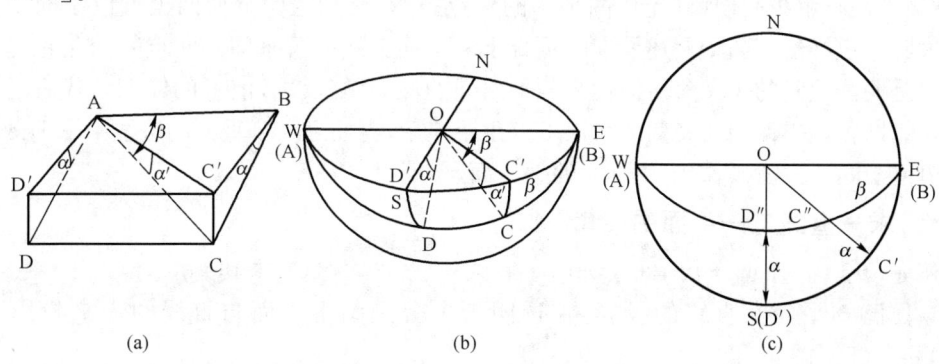

图Ⅱ-2-6 平面上一直线的赤平投影
(a)立体图;(b)透视图;(c)赤平图

(2)确定直线投影:将大圆弧走向对准网上 S-N,从透明纸上 E 端开始,沿大圆弧数到 44°纬向小圆弧的交点(C"),则 C"点为平面上直线 AC 所在的位置,亦即直线 AC 的投影(图Ⅱ-2-6)。

(3)读所求直线的倾伏和侧伏:在东西直径上,读出 C'—C"的角距 α'为该直线倾伏角(得 25°),而在基圆上由 N 顺时针数到 C'点,为该直线的倾伏向(图Ⅱ-2-6)。

平面上一直线的倾伏或侧伏,可以互相求得。若知一平面及平面上一直线的倾伏向 C',则连 OC'必交于大圆弧上,得 C"点,因而,在大圆弧上的 EC"段弧度,即为侧伏角 β;β<90°一侧的平面走向的方位角,即为侧伏向。

(七)求两平面的交线产状

【例Ⅱ-7】 求两平面 70°∠40°和 290°∠30°交线的产状。

(1)作已知平面的投影:在透明纸上作出平面赤平投影的大圆弧 AB 和 CD(图Ⅱ-2-7)。

(2)读两平面的交线产状:两大圆弧相交于一点 β,即为两平面交线的投影,读出交线的倾伏向和倾伏角,记作 356°∠13°。

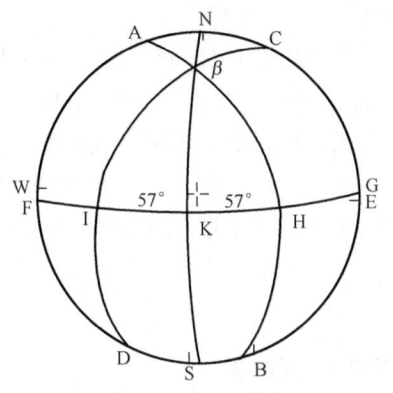

图Ⅱ-2-7 相交两平面的赤平投影

(八)求两平面的公垂面、夹角及其等分面

【例Ⅱ-8】 求两平面 70°∠40°和 290°∠30°的公垂面、夹角及其等分面的产状。

(1)作已知平面的投影:在透明纸上作出平面赤平投影的大圆弧 AB 和 CD(图Ⅱ-2-7)。

(2)描绘公垂面大圆弧:以两个平面交点 β 为极点,作出径向大圆弧 FKG(把 β 点转动至 EW 直径上,沿 β 点朝着圆心方向数 90°得辅助点 K,过辅助点作经向大圆弧 FKG),即为两平面的公垂面,产状记作 176°∠77°(图Ⅱ-2-7)。

(3)读两平面的夹角:公垂面大圆弧 FG 分别与已知两平面投影相交 H 点和 I 点,则两平面的夹角即为在公垂面 FG 上直线 H 和直线 I 的夹角(真二面角)。其中一对为锐角,另一对为钝角,图Ⅱ-2-7 中 IH 间夹角为 114°,那么在同一大圆上两者互为补角(图Ⅱ-2-7)。

(4)描绘夹角平分面大圆弧:转动透明纸,使 β 点与 K 点位于同一大圆弧上,描绘该大圆弧,即为两平面 114°夹角中的平分面,产状记作 267°∠85°(图Ⅱ-2-7)。

用极点法求解更简便:首先作两平面的极点投影,转动透明纸使两极点位于同一大圆弧上,该大圆弧也必然相当于上述所作的垂直于两平面交线的公垂面。两点间的角距也是互为补角,只是两法线间的锐夹角恰恰代表两平面间的钝夹角,反之,前者的钝夹角代表后者的锐夹角,换算即得两平面间的夹角。得出平分角距点后,再使之与公垂面的法线——即两平面的交线(β)位于同一大圆弧,即为两平面的平分面。

(九)求一直线与一平面的夹角

【例Ⅱ-9】 一平面产状 120°∠50°,一直线产状 320°∠20°,求其夹角。

(1)作已知平面和直线的投影:在透明纸上分别画出平面与直线的赤平投影大圆弧(AFB)和点(L)(图Ⅱ-2-8);

(2)作过直线且垂直平面的辅助平面投影:作平面的法线投影点(P),转动透明纸,使 P 与 L 两点位于同一大圆弧上,并描绘此径向大圆弧(CPD)。

(3)读直线与平面的夹角:在辅助大圆弧上数得法线P点与直线L点间夹角为26°。因而,直线与平面的夹角,其锐角部分为90°−26°=64°,其钝角部分为90°+26°=116°;辅助面CPD与已知平面AFB有一交线(J点),在辅助面大圆弧CPD上可以读得直线L点与J点间的弧度,即为直线与平面间的夹角(为116°和180°−116°=64°)。

(十)求一平面(或直线)绕一水平轴旋转后的产状

有些地质构造问题,诸如钻孔资料的构造分析、求不整合面以下地层的原始产状、根据交错层推断古河流方向等,都需要旋转有关构造形迹的产状。

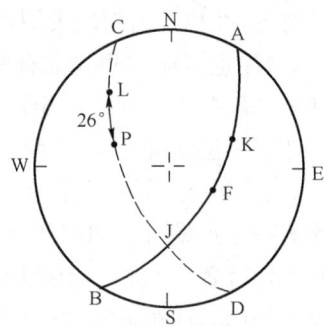

图Ⅱ-2-8 直线与平面间夹角关系的赤平投影

任何旋转都离不开一根特定的旋转轴。水平旋转的转轴是直立的,直立翻转的转轴是水平的,而倾斜旋转的转轴则是倾斜的。无论哪种旋转,只要确定了转轴的产状、转动的方向以及转动的角度,整个旋转操作就能准确完成。赤平投影旋转操作就是将要旋转的地质体的产状投影在赤平投影网上进行旋转。

水平旋转比较简单(线、面的投影只是围绕基圆圆心作整体旋转而已,走向和倾向发生了改变,倾角不变),倾斜旋转较为复杂,本教材仅对直立翻转作简单介绍。

直立翻转,亦即绕水平轴旋转。旋转时,使水平轴与投影网的南北直径一致,把要旋转的点(直线或法线的投影点)沿所在纬向弧运移,其运移的始点与终点间的角距,即为旋转角;其运移的方向,以水平轴的北端(正东西时以正东)为准,作向东(逆时针)旋转或向西(顺时针)旋转[图Ⅱ-2-9(a)]。一平面产状经过绕轴旋转以后,其产状随着发生变化,只有平面走向正好是旋转轴时,旋转后平面倾向一致或成反向、倾角变大或变小、走向不变。

投影网南、北两半圆上的纬向弧是对称的,反映了过球心的倾斜直线绕南北直径为轴旋转一圈的双圆锥底面的轨迹[图Ⅱ-2-9(b)]。以一个圆锥体为例,当下部半圆锥面总的向北倾斜时,纬向弧在北半圆,此时上部半圆锥面总的向南倾斜,纬向弧就在南半圆。所以当旋转角由下半圆锥进入上半圆锥时,就必然由这个纬向弧进入到对应的纬向弧(沿直径的对距点),再继续旋转。

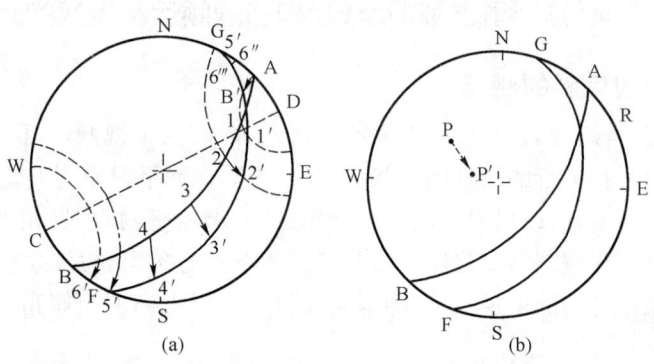

图Ⅱ-2-9 绕水平轴旋转
(a)大圆弧旋转法;(b)用平面法线旋转法

【例Ⅱ-10】 一平面AB产状为130°∠50°,求绕方位角为60°的水平轴CD逆时针方向(或向ES方向)旋转30°后的产状。

(1)作已知平面和直线(旋转轴)的投影:在透明纸上画出平面大圆弧AB和旋转轴CD

线,如图Ⅱ-2-9(a)所示。

(2)使 NS 与 CD 重合:转动透明纸,使旋转轴 CD 线转到投影网南北直径上。

(3)旋转大圆弧 AB 各点:将在 AB 大圆弧上任意所取的各点如 1、2、3……绕轴 CD 逆时针方向(指向 SE 正方向)旋转 30°,即各点沿所在纬向弧向 SE 方向数 30°,分别得 1′、2′、3′……新的各点,并描绘出新的大圆弧 GF(产状记作 111°∠25°)。

(4)注意事项:AB 弧上有些点,如点 6,旋转了 20°就到达了点 6′,继续旋转 10°时,必须以 6′过基圆圆心的对距点 6″开始,沿对应的同一纬向弧再数 10°至 6‴;B 点的旋转亦同此理。

用平面法线旋转法更简便:因为旋转一大圆弧,至少要在大圆弧上任选两个以上的点作为标志,然后再把旋转后的各新点转动至某一大圆弧上得新的大圆,而面的法线是以线代面,只要旋转一个点即可。如图Ⅱ-2-9(b)中,P 为上述平面 AB 的极点,绕 R=CD 线(水平轴)逆时针方向旋转 30°,相当于把透明纸上 R 转到网上正北(N),以平行 SN 向的 R 为旋转轴,使 P 沿所在纬向弧向东运移 30°至 P′,以 P′为法线的对应平面 GF,即为平面 AB 旋转后的新产状(111°∠25°)。

第三节　赤平投影在地质构造中的应用

赤平投影方法广泛应用于地质学科中,特别是地质构造的研究。运用赤平投影方法,不仅可以使面状构造和线状构造产状的计算与转换方便准确,更重要的是,在实际工作中,可以利用大量实测数据的投影分析面状构造和线状构造的变化规律。

一、面状构造和线状构造的标绘法

面状构造和线状构造是表现地质构造几何形态和运动图像的基本要素。学习用赤平投影方法求解地质构造问题,首先必须熟练掌握单个面状和线状构造的标绘和测算。

二、面状构造的真倾斜和视倾斜及线状构造的倾伏和侧伏的测算

(一)真倾斜和视倾斜的测算

有时野外只能测得斜交岩石(或其他面状构造)走向的两个视倾斜,虽然所测的位置不一定在同一层面上,但互相平行的层理面产状稳定时,投影在赤平投影图上就反映为同一个大圆弧,即同位于一个平面上,所以可以应用投影操作(四),求相交两直线(相当于两视倾斜线)构成平面的产状。另外,在编制斜交岩层走向的剖面和布置勘探线剖面时,也涉及真倾角与视倾角问题,它是投影操作(四)的可逆运算,即剖面线斜交岩层走向的视倾角,在投影图上相当于视倾斜线与大圆弧交点的角距。

【例Ⅱ-11】 已知岩层两视倾斜 80°∠15°、110°∠32°,求岩层真倾斜,并求 180°方位(视倾向)剖面上的岩层视倾角(图Ⅱ-3-1)。

(1)据投影操作(二)、(四),在透明纸上画出两视倾斜线投影为 A、B 两点。

(2)转动透明纸,使 A、B 两点位于同一大圆弧上,并在 EW 直径上数圆周至大圆弧间的角距,即为真倾角(40°),再由透明纸上指北标记顺时针数至大圆弧中心所对基圆的方位角,即为

岩层真倾向(151°)。

(3)180°视倾向线与大圆弧相交于C点,并使C点转到投影网直径线上,由基圆至该点的角距即为所求视倾角(36°)。

(二)线状构造的倾伏和侧伏测算

线状构造除了它本身的产状特征(倾伏)外,多与面状构造密切相关,如层面上的波痕、流面上的流线、断层面上的擦痕、褶皱轴面上的枢纽以及两面状构造交线与两面状构造的关系等,它们都反映了平面上一直线与该面走向之间的角距关系。因此,可用侧伏向和侧伏角来表示该线状构造产状。侧伏角的表示方法一般以位于侧伏角一侧的该平面的走向方位来表示。求倾伏和侧伏的关系,可用投影操作(六)进行投影。

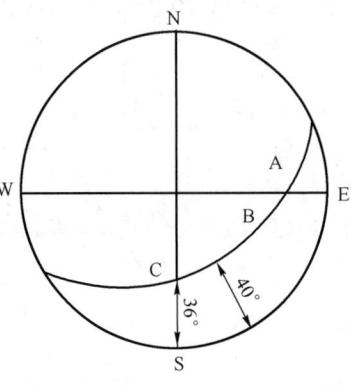

图Ⅱ-3-1 已知两视倾斜求真倾斜

三、旋转操作在构造分析方面的应用

通过立体阐述旋转操作在构造分析方面的应用。

【例Ⅱ-12】 一角度不整合下盘地层产状为200°∠40°,上盘的地层产状为80°∠50°。求不整合面上盘地层沉积时下伏地层的产状。

问题分析:

角度不整合的存在表明地层发生过掀动。不整合面以上的地层产状本来是水平的,而现在却呈80°∠50°的倾斜状态,显然是沉积后又发生过变动。因此,要判断不整合面以下地层在上覆地层沉积时的产状,就应将上覆地层从现在的倾斜状态翻回到当初的水平状态。与此同时,下覆地层也必随着翻转,翻转后得到的结果就是上覆地层沉积时,不整合面以下老地层当时的产状。

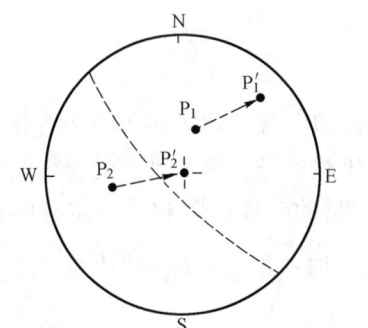

图Ⅱ-3-2 利用旋转操作求地层产状

投影方法如下(图Ⅱ-3-2):

(1)在透明纸上标出不整合面上、下盘地层的极点(即法线投影点)P_2 和 P_1。

(2)以上覆地层走向为水平转轴(以走向为转轴并非一概正确,应综合利用其他地质资料),将上覆地层翻成水平,为此,使P_2点沿直径线移到基圆圆心,共翻了50°。与此同时,P_1点必沿所在纬向弧同步移动50°到P_1'点。P_1'点对应的大圆弧的产状(226°∠75°),就是不整合下伏地层的产状。

四、赤平投影求地层厚度

在实测地层剖面时,利用赤平投影原理,可以简便地计算地层厚度。如图Ⅱ-3-3(a)所示,设倾斜岩层在斜坡上的露头为ABCD,AM为测量导线,其方位、长度、坡向和坡度角在实测剖面上均可实际测得。从A点作地层法线AE,在△AME中,∠AME=90°,AE为地层厚度,∠MAE=θ,则有关系 $AE = AM \cdot \cos\theta$,因而,只要求出θ值,就可计算出地层厚度。投影方法和求解步骤如下:

(1)作导线的投影点。根据野外实测导线的方位和坡度角的数据,在赤平投影图上标出导线的投影点,如图Ⅱ-3-3(b)中的 AM 点。

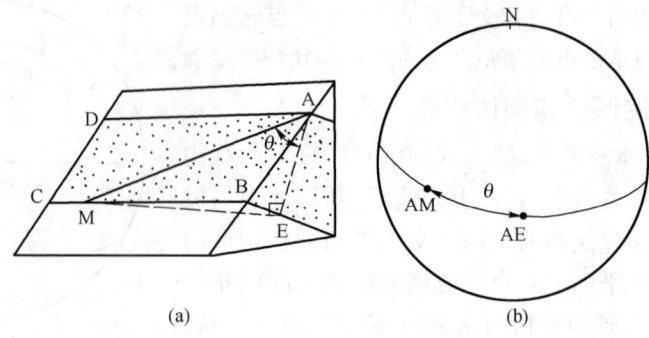

图Ⅱ-3-3 求地层厚度

(2)作岩层法线投影。在赤平投影图上标出已知岩层法线的投影点 AE,如图Ⅱ-3-3(b)所示。

(3)求 θ 角。转动透明纸,使 AM 和 AE 两点位于同一大圆弧上(此大圆弧为包含导线 AM 和地层厚度 AE 的平面投影),则 AM 和 AE 之间的角距就是所求的 θ 角。

(4)计算地层的厚度。将 θ 角代入公式 AE＝AM·cosθ 中即可求得地层厚度。

五、褶皱构造的赤平投影

正确判断褶皱产状及其几何形态的关键在于正确确定褶皱枢纽和轴面的产状,褶皱构造的赤平投影特征是:

(1)两翼产状的大圆弧的交点就是褶皱枢纽产状的投影;

(2)轴面的赤平投影则是包含枢纽点在内的大圆弧。

(一)褶皱枢纽产状的确定

褶皱枢纽产状一般可根据褶皱两翼同一褶皱层面的交线求得。圆柱状褶皱每两个微分平面的交线基本上都投影成一点 β(图Ⅱ-3-4、图Ⅱ-3-5);圆锥状褶皱每两个平面的交线产状不同,β_1、β_2、β_3……成一小圆轨迹(图Ⅱ-3-6)。实际上,为测量的精度所限和褶皱本身的复杂性,一褶皱微分为许多面的交线产状不一定都投影在同一点,但至多也只能交 $\dfrac{n(n-1)}{2}$ 的点数。用 β 表示的赤平投影图称为 β 图。

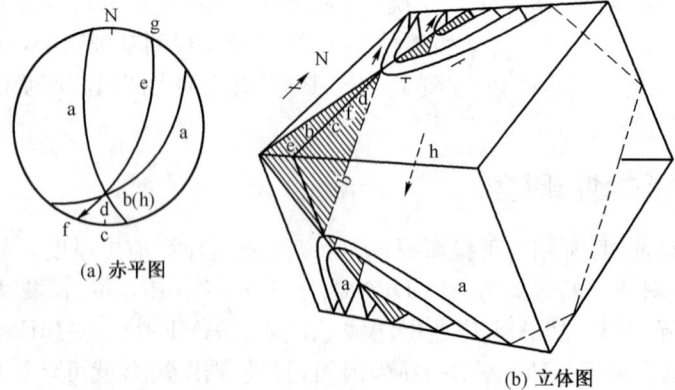

(a) 赤平图   (b) 立体图

图Ⅱ-3-4 褶皱要素的赤平投影

a—翼;e、g—轴面及其走向;b、c、d、f—枢纽及其倾伏向、侧伏向、倾伏角、侧伏角;h—褶皱

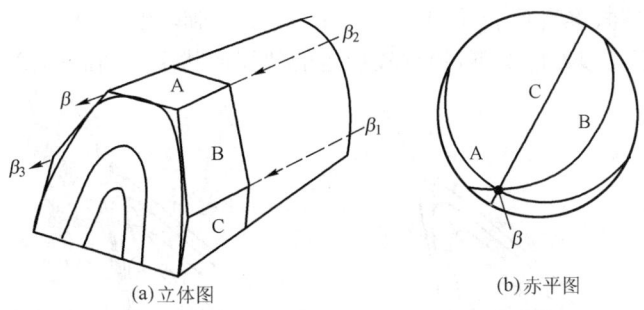

图Ⅱ-3-5 圆柱状褶皱要素的枢纽产状为一点(β)

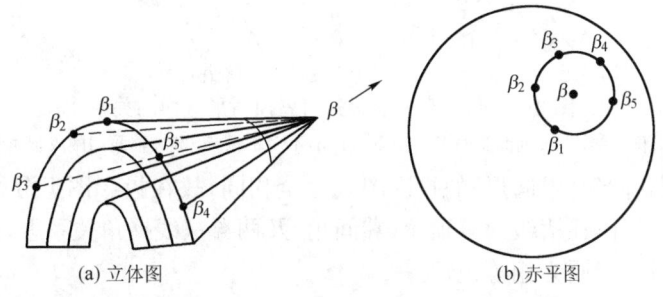

图Ⅱ-3-6 圆柱状褶皱枢纽产状构成一小圆

用褶皱面上各处的法线产状来求褶皱枢纽和轴面的产状更为简便。根据同一褶皱层面上各产状的法线共面(即褶皱的横截面)的特点,如附图Ⅱ-3-7所示,在赤平投影图上直接标出各产状法线的投影(P_1、P_2…)。显然,这些极点投影都应落在一个大圆弧上,这个大圆弧就叫做 π 圆,这种在赤平投影图上用各褶皱面法线产状表示横截面的图件称 π 图。

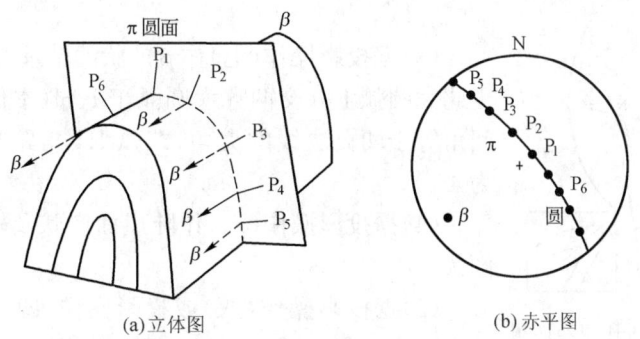

图Ⅱ-3-7 褶皱轴面和两翼顶角平分面的关系

应当指出的是,各法线点实际上不一定严格位于大圆弧上,通常是根据总的延伸趋势或根据统计得出的环带来勾绘。

由于褶皱横截面与褶皱枢纽的关系,在褶皱的 π 图中,π 圆的法线即为褶皱枢纽产状。

(二)褶皱轴面产状的确定

轴迹是轴面与任意截面的交线,大多表现为褶皱各岩层转折弯曲最明显的点的连线。

轴面产状可根据枢纽和轴迹求得(二者均位于轴面上)。也可以根据平分褶皱两翼顶角的面来代替;但要注意所选两平面的部位和褶皱两翼地层厚薄是否对称。如图Ⅱ-3-5A、B两面顶角的平分线与枢纽构成的面和B、C二面顶角的平分线与枢纽构成的面,不是真正的轴面,只有A面紧靠两侧的平面延展相交的顶角作平分面才大致相当轴面。所以在野外最好按一定距离测定统计,或找准有代表性的两翼(平面);另一种情况(图Ⅱ-3-8)是轴面不等于两翼顶角的平分面。不过多数情况下,根据较稳定的两翼产状来求轴面产状是可以的。

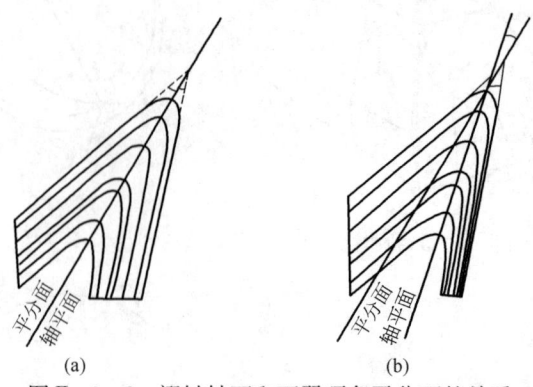

图Ⅱ-3-8 褶皱轴面和两翼顶角平分面的关系
(a)对称褶皱,褶皱轴面和两翼顶角重合;(b)不对称褶皱,褶皱轴面和两翼顶角斜交

背斜(或背形)和向斜(或向形)的投影图式完全相同,故在投影图上分不出背斜(或背形)和向斜(或向形)。另外,在褶皱两翼顶角(翼间角)及两翼法线夹角关系上,正常褶皱时二者互为补角,同斜褶皱时二者同为相等锐角。

【例Ⅱ-13】 已知背斜两翼产状为10°∠30°和50°∠60°,在一个产状为180°∠70°的陡壁上测得该背斜轴迹的侧伏角为26°E,求该背斜的枢纽产状、翼间角、枢纽与轴迹构成的轴面产状和枢纽与翼间角平分线构成的轴面产状(图Ⅱ-3-9)。

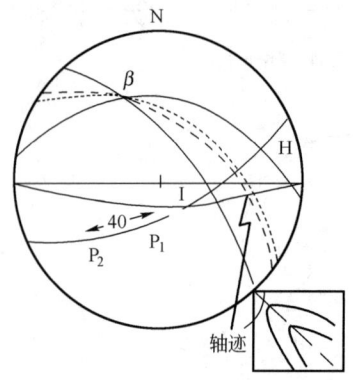

图Ⅱ-3-9 褶皱轴面和两翼顶角平分面的关系

(1)据投影操作(一)、(三)作出两翼大圆弧和极点P_1、P_2;

(2)据投影操作(一)的可逆操作,量得两翼交线β产状为336°∠26°;

(3)据投影操作(七)作β产状的轴垂面大圆弧,P_1、P_2必位于此大圆弧上并交两翼大圆弧于I、H(本例为两翼同斜,故翼间角等于两翼法线的夹角,即弧IH角距与弧P_1P_2的角距均为40°);

(4)据投影操作(六)作陡崖面产状及轴迹侧伏角,得轴迹倾伏101°∠24°;

(5)据投影操作(八)或投影操作(四)作枢纽与轴迹共面的产状得37°∠45°和枢纽与翼间角平分线共面的产状得34°∠42°(在图Ⅱ-3-9中,前者用虚线代表,后者用点线代表,二者产状略有差异)。

六、断裂构造的赤平投影和分析

此处主要对断裂面与应力的几何关系、各主应力方位及断盘的滑移方向进行分析。

(一)共轭断裂与主应力关系

共轭断裂与主应力之间有下列几何关系(图Ⅱ-3-10)。在立体图上(空间状态)的表现是,一对共轭断裂的交线代表中间主应力轴σ_2,垂直σ_2并又互相垂直的为最大主(压)应力轴σ_1和最小主应力轴σ_3。在理论上两共轭断裂面应互相垂直,但由于不同岩石中具有不同大小的内摩擦角(一般为30°),因此,σ_1所对的为锐角二面角(即90°-30°)的平分线方向,σ_3所对的为钝角二面角(即 90°+30°)的平分线方向;它们也指示了两共轭断裂面上的滑动线方向,即 σ_1 方向上滑动线垂直 σ_2 向内;σ_3 方向上滑动线垂直 σ_2 向外。

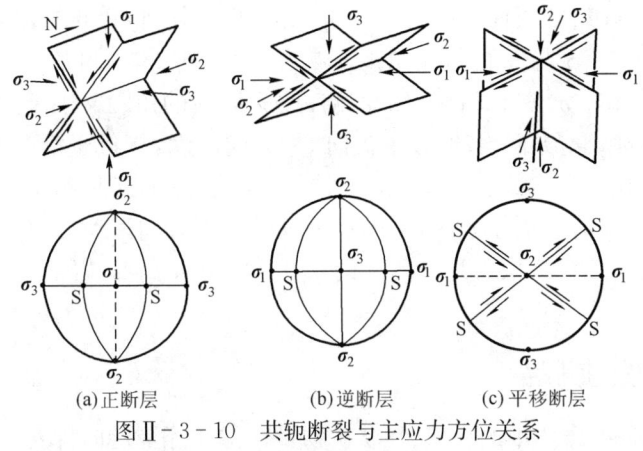

(a)正断层　　(b)逆断层　　(c)平移断层

图Ⅱ-3-10　共轭断裂与主应力方位关系

虚线为张断裂(σ_1、σ_2面)

它们在赤平图上的表现是(图Ⅱ-3-10、图Ⅱ-3-11):代表共轭断裂面的两大圆弧 S 的交点为 σ_2 投影点;垂直于 σ_2 的辅助大圆弧(包含了 σ_1 和 σ_3)上与共轭断裂两大圆弧交点(图Ⅱ-3-11 中 S_1、S_2)间的弧度为共轭断裂面的二面角;其锐角弧度的角距平分点为 σ_1 投影点;钝角弧度的平分角距点为 σ_3 投影点;σ_1、σ_2、σ_3 互相成 90°角距。S_1、S_2 为两共轭断裂两盘相对滑动的方向,S_1 和 σ_1、S_2 和 σ_2 分别位于两个共轭断裂面上,而 S_1 与 σ_2 及 S_2 与 σ_2 的角距又都为 90°角距。S_1、S_2 也都位于包含 σ_1、σ_3 的辅助大圆弧上,σ_1 与 S_1 或 σ_1 与 S_2 为二分之一的锐夹角角距,σ_3 与 S_1 或 σ_3 与 S_2 为二分之一的钝夹角角距,其内摩擦角即为 90°减锐夹角或钝夹角减 90°。

用投影操作(七)、(八)可求出图Ⅱ-3-11 上 σ_1、σ_2、σ_3 的产状。

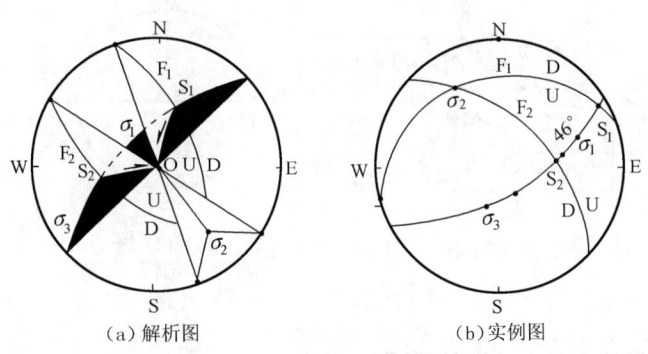

(a)解析图　　(b)实例图

图Ⅱ-3-11　共轭断层的赤平投影

F_1、F_2 为共轭断层面;S_1、S_2 为断盘滑动线;U 为上升盘;D 为下降盘

(二)断盘滑移分析

在下半球投影上,断层大圆弧的凸侧代表上盘,凹侧为下盘。所以,滑动线平行断层倾向时,σ_1 在凸侧,且 σ_1 与 S_1(或 S_2)的角距小于 90°/2,表示上盘相对上升的逆断层;反之,σ_1 在凹侧,且 σ_1 与 S_1(或 S_2)的角距小于 90°/2 时,则表示下盘相对上升的正断层。同理,滑动线平行于断层走向时,据 σ_1 的指向,沿滑动线有左行滑动和右行滑动之分,锐角指向本盘移动方向。还有最常见的斜向滑动,对其上盘相对上升或下降的分量,可据 σ_1 位于大圆弧凸侧或凹侧来判定,对其左行或右行的平移分量,可据 σ_1 指向滑动线的侧伏角来判定。

以图Ⅱ-3-11(b)为例，F_1断层($340°\angle 20°$)和F_2断层($46°\angle 50°$)为共轭关系，所以两大圆弧的交点为σ_2的产状($334°\angle 20°$)。以σ_2为极点，作对应大圆弧，即$\sigma_1-\sigma_3$平面。该弧与F_1、F_2的交点为S_1和S_2，表明F_1断层面上的滑动方向(指示擦痕方向)为64°或244°，F_2断层面上的滑动方向为84°或264°。S_1与S_2的锐角角距中点为σ_1($71°\angle 23°$)，再从σ_1沿大圆弧量度90°角距得σ_3($206°\angle 58$)。由于σ_1位于F_1断层的凹侧，且σ_1与S_1的角距又小于90°/2，所以，F_1断层为正断层，断层下盘向244°方向滑动，或上盘向64°方向滑动，接近于沿F_1断层走向的右行滑动，因而可称为正—右行平移断层。对于F_2断层来说，σ_1位于其凸侧，σ_1与S_2的角距也小于90°/2，因此，F_2断层为上盘上升的逆断层；断层上盘向264°方向滑动，具有左行平移的性质，故总的可称为左行平移逆断层。F_1和F_2的夹角为46°，所以岩石破裂的内摩擦角为$90°-46°=44°$。

七、流面和流线的测定

流面、流线分别是由岩体中的板状、片状矿物及捕虏体等呈定向排列而成的面状构造和由柱状、针状矿物组成的线状构造。流线和流面在露头面上很难直接测量，它们往往与定向矿物成各种方向的截面相交，类似于许多视倾斜。但根据这些视倾斜(野外直接测得视倾斜或测露头面倾斜及矿物长轴侧伏角都可，不过求流线产状以后者所测数据为宜)的统计，若成一大圆，就可求得流面产状；若不成大圆且无规律，则表示无流面。图Ⅱ-3-12是根据a、b、c三个露头面上视倾斜投影在赤平面上，正好位于同一大圆弧上，从而得出流面产状。流线的作法不同，它要求作出截切柱状矿物的露头面法线与所截矿物在露头面上的长轴构成的平面。同一产状的矿物柱体在不同的露头面上所构成的这种平面必交于一线，即公共线。此线显示流线的真正产状，若无公共线且无规律，则无流线。

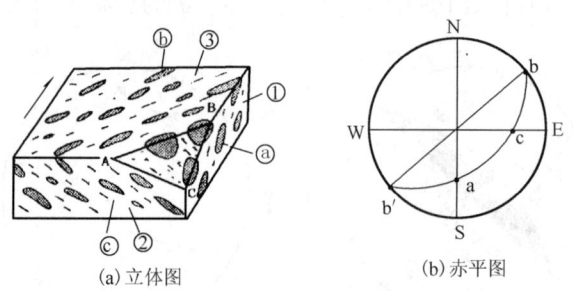

图Ⅱ-3-12　流面产状

八、赤平投影在孔斜校正中的应用

在地质钻探过程中，常会出现钻孔轴线偏离勘探线剖面和勘探线剖面不垂直于地质界面(地层、断层面等)走向的情况。因此，在编制勘探线地质剖面图的过程中，必须进行孔斜校正。借助于赤平投影法可以较迅速地求得孔斜校正中所需要的各种角度，大大地简化了计算过程。

为了讨论方便，仅取钻孔中的某一段来描述常用的孔斜校正方法，在此，不涉及全孔校正中的其他问题(图Ⅱ-3-13)。

(一)垂直投影法

垂直投影法又称"正投影法"或"法线投影法"，它是将钻孔轴线上的标志点(即钻孔与地质界面的交点和钻孔各段的连接点)垂直投影于剖面上的一种方法。当剖面垂直于地质界面的

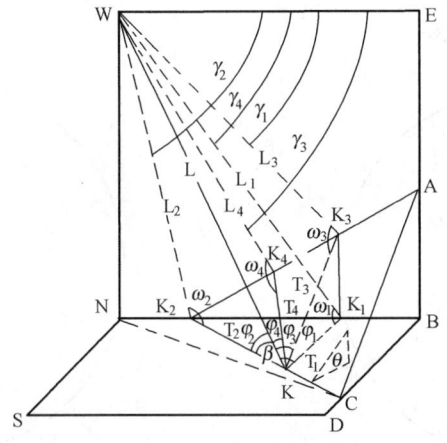

图Ⅱ-3-13 钻孔段孔斜校正立体图

WNBE—剖面；NSDB—水平面；AK₂C—地质界面；θ—界面倾角；L—钻孔曲线(孔线)；β—孔线倾角；T_1、T_2、T_3、T_4—分别为垂直投影、走向投影、视倾角投影、垂迹投影的射线(射线)；L_1、L_2、L_3、L_4—分别为四种投影 L 的投影线(影线)；γ_1、γ_2、γ_3、γ_4—分别为影线 L_1、L_2、L_3、L_4 的倾角；φ_1、φ_2、φ_3、φ_4—分别为孔线与射线 T_1、T_2、T_3、T_4 之间的夹角(孔射角)；ω_1、ω_2、ω_3、ω_4—分别为影线 L_1、L_2、L_3、L_4 与射线 T_1、T_2、T_3、T_4 之间的夹角(影射角)；K_2A—界面与剖面相交的交迹。

走向时，采用这种投影法是完全正确的，因为其标志点均可投影于界面与剖面的实际交迹上；当剖面不垂直于界面走向时，这种投影法的结果必将歪曲交迹的实际位置，如图Ⅱ-3-34 所示，由于剖面不垂直于界面走向，所以标志点 K 的投影 K_1 就不在实际交迹 AK_2 线上，其偏离实际交迹的程度将随界面倾角的变大和界面走向与剖面夹角的变小而加大。垂直投影法的影线长度等于孔线长度乘以孔射角的正弦值：

$$L_1 = L \cdot \sin\varphi_1 \tag{1}$$

【例Ⅱ-14】 某段钻孔的倾向 162°，倾角 52°，长 50m，求其在 120°方向剖面上的垂直投影。

求法和步骤如下(图Ⅱ-3-14)：

(1)在透明纸上作 120°方向剖面线和孔斜为 160°∠50°的孔线赤平投影点；

(2)转动透明纸，让剖面线与吴氏网的赤道重合，据孔线赤平投影点所在大圆与剖面线的交点读出影线产状为 120°∠60°，孔射角为 66°；

(3)代入式(1)得影线长度：

$$L_1 = 50 \times \sin66° = 45.68(\text{m})。$$

(二)界面走向投影法

界面走向投影法是以界面的走向线为射线的投影法。由于射线存在于界面上，所以标志点的投影也就必然落在实际交迹上，如图Ⅱ-3-13 所示，标志点 K 的走向投影为 K_2。当界面产状比较稳定、界面走向与剖面方向的交角又较大时，采用这种投影法是正确的；否则，其可靠性就差。走向投影的影线长度等于孔线长度乘以孔射角的正弦值除以影射角的正弦值：

$$L_2 = L\sin\varphi_2/\sin\omega_2 \tag{2}$$

【例Ⅱ-15】 某段钻孔的倾向 70°，倾角 48°，岩层走向 30°，求斜深 50m 处岩层面标志点在

100°方向剖面上的走向投影。

求法和步骤如下(图Ⅱ-3-15)：

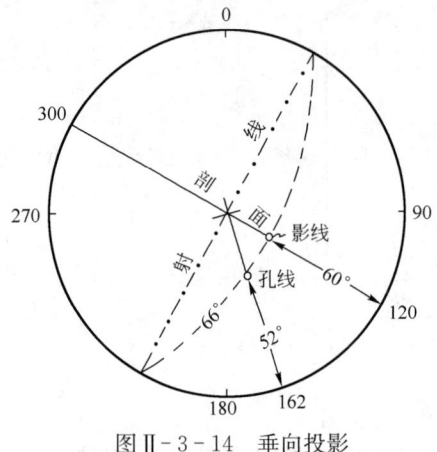

图Ⅱ-3-14 垂向投影

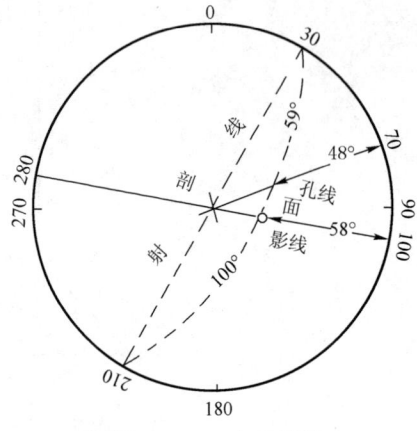

图Ⅱ-3-15 走向投影

(1)在透明纸上作100°方向剖面线,定出70°∠48°的孔线赤平投影点；

(2)将岩层走向30°线(即射线)转至吴氏网的SN线重合,据孔线赤平投影点所在大圆(孔射影三角形面)量读出其与剖面相交线(影线)的产状为100°∠58°,孔射角59°,影射角100°(也可取其锐角80°)；

(3)代入式(2)得影线长度：
$$L_2 = 50 \times \sin59°/\sin100° = 43.52(m)$$

(三)界面视倾角投影法

界面视倾角投影法又称"视倾向投影法"或"倾向投影法",它是以垂直剖面的直立面与界面的交线为射线的一种投影法。由于其射线存在于界面上,所以其标志点的投影也就必然落在实际交迹上,如图Ⅱ-3-13中标志点K的视倾角投影为K_3。当界面产状较稳定、界面倾角以及界面走向与剖面方向的交角均较小时,射线较短,故采用这种投影方法是正确的；否则,其可靠性也将下降。视倾角投影法的影线长度等于孔线长度乘以孔射角的正弦值除以影射角的正弦值：

$$L_3 = L \cdot \sin\varphi_3/\sin\omega_3 \tag{3}$$

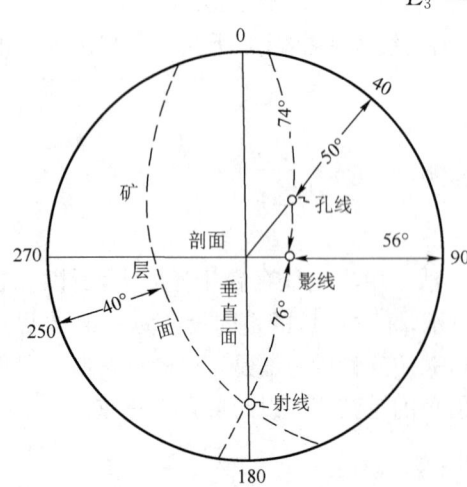

图Ⅱ-3-16 视倾角投影

【例Ⅱ-16】 某段钻孔的倾向40°,倾角50°,岩层产状250°∠40°,求斜深40m处岩层面标志点在90°方向剖面上的视倾角投影。

求法和步骤如下(图Ⅱ-3-16)：

(1)作90°方向剖面线和与之垂直的0°方向的直立面投影线,定出40°∠50°的孔线赤平投影点；

(2)将岩层走向线转至吴氏网SN线重合,找到代表岩层产状的大圆,并定出其与直立面投影线的交点(射线投影点)；

(3)将射线投影点与孔线投影点转至吴氏网的同一个大圆上,量读大圆与剖面相交线(影线)的产状为90°∠66°,孔射角74°,影射角76°。

(4) 代入式(3)得影线长度:
$$L_3 = 40 \times \sin74°/\sin76° = 39.63(\text{m})$$

(四) 垂迹投影法

垂迹投影法又称"产状投影法",即射线既存在于界面上又垂直于交迹的一种投影法。在这种情况下,标志点的投影也必然落在实际交迹上,如图Ⅱ-3-13中标志点K的垂迹投影为K_4。在其他条件相同的情况下,这种投影法均较其他投影法优越,因为对存在于界面上的所有射线来说,垂迹射线最短,其投影结果也就较为可靠。垂迹投影法的影线长度等于孔线长度乘以孔射角的正弦值除以影射角的正弦值:

$$L_4 = L \cdot \sin\varphi_4/\sin\omega_4 \tag{4}$$

【例Ⅱ-17】 某段钻孔倾向180°,倾角60°,岩层状300°∠45°,求斜深60m处岩层面标志点在340°方向剖面上的垂迹投影。

求法和步骤如下(图Ⅱ-3-17):

(1) 作340°方向剖面线,定出180°∠60°孔线赤平投影点;

(2) 作产状300°∠45°的岩层面大圆(实际上不必绘出),并定出此大圆与剖面的交线投影点(交迹);

(3) 在岩层面大圆上,定出垂直于交迹的射线赤平投影点;

(4) 让射线赤平投影点和孔线赤平投影点落在吴氏网的同一大圆上,并量读出大圆与剖面的交线(影线)产状为160°∠62°,孔射角54°,影射角116°(即64°);

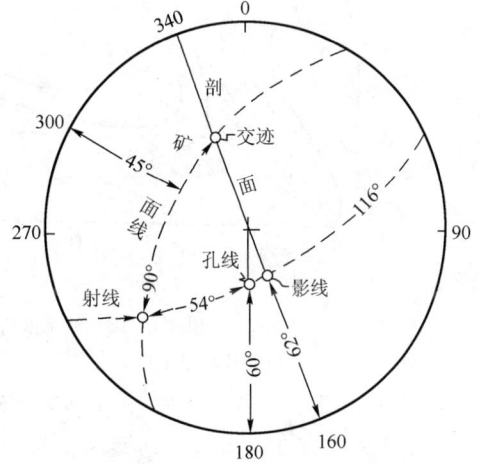

图Ⅱ-3-17 垂迹投影

(5) 代入式(4)得影线长度:
$$L_4 = 60 \times \sin54°/\sin64° = 54.01(\text{m})$$

以上孔斜校正方法均有各自的使用条件和要求,选用投影法的基本原则是:(1)尽可能如实地反映地质界面在剖面上的形态、产状和位置;(2)尽可能减少对钻孔轴线形态的歪曲。必须根据实际地质情况正确的选择;(3)一般情况下,在同一幅勘探线地质剖面图上,特别是在同一钻孔中,孔斜校正应取一种射线的投影法,以免造成影线形态严重的不合理性。如果剖面上只要求着重表示一组地质界面交迹产状,一般以采用垂迹投影法为宜,垂直投影实际上也是剖面垂直界面走向情况下的一种垂迹投影法。

习题及思考题

1. 野外测得各矿层产状分别为70°∠70°、270°∠50°、0°∠10°及走向为290°的直立面,试用吴氏网绘出它们的赤平图。

2. 已知岩石产状为40°∠60°、340°∠10°,试用吴氏网绘出大圆弧及其极点产状。

3. 已知铁矿层产状为270°∠40°,求它在0°、290°、190°、120°(300°)各方向剖面上的视倾角。

4. 公路转弯两陡壁上，测得含金石英脉两视倾斜为 120°∠16° 和 227°∠22°，求该矿脉的产状及其在 150°方向剖面上的视倾角。

5. 岩层面产状为 150°∠40°，岩层面上有擦痕线，其侧伏角为 30°SW，求该擦痕的倾伏向及倾伏角（提示：作出岩层面的大圆弧后，由大圆弧走向的 SW 侧，沿大圆弧数 30°得侧伏角投影，量度该点的产状即为所求）。

6. 根据图Ⅱ-3-18 平面地质图上向斜两翼的产状数据，推断鞍状矿层的倾伏向和倾伏角，指出钻孔应布置在地表铁矿层露头的什么方向线上才能探到地下的铁矿层？沿图上 AA' 的线上布置钻孔是否适宜？

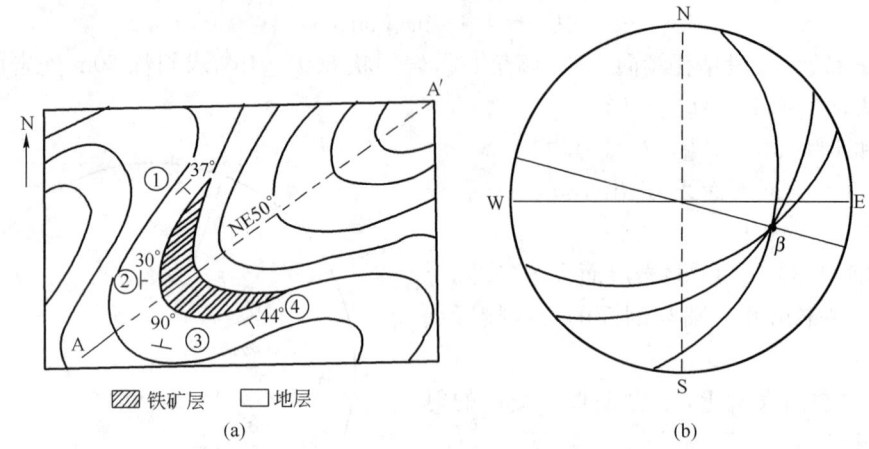

图Ⅱ-3-18　褶皱构造地质图(a)及枢纽赤平投影(b)

产状数据：①143°∠37°；②104°∠30°；③直立（走向 104°）；④157°∠44°

7. 某地蓝晶石黑云母片岩相当于层理的片理产状为 310°∠80°，一组应变滑劈理与褶皱轴面一致，产状为 350°∠36°，求褶皱的枢纽产状及片理面与应变滑劈理面间的二面角。假定能按照一般劈理与岩层夹角关系来判断岩层正常与倒转的话，该岩层是正常还是倒转？

8. 某一褶皱的石灰岩层产状为：74°∠61°，318°∠70°，41°∠51°，348°∠55°，15°∠49°。用 π 图表示褶皱枢纽的倾伏向和倾伏角；用 β 图表示褶轴的倾伏向和倾伏角；求褶皱轴面的倾向和倾角（据水平面上轴迹走向正北）；求轴面上褶轴的侧伏角。

9. 某一圆柱状背斜的北西翼产状为 330°∠45°，北东翼产状 65°∠35°。求东西向直立剖面上两翼的视倾角及两翼的翼间角；求横截面（垂直枢纽的剖面）的产状、横截面上两翼的侧伏角及两翼的翼间角（等于二面角）。

10. 某一筒状矿体受两相交断层控制，现测得两断层产状分别为 290°∠70° 和 210°∠60°，求筒状矿体产状。

11. 某岩层具有三组节理，统计结果如表Ⅱ-1 所示，试求各主应力轴产状。

表Ⅱ-1　某岩层三组节理统计结果

节理组	节理倾斜	密　度	特　征
Ⅰ	16°∠64°	40%	剪节理
Ⅱ	353°∠62°	40%	张节理
Ⅲ	336°∠63°	20%	剪节理

12. 一条左行断层产状为 200°∠60°，在断层面上量得擦痕侧伏角为 16°W，设该岩石内摩擦角为 30°，求 σ_1、σ_2、σ_3。如有共轭断层，其产状如何？

13. 在一侵入体各露头面上测得析离体长轴迹线侧伏角如表Ⅱ-2所示,试分析有无流面构造。

表Ⅱ-2 某侵入体各露头面产状及析离体长轴迹线侧伏角数据

露头面产状	析离体长轴迹线侧伏角
90°∠30°	58°N
74°∠41°	88°S
197°∠48°	63°E
150°∠30°	55°W

14. 侵入体各露头面产状及相应露头面上柱状矿物截面长轴的侧伏角如表Ⅱ-3所示,求有无流线构造。

表Ⅱ-3 某侵入体各露头面产状及柱状矿物截面长轴侧伏角

露头面产状	柱状矿物截面长轴侧伏角
90°∠60°	40°N
270°∠50°	40°N
49°∠35°	53°N
141°∠75°	45°NE

15. 已知某段钻孔80°∠35°,岩层走向30°,求斜深70m处岩层面标志点在90°方向剖面上的走向投影。

16. 已知钻孔170°∠60°,岩层产状280°∠45°,求斜深50m处岩层面标志点在320°方向剖面上的垂迹投影。

附录 III
常用符号

一、地质构造符号

··········	不整合界线（黑）
———————	实测地层界线及侵入体接触线（黑）
— — — —	推测地层接触界线及侵入体接触线（黑）
↑50°	侵入岩与围岩接触面产状（箭头指示接触面倾向，数字为倾角）
··········	岩相分界线
———————	实测断层线（红）(性质不明)
— — — —	推测断层线（红）(性质不明)
↓50°	正断层（红）
↓30°	逆断层（红）
←→	平推断层（红）
◆━━◆	背斜轴线(轴迹)
◇━━◇	向斜轴线(轴迹)
◆━↓━◆	倒转背斜轴线(轴迹)（箭头指向轴面倾向）
◇━↓━◇	倒转向斜轴线(轴迹)（箭头指向轴面倾向）
━ ◆ ━ ◆ ━	隐伏背斜轴线(轴迹)
━ ◇ ━ ◇ ━	隐伏向斜轴线(轴迹)
◆━━━━━▶	背斜枢纽的起伏及倾伏
◇━━━━━▶	向斜枢纽的起伏及倾伏
A├———┤B	剖面线

┬35	岩层倾向及倾角
┼	水平地层产状(0°～5°)
┬	直立地层产状(箭头指向较新地层)
┘	倒转地层产状(箭头指向倒转后倾向)
∠30	片理或片麻理倾向及倾角
⬭	穹隆构造
⬭	盆地构造

· 360 ·

二、岩性符号

1. 沉积岩图式
(1) 砾 岩

 砾岩

 砂砾岩

 角砾岩

 复矿砾岩

 钙质砾岩

 砂质砾岩

 铁质砾岩

硅质砾岩

(2) 砂 岩

 粗砂岩

 中砂岩

 细砂岩

 含砾砂岩

 含砾复矿砂岩

 石英砂岩

 富矿砂岩

 硬砂岩

 长石砂岩

 长石石英砂岩

 钙质砂岩

 泥质砂岩

 铁质砂岩

 含磷砂岩

 凝灰质砂岩

绿泥石砂岩

(3) 粉砂岩

 粉砂岩

 复矿粉砂岩

 钙质粉砂岩

 泥质粉砂岩

 铁质粉砂岩

 凝灰质粉砂岩

(4) 页 岩

 泥质页岩(页岩)

 钙质页岩

 砂质页岩

 粉砂质页岩

 硅质页岩

 炭质页岩

 铝土页岩

 凝灰质页岩

 泥页岩（或黏土岩）

 含钾页岩

(5) 碳酸盐岩

石灰岩

 结晶灰岩

 含泥质灰岩

 硅质灰岩

 泥灰岩

 白云质灰岩

 砂质灰岩

 生物灰岩

 燧石团块灰岩

 鲕状灰岩

 竹叶状灰岩

 碎屑状灰岩

 角砾灰岩

 白云岩

 泥质白云岩

 砂质泥灰岩

(6) 其他岩石

 铝土岩

 硅质岩

 磷块岩

 煤层及夹层

 断层角砾岩

Fe Fe / Fe / Fe Fe	铁矿层		碱性花岗岩（钾长花岗岩）		煌斑岩脉
	断层泥		花岗斑岩		辉绿岩

2. 火成岩花纹
(1)侵入岩

			白岗岩		矿体（脉）Zn
	纯橄榄岩		石英斑岩	### 3. 喷出岩花纹	
	橄榄岩		石英二长岩	(1)火山碎屑岩	
	辉石岩		二长岩		超基性喷出岩（以凝灰岩为主）
	角闪石岩		二长斑岩		基性喷出岩（以凝灰岩为主）
	蛇纹岩		花岗正长岩		中基性喷出岩（以凝灰岩为主）
	辉长岩		石英正长岩		酸性喷出岩（以凝灰岩为主）
	辉长斑岩(玢岩)		正长岩		碱性喷出岩（以凝灰岩为主）
	斜长岩		正长斑岩		角斑岩
	辉绿岩(玢岩)		霞石正长岩		细碧岩
	闪长岩		霞石正长斑岩		细碧角斑岩
	辉石闪长岩		霓霞岩	(2)熔岩	
	角闪闪长岩	(2)岩脉、矿脉			玄武岩
	石英闪长岩		超基性岩（未分）		杏仁状玄武岩
	闪长斑岩（玢岩）		基性岩（未分）		安山玄武岩
	花岗闪长岩		中性岩脉		安山岩
	斜长花岗岩		细晶岩脉		安山斑岩
	角闪花岗岩		伟晶岩脉		安山玢岩
	二云母花岗岩		云煌岩		英安岩
	白云母花岗岩		碱性岩脉		流纹岩
	黑云母花岗岩		玢岩		流纹斑岩
					粗面斑岩

粗面岩

石英斑岩

4. 变质岩花纹

(1)区域变质岩

板岩（未分）

千枚岩（未分）

片岩（未分）

矽（硅）质板岩

钙质板岩

砂质板岩

炭质板岩

千枚状板岩

石墨片岩

帘石片岩

斜长绿泥片岩

蛇纹石片岩

绿泥片岩

滑石片岩

变质砂岩

石英岩

长石石英岩

角闪岩（未分）

辉石岩

片麻岩

正片麻岩

副片麻岩

花岗片麻岩

大理岩

矽（硅）化灰岩

白云大理岩

石英片岩

绢云母石英片岩

(2)混合岩

条带状混合岩

角砾状混合岩

网状混合岩

眼球状混合岩

分支混合岩

肠状混合岩

(3)岩石构造

板状、千枚状构造

片状构造

片麻状构造

混合岩构造

5. 主要岩浆岩组分代号及颜色

γ 花岗岩（红）

δ 闪长岩（橙红）

ξ 正长岩（橙）

υ 辉长岩（绿）

ψ_ι 辉岩（蓝绿）

σ 橄榄岩（深橄榄色）

λ 流纹岩（朱红）

τ 粗面岩（橙红）

α 安山岩（灰绿）

β 玄武岩（深绿）

$\beta\mu$ 辉绿细碧岩（浅绿）

γ_π 花岗斑岩（大红）

6. 岩脉、矿脉符号

q 石英脉（紫）

γ 酸性岩脉（暗红）

ι 细晶岩脉（淡红）

p 伟晶岩脉（玫瑰红）

δ 中性岩脉（蓝）

N 基性岩脉（绿）

χ 煌斑岩脉（棕）

μ 玢岩脉（灰绿）

υ 辉长岩脉（绿）

Σ 超基性岩脉（紫）

χ 碱性岩脉（橙）

Au 矿脉（代号用元素符号，颜色用矿种色）

363

三、地层代号和色谱

宇	界	系	统	色 谱
显生宇 PH	新生界 Cz	第四系 Q	全新统 Qh	浅黄色
			更新统 Qp	
		新近系 N	上新统 N_2	鲜黄色
			中新统 N_1	
		古近系 E	渐新统 E_3	老黄色
			始新统 E_2	
			古新统 E_1	
	中生界 Mz	白垩系 K	上统 K_2	鲜绿色
			下统 K_1	
		侏罗系 J	上统 J_3	鲜蓝色
			中统 J_2	
			下统 J_1	
		三叠系 T	上统 T_3	绛紫色
			中统 T_2	
			下统 T_1	
	古生界 Pz	二叠系 P	上统 P_3	淡棕色
			中统 P_2	
			下统 P_1	
		石炭系 C	上统 C_2	灰色
			下统 C_1	
		泥盆系 D	上统 D_3	咖啡色
			中统 D_2	
			下统 D_1	
		志留系 S	上统 S_3	果绿色
			中统 S_2	
			下统 S_1	
		奥陶系 O	上统 O_3	蓝绿色
			中统 O_2	
			下统 O_1	
		寒武系 $\in$	上统 $\in_3$	暗绿色
			中统 $\in_2$	
			下统 $\in_1$	
元古宇 PT	新元古界 Pt_3	震旦系 Z	上统 Z_2	绛棕色
			下统 Z_1	
				棕红色(浅)
	中元古界 Pt_2			棕红色(中)
	古元古界 Pt_1			棕红色(深)
太古宇 AR				玫瑰红色

四、真倾角、视倾角换算图

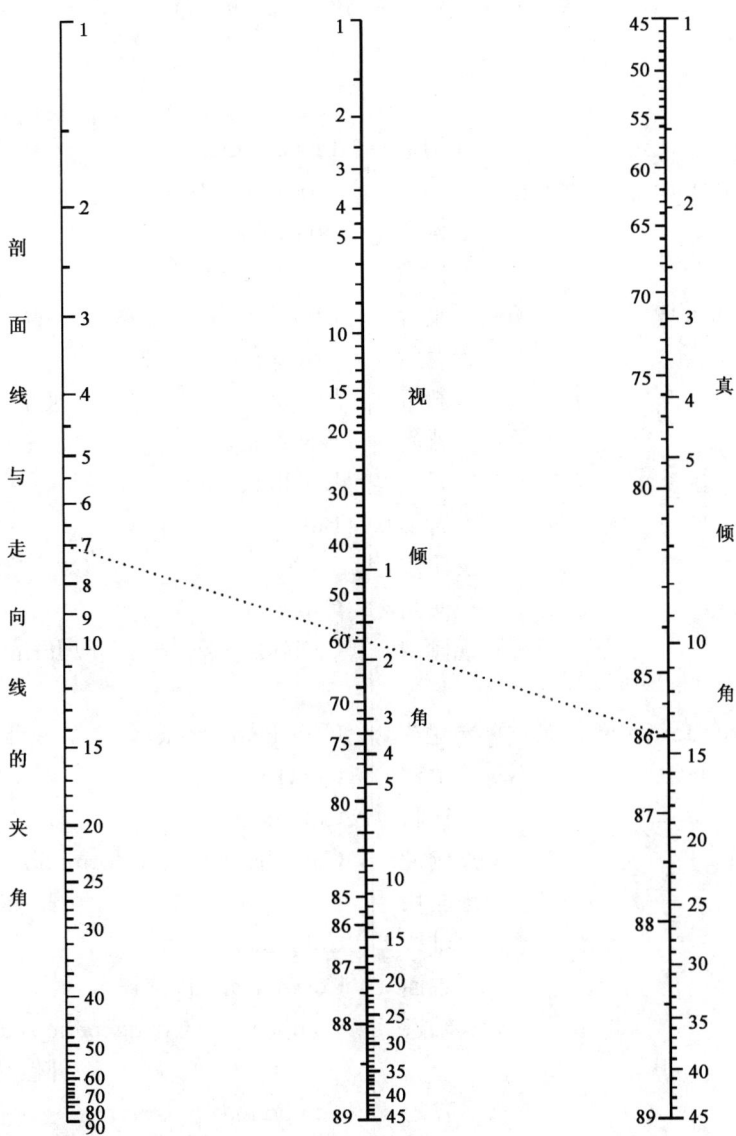

用法说明：根据剖面实测资料，左尺和右尺上找到已知数值，用直尺连直线过中尺处即为相应视倾角值。如图中一例：已知真倾角为86°，剖面与岩层走向夹角为7°，则该剖面方向视倾角为60°。

英汉专业词汇索引

A

Active tectonic	活动构造	Block fault	断块型断层
Adjacent unconformity	毗连不整合接触	Block structure	断块构造
Ancient tectonic	古构造	Box fold	箱形褶皱
Angle of internal friction	内摩擦角	Brachy fold	短轴褶皱
Angular unconformity	角度不整合	Broad fold	开阔褶皱
Anteclise	台背斜	Brush folds	帚状褶皱群
Anticlinal belt	背斜带	Buchite	玻华岩（假玄武玻璃）
Anticline	背斜	Buckling	纵弯褶皱作用
Anticlinorium	复背斜	Buckling fold	纵弯褶皱
Antiform	背形	Bulge	凸起
Antistep	反阶步		

C

Apparent dip angle	视倾角	Cap rock	盖层
Apparent dip	视倾向	Carbonate sedimentary formation	碳酸盐岩建造
Arc point	弧尖		
Argillaceous shale formation	泥质页岩建造	Cataclastic rock	碎裂岩（碎斑岩）
Asymmetrical fold	不对称褶皱	Chevron fold	尖棱褶皱
Attitude	产状	Closed fold	闭合褶皱
A-type subduction	A型俯冲	Coal -bauxite-iron formation	含煤—铝土矿—铁建造
Autochthon	原地岩块		
Axial line	轴线	Columnar joint	柱状节理
Axial plane	轴面	Comb-shaped fold	梳状褶皱
Axial trace	轴迹	Compensatory syngenetic sedimentary basin	补偿性同生沉积盆地

B

Back arc basin	弧后盆地	Compound folds	复式褶皱
Back thrust fault	背冲式逆冲断层	Conformity	整合接触
Backward spreading	后展式	Conjugate shear angle	共轭剪裂角
Basement decoupling	基底拆离	Conjugate shear rupture surface	共轭剪切破裂面
Basin	盆地		
Basin of geosyncline type	地槽型盆地	Contemporaneous fault	同生断层
Basin of platform type	地台型盆地	Continental rift	大陆裂谷
Bedding	层理	Continental volcano clastic rock formation	陆相火山碎屑岩建造
Bedding fault	顺层断层		
Bedding joint	顺层节理	Core	核部
Bedding surface	层面	Counter drag structure	逆牵引构造
Bending	横弯褶皱作用	Coupling zone of metamorphism	双变质带

Crack-sealing	裂开—愈合	En echelon folds	雁行褶皱群
Cratonic basin	克拉通盆地	En echelon joint	雁列节理
Creep	蠕变	En echelon vein	雁列脉
Crest	脊	Eruptive rock	喷发岩
Crest or culmination	脊线	Eugeosyncline	优地槽
Crest plane	脊面	Extension	拉伸
Cuesta	单面山	Extensional rupture	张裂
Curly bedding	曲卷层理	External and internal force	外力和内力
Curvilinear fold	圆弧褶皱		

D

		Face to face thrust fault	对冲式逆冲断层
Deep fracture zone	深断裂带	Fan fold	扇形褶皱
Deformation and strain	变形和应变	Fault	断层
Degenerating stage	衰退期	Fault block	断盘
Delta basin	三角洲盆地	Fault breccia	断层角砾岩
Dendritic folds	枝状褶皱群	Fault displacement	断距
Depocenter	沉积中心	Fault facet	断层三角面
Depression	坳陷	Fault gouge	断层泥
Detachment structure	滑脱构造	Fault plane	断层面
Dextral strike slip fault	右行平移断层	Fault-propagation folding	断层传播褶皱
Differential settlement	差异沉降	Fault rock	断层岩
Dike and vein	岩墙岩脉	Fault scarp	断层崖
Dip	倾向	Fault zone	断裂带
Dip angle	倾角	Feather joint	羽列；列状节理
Dip fault	倾向断层	Feather structure	羽饰构造
Dip joint	倾向节理	Fissure or fracture	裂缝或裂隙
Disconformity	假整合	Flame structure	火焰构造
Dish structure	碟状构造	Flatting	压扁作用
Disharmonic folds	不协调褶皱	Flexural flow	弯流作用
Displacement	位移	Flexural slipping	弯滑作用
Divergent plate	分离型板块	Flexure slope break	挠曲带
Diwa theory	地洼构造学说	Flexure	挠曲
Dome	穹隆构造	Flow folding	柔流褶皱作用
Drag structure	牵引构造	Flysch formation	复理石建造
Drawer fold	屉形褶皱	Fold axis	褶轴
Duplex	双重构造	Folds	褶皱
		Foliation rock	片理化岩

E

G

Earthquake	地震		
Effects of faulting	断层效应	Gentle fold	平缓褶皱
Ejective fold	隔档式褶皱	Geographical unconformity	地理不整合
En echelon fault	雁列断层	Geomechanics	地质力学

Geomorphy basin	地貌盆地
Geosyncline	地槽
Geotectology	大地构造学
Gondwanaland	冈瓦纳大陆
Graben	地堑
Graded bedding	粒级层理
Gravitational sliding structure	重力滑动构造
Gravitational sliding	重力滑脱
Growth fault analysis	同生断层分析
Growth index	增长指数

H

Hail imprint	雹痕
Hard sandstone formation	硬砂岩建造
Harmonic fold	协调褶皱
Heterolithic unconformity	异合
Hinge line	枢纽
Hinge fault	枢纽断层
Hinge zone	转折端
Homocline fold	斜褶皱或同斜褶曲
Horizontal stratum	水平岩层
Horst	地垒

I

Inlaid unconformity	嵌入不整合
Imbricate fan	叠瓦扇
Imbricate structure	叠瓦状构造
Inclined fold	斜歪褶皱
Inland basin	内陆复合盆地
Interlimb angle	翼间角
Intermediate crust basin	过渡地壳盆地
Intermontane basin	横向山间盆地、走向山间盆地
Intracratonic basin	克拉通内部盆地
Intrusive contact	侵入接触
Intrusive rock	侵入岩
Inversion of relief	地形倒置
Island arc	岛弧
Isoclinal fold	等(同)斜褶皱

J

Joint contour diagram	节理等密图
Joint plane	节理面
Joint pole plot	节理极点图
Joint rose diagram	节理玫瑰花图
Joint set	节理组
Joint system	节理系
Joint	节理
Jura-type fold	侏罗山式褶皱

K

Klippe	飞来峰

L

Lifting motion	升降运动
Limb	翼部
Linear deformation	线变形
Linear fold	线状褶皱
Linear strain	线变形
Longitudinal fault	纵断层
Longitudinal joint	纵节理

M

Magmatism	岩浆作用
Mantle	地幔
Marginal sea	边缘海
Melange accumulation	混杂堆积
Mesa	平顶山
Metamorphism	变质作用
Mid-oceanic ridge	洋中脊
Miogeosyncline	冒地槽
Mohr diagram	应力莫尔圆
Molasse formation	磨拉石建造
Monoclinal mountain	单斜山
Monocline	单斜岩层
Moulding-die	压模
Mud crack	泥裂
Mylonite and Ultramylonite	糜棱岩及超糜棱岩

N

Nappe structure	推覆构造
Negative flow structure	负花状构造
Non-compensatory syngenetic sedimentary basin	非补偿性同生沉积盆地
Nonconformity	非整合

Normal fault	正断层	Progressive deformation	递进变形
Normal fold	正常褶皱	Pull-apart basin	拉分盆地

O

Oblique bedding	斜层理	Quartz sandstone formation	石英砂岩建造
Oblique fault	斜向断层		

R

Oblique joint	斜节理	Raindrop imprint	雨痕
Ophiolite suite	蛇绿岩套	Recumbent fold	平卧褶皱
Orogenic movement	造山运动	Red clastic rock formation	红色碎屑岩建造
Orthoplatform	正地台	Regional unconformity	区域不整合
Overthrown fold	翻卷褶皱	Relax	松弛
Overturned fold	倒转褶皱	Rift basin	裂谷式盆地
		Ring fault and radiating fault	环状断层和放射状断层

P

Paleogeography	古地理		
Paleomagnetism	古地磁	Ripple mark	波痕

S

Paleontology	古生物学		
Pangea	联合古陆	Salt withdrawl	盐撤离
Parallel bedding	平行层理	Sandstone bed	砂岩床
Parallel fold	平行褶皱	Sandstone wall	砂岩墙
Parallel folds	平行褶皱群	Scarp	陡坎
Parallel unconformity	平行不整合	Sea-floor spreading hypothesis	海底扩张学说
Paraplatform	准地台		
Petroliferous basin	含油气盆地	Secondary structure	次生构造
Pillow joint	枕状节理	Sedimentary facies	沉积岩相
Pitch angle	侧伏角	Sedimentary formation	沉积建造
Pitching direction	侧伏向	Shear and torsion	剪切力或扭力
Placanticline	长垣	Shear angle analysis	剪裂角分析
Plate convergence	汇聚型板块	Shear deformation	剪应变
Plate tectonics	板块构造	Shear folding	剪切褶皱作用
Platform	地台	Shear joint	剪节理
Platformal fold belt	台褶带	Shear plate	平错(剪切)型板块
Plume structure	羽饰构造	Shear rupture	剪裂
Plunge angle	倾伏角	Shear strain	剪应变
Plunging direction	倾伏向	Shearing	剪切
Point of inflection	拐点	Shield	地盾
Pop-up structure	冲起构造	Shove fault	走向滑移断层
Pore pressure	孔隙压力	Similar fold	相似褶皱
Positive flow structure	正花状构造	Sinistral strike slip fault	左行平移断层
Primary joint	原生节理	Slicken line and step	擦痕和阶步
Primary structure	原生构造	Slickenside	擦痕
Profile	正交剖面	Slip of fault	滑距

Slump structure	滑塌构造
Soft sediment deformation	软沉积变形
Spherality structure and pillow structure	球状构造与枕状构造
Spilitic keratophyre formation	细碧角斑岩建造
Static pressure	静岩压力
Step fault	阶梯状断层
Strain ellipsoid	应变椭球体
Strain rate	应变速率
Strain	应变
Stress and strain	应力与应变
Stress concentration	应力集中
Stress ellipsoid	应力椭球体
Stress field	应力场
Stress grid	应力网格
Stress state	应力状态
Stress trajectory	应力轨迹
Stria	擦痕
Strike fault	走向断层
Strike joint	走向节理
Strike	走向
Strike-slip fault	平移断层
Structural basin	构造盆地
Structural feature	构造形迹
Structural terrace	构造阶地
Structural window	构造窗
Subducting edge	俯冲边界
Submarine eruptive rock construction	海底喷发岩建造
Subsequent joint	次生节理
Subsidence center	沉降中心
Sunken	凹陷
Superimposed fold	叠加褶皱
Sutural line	缝合线
Symmetrical fold	对称褶皱
Syncline	向斜
Synclinorium	复向斜
Syneclise	台向斜
Synform	向形
Syngenetic sedimentary basin	同生沉积盆地
Syn-sedimentary anticline	同沉积背斜

T

Tectonic basin	构造盆地
Tectonic movement	构造运动
Tectonic stress field	构造应力场
Tectonic system	构造体系
Tectonic type	构造形式
Tension and compression	张力和压力
Tension joint	张节理
Theory of continental drift	大陆漂移学说
Thickness	厚度
Thrust fault	逆断层
Tight fold	紧闭褶皱
Tilted stratum	倾斜岩层
Transcurrent joint	横节理
Transform fault	转换断层
Transform transcurrent fault	转换平移断层
Translation gliding	平移滑动
Transversal fault	横断层
Triaxial stress state	三轴应力状态
Trough line	槽线
Trough plane	槽面
Trough	槽
Trough-like fold	隔槽式褶皱
True dip angle	真倾角

U

Ultracataclasite	超碎裂岩
Unconformity	不整合接触
Uplift	隆起
Upright fold	直立褶皱

V

Vertical fold	直立褶皱
Vertical section	铅直剖面
Vertical thickness	铅直厚度
Volcano	火山

W

Wavy bedding	波状层理
Wavy mosaic structure	波浪状镶嵌构造
Wedge shape thrust fault	楔冲式逆冲断层
Width of fold core	褶皱核部宽度
Wilson cycle	威尔逊旋回

参 考 文 献

柏克 R G.1983.构造地质学基础.北京:地质出版社.
陈焕疆.1990.论板块大地构造与油气盆地分析.上海:同济大学出版社.
戴俊生.2006.构造地质学与大地构造.北京:石油工业出版社.
地质矿产部情报所.1984.国外前寒武纪地质构造研究(专辑).北京:地质出版社.
丁文龙,金文正,樊春,等.2013.油藏构造分析.北京:石油工业出版社.
郭颖,李智陵.2002.构造地质学简明教程.武汉:中国地质大学出版社.
国家地震局科技监测司.1988.中国大陆深部构造的研究与进展.北京:地质出版社.
Hobbs B E,等.1976.构造地质学纲要.北京:石油工业出版社.
胡风珍,陈彭年,高莉春,等.1994.中国及其邻区构造应力场.北京:地震出版社.
黄邦强,等.1983.大地构造学及中国区域构造概要.北京:地质出版社.
姜春发,杨经绥,冯秉贵,等.1992.昆仑开合构造.北京:地质出版社.
姜春发,张庆贵,张玉岫,等.1963.东秦岭地槽型印支运动的存在.地质评论,21(3):116－121.
金文山,孙大中.1997.华南大陆深部地壳构造及其演化.北京:地质出版社.
兰姆塞 J G.1991.现代构造地质学方法.徐树同,译.北京:地质出版社.
李春昱,等.1989.板块构造基本问题.北京:地震出版社.
李春昱,王荃,刘春亚,等.1982.亚洲大地构造图(1∶800万)及说明书.北京:地图出版社.
李德生.1982.中国含油气盆地的构造类型.石油学报,3(3):1－12.
李红阳,牛树银,王立峰,等.2002.幔柱构造.北京:地震出版社.
李继亮.1992.中国东南海陆岩石圈结构与演化研究.北京:中国科学技术出版社.
李思田,路凤杏,林畅松,等.1997.中国东南部及邻区中新生代盆地演化及地球动力学背景.武汉:中国地质大学出版社.
李四光.1942.20年经验之回顾.中国地质学会志,22(1-2):21－48.
李四光.1973.地质力学概论.北京:科学出版社.
李忠权,刘顺.2011.构造地质学.北京:地质出版社.
刘福田,曲克信,吴华,等.1989.中国大陆及其邻近地区的地震层析成像.地球物理学报,32(3):281－291.
刘光鼎.1993.中国海区及邻域地质地球物理图集.北京:科学出版社.
刘增乾,徐先,潘桂棠,等.1990.青藏高原大地构造与形成演化.北京:地质出版社.
陆克政.1996.构造地质学教程.东营:石油大学出版社.
陆克政,等.2006.含油气盆地分析.东营:中国石油大学出版社.
陆松华,杨春亮,蒋明媚,等.1996.前寒武纪大陆地壳演化史示踪.北京:地质出版社.
马杏垣.1995.中国构造地质学的回顾与展望——庆祝构造地质专业委员会成立30周年开幕词.地质论评,41(5):483－485.
马杏垣,白瑾,索书田,等.1987.中国前寒武纪构造格架及研究方法.北京:地质出版社.
牛树银,陈路,徐传诗,等.1994.太行山区地壳演化及成矿规律.北京:地震出版社.
牛树银,李红阳,孙爱群,等.2002.幔枝构造理论与找矿实践.北京:地震出版社.
牛树银,罗殿文,叶东虎,等.1996.幔枝构造及其成矿规律.北京:地质出版社.

牛树银,孙爱群,邵振国,等.2001.地幔热柱多级演化及其成矿作用.北京:地震出版社.

漆家福,夏义平,杨桥,等.2006.油区构造解析.北京:石油工业出版社.

邱中建,龚再升.中国油气勘探.北京:石油工业出版社.

曲福生.1992.松辽盆地石油和天然气勘查史(1949—1989).北京:地质出版社.

Ragan D M.1973.构造地质学——几何方法导论.北京:地质出版社.

任纪舜,陈廷愚,牛宝贵,等.1990.中国东部及邻区大陆岩石圈的构造演化与成矿.北京:科学出版社.

任纪舜,郝杰,肖藜薇,等.2002.回顾与展望:中国大地构造学.地质论评,48(2):113-120.

任纪舜,姜春发,张正坤,等.1980.中国大地构造及其演化.北京:科学出版社.

任纪舜,曲景川.1966.滇西兰坪维西一带印支地槽褶皱带的确定.地质学报,46(2):182-200.

孙超.1993.构造地质学.2版.北京:地质出版社.

王希峰.1992.构造地质学.北京:石油工业出版社.

魏斌,张凤山,刘凤亮,等.2004.裂缝性储层流体类型识别技术.北京:地质出版社.

吴元燕,徐龙,张昌明,等.1996.油气储层地质.北京:石油工业出版社.

徐开礼,朱志澄.2003.构造地质学.2版.北京:地质出版社.

许靖华.1988.大地构造与沉积作用.北京:地质出版社.

杨农,陈正乐,雷伟志,等.1996.冀北燕山地区印支期构造特征研究.北京:地质出版社.

俞鸿年,等.1986.构造地质学原理.北京:地质出版社.

翟裕生,林新多.1993.矿田构造学.北京:地质出版社.

张达尊,杜文健.1993.构造地质学.北京:石油工业出版社.

张文佑,等.1986.中国及邻区海陆大地构造.北京:科学出版社.

中国地震学会地震地质专业委员会.1982.中国活动断裂.北京:地震出版社.

中国地质科学院.1988.岩石圈研究基本问题和方法.北京:冶金工业出版社.

中国石油学会石油地质专业委员会.2002.油气盆地研究新进展:第一辑.北京:石油工业出版社

朱志澄.1991.逆冲推覆构造.武汉:中国地质大学出版社.

朱志澄.1999.构造地质学.武汉:中国地质大学出版社.

Davis H G, Reynolds S J, Kluth C F. 2012. Structural geology of rocks and regions. 3rd ed. New York: John Wiley & Sons, Inc.

Hobbs B E, Means W D, Williams P F. 1976. An outline of structural geology. New York: Springer-Verlag, Inc.

Means W D. 1976. Stress and Strain. New York: Springer-Verlag, Inc.

Nickelsen R P. 2009. Overprinted strike-slip deformation in the southern valley and ridge in Pennsylvania. Journal of Structural Geology, 31: 865-873.

Rowan M G, Jackson M P A, Trudgill B D. 1999. Salt-related fault families and fault welds in the northern Gulf of Mexico. AAPG Bulletin, 83: 1454-1484.

Suppe J. 1983. Geometry and kinematics of fault-bend folding. American Journal of Science, 283: 684-721.

Suppe J. 1985. Principles of structural geology. New Jersey: Prentice-Hall.

Suppe J, Medwedeff D A. 1990. Geometry and kinematics of fault-propagation folding. Ecolgae Geologicae Helveticae, 83: 409-454.

Woodcock N H, Rickards B. 2003. Transpressive duplex and flower structure: Dent Fault System, NW England. Journal of Structural Geology, 25: 1981-1992.